益川敏英監修／
植松恒夫，青山秀明編集

基 幹 講 座 　 物 理 学

量子力学

国広悌二 著

東京図書

R 〈日本複製権センター委託出版物〉

本書を無断で複写複製（コピー）することは，著作権法上の例外を除き，禁じ
られています．本書をコピーされる場合は，事前に日本複製権センター（電話
03-3401-2382）の許諾を受けてください．

シリーズ刊行にあたって

　現代社会の科学・技術の基盤であり，文明発達の原動力になっているのは物理学である．

　本講座は，根源的，かつ科学全ての分野にとって重要な基礎理論を軸としながらも，最新の応用トピックとしてどのような方面に研究が進んでいるか，という話題も扱っている．基礎と応用の両面をバランスよく理解できるように，という配慮をすることで未来を拓く新しい物理学を浮き彫りにする．

　現代社会の中で物理学が果たす本質的な役割や，表層的ではない真の物理学の姿を知って欲しいという観点から，「ただ使えればいい」「ただ易しければいい」という他書の姿勢とは一線を画し，難しい話題であっても全てのステップを一つひとつじっくり解説し，「各ステップを読み解くことで完全な理解が得られる」という基本姿勢を貫いている．

　しっかりとした読解の先に，物理学の極みが待っている．

2013年4月

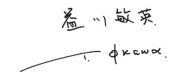

監修者，編集者によるまえがき

植松恒夫（以下，植松）　益川さんは学生時代，どういう教科書で量子力学を勉強されましたか？

益川敏英（以下，益川）　僕は Dirac の教科書ですね．

植松　Dirac ですか．それでは，最初からいきなり変換理論を勉強したということですか．

益川　あれはあんまり記憶してないね．前半の 100 ページくらいがね，量子力学の彼流の定式化ね．Schrödinger に入るのが 100 ページくらいのところでね．どうして，読み飛ばしてくとね，どこで Schrödinger 方程式が入ったか分からんわけ．

青山秀明（以下，青山）　最初はブラやケット・ベクトルの重ね合わせの原理から始まりますよね．

益川　100 ページくらいまで行ってね，いつの間にか，Schrödinger 方程式になってる．

植松　最初からあれを読んでもなかなか分からないので，とりあえず僕らは Schiff で勉強しました．

青山　Dirac だけだとつらくないですか．

益川　つらい！　私は Dirac だけから入ったから．

青山　Dirac の後は何か教科書を？

益川　特にない．

青山　Dirac だけで？　じゃ，Schrödinger 方程式を与えられたものとして，というか．Dirac 流の構成で行けることは行けますけどね．難しい．ちゃんと x 表示とか p 表示とかは入れてるんですよね？

植松　いわゆる完成した量子力学に行く前に，前期量子論があって，たとえば我々学生時代に読んだ朝永先生の『量子力学 I，II』（みすず書房）というのはどうでしょうか？

益川　あれもいい記憶が無いね．研究者にとってはいい本なんだけどね．

青山　前期量子論の歴史を学ぶという意味でね．

監修者，編集者によるまえがき

益川　何も知らない人間が，最初にあれで入ったらホントに疲れちゃう．一応，知っている人間が読むといい本なんだよね．ああ，こういうことあったんか，っていう．

青山　僕も二回生後期の学生に，何年か講義をやったので，朝永先生の本も参考にしましたけど，厳しいですね．だって，論理的に構成されたものではないでしょ？量子力学っていうのは．あるところで，突然，論理のジャンプがあるというか．

植松　対応原理，とかいうところかな．

青山　対応原理とかねぇ．僕もひと通り説明するんですけど．論理的に演繹的に進めないから，難しいところですよね．

益川　そんなね，論理的に行けるんだったらね，すうっと行けるわけね．

植松　ところで，量子力学の定式化としては，Feynman の経路積分（path integral）がありますが，あれはどう思われます？　正準量子化と異なり，古典的な軌道からの，ゆらぎから量子力学を構成していくわけですよね．

益川　確かに，あれは便利なツールではあるんだけれど，本質ではないと思うんだよね．確かに経路積分って便利だよね．我々が勉強したときもね，難しい話から経路積分に行ったら，計算が実に楽になるわけね．我々のときは，Dyson か，あれの難し〜い．

青山　一方，経路積分でないと，たとえば，インスタントンを使った，場の量子論の tunneling の話とか，そういうイメージがなかなか出てこないですよね．Dyson をいくらやってても，非摂動論的な情報は出てこないですよね．そういう意味では，「本質かな〜」って僕は感じてしまうんですけどね．

植松　量子力学の数学的基礎として，Hilbert 空間論っていうんですか，von Neumann の『量子力学の数学的基礎』（みすず書房）がありますが．あれは益川さん，興味もたれました？

益川　いや，数学としては興味をもつけどね．物理としては関係ないと思う．僕は数学，好きだから興味もっちゃうけども．物理の本質ではないと思うんだよね．ブラとケットはね，あれは発明としては非常に秀逸だと思うけど．

青山　本質は Dirac で尽きているんですよね，そういう意味では．けど，別に，ある意味，Hilbert 空間論をそのままもってきただけではあるんですよね．ただ，それがそれ以前の Schrödinger の波動力学と，Heisenberg の行列力学とを統一するものだと気づいたのが，彼の偉いところですよね．Schrödinger

v

とか Heisenberg，あの二人は天才だと思われますか．

益川　Schrödinger は僕，哲学者だと思う．あの〜，なんというかな，生物のこともやってるでしょ．遺伝というのはね，遺伝子とは言ってないんだけれども，当時わからないから．そういう，なんて言うか結晶だって言っているわけね．それは壊れない，という．

植松　Schrödinger は波動関数を実在波だと思ってたんじゃないですか．確率振幅の関数という認識がなく，de Broglie 波をそのまま実在波と考えた．解析力学の Maupertuis の最小作用の原理とかも関係しているわけですが，どっかで飛躍しないと力学から量子力学に移るのは無理だと思うんですけど．

青山　Schrödinger のほうは一応，de Broglie 波という導入があったから，それをちょっといじればこんな形になると説明できるわけですよね．Heisenberg の行列力学って，よくあんなの作ったなぁと思います．Heisenberg のほうが天才，というか．

益川　天才．明らかにそう．いや，当時の物理学者もね，Schrödinger が出てきてありがとうございました，ってなったんですよ．

青山　ああ，Heisenberg だけだったら，どうしようか（笑）．

植松　Dirac は最終的に相対論的な電子の波動方程式に行くわけですが．

益川　だから，なんというか，陽電子論の歴史が面白いんだよね．Dirac は空孔化すると言うんだけども，ほとんどの人が認めないよね．Heisenberg はそれを用意した，って言うし，最終的には Oppenheimer が陽電子だと．それを逆にね，空孔に電子が落ち込んでいったらね，エネルギーだけになるだろう，だから陽子ではありえない．

青山　それは今から見れば当然ですよね．

益川　当然だけど．それで，最終的な結末になるんだよね，その間にも，いろんな人がいろんなことを言っているんだけれども．

植松　いや，やはり量子力学誕生の話はとっても面白いですね．

著者によるまえがき

　本書は量子力学を最初に習う人を対象とした量子力学の教科書である．著者が京都大学理学部で行った講義ノートおよび3回生用ゼミで配布した資料が基になっているが，本教科書にまとめるにあたって題材の追加，割愛を含め大幅に書き改めている．読者としては，2回生後半から3回生レベルの量子力学を学び始めた人を念頭におき，説明はできるだけ初等的になるように努めた．そのため題材のほとんどは基礎的なものに限られているが，私自身が学生時代につまずいたところを意識して丁寧に説明した．また，教科書の体をなすよう自己完結的になるようにも努めた．解析力学や電磁気学あるいは振動・波動の物理学を一通り学んでいることを前提としている．それらは本シリーズの既刊書でそれぞれ補えるであろう．

　19世紀末からのドイツでの鉄鋼業の発達や真空技術，そして光学の発展等により，人類はまったく新奇の現象に出くわすようになった．それらは当時の物理学理論（古典物理学と称する）である力学，電磁気学，統計熱力学では神秘的なものとして理解された．これらの事項の理解には古典物理学の範囲とは言え，初学者にとってはつまずきの種となりうるほどの高度な知識と解析が必要とされる．また，そのような十全の解説はこれまでのほとんどの量子力学の教科書に書かれていることでもあり，本書ではそれらの詳しい解説はかなり簡略化している．しかし，Schrödinger 方程式で記述される波動概念が解析力学の定式化の中に含まれていることを，Schrödinger 方程式の導入として説明した．こうして Schrödinger 方程式と波動関数を導入し，波動関数が「確率振幅」を与えるという解釈を与えた後，Shrödinger 方程式の取扱いになじむことを目的に，1次元のポテンシャル問題を扱った．

　その後，量子力学の一般的な構造を説明した．Schrödinger 方程式の線型性を強調し，内積の定義されたベクトル空間の概念を導入した．つまり Hilbert 空間である．一つの応用として，1次元の調和振動子の問題を生成・消滅演算子を使って解く方法を解説した．また，そのさらなる応用として様々な問題に使われるコヒーレント状態の解説を行った．次に，空間の次元が2, 3次元の

著者によるまえがき

回転対称なポテンシャルについての典型的な問題を扱った．そこでは su(2) の表現として角運動量の固有値問題が解かれた後，軌道角運動量ではなぜ角運動量の大きさが整数に限られるのかを説明した．次に，量子力学における変換と保存則を解説した．連続変換として「並進」，Galilei 変換，回転を扱い，離散的変換として空間反転と時間反転を取り上げた．ゲージ変換は次の「電磁場中の荷電粒子」の章で解説した．量子力学では電磁場の記述は必然的にゲージポテンシャルを用いて行われる．また，「隠れた対称性」（「力学的対称性」とも呼ばれる）の例として，2 次元等方調和振動子と Coulomb ポテンシャルの問題を解説した．それは su(2) の表現の応用でもある．量子力学の近似法として，定常状態の摂動論，変分法そして WKB 近似を解説した．摂動論では，通常の Rayleigh–Schrödinger 流の摂動論を縮退のない場合とある場合の両方について説明した後，Brillouin–Wigner 流の摂動論についても簡単に説明した．WKB 近似は前世紀末から多大な発展があり，本教科書では取り入れられなかったが，Borel 総和法と結合させた壮大な「exact-WKB 理論」や「リサージェンス理論」などに発展，展開していることを明記しておく．同種粒子から成る多体系の量子力学は，フェルミオンとボソンの概念を導入した後，フェルミオンである多電子系を例として量子多体系特有の興味深い現象を解説した．また，多体系の基本理論である Hartree–Fock 理論を紹介し，原子の周期律の起源について簡単な解説を行った．最後の章は統計演算子（密度行列）の簡単な導入と量子統計力学への橋渡しを行った．また，最近盛んに議論されている「量子もつれ（エンタングルメント）」の概念もごく簡単に説明した．散乱理論，経路積分法，断熱近似の Berry 位相，Weyl 変換，Wigner 関数や伏見関数を用いた位相空間表示の量子力学等の現代の量子物理学を展開する上で重要な事項についても原稿を用意していたが，結局紙数の都合で割愛することにした．Bell の不等式を含む観測理論や量子情報理論も紙数の都合と主に著者の非力のために割愛させていただいた．この教科書を読み終えた後，読者各自でこれらの学習に進んでいかれることを希望する．

謝辞

　最後に，本書執筆を勧めていただいた植松恒夫，青山秀明両先生および監修者の益川敏英先生に感謝いたします．また，本書執筆中に恩師玉垣良三先生のご逝去という痛恨事がありました．院生時代に受けた玉垣先生からのご指導のもとで私の量子力学の理解は面目を一新したと思います．先生の学恩に感謝し，ここに記しておきたいと思います．

2018 年 3 月　国広悌二

目次

シリーズ刊行にあたって iii

監修者，編集者によるまえがき iv

著者によるまえがき vii

第1章　序：量子力学への道 1
  1.1　【基本】　溶鉱炉の温度と色：Planck の量子仮説 1
  1.2　【基本】　原子の安定性と原子スペクトル 3
  1.3　【基本】　de Broglie 波長：物質波 6
  1.4　【発展】　古典力学における変分原理と隠れた波動性 ... 7

第2章　Schrödinger 方程式 15
  2.1　【基本】　時間に依存する Schrödinger 方程式 15
  2.2　【基本】　波動関数の意味：確率解釈 17
  2.3　【基本】　確率の保存と確率の流れ 19
  2.4　【基本】　定常状態 20
  2.5　【基本】　束縛状態についての一般的注意 21
  2.6　【基本】　1 次元ポテンシャルによる束縛状態 21
  2.7　【基本】　1 次元箱型ポテンシャルにおける束縛状態 ... 23
  2.8　【基本】　パリティ：対称ポテンシャルに対する波動関数の偶奇性 ... 27
  2.9　【基本】　振動定理：束縛状態のノード（節）の数 ... 31
  2.10　【基本】　1 次元調和振動子 32
  2.11　【基本】　定常状態：ポテンシャル散乱 40

第3章　量子力学の一般的枠組み 47
  3.1　【基本】　基本方程式の線型性と線型演算子としての物理量 ... 47
  3.2　【基本】　内積の定義されたベクトル空間：Hilbert 空間 ... 48

x

目次

3.3	【基本】	Hermite 共役，Hermite 演算子	49
3.4	【基本】	Dirac の「ブラ・ケットベクトル記法」	50
3.5	【基本】	Hermite 演算子の固有値と固有関数の重要な性質	52
3.6	【基本】	運動量の固有関数とその規格化	52
3.7	【基本】	固有ベクトルの完全性と確率解釈：変換理論	58
3.8	【基本】	波動関数 $\varphi(\boldsymbol{r})$ の新たな意味づけ：位置の固有状態	60
3.9	【基本】	演算子の行列表示	63
3.10	【基本】	1 次元調和振動子の代数的解法	69
3.11	【応用】	コヒーレント状態	72
3.12	【基本】	最大可換観測量の組：純粋状態	74
3.13	【基本】	正準量子化	75
3.14	【基本】	曲線座標での正準量子化	76
3.15	【基本】	複合系の表現：ベクトルのテンソル積	81

第 4 章		物理量の時間変化	87
4.1	【基本】	時間発展演算子	87
4.2	【基本】	期待値の時間変化	88
4.3	【基本】	$\hbar$-展開：WKB 近似	89
4.4	【基本】	Schrödinger 表示と Heisenberg 表示	90
4.5	【基本】	時間に依存する Schrödinger 方程式の初期値問題の解と量子力学的因果律	91
4.6	【基本】	定常波解による初期値問題の解の構成	93
	コラム	ラグランジアンと量子力学	100

第 5 章		2,3 次元のポテンシャルによる束縛問題	103
5.1	【基本】	2 次元調和振動子	103
5.2	【基本】	3 次元系：2 粒子系問題の 1 体問題への還元	107
5.3	【基本】	運動エネルギー演算子の動径と角度部分への分離	109
5.4	【基本】	軌道角運動量	111
5.5	【基本】	角運動量の固有値問題	112
5.6	【基本】	軌道角運動量：球面調和関数	115
5.7	【基本】	動径波動関数：運動エネルギーの Hermite 性と境界条件	120

xi

目次

5.8	【基本】	3 次元等方調和振動子	121
5.9	【基本】	Coulomb ポテンシャル	123
5.10	補遺：Laguerre の（陪）方程式と Laguerre の（陪）多項式		127

第 6 章　量子力学における対称性と保存則 --------------------------- 135

6.1	【基本】	準備	135
6.2	【基本】	対称性と縮退	136
6.3	【基本】	能動的な変換と簡単な例	137
6.4	【基本】	一般の変換の表現：Wigner の定理	140
6.5	【応用】	Galilei 変換	141

第 7 章　回転変換の表現と一般化された角運動量 --------------------- 147

7.1	【基本】	回転の表現	147
7.2	【基本】	回転による状態ベクトルの変換：能動的な回転変換	150
7.3	【基本】	一般化された角運動量の定義	151
7.4	【基本】	スピン	153
7.5	【基本】	軌道角運動量とスピン	156
7.6	【発展】	回転行列：D 関数	157
7.7	【基本】	角運動量の合成：Clebsch–Gordan 係数	159
7.8	【発展】	既約テンソル	169

第 8 章　力学的対称性 --- 173

8.1	【応用】	2 次元等方調和振動子：準スピン形式	173
8.2	【発展】	水素原子の隠れた対称性とエネルギーの縮退	175

第 9 章　離散的な変換 --- 179

9.1	【基本】	空間反転：パリティ	179
9.2	【基本】	時間反転	181

第 10 章　電磁場中の荷電粒子 ----------------------------------- 193

10.1	【基本】	古典論	193
10.2	【基本】	量子論	197
10.3	【基本】	Heisenberg 表示での議論：古典論との対応	199
10.4	【基本】	確率流	199

目次

10.5	【基本】	軌道運動による磁気モーメント	201
10.6	【基本】	一様磁場中の荷電粒子：Landau 準位とその縮退度	202
10.7	【発展】	結合状態に対する Aharonov–Bohm 効果 —— ゲージポテンシャルの「実在性」	204
10.8	【基本】	荷電粒子がスピンを持つ場合の磁場との相互作用	207
10.9	【基本】	補遺：Bessel 関数について	211

第 11 章　時間に依存しない場合の摂動論 213

11.1	【基本】	はじめに	213
11.2	【基本】	準備：摂動論に現れる線型方程式の解の構造	214
11.3	【基本】	縮退のない場合	215
11.4	【基本】	縮退のある場合	226
11.5	【発展】	Brillouin–Wigner 型の摂動論	236
11.6	【基本】	様々の動径関数の期待値 $\langle r^k \rangle$ を求めるための便利な方法	238

第 12 章　非摂動的な近似法 245

| 12.1 | 【基本】 | 変分法 | 245 |
| 12.2 | 【基本】 | WKB 近似 | 252 |

第 13 章　時間に依存する摂動論 259

13.1	【基本】	はじめに	259
13.2	【基本】	遷移確率が厳密に求まる例：磁気共鳴	259
13.3	【基本】	相互作用描像	260
13.4	【基本】	逐次近似解の構成（摂動展開）	262
13.5	【基本】	例：時間に依存しない $\hat{V}$ がある時刻から働きだす場合	264
13.6	【基本】	観測されるエネルギー E_n の誤差を取り入れる取扱い	265
13.7	【基本】	摂動ポテンシャルが時間的に振動している場合	267
13.8	【発展】	初期定常状態に対する摂動補正：くりこみ	268

第 14 章　同種粒子からなる多体系の量子力学入門 271

| 14.1 | 【基本】 | 同種粒子系 | 271 |
| 14.2 | 【基本】 | 多電子系の Hamiltonian | 273 |

14.3	【基本】	2電子系	274
14.4	【応用】	Hartree–Fock 方程式と多電子原子の構造	284
14.5	【基本】	Fermi 気体	289

第15章　統計演算子：純粋状態と混合状態 ………………… 295

15.1	【基本】	統計演算子：純粋状態の場合	295
15.2	【基本】	混合状態	296
15.3	【応用】	量子統計	297
15.4	【応用】	統計演算子の満たす運動方程式	298
15.5	【発展】	複合系：統計演算子の部分和と混合状態	298
	コラム	Wigner 関数 …………………………	303

章末問題　解答 ………………………………………………… 304

索　引 ……………………………………………………………… 327

◆装幀　戸田ツトム＋今垣知沙子

第1章　序：量子力学への道

19世紀末ごろから，**Newton**力学や**Faraday**・**Maxwell**の電磁気学および当時ようやく体系化されていた統計力学の枠組み，すなわち，「古典物理学」[1]では理解できない見かけ上の神秘的な様々な現象が存在することがわかってきた．それは，光の波動‒粒子の二重性の認識，有核構造の原子の安定性などである．そして，その神秘が晴れる過程において理解されたことは，自然認識において「小さいもの」と「大きいもの」の絶対的区別の必要性であった[2]．すなわち，対象となる物理系の観測がその系の運動状態に深刻な影響を与えるものと与えないものの区別である．その中で，波動‒粒子の二重性が光だけでなく小さな世界の物質に貫徹する性質であり，自然の理解はその二重性の統一的把握によって得られることが理解された．そして「小さいもの」を記述する新しい物理理論が量子力学である．この章では，そのような現象を簡単に紹介し，いくつかの場合にはその理解の奮闘の中で生まれた重要な概念も合わせて紹介する[3]．

§1.1　溶鉱炉の温度と色：Planckの量子仮説

物体の温度が低いと赤みがかり，高いと青くあるいは青白くなっていくということはよく知られている．これは有限温度の物体からその温度特有の波長分布を持った電磁波が出ている（輻射されている）からである．これを**熱輻射**という．その研究の中心は19世紀末，鉄鋼業が急速に発達しつつあったドイツであり，溶鉱炉の温度の精確な決定は良質の鉄鋼を生産する上で最重要課題の一つであった[4]．ところが，その温度と色の**定量的**な関係が古典物理学では理解できないことがわかった．そこで，**Planck**は振動数 ν の振動子には最小の

---

[1] 量子力学に対比する呼称としては，相対性理論を加える．

[2] P. A. M. Dirac, *The Principles Of Quantum Mechanics, fourth ed.*, Oxford, 1958.

[3] 古典物理学では説明できない現象の解説とその理解と解明への努力が如何に量子力学成立に繋がっていったかの明快な解説として次の名著を推薦する：朝永振一郎著『量子力学I』（みすず書房，1969）．広重徹著『物理学史II』（培風館，1968）第10, 15章も有用である．

[4] たとえば，広重徹著『物理学史II』や天野清著『量子力学史』（自然選書，中央公論新社，1973）を参照のこと．

第1章　序：量子力学への道

エネルギー $E_0 = h\nu$ が存在し，振動子が取り得るエネルギーはその自然数倍 $E_n = nE_0 = nh\nu$ である，すなわち，連続的ではなく**離散的**になると仮定し，温度ごとの溶鉱炉から出てくる光の振動数分布を驚くほどよく再現する公式「Planck の公式」を導出した．ここに，定数

$$h = 6.62606876\,(52)\ [\mathrm{J\,s}] \tag{1.1}$$

は **Planck 定数**と呼ばれる．以下では特に断らない限り，$\hbar = h/2\pi = 1.054571596\,(82)$ を用いる．$\hbar$ は Dirac 定数と呼ばれる．このとき，$\hbar c = 197.33\,[\mathrm{MeV \cdot fm}]$．ここで，$c$ は光速である．なお，その他の自然定数に対しては次の記号と値を用いる．$k_{\mathrm{B}} = 8.617 \times 10^{-5}\,[\mathrm{eV/K}]$ は Boltzmann 定数である．素電荷，電子質量，MKSA 単位系での真空の誘電率の値はそれぞれ以下の通りである：

$$e = 1.6022 \times 10^{-19}\,[\mathrm{J}],$$
$$m_{\mathrm{e}} = 9.1094 \times 10^{-31}\,[\mathrm{kg}],$$
$$\epsilon_0 = 8.8542 \times 10^{-12}\,[\mathrm{C^2/Nm^2}].$$

このとき，

$$m_{\mathrm{e}}c^2 = .511\,[\mathrm{MeV}], \qquad \tilde{e}^2 \equiv e^2/4\pi\epsilon_0 = 1.440\,[\mathrm{MeV \cdot fm}].$$

Planck の公式は光が粒子性も有することを意味する：Einstein の光量子仮説
1905 年若き Einstein は光が生まれたり変換されるような瞬間的な現象では光の素性が未解明であることに注意し，光の物理的描像を探るために Planck の公式と整合的[5]なエントロピーの表式を求めてみた．すると，それは光のエネルギーが空間に不連続的に局在化していることを示唆していた．具体的には，振動数 ν の光には次のエネルギーと運動量を持つ粒子（**光子**）が付随しているという仮説が得られる；

$$E = h\nu, \quad p = h/\lambda \qquad (c = \lambda\nu). \tag{1.2}$$

---

[5] 実際は，古典論からの乖離が著しい短波長極限の近似式である Wien の公式を用いた．Einstein は後に全波長に渡る Planck の公式全体は波動性と粒子性の両方を兼ね備えていることを示している．

2

§1.2 【基本】 原子の安定性と原子スペクトル

考えてみれば，光のエネルギーが離散的であるならばそのエネルギーを担う実体である光そのものが'つぶつぶ'であっても不思議ではない．この仮説を**光量子仮説**という．また，(1.2) を **Einstein の関係式**と呼ぶ．Einstein は逆に，それまで理解不能であった現象の中で光が粒子的であるとすると明快に説明できるものがいくつもあることを指摘した．その一つが**光電効果**[6]である．

§1.2 原子の安定性と原子スペクトル

アルファ線を金箔に当てると予想外の頻度で α 粒子が 90 度以上の大きな角度で散乱される現象の発見から，1913 年，Rutherford は次の原子の有核構造模型を提出した：原子の質量の大部分が正の電荷を持つ小さな核（**原子核**と呼ぶ）に集中し，電子がその回りを運動している，という描像である．ところが，この模型には重大な困難が伴っていた．荷電粒子が加速度運動をするとき，電磁波を放出してエネルギー E を失う．それは原子中の電子の軌道がどんどん小さくなり，ついには原子がつぶれてしまうことを意味する．しかもそのつぶれるまでの時間は，たとえば水素原子の場合，10^{-10} 秒ほどになり水素原子が安定に存在するという事実と矛盾する．

原子スペクトル：Rydberg の公式　　水素などの気体から出る光は帯状のスペクトルと線スペクトルから成る．温度を上げると，帯スペクトルは消える[7]．

水素原子から出てくる光（スペクトル）の波長 λ は 2 つの自然数 m, n を用いて次のように表されることが経験的に知られていた：$\lambda^{-1} = R(\frac{1}{n^2} - \frac{1}{m^2}) \equiv \lambda_{n,m}^{-1}$．ただし，$m = n+1, n+2, \ldots$; $n = 1, 2, 3, \ldots$ ここで，$R = 1.09737 \times 10^7 \, [/m]$ は **Rydberg 数**と呼ばれる定数である．対応する振動数 $\nu_{n,m} = c/\lambda_{n,m}$ は，

$$\nu_{n,m} = cR \left(\frac{1}{n^2} - \frac{1}{m^2} \right). \tag{1.3}$$

$n = 1, 2, 3$ の場合のスペクトル線系列はそれぞれ，Lyman 系列，Balmer 系列，Paschen 系列として知られていた．しかし，なぜこのような線スペクトルが出

---

[6] その他には光ルミネセンスの「Stokes の法則」を例として挙げている．

[7] この解釈は以下のようである：帯スペクトルは分子から，線スペクトルは原子からの光による．温度を上げると，分子が解離し分子状態が存在しなくなるため帯スペクトルが消える．

3

第1章 序：量子力学への道

てくるのか全くの謎であった．特に，Rydberg 数は原子の何か基本的な性質に結びついているはずであるが，原子自体の構造や安定性自体が不明確な段階ではそのような関係は皆目見当がつかない．

Bohr の理論：定常状態，対応原理　さて，原子がつぶれないで安定ということは，原子には特徴的な大きさ（半径）があるということである．ところが，$[\tilde{e}^2] = [\mathrm{ML}^3/\mathrm{T}^2]$ なので，質量 m と組み合わせても長さの次元 $[\mathrm{L}]$ を作ることができない．だから，原子が定まった大きさを持つことを説明するには，もう一つ長さの次元を持つ定数を含む理論を作る必要がある．そこで新しい定数である Planck 定数 h を使うことを考えてみよう．その次元は $[\mathrm{ML}^2/\mathrm{T}]$ なので，次のように長さの次元を持つ量を構成することができる[8]：$[h^2/me^2] = [\mathrm{L}]$．

Bohr は原子の構造と光が原子から放出される機構について以下の仮定を置いた：(1) **定常状態**：とびとびのエネルギーしか取れない．(2) 定常状態の運動は Newton 力学で記述可能である．(3) 光の放出は定常状態間の遷移：このとき，**遷移**に伴い解放されるエネルギーに対応する振動数 ν（角振動数 ω）の光が放出される：$h\nu_{n,m} = \hbar\omega_{n,m} = E_m - E_n$．これを **Bohr の振動数条件**と呼ぶ．すると，Rydberg の公式との比較より，

$$E_n = -\frac{hcR}{n^2} \tag{1.4}$$

であればよい．$m = n + \tau$ とおくと，n に比べて τ が小さいとき $(n+\tau)^{-2} \simeq n^{-2} - 2\tau n^{-3}$ なので，これを Bohr の振動数条件に代入すると $h\nu_{n,n+\tau} \simeq \frac{2hcR}{n^3}\tau$ となる．(1.4) より $n = \sqrt{hcR/|E_n|}$ と書けるので，$\nu_{n,n+\tau} = \sqrt{\frac{4}{h^3 Rc}}\cdot |E_n|^{3/2}\cdot\tau$ を得る．ここで，$\tau = 1$ とおいた場合が基本振動数 ν_0 である：

$$\nu_0 \equiv \nu_{n,n+1} = \sqrt{\frac{4}{h^3 Rc}}\cdot |E_n|^{3/2}. \tag{1.5}$$

さて，n, m が大きいとき，大きな軌道になるので古典論の予言に近づくはずである．これを**対応原理**という．Bohr は，質量 m_e の電子と水素原子核（すなわち，陽子：質量を M_p とする）からなる系に対して古典力学が適用できると仮定して，Rydberg 定数を以下のように Planck 定数を含む物理定数で表すこと

---

[8] 光速 c をもう一つの物理量とすることで長さの次元を作ることができるがそれは不自然に小さな長さになり，しかも相対論では原子の安定性を説明することができない．

4

§1.2 【基本】 原子の安定性と原子スペクトル

に成功した[9]：

$$R = \left(\frac{e^2}{4\pi\epsilon_0} \right)^2 \frac{2\pi^2 m_e^*}{ch^3} \tag{1.6}$$

実際，これに数値を入れると，$R = 1.097 \times 10^7\,[\mathrm{m}^{-1}]$ となり，Rydberg が経験的に求めた値と一致する！Bohr の導いた様々の表式は Schrödinger 方程式を用いた厳密な結果と一致[10]している．

さて，Bohr の量子条件の意味は角運動量を考えることで明らかになる．円運動に対しては，角運動量の大きさは

$$l_n = a_n p_n = a_n m v_n = \frac{1}{2\pi} nh \equiv n\hbar. \tag{1.7}$$

この条件は多自由度系に拡張されて，たとえば，N 自由度の変数分離可能な系に対しては周期軌道 C についての周回積分を用いて

$$\oint_C dq_s\, p_s(\boldsymbol{r}) = n_s h, \quad (s = 1, 2, \ldots, N) \tag{1.8}$$

となる．(1.8) は **Bohr–Sommerfeld の量子化条件**と呼ばれる[11]．

対応原理と行列力学　　実験で観測される量だけで系を記述するという方針のもと，対応原理を指導原理として水素原子から放出される光の強度を求める理論の構築を目指した Heisenberg は異なる物理量遷移振幅の積が一般には**非可換**になるという奇妙な代数則を満たすことを示した．1925 年のことである．その代数則は行列演算に他ならないことを見抜いた M. Born は弟子の P. Jordan とともに，位置座標の遷移振幅の総体 $\boldsymbol{q}$ と運動量の遷移振幅の総体 $\boldsymbol{p}$ の間に $\boldsymbol{qp} - \boldsymbol{pq} = i\hbar\boldsymbol{1}$ の関係が成り立つことを示した．この後，Born, Heisenberg そして Jordan の 3 人は協力して行列力学を展開していった．しか

---

[9] たとえば朝永振一郎著『量子力学I』§18 参照.

[10] §5.9 参照.

[11] W. Wilson と石原純（Jun Ishiwara）も同じ理論を同じ時期 1915 年に提出している. 変数分離可能でない系に対しては，1917 年にアインシュタインにより

$$\oint_C \sum_{s=1}^{n} dq_s\, p_s(\boldsymbol{r}) = nh$$

が提案されている. この左辺は古典力学における作用である.

し，この理論は難解である上に，たとえば，散乱問題には適用できなかった．後に述べるSchrödinger方程式に基づく「波動力学」の展開の中に「行列力学」の内容を包摂することができる[12]．そこで，この教科書ではこの行列力学の発展は追わない．

§1.3 de Broglie波長：物質波

角運動量で表したBohrの量子条件(1.7)は，1923年に提出されたde Broglie (ド ブ ロ イ)による物質波の仮説により簡単な解釈ができる．de Broglieは光量子に対するEinsteinの関係式(1.2)が電子などの物質にも適用できると仮定し，運動量pを持つ物質には波長（de Broglie波長とよぶ）

$$\lambda = \frac{h}{p} \tag{1.9}$$

の波が対応すると考えた．この波を（de Broglieの）物質波と呼ぶ．物質波に対する関係式(1.9)をde Broglieの関係と呼ぼう．すると，(1.7)に$p_n = h/\lambda_n$を代入し，少し変形すると

$$\frac{2\pi a_n}{\lambda_n} = n \tag{1.10}$$

を得る．これは図1.1に図示されているように，波長λ_nの波が定常状態の軌道の円周$2\pi a_n$でちょうどn回繰り返して繋がる条件である．

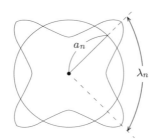

図1.1　de BroglieによるBohrの量子条件の解釈を表す図

円運動ではなく，楕円などの一般の閉軌道運動の場合への拡張は次のように提案された．このとき，波の波長λはゆるやかに位置の関数になっているとし

---

[12] ちなみに，波動力学が散乱問題に適用できることはBornが示し，そこで「確率解釈」を提出した．

§1.4 【発展】 古典力学における変分原理と隠れた波動性

よう；$\lambda = \lambda(\boldsymbol{r})$. 軌道を N 等分し i 番目の位置 $\boldsymbol{r}_i$ にある微小長さ $\Delta s(\boldsymbol{r}_i)$ の範囲を考える．この範囲では波長がほとんど変化しないとすると，$\Delta s(\boldsymbol{r}_i)$ の中にある波の数は $\Delta s(\boldsymbol{r}_i)/\lambda(\boldsymbol{r}_i)$ である（図1.2）．de Broglie の解釈によれば，量子的に選ばれる軌道 C では，波の位相が自然に接合すると仮定する．すなわち，軌道 C をぐるっと 1 周するときの波数は自然数 n である：

$$\lim_{N \to \infty} \sum_{i=1}^{N} \frac{\Delta s(\boldsymbol{r}_i)}{\lambda(\boldsymbol{r}_i)} = \oint_C \frac{ds}{\lambda(\boldsymbol{r})} = n. \tag{1.11}$$

n が大きい数のとき，この式はよく成り立つはずである．(1.9) を拡張して，

$$\lambda(\boldsymbol{r}) = \frac{h}{p(\boldsymbol{r})} \tag{1.12}$$

と書くと，(1.11) は Bohr–Sommerfeld の量子化条件 (1.8) そのものである．

この物質波の概念により，原子内の電子のように束縛され局在化した状態だけでなく，散乱現象のような自由空間中の電子の運動も量子論的に取り扱える道が開かれたことに注意しよう．実際，エネルギー $E = p^2/2m_e$ の電子には波長 $\lambda = h/\sqrt{2m_e E}$ の波が付随することになる．これは数 keV のエネルギーの電子に対しては X 線程度の波長になり，結晶による回折が期待できる．これは後に，1927 年の C. Davisson と L. Germer の実験で検証された．それでは，この de Broglie の考えの成功の背景には何があるのだろうか？

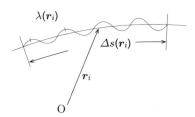

図 1.2 位置 $\boldsymbol{r}_i$ での波長 $\lambda(\boldsymbol{r}_i)$ が短いとき，微小距離 $\Delta s(\boldsymbol{r}_i)$ 内の波の数は $\Delta s(\boldsymbol{r}_i)/\lambda(\boldsymbol{r}_i)$ と数えられる．

§1.4 古典力学における変分原理と隠れた波動性

実は，古典力学の**変分原理**および **Hamilton–Jacobi 方程式**の中に波動概念が含まれている．すなわち，力学の変分原理と**幾何光学**における **Fermat** の

第1章　序：量子力学への道

原理が対応している．すると，力学を幾何光学近似とする「波動力学」を想定することができる．その波動が従い得る方程式が Schrödinger 方程式になる．このことはいくつかの解析力学の教科書[13] には触れられている[14]．

1.4.1　波動の幾何光学近似と Fermat の原理

ここで参考のために，幾何光学について少し整理しておく．以下の波動方程式で表される媒質中の光波を考える[15]：

$$\frac{\partial^2 \psi}{\partial t^2} = v^2 \nabla^2 \psi. \tag{1.13}$$

ただし，$v = v(\boldsymbol{r}) = c/n(\boldsymbol{r})$ は屈折率 $n(\boldsymbol{r})$ の媒質中での波の速さである．なお，屈折率 $n(\boldsymbol{r})$ の空間依存性は小さいと仮定している．波動方程式 (1.13) は双曲型の偏微分方程式である．そこで，量子力学に現れる波動方程式（Schrödinger 方程式）と区別する必要がある場合は双曲型の波動方程式と呼ぶことにする．単色波を

$$\psi(\boldsymbol{r}, t) = A(\boldsymbol{r}) \mathrm{e}^{i(\phi(\boldsymbol{r}) - \omega t)} \tag{1.14}$$

と表そう．これを波動方程式 (1.13) に代入すると，その実部および虚部より以下の連立方程式が得られる[16]：

$$\nabla^2 A - A \left\{ (\nabla \phi)^2 - \left(\frac{\omega}{v} \right)^2 \right\} = 0, \tag{1.15}$$

$$A \nabla^2 \phi + 2 \boldsymbol{\nabla} \phi \cdot \boldsymbol{\nabla} A = 0. \tag{1.16}$$

今我々の興味があるのは，振幅の空間依存性が小さい場合である．そこで，(1.15) の第1項が無視できる場合を考える．すると，$(\nabla \phi)^2 = \left(\frac{\omega}{v} \right)^2$ を得る．

---

[13] H. Goldstein, *Classical Mechanics, 2nd ed.*, Addison-Wesley (1980)（瀬川富士，野間進訳『古典力学』，吉岡書店，1983）．Goldstein の第3版以降では残念ながら割愛されている．大貫義郎著『物理テキストシリーズ 2 解析力学』（岩波書店，1987）．山本義孝，中村孔一著『解析力学 II』（朝倉書店，1998）．

[14] 以下の内容は少し高度なので，Hamilton–Jacobi 理論を学習してから読むことを勧める．

[15] 光は電磁波であり，本来はベクトル場で表されるべきであるが，ここではその1成分のみをスカラー場として記述している．大野木哲也・田中耕一郎著『基幹講座 物理学 電磁気学 II』（東京図書，2017）参照．

[16] 以下の内容については，M. Born and E. Wolf 著，草川徹・横田英嗣訳『光学の原理』（東海大学出版会，1975）第3章，あるいは有山正孝著『振動・波動』（基礎物理学選書 8，裳華房，1986）§7.6 参照．

8

§1.4 【発展】 古典力学における変分原理と隠れた波動性

これを**アイコナール方程式**という．またこのとき，光の伝搬は近似的に光線の概念を用いて幾何学的に記述することができる．光線は波動としての光の等位相面 $\phi(\boldsymbol{r}) - \omega t = $ 一定 に垂直な線として定義される．そして空間上の 2 点 P，Q 間を伝わる光線の経路はそれに必要な時間が最短になるように次の変分方程式の解として決まる（δ は経路についての変分である[17]）：

$$\delta \int_{\mathrm{P}}^{\mathrm{Q}} \frac{dl}{v(\boldsymbol{r})} = \frac{1}{c} \delta \int_{\mathrm{P}}^{\mathrm{Q}} n(\boldsymbol{r}) dl = 0. \qquad (1.17)$$

これを幾何光学に対する **Fermat の原理**という．振動数 ν の単色波の場合，波長は $\lambda(\boldsymbol{r}) = v(\boldsymbol{r})/\nu$ であるから，Fermat の原理は，

$$\delta \int_{\mathrm{P}}^{\mathrm{Q}} \frac{dl}{\lambda(\boldsymbol{r})} = 0 \qquad (1.18)$$

と書ける．

1.4.2 古典力学における波：最小作用の原理（**Maupertuis の原理**）と幾何光学における **Fermat の原理**

古典系の Lagrangian を $L(\boldsymbol{q}, \dot{\boldsymbol{q}}, t)$ と書き，作用 S を次のように定義する：$S(t_2, t_1; [\boldsymbol{q}]) = \int_{t_1}^{t_2} L(\boldsymbol{q}, \dot{\boldsymbol{q}}, t) dt$．これは，時間 t_1，t_2 の関数であり，軌道 $\boldsymbol{q}(t)$ の汎関数である．系の時間発展を与える運動方程式は次の変分原理（Hamilton の原理）から得られる：

$$\delta S(t_2, t_1; [\boldsymbol{q}]) = \delta \int_{t_1}^{t_2} L dt = 0. \qquad \text{ただし，} \delta \boldsymbol{q}(t_1) = \delta \boldsymbol{q}(t_2) = 0. \quad (1.19)$$

得られる運動方程式が次の Euler–Lagrange 方程式である：$\frac{d}{dt} \frac{\partial L}{\partial \dot{q}_i} = \frac{\partial L}{\partial q_i}$．

次に正準形式に移る．正準運動量 $\boldsymbol{p}(t) = \frac{\partial L}{\partial \dot{\boldsymbol{q}}}$ を用いて Hamiltonian は次式で定義される：

$$H(\boldsymbol{q}, \boldsymbol{p}) = \boldsymbol{p} \cdot \dot{\boldsymbol{q}} - L. \qquad (1.20)$$

Euler–Lagrange 方程式を用いて，次の Hamilton の正準運動方程式を得る：$\dot{\boldsymbol{q}} = \frac{\partial H}{\partial \boldsymbol{p}}$，$\dot{\boldsymbol{p}} = -\frac{\partial H}{\partial \boldsymbol{q}}$．正準運動方程式は (1.20) を逆に解いた次の 'Lagrangian' に対する変分原理からも得られる：$\bar{L}(\boldsymbol{q}, \boldsymbol{p}, t) = \boldsymbol{p} \cdot \dot{\boldsymbol{q}} - H(\boldsymbol{q}, \boldsymbol{p}, t)$．実際，このと

---

[17] 変分法については，例えば，篠本滋・坂口英継著『基幹講座 物理学 力学』（東京図書，2013）§A.2 を参照.

き作用は $S = \int_{t_1}^{t_2} L(\boldsymbol{q}, \dot{\boldsymbol{q}}, t)dt = \int_{t_1}^{t_2} \bar{L}(\boldsymbol{q}, \boldsymbol{p}, t)dt = \int_{t_1}^{t_2} (\boldsymbol{p} \cdot \dot{\boldsymbol{q}} - H(\boldsymbol{q}, \boldsymbol{p}, t)) dt$
と書けるので，$\delta S = \delta \int_{t_1}^{t_2} \bar{L} dt = \int_{t_1}^{t_2} [(\dot{\boldsymbol{q}}i - \frac{\partial H}{\partial \boldsymbol{p}}) \cdot \delta \boldsymbol{p} - (\dot{\boldsymbol{p}} + \frac{\partial H}{\partial \boldsymbol{q}})\delta \boldsymbol{q}]dt = 0$. と
ころが，$\delta \boldsymbol{p}$ と $\delta \boldsymbol{q}$ は任意なので Hamilton の正準運動方程式を得る．

さて，上記の S において $d\boldsymbol{q}/dt$ の時間微分と積分の dt を形式的に「約分」して，$S = \int_{t_1}^{t_2} (\boldsymbol{p} \cdot d\boldsymbol{q} - H(\boldsymbol{q}, \boldsymbol{p}, t)dt)$ を得る．したがって，$\frac{\partial S}{\partial t} = -H(\boldsymbol{q}, \boldsymbol{p}, t)$
および $\frac{\partial S}{\partial \boldsymbol{q}} = \boldsymbol{p}$ を得る．これを上式に代入して，

$$\frac{\partial S}{\partial t} + H(\boldsymbol{q}, \frac{\partial S}{\partial \boldsymbol{q}}, t) = 0. \tag{1.21}$$

を得る．これを **Hamilton–Jacobi 方程式**という．

簡単のために，Hamiltonian が $H(\boldsymbol{r}, \boldsymbol{p}) = \boldsymbol{p}^2/2m + V(\boldsymbol{r})$ で与えられる 3 次元空間中の 1 粒子系を考える：ただし，$|\boldsymbol{p}|^2 = \boldsymbol{p} \cdot \boldsymbol{p} = \boldsymbol{p}^2$ と略記した．以下ベクトルの 2 乗は同様の記法を行う．ポテンシャルに時間依存性がないのでエネルギーが保存している：$H(\boldsymbol{r}, \boldsymbol{p}) = E = $ 一定．このとき，(1.21) の解は $S(\boldsymbol{r}, \boldsymbol{\beta}, t) = W(\boldsymbol{r}) - Et$ と表すことができる．

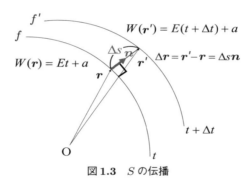

図 1.3　S の伝播

粒子は $t = 0$ において点 P にあったとする．ここで，与えられた時刻 t において Hamilton–Jacobi 方程式 (1.21) の解 S が一定となる面 f を考える：

$$S(\boldsymbol{r}, t) = W(\boldsymbol{r}) - Et = a = \text{一定}. \tag{1.22}$$

このとき，運動量は

$$\boldsymbol{p} = \boldsymbol{\nabla} S(\boldsymbol{r}, t) = \boldsymbol{\nabla} W(\boldsymbol{r}) \tag{1.23}$$

で与えられる．

§1.4 【発展】 古典力学における変分原理と隠れた波動性

さて，$r' = r + \Delta r$ が同じ局面 f 内にあるとすると，$W(r + \Delta r) = W(r)$ より，$\nabla W \cdot \Delta r = 0$. すなわち，$\nabla W$ は f の法線ベクトル n $(|n| = 1)$ に平行である；$\nabla W \parallel n$. 時刻 Δt 後に S が同じ値 a を取る局面を f' とすると，f' 上の点 $r(t + \Delta t)$ は次の関係式を満たす：$W(r(t + \Delta t)) - E(t + \Delta t) = W(r(t)) - Et$. f' 上の点 $r(t + \Delta t)$ と f 上の点 $r(t)$ の距離を Δs $(\Delta s = |r(t + \Delta t) - r(t)|)$[18] と書くと，$\nabla W \cdot n \Delta s = E\Delta t$. $\nabla W \parallel n$ であるから，$\nabla W \cdot n \Delta s = |\nabla W|\Delta s = E\Delta t$ と書ける．したがって，この曲面の移動する速さは

$$u(r) = \frac{\Delta s}{\Delta t} = \frac{E}{|\nabla W|} = \frac{E}{|p|}. \tag{1.24}$$

さて，エネルギーが保存する場合，粒子の運動を決める Hamilton の原理は次のように表される．すなわち，定まった 2 点 P から Q に行く軌道は次の変分原理（最小作用の原理，$\underset{\text{モーペルテュイ}}{\textbf{Maupertuis}}$ の原理あるいは **Jacobi** の原理とよばれる）の解である：

$$\delta \int_{\mathrm{P}}^{\mathrm{Q}} \sqrt{2mT}\,dl = \delta \int_{\mathrm{P}}^{\mathrm{Q}} |p|dl = 0, \quad (dl^2 = dr \cdot dr). \tag{1.25}$$

ただし，$T = p^2/2m$. ここで，(1.24) を用いると，最小作用の原理は

$$\delta \int_{\mathrm{P}}^{\mathrm{Q}} |p|dl = \delta \int_{\mathrm{P}}^{\mathrm{Q}} \frac{E\,dl}{u(r)} = 0 \tag{1.26}$$

となる．これは，速さ $u(r)$ で P から Q まで移動するまでに掛かる時間を最小にする条件である．$S = $ 一定の曲面 を何らかの波面と見なすとき，これは幾何光学における Fermat の原理と同じである．

以上の対応関係は，**力学の背景に何らかの波動現象があり，その幾何光学近似に当たる法則が古典力学である**，ということを示唆している．このとき，次の対応関係が見て取れる：

$$S = W(r) - Et \quad \Leftrightarrow \quad \phi(r) - \omega t, \tag{1.27}$$

$$W(r) \quad \Leftrightarrow \quad \phi(r), \tag{1.28}$$

$$E \quad \Leftrightarrow \quad \omega. \tag{1.29}$$

---

[18] Δs は f 上の位置座標 r の点から f' に降ろした垂線の長さ，すなわち両曲面間の距離である．

第1章　序：量子力学への道

次元を合わせるために，作用の次元を持つ量である $\hbar$ を用いると，

$$W(\boldsymbol{r})/\hbar \quad \Leftrightarrow \quad \phi(\boldsymbol{r}), \tag{1.30}$$

$$p/\hbar \quad \Leftrightarrow \quad 2\pi/\lambda(\boldsymbol{r}), \tag{1.31}$$

$$E/\hbar \quad \Leftrightarrow \quad \omega, \tag{1.32}$$

となる．すなわち，力学を幾何光学近似とする波動は，少なくともその波長が短いときには，$\psi(\boldsymbol{r}, t) \sim \exp[i(W(\boldsymbol{r}) - Et)/\hbar]$ と書けると予想される．

それは，de Broglie の理論とも整合的である．そこで，対応関係 (1.32) を体系的に適用して力学の背景にある波動について少し考えてみよう．たとえば，最も簡単な自由粒子の場合には，$E = p^2/2m$，$W = \boldsymbol{p} \cdot \boldsymbol{r}$ だから，$\psi(\boldsymbol{r}, t) \sim \mathrm{e}^{i(\boldsymbol{p} \cdot \boldsymbol{r} - E(p)t)/\hbar}$ となる．この波が従う方程式は

$$i\hbar\frac{\partial\psi}{\partial t} = -\frac{\hbar^2}{2m}\nabla^2\psi \tag{1.33}$$

となる．実は，これは自由粒子に対する**時間に依存する Schrödinger 方程式**である．

それではこの波動方程式の記述する波動の物理的意味は何であろうか？それは次章以降で扱われる主題であり，それは量子力学そのものの解説となる[19]．実は，Schrödinger は Kepler 問題に対する Hamilton の特性関数に対する Hamilton–Jacobi 方程式から出発して，変分原理から（時間に依存しない Schrödinger）方程式を導き，その偏微分方程式の固有値として水素原子のエネルギー準位が得られることを示したのであった[20]．

---

[19] 以下では，de Broglie 波を表す波動関数は「確率振幅」である，という立場で議論を展開する．しかし，de Broglie 波は物質波であってそれは古典的な物理量であるので多体系の完全な量子力学は de Broglie 波を量子化によって得られる，という立場もある．そのような論理展開で量子力学の体系を解説しているのは朝永の『量子力学』，特に，『量子力学 II』である．興味ある読者は是非この名著に当たってほしい．

[20] 『シュレーディンガー選集1 波動力学論文集』湯川秀樹監修，田中正，南政次訳（共立出版，1974）．

―――――――――――――― 第1章　章末問題 ――――――――――――――

問題1　質量，長さ，時間の次元をそれぞれ [M], [L] および [T] で表すと，h の次元は $[h] = [\mathrm{ML}^2\mathrm{T}^{-1}]$ となることを示せ．これは角運動量 $\boldsymbol{L} = \boldsymbol{r} \times \boldsymbol{p}$ や作用 S の次元と同じである．

問題2　(1.6) を (1.4) に代入して，水素原子の任意の定常状態のエネルギーの表式を求めよ．

問題3　さらに，古典的なエネルギーの表式

$$E_n = -\frac{\tilde{e}^2}{2a_n}$$

を用いて定常状態の半径の表式を求めよ．

問題4　Hamiltonian が $H = p^2/2m + m\omega^2 q^2/2$ で与えられる 1 次元調和振動子の定常状態のエネルギーを Bohr–Sommerfeld の量子化条件 (1.8) で求めよ．

第2章　Schrödinger 方程式

　前章の最後に，変分原理と **Hamilton–Jacobi** 方程式の解析から古典力学が何らかの波動力学の「幾何光学近似」として理解できる可能性があることを指摘するとともにその波動を記述する方程式を自由粒子の場合に書き下した．それは時間に依存する **Schrödinger** 方程式であった．しかし，その物理的意味は不明である．この章では，**Einstein–de Broglie** の条件からもう一度 **Schrödinger** 方程式を導出し，ポテンシャルがある場合に拡張する．得られる波動関数の物理的解釈を説明した後，1 次元空間の場合の簡単なポテンシャル問題を扱ってみる．

§2.1　時間に依存する Schrödinger 方程式

　古典力学から離れ，**Einstein–de Broglie** の条件から示唆される波動方程式を発見法的に導出し，それが前章で解析力学の中から導き出された Schrödinger 方程式と一致することを見る．

2.1.1　Einstein–de Broglie の条件から示唆される波動方程式

　Einstein–de Broglie の条件より波長 λ と振動数 ν はそれぞれ p と E と結びついている：$p = \frac{h}{\lambda} = \hbar k$, $E = h\nu = \hbar\omega$. この波動は

$$\psi(x,\,t) = A\mathrm{e}^{i(px - E(p)t)/\hbar} \tag{2.1}$$

と表すことができる[1]．1 次元方向に進む波面に垂直な軌道に対応する粒子の運動は確定した運動量を持つ自由運動である．対応する粒子のエネルギー，すなわち，Hamiltonian は，$E(p) = \frac{p^2}{2m} \equiv H$. これを (2.1) に代入すると，$\psi(x,\,t) = A\mathrm{e}^{i(px - \frac{p^2}{2m}t)/\hbar}$ となる．これを t で微分し $i\hbar$ を掛けると，

$$i\hbar\frac{\partial\psi}{\partial t} = \frac{p^2}{2m}\psi = E\psi. \tag{2.2}$$

一方，x で微分して $-i\hbar$ を掛けると，

---

[1] 三角関数 sin, cos でなく，指数関数で表すことの正当性は後でわかる．

15

第 2 章　Schrödinger 方程式

$$-i\hbar\frac{\partial}{\partial x}\psi = p\psi. \tag{2.3}$$

これを繰り返して，$-\hbar^2\frac{\partial^2}{\partial x^2}\psi = p^2\psi$．よって，

$$-\frac{\hbar^2}{2m}\frac{\partial^2}{\partial x^2}\psi = \frac{p^2}{2m}\psi = E\psi. \tag{2.4}$$

(2.2) と (2.4) を比較して，

$$i\hbar\frac{\partial\psi}{\partial t} = -\frac{\hbar^2}{2m}\frac{\partial^2}{\partial x^2}\psi, \tag{2.5}$$

を得る．

　ここで得られた方程式については次のことが注意される：(1) 時間については 1 階微分だが空間については 2 階微分の偏微分方程式になっている．すなわち，虚数係数を別にすると拡散方程式と同じ型（放物型）であり，通常の波動方程式のように双曲型ではない．このようになった理由は第一に，(2.2) と (2.3) から示唆されるように巨視的世界の E と運動量 p が微分演算子と次のように対応することにある：

$$E \longleftrightarrow i\hbar\frac{\partial}{\partial t}, \qquad p \longleftrightarrow -i\hbar\frac{\partial}{\partial x}. \tag{2.6}$$

第二に，非相対論領域では E と p が $E = \frac{p^2}{2m}$ の関係で結びついているからである[2]．(2) この方程式は発見法的に見つけただけであって，これが正しく微視的な世界を記述するかどうかは**実験との対応**と**古典物理学との整合性**によって確かめないといけない．実際は，この延長上で体系化された理論的枠組みの中でこの方程式が正しいことがわかっている．

2.1.2　ポテンシャルのある場合と配位空間が 3 次元の場合

　最後の確かめのためには，ポテンシャル $V(x)$ がある場合に一般化しておく必要がある．このとき Hamiltonian は $H(x, p) = \frac{p^2}{2m} + V(x) = E$．したがって，ポテンシャルがあるときの (2.2) の自然な拡張は以下のように書ける：

$$i\hbar\frac{\partial\psi}{\partial t} = H\left(x, -i\hbar\frac{\partial}{\partial x}\right)\psi = \left[-\frac{\hbar^2}{2m}\frac{\partial^2}{\partial x^2} + V(x)\right]\psi. \tag{2.7}$$

---

[2] この関係が同じ次数で与えられる相対論の場合は基本方程式は異なる．

§2.2 【基本】 波動関数の意味：確率解釈

さらに，配位空間が 3 次元の場合，対応 (2.6) は次のように拡張できる：

$$\boldsymbol{p} = (p_x, p_y, p_z) \to (-i\hbar\frac{\partial}{\partial x}, -i\hbar\frac{\partial}{\partial y}, -i\hbar\frac{\partial}{\partial z}) \equiv -i\hbar\boldsymbol{\nabla} \qquad (2.8)$$

$$\frac{\boldsymbol{p}^2}{2m} = \frac{p_x^2 + p_y^2 + p_z^2}{2m} \to -\frac{\hbar^2}{2m}\left(\frac{\partial^2}{\partial x^2} + \frac{\partial^2}{\partial y^2} + \frac{\partial^2}{\partial z^2}\right) = -\frac{\hbar^2}{2m}\Delta. \quad (2.9)$$

ここに，$\Delta = \boldsymbol{\nabla}\cdot\boldsymbol{\nabla} \equiv \nabla^2$ は Laplacian（ラプラシアン）である．よって，3 次元の時間に依存する Schrödinger 方程式は次のように書ける：

$$i\hbar\frac{\partial\psi}{\partial t} = H(\boldsymbol{r}, -i\hbar\nabla)\psi = \left[-\frac{\hbar^2}{2m}\nabla^2 + V(\boldsymbol{r})\right]\psi. \qquad (2.10)$$

これは，**時間に依存する Schrödinger 方程式**と呼ばれる．

§2.2　波動関数の意味：確率解釈

現在確立している波動関数の物理的解釈は次のようである．古典物理学では記述できない系を「ミクロな系」と呼ぼう．対象となるミクロな系を同じ条件で多数用意し，粒子が位置 $\boldsymbol{r}_i = (x_i, y_i, z_i)$ を囲み，3 辺の長さがそれぞれ Δx, Δy, Δz の微小領域に観測される**相対頻度**を記録するとその頻度 N_i は $|\psi(\boldsymbol{r}_i, t)|^2\,\Delta\boldsymbol{r}$ に比例する．ただし，$\Delta x\Delta y\Delta z = \Delta\boldsymbol{r}$ と書いた．全観測の回数を $\mathcal{N} = \sum_i N_i$ とすると，$N_i/\mathcal{N} \equiv \Delta P_i$ は位置 $\boldsymbol{r}_i$ に観測される**確率**である．この確率は明らかに微小体積 $\Delta\boldsymbol{r}$ に比例するので，$\Delta P_i = P(\boldsymbol{r}_i)\Delta\boldsymbol{r}$ と書くことができるであろう[3]．この比例係数 $P(\boldsymbol{r}_i, t)$ は単位体積当たりの確率を表し**確率密度**と呼ばれる．以上のことより，$P(\boldsymbol{r}_i, t) \propto |\psi(\boldsymbol{r}_i, t)|^2$ である．したがって，波動関数 $\psi(\boldsymbol{r}, t)$ は有限の値でなければならないことに注意する．

さらに，$|\psi(\boldsymbol{r}_i, t)|^2$ の全空間にわたる積分が有限[4]の場合，すなわち，$0 < \int d\boldsymbol{r}\,|\psi(\boldsymbol{r}, t)|^2 = C < \infty$ となる場合は，ψ に複素数 $c = \frac{e^{i\theta}}{\sqrt{C}}$ を乗じた[5] $c\psi$ を改めて ψ と定義すれば以下のように**規格化**することができる：

---

[3] このことは，（故）外村彰氏（日立製作所）の電子線に対する 2 重スリットについてのすばらしい実験で明快に示されている．以下の日立製作所のウェブサイトに詳しい説明と美しい図が掲載されている：
http://www.hitachi.co.jp/rd/portal/highlight/quantum/doubleslit/index.html

[4] このことを，ψ は「**2 乗可積分**」である，という．

[5] θ は任意の実位相である．

第2章 Schrödinger 方程式

$$\int d\boldsymbol{r}\, |\psi(\boldsymbol{r},\, t)|^2 = 1. \tag{2.11}$$

このときは，厳密に $|\psi(x,\, t)|^2$ が確率密度である．この意味で波動関数 $\psi(\boldsymbol{r},\, t)$ は**確率振幅**[6]と呼ばれる．また，定数 c は規格化するために乗じたものであり物理的な意味はないから，波動関数としては ψ も $c\psi$ も同じ量子力学的状態を表している[7]．

2.2.1 多粒子系の場合

3次元空間内の N 粒子系の場合を考える．a 番目の粒子の位置を $\boldsymbol{r}_a$ とする $(a = 1, 2,\ldots, N)$．この系の確率振幅としての波動関数 ψ は配位空間 $(\boldsymbol{r}_1,\, \boldsymbol{r}_2,\ldots,\, \boldsymbol{r}_N)$ と時間の関数となる：$\psi = \psi(\boldsymbol{r}_1,\, \boldsymbol{r}_2,\ldots,\, \boldsymbol{r}_N,\, t)$．すなわち，時刻 t において，各 a 番目の粒子 $(a = 1,\, 2,\ldots,\, N)$ が位置 $\boldsymbol{r}_a = (x_a, y_a, z_a)$ における微小体積 $\Delta V_a = \Delta x_a \Delta y_a \Delta z_a \equiv \Delta \boldsymbol{r}_a$ 中に観測される確率は，**積事象の確率**として $P(\boldsymbol{r}_1,\, \boldsymbol{r}_2,\ldots,\, \boldsymbol{r}_N,\, t)\Delta V_1 \Delta V_2 \cdots \Delta V_N$ と書ける．そして，$P(\boldsymbol{r}_1,\, \boldsymbol{r}_2,\ldots,\, \boldsymbol{r}_N,\, t) \propto |\psi(\boldsymbol{r}_1,\, \boldsymbol{r}_2,\ldots,\, \boldsymbol{r}_N,\, t)|^2$．$\psi$ が2乗可積分の場合は，適当に複素数 c を乗じて以下の規格化条件を満たすようにできる：

$$\int d\boldsymbol{r}_1 d\boldsymbol{r}_2 \cdots d\boldsymbol{r}_N |\psi(\boldsymbol{r}_1,\, \boldsymbol{r}_2,\ldots,\, \boldsymbol{r}_N,\, t)|^2 = 1. \tag{2.12}$$

このときは，$P(\boldsymbol{r}_1,\, \boldsymbol{r}_2,\ldots,\, \boldsymbol{r}_N,\, t) = |\psi(\boldsymbol{r}_1,\, \boldsymbol{r}_2,\ldots,\, \boldsymbol{r}_N,\, t)|^2$ と同定できる．

このように，波動関数 ψ を基礎とする量子力学は1個1個の事象を記述するには無力であり，ただ同じ条件で行われる多数回の実験結果の相対頻度に対してのみ予言能力を持つことになる．すなわち，量子力学で記述されるミクロな系が与えられたとき確実に言えるのは，その粒子集団が配位空間のある位置 $(\boldsymbol{r}_1,\, \boldsymbol{r}_2,\ldots,\, \boldsymbol{r}_N)$ に観測される確率分布（の時間依存性）のみである．したがって，ミクロな系はそのような「**確率分布の予測目録**[8]」によって特徴付けることができ，それが波動関数 ψ で記述されると解釈される．このとき，各予測目録に応じて系はある**状態**にある，という．波動関数は系の状態を表し，後に第3章で示すように波動関数の集合はベクトル空間をなすので，波動関数は

---

[6] 波動関数がこのように「確率振幅」を与えるという解釈は，Schrödinger 方程式を散乱問題に適用する研究の中で M.Born によって与えられた．

[7] ψ に対して集合 $\{c\psi\,|\, c \neq 0$ は定数 $\}$ を ψ の「**射線 (ray)**」という．

[8] E. シュレーディンガー著『量子力学の現状』，湯川秀樹・井上健編『現代の科学 II』（世界の名著 66，中央公論社，1970）p. 357.

18

状態ベクトルとも呼ばれる．なお，上で注意したように，厳密にはベクトルではなく射線が量子力学的状態を表現するのであるが，この教科書では両者を特に区別することなくベクトルという用語を用いる．

§2.3　確率の保存と確率の流れ

規格化条件 (2.11) は時間に依存しない条件である．このことと時間に依存する Schrödinger 方程式 (2.10) とが整合的であることを確かめてみよう．まず，$\frac{\partial}{\partial t}|\psi(\boldsymbol{r},t)|^2 = \left(\frac{\partial \psi^*}{\partial t}\right)\psi + \psi^*\left(\frac{\partial \psi}{\partial t}\right)$ である．(2.10) の複素共役を取ると，$-i\hbar\frac{\partial \psi^*}{\partial t} = \left[-\frac{\hbar^2}{2m}\nabla^2 + V(\boldsymbol{r})\right]\psi^*$．したがって，

$$\frac{\partial}{\partial t}|\psi(\boldsymbol{r},t)|^2 = \frac{1}{i\hbar}\left[-\psi\left(-\frac{\hbar^2}{2m}\nabla^2 + V(\boldsymbol{r})\right)\psi^* + \psi^*\left(-\frac{\hbar^2}{2m}\nabla^2 + V(\boldsymbol{r})\right)\psi\right]$$
$$= \frac{i\hbar}{2m}\left[\psi^*\nabla^2\psi - \psi\nabla^2\psi^*\right] = \frac{i\hbar}{2m}\boldsymbol{\nabla}\cdot\left[\psi^*\boldsymbol{\nabla}\psi - \psi\boldsymbol{\nabla}\psi^*\right]. \quad (2.13)$$

よって，次の連続の式を得る：

$$\frac{\partial P}{\partial t} + \boldsymbol{\nabla}\cdot\boldsymbol{j} = 0. \quad (2.14)$$

ここに，

$$\boldsymbol{j}(\boldsymbol{r},t) \equiv \frac{-i\hbar}{2m}\left[\psi^*\boldsymbol{\nabla}\psi - \psi\boldsymbol{\nabla}\psi^*\right] = \frac{1}{2}\left[\psi^*\frac{\hat{\boldsymbol{p}}}{m}\psi + \psi\left(\frac{\hat{\boldsymbol{p}}}{m}\psi\right)^*\right] \quad (2.15)$$

は「確率流束（フラックス）」である．$\hat{\boldsymbol{p}} = -i\hbar\boldsymbol{\nabla}$ は運動量演算子であるから，第 2 の表式において $\hat{\boldsymbol{p}}/m$ は速度を与える演算子と解釈できる．

(2.14) の両辺を図 2.1 に与えられているような任意の閉領域 Ω について積分すると，$\frac{d}{dt}\int_\Omega d\boldsymbol{r}\, P(\boldsymbol{r},t) = \int_\Omega d\boldsymbol{r}\, \frac{\partial P}{\partial t} = -\int_\Omega \boldsymbol{\nabla}\cdot\boldsymbol{j}(\boldsymbol{r},t)\,d\boldsymbol{r} = -\int_{\partial\Omega} \boldsymbol{j}\cdot d\boldsymbol{S}$．最後の等

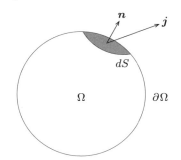

図 2.1　閉領域 Ω とそれを囲む閉局面 $\partial\Omega$．微小面 dS を貫く確率流束は $\boldsymbol{j}\cdot\boldsymbol{n}dS = \boldsymbol{j}\cdot d\boldsymbol{S}$．ただし，$\boldsymbol{n}$ は微小面 dS の外向き単位法線ベクトルである．

第 2 章　Schrödinger 方程式

式において $\overset{\text{ガ ウ ス}}{\text{Gauss}}$ の定理を用いた．$\partial\Omega$ は閉領域 Ω を囲む閉曲面である．Ω を無限に大きく取り全空間の積分を考えよう．無限遠で確率流束が消える場合には $\int_{\partial\Omega\to\infty}\boldsymbol{j}\cdot d\boldsymbol{S}\to 0$ となるので，$\frac{d}{dt}\int_{\text{全空間}}d\boldsymbol{r}\,P(\boldsymbol{r},t)=0$．すなわち，<u>無限遠で確率流束は消えるような波動関数は確率が保存し，時間に依らず規格化可能である</u>．これは，波動関数が空間に局在していることを意味している．例としては，**結合状態**や**波束**がある．

§2.4　定常状態

(2.10) には**変数分離型**の特解がある．実際，$\psi(\boldsymbol{r},t)=f(t)\varphi(\boldsymbol{r})$ とおいて (2.10) に代入すると，$i\hbar\frac{df}{dt}\varphi(\boldsymbol{r})=f(t)H(\boldsymbol{r},-i\hbar\nabla)\varphi(\boldsymbol{r})$．両辺を $f(t)\varphi(\boldsymbol{r})$ で割って，$i\hbar\frac{1}{f}\frac{df}{dt}=\frac{1}{\varphi(\boldsymbol{r})}H(\boldsymbol{r},-i\hbar\nabla)\varphi(\boldsymbol{r})$．左辺と右辺はそれぞれ $\boldsymbol{r},\,t$ に依存しないから，<u>両辺は定数</u>である．これを E とおくと，

$$i\hbar\dot{f}=E\,f, \tag{2.16}$$

$$H(\boldsymbol{r},-i\hbar\nabla)\varphi(\boldsymbol{r})=E\,\varphi(\boldsymbol{r}). \tag{2.17}$$

後者を**時間に依存しない Schrödinger 方程式**と呼ぶ．(2.16) の解は，$f(t)=Ce^{-iEt/\hbar}$（C は定数）．したがって，

$$\psi(\boldsymbol{r},t)=\mathrm{e}^{-iEt/\hbar}\varphi(\boldsymbol{r}). \tag{2.18}$$

ただし，定数 C は未定の関数 $\varphi(\boldsymbol{r})$ に含めた．さて，波動関数が (2.18) によって与えられているとき，任意時刻 t における確率密度は $|\psi(\boldsymbol{r},t)|^2=\mathrm{e}^{iEt/\hbar}\varphi^*(\boldsymbol{r})\mathrm{e}^{-iEt/\hbar}\varphi(\boldsymbol{r})=|\varphi(\boldsymbol{r})|^2$ となって時間に依存しない．そこで，変数分離型の波動関数 (2.18) で表される状態を**定常状態** (stationary state) と呼ぶ．定常状態としては，系が有限の空間領域に局在している状態と，閉じ込められていない状態とを区別する．前者は**束縛状態**（あるいは**結合状態**ともいう）に対応し，対応する波動関数 $\varphi(\boldsymbol{r})$ は規格化可能である：$\int|\varphi(\boldsymbol{r})|^2 d\boldsymbol{r}<\infty$．この場合，$r\to\infty$ において $\varphi(\boldsymbol{r})\to 0$ でなければならない（必要条件）．後の §3.5 で一般的に示すように，このときエネルギー E は<u>特別な実数の離散的な値のみが許される</u>．これを**エネルギー固有値**と呼び，各々のエネルギー固有値に応じて求まる波動関数 $\varphi(\boldsymbol{r})$ を**固有関数**と呼ぶ．すなわち，(2.17) は**固有エネルギー** E と対応する波動関数を求める**固有値方程式**である．

20

§2.6 【基本】 1次元ポテンシャルによる束縛状態

一方，後者の場合は，連続な範囲にある与えられたエネルギー E に対する散乱や反射が起こる場合に対応する：波動関数は無限に広がり規格化可能ではない．そのため，前者と区別して扱う必要がある．

§2.5 束縛状態についての一般的注意

固有値方程式 (2.17) の与える固有値 E の取り得る範囲をあらかじめ知っておくと解くのに便利である．次の命題が成り立つ：

$$V(\bm{r}) \geq V_0, \quad ならば \quad E > V_0.$$

すなわち，図 2.2 のようになっている．実際，運動エネルギーとポテンシャルの期待値について次の不等式が成り立つことに注意する：$\langle \hat{T} \rangle \equiv \int d\bm{r}\, \varphi^*(-\hbar^2/2m)\nabla^2 \varphi(\bm{r}) = \int d\bm{r}\, (\hbar^2/2m)|\nabla\varphi(\bm{r})|^2 > 0$, $\langle \hat{V} \rangle \equiv \int d\bm{r}\, \varphi^*(\bm{r})V(\bm{r})\varphi(\bm{r}) \geq \int d\bm{r}\, \varphi^*(\bm{r})V_0\varphi(\bm{r}) = V_0 \int d\bm{r}\, |\varphi(\bm{r})|^2 = V_0$. ここで，運動エネルギーの評価においては，部分積分を行い結合状態なので無限遠で表面積分が消えることを用いた．また，規格化可能であるためには $\nabla \varphi(\bm{r}) \not\equiv 0$ でなければならない[9]．すると，$E = \langle \hat{H} \rangle = \langle \hat{T} + \hat{V} \rangle = \langle \hat{T} \rangle + \langle \hat{V} \rangle > \langle \hat{V} \rangle \geq V_0$．

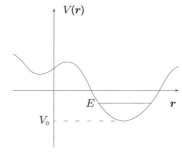

図 2.2 エネルギー固有値 E はポテンシャルの最小値 V_0 よりも大きい．

§2.6 1次元ポテンシャルによる束縛状態

この章では空間 1 次元の場合に限定して，束縛状態と散乱現象についての典型的な問題を取り上げ，(2.17) の解き方を学び，合わせて量子力学的な状態の特徴の理解を目指す．空間が 2 および 3 次元の場合の束縛状態の問題は議論すべき内容が増えるので章を変えて次章で扱う．

---

[9] $\nabla \varphi(\bm{r}) \equiv 0$ ならば，$\varphi(\bm{r})$ は定数 $\neq 0$ となり $|\varphi(\bm{r})|^2$ を無限領域で積分すると発散する．

第 2 章　Schrödinger 方程式

次の空間が 1 次元の場合の時間に依存しない Schrödinger 方程式を考える：

$$\hat{H}\varphi(x) \equiv -\frac{\hbar^2}{2m}\frac{d^2\varphi(x)}{dx^2} + V(x)\varphi(x) = E\varphi(x). \tag{2.19}$$

束縛状態を考えることにしているので次の境界条件が課されている：

$$\lim_{|x|\to\infty}\varphi(x) = 0. \tag{2.20}$$

空間 1 次元では束縛状態に縮退がないこと　　異なる 2 つの関数 $\varphi_i(x)$ $(i = 1, 2)$ が (2.19) の解であるとする．次の $\overset{\text{ロンスキアン}}{\text{Wronskian}}$（Wronski の行列式）$W(x; E)$ を考える：

$$W(x; E) = \begin{vmatrix} \varphi_1(x) & \frac{d\varphi_1(x)}{dx} \\ \varphi_2(x) & \frac{d\varphi_2(x)}{dx} \end{vmatrix}. \tag{2.21}$$

このとき，(2.19) を用いると

$$\frac{dW(x; E)}{dx} = 0 \tag{2.22}$$

が成り立つことが容易に示せる（章末問題 1 参照）．よって，$W(x; E)$ は x に依らない定数である：$W(x; E) = \varphi_1(x)\frac{d\varphi_2}{dx} - \varphi_2(x)\frac{d\varphi_1}{dx} = $ 定数．ところが，$x \to \infty$ のときを考えると，(2.20) より上の定数は 0 である．ゆえに，

$$\frac{1}{\varphi_1(x)}\frac{d\varphi_1}{dx} = \frac{1}{\varphi_2(x)}\frac{d\varphi_2}{dx}. \tag{2.23}$$

この微分方程式を解いて，$\varphi_2(x) = c\varphi_1(x)$ を得る．ただし，c は定数．これは，$\varphi_i(x)$ $(i = 1, 2)$ が同じ状態を表していることを意味する．すなわち，束縛状態で一つの固有エネルギー E を持つ状態は 1 つだけである．

このことを固有値 E には「縮退がない」という．

1 次元束縛状態の波動関数は実数に取れること　　1 次元の束縛状態には縮退がないことから，波動関数は実数に取れることが次のようにしてわかる．$\hat{H}$ の固有値 E に属する束縛状態の固有波動関数を $\varphi(x)$ とする：

$$\hat{H}\varphi(x) = E\varphi(x). \tag{2.24}$$

$\varphi(x)$ が次のように複素数で表されているとしよう；$\varphi(x) = \varphi_1(x) + i\varphi_2(x)$．ただし，$\varphi_i(x)$ $(i = 1, 2)$ はともに実関数である．これを (2.24) に代入する

22

と，$\hat{H}\varphi_1(x) + i(\hat{H}\varphi_2(x)) = E\varphi_1(x) + i(E\varphi_2(x))$. $\hat{H}$ が虚数を含まないことに注意し両辺の実部と虚部を比較すると，$\hat{H}\varphi_1(x) = E\varphi_1(x)$ および $\hat{H}\varphi_2(x) = E\varphi_2(x)$ を得る．ただし，後の§3.5で示すように束縛状態に対する $\hat{H}$ の固有値 E は実数であることを用いた．すなわち，$\varphi_i(x)$ $(i = 1, 2)$ は同じ固有値に属する固有波動関数である．ところが，1次元系では縮退がないので両者は比例しないといけない．すなわち，ある定数 c が存在して，$\varphi_1(x) = c\varphi_1(x)$ と書ける．したがって，$\varphi(x) = (1 + ic)\varphi_1(x)$．ここで定数 $1 + ic$ は規格化定数に吸収できるので，束縛状態の波動関数は実関数で表すことができることが言えた．

§2.7　1次元箱型ポテンシャルにおける束縛状態

　微分方程式の解が簡単に求まる1次元箱型ポテンシャルを扱う．しかし一方でポテンシャルに跳びがある位置での**波動関数の接続条件**に対して特別な考察が必要である．なお，§2.2で注意したように，波動関数 $\varphi(x)$ が有限値を取ることは仮定する[10]．

$d\varphi/dx$ および $\varphi(x)$ の連続性　図2.3に示されているように，$x = a$ において $V(x)$ に有限の跳びがあるとしよう．ϵ を正の無限小として (2.19) を $(a - \epsilon, a + \epsilon)$ の微小範囲にわたって積分すると，

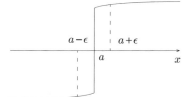

図 **2.3**　$x = a$ でポテンシャル $V(x)$ に「跳び」がある場合の波動関数の振る舞い．

$$\int_{a-\epsilon}^{a+\epsilon} \frac{d^2\varphi}{dx^2} dx = -\frac{2m}{\hbar^2} \int_{a-\epsilon}^{a+\epsilon} (E - V(x))\varphi(x) dx.$$

左辺は積分できて，左辺 $= \left.\frac{d\varphi(x)}{dx}\right|_{a+\epsilon} - \left.\frac{d\varphi(x)}{dx}\right|_{a-\epsilon}$．一方，$\varphi(x)$ は有限であるから右辺は $\epsilon \to 0+$ のとき，

$$|右辺| \leq \frac{2m}{\hbar^2} \text{Max}_{a-\epsilon<x<a+\epsilon}|E - V(x)||\varphi(x)| \int_{a-\epsilon}^{a+\epsilon} dx$$
$$= 2\epsilon \frac{2m}{\hbar^2} \text{Max}_{a-\epsilon<x<a+\epsilon}|E - V(x)||\varphi(x)| \to 0.$$

---

[10] 後に見るように，その仮定から $\varphi(x)$ の連続性も帰結する．

第 2 章 Schrödinger 方程式

よって，$\lim_{x \to a+} \frac{d\varphi(x)}{dx} = \lim_{x \to a-} \frac{d\varphi(x)}{dx} \equiv \varphi'(a)$．これは，$x = a$ における $d\varphi(x)/dx = \varphi'(x)$ の連続性を意味している．

さらに，$\varphi'(x)$ を上記と同じ微小範囲で積分すると，$|\varphi(a+) - \varphi(a-)| \leq 2\epsilon \mathrm{Max}_{a-\epsilon < x < a+\epsilon} |\varphi'(x)| \to 0$ となるので，$\varphi(x)$ は $x = a$ で連続である．

2.7.1 非対称な箱型ポテンシャル

例題として，x の正の領域で定義されている図 2.4 のようなポテンシャルによる束縛状態を考える ($V_0 > 0$):

$$V(x) = \begin{cases} \infty, & : x = 0 \\ -V_0, & : 0 < x < a \quad (\text{領域 I}) \\ 0. & : a < x \quad (\text{領域 II}) \end{cases} \tag{2.25}$$

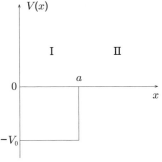

図 2.4 (2.25) で定義されるポテンシャル $V(x)$ の図．

x の領域 $[0, a)$ を領域 I，領域 (a, ∞) を II と呼ぼう．もし，$E > 0$ であるとすると，このときの波動関数は減衰せず $|x| \to \infty$ まで広がるので束縛状態の解としては不適である．そこでまず，エネルギー固有値 E が負の場合 ($E < 0$) を考え，

$$0 > E \equiv -\frac{\hbar^2}{2m} \kappa^2 \tag{2.26}$$

とおく．一方，§2.5 に示したように $E + V_0 > 0$ であるから，実数 k を用いて

$$E + V_0 = \frac{\hbar^2}{2m} k^2 \tag{2.27}$$

と書くことができる．このとき，

$$k^2 + \kappa^2 = \frac{2mV_0}{\hbar^2} \tag{2.28}$$

の関係式が成り立つ．右辺は正の定数である．

【領域 I】 $0 < x < a$ における Schrödinger 方程式は $-\frac{\hbar^2}{2m} \frac{d^2 \varphi_\mathrm{I}}{dx^2} + (-V_0) \varphi_\mathrm{I} = E \varphi_\mathrm{I}$．これは (2.27) を用いると $\frac{d^2 \varphi_\mathrm{I}}{dx^2} = -k^2 \varphi_\mathrm{I}$ と書ける．この方程式の一般解

§2.7 【基本】 1次元箱型ポテンシャルにおける束縛状態

は A, B を任意定数として,

$$\varphi_{\mathrm{I}}(x) = Ae^{ikx} + Be^{-ikx}. \tag{2.29}$$

ここで $x = 0$ での境界条件を考える. 粒子は $x < 0$ の領域には存在しえないので $x \to 0$ のとき, $\varphi(x) \to 0$ となるべきである: $\lim_{x \to 0} \varphi_{\mathrm{I}}(x) = A + B = 0$. すなわち, $B = -A$. これを (2.29) に代入して,

$$\varphi_{\mathrm{I}}(x) = 2iA \sin kx \equiv C \sin kx, \quad (C \equiv 2iA). \tag{2.30}$$

$x = a$ での境界条件（実際は, 接続条件）は後で議論する.

【領域 II】 $a < x$ における Schrödinger 方程式は, (2.26) を用いると $\frac{d^2\varphi_{\mathrm{II}}}{dx^2} = \kappa^2 \varphi_{\mathrm{II}}$ と書ける. この方程式の一般解は D, F を任意定数として,

$$\varphi_{\mathrm{II}}(x) = De^{-\kappa x} + Fe^{\kappa x}. \tag{2.31}$$

さて, 束縛状態を考えているので, 粒子の波動関数は有限区間に局在化すべきである: $\lim_{x \to \infty} \varphi_{\mathrm{II}}(x) = 0$. よって, $F = 0$. 結局, $\varphi_{\mathrm{II}}(x) = De^{-\kappa x}$.

【$x = a$ での接続条件】 $x = a$ での境界条件（接続条件）を議論する. $x = a$ での波動関数とその微分係数の連続性から, $\varphi_{\mathrm{I}}(a) = \varphi_{\mathrm{II}}(a)$, $\varphi_{\mathrm{I}}'(a) = \varphi_{\mathrm{II}}'(a)$. 後者は次の**対数微分の連続性**でおき換える方が便利である:

$$\frac{d \ln |\varphi_{\mathrm{I}}(x)|}{dx}\Big|_{x=a} = \frac{d \ln |\varphi_{\mathrm{II}}(x)|}{dx}\Big|_{x=a}. \tag{2.32}$$

具体的に計算すると, それぞれ次の条件式が得られる:

$$C \sin ka = De^{-\kappa a}, \quad k \tan\left(ka + \frac{\pi}{2}\right) = \kappa. \tag{2.33}$$

ただし, 関係式 $\cot x = -\tan(x + \frac{\pi}{2})$ を用いた. (2.33) の第2式と (2.28) を連立させて κ, すなわち, エネルギー固有値を求めることができる. その結果を用いると, (2.33) の第1式から係数 C と D の相対的な関係が求まる. ここで,

$$\xi \equiv ka > 0, \quad \eta \equiv \kappa a > 0 \tag{2.34}$$

とおくと, (2.28) と (2.33) の第2式はそれぞれ

25

$$\xi^2 + \eta^2 = \frac{2mV_0 a^2}{\hbar^2}, \quad \eta = \xi \tan\left(\xi + \frac{\pi}{2}\right) \tag{2.35}$$

と書ける．第1式は (ξ, η) が半径 $\sqrt{\frac{2mV_0 a^2}{\hbar^2}} \equiv R$ の円周上にあることを示している．この円周と第2式の第1象限内での交点がこの連立方程式の解 $(\bar{\xi}, \bar{\eta})$ である（図2.5参照）．ところが，(2.35) の第2式の η は $\xi < \pi/2$ のとき負[11]である．したがって正の解を得るには，$R > \pi/2$，すなわち，$\frac{1}{2m}\left(\frac{\hbar\pi}{2a}\right)^2 < V_0$ でなければならない．これが束縛状態が存在するための条件を与える．

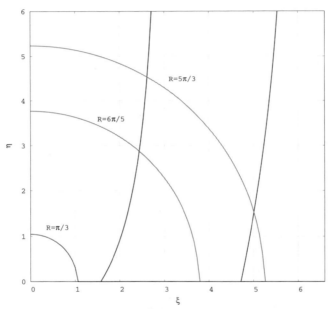

図2.5 固有値方程式 (2.35) の図示．円弧は半径の小さい順に $R = \pi/3, 6\pi/5, 5\pi/3$ の場合である．

この条件の物理的な意味を考えてみよう．この不等式の左辺 $\frac{1}{2m}\left(\frac{\hbar\pi}{2a}\right)^2 \equiv T$ は運動量 $p = \frac{\hbar\pi}{2a} = \frac{h}{4a}$ の場合の運動エネルギーである．この条件は，対応する de Broglie 波の 1/4 波長，すなわち，$\frac{h}{4p}$ がポテンシャルの広がり a と一致するときの運動エネルギー $T = \frac{p^2}{2m}$ よりもポテンシャルの深さ V_0 の方が大きくなることを意味している．また，このとき $\bar{\xi} = ka > \pi/2$ なので，領域Iでの波動関数 $C \sin kx$ のピークがポテンシャルの広がり内に含

---

[11] $\xi \ll 1$ のとき，$\xi \tan(\xi + \frac{\pi}{2}) = -\xi \cot \xi \simeq -1 + \frac{1}{3}\xi^2 + \cdots$.

§2.8 【基本】パリティ：対称ポテンシャルに対する波動関数の偶奇性

まれる．$\pi/2 < R (< 3\pi/2)$ のとき，ただ 1 つの束縛状態の波動関数の概形は図 2.6 のようになっている．$V_0 a^2$ がより大きいポテンシャルで $R > 3\pi/2$ となっている場合は，束縛状態の数が 2 個存在することになる．2 番目の束縛状態の波動関数は，$\bar{\xi} = ka > 3\pi/2$ であるから，基底状態に比べて半波長だけ波がポテンシャル内で増えており，ゼロを切る点（ノードあるいは

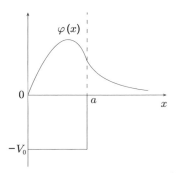

図 2.6 1 つだけ束縛状態があるときの波動関数の概形．波長の 1/4 の位置での波動関数のピークがポテンシャル領域内に収まっている．

節という）が 1 つ存在する．これ以降同様に，R が π 増える毎に束縛状態の数が 1 つずつ増えていく．そのとき波動関数のノードの数も 1 つずつ増えていく．

§2.8 パリティ：対称ポテンシャルに対する波動関数の偶奇性

次のように，空間反転 $x \to -x$ に対してポテンシャルが対称である場合を考える：

$$V(-x) = V(x). \tag{2.36}$$

(2.19) において $x = -x'$ とおき，x' を改めて x と書くと，

$$-\frac{\hbar^2}{2m}\frac{d^2\varphi(-x)}{dx^2} + V(x)\varphi(-x) = E\varphi(-x). \tag{2.37}$$

ただし，(2.36) を使った．(2.37) は $\varphi(-x)$ が $\varphi(x)$ と同じエネルギー E に属する固有関数であることを意味する．ところが，1 次元系では縮退がないので，ある定数 c が存在して $\varphi(-x) = c\varphi(x)$．(2.37) に対して同じ議論を繰り返すと，$\varphi(x) = c\varphi(-x) = c^2\varphi(x)$．$\varphi(x) \not\equiv 0$ だから，$c^2 = 1$，すなわち，$c = \pm 1$．よって，

$$\varphi(-x) = \pm\varphi(x). \tag{2.38}$$

すなわち，空間反転対称なポテンシャルに対する波動関数は座標に関して偶関数か奇関数に限られる．偶（奇）のとき，それぞれ「パリティが正（負）である」という．

2.8.1 空間反転対称な箱型ポテンシャル

図 2.7 のような空間反転に対して対称なポテンシャルを考える $(a, V_0 > 0)$；

$$V(x) = \begin{cases} -V_0 & : -a < x < a, \quad \text{（領域 I）} \\ 0 & : a < |x|. \quad \text{（領域 II）} \end{cases} \tag{2.39}$$

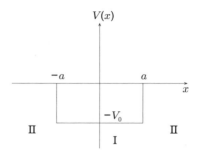

図 2.7 (2.39) で定義されるポテンシャル $V(x)$ の図．

束縛されているので，$|x| \to \infty$ の境界条件は

$$\lim_{|x| \to \infty} \varphi(x) = 0 \tag{2.40}$$

である．

偶パリティの束縛状態　領域 I および II における微分方程式の一般解はそれぞれ (2.29) および (2.31) で与えられるから，(2.40) を満たす偶パリティの波動関数は

$$\varphi(x) = \begin{cases} B \cos kx, & -a < x < a, \\ Ce^{-\kappa |x|}, & a < |x| \end{cases} \tag{2.41}$$

ただし，k と κ はそれぞれ (2.27) および (2.26) で定義されている．波動関数とその対数微分の連続性の条件より，エネルギー固有値は次の連立方程式を満たす；

$$\xi^2 + \eta^2 = 2mV_0 a^2/\hbar^2, \quad \eta = \xi \tan \xi. \tag{2.42}$$

ξ と η は (2.34) によって定義されている．この 2 つの方程式が定義する 2 つの曲線の第 1 象限 $(\xi > 0, \eta > 0)$ での交点からエネルギー固有値が求まるのは 2.7.1 項の場合と同様である．

§2.8 【基本】 パリティ：対称ポテンシャルに対する波動関数の偶奇性

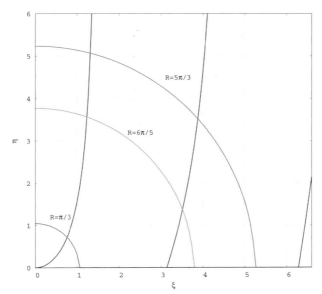

図 2.8 固有値方程式 (2.42) の図示．円弧の半径は小さい順に，$R = \pi/3, 6\pi/5, 5\pi/3$ である．

しかし，図 2.8 からわかるように，今回はエネルギー固有値が常に少なくとも 1 つは存在し，したがって，少なくとも 1 つは束縛状態が存在する．そして，半径 $R = \sqrt{2mV_0 a^2/\hbar^2}$ が $n\pi$（n は自然数）を超えるごとに束縛状態の数が 1 つ増えることは 2.7.1 項の場合と同じである．逆に，

$$V_0 < \frac{\hbar^2}{2m}\left(\frac{\pi}{a}\right)^2, \text{ すなわち, } 0 < \frac{\hbar^2}{2m}\left(\frac{\pi}{a}\right)^2 - V_0 \tag{2.43}$$

のときには，偶パリティの束縛状態はただ 1 つだけである．これは，ポテンシャルの幅 $2a$ の中に波動関数 $B\cos kx$ を 1 波長分入れると，全エネルギーが正になり束縛状態にならないことを意味する．

2.8.2 負パリティの場合

負パリティの束縛状態の固有エネルギーは $\xi^2 + \eta^2 = 2mV_0 a^2/\hbar^2$, $\eta = -\xi \cot\xi = \xi \tan(\xi + \pi/2)$ の解として得られる．これは，2.7.1 項で扱った問題と全く同じである．$\frac{\hbar^2}{2m}\left(\frac{\pi}{2a}\right)^2 < V_0$ のとき，解が存在できる．逆にポテンシャルがこの条件を満たさなければ負パリティの束縛状態は存在しない．

2.8.3 デルタ関数型ポテンシャル

前問のポテンシャル (2.39) において $V_0 = \bar{V}_0/2a$ とおき，$\bar{V}_0$ をある正の数に保ったまま，$a \to 0+$ の極限を取ってみよう（図 2.9 参照）．このとき，ポテンシャルはデルタ関数に比例する：

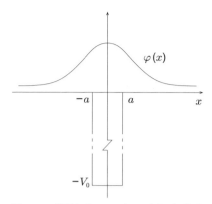

$$\lim_{a \to 0+} V(x) \to -\bar{V}_0 \delta(x) \equiv V_\delta(x). \tag{2.44}$$

エネルギー固有値を $E = -\hbar^2 \kappa^2 / 2m$ とおくと，原点以外での Schrödinger 方程式は $\varphi''(x) = \kappa^2 \varphi(x)$ と書ける．規格化可能性を考慮すると，$x < 0$ および $x > 0$ の領域の解はそれぞれ $\varphi(x) = C_- e^{\kappa x} \equiv \varphi_-(x)$ および

図 2.9　ポテンシャル (2.39) における $2aV_0 \equiv \bar{V}_0$ をある正の数に保ったまま $a \to 0+$ の極限を取るとデルタ関数型ポテンシャルが得られる．

$\varphi(x) = C_+ e^{-\kappa x} \equiv \varphi_+(x)$ となる．$x = 0$ での波動関数の連続性より，$C_- = C_+ \equiv C$ を得る．問題は微係数の接続条件である．Schrödinger 方程式

$$-\frac{\hbar^2}{2m} \frac{d^2 \varphi}{dx^2} + (-\bar{V}_0 \delta(x)) \varphi(x) = E\varphi(x)$$

を，$x = 0$ を囲む微小範囲 $[-\epsilon, +\epsilon]$ にわたって積分してみよう．デルタ関数の性質と $\varphi(x)$ が $x = 0$ で有限であることを使うと，

$$\Delta\left[\frac{d\varphi}{dx}\right] \equiv \lim_{\epsilon \to 0+} \left[\frac{d\varphi(x)}{dx}\Big|_{+\epsilon} - \frac{d\varphi(x)}{dx}\Big|_{-\epsilon}\right] = \frac{2m\bar{V}_0}{\hbar^2} \varphi(0) \tag{2.45}$$

となる．これに上で求めた波動関数を代入すると，$\kappa = \frac{m\bar{V}_0}{\hbar^2}$ を得る．したがって，エネルギー固有値は

$$E = -\frac{\hbar^2 \kappa^2}{2m} = -\frac{m\bar{V}_0^2}{2\hbar^2}. \tag{2.46}$$

また，規格化条件より $C = \sqrt{\kappa}$ が得られるので，波動関数は $\varphi(x) = \sqrt{\kappa} e^{-\kappa |x|}$ となる．原点で波動関数の微係数は不連続であり，波動関数は尖っている．

§2.9　振動定理：束縛状態のノード（節）の数

1次元束縛状態の固有エネルギーが小さいほうから $(n+1)$ 番目の固有波動関数 $\varphi_{n+1}(x)$ の節（ノード：座標軸を切る点）の数は n 個である．また，各節は n 番目の固有波動関数 $\varphi_n(x)$ の隣り合う節の間にある．これを**振動定理**という．以下，このことの証明の概略を与える．

1次元ポテンシャル $V(x)$ 内を運動する質量 m の粒子の定常状態を考える．異なる固有エネルギー E_1, E_2 ($E_1 < E_2$ とする) に属する固有関数をそれぞれ $\varphi_1(x)$, $\varphi_2(x)$ とすると，これらは次の方程式を満たす：

$$\varphi_i''(x) = \frac{-2m}{\hbar^2}(E_i - V(x))\varphi_i(x), \quad (i = 1, 2). \tag{2.47}$$

このとき，次のWronskianを考える：$W(x; E_1, E_2) = \begin{vmatrix} \varphi_1(x) & \varphi_1'(x) \\ \varphi_2(x) & \varphi_2'(x) \end{vmatrix}$．$x$ で微分すると，$dW/dx = \varphi_1(x)\varphi_2''(x) - \varphi_2(x)\varphi_1''(x)$．これに (2.47) を代入して少し計算すると，

$$\frac{dW}{dx} = \frac{-2m}{\hbar^2}(E_2 - E_1)\varphi_1(x)\varphi_2(x) \tag{2.48}$$

を得る．

さて，$\varphi_1(x)$ に節（ゼロ点）が少なくとも2個あるとし，そのうち隣り合うゼロ点の x 座標を a, b ($a < b$) とする：$\varphi_1(a) = \varphi_1(b) = 0$．その区間では $\varphi_1(x)$ は定符号である．

(A) 区間 $a < x < b$ で $\varphi_1(x) > 0$ の場合を考える．このとき，図2.10のような状況になっており，

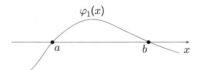

図 **2.10**　$\varphi_1(x)$ は $\varphi_1(a) = \varphi_1(b) = 0$ を満たし，区間 $a < x < b$ で正の値を取る．

$$\varphi_1'(a) > 0, \quad \varphi_1'(b) < 0. \tag{2.49}$$

(2.48) を a から b まで積分すると，$\int_a^b dW/dx \, dx = -(2m/\hbar^2)(E_2 - E_1) \times \int_a^b \varphi_1(x)\varphi_2(x)\,dx$．ところが，$\varphi_1(a) = \varphi_1(b) = 0$ に注意して計算すると，左辺 $= W(b) - W(a) = -\varphi_1'(b)\varphi_2(b) + \varphi_1'(a)\varphi_2(a)$．ゆえに，

$$\varphi_1'(b)\varphi_2(b) - \varphi_1'(a)\varphi_2(a) = \frac{2m}{\hbar^2}(E_2 - E_1)\int_a^b \varphi_1(x)\varphi_2(x)\,dx. \tag{2.50}$$

これを基礎にして背理法により，$\varphi_2(x)$ が区間 (a, b) にゼロ点を持つことを示そう．(i) $a < x < b$ で $\varphi_2(x) > 0$ と仮定すると，(2.50) の右辺 > 0．一方，(2.49) より，(2.50) の左辺 = 負の量 − 正の量 < 0 となって矛盾する．逆に，(ii) $a < x < b$ で $\varphi_2(x) < 0$ と仮定すると，(2.50) の右辺 < 0．一方，(2.49) より，(2.50) の左辺 = 正の量 − 負の量 > 0．ゆえに，この場合も矛盾する．よって，$\varphi_2(x)$ は区間 (a, b) で定符号ではあり得ず，必ずゼロ点を持ち，符号を変える．

(B) 区間 $a < x < b$ で，$\varphi_1(x) < 0$ の場合は，波動関数のグラフの正負は図 2.10 と上下逆になっており，$\varphi_1'(a) < 0$，$\varphi_1'(b) > 0$ である．この区間で $\varphi_2(x)$ が定符号であるとすると，(2.49) からやはり矛盾が導かれるので，$\varphi_2(x)$ がゼロ点を持ち，符号を変えることが言える．（各自確かめよ．）

§2.10　1次元調和振動子

1次元空間でポテンシャル $U(x)$ 内を運動する質量 m の粒子を考える．$U(x)$ が $x = x_0$ において最小値 $U(x_0) \equiv U_0$ を取るとしよう（図 2.11 参照）．このとき，$x \sim x_0$ の周りで $U(x) \simeq U_0 + \frac{m\omega^2}{2}(x - x_0)^2$ と近似できる．ただし，$\frac{d^2 U}{dx^2}\big|_{x=x_0} = k = m\omega^2$ とおいた．エネルギーを U_0 から計ることにし，$x - x_0$ を改めて x と書くことにすれば，このときの Hamiltonian は

$$H = \frac{p^2}{2m} + \frac{m\omega^2}{2} x^2 \quad (2.51)$$

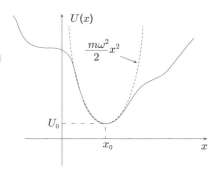

図 2.11　$x = x_0$ で最小値 U_0 を取る任意の非線型ポテンシャル $U(x)$．最小点付近は調和ポテンシャルでよく近似できる．

と近似できる．したがって，ポテンシャルの最小点 $x \sim x_0$ 付近での粒子の量子状態は近似的に次の Schrödinger 方程式で記述される：

$$H\varphi = \left(-\frac{\hbar^2}{2m}\frac{d^2}{dx^2} + \frac{m\omega^2}{2} x^2\right)\varphi(x) = E\varphi(x). \quad (2.52)$$

これは，1次元調和振動子の Schrödinger 方程式である．このように，調和振

§2.10 【基本】 1次元調和振動子

動子の問題はポテンシャルの最小点付近の低励起エネルギー状態の問題として普遍的な意味を持つ.

2.10.1 固有値と固有関数

変数変換,

$$x = \sqrt{\frac{\hbar}{m\omega}}\, \xi \equiv \alpha\xi \qquad \left(\alpha \equiv \sqrt{\frac{\hbar}{m\omega}}\right) \tag{2.53}$$

を行い,方程式 (2.52) を無次元化する;

$$\frac{d^2\varphi}{d\xi^2} + (\lambda - \xi^2)\varphi = 0. \tag{2.54}$$

ただし,$\lambda = \frac{2E}{\hbar\omega}$. 以下で次のことを示す:(2.54) の規格化可能な解は,$\lambda = 2n + 1\,(n = 0, 1, 2, \ldots)$ のときのみ存在する.したがって,エネルギー固有値は,

$$E_n = \left(n + \frac{1}{2}\right)\hbar\omega \tag{2.55}$$

で与えられる.このとき,波動関数は

$$\varphi(x) = C_n H_n(\xi)\mathrm{e}^{-\frac{\xi^2}{2}} \equiv \varphi_n(x) \tag{2.56}$$

と書ける.ただし,C_n は規格化定数;

$$C_n = \left(\frac{1}{\sqrt{\pi}\alpha 2^n\, n!}\right)^{\frac{1}{2}}. \tag{2.57}$$

ここに,$H_n(\xi)$ は次の微分方程式を満たす多項式(Hermite多項式)である;

$$H_n''(\xi) - 2\xi\, H_n'(\xi) + 2n\, H_n(\xi) = 0. \tag{2.58}$$

ここで,プライム(ダッシュ)$'$ は ξ 微分を表す.

【証明】 $\varphi(x) = \phi(\xi)\mathrm{e}^{-\frac{\xi^2}{2}}$ を (2.54) に代入すると,

$$\phi''(\xi) - 2\xi\, \phi'(\xi) + (\lambda - 1)\, \phi(\xi) = 0 \tag{2.59}$$

が得られる.ポテンシャルが空間反転に対して不変なので,解はパリティで分類することができ,ξ の偶関数か奇関数であることに注意する.そこで,

$$\phi(\xi) = \xi^\sigma(a_0 + a_1\xi^2 + \xi^4 + \cdots) \qquad (a_0 \neq 0,\, \sigma \geq 0) \tag{2.60}$$

33

第2章　Schrödinger 方程式

と表し，(2.59) に代入し ξ の各冪の係数を 0 とおくと，次の方程式を得る：

$$\sigma(\sigma - 1)a_0 = 0, \tag{2.61}$$

$$(\sigma + 2\nu + 2)(\sigma + 2\nu + 1)a_{\nu+1} = (2\sigma + 4\nu + 1 - \lambda)a_\nu \quad (\nu \geq 0). \tag{2.62}$$

(2.61) から

$$\sigma = 0 \quad または \quad 1. \tag{2.63}$$

(2.62) から順に，$a_1, a_2, a_3, \ldots$ の a_0 に対する比が得られる．

まず，$\sigma = 0$ のとき，(2.62) より，

$$a_{\nu+1} = \left(1 - \frac{\lambda + 1}{2(2\nu + 1)}\right)\frac{a_\nu}{\nu + 1} \tag{2.64}$$

を得る．任意の $\nu \geq 0$ に対して，$1 - \frac{\lambda+1}{2(2\nu+1)} \neq 0$ であるとしよう．(2.64) を $\nu + 1 \to \nu$ と書き直して，

$$a_\nu = \left(1 - \frac{\lambda + 1}{2(2\nu - 1)}\right)\frac{a_{\nu-1}}{\nu} \quad (\nu \geq 1). \tag{2.65}$$

さて，有限の λ に対して，十分大きい自然数 N を $\frac{\lambda+1}{2(2N-1)} < \frac{1}{2}$ となるように一つ選ぶことができる．このとき，$\beta \equiv 1 - \frac{\lambda+1}{2(2N-1)} > \frac{1}{2}$ である．ところが，$\nu > N$ のとき，

$$1 - \frac{\lambda + 1}{2(2\nu - 1)} > 1 - \frac{\lambda + 1}{2(2N - 1)} = \beta. \tag{2.66}$$

よって，不等式 (2.66) を (2.65) に適用すると，$a_\nu > \frac{\beta}{\nu}a_{\nu-1} > \frac{\beta^2}{\nu(\nu-1)}a_{\nu-2} > \cdots > \frac{\beta^{\nu-N}}{\nu(\nu-1)\cdots(N+1)}a_N = \frac{\beta^\nu}{\nu!}\frac{N!}{\beta^N}a_N$．したがって，(2.60) で定義されている $\phi(\xi)$ に対して次の不等式が成り立つ：

$$\begin{aligned}
\phi(\xi) = \sum_{\nu=0}^{\infty} a_\nu \xi^{2\nu} &= \sum_{\nu=0}^{N} a_\nu \xi^{2\nu} + \sum_{\nu=N+1}^{\infty} a_\nu \xi^{2\nu} \\
&> \sum_{\nu=0}^{N} a_\nu \xi^{2\nu} + \sum_{\nu=N+1}^{\infty} \frac{\beta^\nu}{\nu!}\frac{N!}{\beta^N}a_N \xi^{2\nu} \\
&= \sum_{\nu=0}^{N} \left(a_\nu - \frac{\beta^\nu}{\nu!}\frac{N!}{\beta^N}a_N\right)\xi^{2\nu} + \sum_{\nu=0}^{\infty} \frac{\beta^\nu}{\nu!}\frac{N!}{\beta^N}a_N \xi^{2\nu}
\end{aligned}$$

$$= \sum_{\nu=0}^{N} (a_\nu - \frac{\beta^\nu}{\nu!} \frac{N!}{\beta^N} a_N) \xi^{2\nu} + \frac{N!}{\beta^N} a_N e^{\beta\xi^2}. \tag{2.67}$$

$\beta > 1/2$ なので，波動関数 $\varphi(\xi) = \phi(\xi)e^{-\xi^2/2}$ は，$\xi \to \infty$ のとき，$e^{(\beta-1/2)\xi^2}$ のように発散し規格化不能，すなわち，不適である．したがって，ある $\nu = n'$ が存在して $1 - \frac{\lambda+1}{2(2n'+1)} = 0$ とならねばならない．ゆえに，$\lambda = 4n' + 1$ $(n' = 0, 1, \ldots)$. すなわち，$\lambda = 1, 5, 9, \ldots$.

$\sigma = 1$ のときも，同様にして，$\lambda = 2(2n'+1) + 1 = 4n' + 3$ $(n' = 0, 1, \ldots)$ となることを示すことができる．すなわち，$\lambda = 3, 7, 11, \ldots$.

以上の結果をまとめて，

$$\lambda = 1, 3, 5, 7, \ldots = 2n + 1 \qquad (n = 0, 1, 2, \ldots) \tag{2.68}$$

となる．

このとき，$\phi(\xi) \equiv \phi_n(\xi)$ の従う方程式 (2.59) は

$$\phi_n''(\xi) - 2\xi\,\phi_n'(\xi) + 2n\,\phi_n(\xi) = 0 \tag{2.69}$$

となり，Hermite の微分方程式 (2.58) と一致する．そして，$n = 0$ のとき，$\phi_n(\xi) = 1$ と規格化した多項式を Hermite 多項式と呼び，$H_n(\xi)$ と書く．

【証了】

ここで調和振動子のエネルギーと状態について，いくつかの重要な特徴を述べる．

1. 基底状態のエネルギー固有値は 0 ではなく，有限値 $\hbar\omega/2$ である．これを**零点振動**によるエネルギーという．実際，基底状態の波動関数は Gauss 関数 $e^{-x^2/(2\alpha^2)}$ に比例し，波動関数は原点の周りに $\Delta x \sim \alpha = \sqrt{\hbar/(m\omega)}$ ほど広がっている．

2. n 番目と $n+1$ 番目のエネルギー固有値の間隔は n に依らず $\hbar\omega$ であり，一定である（図 2.12 参照）．これは調和振動子の著しい性質である．

3. Hermite 関数 $H_n(\xi)$ の性質から，$n=$ 偶，奇のとき，$\varphi_n(x)$ のパリティはそれぞれ正，負となる．

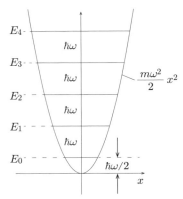

図 2.12 調和振動子のポテンシャルとそのエネルギー固有値．エネルギー固有値 E_n は等間隔 $\hbar\omega$ で大きくなっていく．

2.10.2 固有関数の規格直交性

量子的調和振動子の固有関数 (2.56) は次の規格直交条件を満たす：

$$\langle \varphi_m, \varphi_n \rangle \equiv \int_{-\infty}^{\infty} dx\, \varphi_m^*(x) \varphi_n(x) = \delta_{mn}. \tag{2.70}$$

これを示すために，Hermite 多項式の基本的な性質について説明する．

Rodrigues の公式　　$H_0(\xi)$ は定数である．そこで通常 $H_0(\xi) = 1$ と選ぶ．このとき，以下に示すように，

$$H_n(\xi) = (-1)^n e^{\xi^2} \frac{d^n e^{-\xi^2}}{d\xi^n}, \tag{2.71}$$

と表すことができる．これを **Rodrigues**（ロドリーグ）**の公式**という．$H_n(\xi)$ は $n=$ 偶（奇）のとき，偶（奇）関数である．$n=1, 2, 3$ の Hermite 多項式 $H_n(\xi)$ は次のようになる．

$$H_1(\xi) = 2\xi, \quad H_2(\xi) = 4\xi^2 - 2, \quad H_3(\xi) = 8\xi^3 - 12\xi. \tag{2.72}$$

一般に，

$$H_n(\xi) = \sum_{r=0}^{[\frac{n}{2}]} (-1)^r \frac{n!}{r!\,(n-2r)!} (2\xi)^{n-2r}. \tag{2.73}$$

$$\S 2.10 \quad \text{【基本】} \quad 1\text{ 次元調和振動子}$$

ここに，$\left[\frac{n}{2}\right]$ は $\frac{n}{2}$ を超えない最大の整数を表す．（$n = 2m$ なら，$\left[\frac{n}{2}\right] = m$，$n = 2m + 1$ なら，$\left[\frac{n}{2}\right] = m$.）証明は次の Hermite 多項式の積分表示から得られる：

$$H_n(\xi) = (-1)^n \frac{\mathrm{e}^{\xi^2}}{2\sqrt{\pi}} \frac{d^n}{d\xi^n} \int_{-\infty}^{\infty} dk \, \mathrm{e}^{ik\xi} \mathrm{e}^{-k^2/4}$$

$$= \frac{\mathrm{e}^{\xi^2}}{2\sqrt{\pi}} \int_{-\infty}^{\infty} dk \, (-ik)^n \mathrm{e}^{ik\xi} \mathrm{e}^{-k^2/4}. \tag{2.74}$$

これは，Rodrigues の公式に，下に示す Gauss 積分の公式 (2.87) を適用することで得られる．(2.74) を変形すると (2.73) が得られる[12]（章末問題 4 参照）.

(2.71) で定義される $H_n(\xi)$ が Hermite の微分方程式 (2.58) を満たすことを示そう．

1. (2.71) で定義される $H_n(\xi)$ は以下の漸化式を満たす：

$$H_n'(\xi) = -H_{n+1}(\xi) + 2\xi \, H_n(\xi), \tag{2.75}$$

$$H_{n+1}(\xi) - 2\xi \, H_n(\xi) + 2n \, H_{n-1}(\xi) = 0 \quad (n \geq 1). \tag{2.76}$$

【(2.75) の証明】
(2.71) を微分すると，

$$H_n'(\xi) = (-1)^n 2\xi \mathrm{e}^{\xi^2} \frac{d^n \mathrm{e}^{-\xi^2}}{d\xi^n} + (-1)^n \mathrm{e}^{\xi^2} \frac{d^{n+1} \mathrm{e}^{-\xi^2}}{d\xi^{n+1}}$$

$$= 2\xi \, H_n(\xi) - H_{n+1}(\xi). \qquad \text{【証了】}$$

【(2.76) の証明】

$$\frac{d^{n+1} \mathrm{e}^{-\xi^2}}{d\xi^{n+1}} = \frac{d^n}{d\xi^n} \left(-2\xi \mathrm{e}^{-\xi^2} \right) = -2 \sum_{r=0}^{n} {}_n\mathrm{C}_r \frac{d^r \xi}{\partial \xi^r} \frac{d^{n-r} \mathrm{e}^{-\xi^2}}{d\xi^{n-r}}$$

$$= -2\xi \frac{d^n \mathrm{e}^{-\xi^2}}{d\xi^n} - 2n \frac{d^{n-1} \mathrm{e}^{-\xi^2}}{d\xi^{n-1}}.$$

よって，

$$H_{n+1} = (-1)^{n+1} \mathrm{e}^{\xi^2} \frac{d^{n+1} \mathrm{e}^{-\xi^2}}{d\xi^{n+1}}$$

---

[12] 犬井鉄郎著『特殊函数』（岩波全書 252，岩波書店，1962）の pp. 53–54 には数学的帰納法により証明が与えられている．

第 2 章　Schrödinger 方程式

$$
= 2\xi\,(-1)^{n+2}\mathrm{e}^{\xi^2}\frac{d^n\mathrm{e}^{-\xi^2}}{d\xi^n} + (-1)^{n+2}2n\,\mathrm{e}^{\xi^2}\frac{d^{n-1}\mathrm{e}^{-\xi^2}}{d\xi^{n-1}}
$$

$$
= 2\xi\,H_n - 2n\,H_{n-1} \qquad\qquad 【証了】
$$

なお，(2.76) を (2.75) に代入すると，

$$
H_n'(\xi) = 2n\,H_{n-1}(\xi) \quad (n \ge 1) \tag{2.77}
$$

が得られる．これも有用な公式である．

2.　(2.75) を ξ でもう一度微分すると，

$$
H_n''(\xi) = -H_{n+1}'(\xi) + 2\,H_n(\xi) + 2\xi\,H_n'(\xi).
$$

ここで右辺第 1 項 $H_{n+1}'(\xi)$ に (2.77) を代入すると，

$$
H_n''(\xi) = -2(n+1)\,H_n(\xi) + 2\,H_n(\xi) + 2\xi\,H_n'(\xi) = 2\xi\,H_n'(\xi) - 2n\,H_n(\xi).
$$

すなわち，

$$
H_n''(\xi) - 2\xi\,H_n'(\xi) + 2n\,H_n(\xi) = 0.
$$

これは Hermite の微分方程式 (2.58) である．

母関数　　Hermite 多項式に対して次の関数を定義する：

$$
S(s,\,\xi) = \mathrm{e}^{-s^2+2\xi\,s} \tag{2.78}
$$

このとき，

$$
S(s,\,\xi) = \sum_{n=0}^{\infty} H_n(\xi)\frac{s^n}{n!}, \quad H_n(\xi) = \frac{d^n}{ds^n}S(s,\,\xi)\Big|_{s=0}. \tag{2.79}
$$

この性質のために，$S(s,\,\xi)$ を **Hermite 多項式の母関数**という．

【証明】　　次の簡単な変形を行う：$S(s,\,\xi) = \mathrm{e}^{\xi^2}\mathrm{e}^{-(\xi-s)^2}$．ところが，一般に，任意関数 $F(\xi)$ に対し，$F(\xi+a) = \sum_{n=0}^{\infty}\frac{1}{n!}\frac{d^n F}{d\xi^n}a^n$．ここで，$F(\xi) = \mathrm{e}^{-\xi^2}$，$a = -s$ と取れば，

$$
S(s,\,\xi) = \mathrm{e}^{\xi^2}F(\xi-s) = \mathrm{e}^{\xi^2}\sum_{n=0}^{\infty}\frac{1}{n!}\frac{d^n F}{d\xi^n}(-s)^n
$$

$$
= \sum_{n=0}^{\infty}(-1)^n\mathrm{e}^{\xi^2}\frac{d^n\mathrm{e}^{-\xi^2}}{d\xi^n}\frac{s^n}{n!} = \sum_{n=0}^{\infty}H_n(\xi)\frac{s^n}{n!}. \tag{2.80}
$$

最後の等式で公式 (2.71) を用いた．

§2.10 【基本】 1 次元調和振動子

母関数を用いた規格直交性の証明 次の積分を考える：

$$\int_{-\infty}^{\infty} d\xi\, S(s,\xi)S(t,\xi)\mathrm{e}^{-\xi^2} = \sum_{n=0}^{\infty}\sum_{m=0}^{\infty} \frac{s^n}{n!}\frac{t^m}{m!}\int_{-\infty}^{\infty} d\xi\, H_n(\xi)H_m(\xi)\mathrm{e}^{-\xi^2}.$$

(2.81)

ところが，$S(s,\xi)S(t,\xi)\mathrm{e}^{-\xi^2} = \mathrm{e}^{-\{\xi-(s+t)\}^2+2st}$ となるから，

$$\int_{-\infty}^{\infty} d\xi\, S(s,\xi)S(t,\xi)\mathrm{e}^{-\xi^2} = \mathrm{e}^{2st}\int_{-\infty}^{\infty} d\xi\, \mathrm{e}^{-\{\xi-(s+t)\}^2} = \mathrm{e}^{2st}\int_{-\infty}^{\infty} d\xi\, \mathrm{e}^{-\xi^2}$$

$$= \sqrt{\pi}\mathrm{e}^{2st} = \sqrt{\pi}\sum_{n=0}^{\infty}\frac{2^n}{n!}s^n t^n.$$

(2.82)

(2.81) と (2.82) を比較して，

$$\int_{-\infty}^{\infty} d\xi\, H_n(\xi)H_m(\xi)\mathrm{e}^{-\xi^2} = \delta_{n\,m}\sqrt{\pi}\,n!\,2^n.$$

(2.83)

よって，

$$\int_{-\infty}^{\infty} dx\, \frac{H_n(\xi)\mathrm{e}^{-\xi^2/2}}{\sqrt{\sqrt{\pi}\alpha 2^n\,n!}}\frac{H_m(\xi)\mathrm{e}^{-\xi^2/2}}{\sqrt{\sqrt{\pi}\alpha 2^m\,m!}} = \int_{-\infty}^{\infty} d\xi\, \frac{H_n(\xi)\mathrm{e}^{-\xi^2/2}}{\sqrt{\sqrt{\pi}2^n\,n!}}\frac{H_m(\xi)\mathrm{e}^{-\xi^2/2}}{\sqrt{\sqrt{\pi}2^m\,m!}},$$

$$= \delta_{n\,m}.$$

(2.84)

こうして，(2.56)の固有関数系に対する次の規格直交性が得られる：

$$\int_{-\infty}^{\infty} dx\, \varphi_n(x)\varphi_m(x) = \delta_{n\,m}.$$

(2.85)

Hermite 多項式の積分表示 (2.74) と母関数を用いると，固有関数系 $\{\varphi_n(x)\}_n$ が次の完全性条件を満たすことも証明することができる（章末問題 5 参照）：

$$I(x,x') \equiv \sum_{n=0}^{\infty}\varphi_n(x)\varphi_n(x') = \delta(x-x').$$

(2.86)

【補遺】 複素数 $\gamma^2 = \rho^2 \mathrm{e}^{2i\theta}$ に対して次の Gauss 積分の公式が成り立つ（ρ, θ は実数）：

$$I(Q) \equiv \int_{-\infty}^{\infty}\frac{dp}{\sqrt{2\pi}}\exp\left[-\frac{\gamma^2}{2}p^2 + ipQ\right] = \frac{1}{\gamma}\mathrm{e}^{-\frac{Q^2}{2\gamma^2}}.$$

(2.87)

これは以下のように示すことができる．指数の肩の関数を p についての完全平方の形にすると，

$$I(Q) = \mathrm{e}^{-Q^2/2\gamma^2}\int_{-\infty}^{\infty}\frac{dp}{\sqrt{2\pi}}\exp\left[-\frac{\gamma^2}{2}(p-iQ/\gamma^2)^2\right].$$

39

ここで被積分関数の指数部分は $(\rho^2/2)\cdot(pe^{i\theta} - iQe^{i\theta}/\gamma^2)$ となるので,図 2.13 のように積分路を実数軸から偏角 θ の方向に回転させ,$p' = pe^{i\theta}$ 方向の積分に変換すると,$dp = dp'e^{-i\theta}$ となるので積分は,

$$e^{-i\theta}\int_{-\infty}^{\infty}\frac{dp'}{\sqrt{2\pi}}e^{-\frac{\rho^2}{2}(p'-iQ/\gamma^2)^2}$$
$$= e^{-i\theta}\int_{-\infty}^{\infty}\frac{dq}{\sqrt{2\pi}}e^{-\frac{\rho^2}{2}q^2} = e^{-i\theta}\rho^{-1}$$
$$= \gamma^{-1}.$$

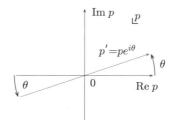

図 2.13 積分路の変更を示す図:実軸の積分路を実軸から θ だけ回転させた積分路に変更する.

よって,(2.87) が得られる.

§2.11 定常状態:ポテンシャル散乱

この節では,与えられたポテンシャル $V(\boldsymbol{r})$ による粒子の散乱/反射問題を扱う.これは基本的には動的な時間に依存する現象であり,本来は時間に依存する Schrödinger 方程式 (2.10) に基づく議論が必要である.このとき,確率密度 $P(\boldsymbol{r},t) = |\psi(\boldsymbol{r},t)|$ と (2.15) に与えられている確率流束(フラックス)$\boldsymbol{j}(\boldsymbol{r},t)$ に対して連続の方程式 (2.14) が成り立っている.定常状態 $\psi(\boldsymbol{r},t) = e^{-iEt/\hbar}\varphi(\boldsymbol{r})$ の場合は確率流束も時間に依存せず定常である:

$$\frac{\hbar}{2im}[\varphi^*\boldsymbol{\nabla}\varphi - (\boldsymbol{\nabla}\varphi^*)\varphi] = \boldsymbol{j}(\boldsymbol{r}). \tag{2.88}$$

2.11.1　1 次元定常流の場合

ここでは空間次元が 1 次元の場合に限り入射粒子の確率流束が定常的で時間的に一定とみなしてよい場合を扱う.空間座標を x で表すと,系は次の定常状態に対する Schrödinger 方程式で扱うことができる:$\hat{H}\varphi(x) = E\varphi(x)$.ただし,$\hat{H} = \hat{H}_0 + V(x)$:$\hat{H}_0 = \frac{-\hbar^2}{2m}\frac{d^2}{dx^2}$.エネルギー固有値 E は連続な範囲にあり,波動関数は無限に広がり規格化可能ではない.x 方向の確率流束は

$$j_x = \frac{\hbar}{2im}\left(\varphi^*\frac{d\varphi}{dx} - \frac{d\varphi^*}{dx}\varphi\right) = \frac{\hbar}{m}\mathrm{Im}\left[\varphi^*\frac{d\varphi}{dx}\right]. \tag{2.89}$$

$|x| \to \infty$ のとき,$|V(x)| \to 0$ であるから,ポテンシャルから十分離れた位置での状態(漸近状態と呼ばれる)は,自由粒子の Hamiltonian $\hat{H}_0$ で記述さ

§2.11 【基本】 定常状態：ポテンシャル散乱

れる.

$\hat{H}_0$ の次の定常波解を考えよう（ただし, $E_k = \hbar^2 k^2/2m = \hbar\omega_k$）:

$$\psi(x,t) = e^{-iE_k t/\hbar}\left(Ae^{ikx} + Be^{-ikx}\right) \equiv e^{-iE_k t/\hbar}\varphi(x), \quad (2.90)$$

$$\varphi(x) \equiv Ae^{ikx} + Be^{-ikx}. \quad (2.91)$$

このとき, $\psi(x,t)$ の第1項および第2項はそれぞれ, $e^{i(kx-\omega_k t)}$ および $e^{-i(kx+\omega_k t)}$ と書けるので, それぞれ x の正および負の方向に進む波を表していることがわかる. 対応する確率流束は,

$$j_x = \frac{\hbar k}{m}(|A|^2 - |B|^2) \quad (2.92)$$

となる. $\frac{\hbar k}{m} = p/m = v$ は x 方向の速度であることに注意しよう. すなわち, x の正, 負方向の確率流速はそれぞれ $v|A|^2$ および $v|B|^2$ である. 以下では, それぞれの方向の確率流束の比で反射率と透過率が定義されるであろう.

2.11.2 階段型ポテンシャルでの反射と透過

次のように与えられている階段型ポテンシャル $V(x)$ に左 $(x<0)$ から入射する単色波 $Ae^{ikx-\omega t}$ の反射と透過[13]を考える（図 2.14 参照）:

$$V(x) = \begin{cases} 0, & : x < 0 \quad \text{（領域 I）} \\ V_0 > 0 & : 0 < x. \quad \text{（領域 II）} \end{cases} \quad (2.93)$$

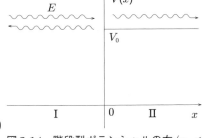

図 2.14 階段型ポテンシャルの左 $(x<0)$ の領域 I から単色波が入射している.

(A) $V_0 < E = \hbar^2 k^2/2m$ の場合 　領域 I, II の定常解をそれぞれ $\varphi_{\text{I, II}}(x)$ と書くと, 領域 I, II の Schrödinger 方程式はそれぞれ $\varphi_\text{I}''(x) = -k^2\varphi_\text{I}(x)$ および $\varphi_\text{II}''(x) = -k_2^2\varphi_\text{II}(x)$ と書ける. ただし, $k_2^2/2m = 2m(E-V_0)/\hbar^2$.

領域 I には入射波と反射波が存在し, 領域 II には透過波しか存在しないという境界条件のために, それぞれの領域の解は, $\varphi_\text{I}(x) = Ae^{ikx} + Be^{-ikx}$,

---

[13] 物理的には**波束**の反射, 透過を考えるべきであるが, 方程式が線形なので, それはここで扱う波束を構成する各 Fourier 成分（単色波）の反射, 透過の問題に還元される.

第2章 Schrödinger 方程式

$\varphi_{\mathrm{II}}(x) = Ce^{ik_2x}$ となる．これより，領域 I, II の確率流束はそれぞれ $j_{\mathrm{I}} = \frac{\hbar k}{m}(|A|^2 - |B|^2) \equiv j_{\mathrm{I}}^{(+)} - j_{\mathrm{I}}^{(-)}$, $j_{\mathrm{II}} = \frac{\hbar k_2}{m}|C|^2$ と与えられる．

さて，$x = 0$ での接続条件は，$\varphi_{\mathrm{I}}(0) = \varphi_{\mathrm{II}}(0)$, $\varphi_{\mathrm{I}}'(0) = \varphi_{\mathrm{II}}'(0)$．これより，$A + B = C$ および，$ik(A - B) = ik_2C$ を得る．これを解いて，

$$\frac{B}{A} = \frac{k - k_2}{k + k_2} > 0, \qquad \frac{C}{A} = \frac{2k}{k + k_2}. \tag{2.94}$$

よって，反射率と透過率はそれぞれ，

$$R \equiv \frac{j_{\mathrm{I}}^{(-)}}{j_{\mathrm{I}}^{(+)}} = \frac{k|B|^2}{k|A|^2} = \left(\frac{k - k_2}{k + k_2}\right)^2, \tag{2.95}$$

$$T \equiv \frac{j_{\mathrm{II}}}{j_{\mathrm{I}}^{(+)}} = \frac{k_2|C|^2}{k|A|^2} = \frac{4kk_2}{(k + k_2)^2}. \tag{2.96}$$

このとき，確率の保存を表す式，$R + T = 1$ が成り立っている．

(B) $V_0 > E = \hbar^2 k^2/2m$ の場合　これは入射エネルギーが階段ポテンシャルよりも小さく，古典的には粒子が領域 II に透過できない場合である．

$\varphi_{\mathrm{I}}(x)$ の従う Schrödinger 方程式は (A) の場合と同じであるが，$\varphi_{\mathrm{II}}(x)$ は次の方程式に従う：$\varphi_{\mathrm{II}}''(x) = \kappa^2 \varphi_{\mathrm{II}}(x)$．ただし，$\kappa^2 = 2m(V_0 - E)/\hbar^2$．したがって，それぞれの領域の解は，$\varphi_{\mathrm{I}}(x) = e^{ikx} + Be^{-ikx}$, $\varphi_{\mathrm{II}}(x) = Ce^{-\kappa x}$ となる．ただし，物理的な境界条件を考えて無限遠 $(x \to \infty)$ で発散する $e^{\kappa x}$ の係数を 0 とし，また，入射波の振幅との比を求めればいいので入射波の振幅 A を 1 とした．

$x = 0$ での接続条件 $\varphi_{\mathrm{I}}(0) = \varphi_{\mathrm{II}}(0)$, $\varphi_{\mathrm{I}}'(0) = \varphi_{\mathrm{II}}'(0)$ より，$1 + B = C$, $ik(1 - B) = -\kappa C$ を得る．これを解いて，$B = (k - i\kappa)/(k + i\kappa) = e^{-2i\theta(k)}$, $C = 2k/(k + i\kappa)$ $(\tan\theta \equiv \kappa/k)$．したがって，

$$\varphi_{\mathrm{I}}(x) = e^{ikx} + e^{-ikx - 2i\theta(k)}, \qquad \varphi_{\mathrm{II}}(x) = \frac{2ke^{-\kappa x}}{k + i\kappa} \tag{2.97}$$

を得る．反射波の振幅は入射波と変わらない $(|B| = 1)$ が位相が x の負の方向に $2\theta(k)/k$ だけずれている．領域 I, II の確率流束はそれぞれ，$j_{\mathrm{I}} = v(1 - |B|^2) = 0$, および，$j_{\mathrm{II}} = 0$．よって，反射率と透過率はそれぞれ，$R = 1$, および，$T = 0$ となる．すなわち，**全反射**する．しかし，古典的には透過し得

42

§2.11 【基本】 定常状態：ポテンシャル散乱

ない $x > 0$ の領域にも有限の値になっていることは注目に値する．これは量子力学的な粒子の波動性による著しい性質である[14]．

2.11.3 井戸型ポテンシャルの場合

次の井戸型ポテンシャル $V(x)$ に $x < 0$ の領域からエネルギー $E = \hbar^2 k^2/2m$ の粒子が定常的に入射するときの反射と透過の問題を考える（図 2.15 参照）：

$$V(x) = \begin{cases} 0 & : x < 0, \quad \text{（領域 I）} \\ -V_0 & : 0 < x < l, \quad \text{（領域 II）} \\ 0 & : l < x. \quad \text{（領域 III）} \end{cases}$$

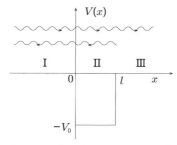

図 2.15 井戸型ポテンシャルの左 ($x < 0$) の領域 I から単色波が入射している．

それぞれの領域の Schrödinger 方程式は簡単に解ける．物理的境界条件として，領域 I および II には x の正と負の方向に進む波が存在するが，領域 III には正の方向に進む透過波しか存在しないことを考慮すると，それぞれの領域の波動関数は以下のように書ける：$\varphi_\text{I}(x) = Ae^{ikx} + Be^{-ikx}$，$\varphi_\text{II}(x) = Ce^{ik_2 x} + De^{-ik_2 x}$，$\varphi_\text{III}(x) = Fe^{ikx}$．ただし，$k_2^2 = 2m(E + |V_0|)/\hbar^2$．

$x = 0$ および $x = l$ での波動関数とその微分係数それぞれの接続条件から以下の関係式が導かれる：

$$A + B = C + D, \quad k(A - B) = k_2(C - D), \tag{2.98}$$

$$\bar{C} + \bar{D} = \bar{F}, \quad k_2(\bar{C} - \bar{D}) = k\bar{F}. \tag{2.99}$$

ただし，$\bar{C} = Ce^{ik_2 l}$，$\bar{D} = De^{-ik_2 l}$，$\bar{F} = Fe^{ikl}$ とおいた．(2.99) より，$\bar{C} = \frac{k_+}{2k_2}\bar{F}$，$\bar{D} = \frac{-k_-}{2k_2}\bar{F}$ が得られる．ただし，$k_\pm \equiv k \pm k_2$．一方，(2.98) より A, B が C, D で表されるので，$A = \frac{k_+ C + k_- D}{2k} = \left[\cos(k_2 l) - i\frac{k^2 + k_2^2}{2kk_2}\sin(k_2 l)\right]\bar{F}$，$B = \frac{k_- C + k_+ D}{2k} = i\frac{k_2^2 - k^2}{2kk_2}\sin(k_2 l)\bar{F}$ となる．ゆえに，$\left|\frac{F}{A}\right| = \left|\frac{\bar{F}}{A}\right| = \frac{2kk_2}{\sqrt{4k^2 k_2^2 + (k^2 - k_2^2)^2 \sin^2 k_2 l}}$，$\left|\frac{B}{F}\right| = \frac{|(k^2 - k_2^2)\sin k_2 l|}{2kk_2}$ を得る．以上の結

---

[14] 光の全反射のときも同じ現象があり，この禁止領域にしみ出した波はエバネッセント（消失）波と呼ばれる：大野木哲也，田中耕一郎著『基幹講座 物理学 電磁気学II』（東京図書，2017）§4.2 参照．

果より，透過率と反射率はそれぞれ以下のように与えられる：

$$T = \frac{|F|^2}{|A|^2} = \frac{4k^2 k_2^2}{4k^2 k_2^2 + (k^2 - k_2^2)^2 \sin^2 k_2 l} = \frac{4E(E + |V_0|)}{4E(E + |V_0|) + V_0^2 \sin^2 k_2 l} \tag{2.100}$$

$$R = \frac{|B|^2}{|A|^2} = \frac{(k^2 - k_2^2)^2 \sin^2 k_2 l}{4k^2 k_2^2 + (k^2 - k_2^2)^2 \sin^2 k_2 l} = \frac{V_0^2 \sin^2 k_2 l}{4E(E + |V_0|) + V_0^2 \sin^2 k_2 l}. \tag{2.101}$$

反射率および透過率ともに領域 II での波数とポテンシャルの広がりの積 $k_2 l$ の振動関数になっていることに注意しよう．特に，領域 II での波動関数の波長 $\lambda = 2\pi/k_2$ がポテンシャル領域の長さ l の半整数倍に等しいとき，$\sin k_2 l = 0$ となり $T = 1, R = 0$ である．すなわち，透過率が100%になり，無反射になる．ポテンシャルの壁 $|V_0|$ が無限大のとき，そのような波（$\varphi(x) = A \sin \frac{n\pi}{l} x$）は固有関数になっている．しかし，今の場合そのような波を永久に閉じ込める「壁」はないので，そのような波も短時間で崩壊することになる．このような状態は**仮想状態** (virtual state) と呼ばれる．低エネル

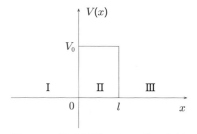

図 2.16　正の障壁エネルギーを持つ箱型ポテンシャルの左 ($x < 0$) の領域 I から単色波が入射している．$E < V_0$ でも透過波が存在する（トンネル効果）．$E > V_0$ のときには仮想状態が存在し得て，そのときには $T = 1, R = 0$ となる（無反射）．

ギーの中性子同士の散乱ではそのような仮想状態が生じる．

「仮想状態」の存在はポテンシャルの符号に依らないことに注意しよう．図 2.16 のように $V(x) = V_0 > 0$；$(0 < x < l)$ のときでも，$E > V_0$ であれば，仮想状態が存在し $T = 1, R = 0$ になり得る．実際，$\frac{\hbar^2 k_2^2}{2m} = E - V_0 > 0$ であれば，T, R に対して同じ表式 (2.100) および (2.101) が使えて，$k_2 l = n\pi$ ($n = 1, 2, \ldots$) のときに，$T = 1$ となる．対応する入射エネルギーは $E = V_0 + \frac{\hbar^2}{2m} \left(\frac{n\pi}{l}\right)^2$ である．

一方，古典的には粒子がポテンシャルを透過できない $0 < E < V_0$ のときでも，量子力学的粒子の波動性のために透過率は有限である．これを**トンネル効**

§2.11 【基本】 定常状態：ポテンシャル散乱

果[15]という. 実際, $k_2 \to i\kappa_2$ $(\hbar^2 \kappa_2^2/2m = V_0 - E)$ とすれば, (2.100) および (2.101) からそれぞれ T そして R が得られる：$\sin k_2 l \to \sin i\kappa_2 l = i \sinh \kappa_2 l$ に注意すると,

$$T = \frac{4E(V_0 - E)}{4E(V_0 - E) + V_0^2 \sinh^2 \kappa_2 l}, \quad R = \frac{V_0^2 \sinh^2 \kappa_2 l}{4E(V_0 - E) + V_0^2 \sinh^2 \kappa_2 l}$$

$$(2.102)$$

となる.

---

[15] これは波動性の反映であり, 波動性を持つ光もトンネル効果を示す. たとえば, ファインマン, レイトン, サンズ著, 戸田盛和訳『ファインマン物理学 IV 電磁波と物性』(岩波書店, 1971) p. 197, あるいは本講座の大野木・田中著『電磁気学 II』p. 141 参照.

45

―――――――――― 第 2 章　章末問題 ――――――――――

問題 1　(2.22) を示せ.

問題 2　ポテンシャルが (2.39) で与えられているとき,
(1)　正パリティの波動関数が (2.41) で与えられることを示せ.
(2)　負パリティの場合の波動関数を求めよ. またこのとき, エネルギー固有値が連立方程式 (2.35) の解として与えられることを示せ.

問題 3　デルタ関数型ポテンシャル (2.44) は空間反転対称なポテンシャル (2.39) において $V_0 = \bar{V}_0/2a$ とおき $\bar{V}_0$ を一定に保ったまま, $a \to 0+$ の極限を取る場合に対応している. このことがエネルギー固有値についても成り立っていることを確かめよ. すなわち, 上記極限において, エネルギー固有値を決める方程式 (2.42) の解が $\kappa = m\bar{V}_0/\hbar^2$ となることを示せ. このときエネルギー固有値 E は (2.46) に一致する.

問題 4　(2.74) から出発して Hermite 多項式の表式 (2.73) を導け.

問題 5　Hermite 多項式の積分表示 (2.74) と母関数の表式 (2.78) および (2.80) を用いて, 完全性条件 (2.86) が成り立つことを示せ.

問題 6　(2.93) のポテンシャルの場合に, エネルギーが $E = \hbar^2 k^2/2m > V_0$ の粒子が x の正領域 (領域 II) から負領域 (領域 I) に入射するときの反射率と透過率を求めよ.

問題 7　箱型ポテンシャルの透過率と反射率の表式 (2.102) において, $E \to V_0-$ のとき, 透過率, 反射率ともに有限になることを確かめよ.

第3章 量子力学の一般的枠組み

　量子力学の方程式の特徴の一つはその線型性である．線型性は重ね合わせの原理を内包しそれが量子力学的系の波動性として現象していると理解できる．また，物理量は状態に作用する線型演算子として表現される．この章では，このようなことを踏まえ量子力学の一般的な枠組みを整理，解説する．

§3.1　基本方程式の線型性と線型演算子としての物理量

　波動関数 $\psi(\boldsymbol{r}, t)$ あるいは $\varphi(\boldsymbol{r})$ に数（変数も含む）を掛けたり微分を施して別の関数を作る操作を「作用」あるいは「演算」，その数や微分演算子などを演算子と呼ぼう．すると，(2.17) において H の波動関数への作用は次の線型性を持つことがわかる：$H[c_1\varphi_1(\boldsymbol{r}) + c_2\varphi_2(\boldsymbol{r})] = c_1 H\varphi_1(\boldsymbol{r}) + c_2 H\varphi_2(\boldsymbol{r})$．ここで，$c_i$ $(i = 1, 2)$ は任意の複素数である．すなわち，H は線型演算子である[1]．今後は演算子には $\hat{H}$ のように，ハット記号^を付けて表すことにする．位置 $\boldsymbol{r}$ を掛ける操作も運動量に対応する微分 $-i\hbar\nabla$ を作用させる操作もすべて線型演算子である．

　さらに，時間に依存する Schrödinger 方程式 (2.10) は演算子 $i\hbar\frac{\partial}{\partial t} - \hat{H} \equiv \hat{\mathcal{L}}$ を用いて $\hat{\mathcal{L}}\psi = 0$ と書ける．$\hat{\mathcal{L}}$ も明らかに線型演算子である：$\hat{\mathcal{L}}[c_1\psi_1(\boldsymbol{r}, t) + c_2\psi_2(\boldsymbol{r}, t)] = c_1\hat{\mathcal{L}}\psi_1(\boldsymbol{r}, t) + c_2\hat{\mathcal{L}}\psi_2(\boldsymbol{r}, t)$．したがって，$\psi_i(\boldsymbol{r}, t)$ $(i = 1, 2)$ が (2.10) の解ならばその任意の線型結合 $\psi(\boldsymbol{r}, t) \equiv c_1\psi_1(\boldsymbol{r}, t) + c_2\psi_2(\boldsymbol{r}, t)$ も (2.10) の解である：$\hat{\mathcal{L}}\psi = \hat{\mathcal{L}}[c_1\psi_1 + c_2\psi_2] = c_1\hat{\mathcal{L}}\psi_1 + c_2\hat{\mathcal{L}}\psi_2 = 0$．このように，量子力学的状態を表す「波動」に対して「重ね合わせの原理」が成り立つ．この**重ね合わせの原理**が導く「干渉効果」が波動性の起源と考えられる．

　量子力学においてこの「重ね合わせの原理」が成り立つことは Schrödinger 方程式の解，すなわち，量子力学的状態を表す波動関数が（**複素**）ベクトル空間をなしていることを意味する．

---

[1] 以下の内容は，大学初年級で習う線型代数の知識があると興味深く学べるであろう．

第3章 量子力学の一般的枠組み

さらに，時間に依存しない Schrödinger 方程式 (2.17) は簡潔に $\hat{H}\varphi = E\varphi$ と書ける．一般に，Hamiltonian や運動量演算子 $\hat{\boldsymbol{p}} = -i\hbar\boldsymbol{\nabla}$ のような線型演算子 $\hat{A}(\hat{\boldsymbol{r}}, \hat{\boldsymbol{p}})$ をある関数 $\varphi(\boldsymbol{r})$ に作用させるとその結果が元の関数の定数倍になる場合がある．すなわち，その定数を a とすると，

$$\hat{A}\varphi = a\varphi. \tag{3.1}$$

この (a, φ) の組は一般には複数ある．それらを (a_n, φ_n) $(n = 1, 2, \ldots)$ と書こう．このとき，$\varphi_n(\boldsymbol{r})$ は**固有値** a_n に属する $\hat{A}$ の**固有関数**である，という．また，(3.1) を解いて φ と a を求める問題を**固有値問題**という．既に §2.4 で述べたように，E は Hamiltonian $\hat{H}$ の固有値なので**エネルギー固有値**と呼ぶ[2]．

§3.2 内積の定義されたベクトル空間：Hilbert 空間

量子力学的状態を表す波動関数は（複素）ベクトル空間をなしていることを上で述べた．量子力学の基本的な内容を展開するには，この複素ベクトル空間に次のような内積を定義すると便利である．任意の二つの波動関数 $\psi_i(\boldsymbol{r}, t)$ $(i = 1, 2)$ に対して次の積分を ψ_1，ψ_2 の内積と呼び，$\langle \psi_1, \psi_2 \rangle$ と書く：

$$\int d\boldsymbol{r}\,\psi_1^*(\boldsymbol{r}, t)\psi_2(\boldsymbol{r}, t) \equiv \langle \psi_1, \psi_2 \rangle. \tag{3.2}$$

明らかに，内積の順序を入れ替えると複素共役になる：$\langle \psi_1, \psi_2 \rangle = \langle \psi_2, \psi_1 \rangle^*$．

内積は次の性質（「**双線型性**」）を持つ：N 個の波動関数 $\{\psi_n\}_n$ の線型結合に対して，$\langle \psi, \sum_{n=1}^{N} c_n\psi_n \rangle = \sum_{n=1}^{N} c_n\langle \psi, \psi_n \rangle$，および $\langle \sum_{n=1}^{N} c_n\psi_n, \psi \rangle = \sum_{n=1}^{N} c_n^*\langle \psi_n, \psi \rangle$ が成り立つ．ここで係数が複素共役になっていることに注意しよう．

同じ波動関数 ψ どうしの内積は非負（半正定値）である；

$$\langle \psi, \psi \rangle = \int d\boldsymbol{r}\,|\psi(\boldsymbol{r}, t)|^2 \geq 0.$$

等号が成り立つのは，ψ が恒等的にゼロの場合（$\psi(\boldsymbol{r}, t) \equiv 0$）に限る．$\sqrt{\langle \psi, \psi \rangle}$

---

[2] 連続体や電磁波を記述する波動方程式 $\frac{\partial^2 u}{\partial t^2} - v^2 \frac{\partial^2 u}{\partial x^2} = 0$ は時間微分が2階であること以外，境界条件（たとえば固定端）による固有値方程式の出現など，数学的には同じ論理構造になっている．

§3.3 【基本】 Hermite 共役，Hermite 演算子

を ψ のノルムと呼び $\|\psi\|$ と書く[3]；$\|\psi\| \equiv \sqrt{\langle \psi, \psi \rangle}$. ノルムは有限の場合と無限大に発散する場合がある．束縛状態はこのノルムが有限であり，ノルムが発散するのは散乱状態など無限遠で有限の確率振幅を持つ場合である．以下では特に断らない限りノルムが有限の場合を想定している．以下に，ノルムの性質をまとめておく：(i) $\|\psi\| = 0 \leftrightarrow \psi \equiv 0$, (ii) $\|c\psi\| = |c|\,\|\psi\|$, (iii) $\|\psi_1 + \psi_2\| \leq \|\psi_1\| + \|\psi_2\|$ （三角不等式）．最後の三角不等式において等号が成り立つのは，ψ_1 と ψ_2 が平行のとき，すなわち，ある複素数 α が存在して，$\psi_1 = \alpha\psi_2$ と書けるときに限る．三角不等式は，次の $\overset{\text{シュワルツ}}{\text{Schwarz}}$ の不等式から導かれる：$|\langle \psi_1, \psi_2 \rangle| \leq \|\psi_1\| \cdot \|\psi_2\|$. 証明は略す．

数学に関する補足：Hilbert 空間 ここで定義したノルムを使って，任意の 2 つの状態ベクトル ψ_1 および ψ_2 の距離を $\|\psi_1 - \psi_2\|$ と定義すると，量子力学的状態ベクトル全体は距離空間になる．任意の $\overset{\text{コーシー}}{\text{Cauchy}}$ 列 $\{\psi_n\}_n$ が収束するとき，すなわち，完備のとき，このベクトル空間を $\overset{\text{ヒルベルト}}{\text{Hilbert}}$ 空間と呼ぶ．ここで $\{\psi_n\}_n$ が Cauchy 列であるとは，$n, m \to \infty$ のとき，$\|\psi_n - \psi_m\| \to 0$ となることをいう．また，この列が収束するとは，$\lim_{n\to\infty} \psi_n$ が今考えている状態空間内に極限 '値' が存在することをいう[4].

§3.3 Hermite 共役，Hermite 演算子

量子力学において，物理量 A は対応する線型演算子 $\hat{A}$ によって表すことができる．特に重要なのは $\overset{\text{エルミート}}{\text{Hermite}}$ 演算子である．以下，線型演算子の Hermite 性について説明する．

2 つの線型演算子 $\hat{A}$, $\hat{B}$ が内積に関して次の関係式を満たすとする：

$$\langle \psi_1, \hat{A}\psi_2 \rangle = \langle \hat{B}\psi_1, \psi_2 \rangle. \tag{3.3}$$

このとき，演算子 $\hat{B}$ は $\hat{A}$ の **Hermite 共役演算子**，あるいは単に**共役演算子**である，といい，$\hat{B} = \hat{A}^\dagger$ と書く．すなわち，

---

[3] このノルムを数学者は L^2 ノルムと呼び，L^2 ノルムが有限なベクトル ψ 全体が作る空間を L^2 空間と呼んでいる．

[4] 実は，内積 (3.2) を定義する積分を $\overset{\text{ルベーグ}}{\text{Lebesgue}}$ 積分で定義しておくと，ノルム $\|\psi\|$ が有限の空間 (L^2 空間) は完備になることが知られている．

第 3 章　量子力学の一般的枠組み

$$\langle \psi_1, \hat{A}\psi_2 \rangle = \langle \hat{A}^\dagger \psi_1, \psi_2 \rangle. \tag{3.4}$$

特に，$\hat{A}^\dagger = \hat{A}$ のとき，演算子 $\hat{A}$ は Hermite である，という.

Hermite 共役の性質　　Hermite 共役に関連する基礎事項をまとめておく:

1. 実数 α や実関数 $f(x)$ は Hermite である; $\alpha^\dagger = \alpha$, $f(x)^\dagger = f(x)$.
2. 純虚数 i の Hermite 共役は $-i$.
3. α, β を実数とするとき，$(\alpha + i\beta)^\dagger = \alpha - i\beta$.
4. 任意の演算子 $\hat{A}$ および $\hat{B}$ に対して，$(\hat{A}\hat{B})^\dagger = \hat{B}^\dagger \hat{A}^\dagger$. 実際，$\hat{A}\hat{B} = \hat{C}$ と置くと，任意の ψ_1, ψ_2 に対して，$\langle \psi_1, \hat{A}\hat{B}\psi_2 \rangle = \langle \psi_1, \hat{C}\psi_2 \rangle = \langle \hat{C}^\dagger \psi_1, \psi_2 \rangle$. 一方，左辺 $= \langle \hat{A}^\dagger \psi_1, \hat{B}\psi_2 \rangle = \langle \hat{B}^\dagger \hat{A}^\dagger \psi_1, \psi_2 \rangle$. よって，$\hat{C}^\dagger = (\hat{A}\hat{B})^\dagger = \hat{B}^\dagger \hat{A}^\dagger$. したがって，たとえば $\hat{x}\hat{p}$ は Hermite ではないが，$\hat{x}\hat{p} + \hat{p}\hat{x}$ は Hermite である.
5. $(\hat{A}^\dagger)^\dagger = \hat{A}$. 実際，任意の ψ_1, ψ_2 に対して，$\langle \hat{A}\psi_1, \psi_2 \rangle = (\langle \psi_2, \hat{A}\psi_1 \rangle)^* = (\langle \hat{A}^\dagger \psi_2, \psi_1 \rangle)^* = \langle \psi_1, \hat{A}^\dagger \psi_2 \rangle = \langle (\hat{A}^\dagger)^\dagger \psi_1, \psi_2 \rangle$. ゆえに，$(\hat{A}^\dagger)^\dagger = \hat{A}$.

【注意】　ある演算子 $\hat{A}(\hat{x}, -i\hbar\frac{\partial}{\partial x})$ が Hermite となるかどうかは，どのような波動関数の集合（「関数空間」という）を考えるかによって変わり得る. §3.6 では，例として運動量演算子 $\hat{p}$ が Hermite になる関数空間について少し立ち入った説明を行う.

§3.4　Dirac の「ブラ・ケットベクトル記法」

ここで Dirac（ディラック）によって導入された内積や演算子の行列要素の便利な記法を紹介する. すなわち，$\langle \psi_1, \hat{A}\psi_2 \rangle$ を $\langle \psi_1|\hat{A}|\psi_2 \rangle$ とも書くことにする:

$$\langle \psi_1, \hat{A}\psi_2 \rangle \equiv \langle \psi_1|\hat{A}|\psi_2 \rangle. \tag{3.5}$$

$|\psi_2\rangle$ をケットベクトル，$\langle \psi_1|$ をブラベクトルと呼ぶ. さらに，$\langle \psi|\hat{A}$ という記法を次のように定義する：任意のケットベクトル $|\psi'\rangle$ に対して，

$$(\langle \psi|\hat{A}) \cdot |\psi'\rangle = \langle \psi|\hat{A}|\psi'\rangle \tag{3.6}$$

が成り立つ. ところが，右辺 $= \langle \hat{A}^\dagger \psi|\psi'\rangle$ であるから，

$$\langle \psi|\hat{A} = \langle \hat{A}^\dagger \psi|. \tag{3.7}$$

50

§3.4 【基本】 Dirac の「ブラ・ケットベクトル記法」

この記法はブラ・ケットベクトル記法あるいはブラ・ケット記法と呼ばれる.
今後時に応じてこのブラ・ケット記法も併用する.

簡便な Hermite 性判定法　　ここで，演算子が Hermite かどうかを判定する
便利な定理を紹介する.

──────── 定理 ────────

任意の波動関数 ψ に対して，$\langle \psi, \hat{A}\psi \rangle = \langle \hat{A}\psi, \psi \rangle$ ならば，$\hat{A}$ は Hermite
演算子である.

証明は任意の ψ_1, ψ_2 に対して，$\psi_+ = \psi_1 + \psi_2$ および $\psi_- = \psi_1 + i\psi_2$ の場合
を考えれば，容易に $\langle \psi_1, \hat{A}\psi_2 \rangle = \langle \hat{A}\psi_1, \psi_2 \rangle$ を示すことができる：章末問題 1
参照.

【補足】　　形式的に定義されたある演算子 $\hat{A}$ が Hermite であるかどうか等の性質は
作用する関数空間を指定しないと判定できないので，ある演算子 $\hat{A}$ を定義すると
きはその作用するベクトル空間（定義域 $\mathcal{D}(\hat{A})$）をあらかじめ指定しておく必要が
ある. 次の命題が成り立つとき，$\hat{A}$ は**対称演算子**であるという：

$$\forall \psi_1, \psi_2 \in \mathcal{D}(\hat{A}), \qquad \langle \psi_2, \hat{A}\psi_1 \rangle = \langle \hat{A}\psi_2, \psi_1 \rangle$$

任意の $\psi \in \mathcal{D}(\hat{A})$ に対してある状態ベクトル ψ_1 が選べて $\langle \psi_1, \hat{A}\psi \rangle = \langle \hat{B}\psi_1, \psi \rangle$ と
書ける演算子 $\hat{B}$ があったとする. この右辺が定義できる状態の集合 $\{\psi\}$ が最大に
なる場合の演算子 $\hat{B}$ を $\hat{A}$ の共役演算子といい $\hat{A}^\dagger$ と書く. $\hat{A}$ が対称演算子である
ということは $\mathcal{D}(\hat{A}) \subset \mathcal{D}(\hat{A}^\dagger)$ が成り立つことである.（もちろん，$\mathcal{D}(\hat{A})$ 内では両
者の作用は一致しているものとする.）$\hat{A}$ が自己共役であるとは，$\mathcal{D}(\hat{A}) = \mathcal{D}(\hat{A}^\dagger)$
かつ，その定義域内で作用が一致することをいう. このとき，$\hat{A} = \hat{A}^\dagger$ と書く. 本
来は定義域も顕わに書き，$(\hat{A}, \mathcal{D}(\hat{A}))$ が自己共役である，と書く方が曖昧さがな
い[5]. 以下で扱う演算子では，特に断らない限り，$\hat{A}$ と $\hat{A}^\dagger$ の定義域が一致するも
のを扱うので，自己共役演算子を Hermite 演算子と呼んでいることになる.

---

[5] 定義域 $\mathcal{D}(\hat{A})$ を適切に変更することにより $(\hat{A}, \mathcal{D}'(\hat{A}))$ を自己共役にすることがで
きる場合がある. このとき，$(\hat{A}, \mathcal{D}'(\hat{A}))$ を $(\hat{A}, \mathcal{D}(\hat{A}))$ の自己共役拡張 (self-adjoint
extention) と言う. 英語だが以下の文献に初等的解説がある：G. Bonneau, J. Faraut
and G. Valent, Am. J. Phys. **69** (2001) 322.

第3章 量子力学の一般的枠組み

§3.5 Hermite演算子の固有値と固有関数の重要な性質

Hermite演算子について基本的な事項を述べる.

1. Hermite演算子の 固有値は実数 である. 実際, $\hat{A}\psi_a = a\psi_a$ $(\psi_a \neq 0)$ と ψ_a との内積を取って, $\langle \psi_a, \hat{A}\psi_a \rangle = a\|\psi_a\|^2 = \langle \hat{A}\psi_a, \psi_a \rangle = \langle a\psi_a, \psi_a \rangle = a^*\|\psi_a\|^2$. よって, $(a - a^*)\|\psi_a\|^2 = 0$. ところが, $\|\psi_a\| \neq 0$ だから, $a = a^*$. すなわち, a は実数である.

2. Hermite演算子の 異なる固有値に属する固有関数は互いに直交 する. 実際, $\hat{A}\psi_{a'} = a'\psi_{a'}$ と, ψ_a との内積より, $\langle \psi_a, \hat{A}\psi_{a'} \rangle = a' \langle \psi_a, \psi_{a'} \rangle = \langle \hat{A}\psi_a, \psi_{a'} \rangle = a \langle \psi_a, \psi_{a'} \rangle$. よって, $(a - a')\langle \psi_a, \psi_{a'} \rangle = 0$. ゆえに, $a \neq a'$ のとき, $\langle \psi_a, \psi_{a'} \rangle = 0$. ノルムを1に規格化しておくと,

$$\langle \psi_a, \psi_{a'} \rangle = \delta_{a\,a'}. \tag{3.8}$$

量子力学においては物理量 A の観測値 a は A を表現する $\hat{A}$ の固有値に限られる[6]. 言わば, 量子力学においては**物理量**という**概念**は **3**つの側面に分裂している. すなわち, 物理量という概念 A, それを表現する演算子 $\hat{A}$, そして個々の測定値 a である.

§3.6 運動量の固有関数とその規格化

物理量の例として運動量を考えてみよう.

3.6.1 1次元の場合

1次元空間での運動量演算子 $\hat{p} = -i\hbar \frac{d}{dx}$ の固有値 p に属する固有波動関数を $\varphi_p(x)$ とすると, $-i\hbar \frac{d}{dx}\varphi_p(x) = p\varphi_p(x)$. この解は任意定数 C_p を用いて $\varphi_p(x) = C_p e^{ipx/\hbar}$. これは平面波 (の空間部分) である. ただし, 同じ平面波でも正弦波 $\sin px/\hbar$ や余弦波 $\cos px/\hbar$ ではないことに注意しよう.

規格化の問題　無限区間で $\varphi_p(x)$ の規格化を試みてみよう. すると, $\int_\infty^\infty dx$ $|\varphi(x)|^2 = |C_p|^2 \int_\infty^\infty dx = \infty$ となって (何らかの工夫をしないと) 無限区間では規格化できない. これは「連続固有値に属する固有関数」特有の問題であ

---

[6] Hermite演算子の固有値が実数であることに注意.

§3.6 【基本】 運動量の固有関数とその規格化

り，数学においては「関数解析」という分野の一つの主題となっている．以下では1次元の場合を詳しく述べる．一般の次元への拡張は容易である．

箱型規格化：周期境界条件 $[-L/2,\ L/2]$ の有限区間で考え，この区間で定義されている波動関数に対して次の周期境界条件を課す；

$$\varphi(x+L)=\varphi(x). \tag{3.9}$$

このとき，$\varphi_p(x)$ に対しては $\mathrm{e}^{ip(x+L)/\hbar}=\mathrm{e}^{ipx/\hbar}$．ゆえに，$\mathrm{e}^{ipL/\hbar}=1$ という条件が課されることになる．よって，

$$p=\frac{2\pi n\hbar}{L}\equiv p_n,\quad (n=0,\pm1,\pm2,\ldots). \tag{3.10}$$

今後は，$p_n=\hbar k_n$ と書く．$k_n=2\pi n/L$ は波数である．

規格化された波動関数を $\varphi_{p_n}(x)=C_n\mathrm{e}^{ip_n x/\hbar}$ と書こう．するとその1となるべきノルムは，$1=\langle\varphi_{p_n},\varphi_{p_n}\rangle=|C_n|^2\int_{-L/2}^{L/2}dx=|C_n|^2 L$．こうして規格化（箱型規格化）された運動量の固有関数は

$$\varphi_{p_n}(x)=\frac{1}{\sqrt{L}}\mathrm{e}^{ip_n x/\hbar} \tag{3.11}$$

となる．また，容易に示せるように，$n\neq n'$ のとき，

$$\langle\varphi_{p_{n'}},\varphi_{p_n}\rangle\equiv\int_{-L/2}^{L/2}dx\,\varphi_{p_{n'}}^*(x)\varphi_{p_n}(x)=0 \tag{3.12}$$

となり，直交する．

周期境界条件 (3.9) を満たす状態の集合，すなわち状態空間において，運動量演算子 $\hat{p}=-i\hbar\frac{d}{dx}$ は，以下に示すように Hermite である．今，$\varphi(x)$ を周期境界条件 (3.9) を満たす任意の状態関数とすると，

$$\begin{aligned}
\langle\varphi,\hat{p}\varphi\rangle &=\int_{-L/2}^{L/2}dx\,\varphi^*(x)(-i\hbar)\frac{d\varphi(x)}{dx}\\
&=(-i\hbar)\left[\varphi^*(x)\varphi(x)\right]_{-L/2}^{L/2}-(-i\hbar)\int_{-L/2}^{L/2}dx\,\frac{d\varphi^*(x)}{dx}\varphi(x)\\
&=\int_{-L/2}^{L/2}dx\left[(-i\hbar)\frac{d}{dx}\varphi(x)\right]^*\varphi(x)=\langle\hat{p}\varphi,\varphi\rangle.
\end{aligned} \tag{3.13}$$

最後から2番目の等号で周期境界条件を用いた．

第3章　量子力学の一般的枠組み

デルタ関数型規格化　　箱の大きさを無限大に取る極限 $(L \to \infty)$ は，計算上便利なことが多いのでよく使われる．このとき，$\Delta p_n \equiv p_{n+1} - p_n = 2\pi\hbar/L \to 0$ $(L \to \infty)$ となるので，固有値 p_n の分布は連続的になる．この極限では明らかに1に規格化できないので別の規格化を考えないといけない．その規格化定数を C_p と書こう．すると，

$$\langle \varphi_{p'}, \varphi_p \rangle = C_{p'}^* C_p \int_{-L/2}^{L/2} dx \, e^{-ip'x/\hbar} e^{ipx/\hbar} = C_{p'}^* C_p \frac{2\hbar}{p - p'} \sin \frac{L(p - p')}{2\hbar}.$$

ここで，$k = (p - p')/(2\hbar)$ とおき，デルタ関数の公式 $\lim_{L\to\infty} \frac{\sin Lk}{k} = \pi\delta(k)$ を用いると，$\langle \varphi_{p'}, \varphi_p \rangle = |C_p|^2 \pi \delta(\frac{p-p'}{2\hbar}) = |C_p|^2 2\pi\hbar \, \delta(p - p')$ となる．ただし，次のデルタ関数の性質を用いた；$\delta(x/a) = |a| \, \delta(x)$．こうして，$C_p = \frac{1}{\sqrt{2\pi\hbar}}$ と選ぶと，

$$\varphi_p(x) = \frac{1}{\sqrt{2\pi\hbar}} e^{ipx/\hbar}, \quad \langle \varphi_{p'}, \varphi_p \rangle = \delta(p - p') \tag{3.14}$$

を得る．第2式を**デルタ関数型規格化条件**と呼ぶ．

3.6.2　3次元の場合

3次元空間 $\boldsymbol{r} = (x, y, z)$ では，運動量 $\boldsymbol{p} = (p_x, p_y, p_z)$ はベクトル量であり運動量演算子 $\hat{\boldsymbol{p}}$ は次のように書ける：$\hat{\boldsymbol{p}} \equiv -i\hbar\boldsymbol{\nabla} = (-i\hbar\frac{\partial}{\partial x}, -i\hbar\frac{\partial}{\partial y}, -i\hbar\frac{\partial}{\partial z})$．固有値方程式は，$-i\hbar\boldsymbol{\nabla}\varphi(\boldsymbol{r}) = \boldsymbol{p}\varphi$．これはベクトル方程式なので次の連立方程式と同値である：

$$-i\hbar\frac{\partial \varphi(\boldsymbol{r})}{\partial x} = p_x\varphi, \quad -i\hbar\frac{\partial \varphi(\boldsymbol{r})}{\partial y} = p_y\varphi, \quad -i\hbar\frac{\partial \varphi(\boldsymbol{r})}{\partial z} = p_z\varphi. \tag{3.15}$$

第1の方程式から $\varphi(\boldsymbol{r})$ は (y, z) の任意の関数 $\phi(y, z)$ を用いて $\varphi(\boldsymbol{r}) = e^{ip_x x/\hbar} \times \phi(y, z)$ と求まる．これを第2の方程式に代入すると，$-i\hbar\frac{\partial \phi(y,z)}{\partial y} = p_y\phi(y, z)$．この解は，$z$ の任意関数 $f(z)$ を用いて $\phi(y, z) = e^{ip_y y/\hbar} f(z)$ となる．さらに，これを (3.15) の第2式に代入して，$-i\hbar\frac{df(z)}{dz} = p_z f(z)$．この解は任意定数 C を用いて $f(z) = Ce^{ip_z z/\hbar}$．以上より，3次元空間での運動量の固有状態は

$$\varphi(\boldsymbol{r}) = Ce^{ip_x x/\hbar} e^{ip_y y/\hbar} e^{ip_z z/\hbar} = Ce^{i(p_x x + p_y y + p_z z)/\hbar} = Ce^{i\boldsymbol{p}\cdot\boldsymbol{r}/\hbar} \equiv \varphi_{\boldsymbol{p}}(\boldsymbol{r})$$

となることがわかる．

54

§3.6 【基本】 運動量の固有関数とその規格化

箱型規格化　　x, y, z 方向の長さがそれぞれ L_i $(i = x, y, z)$, 体積が $V \equiv L_x L_y L_z$ の箱を考え，それぞれの方向について周期 L_i を条件に課す：

$$\varphi_{\boldsymbol{p}}(x, y, z) = \varphi_{\boldsymbol{p}}(x + L_x, y, z) = \varphi_{\boldsymbol{p}}(x, y + L_y, z) = \varphi_{\boldsymbol{p}}(x, y, z + L_z). \tag{3.16}$$

このとき，$p_i L/\hbar = 2\pi n_i$ $(n_i = 0, \pm 1, \pm 2, \ldots)$ であるから，

$$\boldsymbol{p} = \left(\hbar \frac{2\pi n_x}{L_x}, \hbar \frac{2\pi n_y}{L_y}, \hbar \frac{2\pi n_z}{L_z} \right) \equiv \boldsymbol{p_n} \quad (\boldsymbol{n} \equiv (n_x, n_y, n_z)) \tag{3.17}$$

と制限される．規格化条件は

$$\left\langle \varphi_{\boldsymbol{p_n}}, \varphi_{\boldsymbol{p_n}} \right\rangle = \int_{-L_x/2}^{L_x/2} dx \int_{-L_y/2}^{L_y/2} dy \int_{-L_z/2}^{L_z/2} dz |C|^2 = |C|^2 V. \tag{3.18}$$

ゆえに，$C = 1/\sqrt{L_x L_y L_z} \equiv 1/\sqrt{V}$ と選ばれる．よって，周期境界条件により箱型規格化された 3 次元空間における運動量の固有状態は，(3.17) で与えられる $\boldsymbol{p}$ を用いて

$$\varphi_{\boldsymbol{p}}(\boldsymbol{r}) = \frac{1}{\sqrt{V}} \exp(i \boldsymbol{p} \cdot \boldsymbol{r}/\hbar) \tag{3.19}$$

となる．

デルタ関数型規格化　　3 次元空間でのデルタ関数型規格化条件は，

$$\varphi_{\boldsymbol{p}}(\boldsymbol{r}) = \frac{1}{(2\pi\hbar)^{3/2}} \exp[i \boldsymbol{p} \cdot \boldsymbol{r}/\hbar], \tag{3.20}$$

$$\left\langle \varphi_{\boldsymbol{p}'}, \varphi_{\boldsymbol{p}} \right\rangle = \delta(p_x - p'_x)\delta(p_y - p'_y)\delta(p_z - p'_z) \equiv \delta(\boldsymbol{p} - \boldsymbol{p}'), \tag{3.21}$$

となる．

波束による規格化　　これは内積を取る相手を振る舞いの良いものに制限する方法である．空間的に局在化した波（波束）を次のように定義する：

$$[\varphi_p]_{p-\Delta p}^{p+\Delta p}(x) \equiv C_p \int_{p-\Delta p}^{p+\Delta p} dp' e^{ip'x/\hbar} = -i\hbar \frac{C_p}{x} \left[e^{i(p+\Delta p)x/\hbar} - e^{i(p-\Delta p)x/\hbar} \right].$$

運動量の固有状態はこのような空間的に局在化した状態の極限の状態であると考え，運動量の固有状態（平面波）と内積を取る相手は波束に限ることにする：

$$1 = \int_{-\infty}^{\infty} dx \varphi_p^*(x)[\varphi_p]_{p-\Delta p}^{p+\Delta p}(x) = 2\hbar |C_p|^2 \int_{-\infty}^{\infty} dx \frac{\sin \Delta p x/\hbar}{x} = 2\pi\hbar |C_p|^2.$$

55

第 3 章　量子力学の一般的枠組み

よって，$C_p = 1/\sqrt{2\pi\hbar}$ と選べる．すなわち，$\varphi_p(x) = \frac{1}{\sqrt{2\pi\hbar}}\mathrm{e}^{ipx/\hbar}$．これは，周期境界条件による箱型規格化において箱の大きさ L を無限大にしたときと同じ結果である．3 次元空間の場合も同様である．

3.6.3　完全性

運動量の固有関数に対して次の関係式が成り立つ：

$$\int_{-\infty}^{\infty} dp\, \varphi_p^*(x')\varphi_p(x) = \int_{-\infty}^{\infty} \frac{dp}{2\pi\hbar}\mathrm{e}^{ip(x-x')/\hbar} = \delta(x - x'). \tag{3.22}$$

最後の等式でデルタ関数の Fourier 変換の公式を用いた．この関係式を用いると，周期境界条件を満たす任意の波動関数（ただし，$L \to \infty$ とする）や空間的に局在化した任意の波動関数 $\varphi(x)$ に対して，次の関係式が成り立つ：

$$\varphi(x) = \int_{-\infty}^{\infty} dx'\, \delta(x - x')\varphi(x') = \int_{-\infty}^{\infty} dx' \int_{-\infty}^{\infty} dp\, \varphi_p^*(x')\varphi_p(x)\varphi(x')$$

$$= \int_{-\infty}^{\infty} dp\, \varphi_p(x) \int_{-\infty}^{\infty} dx'\, \varphi_p^*(x')\varphi(x'). \tag{3.23}$$

ここで，

$$A_p \equiv \int_{-\infty}^{\infty} dx'\, \varphi_p^*(x')\varphi(x') = \langle \varphi_p,\, \varphi \rangle \tag{3.24}$$

と置くと，(3.23) は

$$\varphi(x) = \int_{-\infty}^{\infty} dp\, A_p\varphi_p(x) \tag{3.25}$$

と書ける．これは任意の波動関数 $\varphi(x)$ が運動量の固有関数 $\varphi_p(x)$ の**線型結合**で表されることを示している．このことを，運動量の固有関数系 $\{\varphi_p(x)\}_p$ は「**完全系をなす**」という．元をたどれば，(3.22) が $\{\varphi_p(x)\}_p$ の完全性の表現になっていることがわかる．

また，運動量の固有関数を基底にして状態を表す方法を**運動量表示**という．さらに，A_p は，粒子が波動関数 $\varphi(x)$ で表される状態にあるときに，その運動量が p として観測される確率振幅を表すと解釈できる．実際，規格化条件は

$$1 = \langle \varphi,\, \varphi \rangle = \left\langle \int_{-\infty}^{\infty} dp'\, A_{p'}\varphi_{p'} \int_{-\infty}^{\infty} dp\, A_p\varphi_p \right\rangle$$

$$= \int_{-\infty}^{\infty} dp' \int_{-\infty}^{\infty} dp\, A_{p'}^* A_p \langle \varphi_{p'},\, \varphi_p \rangle$$

§3.6 【基本】 運動量の固有関数とその規格化

$$= \int_{-\infty}^{\infty} dp' \int_{-\infty}^{\infty} dp\, A_{p'}^* A_p \delta(p' - p) = \int_{-\infty}^{\infty} dp\, |A_p|^2$$

と書ける．これは運動量が p として観測される確率密度が $|A_p|^2$ で与えられる，という解釈と整合的である．

なお，$\varphi_p(x)$ の具体形を (3.23) と (3.24) に代入すると，

$$\varphi(x) = \int_{-\infty}^{\infty} \frac{dp}{\sqrt{2\pi\hbar}}\, A_p\, e^{ipx/\hbar}, \quad A_p = \int_{-\infty}^{\infty} \frac{dx'}{\sqrt{2\pi\hbar}}\, e^{-ipx'/\hbar}\varphi(x'). \tag{3.26}$$

これは，$\varphi(x)$ の Fourier 変換の式である．すなわち，運動量表示とは，本質的に，波動関数を Fourier 変換することに他ならない．

3.6.4 期待値

波動関数が $\varphi(x)$ のとき，x_i と $x_i + \Delta x$ の間に粒子を観測する確率（相対頻度）は $|\psi(x_i)|^2 \Delta x = P(x_i)\Delta x$ で与えられるから，位置（の x 座標）の期待値（観測値の平均値）は

$$\bar{x} = \sum_i x_i P(x_i)\Delta x \to \int dx\, x|\varphi(x)|^2 = \langle \varphi|x|\varphi \rangle \tag{3.27}$$

で与えられることになる．同様に，運動量の期待値を考えることができる．上で見たように，$\varphi(x)$ にある状態において運動量が p と $p + \Delta p$ の間に観測される確率は $|A_p|^2 \Delta p$ で与えられる．したがって，運動量の期待値 $\bar{p}$ は

$$\bar{p} = \int_{-\infty}^{\infty} dp\, p|A_p|^2 \tag{3.28}$$

と表されるであろう．(3.28) に (3.24) を代入すると[7]，

$$\bar{p} = \int_{-\infty}^{\infty} dp\, p \left(\int_{-\infty}^{\infty} dx'\, \varphi_p^*(x')\varphi(x') \right)^* \left(\int_{-\infty}^{\infty} dx\, \varphi_p^*(x)\varphi(x) \right)$$

$$= \int_{-\infty}^{\infty} dx'\, \varphi(x')^* \int_{-\infty}^{\infty} dx\, \varphi(x) \int_{-\infty}^{\infty} \frac{dp}{2\pi\hbar} p e^{ip(x'-x)/\hbar}$$

$$= \int_{-\infty}^{\infty} dx'\, \varphi(x')^* \int_{-\infty}^{\infty} dx\, \varphi(x) \left(i\hbar \frac{\partial}{\partial x} \right) \int_{-\infty}^{\infty} \frac{dp}{2\pi\hbar} e^{ip(x'-x)/\hbar}$$

$$= \int_{-\infty}^{\infty} dx'\, \varphi(x')^* \int_{-\infty}^{\infty} dx\, \varphi(x) \left(i\hbar \frac{\partial}{\partial x} \right) \delta(x' - x)$$

---

[7] 途中でデルタ関数の微分についての公式 $\varphi(x) \frac{d}{dx}\delta(x - x') = -\delta(x - x')\frac{d\varphi(x)}{dx}$ を用いる（章末問題参照）．

第3章 量子力学の一般的枠組み

$$= \int_{-\infty}^{\infty} dx' \, \varphi(x')^* \int_{-\infty}^{\infty} dx \left(-i\hbar \frac{\partial}{\partial x} \varphi(x) \right) \delta(x' - x)$$

$$= \int_{-\infty}^{\infty} dx \, \varphi(x)^* \left(-i\hbar \frac{\partial}{\partial x} \varphi(x) \right) = \langle \psi | \hat{p} | \psi \rangle. \tag{3.29}$$

これは，演算子が x から $\hat{p}$ に変わっただけで形式上 (3.27) と同じ形をしている．すなわち，(3.28)の妥当性が示された．

§3.7 固有ベクトルの完全性と確率解釈：変換理論

以上のことを一般的に整理しておく．まずは記述を簡単にするため空間の次元は1次元とし，後に3次元の場合へ拡張した表式を書き下すことにする．

任意の状態波動関数 $\psi(x, t)$ は，任意の時刻 t において次のように物理量 A の規格化された固有関数全体 $\{\varphi_a(x)\}_a$ の線型結合で表されると仮定しよう：

$$\psi(x, t) = \sum_a C_a(t) \, \varphi_a(x). \tag{3.30}$$

このとき，$\hat{A}$ の固有関数は**完全系**をなす，という．(3.30) と $\varphi_{a'}(x)$ との内積を取ると，$\langle \varphi_a, \psi \rangle = \langle \varphi_a, \sum_{a'} C_{a'} \varphi_{a'} \rangle = \sum_{a'} C_{a'} \langle \varphi_a, \varphi_{a'} \rangle = \sum_{a'} C_{a'} \delta_{a,a'} = C_a(t)$. すなわち，

$$C_a(t) = \langle \varphi_a, \psi \rangle = \int dx' \, \varphi_a^*(x') \psi(x', t). \tag{3.31}$$

これを (3.30) に代入すると，

$$\psi(x, t) = \sum_a \langle \varphi_a, \psi \rangle \varphi_a(x) = \sum_a \int dx' \, \varphi_a^*(x') \psi(x', t) \varphi_a(x)$$

$$= \int dx' \left(\sum_a \varphi_a^*(x') \varphi_a(x) \right) \psi(x', t). \tag{3.32}$$

一方デルタ関数の定義より，$\varphi(x) = \int dx' \, \delta(x' - x) \, \varphi(x')$. これと (3.32) を比較して

$$\sum_a \varphi_a^*(x') \varphi_a(x) = \delta(x' - x) \tag{3.33}$$

を得る．この関係式は完全性と等価なので (3.33) を**完全性条件**と呼ぶ．運動量の固有関数に対する (3.22) の一般化になっている．3次元では，

$$\sum_a \varphi_a^*(\boldsymbol{r}') \varphi_a(\boldsymbol{r}) = \delta(\boldsymbol{r}' - \boldsymbol{r}). \tag{3.34}$$

§3.7 【基本】 固有ベクトルの完全性と確率解釈：変換理論

ここに, $\delta(\boldsymbol{r}' - \boldsymbol{r}) = \delta(x' - x)\delta(y' - y)\delta(z' - z)$.

固有関数系が完全系をなす物理量 A を, Dirac にならって, 「**観測可能量（オブザーバブル：Observable)**」と呼ぶ. 以下, 特に断らない限り, 物理量はオブザーバブルであると仮定する.

3.7.1 期待値と確率解釈：任意のオブザーバブルの固有関数による展開

以上のことを Dirac のブラ・ケット表示と固有状態のより便利な表記を用いて表してみよう. まず, オブザーバブル A に対応する演算子 $\hat{A}$ の固有状態はその固有値 a で指定されるので, 簡潔に次のように表そう[8]： $\hat{A}|a\rangle = a|a\rangle$, $\langle a'|a\rangle = \delta_{a\,a'}$. この記法では,

$$|\psi\rangle = \sum_a C_a |a\rangle, \quad C_a = \langle a|\varphi\rangle. \tag{3.35}$$

すると, $|\psi\rangle = \sum_a \langle a|\psi\rangle |a\rangle = \sum_a |a\rangle\langle a|\psi\rangle = \left(\sum_a |a\rangle\langle a|\right)|\psi\rangle$. したがって, A の固有ベクトルの完全性は $\sum_a |a\rangle\langle a| = 1$ と表される.

固有値が離散的なもの a_n と連続的なもの a を含む一般の場合は, 完全性は以下のように表される：

$$\sum_{a_n} |a_n\rangle\langle a_n| + \int da\, |a\rangle\langle a| = 1. \tag{3.36}$$

このとき, 任意の状態ベクトル $|\psi\rangle$ は

$$|\psi\rangle = \sum_{a_n} C_{a_n} |a_n\rangle + \int da\, C_a |a\rangle, \tag{3.37}$$

と展開される. ここに, $C_{a_n} = \langle a_n|\psi\rangle$, $C_a = \langle a|\psi\rangle$. 離散固有値および連続固有値に関する展開はそれぞれ Fourier 級数と Fourier 展開の一般化になっている, と理解しておくとよい. $|\psi\rangle$ の規格化条件は以下のように表される：

$$\langle \psi, \psi\rangle = \sum_{a_n} |C_{a_n}|^2 + \int da\, |C_a|^2 = 1. \tag{3.38}$$

これは, 下の (3.40) において $\hat{A} = 1$ とおいた式である.

---

[8] 以下では簡単のために, 固有値 a はすべて離散的とし, 縮退の自由度を含めて a のみで指定する.

第3章 量子力学の一般的枠組み

(3.37) の左から $\hat{A}$ を作用させると,

$$\hat{A}|\psi\rangle = \sum_{a_n} a_n C_{a_n} |a_n\rangle + \int da\, a C_a |a\rangle \tag{3.39}$$

を得る. (3.39) と $|\psi\rangle$ との内積を取り, 簡単のために連続固有値も離散固有値と同じ記法で書くと,

$$\begin{aligned}
\langle\psi|\hat{A}|\psi\rangle &= \left(\sum_{a'} C_{a'}^* \langle a'|\right)\left(\sum_a C_a a|a\rangle\right) = \sum_{a'} C_{a'}^* \sum_a C_a a \langle a'|a\rangle \\
&= \sum_{a'} C_{a'}^* \sum_a C_a a\, \delta_{a'a} \\
&= \sum_{a_n} |C_{a_n}|^2 a_n + \int da\, |C_a|^2 a \tag{3.40}
\end{aligned}$$

と書ける. 最後の表式では離散および連続固有値の区別を復活させた. (3.40) と (3.38) は, 状態ベクトル $|\psi\rangle$ においてオブザーバブル A が値 a を取る確率は $|C_a|^2$ で与えられる, と解釈してよいことを示している. すなわち, 展開係数 $C_a = \langle \varphi_a|\psi\rangle$ は ψ において $\hat{A}$ が a で与えられる状態にある確率振幅である.

もう少し精確に言うと, 離散固有値 a_n に対しては, $|\langle a_n|\psi\rangle|^2$ は状態 $|\psi\rangle$ において A の観測値が a_n である確率を表し, 連続固有値 a に対しては, $|\langle a|\psi\rangle|^2 \Delta a$ は $|\psi\rangle$ において A の観測値が a と $a + \Delta a$ の間にある確率を与える, と解釈する. これは, 粒子の位置が r と $r + \Delta r$ の間に観測される確率が波動関数 $\psi(r, t)$ を用いて, $|\psi(r, t)|^2 \Delta r$ と表されることの拡張になっている.

なお, ここで展開された一般的な量子状態の表現理論は Dirac と P. Jordan（ヨルダン）により展開され, 「変換理論」と呼ばれる.

§3.8 波動関数 $\varphi(r)$ の新たな意味づけ：位置の固有状態

ここで, 粒子の位置演算子 $\hat{r}$ を定義する. $\hat{r}$ は Hermite であり, その固有値 r に属する状態を $|r\rangle$ と書こう：$\hat{r}|r\rangle = r|r\rangle$. 連続固有値なので, 次のように規格化されている：$\langle r|r'\rangle = \delta(r - r')$. そこで, 粒子の状態を表すケットベクトルを $|\varphi\rangle$ と書くと, 内積 $\langle r|\varphi\rangle$ は状態 $|\varphi\rangle$ において, 位置が r である確率振幅を表すので波動関数 $\varphi(r)$ と同定することができる：$\varphi(r) = \langle r|\varphi\rangle$, ここで, 位置の固有ベクトルがブラベクトルとして入っていることに注意しよう. また, $|\varphi\rangle$ を位置の固有状態で展開すると, $|\varphi\rangle = \int dr'\, C_{r'}|r'\rangle$. 両辺と $|r\rangle$ との内積を取る

60

§3.8 【基本】 波動関数 $\varphi(r)$ の新たな意味づけ：位置の固有状態

と，左辺 $= \langle r|\varphi \rangle = \varphi(r)$，右辺 $= \int dr' \, C_{r'} \langle r|r' \rangle = \int dr' \, C_{r'} \delta(r - r') = C_r$. すなわち，$\varphi(r) = C_r$. よって，

$$|\varphi\rangle = \int dr \, \varphi(r)|r\rangle = \int dr \, \langle r|\varphi\rangle |r\rangle = \left[\int dr \, |r\rangle\langle r| \right] |\varphi\rangle. \tag{3.41}$$

$|\varphi\rangle$ は任意であるから，形式的に

$$\int dr \, |r\rangle\langle r| = 1 \tag{3.42}$$

と書ける．これは完全性の一つの表現である．

$|\varphi\rangle$ として運動量の固有状態 $|p\rangle$ を考えると，$\langle r|p \rangle$ は運動量 p を持っている状態が位置 r に観測される確率振幅を表現しているから，

$$\langle r|p \rangle = \varphi_p(r) = \frac{1}{\sqrt{(2\pi\hbar)^3}} \mathrm{e}^{ip \cdot r/\hbar} \tag{3.43}$$

と書ける．また，p と r を入れ替えると，

$$\langle p|r \rangle = \langle r|p \rangle^* = \varphi_p^*(r) = \frac{1}{\sqrt{(2\pi\hbar)^3}} \mathrm{e}^{-ip \cdot r/\hbar} \tag{3.44}$$

を得る．左辺を「**運動量表示**」[9]での位置の固有波動関数と解釈し，$\langle p|r \rangle = \varphi_r(p)$ と書くこともできる．このとき $\hat{r}$ についての固有値方程式 $\hat{r}\varphi_r(p) = r\varphi_r(p)$ を満たす位置演算子 $\hat{r}$ は

$$\hat{r} = i\hbar \frac{\partial}{\partial p} \tag{3.45}$$

と書ける．これは**運動量表示での位置演算子**である．符号に注意しよう．

位置の固有状態と同様に運動量の固有状態について次の完全性が成り立つ：

$$\int dp \, |p\rangle\langle p| = 1. \tag{3.46}$$

実際，運動量の固有状態系の完全性条件 (3.22) を 3 次元の場合に書き下すと，

$$\int dp \, \varphi_p^*(r)\varphi_p(r') = \delta(r - r') = \langle r'|r \rangle. \tag{3.47}$$

---

[9] 運動量の固有状態を基底に取ることをこう呼ぶ．運動量を対角化する表示とも言う．より一般的な説明は次節 §3.9 で行う．

第 3 章　量子力学の一般的枠組み

これに，(3.43) および (3.44) を代入すると，

$$\langle \boldsymbol{r}'|\boldsymbol{r}\rangle = \int d\boldsymbol{p}\,\langle \boldsymbol{p}|\boldsymbol{r}\rangle\langle \boldsymbol{r}'|\boldsymbol{p}\rangle = \int d\boldsymbol{p}\,\langle \boldsymbol{r}'|\boldsymbol{p}\rangle\langle \boldsymbol{p}|\boldsymbol{r}\rangle = \langle \boldsymbol{r}'|\left[\int d\boldsymbol{p}\,|\boldsymbol{p}\rangle\langle \boldsymbol{p}|\right]|\boldsymbol{r}\rangle.$$

$|\boldsymbol{r}\rangle$ および $\langle \boldsymbol{r}'|$ は任意であるから，(3.46) を得る．

さて，位置の固有状態 $|\boldsymbol{r}\rangle$ に対する運動量演算子 $\hat{\boldsymbol{p}}$ の作用を考察する．簡単のために，1 次元の場合を考える．運動量の固有状態 $|p\rangle$ の完全性を用いると，

$$\hat{p}|x\rangle = \int_{-\infty}^{\infty} dp\,\hat{p}|p\rangle\langle p|x\rangle = \int_{-\infty}^{\infty} dp\,p|p\rangle\frac{1}{\sqrt{2\pi\hbar}}\mathrm{e}^{-ipx/\hbar}$$
$$= i\hbar\frac{d}{dx}\int_{-\infty}^{\infty} dp\,|p\rangle\frac{1}{\sqrt{2\pi\hbar}}\mathrm{e}^{-ipx/\hbar} = i\hbar\frac{d}{dx}\int_{-\infty}^{\infty} dp\,|p\rangle\langle p|x\rangle = i\hbar\frac{d}{dx}|x\rangle.$$

すなわち，

$$\hat{p}|x\rangle = i\hbar\frac{d}{dx}|x\rangle. \tag{3.48}$$

ここで，$i\hbar$ の前の符号に注意．波動関数は $\varphi(x) = \langle x|\varphi\rangle$ のように位置の固有ベクトルはブラベクトルとして現われる．これが複素共役になっている理由である．実際，通常の波動関数を用いた表現との整合性は以下のようにして確認できる：

$$(\hat{p}\varphi)(x) = \langle x|\hat{p}|\varphi\rangle = \int dp\,\langle x|p\rangle\langle p|\hat{p}|\varphi\rangle$$
$$= \int dp\,\frac{\mathrm{e}^{ixp/\hbar}}{\sqrt{2\pi\hbar}}\,p\langle p|\varphi\rangle = -i\hbar\frac{\partial}{\partial x}\int dp\,\frac{\mathrm{e}^{ixp/\hbar}}{\sqrt{2\pi\hbar}}\langle p|\varphi\rangle$$
$$= -i\hbar\frac{\partial}{\partial x}\int dp\,\langle x|p\rangle\langle p|\varphi\rangle = -i\hbar\frac{\partial}{\partial x}\langle x|\varphi\rangle$$
$$= -i\hbar\frac{\partial}{\partial x}\varphi(x). \tag{3.49}$$

以上のことを，空間が 3 次元の場合に改めて書き下しておくと以下のようになる：

$$\hat{\boldsymbol{p}}|\boldsymbol{r}\rangle = i\hbar\frac{d}{d\boldsymbol{r}}|\boldsymbol{r}\rangle, \quad (\hat{\boldsymbol{p}}\varphi)(\boldsymbol{r}) = \langle \boldsymbol{r}|\hat{\boldsymbol{p}}|\varphi\rangle = -i\hbar\frac{\partial}{\partial \boldsymbol{r}}\varphi(\boldsymbol{r}). \tag{3.50}$$

なお，ここでは暗黙のうちに直角座標（Déscartes 座標ともいう）を取っている．曲線座標を含む一般の場合は §3.13 で議論する．

§3.9　演算子の行列表示

　完全系をなす基底ベクトルとして $\hat{A}$ の規格化された固有状態 $\{|a_n\rangle\}_n$ を取ろう：$\hat{A}|a_n\rangle = a_n|a_n\rangle$, $\langle a_{n'}|a_n\rangle = \delta_{n',n}$. ただし，記述を簡潔にするために固有値はすべて離散的とした：連続固有値がある場合の扱いは読者に任せる.

　任意のオブザーバブルを表す演算子 $\hat{B}$ に対して，行列 $\boldsymbol{B}$ の (n', n) 成分 $(\boldsymbol{B})_{n'n} \equiv B_{n'n}$ を $\langle a_{n'}|\hat{B}|a_n\rangle = B_{n'n}$ によって定義する. $\boldsymbol{B}$ は必ずしも対角行列ではない. しかし，$\hat{A}$ に対応する行列 $\boldsymbol{A}$ の (n', n) 成分は，$A_{n'n} = \langle a_{n'}|\hat{A}|a_n\rangle = a_n\delta_{n',n}$ となるので，行列 $\boldsymbol{A}$ は対角行列である. このように，完全系をなす基底ベクトルとして $\hat{A}$ の規格化された固有状態 $\{|a_n\rangle\}_n$ を取ることを，「**$\hat{A}$ を対角化する表示を取る**」，あるいは簡単に「**A 表示を取る**」という. 前節の (3.44) で運動量表示を導入した. しかしいずれにしろ，完全系をなす基底ベクトルを固定すると，任意のオブザーバブルに（一般には無限次元の）行列が1対1に対応する. そして $\hat{B}$ の固有値と固有状態を求める問題は行列の対角化の問題に帰着されることが以下のようにしてわかる. この場合の固有値方程式は，

$$\hat{B}|b_\alpha\rangle = b_\alpha|b_\alpha\rangle. \tag{3.51}$$

ただし，縮退も含めて $|b_\alpha\rangle$ を直交系に取り，さらに以下のように規格化しておく：$\langle b_\alpha|b_{\alpha'}\rangle = \delta_{\alpha\alpha'}$. (3.51) の左から $\langle a_{n'}|$ を掛けて，$\{|a_n\rangle\}_n$ の完全性を用いると，

$$\langle a_{n'}|\hat{B}\left[\sum_n |a_n\rangle\langle a_n|\right]|b_\alpha\rangle = b_\alpha\langle a_{n'}|b_\alpha\rangle. \tag{3.52}$$

ここで，$\langle a_n|b_\alpha\rangle \equiv c_{n\alpha}$, とおくと，固有値方程式 (3.52) は

$$\sum_n B_{n'n}c_{n\alpha} = b_\alpha c_{n'\alpha} \tag{3.53}$$

と書ける. このときまた，

$$|b_\alpha\rangle = \sum_n c_{n\alpha}|a_n\rangle \tag{3.54}$$

である. ここでベクトル $\boldsymbol{c}^{(\alpha)}$ を以下のように定義しよう：

第3章 量子力学の一般的枠組み

$$\boldsymbol{c}^{(\alpha)} \equiv \begin{pmatrix} c_{1\alpha} \\ c_{2\alpha} \\ \vdots \end{pmatrix}. \tag{3.55}$$

$|b_\alpha\rangle$ の規格直交性より，$\boldsymbol{c}^{(\alpha')*} \cdot \boldsymbol{c}^{(\alpha)} = \delta_{\alpha\alpha'}$ が成り立つことに注意する．

$\boldsymbol{c}^{(\alpha)}$ を用いると固有値方程式 (3.53) は次の行列形式に書ける：

$$\boldsymbol{B}\,\boldsymbol{c}^{(\alpha)} = b_\alpha \boldsymbol{c}^{(\alpha)}. \tag{3.56}$$

すなわち，演算子 $\hat{B}$ の固有値と固有状態を求める問題は線型代数の行列の固有値問題に帰着された．ただし，この行列は一般には無限次元である．たとえば，x 表示での運動量演算子の行列要素は (3.48) に左から $\langle x'|$ を掛けて，

$$\langle x'|\hat{p}|x\rangle = \langle x'|i\hbar\frac{d}{dx}|x\rangle = i\hbar\frac{d}{dx}\langle x'|x\rangle = i\hbar\frac{d}{dx}\delta(x'-x) \tag{3.57}$$

となる．

ユニタリー変換　線型代数で習ったように，Hermite 行列はユニタリー変換で対角化される[10]．実際，(3.56) を解いて得られた（規格化された）固有ベクトル $\boldsymbol{c}^{(\alpha)}$ を用いて行列 U を次のように定義する：

$$U = \begin{pmatrix} c_{11} & c_{12} & \dots \\ c_{21} & c_{22} & \dots \\ \vdots & \vdots & \dots \end{pmatrix} = \begin{pmatrix} \boldsymbol{c}^{(1)} & \boldsymbol{c}^{(2)} & \dots \end{pmatrix}. \tag{3.58}$$

すると，$\boldsymbol{c}^{(\alpha)}$ の規格直交性より U はユニタリー行列 ($U^\dagger U = 1$) であり，U によって $\boldsymbol{B}$ は対角行列 (diagonal matrix) に変換される：

$$U^{-1}\boldsymbol{B}U = \begin{pmatrix} b_1 & 0 & 0 & \dots \\ 0 & b_2 & 0 & \dots \\ & 0 & \ddots & 0 \end{pmatrix} \equiv \mathrm{diag}(b_1, b_2, \dots) \equiv \boldsymbol{B}_{\mathrm{D}}.$$

ここに，$\mathrm{diag}(b_1, b_2, \dots)$ は対角成分に $b_1, b_2, \dots$ が並ぶ対角行列を表している．このとき (3.54) は，A を対角形にする基底 $\{|a_1\rangle, |a_2\rangle, \dots\}$ から B を対角

---

[10] 佐武一郎著『線型代数学』（数学選書 1，裳華房，1974；2015 年新装版）を参照．

§3.9 【基本】 演算子の行列表示

形にする基底 $\{|b_1\rangle, |b_2\rangle, \dots\}$ への変換を与えるとみなすことができる. この変換はユニタリー行列 U を用いて以下のように書ける[11]:

$$(|b_1\rangle, |b_2\rangle, \dots) = (|a_1\rangle, |a_2\rangle, \dots)U. \tag{3.59}$$

3.9.1 交換子

任意の演算子 $\hat{A}, \hat{B}$ に対する交換子 $[\hat{A}, \hat{B}] \equiv \hat{A}\hat{B} - \hat{B}\hat{A}$ を定義する. 任意の波動関数 $\psi(x)$ に対して, $[\hat{x}, \hat{p}]\psi(x) = [x(-i\hbar\frac{d}{dx}) - (-i\hbar\frac{d}{dx})x]\psi(x) = -i\hbar[x\frac{d\psi}{dx} - \frac{d(x\psi)}{dx}] = i\hbar\psi(x)$. よって, 次の重要な公式を得る:

$$[\hat{x}, \hat{p}] = i\hbar. \tag{3.60}$$

これは, 解析力学における正準座標と運動量の従うポアソン括弧 $\{q, p\} = 1$ に対応する関係式であり, **基本交換関係**と呼ぶ.

このように量子力学において物理量を表す演算子は一般には可換ではない. これは古典物理学における物理量が通常の数であり可換であることと対照的である. そこでこの差を明示するために, 量子力学において物理量を表す演算子を **q 数**と呼び, 通常の数を **c 数**と呼ぶ. ここで, q と c はそれぞれ quantum と classical の頭文字である.

交換子に対しては, 次の便利な関係式が成り立つ.

反可換性 : $[\hat{A}, \hat{B}] = -[\hat{B}, \hat{A}]$. 特に, $[\hat{A}, \hat{A}] = 0$. $\qquad$ (3.61)

線型性 (1) : $[c\hat{A}, \hat{B}] = [\hat{A}, c\hat{B}] = c\,[\hat{A}, \hat{B}]$. $\qquad$ (3.62)

線型性 (2) : $[\hat{A} + \hat{B}, \hat{C}] = [\hat{A}, \hat{C}] + [\hat{B}, \hat{C}]$. $\qquad$ (3.63)

積 : (a) $[\hat{A}\hat{B}, \hat{C}] = \hat{A}[\hat{B}, \hat{C}] + [\hat{A}, \hat{C}]\hat{B}$,

(b) $[\hat{A}, \hat{B}\hat{C}] = \hat{B}[\hat{A}, \hat{C}] + [\hat{A}, \hat{B}]\hat{C}$. $\qquad$ (3.64)

他は簡単なので, 最後の性質だけ示しておこう: $[\hat{A}\hat{B}, \hat{C}] = \hat{A}\hat{B}\hat{C} - \hat{C}\hat{A}\hat{B} = \hat{A}\hat{B}\hat{C} - \hat{A}\hat{C}\hat{B} + \hat{A}\hat{C}\hat{B} - \hat{C}\hat{A}\hat{B} = \hat{A}[\hat{B}, \hat{C}] + [\hat{A}, \hat{C}]\hat{B}$. (b) は (3.61) の反可換性により (a) から従う.

---

[11] $(U)_{n\alpha} = c_{n\alpha} = \langle a_n | b_\alpha \rangle$.

3.9.2 不確定性関係

量子力学特有の演算子の非可換性から，有名な物理量の**不確定性関係**を導出する．

系の状態が $|\psi\rangle$ で記述され，その $\hat{A}$ での固有状態での展開は (3.35) で与えられているとする．このとき，オブザーバブル A の観測の期待値 $\bar{a} = \langle\psi|\hat{A}|\psi\rangle$ と 1 回ごとの観測で得られる値の分散 $(\Delta A)^2$ は以下のように与えられる：$(\Delta A)^2 \equiv \sum_a |C_a|^2 (a - \bar{a})^2$. (3.35) および $(a - \bar{a})^2 = \langle a|(\hat{A} - \bar{a})^2|a\rangle$ を用いると

$$(\Delta A)^2 = \sum_a |C_a|^2 \langle a|(\hat{A} - \bar{a})^2|a\rangle = \sum_{a'} \sum_a \delta_{a'a} \langle C_{a'}a'|C_a(\hat{A} - \bar{a})^2|a\rangle$$

$$= \left\langle \sum_{a'} C_{a'}a' \middle| (\hat{A} - \bar{a})^2 \middle| \sum_a C_a a \right\rangle = \langle\psi|(\hat{A} - \bar{a})^2|\psi\rangle \tag{3.65}$$

$$= \langle(\hat{A}^\dagger - \bar{a})\psi|(\hat{A} - \bar{a})\psi\rangle = \|(\hat{A} - \bar{a})|\psi\rangle\|^2. \tag{3.66}$$

最後の等式で $\hat{A}$ が Hermite であることを用いた．よって，$\hat{A} - \bar{a} \equiv \hat{A}'$ と書くと，$(\Delta A)^2 = \|\hat{A}'|\psi\rangle\|^2$ と書ける．

さて，$\hat{A}$, $\hat{B}$, $\hat{C}$ を Hermite 演算子とし，次の関係式を満たしているとする；

$$[\hat{A}, \hat{B}] = i\hat{C}. \tag{3.67}$$

実数 α を用いて $|\psi'\rangle \equiv (i\alpha\hat{A} + \hat{B})|\psi\rangle$ を定義する．ただし，$\hat{A}|\psi\rangle \neq 0$ とする．また，$\langle\psi|\hat{A}|\psi\rangle = \langle\hat{A}\rangle$ などと略記する．このとき次の不等式が任意の α に対して成り立つ：

$$0 \leq \langle\psi'|\psi'\rangle = \langle(i\alpha\hat{A} + \hat{B})\psi, (i\alpha\hat{A} + \hat{B})\psi\rangle = \langle\psi, (-i\alpha\hat{A} + \hat{B})(i\alpha\hat{A} + \hat{B})|\psi\rangle$$

$$= \langle\psi, \{\alpha^2\hat{A}^2 - i\alpha[\hat{A}, \hat{B}] + \hat{B}^2\}|\psi\rangle = \alpha^2\langle\hat{A}^2\rangle + \alpha\langle\hat{C}\rangle + \langle\hat{B}^2\rangle.$$

これは実数 α についての**絶対不等式**である．この絶対不等式が成立するためには，α^2 の係数が $\langle\hat{A}^2\rangle > 0$ なので，右辺の α についての 2 次式の判別式を D と書くと，$D = \langle\hat{C}\rangle^2 - 4\langle\hat{A}^2\rangle\langle\hat{B}^2\rangle \leq 0$ でなければならない．すなわち，$\langle\hat{A}^2\rangle\langle\hat{B}^2\rangle \geq (\langle\hat{C}\rangle/2)^2$.

$\hat{A}'$ と同様にエルミート演算子 $\hat{B}' \equiv \hat{B} - \bar{b}$ という演算子を考えよう．ただし，$\bar{b} = \langle\hat{B}\rangle$. このとき次の関係式が得られる：$[\hat{A}', \hat{B}'] = i\hat{C}$. 今，上の仮定

§3.9 【基本】 演算子の行列表示

に対応して，$\hat{A}'|\psi\rangle \neq 0$，すなわち，$|\psi\rangle$ が $\hat{A}$ の固有状態でないとき，上と同じ議論で次の不等式が成立することがわかる：

$$(\Delta A)^2 (\Delta B)^2 \geq (\langle \hat{C}\rangle/2)^2. \tag{3.68}$$

ここに，$(\Delta A)^2 = \langle (\hat{A}-\langle\hat{A}\rangle)^2\rangle$，$\Delta B$ も同様．これを，$\overset{\text{ロ バー ト ソ ン}}{\textbf{Robertson の不等式}}$という．特に，$\hat{C} = \hbar$ のとき，(3.68) は，

$$(\Delta A)(\Delta B) \geq \frac{\hbar}{2} \tag{3.69}$$

となる．たとえば，$\hat{A}, \hat{B}$ をそれぞれ正準座標 $\hat{q}$ と正準運動量 $\hat{p}$ に取ると，

$$(\Delta q)(\Delta p) \geq \frac{\hbar}{2} \tag{3.70}$$

という $\overset{\text{ハ イ ゼ ン ベ ル ク}}{\textbf{Heisenberg}}$–$\overset{\text{ケ ナ ー ド}}{\textbf{Kennard}}$ の不確定性関係式（不等式）になる．

3.9.3 固有状態および固有値の特徴付け

さて，偏差 $\Delta A = 0$ が成り立つのは，ノルムの半正定値性より $(\hat{A}-a)|\psi\rangle = 0$，ゆえに，$\hat{A}|\psi\rangle = \bar{a}|\psi\rangle\,(\bar{a} = a)$ のときのみである．すなわち，$|\psi\rangle$ が $\hat{A}$ のある固有状態 $|a\rangle$ に比例するときである．逆に言うと，系が $\hat{A}$ の固有状態にあるとき，$\hat{A}$ の観測値はいつもある固有値に等しい．

3.9.4 可換で独立な演算子の同時固有状態の構成可能性

$\hat{A}, \hat{B}$ を互いに異なる任意の可換な Hermite 演算子とする：$[\hat{A}, \hat{B}] = 0$．このとき，$\hat{A}, \hat{B}$ の同時固有状態が構成できることを示す．

$\hat{A}$ の固有値に縮退がないとき　　ここで，固有値に縮退がないとは，以下のことを意味する：$|a\rangle$ を $\hat{A}$ の固有値 a に属する固有ベクトルとする；$\hat{A}|a\rangle = a|a\rangle$．このとき，固有値 a に属する任意の固有ベクトル $|a; \gamma\rangle$ $(\hat{A}|a; \gamma\rangle = a|a; \gamma\rangle)$ は，存在したとしても，$|a\rangle$ に平行である，すなわち，あるスカラー c が存在して，$|a; \gamma\rangle = c|a\rangle$ と書ける．

さて，$\hat{A}, \hat{B}$ の可換性より，$\hat{A}(\hat{B}|a\rangle) = \hat{B}\hat{A}|a\rangle = a(\hat{B}|a\rangle)$．これは，状態 $\hat{B}|a\rangle$ も $\hat{A}$ の固有状態であることを意味する．ところが，縮退がないのだから，ある定数 b が存在して $\hat{B}|a\rangle = b|a\rangle$ と書ける．これは $|a\rangle$ はまた，固有値 b に属する $\hat{B}$ の固有状態であることを意味している．逆に，$\hat{B}|b\rangle = b|b\rangle$ とすると，

67

第3章 量子力学の一般的枠組み

$\hat{B}\hat{A}|b\rangle = b\hat{A}|b\rangle$. すなわち，任意の $\hat{B}$ の固有状態は $\hat{A}$ の固有状態にもなっている．こうして，縮退のないとき，<u>$\hat{A}$ と $\hat{B}$ の固有状態は，同時固有状態として $|a, b\rangle$ と表すことができること</u>がわかった．

A の固有値が n 重に縮退しているとき　n 重に縮退しているとは，$\hat{A}$ の固有値 a に属する n 個の独立な固有ベクトルが存在することを意味する．$|a; i\rangle$ $(i = 1, 2, \ldots, n)$ をその n 個の独立な規格化された固有ベクトルとする：

$$\hat{A}|a; i\rangle = a|a; i\rangle. \tag{3.71}$$

さらに，これらを規格直交化しておく[12]：$\langle a; j|a; i\rangle = \delta_{ji}$.

さて，(3.71) の左から $\hat{B}$ を作用させると，左辺 $= \hat{B}(\hat{A}|a; i\rangle) = \hat{A}(\hat{B}|a; i\rangle)$，右辺 $= a(\hat{B}|a; i\rangle)$. すなわち，$\hat{A}(\hat{B}|a; i\rangle) = a(\hat{B}|a; i\rangle)$. これは，$\hat{B}|a; i\rangle$ が $\hat{A}$ の固有値 a に属する固有ベクトルであることを意味する．よって，n 個の数係数 b_{ji} $(j = 1, 2, \ldots, n)$ が存在して

$$\hat{B}|a; i\rangle = \sum_{j=1}^{n} b_{ji}|a; j\rangle \tag{3.72}$$

と表すことができる．これに左から $\langle a; j|$ を作用させると，$\langle a; j|\hat{B}|a; i\rangle = b_{ji}$. ここで，$n$ 次の正方行列 $\boldsymbol{B}_a$ を次のように定義しよう：$(\boldsymbol{B}_a)_{ij} = b_{ij}$. $\hat{B}$ が Hermite なので，$\boldsymbol{B}_a$ は Hermite 行列である．したがって，$\boldsymbol{B}_a$ はユニタリー行列 U で対角化できる：$U^\dagger \boldsymbol{B}_a U = \mathrm{diag}(b_1, b_2, \ldots, b_n)$. (3.72) に U_{ik} を掛けて i について加え，$|a; \tilde{k}\rangle \equiv \sum_i U_{ik}|a; i\rangle$ と定義すると，

$$\hat{B}|a; \tilde{k}\rangle = \sum_j \sum_i b_{ji} U_{ik}|a; j\rangle = \sum_j \sum_i \sum_l \sum_m U_{ml}(U^\dagger)_{lj} b_{ji} U_{ik}|a; m\rangle$$
$$= \sum_l \sum_m U_{ml} b_k \delta_{lk}|a; m\rangle = b_k \sum_m U_{mk}|a; m\rangle = b_k|a; \tilde{k}\rangle.$$

ただし第 2 の等号において，$|a; j\rangle = \sum_m \delta_{mj}|a; m\rangle = \sum_m (UU^\dagger)_{mj}|a; m\rangle = \sum_m \sum_l U_{ml}(U^\dagger)_{lj}|a; m\rangle$ を用いた．

これは，$|a; \tilde{k}\rangle = \sum_j U_{jk}|a; j\rangle$ が $\hat{B}$ の固有値 b_k に属する固有ベクトルであることを示している．言うまでもなく，$|a; \tilde{k}\rangle$ は $\hat{A}$ の固有値 a に属する固有ベクトルであるから，$\hat{A}$ と $\hat{B}$ の同時固有ベクトル $|a; \tilde{k}\rangle$ が構成できた．

---

[12] これは Gram–Schmidt の直交化法（Schmidt の直交化法ともよばれる）でいつでも可能．例えば，佐武著『線型代数学』pp. 99–100 を参照．

68

なおこれは，$\{|a;\tilde{k}\rangle\}_{a,k}$ を基底に取れば $\hat{A}$ と $\hat{B}$ が同時に対角行列になることを意味する． 【証了】

§3.10　1次元調和振動子の代数的解法

　抽象的な記法の応用の例題として，§2.10 で扱った1次元調和振動子の問題を代数的な方法で解いてみる．

　Hamiltonian(2.51) に現れる座標と運動量を可換な古典量とみなして形式的に因数分解すると，$H = \left(\sqrt{\frac{m\omega^2}{2}}x - i\frac{1}{\sqrt{2m}}p\right)\left(\sqrt{\frac{m\omega^2}{2}}x + i\frac{1}{\sqrt{2m}}p\right)$．しかし実際は，$\hat{x}$ と $\hat{p}$ は可換ではなく基本交換関係を満たすから，量子力学的量としては $x \to \hat{x}$ および $p \to \hat{p}$ として，

$$\text{右辺} \to \hat{H} + \frac{1}{2}\omega\,i\,[\hat{x},\,\hat{p}] = \hat{H} - \frac{1}{2}\hbar\omega \tag{3.73}$$

となる．そこで，エネルギーの次元を持つ量 $\hbar\omega$ を別にして，ここに現れた因子を演算子 $\hat{a}$ として次のように定義する；

$$\hat{a} = \frac{1}{\sqrt{\hbar\omega}}\left(\sqrt{\frac{m\omega^2}{2}}\hat{x} + i\frac{1}{\sqrt{2m}}\hat{p}\right) = \frac{1}{\sqrt{2}}\left(\xi + \frac{d}{d\xi}\right). \tag{3.74}$$

この Hermite 共役は，

$$\hat{a}^\dagger = \frac{1}{\sqrt{\hbar\omega}}\left(\sqrt{\frac{m\omega^2}{2}}\hat{x} - i\frac{1}{\sqrt{2m}}\hat{p}\right) = \frac{1}{\sqrt{2}}\left(\xi - \frac{d}{d\xi}\right). \tag{3.75}$$

すると，Hamiltonian(2.51) は (3.73) より

$$\hat{H} = \hbar\omega\left(\hat{a}^\dagger\hat{a} + \frac{1}{2}\right) \equiv \hbar\omega\left(\hat{n} + \frac{1}{2}\right) \tag{3.76}$$

と書ける．最後の等号で $\hat{a}^\dagger\hat{a} = \hat{n}$ とおいた．これを**粒子数演算子**とよぶ．ここに現れた数 $\frac{1}{2}$ は量子力学的効果を表していることに注意しよう．

　容易に示されるように，新しい演算子 $\hat{a}$ および $\hat{a}^\dagger$ は次の交換関係を満たす：

$$[\hat{a},\hat{a}^\dagger] = 1, \quad [\hat{a},\hat{a}] = [\hat{a}^\dagger,\hat{a}^\dagger] = 0. \tag{3.77}$$

この交換関係は以下の議論で基本的な役割を果たす．

第3章　量子力学の一般的枠組み

【$\hat{n}$ の固有値】　次に粒子数演算子 $\hat{n}$ の固有値と固有ベクトル[13]を求める．その
ために，$\hat{n}$ と $\hat{a}$ および $\hat{a}^\dagger$ の間の交換関係を計算しておく：$[\hat{n}, \hat{a}^\dagger] = \hat{a}^\dagger[\hat{a}, \hat{a}^\dagger] +$
$[\hat{a}^\dagger, \hat{a}^\dagger]\hat{a}^\dagger = \hat{a}^\dagger$，$[\hat{n}, \hat{a}] = -\hat{a}$．第2の等式は第1の等式の Hermite 共役を取
ることで得られる．Hermite 演算子 $\hat{n}$ の固有値とそれに属する固有関数をそ
れぞれ λ, u_λ と書くことにする：$\hat{n}u_\lambda = \lambda u_\lambda$．Hermite 演算子 $\hat{n}$ の固有値 λ
は実数である．今後，u_λ を $|\lambda\rangle$ と書き，（λ に属する）固有ベクトルと呼ぶ；
$\hat{n}|\lambda\rangle = \lambda|\lambda\rangle$．このとき，次のことが言える：

1. $\underline{\hat{a}^\dagger|\lambda\rangle \text{ は固有値 } \lambda + 1 \text{ に属する } \hat{n} \text{ の固有ベクトルである}}$：$\hat{n}(\hat{a}^\dagger|\lambda\rangle) = ([\hat{n},$
    $\hat{a}^\dagger] + \hat{a}^\dagger\hat{n})|\lambda\rangle = \hat{a}^\dagger|\lambda\rangle + \hat{a}^\dagger(\lambda|\lambda\rangle) = (\lambda + 1)(\hat{a}^\dagger|\lambda\rangle)$．$\hat{a}^\dagger$ は $\hat{n}$ の固有値を 1
    だけ増加させたベクトル（状態）を作る演算子なので，**昇降演算子**，ある
    いは**生成演算子**（creation operator）と呼ばれる．

2. $\underline{\hat{a}|\lambda\rangle \text{ は固有値 } \lambda - 1 \text{ に属する } \hat{n} \text{ の固有ベクトルである}}$：$\hat{n}(\hat{a}|\lambda\rangle) = ([\hat{n}, \hat{a}]$
    $+ \hat{a}\hat{n})|\lambda\rangle = -\hat{a}|\lambda\rangle + \hat{a}(\lambda|\lambda\rangle) = (\lambda - 1)(\hat{a}|\lambda\rangle)$．$\hat{a}$ は $\hat{n}$ の固有値を 1 だけ減
    少させたベクトル（状態）を作る演算子なので，**下降演算子**，あるいは**消
    滅演算子**（annihilation operator）と呼ばれる．

3. $\underline{\text{粒子数演算子 } \hat{n} \text{ の固有値 } \lambda \text{ は 0 または正である}}$：$\lambda = \langle\lambda|\hat{n}||\lambda\rangle = \langle\lambda|\hat{a}^\dagger\hat{a}|\lambda\rangle =$
    $\langle(\hat{a}^\dagger)^\dagger\lambda|\hat{a}\lambda\rangle$．ところが，$(\hat{a}^\dagger)^\dagger = \hat{a}$ だから，$\lambda = \langle\hat{a}\lambda|\hat{a}\lambda\rangle = |\hat{a}|\lambda\rangle|^2 =$
    $\int_{-\infty}^{\infty} dx|\hat{a}u_\lambda|^2 \geq 0$．

4. $\underline{\text{最小の固有値 } \lambda_0 \text{ が存在し，それは 0 である}}$：任意の実数 λ に対して，ある
    自然数 M が存在して，$\lambda < M$ とできる．このとき，$|\lambda\rangle$ に $\hat{a}$ を M 回作用
    させた状態 $(\hat{a})^M|\lambda\rangle$ が 0 ではないとして，その固有値を計算してみると，
    $\hat{n}(\hat{a})^M|\lambda\rangle = (\lambda - M)(\hat{a})^M|\lambda\rangle$．ところが，$\lambda - M < 0$ であるから，これ
    は $\hat{n}$ の固有値が負になることを意味し，不適である．したがって，ある自
    然数 $M_0 (< M)$ が存在して，$(\hat{a})^{M_0}|\lambda\rangle = c|\lambda - M_0\rangle \neq 0$（$c$ は比例係数）．
    しかし，

    $$\hat{a}|\lambda - M_0\rangle = c^{-1}(\hat{a})^{M_0+1}|\lambda\rangle = 0 \tag{3.78}$$

    とならなければならない．すなわち，$\lambda - M_0$ より小さい固有値を持つ状態
    は存在し得ない，したがって，$\lambda - M_0$ が最小の固有値 $\lambda_{\min}$ である．この

---

[13] 今，空間 1 次元のポテンシャル問題を扱っているのでエネルギー，したがって $\hat{n}$ の固
有値の縮退はない．

§3.10 【基本】 1次元調和振動子の代数的解法

値は0である．実際，$\hat{n}|\lambda - M_0\rangle = \hat{a}^\dagger \hat{a}|\lambda - M_0\rangle = 0$. すなわち，$\lambda_{\min} = 0$. ここで，(3.78) を用いた．よって，基底状態（最低エネルギー状態）は $|0\rangle$ と書けて，$\hat{a}|0\rangle = 0$.

5. $\hat{n}$ の固有値 n に属する規格化された状態ベクトル $|n\rangle$ は，$|n\rangle = A_n(\hat{a}^\dagger)^n|0\rangle$ $(n = 0, 1, 2, \ldots)$ と書ける．

規格化定数 A_n は $\frac{1}{\sqrt{n!}}$ となることを以下で示す．こうして，Hamiltonian $\hat{H} = \hbar\omega(\hat{n} + \frac{1}{2})$ の固有値 E_n と E_n に属する規格化された固有状態は

$$E_n = \hbar\omega\left(n + \frac{1}{2}\right) \quad (n = 0, 1, 2, \ldots), \tag{3.79}$$

$$|n\rangle = \frac{1}{\sqrt{n!}}(\hat{a}^\dagger)^n|0\rangle \quad (\langle n|n\rangle = 1). \tag{3.80}$$

となる．

(3.80) を示そう．

1. 上で示したように，$\hat{a}^\dagger|n\rangle$ $(n = 0, 1, 2, \ldots)$ は $\hat{n}$ の固有値 $n+1$ に属する固有状態であるから，ある定数 c_n が存在して $\hat{a}^\dagger|n\rangle = c_n|n+1\rangle$ と書ける．まず，c_n を求めよう．規格化条件より $1 = \langle n|\hat{a}\hat{a}^\dagger|n\rangle = |c_n|^2\langle n|n\rangle = |c_n|^2$. 一方，$\hat{a}\hat{a}^\dagger = \hat{a}^\dagger\hat{a} + 1 = \hat{n} + 1$ であるから $\langle n|\hat{a}\hat{a}^\dagger|n\rangle = \langle n|(\hat{n}+1)|n\rangle = n+1$. よって，$|c_n|^2 = n + 1$. 位相の不定性があるが，$c_n = \sqrt{n+1}$ と選ぶと，

$$\hat{a}^\dagger|n\rangle = \sqrt{n+1}|n+1\rangle \tag{3.81}$$

となる．

2. 同様にして，$n \geq 1$ のとき，$\langle n|\hat{a}^\dagger\hat{a}|n\rangle = n$ であるから，$\hat{a}|n\rangle = \sqrt{n}|n-1\rangle$ となる．

3. (3.81) より，$\hat{a}^\dagger|0\rangle = |1\rangle$ であるから，$A_1 = 1$ であることがわかる．

4. さて，(3.81) を繰り返し用いると $(\hat{a}^\dagger)^n|0\rangle = (\hat{a}^\dagger)^{n-1}\hat{a}^\dagger|0\rangle = (\hat{a}^\dagger)^{n-2}\hat{a}^\dagger|1\rangle = \sqrt{2}(\hat{a}^\dagger)^{n-2}\hat{a}^\dagger|2\rangle = \cdots = \sqrt{2 \cdot 3 \cdot 4 \cdots (n-1)}\hat{a}^\dagger|n-1\rangle = \sqrt{n!}\,|n\rangle$. 両辺を $\sqrt{n!}$ で割ると (3.80) が得られる．

代数的方法による Hermite 多項式の導出　基底状態 $|0\rangle$ は $0 = \hat{a}|0\rangle = \frac{1}{\sqrt{2}}(\xi + \frac{d}{d\xi})u_0$ で定義される．すなわち，$\frac{d}{d\xi}u_0 = -\xi u_0$. この微分方程式を解くと規格化された固有関数として

第 3 章　量子力学の一般的枠組み

$$u_0(x) = C_0 \mathrm{e}^{-\frac{1}{2}\xi^2}, \quad C_0 = \frac{1}{\sqrt{\sqrt{\pi}\alpha}}, \tag{3.82}$$

を得る．これは解析解と一致している．Hermite 多項式に対する Rodrigues の
公式 (2.71) を用いると，同様にして一般の $n \geq 1$ に対して

$$\frac{1}{\sqrt{n!}}(\hat{a}^\dagger)^n u_0(x) = C_n H_n(\xi)\mathrm{e}^{-\frac{1}{2}\xi^2} \tag{3.83}$$

を示すことができる．

§3.11　コヒーレント状態

　生成・消滅演算子を用いる良い例題として，Schrödinger によって導入され
たコヒーレント状態について基礎的事項を解説する．コヒーレント状態は古
典-量子対応を議論する上で重要な役割を演じる．

　まず正整数 n に対して成り立つ以下の等式に注意する：$[\hat{a}, (\hat{a}^\dagger)^n] = n(\hat{a}^\dagger)^{n-1}$.
これは n についての数学的帰納法で簡単に示すことができる．$F(\hat{a}^\dagger) = \sum_n c_n(\hat{a}^\dagger)^n$ とすると，

$$[\hat{a}, F] = \sum_n c_n [\hat{a}, (\hat{a}^\dagger)^n] = \sum_n c_n n(\hat{a}^\dagger)^{n-1} = \frac{d}{d\hat{a}^\dagger}F(\hat{a}^\dagger).$$

これを用いると，

$$\hat{a}\,\mathrm{e}^{\alpha\hat{a}^\dagger}|0\rangle = [\hat{a}, \mathrm{e}^{\alpha\hat{a}^\dagger}]|0\rangle = \frac{d}{d\hat{a}^\dagger}\mathrm{e}^{\alpha\hat{a}^\dagger}|0\rangle = \alpha\mathrm{e}^{\alpha\hat{a}^\dagger}|0\rangle.$$

コヒーレント状態 $|\alpha\rangle$ は $\hat{a}$ の規格化された固有状態として定義される（以下の
補遺と章末問題参照）：

$$\hat{a}|\alpha\rangle = \alpha|\alpha\rangle \tag{3.84}$$

$$|\alpha\rangle = \mathrm{e}^{-|\alpha|^2/2}\mathrm{e}^{\alpha\hat{a}^\dagger}|0\rangle = \mathrm{e}^{i\hat{D}(\alpha)}|0\rangle \quad (\hat{a}|0\rangle = 0). \tag{3.85}$$

固有値 α は，一般には，複素数である．ここで，次の**変位演算子** (displacement
operator)$\hat{D}(\alpha)$ を導入した：

$$\hat{D}(\alpha) \equiv -i(\alpha\hat{a}^\dagger - \alpha^*\hat{a}) = \hat{D}^\dagger(\alpha). \tag{3.86}$$

72

§3.11 【応用】 コヒーレント状態

$\hat{U}(\alpha) \equiv \mathrm{e}^{i\hat{D}(\alpha)}$ がユニタリー演算子であることに注意すると，コヒーレント状態 (3.84) が規格化されていることがわかる．

(3.85) を q-表示で書くことにより，次の方程式を得る：

$$\frac{1}{\sqrt{2\hbar m\omega}}\left(m\omega q + \hbar\frac{d}{dq}\right)\langle q|\alpha\rangle = \alpha\langle q|\alpha\rangle. \tag{3.87}$$

右辺に $\alpha = (m\omega\bar{q} + i\bar{p})/\sqrt{2\hbar m\omega}$ を代入し，$\langle q|\alpha\rangle = \mathrm{e}^{i\bar{p}q/\hbar}\phi(q)$ とおくと，$\phi(q)$ に関する簡単な 1 階の微分方程式を得る．それを解いて規格化すると

$$\langle q|\alpha\rangle = \frac{1}{[2\pi(\Delta q)^2]^{1/4}}\exp\left[-\frac{(q-\bar{q})^2}{4(\Delta q)^2} + i\bar{p}q/\hbar + i\mu\right] \tag{3.88}$$

を得る．ここに，Δq および Δp は下の (3.89) に与えられている．また，μ は任意の実数である．これによると，<u>コヒーレント状態は，位置座標は期待値 $\bar{q}$ の周りに Gauss 分布して揺らいでいて，また，運動量 $\bar{p}$ で q 方向に進行している状態である</u>．

コヒーレント状態における座標と運動量それぞれの分散は以下のように求まる：$(\Delta q)^2 \equiv \langle\alpha|(\hat{q}-\bar{q})^2|\alpha\rangle = \langle\alpha|\hat{q}^2|\alpha\rangle - \bar{q}^2 = \frac{\hbar}{2m\omega}$, $(\Delta p)^2 \equiv \langle\alpha|(\hat{p}-\bar{p})^2|\alpha\rangle = \langle\alpha|\hat{p}^2|\alpha\rangle - \bar{p}^2 = \frac{\hbar m\omega}{2}$. すなわち，

$$\Delta q = \sqrt{\frac{\hbar}{2m\omega}}, \quad \Delta p = \sqrt{\frac{\hbar m\omega}{2}}, \quad \Delta q \cdot \Delta q = \frac{\hbar}{2}. \tag{3.89}$$

すなわち，コヒーレント状態は**最小不確定状態** (の波束) になっている．

【補遺】有用な演算子恒等式　　演算子の指数関数（これもまた演算子である）に対するいくつかの公式を証明する．

1. α を任意の複素数，$\hat{A}$ を任意の演算子とする．同じ演算子どうしは可換であるから次の微分公式が成り立つ：$\frac{d}{d\alpha}\mathrm{e}^{\alpha\hat{A}} = \hat{A}\mathrm{e}^{\alpha\hat{A}}$.

2. $\hat{F}(\alpha)$ および $\hat{G}(\alpha)$ を複素パラメータ α に依存する演算子とする．このとき，c 数の場合の積の微分の証明と同様の方法で以下の公式が成り立つことが示せる：$\frac{d}{d\alpha}\hat{F}(\alpha)\hat{G}(\alpha) = \frac{d\hat{F}(\alpha)}{d\alpha}\hat{G}(\alpha) + \hat{F}(\alpha)\frac{d\hat{G}(\alpha)}{d\alpha}$. また，これを繰り返して，$\frac{d}{d\alpha}\left(\hat{F}\hat{G}\hat{H}\right) = \frac{d\hat{F}}{d\alpha}\hat{G}\hat{H} + \hat{F}\frac{d\hat{G}}{d\alpha}\hat{H} + \hat{F}\hat{G}\frac{d\hat{H}}{d\alpha}$. ただし，演算子の順序に注意．

3. 任意の演算子 $\hat{A}$ および $\hat{B}$ の交換関係がそれら自身と可換とする．すなわち，$[\hat{A}, [\hat{A}, \hat{B}]] = 0$, $[\hat{B}, [\hat{A}, \hat{B}]] = 0$. このとき，任意の複素数 α に対

第3章　量子力学の一般的枠組み

して，

$$e^{-\alpha\hat{A}}\hat{B}e^{\alpha\hat{A}} = \hat{B} - \alpha[\hat{A}, \hat{B}]. \tag{3.90}$$

【証明】 左辺 $= \hat{F}(\alpha)$ と書こう．$\hat{F}(0) = \hat{B}$ である．$\hat{F}(\alpha)$ を α で微分すると，$\frac{d\hat{F}}{d\alpha} = -e^{-\alpha\hat{A}}[\hat{A}, \hat{B}]e^{\alpha\hat{A}} = -[\hat{A}, \hat{B}]$．これを α について 0 から α まで積分して，(3.90) を得る．

4. 演算子 $\hat{A}$ および $\hat{B}$ が上の条件を満たしているとき，次の公式が成り立つ：

$$e^{\hat{A}+\hat{B}} = e^{-\frac{1}{2}[\hat{A}, \hat{B}]}e^{\hat{A}}e^{\hat{B}} \tag{3.91}$$

$$= e^{\frac{1}{2}[\hat{A}, \hat{B}]}e^{\hat{B}}e^{\hat{A}}. \tag{3.92}$$

なお，第2の等式は第1の等式において $\hat{A}$ と $\hat{B}$ を入れ替えれば自明に得られることに注意しよう．

【証明】 $e^{\alpha(\hat{A}+\hat{B})} = e^{\alpha\hat{A}}e^{\alpha\hat{B}}\hat{G}(\alpha) \cdots (*)$ とおいて，$\hat{G}(1)$ を求めよう；ただし，初期条件 $\hat{G}(0) = 1$．$(*)$ の両辺を α について微分すると，$(\hat{A} + \hat{B})e^{\alpha\hat{A}}e^{\alpha\hat{B}}\hat{G}(\alpha) = \hat{A}e^{\alpha\hat{A}}e^{\alpha\hat{B}}\hat{G}(\alpha) + e^{\alpha\hat{A}}e^{\alpha\hat{B}}\hat{B}\hat{G}(\alpha) + e^{\alpha\hat{A}}e^{\alpha\hat{B}}\frac{d\hat{G}}{d\alpha}$．よって，$\hat{B}e^{\alpha\hat{A}}e^{\alpha\hat{B}}\hat{G}(\alpha) = e^{\alpha\hat{A}}e^{\alpha\hat{B}}\left(\hat{B}\hat{G}(\alpha) + \frac{d\hat{G}}{d\alpha}\right)$．両辺に $e^{-\alpha\hat{B}}e^{-\alpha\hat{A}}$ を掛けて (3.91) を用いると，左辺 $= e^{-\alpha\hat{B}}\left(\hat{B} - [\hat{A}, \hat{B}]\right)e^{\alpha\hat{B}}\hat{G} = \hat{B}\hat{G} - \alpha[\hat{A}, \hat{B}]$．右辺 $= \hat{B}\hat{G} + \frac{d\hat{G}}{d\alpha}$．両辺を比較して次の微分方程式を得る：$\frac{d\hat{G}}{d\alpha} = -\alpha[\hat{A}, \hat{B}]$．これを積分して，$\hat{G}(\alpha) = e^{-\frac{1}{2}\alpha^2[\hat{A},\hat{B}]}$．$\hat{G}(1) = e^{-\frac{1}{2}[\hat{A},\hat{B}]}$ を $(*)$ に代入すれば，(3.91) が得られる．

5. さらに，(3.91) を繰り返し用いると，

$$e^{\hat{A}+\hat{B}} = e^{\frac{\hat{A}}{2}+\hat{B}+\frac{\hat{A}}{2}} = e^{\frac{\hat{A}}{2}}e^{\hat{B}+\frac{\hat{A}}{2}}e^{-\frac{1}{4}[\hat{A},\hat{B}]} = e^{\frac{\hat{A}}{2}}e^{\hat{B}}e^{\frac{\hat{A}}{2}} \tag{3.93}$$

が得られる．

§3.12　最大可換観測量の組：純粋状態

$(\hat{A}_1, \hat{A}_2, \ldots, \hat{A}_n)$ を互いに独立で可換な Hermite 演算子（オブザーバブル）の組とする．このときこれらの Hermite 演算子の同時固有状態が存在する：

$$\hat{A}_i|a_1, a_2, \ldots, a_n\rangle = a_i|a_1, a_2, \ldots, a_n\rangle. \tag{3.94}$$

さらに，これ以上これらすべての演算子と可換で独立な演算子は存在しないとしよう．このとき，上の観測量の組を**最大可換観測量の組**という．$(\hat{A}_1, \hat{A}_2, \ldots, \hat{A}_n)$ 以外で，いま考えている系の状態をさらに精密に指定するために必要な観測量は存在しない．任意の系の状態 $|\psi\rangle$ は $|a_1, a_2, \ldots, a_n\rangle = a_i|a_1, a_2, \ldots, a_n\rangle$ の重ね合わせで表されると仮定するのが量子力学の基本仮定である：

$$|\psi\rangle = \sum_{a_1, a_2, \ldots, a_n} c_{a_1, a_2, \ldots, a_n} |a_1, a_2, \ldots, a_n\rangle. \tag{3.95}$$

このように表される状態（量子状態）を**純粋状態**と呼ぶ．

§3.13 正準量子化

Hamiltonian が与えられた系を量子力学的にどう記述するかという問題に対して未だ一般的な解はない．しかしながら，比較的一般的な処方が Dirac によって提案されている．それは，古典力学の Poisson 括弧（ポアソン）と量子的演算子の交換関係に対応関係を設定するものである．この Dirac の量子化の処方は**正準量子化**とも呼ばれている．ここではその解説を行う．

古典 Hamiltonian が正準座標 $\boldsymbol{q} = (q_1, q_2, \ldots, q_n)$ および正準運動量 $\boldsymbol{p} = (p_1, p_2, \ldots, p_n)$ を用いて，$H = H(\boldsymbol{q}, \boldsymbol{p})$ と表されているとする．古典系における物理量 $A(\boldsymbol{q}, \boldsymbol{p})$ および $B(\boldsymbol{q}, \boldsymbol{p})$ の Poisson 括弧 $\{A(\boldsymbol{q}, \boldsymbol{p}), B(\boldsymbol{q}, \boldsymbol{p})\} = \sum_{i=1}^{n} \{\frac{\partial A}{\partial q_i} \frac{\partial B}{\partial p_i} - \frac{\partial A}{\partial p_i} \frac{\partial B}{\partial q_i}\}$ に対して，対応する量子力学的演算子 $\hat{A}, \hat{B}$ は以下の関係式を満たすように設定する：

$$[\hat{A}(\hat{\boldsymbol{q}}, \hat{\boldsymbol{p}}), \hat{B}(\hat{\boldsymbol{q}}, \hat{\boldsymbol{p}})] = \{A(\boldsymbol{q}, \boldsymbol{p}), B(\boldsymbol{q}, \boldsymbol{p})\} i\hbar. \tag{3.96}$$

特に，正準座標と運動量の交換関係は

$$[\hat{q}_i, \hat{p}_j] = \{q_i, p_j\} i\hbar = i\hbar \delta_{ij} \tag{3.97}$$

となる．これは基本交換関係 (3.60) の一般化であり，**正準交換関係**とも呼ぶ．もう一つの例として角運動量 $\boldsymbol{L} = \boldsymbol{r} \times \boldsymbol{p}$ を考えよう．その成分間の Poisson 括弧は $\{L_i, L_j\} = \epsilon_{ijk} L_k$ である．ただし，Levi–Civita（レビ・チビタ）の完全反対称テンソル ϵ_{ijk} および Einstein のダミー添え字についての規約を用いた[14]．したがっ

---

[14] ϵ_{ijk} の性質については §5.4 を参照のこと．

て，対応する演算子間の交換関係は $[\hat{L}_i, \hat{L}_j] = i\hbar\{L_i, L_j\} = i\hbar\epsilon_{ijk}\hat{L}_k$ となることが示唆される[15]．ただし，最後の等式で古典量 L_k を演算子 $\hat{L}_k$ に置き換えた．このことは，(3.96) は逆方向に読み込むことが正しいことを意味するであろう．すなわち，

$$\left(\frac{1}{i\hbar}[\hat{A}(\hat{\boldsymbol{q}}, \hat{\boldsymbol{p}}), \hat{B}(\hat{\boldsymbol{q}}, \hat{\boldsymbol{p}})]\right)_{\hbar \to 0} = \{A(\boldsymbol{q}, \boldsymbol{p}), B(\boldsymbol{q}, \boldsymbol{p})\}. \qquad (3.98)$$

このときたとえば，右辺の Poisson 括弧の結果が $C(\boldsymbol{q}, \boldsymbol{p})D(\boldsymbol{q}, \boldsymbol{p})$ として与えられる場合，対応する演算子は $(\hat{C}\hat{D} + \hat{D}\hat{C})/2$ あるいは $\hat{C}^{1/2}\hat{D}\hat{C}^{1/2}$ かもしれない．またたとえば，曲線座標のような任意の正準座標と対応する運動量に基本交換関係 (3.97) を課しても正しく量子系を記述しない場合があることも知られている．したがって，Dirac の処方は正準形式の古典力学から量子化手続きの示唆を与える有用な方法であるが，その手続きは一意的ではない場合があることに注意すべきである[16]．

§3.14　曲線座標での正準量子化

曲線座標の例として 3 次元極座標 $(r, \theta, \varphi) \equiv \boldsymbol{q} = (q_i)$ を考える：$x = r\sin\theta\cos\varphi$, $y = r\sin\theta\sin\varphi$, $z = r\cos\theta$．具体例として，ラグランジアンが次のように与えられる質量 m の 1 粒子系の量子化を考えよう（$\boldsymbol{r} = (x, y, z)$）：$L = \frac{m}{2}\dot{\boldsymbol{r}}^2 - V(\boldsymbol{r})$．直角座標 $\boldsymbol{r}$ を正準座標とすると正準運動量は $\boldsymbol{p} = \partial L/\partial\dot{\boldsymbol{r}} = m\dot{\boldsymbol{r}}$ なので，古典 Hamiltonian は $H = \frac{1}{2m}\boldsymbol{p}^2 + V(\boldsymbol{r})$．これを正準量子化の手続きで量子化すると，$\hat{\boldsymbol{p}} = -i\hbar\boldsymbol{\nabla}$ であるから，量子化された Hamiltonian は $\hat{H} = -\frac{\hbar^2}{2m}\boldsymbol{\nabla}^2 + V(\boldsymbol{r})$ となる．さて，ここで Laplacian を極座標表示すると，後に導出されているように，

$$\hat{H} = -\frac{\hbar^2}{2m}\left(\frac{1}{r}\frac{\partial^2}{\partial r^2}r + \frac{1}{r^2\sin\theta}\frac{\partial}{\partial\theta}\sin\theta\frac{\partial}{\partial\theta} + \frac{1}{r^2\sin^2\theta}\frac{\partial^2}{\partial\varphi^2}\right) + V(\boldsymbol{r}) \quad (3.99)$$

---

[15] これが実際正しいことは §5.4 で示される．(5.28) を見よ．

[16] ただし，Weyl 変換に基づく「Weyl 順序積」を取る処方は 1 つの一般的な量子化手続きを与えている．また，経路積分との対応もよい．たとえば以下の文献を参照のこと：九後汰一郎著『ゲージ場の量子論 I』（新物理学シリーズ 23，培風館，1989）§4.1；M. M. Mizrahi, J. Math. Phys. **16** (1975) 2201; C. Gneiting, T. Fisher and K. Hornberger, Phys. Rev. A **88** (2013) 062117.

§3.14 【基本】 曲線座標での正準量子化

となる. なお, $r^{-1}\frac{\partial^2}{\partial r^2}r = r^{-2}\frac{\partial}{\partial r}r^2\frac{\partial}{\partial r}$ である.

次に, 古典 Hamiltonian を最初から極座標表示で求めてみよう. このとき, 速度の 2 乗は $\dot{\boldsymbol{r}} \cdot \dot{\boldsymbol{r}} = \dot{r}^2 + r^2\dot{\theta}^2 + r^2\sin^2\theta\dot{\varphi}^2$ と書けるので, Lagrangian は $L = \frac{m}{2}(\dot{r}^2 + r^2\dot{\theta}^2 + r^2\sin^2\theta\dot{\varphi}^2) - V(r)$ となる. この場合, 正準運動量は以下のように求まる: $p_r = \partial L/\partial\dot{r} = m\dot{r}$, $p_\theta = \partial L/\partial\dot{\theta} = mr^2\dot{\theta}$, $p_\varphi = \partial L/\partial\dot{\varphi} = mr^2\sin^2\theta\dot{\varphi}$. したがって, 古典 Hamiltonian は

$$H = p_r\dot{r} + p_\theta\dot{\theta} + p_\varphi\dot{\varphi} - L = \frac{1}{2m}\left(p_r^2 + \frac{p_\theta^2}{r^2} + \frac{p_\varphi^2}{r^2\sin^2\theta}\right) + V(r) \quad (3.100)$$

となる. さて, ここで次の正準量子化条件を課そう: $[\hat{r}, \hat{p}_r] = i\hbar$, $[\hat{\theta}, \hat{p}_\theta] = i\hbar$, $[\hat{\varphi}, \hat{p}_\varphi] = i\hbar$. 次にこの量子化条件を満たす Hermite 演算子 $\hat{p}_r$, $\hat{p}_\theta$, $\hat{p}_\varphi$ を探そう. ここで注意しないといけないのは, Hermite 性は内積の定義に依存するということである. 極座標表示では任意の二つの波動関数 $\psi_i(r, \theta, \varphi)$ $(i = 1, 2)$ に対する内積は以下のように書ける:

$$\langle\psi_1|\psi_2\rangle = \int J dr d\theta d\varphi\, \psi_1^*(r, \theta, \varphi)\psi_2(r, \theta, \varphi). \quad (3.101)$$

ここに, $J = r^2\sin\theta$ は Jacobian である. したがって, $\hat{p}_\alpha$ が Hermite であるとは以下の関係式を満たすことである:

$$\langle\psi_1|\hat{p}_\alpha|\psi_2\rangle = \int J dr\, d\theta\, d\varphi\, \psi_1^* \hat{p}_\alpha\psi_2 = \langle\hat{p}_\alpha\psi_1|\psi_2\rangle = \int J dr\, d\theta\, d\varphi\, (\hat{p}_\alpha\psi_1)^*\psi_2. \tag{3.102}$$

これを満たす運動量演算子は以下のように求まる:

$$\hat{p}_r = -i\hbar\frac{1}{r}\frac{\partial}{\partial r}r, \quad \hat{p}_\theta = -i\hbar\frac{1}{\sqrt{\sin\theta}}\frac{\partial}{\partial\theta}\sqrt{\sin\theta}, \quad \hat{p}_\varphi = -i\hbar\frac{\partial}{\partial\varphi}. \quad (3.103)$$

これらはすべて正準交換関係 $[q_i, \hat{p}_i] = i\hbar$ を満たす (確かめよ).

また, これらの運動量演算子は $g \equiv J^2$ を用いて統一的に以下のように書ける:

$$\hat{p}_i = g^{-1/4}\left(-i\hbar\frac{\partial}{\partial q_i}\right)g^{1/4}. \quad (q_r = r, q_\theta = \theta, q_\varphi = \varphi) \quad (3.104)$$

導出方法からわかるように, これは任意の曲線座標系で成り立つ.

運動量の規格化された固有関数 $\varphi_{\boldsymbol{p}}(\boldsymbol{q})$ は $\hat{\boldsymbol{p}}\varphi_{\boldsymbol{p}}(\boldsymbol{q}) = \boldsymbol{p}\varphi_{\boldsymbol{p}}(\boldsymbol{q})$ を解いて,

$$\varphi_{\boldsymbol{p}}(\boldsymbol{q}) = \frac{\mathrm{e}^{i\boldsymbol{p}\cdot\boldsymbol{q}/\hbar}}{\sqrt{(2\pi\hbar)^n}g^{1/4}(\boldsymbol{q})} \quad (3.105)$$

77

第3章　量子力学の一般的枠組み

となる.

　さて，古典Hamiltonian(3.100)の正準運動量を上記の演算子に単純に置き換えて得られるHamiltonianは$\hat{H} = -\frac{\hbar^2}{2m}\left(\frac{1}{r}\frac{\partial^2}{\partial r^2}r + \frac{1}{r^2\sqrt{\sin\theta}}\frac{\partial^2}{\partial\theta^2}\sqrt{\sin\theta} + \frac{1}{r^2\sin^2\theta}\times\frac{\partial^2}{\partial\varphi^2}\right) + V(\boldsymbol{r})$ となる. これは(3.99)とθ微分の項が一致しない. この不一致の原因は，古典Hamiltonian(3.100)に対応する量子Hamiltonianにおいて運動量演算子と座標の順序が定まっていないからである. 後に示すように，量子Hamiltonianを以下のように定義すればよい：

$$\hat{H} = \frac{1}{2m}g^{-1/4}\hat{p}_i\sqrt{g}g^{ij}\hat{p}_j g^{-1/4} + V(\boldsymbol{r}). \tag{3.106}$$

たとえば問題のθ微分の部分は$\frac{1}{\sqrt{g}}\left(-i\hbar\frac{\partial}{\partial\theta}\right)\sqrt{g}g^{\theta\theta}\left(-i\hbar\frac{\partial}{\partial\theta}\right) = \frac{-\hbar^2}{r^2\sin\theta}\frac{\partial}{\partial\theta}\sin\theta\frac{\partial}{\partial\theta}$ となり，(3.99)の対応する部分と一致する.

完全性と規格化条件　　(3.101)を一般化して，曲線座標$\boldsymbol{q}$での内積が以下のように与えられているとしよう：$\langle\psi_1|\psi_2\rangle = \int\sqrt{g(\boldsymbol{q})}d\boldsymbol{q}\,\psi_1^*(\boldsymbol{q})\psi_2(\boldsymbol{q})$. ここに$\sqrt{g(\boldsymbol{q})}$はJacobianなどで与えられる重み関数である. このとき，波動関数の定義$\psi(\boldsymbol{q}) = \langle\boldsymbol{q}|\psi\rangle$より，$\langle\psi_1|\psi_2\rangle = \int\sqrt{g(\boldsymbol{q})}d\boldsymbol{q}\,\langle\psi_1|\boldsymbol{q}\rangle\langle\boldsymbol{q}|\psi_2\rangle = \langle\psi_1|\left[\int d\boldsymbol{q}\,\sqrt{g(\boldsymbol{q})}|\boldsymbol{q}\rangle\langle\boldsymbol{q}|\right]|\psi_2\rangle$. すなわち，曲線座標での完全性条件として

$$\int d\boldsymbol{q}\,\sqrt{g(\boldsymbol{q})}|\boldsymbol{q}\rangle\langle\boldsymbol{q}| = 1 \tag{3.107}$$

を得る. 重み関数が掛かっていることに注意しよう.

　さらに，波動関数自体の定義にこの完全性条件を用いると，$\psi(\boldsymbol{q}) = \langle\boldsymbol{q}|\psi\rangle = \langle\boldsymbol{q}|[\int d\boldsymbol{q}'\,\sqrt{g(\boldsymbol{q}')}|\boldsymbol{q}'\rangle\langle\boldsymbol{q}'|]|\psi\rangle = \int d\boldsymbol{q}'\,\sqrt{g(\boldsymbol{q}')}\langle\boldsymbol{q}|\boldsymbol{q}'\rangle\psi(\boldsymbol{q}')$. よって，曲線座標での規格直交条件は

$$\langle\boldsymbol{q}|\boldsymbol{q}'\rangle = \frac{1}{\sqrt{g(\boldsymbol{q})}}\delta(\boldsymbol{q}-\boldsymbol{q}') = \frac{1}{g^{1/4}(\boldsymbol{q})}\delta(\boldsymbol{q}-\boldsymbol{q}')\frac{1}{g^{1/4}(\boldsymbol{q}')} \tag{3.108}$$

となることがわかる. たとえば,

$$\langle r, \theta, \varphi \mid r', \theta', \varphi'\rangle = \frac{1}{r\sqrt{\sin\theta}}\delta(r-r')\delta(\theta-\theta')\delta(\varphi-\varphi')\frac{1}{r'\sqrt{\sin\theta'}}.$$

【補足】曲線座標でのLaplacianの構成方法[17]　　n次元空間を考え，ここでは座標の番号を上付き添え字として付けることにする：$\boldsymbol{x} = {}^t(x^1, x^2, \ldots, x^n) = $

---

[17] この補足は以下の教科書を参考にしている：溝畑茂著『数学解析 下』（朝倉書店, 2000）第7章.

§3.14 【基本】 曲線座標での正準量子化

$\sum_{i=1}^n x^i \boldsymbol{e}_{0i}$. ここに，$\boldsymbol{e}_{0i}$ は直角座標（Descartes 座標）での正規直交基底ベクトルである：$(\boldsymbol{e}_{0i}, \boldsymbol{e}_{0j}) = \delta_{ij}$. ここで次のように，曲線座標 $(q^1, q^2, \ldots, q^n)$ を導入する：$x^i = x^i(q^1, q^2, \ldots, q^n)$ $(i = 1, 2, \ldots, n)$. この変数変換に伴う Jacobi 行列 $\boldsymbol{J}$ は次のように書ける：$(\boldsymbol{J})^i_j = \partial x^i / \partial q^j \equiv J^i_j$. Jacobian は $J = \det(\boldsymbol{J}) = |\boldsymbol{J}|$. したがって，任意の積分可能な関数 $F(\boldsymbol{x})$ の積分は以下のように書ける：

$$\int F(\boldsymbol{x}) d\boldsymbol{x} = \int F(\boldsymbol{x}(\boldsymbol{q})) J d\boldsymbol{q}.$$

この曲線座標の自然な基底ベクトルは $\boldsymbol{e}_i(\boldsymbol{x}) = \frac{\partial \boldsymbol{x}}{\partial q^i}$ $(i = 1, 2, \ldots, n)$. これをこの曲線座標の「自然標構」という．また，位置 $\boldsymbol{x}$ に依存するので「動座標系」とも呼ばれる．以下では，$\boldsymbol{e}_i$ の $\boldsymbol{x}$ 依存性を書かない．$\{\boldsymbol{e}_i\}_{i=1,2,\ldots,n}$ は互いに線型独立ではあるが必ずしも直交していないとし，その互いの内積は以下のように与えられているものとする：

$$(\boldsymbol{e}_i, \boldsymbol{e}_j) = \frac{\partial \boldsymbol{x}}{\partial q^i} \cdot \frac{\partial \boldsymbol{x}}{\partial q^j} = \sum_{k=1}^n \frac{\partial x^k}{\partial q^i} \frac{\partial x^k}{\partial q^j} \equiv g_{ij} = g_{ji}.$$

g_{ij} を (i, j) 成分とする対称行列 $\boldsymbol{g}$ の行列式を g と書く：$g = |\boldsymbol{g}|$. $J = \sqrt{g}$ である．ここで，g が正定値であることを用いた．実際，$g_{ij} = \sum_k J^k_i J^k_j = (\boldsymbol{J}^t \boldsymbol{J})_{ij}$ と書けるので，$g = |\boldsymbol{g}| = |\boldsymbol{J}^t \boldsymbol{J}| = |\boldsymbol{J}||^t \boldsymbol{J}| = |\boldsymbol{J}|^2 = J^2 > 0$.

$\boldsymbol{g}$ の逆行列 $\boldsymbol{g}^{-1}$ の (i, j) 成分を g^{ij} と書くことにする：$g^{ik} g_{kj} = \delta^i_j$.

位置の微小変位 $d\boldsymbol{x} = \sum_i (\partial \boldsymbol{x} / \partial q^i) dq^i = \sum_i \boldsymbol{e}_i dq^i$ の大きさの 2 乗は

$$d\boldsymbol{x} \cdot d\boldsymbol{x} = \left(\sum_i \boldsymbol{e}_i dq^i, \sum_j \boldsymbol{e}_j dq^j \right) = \sum_{i,j} dq^i dq^j (\boldsymbol{e}_i, \boldsymbol{e}_j) = \sum_{i,j} g_{ij} dq^i dq^j \tag{3.109}$$

となる．この表式から，g_{ij} は計量テンソルと呼ばれる．

【スカラー関数の勾配】 任意のベクトル場 $\boldsymbol{V}(\boldsymbol{x})$ は n 個の線型独立なベクトル $\boldsymbol{e}_i$ の線型結合で書ける：$\boldsymbol{V}(\boldsymbol{x}) = \sum_i V^i(\boldsymbol{x}) \boldsymbol{e}_i$. V^i の表式は以下のようにして求められる．$(\boldsymbol{V}, \boldsymbol{e}_i) = (\sum_j V^j \boldsymbol{e}_j, \boldsymbol{e}_i) = \sum_j V^j (\boldsymbol{e}_j, \boldsymbol{e}_i) = \sum_i V^i g_{ji} = \sum_i V^i g_{ij}$. 逆行列成分 g^{ki} を掛け i について和をとると，$\sum_i g^{ki} (\boldsymbol{V}, \boldsymbol{e}_i) = \sum_i \sum_j V^j g^{ki} g_{ij} = \sum_i \sum_j V^j \delta^k_j = V^k$. すなわち，

$$V^i = \sum_{j=1}^n g^{ij} (\boldsymbol{V}, \boldsymbol{e}_i). \tag{3.110}$$

第3章 量子力学の一般的枠組み

さて，$\boldsymbol{V}(\boldsymbol{x})$ として，スカラー関数 $\varphi(\boldsymbol{x})$ の勾配 (gradient) をとろう：$\boldsymbol{V} = \mathrm{grad}\,\varphi = \frac{\partial \varphi(\boldsymbol{x})}{\partial \boldsymbol{x}}$. このとき，

$$(\mathrm{grad}\,\varphi,\, \boldsymbol{e}_j) = \frac{\partial \varphi}{\partial \boldsymbol{x}} \cdot \boldsymbol{e}_j = \frac{\partial \varphi}{\partial \boldsymbol{x}} \cdot \frac{\partial \boldsymbol{x}}{\partial q_j} = \frac{\partial \varphi}{\partial q_j}$$

となる．そこで，$\mathrm{grad}\,\varphi = \sum_j (\boldsymbol{\nabla}\varphi)^j \boldsymbol{e}_j$ と書き，上記 (3.110) において，$\boldsymbol{V} = \mathrm{grad}\,\varphi$ とおきかえると，

$$(\boldsymbol{\nabla}\varphi)^i = \sum_j g^{ij}(\mathrm{grad}\,\varphi,\, \boldsymbol{e}_j) = \sum_j g^{ij} \frac{\partial \varphi}{\partial q_j} \tag{3.111}$$

を得る．

【発散】 2つのベクトル $\boldsymbol{V}$ と $\boldsymbol{W}$ の内積を考える．直角座標ではそれぞれ，$\boldsymbol{V} = \sum_i V_0^i \boldsymbol{e}_{0i}$ および $\boldsymbol{W} = \sum_i W_0^i \boldsymbol{e}_{0i}$ と表されているとすると，その内積は $(\boldsymbol{V},\, \boldsymbol{W}) = \sum_i V_0^i W_0^i$. 一方，曲線座標では，$\boldsymbol{V} = \sum_i V^i \boldsymbol{e}_i$ と $\boldsymbol{W} = \sum_i W^i \boldsymbol{e}_i$ の内積は以下のように計算できる：$(\boldsymbol{V},\, \boldsymbol{W}) = (\sum_i V^i \boldsymbol{e}_i, \sum_j W^j \boldsymbol{e}_j) = \sum_{i,j} V^i W^j (\boldsymbol{e}_i,\, \boldsymbol{e}_j) = \sum_{i,j} g_{ij} V^i W^j$. これは，(3.109) と整合的である．実際，$\boldsymbol{V} = \boldsymbol{W} = d\boldsymbol{x}$ とすると，(3.109) が得られる．

ここで，$\boldsymbol{W} = \mathrm{grad}\,\varphi$ とおくと，

$$(\boldsymbol{V},\, \mathrm{grad}\,\varphi) = \sum_{i,j} g_{ij} V^i g^{jk} \frac{\partial \varphi}{\partial q^k} = \sum_i V^i \frac{\partial \varphi}{\partial q^i}.$$

これを直角座標で積分し Gauss の定理を使うと，

$$\int (\boldsymbol{V},\, \mathrm{grad}\,\varphi) d\boldsymbol{x} = \int \sum_i V_0^i \frac{\partial \varphi}{\partial x^i} d\boldsymbol{x} = -\int \sum_i \frac{\partial V_0^i}{\partial x^i} \varphi(\boldsymbol{x}) d\boldsymbol{x}$$

$$= -\int \mathrm{div}\,\boldsymbol{V}\, \varphi(\boldsymbol{x}) d\boldsymbol{x}. \tag{3.112}$$

一方，この積分を曲線座標に変換して行うと，

$$\int (\boldsymbol{V},\, \mathrm{grad}\,\varphi) d\boldsymbol{x} = \int V^i \frac{\partial \varphi}{\partial q^i} \sqrt{g}\, d\boldsymbol{q} = -\int \frac{\partial}{\partial q} \left(\sqrt{g} V^i\right) \varphi\, d\boldsymbol{q}$$

$$= -\int \frac{1}{\sqrt{g}} \frac{\partial}{\partial q} \left(\sqrt{g} V^i\right) \varphi \sqrt{g}\, d\boldsymbol{q}$$

$$= -\int \frac{1}{\sqrt{g}} \frac{\partial}{\partial q} \left(\sqrt{g} V^i\right) \varphi(\boldsymbol{x})\, d\boldsymbol{x}.$$

§3.15 【基本】 複合系の表現：ベクトルのテンソル積

これと (3.112) を比較し φ が任意であることを用いると，曲線座標での発散の表式

$$\mathrm{div}\, \boldsymbol{V} = \frac{1}{\sqrt{g}}\frac{\partial}{\partial q^i}\left(\sqrt{g}V^i\right) \tag{3.113}$$

を得る．

【Laplacian】 これまでの結果を用いると，スカラー関数 $\varphi(\boldsymbol{x})$ の曲線座標での Laplacian Δ は次のように求まる：

$$\Delta\varphi = \mathrm{div}\,(\mathrm{grad}\,\varphi) = \frac{1}{\sqrt{g}}\frac{\partial}{\partial q^i}\left(\sqrt{g}(\mathrm{grad}\,\varphi)^i\right) = \frac{1}{\sqrt{g}}\frac{\partial}{\partial q^i}\left(\sqrt{g}g^{ij}\frac{\partial}{\partial q^j}\right)\varphi. \tag{3.114}$$

したがって，運動エネルギー演算子は，

$$\hat{T} = \frac{-\hbar^2}{2m}\Delta = \frac{-\hbar^2}{2m}\frac{1}{\sqrt{g}}\frac{\partial}{\partial q^i}\sqrt{g}g^{ij}\frac{\partial}{\partial q^j} = \frac{1}{2m}g^{-1/4}\hat{p}_i\sqrt{g}g^{ij}\hat{p}_j g^{-1/4}$$

となり，(3.106) に与えられた表式が得られる．ただし，正準運動量演算子 (3.104) を用いた．

【例：放物線座標】 3次元放物線座標 (ξ, η, ϕ) は以下のように定義される：$x = 2\sqrt{\xi\eta}\cos\phi,\ y = 2\sqrt{\xi\eta}\sin\phi,\ z = \xi - \eta$. ただし，$\xi > 0,\ \eta > 0,\ 0 \le \phi \le 2\pi$. 以下の関係式が成り立つ：$r = |\boldsymbol{x}| = \xi + \eta,\ \xi = \frac{1}{2}(r+z), \eta = \frac{1}{2}(r-z)$. この場合，計量テンソルは対角形であり，$g_{\xi\xi} = \frac{\xi+\eta}{\xi},\ g_{\eta\eta} = \frac{\xi+\eta}{\eta},\ g_{\phi\phi} = 4\xi\eta$. したがって，Laplacian は

$$\Delta = \frac{1}{\xi+\eta}\left[\frac{\partial}{\partial\xi}\xi\frac{\partial}{\partial\xi} + \frac{\partial}{\partial\eta}\eta\frac{\partial}{\partial\eta}\right] + \frac{1}{4\xi\eta}\frac{\partial^2}{\partial\phi^2}$$

となる．

§3.15 複合系の表現：ベクトルのテンソル積

多自由度系を考える．簡単のために，まず2自由度系を考え，それぞれに番号 1, 2 を割当てよう．例として，各系の対角化するオブザーバブル $\hat{A}_i\ (i = 1, 2)$ としてそれぞれの位置座標 $\boldsymbol{r}_i$ を取ろう：このとき，$P^{(1)}_{\boldsymbol{r}_1} = |\langle\boldsymbol{r}_1|\psi_1\rangle|^2 \equiv |\psi_1(\boldsymbol{r}_1)|^2,\ P^{(2)}_{\boldsymbol{r}_2} = |\langle\boldsymbol{r}_2|\psi_2\rangle|^2 \equiv |\psi_2(\boldsymbol{r}_2)|^2$ であるから，その積事象の確率は

$P_{\boldsymbol{r}_1}^{(1)} P_{\boldsymbol{r}_2}^{(2)} = |\psi_1(\boldsymbol{r}_1)\psi_2(\boldsymbol{r}_2)|^2$ となって，確率振幅は，$\psi_1(\boldsymbol{r}_1)\psi_2(\boldsymbol{r}_2)$，すなわち波動関数の積で与えられる．

これを一般化しよう．それぞれの系を表すベクトル空間の完全系をなす基底として，$\hat{A}^{(1)}$ および $\hat{A}^{(2)}$ の固有ベクトルを $|a_1\rangle$ および $|a_2\rangle$ に取る：

$$\hat{A}^{(1)}|a_1\rangle = a_1|a_1\rangle, \quad \hat{A}^{(2)}|a_2\rangle = a_2|a_2\rangle. \tag{3.115}$$

ここで，a_1, a_2 はそれぞれ $\hat{A}^{(1)}$ および $\hat{A}^{(2)}$ の固有値である．ただし，$\hat{A}^{(1)}$ と $\hat{A}^{(2)}$ は作用する空間が異なるので可換である：$[\hat{A}^{(1)}, \hat{A}^{(2)}] = 0$．したがって，系 1, 2 の複合系の状態ベクトル空間（Hilbert 空間）の基底として $\hat{A}^{(1)}$ と $\hat{A}^{(2)}$ の同時固有状態 $|a_1a_2\rangle$ を取ることができる：

$$\hat{A}^{(1)}|a_1a_2\rangle = a_1|a_1a_2\rangle, \quad \hat{A}^{(2)}|a_1a_2\rangle = a_2|a_1a_2\rangle. \tag{3.116}$$

ここで，$|a_1\rangle$ と $|a_2\rangle$ のある種の「積」$|a_1\rangle \otimes |a_2\rangle$ を導入してこの基底ベクトルを表すことを考える：$|a_1a_2\rangle = |a_1\rangle \otimes |a_2\rangle$．このとき，以下の演算規則を設定することは自然であろう：

【スカラー倍】

$$c|a_1a_2\rangle = (c|a_1\rangle) \otimes |a_2\rangle = |a_1\rangle \otimes (c|a_2\rangle). \tag{3.117}$$

特に，$c = 0$ と取ると，

$$0 = 0 \otimes |a_2\rangle = |a_1\rangle \otimes 0. \tag{3.118}$$

【演算子の作用】 $\hat{O}^{(i)}$ を系 i の物理量に作用する線型演算子とする：

$$(\hat{O}^{(1)} + \hat{O}^{(2)})|a_1a_2\rangle = (\hat{O}^{(1)}|a_1\rangle) \otimes |a_2\rangle + |a_1\rangle \otimes (\hat{O}^{(2)}|a_2\rangle), \tag{3.119}$$

$$(\hat{O}^{(1)}\hat{O}^{(2)})|a_1a_2\rangle = (\hat{O}^{(1)}|a_1\rangle) \otimes (\hat{O}^{(2)}|a_2\rangle). \tag{3.120}$$

したがって，もちろん，

$$\hat{A}^{(i)}|a_1\rangle \otimes |a_2\rangle = a_i|a_1\rangle \otimes |a_2\rangle. \tag{3.121}$$

【内積】

$$\langle a_1a_2|a_1'a_2'\rangle = \langle a_1| \otimes \langle a_2| \, |a_1'\rangle \otimes |a_2'\rangle = \langle a_1|a_1'\rangle\langle a_2|a_2'\rangle. \tag{3.122}$$

§3.15 【基本】 複合系の表現：ベクトルのテンソル積

このように定義された積 $|a_1\rangle \otimes |a_2\rangle$ をベクトル $|a_1\rangle$ と $|a_2\rangle$ のテンソル積，あるいは $\overset{\text{クロネッカー}}{\text{Kronecker}}$ 積と呼ぶ．このテンソル積を用いると，1, 2 の複合系の任意の状態ベクトル $|\Psi\rangle$ は

$$|\Psi\rangle = \sum_{a_1, a_2} c_{a_1 a_2} |a_1\rangle \otimes |a_2\rangle \tag{3.123}$$

と書くことができる．

––––––––––––––– 第 3 章 　章末問題 –––––––––––––––

問題 1　任意の波動関数 ψ に対して，$\langle\psi,\hat{A}\psi\rangle=\langle\hat{A}\psi,\psi\rangle$ ならば，$\hat{A}$ は Hermite 演算子であることを示せ.

問題 2　$\hat{A}$ を任意の Hermite 演算子とする. その固有値 α_n に属する固有ベクトルを $|\alpha_n\rangle$ とし，固有ベクトル系は完全性を成すとする：$\sum_n|\alpha_n\rangle\langle\alpha_n|=\mathbf{1}$. z に関する任意の解析関数を $F(z)$ とする：$F(z)=\sum_{k=0}^{\infty}f_kz^k$. このとき，$F(\hat{A})=\sum_n F(\alpha_n)|\alpha_n\rangle\langle\alpha_n|$ となることを示せ. 特に，α が $\hat{A}$ のどの固有値とも一致しないとき，$(\alpha-\hat{A})^{-1}=\sum_n\frac{1}{\alpha-\alpha_n}|\alpha_n\rangle\langle\alpha_n|$ と書ける.

問題 3　(3.91) を用いて (3.85) の第 2 の等式を示せ.

問題 4　(3.103) に与えられている動径方向の運動量演算子 $\hat{p}_r$ について以下の等式が成り立つことを示せ.
 (i) $\hat{p}_r=\frac{\boldsymbol{r}}{r}\cdot\hat{\boldsymbol{p}}-i\hbar\frac{1}{r}$
 (ii) $\hat{p}_r=\frac{1}{2}\left(\frac{\boldsymbol{r}}{r}\cdot\hat{\boldsymbol{p}}+\hat{\boldsymbol{p}}\cdot\frac{\boldsymbol{r}}{r}\right)$

問題 5　$\varphi(x)$ が無限遠で十分速く 0 に収束する場合，x について無限領域で積分することを前提として，
$$\varphi(x)\frac{d}{dx}\delta(x)=-\delta(x)\frac{d\varphi(x)}{dx}$$
としてよいことを確かめよ.

問題 6　1 次元の極座標 q を考える. Jacobian が $J(q)=\sqrt{g(q)}$ と書けるとき，運動量 $\hat{p}$ の規格化された固有関数を求めよ.

問題 7　上記問題と同じ 1 次元の極座標を考える. $\hat{p}|q\rangle=i\hbar g^{-1/4}(q)\frac{d}{dq}g^{1/4}(q)|q\rangle$ となることを示せ. ただし，運動量の固有状態は以下の完全性条件と規格化条件を満たす：
$\int dp\,|p\rangle\langle p|=1,\ \ \langle p|p'\rangle=\delta(p-p')$.

問題 8　3 次元極座標 $(r,\theta,\varphi)\equiv(q_i)$ を取るとき，(3.103) に与えられている Hermite な正準運動量演算子 $\hat{p}_i\,(i=r,\theta,\varphi)$ は統一的に次のように与えられることを示せ：

第3章　章末問題

$\hat{p}_i = g^{-1/4}(-i\hbar\frac{\partial}{\partial q_i})g^{1/4}$. ただし，$g$ は Jacobian $J = r^2\sin\theta$ を用いて，$g = J^2$ と表される.

問題 9　調和振動子の問題を考える.

(1)　以下の等式を示せ：$\hat{x} = \sqrt{\frac{\hbar}{2m\omega}}(\hat{a} + \hat{a}^\dagger), \quad \hat{p} = i\sqrt{\frac{m\omega\hbar}{2}}(\hat{a}^\dagger - \hat{a})$.

(2)　上記の結果より以下の等式を示せ：$\langle n|\hat{x}^2|n\rangle = \frac{E_n}{m\omega^2}, \quad \langle n|\hat{p}^2|n\rangle = mE_n$.

(3)　行列要素 $\langle n|\hat{x}|n\rangle = \langle n|\hat{p}|n\rangle = 0$ を確かめよ.

(4)　n 番目の励起状態における不確定性関係は以下のようになることを示せ：$\Delta x\Delta p = \frac{E_n}{\omega} = (n + \frac{1}{2})\hbar \geq \frac{1}{2}\hbar$.

問題 10　不確定性関係 $\Delta x\Delta p \geq \frac{\hbar}{2}$ を用いて調和振動子の基底状態のエネルギーを概算してみよう．$x \simeq \Delta x$ とし，(3.70) から得られる Δp の最小値 $\hbar/(2\Delta x)$ を (2.51) に代入したエネルギーの表式を $E(\Delta x)$ と書く．$E(\Delta x)$ の最小値は $\Delta x = \sqrt{\hbar/(2m\omega)}$ のとき，$E = \hbar\omega/2$ で与えられることを示せ.

問題 11　コヒーレント状態が以下の完全性条件を満たすことを示せ.

$$\int \frac{d^2\alpha}{\pi}|\alpha\rangle\langle\alpha| = \sum_{n=0}^{\infty}|n\rangle\langle n| = 1 \quad (d^2\alpha \equiv d(\mathrm{Re}\,\alpha)d(\mathrm{Im}\,\alpha)).$$

ここで，$|n\rangle$ は (3.80) に与えられている n 量子状態である.

問題 12　コヒーレント状態について以下の非直交性を示せ:

$$\langle\beta|\alpha\rangle = \mathrm{e}^{-(|\alpha|^2 + |\beta|^2 - 2\alpha\beta^*)/2}.$$

このことと前問の完全性とを合わせて，コヒーレント状態は「**過剰完全性**」を持つという.

第 4 章　物理量の時間変化

　この章では，量子力学において系の時間変化がどのように記述されるかについて基礎的な事項を解説する．より高度な内容は後の章で扱う．

§4.1　時間発展演算子

　時間に依存する Schrödinger 方程式 (2.10) はブラ・ケット記法では

$$i\hbar\frac{d}{dt}|\psi(t)\rangle = \hat{H}|\psi(t)\rangle \tag{4.1}$$

と書ける．この Hermite 共役は $-i\hbar\frac{d}{dt}\langle\psi(t)| = \langle\psi(t)|\hat{H}^\dagger$．

　まず簡単な例として，Hamiltonian の Hermite 性により確率保存が保証されていることを簡単に示してみよう．このことは §2.3 において既に議論したことであるが，ここでは少し抽象的かつ一般的に議論する．確率密度 $P(t) \equiv \langle\psi(t)|\psi(t)\rangle$ の時間微分は

$$\frac{d}{dt}P(t) = \frac{d}{dt}(\langle\psi|)|\psi\rangle + \langle\psi|\frac{d}{dt}(|\psi\rangle) = \frac{1}{i\hbar}\left[\langle\psi|(-\hat{H}^\dagger)|\psi\rangle + \langle\psi|\hat{H}|\psi\rangle\right]$$
$$= \frac{-1}{i\hbar}\langle\psi|(\hat{H} - \hat{H}^\dagger)|\psi\rangle.$$

よって，Hamiltonian が Hermite のとき，$\frac{d}{dt}P(t) = 0$ となって，確率が保存されることがわかる．このことは次のように，(4.1) の形式解を表すことで直観的に理解できる：

$$|\psi(t)\rangle = \mathrm{e}^{-i\hat{H}t/\hbar}|\psi(0)\rangle. \tag{4.2}$$

ここに，$|\psi(0)\rangle$ は初期状態を表す状態ベクトルである．ここに現れた時間発展を表す演算子を

$$\hat{U}(t) \equiv \mathrm{e}^{-i\hat{H}t/\hbar} \tag{4.3}$$

と書くと，$\hat{U}^\dagger = \mathrm{e}^{i\hat{H}^\dagger t/\hbar} = \mathrm{e}^{i\hat{H}t/\hbar} = \hat{U}^{-1}(t)$ となり，$\hat{U}(t)$ は**ユニタリー**である．さらに，$\langle\psi(t)| = \langle\psi(0)|\hat{U}^\dagger(t)$ であるから，$\langle\psi(t)|\psi(t)\rangle = \langle\psi(0)|\hat{U}^{-1}\hat{U}(t)|\psi(0)\rangle = \langle\psi(0)|\psi(0)\rangle$ となって，時間に依らない．

第 4 章 物理量の時間変化

§4.2 期待値の時間変化

次に状態ベクトルが $|\psi(t)\rangle$ で与えられているときの任意の物理量 A の期待値の時間依存性 $\langle\psi(t)|\hat{A}|\psi(t)\rangle$ を議論しよう．ただし，A は顕わな時間依存性は持たないとする．たとえば，$\hat{A} = \hat{A}(\boldsymbol{r}, \hat{\boldsymbol{p}})$ と書かれている．まず，Hamiltonian の Hermite 性から

$$\frac{d}{dt}\langle\psi(t)|\hat{A}|\psi(t)\rangle = \frac{1}{i\hbar}\langle\psi(t)|[\hat{A}, \hat{H}]|\psi(t)\rangle \tag{4.4}$$

と書けることを示そう．無限遠で 0 になる波動関数 $\psi(\boldsymbol{r}, t)$ に対して，

$$\begin{aligned}
\frac{d}{dt}\langle\psi, \hat{A}\psi\rangle &= \int d\boldsymbol{r}\left(\frac{\partial\psi^*}{\partial t}\hat{A}\psi + \psi^*\hat{A}\frac{\partial\psi}{\partial t}\right)\\
&= \frac{1}{i\hbar}\int d\boldsymbol{r}\left[-(\hat{H}\psi^*)\hat{A}\psi + \psi^*\hat{A}(\hat{H}\psi)\right]\\
&= \frac{1}{i\hbar}\left(-\langle\hat{H}\psi|\hat{A}|\psi\rangle + \langle\psi|\hat{A}\hat{H}|\psi\rangle\right)\\
&= \frac{1}{i\hbar}\left(-\langle\psi|\hat{H}\hat{A}|\psi\rangle + \langle\psi|\hat{A}\hat{H}|\psi\rangle\right)\\
&= \frac{1}{i\hbar}\langle\psi|[\hat{A}, \hat{H}]|\psi\rangle.
\end{aligned} \tag{4.5}$$

ここで，無限遠で 0 になる波動関数 ψ に対しては $\hat{H}$ が Hermite であることを用いた．こうして，(4.4) が示された．これは，交換子の公式 (3.61)–(3.64) を活用して，$\hat{H}$ と $\hat{A}$ との交換関係 $[\hat{A}, \hat{H}]$ を計算すれば $\hat{A}$ の期待値の時間変化が求まることを示している．

Ehrenfest の定理　物理量の時間発展の仕方を通して古典力学と量子力学との関係を与えるのがこれから説明する Ehrenfest の定理である．例として，Hamiltonian が $\hat{H} = \hat{p}^2/2m + V(\hat{x})$ で与えられる 1 次元系を考える．まず，(4.5) において $\hat{A} = \hat{x}$ と置くと，$m\frac{d}{dt}\langle\psi|\hat{x}|\psi\rangle = m\frac{1}{i\hbar}\langle\psi|[\hat{x}, \hat{H}]|\psi\rangle$. ところが，$[\hat{x}, V(\hat{x})] = 0$ なので，$[\hat{x}, \hat{H}] = [\hat{x}, \hat{T}]$. さらに，$[\hat{x}, \hat{T}] = [\hat{x}, \frac{\hat{p}^2}{2m}] = \frac{1}{2m}[\hat{x}, \hat{p}^2] = \frac{1}{2m}\{\hat{p}[\hat{x}, \hat{p}] + [\hat{x}, \hat{p}]\hat{p}\} = \frac{i\hbar}{m}\hat{p}$. よって，$[\hat{x}, \hat{H}] = \frac{i\hbar}{m}\hat{p}$. こうして，

$$m\frac{d}{dt}\langle\psi|\hat{x}|\psi\rangle = \langle\psi|\hat{p}|\psi\rangle \equiv \bar{p} \tag{4.6}$$

を得る．位置ベクトルの期待値の時間変化率を粒子の速度の期待値 $\bar{v}$ と解釈すると，(4.6) は $\bar{p} = m\bar{v}$ という古典力学で与えられる運動量と速度の関係式と同じになっている．

§4.3 【基本】 $\hbar$-展開：WKB 近似

次に運動量の期待値の時間変化を求める：$\frac{d}{dt}\langle\psi|\hat{p}|\psi\rangle = \frac{1}{i\hbar}\langle\psi|[\hat{p}, \hat{H}]|\psi\rangle = \frac{1}{i\hbar}\langle\psi|\left([\hat{p}, \hat{p}^2/2m] + [\hat{p}, V(\hat{x})]\right)|\psi\rangle = \frac{1}{i\hbar}\langle\psi|[\hat{p}, V(\hat{x})]|\psi\rangle$. ところが，$x$-表示では任意の波動関数 ψ に対して，$[\hat{p}, V(\hat{x})]\psi = (-i\hbar)\frac{d}{dx}V(x)\psi - V(x)(-i\hbar)\frac{d\psi}{dx} = -\left(i\hbar\frac{dV(x)}{dx}\right)\psi$. すなわち，$[\hat{p}, V(\hat{x})] = -i\hbar\frac{dV(x)}{dx}$. よって，

$$\frac{d}{dt}\langle\hat{p}\rangle = \left\langle -\frac{dV(\hat{x})}{d\hat{x}}\right\rangle. \tag{4.7}$$

こうして，(4.6) と (4.7) は，量子力学における期待値が古典力学に従うことを示している．このことを **Ehrenfest の定理**という．ただし，(4.7) において右辺は $-\frac{d}{dx}\langle V(x)\rangle$ ではないことに注意しよう．微分は期待値の記号の中にある．

§4.3 $\hbar$-展開：WKB 近似

古典論との対応関係を別の観点から見てみよう．§1.4 において，双曲型の古典波動方程式 (1.13) の幾何光学近似と比較することにより，Hamilton–Jacobi 方程式に隠れている波動性について議論し，その波動を記述する方程式として Schrödinger 方程式が導き出された．ここでは逆の筋道をたどってみよう．そこで，(1.13) に対して行ったように，時間に依存する Schrödinger 方程式 (2.10) に対して次の関数系を仮定して解を求めてみよう：$\psi(\boldsymbol{r}, t) = A\mathrm{e}^{iS(\boldsymbol{r},t)/\hbar}$. ただし，$A$ は定数とする．これを (2.10) に代入すると，

$$\frac{\partial S}{\partial t} + \frac{1}{2m}(\boldsymbol{\nabla}S)^2 + V(\boldsymbol{r}) = \frac{i\hbar}{2m}\boldsymbol{\nabla}^2 S \tag{4.8}$$

を得る．古典論との対応を見るために，$\hbar \to 0$ と見なせる状況を考えることにし，$\hbar$ に比例している右辺が無視できるとすると，

$$\frac{\partial S}{\partial t} + H(\boldsymbol{r}, \boldsymbol{p}, t) = 0, \quad \boldsymbol{p} = \frac{\partial S}{\partial \boldsymbol{r}} \tag{4.9}$$

となり，Hamilton–Jacobi 方程式 (1.21) が導かれる．これは Schrödinger 方程式の幾何光学近似が古典論の Hamilton–Jacobi 方程式で与えられることを意味しており，§1.4 での発見法的な Schrödinger 方程式の導出が自己整合的であることを意味する．

また，定常状態の場合は $\psi(\boldsymbol{r}, t) = A\mathrm{e}^{-iEt/\hbar + iW(\boldsymbol{r})/\hbar}$ と書けるから，これを (2.10) に代入すると，

89

第 4 章　物理量の時間変化

$$E = (\boldsymbol{\nabla} W)^2/2m + V(\boldsymbol{r}) - i\hbar\boldsymbol{\nabla}^2 W/2m \tag{4.10}$$

を得る．これも $\hbar$ が無視できる状況では，$E = H(\boldsymbol{r}, \boldsymbol{p})$ $(\nabla W = \boldsymbol{p})$ となり，古典論と一致する．

この古典論への接近を定量的に記述するため，以下のように $S(\boldsymbol{r}, t)$ を $\hbar$ の冪で展開して Schrödinger 方程式 (2.10) を解いていくことが考えられる：$S = S_0 + \frac{\hbar}{i}S_1 + (\frac{\hbar}{i})^2 S_2 + \cdots$．このような近似法は WKB 近似[1]と呼ばれる．

§4.4　Schrödinger 表示と Heisenberg 表示

(4.2) において，初期状態を $|\psi(t=0)\rangle \equiv |\Psi\rangle$ と書くと，A の期待値は

$$\langle\psi(t)|\hat{A}|\psi(t)\rangle = \langle\Psi|\mathrm{e}^{i\hat{H}t/\hbar}\hat{A}\mathrm{e}^{-i\hat{H}t/\hbar}|\Psi\rangle \equiv \langle\Psi|\hat{A}_{\mathrm{H}}(t)|\Psi\rangle \tag{4.11}$$

と表すことができる．ここに，

$$\hat{A}_{\mathrm{H}}(t) \equiv \mathrm{e}^{i\hat{H}t/\hbar}\hat{A}\mathrm{e}^{-i\hat{H}t/\hbar}, \tag{4.12}$$

を定義した．これを物理量 A の **Heisenberg 表示**という．$\hat{A}_{\mathrm{H}}(t)$ は次の方程式を満たす：

$$i\hbar\frac{d}{dt}\hat{A}_{\mathrm{H}}(t) = [\hat{A}_{\mathrm{H}}(t), \hat{H}]. \tag{4.13}$$

この表示では，時間変化は演算子が担い，状態 $|\Psi\rangle$ は時間変化しない．このような量子力学における時間依存性の記述の仕方を **Heisenberg 表示**と呼ぶ．また，(4.13) を **Heisenberg 方程式**[2]と呼ぶ．これに対しこれまでのように状態ベクトルが時間依存性を担う表示を **Schrödinger 表示**[2]と呼ぶ．

演算子 $\hat{A}$ に顕な時間依存性がある場合　　$\hat{A}$ が顕な時間依存性を持ち $\hat{A}(\hat{\boldsymbol{r}}, \hat{\boldsymbol{p}}, t)$ と表される場合，以上の結果がどう変化するか簡単に見ておく．その期待値の時間微分は，Schrödinger 表示では，

$$\frac{d}{dt}\langle\psi|\hat{A}|\psi\rangle = \int d\boldsymbol{r}\psi^*\frac{\partial\hat{A}}{\partial t}\psi + \frac{1}{i\hbar}\langle\psi, [\hat{A}, \hat{H}]\psi\rangle$$

---

[1] この近似法を考案した Wentzel, Kramers, Brillouin の頭文字を取っている．彼らより前に量子力学以外の問題でこの方法を展開した英国人 Jeffreys の頭文字も入れて，JWKB あるいは WKBJ 近似と呼ばれる場合もある．

[2] これらの用語は Dirac による．

§4.5 【基本】 時間に依存する Schrödinger 方程式の初期値問題の解と量子力学的因果律

$$= \langle\psi|\frac{\partial A}{\partial t}|\psi\rangle + \frac{1}{i\hbar}\langle\psi|[\hat{A},\,\hat{H}]|\psi\rangle. \tag{4.14}$$

この方程式と古典力学における運動方程式との類似性を強調しよう．記法を簡単にするため，誤解のない場合，$\langle\psi|\hat{A}|\psi\rangle \equiv \langle\hat{A}\rangle$ などと書くことにすると，(4.14) は

$$\frac{d}{dt}\langle\hat{A}\rangle = \left\langle\frac{\partial A}{\partial t}\right\rangle + \frac{1}{i\hbar}\langle[\hat{A},\,\hat{H}]\rangle \tag{4.15}$$

と書ける．

Heisenberg 表示では，

$$\frac{d}{dt}\hat{A}_{\mathrm{H}}(t) = \frac{\partial}{\partial t}\hat{A}_{\mathrm{H}}(t) + \frac{1}{i\hbar}[\hat{A}_{\mathrm{H}}(t),\hat{H}]. \tag{4.16}$$

一方，古典力学において正準座標 q と正準運動量 p の関数 $A(q,\,p,t)$ の従う運動方程式は，Poisson 括弧 $\{A,\,B\}$ を用いて $\frac{d}{dt}A = \frac{\partial A}{\partial t} + \{A,\,H\}$ と書ける[3]．すなわち，量子力学における期待値の時間変化は古典力学における運動方程式において Poisson 括弧 $\{A,\,B\}$ を交換関係 $(i\hbar)^{-1}[\hat{A},\,\hat{B}]$ におき換えることで得られる．これは正準量子化と同じ手続きである．

§4.5 時間に依存する Schrödinger 方程式の初期値問題の解と量子力学的因果律

量子力学における因果律について考察するため，配位空間の座標（正準座標）を $\boldsymbol{q}$ として，時間に依存する Schrödinger 方程式をもう一度書いておく：

$$i\hbar\frac{\partial}{\partial t}\psi(\boldsymbol{q},t) = \hat{H}(\boldsymbol{q},\hat{\boldsymbol{p}},t)\psi(\boldsymbol{q},t) \qquad \left(\hat{\boldsymbol{p}} = -i\hbar\frac{\partial}{\partial \boldsymbol{q}}\right). \tag{4.17}$$

ただし，Hamiltonian は時間にも依存するとした．

数学的に見ると，(4.17) は時間について 1 階の偏微分方程式である．初期時間 $t_0\,(<t)$ から t までの時間を N 等分し $\Delta t = (t-t_0)/N$ とおき，$t_j = t_0 + j\Delta t$ と書こう；$t_0 < t_1 < t_2 < \cdots < t_{N-1} < t_N = t$（図 4.1 参照）．$\Delta t$ が微小とみなせるほど N を十分大きく取ると，$\frac{\partial\psi(\boldsymbol{q},t)}{\partial t} \simeq \frac{\psi(\boldsymbol{q},t+\Delta t)-\psi(\boldsymbol{q},t)}{\Delta t}$ と近似で

---

[3] たとえば，畑浩之 著『基幹講座 物理学 解析力学』（東京図書，2014）(6.58) 式参照.

91

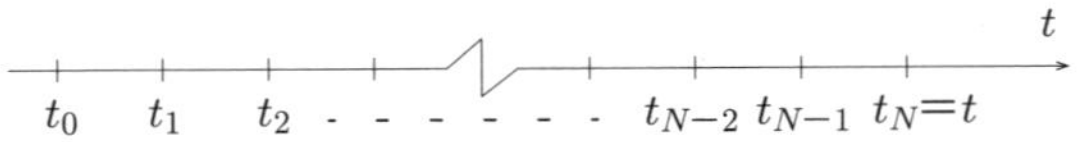

第4章　物理量の時間変化

図4.1　時間 $t = t_0$ から t までの時間を N 等分する.

きるから，(4.17) は時刻 t_{j+1} における波動関数が $\psi(\boldsymbol{q}, t_j)$ を用いて，

$$\psi(\boldsymbol{q}, t_{j+1}) \simeq \left[1 + \frac{\Delta t}{i\hbar} \hat{H}(\boldsymbol{q}, \hat{\boldsymbol{p}}, t_j) \right] \psi(\boldsymbol{q}, t_j) \simeq \mathrm{e}^{-i\Delta t \hat{H}(t_j)/\hbar} \psi(\boldsymbol{q}, t_j) \quad (4.18)$$

と与えられることを教えている．ただし，$\hat{H}(\boldsymbol{q}, \hat{\boldsymbol{p}}, t_j) = \hat{H}(t_j)$ と書いた．これを繰り返していけば，

$$\psi(\boldsymbol{q}, t) \simeq \mathrm{e}^{-i\Delta t \hat{H}(t_{N-1})/\hbar} \mathrm{e}^{-i\Delta t \hat{H}(t_{N-2})/\hbar} \cdots \mathrm{e}^{-i\Delta t \hat{H}(t_1)/\hbar} \mathrm{e}^{-i\Delta t \hat{H}(t_0)/\hbar} \psi(\boldsymbol{q}, t_0)$$

$$(4.19)$$

と書ける.

　ここで記述を簡潔にするために，**時間順序積**をとる演算子 T を導入する：時間に依存する2つの演算子 $\hat{O}_1(t)$ と $\hat{O}_2(t)$ に対し，演算子 T を

$$T\left(\hat{O}_1(t) \hat{O}_2(t') \right) = \begin{cases} \hat{O}_1(t) \hat{O}_2(t') & (t > t') \\ \hat{O}_2(t') \hat{O}_1(t) & (t' > t) \end{cases}$$

$$\equiv \theta(t - t') \hat{O}_1(t) \hat{O}_2(t') + \theta(t' - t) \hat{O}_2(t') \hat{O}_1(t) \quad (4.20)$$

と定義する．さらに，この時間順序積の演算の下では，演算子の順序を自由に入れ替えても最後の結果は同じになるので，通常の数のように扱うことができる．特に，演算子が指数関数の肩に乗っているときは，

$$T\left[\mathrm{e}^{\hat{O}_1(t)} \mathrm{e}^{\hat{O}_2(t')} \right] = T\left[\mathrm{e}^{\hat{O}_1(t) + \hat{O}_2(t')} \right] \quad (4.21)$$

と指数法則を使うことができる．したがって，(4.19) は次のように書くことができる：

$$\psi(\boldsymbol{q}, t) \simeq T\left[\prod_{j=0}^{j=N-1} \mathrm{e}^{-i\Delta t \hat{H}(t_j)/\hbar} \right] \psi(\boldsymbol{q}, t_0)$$

$$= T\left[\mathrm{e}^{-(i/\hbar) \cdot \sum_{j=0}^{N-1} \Delta t \hat{H}(t_j)} \right] \psi(\boldsymbol{q}, t_0)$$

92

§4.6 【基本】 定常波解による初期値問題の解の構成

N を無限大に取ると，指数関数の肩は積分に書くことができるので

$$\psi(\boldsymbol{q}, t) = T\left[\mathrm{e}^{-(i/\hbar)\cdot\int_{t_0}^t dt'\,\hat{H}(t')}\right]\psi(\boldsymbol{q}, t_0) \tag{4.22}$$

を得る．特に，Hamiltonian が時間に依存しない場合は，

$$\psi(\boldsymbol{q}, t) = \mathrm{e}^{-i\hat{H}(t-t_0)/\hbar}\psi(\boldsymbol{q}, t_0) \tag{4.23}$$

と簡単な形になる．

　以上の表式より，任意の時刻における波動関数 $\psi(\boldsymbol{q}, t)$ がある過去の時刻 t_0 での波動関数の値 $\psi(\boldsymbol{q}, t_0) = \varphi(\boldsymbol{q})$ が与えられれば一意的に決定されることがわかる．この意味で，量子力学においても因果律が成り立つと言える．

　t_0 での波動関数 $\psi(\boldsymbol{q}, t_0) = \varphi_{\mathrm{init}}(\boldsymbol{q})$ が与えられているとき，任意の時刻の波動関数 $\psi(\boldsymbol{q}, t; t_0)$ を求める問題を初期値問題という．この章では，この初期値問題の解の構成を簡単な場合に与える．しかしその前に，ここでもう一度，時間に依存する波動関数 $\psi(\boldsymbol{q}, t; t_0)$ の物理的意味と解釈を整理しておこう．

$\psi(\boldsymbol{q}, t; t_0)$ の物理的意味　　まず，$\varphi_{\mathrm{init}}(\boldsymbol{q})$ で表される量子力学的状態にある量子系を多数用意し，それぞれを時刻 t_1 まで時間発展させる．そして，その時刻での位置分布を観測するとそれは $|\psi(\boldsymbol{q}, t_1; t_0)|^2$ に比例する．この実験を異なる時刻 $t_2, t_3, \ldots$ について繰り返すと，それは時間の関数としての確率分布 $|\psi(\boldsymbol{q}, t; t_0)|^2$ が得られるのである．このように (4.17) の解が記述するのは時間に依存する確率分布であり，それを実験的に確かめるには，いくつもの時間について $\boldsymbol{q}$ 分布を観測する実験を行わなくてはならない．

§4.6　定常波解による初期値問題の解の構成

　以下では簡単のために，Hamiltonian が**時間に依存しない**場合を扱う：$\hat{H} = \hat{H}(\boldsymbol{q}, \hat{\boldsymbol{p}})$．(4.17) の定常波解を $\psi(\boldsymbol{q}, t) = \mathrm{e}^{-iEt/\hbar}\varphi(\boldsymbol{q})$ と書くと，$\varphi(\boldsymbol{q})$ は次の定常状態の Schrödinger 方程式を満たす：

$$\hat{H}\varphi(\boldsymbol{q}) = E\varphi(\boldsymbol{q}). \tag{4.24}$$

これは，座標 $\boldsymbol{q}$ についての微分方程式であるから，これを解くには $\boldsymbol{q}$ について，たとえば，無限遠 $|\boldsymbol{q}| \to \infty$ で $\varphi(\boldsymbol{q})$ が十分速く 0 になる，などの境界条

第 4 章　物理量の時間変化

件が必要である．一般には，指定された境界条件を満たす関数は $\varphi_n(\boldsymbol{q})$ は E が特定の値，エネルギー固有値 E_n $(n = 0, 1, 2, \ldots)$ を取るときのみに存在する．ただし，以下では表記を簡単にするために，縮退がないと仮定する．さらに，$\varphi_n(\boldsymbol{q}) = \langle \boldsymbol{q} | \varphi_n \rangle$ が完全系をなしていると仮定する：$\sum_n |\varphi_n\rangle\langle\varphi_n| = \mathbf{1}$. さらに，$\{\varphi_n(\boldsymbol{q})\}_n$ が規格直交系をなしているとする：

$$\int d\boldsymbol{q}\,\varphi_{n'}^*(\boldsymbol{q})\varphi_n(\boldsymbol{q}) = \langle \varphi_{n'} | \varphi_n \rangle = \delta_{n'n}. \tag{4.25}$$

時間に依存する Schrödinger 方程式 (4.17) の特解は $\psi_n(\boldsymbol{q}, t) = \mathrm{e}^{-iEt/\hbar}\varphi_n(\boldsymbol{q})$ と書ける．その一般解は $\psi_n(\boldsymbol{q}, t)$ の重ね合わせで表される：

$$\psi(\boldsymbol{q}, t; t_0) = \sum_{n=0}^{\infty} C_n(t_0)\mathrm{e}^{-iE_n t/\hbar}\varphi_n(\boldsymbol{q}). \tag{4.26}$$

未定の係数 $C_n(t_0)$ は初期波動関数 $\varphi_{\mathrm{init}}(\boldsymbol{q})$ によって決定される．実際，$\varphi_{\mathrm{init}}(\boldsymbol{q})$ を完全系 $\{\varphi_n(\boldsymbol{q})\}_n$ で展開すると，

$$\varphi_{\mathrm{init}}(\boldsymbol{q}) = \sum_{n=0}^{\infty} c_n \varphi_n(\boldsymbol{q}), \quad c_n = \langle \varphi_n | \varphi_{\mathrm{init}} \rangle. \tag{4.27}$$

すると，(4.23) より，

$$\psi(\boldsymbol{q}, t; t_0) = \mathrm{e}^{-i\hat{H}(t-t_0)/\hbar} \sum_{n=0}^{\infty} c_n \varphi_n(\boldsymbol{q}) = \sum_{n=0}^{\infty} c_n \mathrm{e}^{-i\hat{H}(t-t_0)/\hbar}\varphi_n(\boldsymbol{q})$$

$$= \sum_{n=0}^{\infty} c_n \mathrm{e}^{-iE_n(t-t_0)/\hbar}\varphi_n(\boldsymbol{q}). \tag{4.28}$$

よって，(4.26) と比較して，

$$C_n = \mathrm{e}^{iE_n t_0/\hbar} c_n = \mathrm{e}^{iE_n t_0/\hbar} \langle \varphi_n | \varphi_{\mathrm{init}} \rangle = \mathrm{e}^{iE_n t_0/\hbar} \int d\boldsymbol{q}'\,\varphi_n^*(\boldsymbol{q}')\varphi_{\mathrm{init}}(\boldsymbol{q}')$$

を得る．したがって，

$$\psi(\boldsymbol{q}, t; t_0) = \sum_{n=0}^{\infty} \int d\boldsymbol{q}'\,\varphi_n^*(\boldsymbol{q}')\varphi_{\mathrm{init}}(\boldsymbol{q}')\mathrm{e}^{-iE_n(t-t_0)/\hbar}\varphi_n(\boldsymbol{q})$$

$$= \int d\boldsymbol{q}' \left[\sum_{n=0}^{\infty} \mathrm{e}^{-iE_n(t-t_0)/\hbar}\varphi_n^*(\boldsymbol{q}')\varphi_n(\boldsymbol{q}) \right] \varphi_{\mathrm{init}}(\boldsymbol{q}')$$

$$\equiv \int d\boldsymbol{q}'\, K(\boldsymbol{q}, t; \boldsymbol{q}', t_0)\varphi_{\mathrm{init}}(\boldsymbol{q}'). \tag{4.29}$$

94

§4.6 【基本】 定常波解による初期値問題の解の構成

ここに，

$$K(\boldsymbol{q}, t; \boldsymbol{q}', t_0) \equiv \sum_{n=0}^{\infty} \mathrm{e}^{-iE_n(t-t_0)/\hbar} \varphi_n^*(\boldsymbol{q}') \varphi_n(\boldsymbol{q}). \tag{4.30}$$

これを Green 関数あるいは Feynman 核と呼ぶ．Feynman 核は初期値に依らない．(4.29) が初期値問題の解であり，量子力学における因果律を端的に示している．

(4.30) は次のように簡潔な式に書き直すことができる：

$$\begin{aligned}
K(\boldsymbol{q}, t; \boldsymbol{q}', t_0) &= \sum_{n=0}^{\infty} \mathrm{e}^{-iE_n(t-t_0)/\hbar} \langle \boldsymbol{q} | \varphi_n \rangle \langle \varphi_n | \boldsymbol{q}' \rangle \\
&= \langle \boldsymbol{q} | \mathrm{e}^{-i\hat{H}(t-t_0)/\hbar} \left(\sum_{n=0}^{\infty} | \varphi_n \rangle \langle \varphi_n | \right) | \boldsymbol{q}' \rangle \\
&= \langle \boldsymbol{q} | \mathrm{e}^{-i\hat{H}(t-t_0)/\hbar} | \boldsymbol{q}' \rangle
\end{aligned} \tag{4.31}$$

これが本来の Feynman 核の定義である．Feynman 核 (4.31) は，時刻 t_0 での位置 $\boldsymbol{q}'$ から時刻 t での位置 $\boldsymbol{q}$ の遷移振幅という意味を持ち，Dirac に従い，$\langle \boldsymbol{q}_t | \boldsymbol{q}'_{t_0} \rangle$ とも書かれる．

連続固有値が存在する場合 以上は，固有値がすべて離散的とした場合の定式化である．連続固有値が存在する場合も同様であるが，以下のように変更される．離散固有値の他に，実数のある区間 $[\alpha_m, \alpha_M]$ にある α を添え字としてエネルギー固有値が存在するとしよう：

$$\hat{H}\varphi_\alpha(\boldsymbol{q}) = E_\alpha \varphi_\alpha(\boldsymbol{q}), \quad (\alpha_m \leq \alpha \leq \alpha_M). \tag{4.32}$$

このとき (4.17) の特解は $\psi(\boldsymbol{q}, t) = \mathrm{e}^{-iE_\alpha t/\hbar} \varphi_\alpha(\boldsymbol{q})$．次のように規格直交化しておく：

$$\langle \varphi_\alpha, \varphi_{\alpha'} \rangle \equiv \int d^3\boldsymbol{q} \, \varphi_\alpha^*(\boldsymbol{q}) \varphi_{\alpha'}(\boldsymbol{q}) = \delta(\alpha - \alpha'). \tag{4.33}$$

固有関数系 $\{\varphi_n(\boldsymbol{q})\}_n$ $\{\varphi_\alpha(\boldsymbol{q})\}_\alpha$ の完全性は以下のように表される：

$$\sum_n |\varphi_n\rangle\langle\varphi_n| + \int_{\alpha_m}^{\alpha_M} d\alpha |\varphi_\alpha\rangle\langle\varphi_\alpha| = \mathbf{1} \tag{4.34}$$

第 4 章 物理量の時間変化

Feynman 核は,

$$K(\boldsymbol{q}, t; \boldsymbol{q}', t_0) = \sum_n \varphi_n(\boldsymbol{q}) \varphi_n^*(\boldsymbol{q}') \mathrm{e}^{-iE_n(t-t_0)/\hbar}$$

$$+ \int_{\alpha_m}^{\alpha_M} d\alpha \varphi_\alpha(\boldsymbol{q}) \varphi_\alpha^*(\boldsymbol{q}') \mathrm{e}^{-iE_\alpha(t-t_0)/\hbar} \tag{4.35}$$

となる. この場合も Feynman 核は (4.31) の形に帰着されることが (4.34) を用いて容易に示される.

【例】 自由粒子の場合　　q 軸上の 1 次元自由粒子の場合, 任意の時刻 $t > 0$ での波動関数 $\psi(q, t)$ は次の Schrödinger 方程式に従う:

$$i\hbar \frac{\partial \psi(q, t)}{\partial t} = \hat{H} \psi(q, t), \quad \hat{H} = -\frac{\hbar^2}{2m} \frac{\partial^2}{\partial q^2}. \tag{4.36}$$

この定常解 (特解) は, 次の平面波解で与えられる ($-\infty < p < \infty$):

$$\psi(q, t) = \frac{\mathrm{e}^{ipq/\hbar}}{\sqrt{2\pi\hbar}} \mathrm{e}^{-i\epsilon_p t/\hbar} \equiv \langle q|p \rangle \, \mathrm{e}^{-i\epsilon_p t/\hbar}. \tag{4.37}$$

ここに, $\epsilon_p = \frac{p^2}{2m} = \frac{\hbar^2 k^2}{2m}$. ただし, k は $p \equiv \hbar k$ で定義される波数である. また, $\langle q|p \rangle$ は (3.14) に与えられている. このとき, Feynman 核は (4.31) より,

$$K(q, t; q', t_0) = \langle q|\mathrm{e}^{-i(\hat{p}^2/2m)(t-t_0)/\hbar}|q' \rangle$$

$$= \int_{-\infty}^{\infty} dp \int_{-\infty}^{\infty} dp' \langle q|p \rangle \langle p|\mathrm{e}^{-i(\hat{p}^2/2m)(t-t_0)/\hbar}|p' \rangle \langle p'|q' \rangle$$

$$= \int_{-\infty}^{\infty} \frac{dp}{2\pi\hbar} \mathrm{e}^{ip(q-q')/\hbar} \mathrm{e}^{-ip^2 t/2m\hbar}$$

$$= \sqrt{\frac{m}{2\pi i\hbar t}} \exp\left[\frac{im(q-q')^2}{2\hbar t}\right]. \tag{4.38}$$

ただし, $\overset{\text{ガ ウ ス}}{\text{Gauss}}$ 積分の公式 (2.87) を用いた.

例題　　$t = 0$ で粒子は原点付近に局在し, その規格化された波動関数が

$$\psi(x, t = 0) = \frac{\mathrm{e}^{-\frac{x^2}{2a^2}}}{(a^2\pi)^{1/4}} \equiv \varphi_0(x) \tag{4.39}$$

で与えられているとしよう. この波動関数は空間的に局在し, 平面波の重

96

§4.6 【基本】 定常波解による初期値問題の解の構成

ね合わせ（「束」）である．これを**波束** (wave packet) と呼ぶ．この波束の時間変化 $\psi(x, t)\,(t > 0)$ を求めなさい．

【解】 これは，数学的には (4.39) を初期条件として，任意の時刻 $t > 0$ に対して方程式 (4.36) を解いて，波動関数 $\psi(x, t)$ を求める問題である．上で求めた Feynman 核を用いて直接解くこともできるが，ここでは平面波解の完全性を用いて等価だがより初等的な方法で解いてみよう．（Feynman 核を用いた解法は章末問題とする．）

(4.36) の一般解（任意の初期条件を満たす解）は，平面波解 (4.37) の重ね合わせで表すことができる[4]：

$$\psi(x, t) = \int_{-\infty}^{\infty} dp\, C_p \langle x|p \rangle \mathrm{e}^{-i\epsilon_p t/\hbar}. \tag{4.40}$$

展開係数（Fourier 係数）C_p は初期条件 (4.39) から決められる．実際，$N = 1/(a^2\pi)^{1/4}$ とおくと，(4.39) と (4.40) より，

$$\psi(x, 0) = N\, \mathrm{e}^{-\frac{x^2}{2a^2}} = \int_{-\infty}^{\infty} dp\, C_p \langle x|p \rangle. \tag{4.41}$$

$\langle p'|x \rangle$ を掛けて x で積分すると，右辺は $|x\rangle$ の完全性より，

$$右辺 = \int_{-\infty}^{\infty} dx \int_{-\infty}^{\infty} dp\, C_p \langle p'|x \rangle \langle x|p \rangle = \int_{-\infty}^{\infty} dp\, C_p \langle p'|p \rangle$$
$$= \int_{-\infty}^{\infty} dp\, C_p \delta(p' - p) = C_{p'}.$$

よって，

$$C_p = \int_{-\infty}^{\infty} \frac{dx}{\sqrt{2\pi\hbar}}\, \mathrm{e}^{-ipx/\hbar} N\, \mathrm{e}^{-\frac{x^2}{2a^2}}$$

ここで，積分公式 (2.87) を用いると，$C_p = \frac{Na}{\sqrt{\hbar}} \mathrm{e}^{-a^2 k^2/2}$ を得る．この C_p を (4.40) に代入して少し変形すると，

$$\psi(x, t) = Na \int_{-\infty}^{\infty} \frac{dk}{\sqrt{2\pi}}\, \mathrm{e}^{-\alpha^2 k^2/2 + ikx} \tag{4.42}$$

---

[4] これは，数学的には一般解を Fourier 変換で表すことと等価である．

97

第 4 章　物理量の時間変化

が得られる．ただし，$\alpha^2 \equiv a^2 + i\hbar t/m$. 再び (2.87) を用いて，

$$
\psi(x,\, t) = \frac{N}{\sqrt{1 + i\frac{\hbar t}{ma^2}}} e^{-\frac{x^2}{2a^2(1 + i\hbar t/ma^2)}} \tag{4.43}
$$

を得る．さらに，$\theta(t) \equiv \mathrm{Tan}^{-1}\frac{\hbar t}{ma^2}$ とおくと，$\sqrt{1 + i\frac{\hbar t}{ma^2}} = \left[1 + \left(\frac{\hbar t}{ma^2}\right)^2\right]^{1/4}$ $e^{i\theta(t)/2}$ と書けるので確率密度は

$$
P(x,\, t) = \frac{N^2}{\sqrt{1 + \frac{\hbar^2 t^2}{m^2 a^4}}} \exp\left[-\frac{x^2}{a^2(1 + \frac{\hbar^2 t^2}{m^2 a^4})}\right] \tag{4.44}
$$

となる．

　これは確率密度が，その中心位置を原点に保ったまま，幅（位置の不確定さ）が時間とともに広がっていき，同時にその高さ（大きさ）が低くなっていくことを示している[5]．実際，時刻 $t > 0$ での x^2 の期待値を計算すると[6]，

$$
\langle x^2 \rangle \equiv \int_{-\infty}^{\infty} dx P(x,t) x^2 = \frac{a^2}{2}\left[1 + \left(\frac{\hbar t}{ma^2}\right)^2\right] \tag{4.45}
$$

となり，t の 2 次関数として大きくなる．ここで，次の Gauss 積分の公式を用いた（n は 0 または自然数）：

$$
\begin{aligned}
\int_0^{\infty} dx\, x^{2n} e^{-x^2/a^2} &= \frac{(2n-1)!!a^{2n+1}\sqrt{\pi}}{2^{n+1}}, \\
\int_0^{\infty} dx\, x^{2n+1} e^{-x^2/a^2} &= \frac{n!a^{2n+2}}{2}.
\end{aligned} \tag{4.46}
$$

同様にして，$\hat{p}^2$ の期待値は $\langle \hat{p}^2 \rangle = \frac{\hbar^2}{2a^2}$ となる．以上より，任意の時刻 $t > 0$ における不確定関係は $\Delta x\,\Delta p = \sqrt{1 + (\frac{\hbar t}{ma^2})^2} \cdot \frac{\hbar}{2}$ となり，時間とともに増大する．

---

[5] 確率が保存されるので，幅が広くなると必然的に高さが低くなる．

[6] 常に，$\langle x \rangle = 0, \langle \hat{p} \rangle = 0$ である．

―――――――――――――― 第 4 章　章末問題 ――――――――――――――

問題 1　連続状態がある場合の Feynman 核の表式 (4.35) が (4.31) の形に書けることを示せ.

問題 2　Feynman 核 $K(\boldsymbol{q}, t; \boldsymbol{q}', t')$ について以下の等式を示せ.

(i)　$i\hbar \dfrac{\partial}{\partial t} K(\boldsymbol{q}, t; \boldsymbol{q}', t') = \hat{H} K(\boldsymbol{q}, t; \boldsymbol{q}', t').$

(ii)　$K(\boldsymbol{q}, t; \boldsymbol{q}', t) = \displaystyle\sum_n \varphi_n(\boldsymbol{q})\varphi_n^*(\boldsymbol{q}') + \int_{\alpha_m}^{\alpha_M} d\alpha \varphi_\alpha(\boldsymbol{q})\varphi_\alpha^*(\boldsymbol{q}') = \delta(\boldsymbol{q}' - \boldsymbol{q}).$

問題 3　初期状態が (4.39) と与えられている自由粒子について，Feynman 核の方法を用いて $t > 0$ での状態 $\psi(x, t)$ を求め，(4.43) に一致することを確かめよ.

問題 4　$t = 0$ の波動関数が次の波束で与えられている自由粒子について考える：

$$\varphi_0(x; p_0) = \frac{1}{(a^2\pi)^{1/4}} e^{-\frac{x^2}{2a^2} + ip_0 x/\hbar}. \tag{4.47}$$

(1)　$t > 0$ での波動関数 $\psi(x, t)$ が次のように与えられることを示せ：

$$\psi(x, t) = N \frac{e^{i(p_0 x - \epsilon_{p_0} t)/\hbar}}{\sqrt{1 + i\frac{\hbar t}{ma^2}}} \exp\left[-\frac{(x - v_0 t)^2}{2a^2(1 + i\frac{\hbar t}{ma^2})} \right]. \tag{4.48}$$

ただし，$v_0 \equiv p_0/m$ は初期速度である.

(2)　このとき確率密度が，

$$P(x, t) \equiv |\psi(x, t)|^2 = \frac{1}{\sqrt{a^2\pi}} \frac{\exp\left[-\frac{(x - v_0 t)^2/a^2}{1 + (\hbar t/ma^2)^2} \right]}{\sqrt{1 + (\frac{\hbar t}{ma^2})^2}} \tag{4.49}$$

となることを示せ.

(3)　物理量 $\hat{O}$ の時刻 t における期待値を $\langle \hat{O} \rangle_t$ と書く. 以下を示せ.

(i)　$\langle \hat{x} \rangle_t = v_0 t,$　　　　(ii)　$(\Delta x)^2 \equiv \langle (\hat{x} - \langle \hat{x} \rangle_t)^2 \rangle_t = \dfrac{a^2}{2} + \dfrac{\hbar^2 t^2}{2^2 a^2}$

(iii)　$\langle \hat{p} \rangle_t = p_0,$　　　　(iv)　$(\Delta p)^2 \equiv \langle (\hat{p} - \langle \hat{p} \rangle_t)^2 \rangle_t = \dfrac{\hbar^2}{2a^2},$

(v)　$\Delta x \cdot \Delta p = \sqrt{1 + (\hbar t/ma^2)^2} \cdot \dfrac{\hbar}{2}.$

99

■益川コラム　ラグランジアンと量子力学

Diracの論文に「量子力学におけるラグランジアン」[*)] というのがある．正準変換の生成関数が作用積分 S のとき，運動量は $p = \partial S/\partial q$ と表される．今，量子力学で時刻 0 の位置 q_0 から時刻 t での位置 q_t への遷移振幅を $\langle q_t|q_0\rangle$ とするとその古典的な対応物は

$$A(t, t_0) \equiv \exp\left[iS/\hbar\right] = \exp\left[i\int_{t_0}^{t} Ldt/\hbar\right] \tag{1}$$

であると Dirac は考えた．なぜなら，$\langle q_t|q_0\rangle$ の間に運動量の演算子をはさむと $\langle q_t|p|q_0\rangle = -i\hbar(\partial/\partial q)\langle q_t|q_0\rangle = \partial S/\partial q\langle q_t|q_0\rangle$ が導けて $p = \partial S/\partial q$ の関係が再現されるからである．そこで，時間変数の区間を $n+1$ 等分して $t_0, t_1, t_2, \ldots, t_n, t$ とすると上記の遷移振幅を，右辺の積分に n 個の完全系をはさむことで，以下のように書き直して

$$\langle q_t|q_0\rangle = \iint \cdots \int \langle q_t|q_n\rangle dq_n \langle q_n|q_{n-1}\rangle dq_{n-1} \cdots \langle q_2|q_1\rangle dq_1 \langle q_1|q_0\rangle \tag{2}$$

を得る．これに対する古典的対応物は

$$A(t, t_0) = A(t, t_n)A(t_n, t_{n-1}) \cdots A(t_2, t_1)A(t_1, t_0) \tag{3}$$

である．(2) と (3) を比べると，前者には n 重積分があるのに後者にはない．しかし，(2) で $\hbar \to 0$ の古典極限を考えると，$\int Ldt$ が停留値をとるところ以外は，激しく振動して積分に効かないので古典論に移行することが言える．これをさらに進めて $n \to \infty$ の極限で経路積分を考えたのが Feynman であり，遷移振幅は以下のように表される．

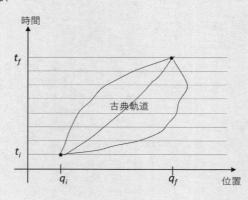

$$\langle q_f, t_f | q_i, t_i \rangle \sim \int d(\text{全ての可能な経路}) \exp\left[\frac{i}{\hbar} \int_{t_i}^{t_f} L(q, \dot{q}) dt\right] \tag{4}$$

すなわち，作用積分が停留値をとる古典軌道の周りの量子的な揺らぎを取り入れる
もので，例えばラグランジアンを運動エネルギーとポテンシャル・エネルギーで表
すと，Schödinger 方程式を導くことができる． 益川敏英

$*$) P. A. M. Dirac, Phys. Z. Sowjetunion **3** (1933) 64–72.

第5章 2,3次元のポテンシャルによる束縛問題

より現実的な状況として空間次元が2および3の場合を考える．2次元系の例として調和振動子を取り上げる．これは，縮退と3次元の場合に現れる特殊関数の導入を兼ねる．3次元系では相互作用ポテンシャルが相対座標のみ依存する2粒子系を取り上げる．さらに，ポテンシャルが動径のみに依存する場合を扱う．例として3次元調和振動子とCoulombポテンシャルを取り上げる．

§5.1 2次元調和振動子

2次元系の例として，2次元調和ポテンシャル中の質量mの粒子の束縛状態を考えよう．

5.1.1 非等方調和振動子

まず，Hamiltonianが次のように与えられる非等方調和ポテンシャルの場合を考える：$\hat{H} = \frac{1}{2m}(\hat{p}_x^2 + \hat{p}_y^2) + \frac{m}{2}(\omega_x^2 x^2 + \omega_y^2 y^2) \equiv \hat{H}_x + \hat{H}_y$. ただし，$\hat{H}_i \equiv \frac{1}{2m}\hat{p}_i^2 + \frac{m\omega_i^2}{2}r_i^2$ $(i = x, y)$. この系は独立な2つの1次元調和振動子の集まりである．エネルギー固有値は§2.10の結果を用いて，$E_{n_x n_y} = (n_x + \frac{1}{2})\hbar\omega_x + (n_y + \frac{1}{2})\hbar\omega_y$ $(n_i = 0, 1, 2, \dots)$. また，固有波動関数はそれぞれの積で表される：$\varphi(x, y) = C_{n_x}(\alpha_x)C_{n_y}(\alpha_y)H_{n_x}(\xi_x)H_{n_y}(\xi_y)\mathrm{e}^{-(\xi_x^2 + \xi_y^2)/2}$. ただし，$\alpha_i = \sqrt{\hbar/m\omega_i}$, $\xi_i = r_i/\alpha_i$. テンソル積の概念を用いるならば，$\varphi(x, y) = (\langle x| \otimes \langle y|)(|n_x\rangle \otimes |n_y\rangle)$と書ける．

5.1.2 等方調和振動子

次に，$\omega_x = \omega_y \equiv \omega$となる等方調和振動子を考える．Hamiltonianは生成・消滅演算子を用いて

$$\hat{H} = \sum_{i=x,\,y}\left(\hat{a}_i^\dagger \hat{a}_i + \frac{1}{2}\right)\hbar\omega = \sum_{i=x,\,y}\left(\hat{n}_i + \frac{1}{2}\right)\hbar\omega \quad (\hat{n}_i = \hat{a}_i^\dagger \hat{a}_i) \tag{5.1}$$

と書ける．ここで$\hat{a}_i^\dagger$ $(i = x, y)$は(3.75)で定義されている生成演算子に

第5章 2, 3次元のポテンシャルによる束縛問題

$i = x,\, y$ の添え字を付けたものであり，$\hat{a}_i$ は対応する消滅演算子である．以下の交換関係が成り立つ：$[\hat{a}_i^{\dagger},\, \hat{a}_j] = \delta_{ij}$, $[\hat{a}_i^{\dagger},\, \hat{a}_j^{\dagger}] = 0 = [\hat{a}_i,\, \hat{a}_j^{\dagger}]$．このとき，エネルギー固有値は，$E_{n_x n_y} = (n_x + n_y + 1)\hbar\omega$ $(n_i = 0, 1, 2, \dots)$．固有状態は $|n_x, n_y\rangle \equiv \frac{1}{\sqrt{n_x! n_y!}}(\hat{a}_x^{\dagger})^{n_x}(\hat{a}_y^{\dagger})^{n_y}|0, 0\rangle$ と書ける．ただし，$|0, 0\rangle$ は基底状態である：$\hat{a}_x|0, 0\rangle = \hat{a}_y|0, 0\rangle = 0$．

空間1次元系と多次元系との大きな違いの一つにエネルギーの**縮退**の有無がある．2次元等方調和振動子の場合，同じ $N = n_x + n_y$ を与える複数の独立な (n_x, n_y) の組，$(N, 0), (N-1, 1), \dots, (1, N-1), (0, N)$ は同じエネルギー固有値 $E = (N+1)\hbar\omega$ を与える．低いエネルギー準位についての具体例を表5.1の第2列に与えている．その独立な状態の数（**縮退度**という）は，明らかに $N+1$ である：表5.1の第4列参照．これは，2種類のものから重複を許して N 個を選ぶ場合の数 ${}_2\mathrm{H}_N = \frac{(N+1)!}{N!1!} = N+1$ に等しい．実は，この縮退の背景には2次元等方調和振動子の持つ隠れた対称性がある．それについては，§8.1において少し詳しく議論する．

表5.1 2次元等方調和振動子のいくつかのエネルギー準位とその縮退の様子

$E_N\,[\hbar\omega]$	(n_x, n_y)	(n_ρ, μ)	縮退度
$E_0 = 1$	$(0, 0)$	$(0, 0)$	1
$E_1 = 2$	$(1, 0), (0, 1)$	$(0, 1), (0, -1)$	2
$E_2 = 3$	$(2, 0), (1, 1), (0, 2)$	$(1, 0), (0, 2), (0, -2)$	3
$E_3 = 4$	$(3, 0), (2, 1), (1, 2), (0, 3)$	$(1, 1), (1, -1), (0, 3), (0, -3)$	4

5.1.3 極座標表示

2次元等方調和振動子の問題を極座標 $(x = r\cos\theta,\, y = r\sin\theta)$ を用いて解析する．そのために，§3.14に与えられている方法を適用してみよう（図5.1参照）．今の場合，$d\boldsymbol{r}^2 = dr^2 + r^2 d\theta^2$ だから，$g_{rr} = 1, g_{r\theta} = 0,\ g_{\theta\theta} = r^2$．したがって，$\sqrt{g} = r$ である．よって，公式 (3.114) より，Laplacian は次のように与えられる：$\nabla^2 = \frac{\partial^2}{\partial x^2} + \frac{\partial^2}{\partial y^2} = \frac{1}{r}\frac{\partial}{\partial r}r\frac{\partial}{\partial r} + \frac{1}{r^2}\frac{\partial^2}{\partial \theta^2} = \frac{\partial^2}{\partial r^2} + \frac{1}{r}\frac{\partial}{\partial r} + \frac{1}{r^2}\frac{\partial^2}{\partial \theta^2}$．

さて，(x, y) 平面に垂直な座標軸を z 軸と呼ぼう．ここで，3次元の角運動量演算子 $\hat{\boldsymbol{L}} = \boldsymbol{r} \times \hat{\boldsymbol{p}} = \boldsymbol{r} \times (-i\hbar\boldsymbol{\nabla})$ を導入する．z 軸回りの角運動量 $\hat{L}_z$ は

§5.1 【基本】 2次元調和振動子

$$\hat{L}_z = \hat{x}\hat{p}_y - \hat{y}\hat{p}_x = -i\hbar\frac{\partial}{\partial\theta} \tag{5.2}$$

と書ける (最後の等式は章末問題とする). $\hat{L}_z$ を用いると運動エネルギー演算子は, $\hat{T} = -\frac{\hbar^2}{2m}\nabla^2 = -\frac{\hbar^2}{2m}\frac{1}{r}\frac{\partial}{\partial r}r\frac{\partial}{\partial r} + \frac{\hat{L}_z^2}{2mr^2}$ と書ける. 運動エネルギーの第2項は, 回転運動 (遠心力) による斥力的効果を表している. 結局, 2次元調和振動子の

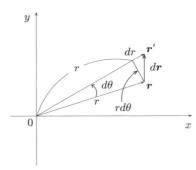

図**5.1** 2次元極座標. ピタゴラスの定理より $d\boldsymbol{r}^2 = dr^2 + r^2 d\theta^2$ である.

Schrödinger 方程式は極座標表示で次のように書ける:

$$\left[-\frac{\hbar^2}{2m}\left(\frac{1}{r}\frac{\partial}{\partial r}r\frac{\partial}{\partial r} + r^{-2}\partial_\theta^2\right) + \frac{1}{2}kr^2\right]\varphi(r,\theta) E\varphi(r,\theta). \tag{5.3}$$

変数分離法で解いてみよう. $\varphi(r,\theta) = R(r)\Theta(\theta)$ と書くと, 容易にわかるように,

$$\Theta(\theta) = \frac{1}{\sqrt{2\pi}}\mathrm{e}^{i\mu\theta} \quad (\mu = 0, \pm 1, \pm 2, \dots) \tag{5.4}$$

$$\left[-\frac{\hbar^2}{2m}\left(\frac{d^2}{dr^2} + \frac{1}{r}\frac{d}{dr}\right) + \frac{\hbar^2}{2m}\frac{\mu^2}{r^2} + \frac{1}{2}kr^2\right]R(r) = ER(r). \tag{5.5}$$

$r = \alpha\rho$ $(\alpha = \sqrt{\hbar/m\omega})$ とおくと,

$$R'' + \frac{R'}{\rho} - \frac{\mu^2}{\rho^2}R + (\lambda - \rho^2)R = 0 \quad (\lambda = 2E/\hbar\omega). \tag{5.6}$$

この方程式を解くために, まず, $\rho \to \infty$ での解の振る舞いを調べる. このとき, $R'' - \rho^2 R \simeq 0$. これを $\rho \to \infty$ の条件で解くとその主要項は $R \sim \mathrm{e}^{-\rho^2/2}$. 一方, $\rho \sim 0$ のとき, $R'' + \frac{R'}{\rho} - \frac{\mu^2}{\rho^2}R \simeq 0$. 両辺に ρ^2 を掛けて, $\left(\rho\frac{d}{d\rho}\right)^2 R = \mu^2 R$. この解は, $R = \rho^{\pm\mu}$. ただし, R は $\rho \sim 0$ で有界; $R = \rho^{|\mu|}$. 以上より,

$$R(\rho) = \rho^{|\mu|}\mathrm{e}^{-\rho^2/2}L(\rho) \tag{5.7}$$

と置いて, $L(\rho^2)$ の従う方程式を求める. 初等的だが少し面倒な計算により,

$$L'' + \left(\frac{2|\mu|+1}{\rho} - 2\rho\right)L' + \{\lambda - 2(|\mu|+1)\}L = 0. \tag{5.8}$$

第 5 章　2, 3 次元のポテンシャルによる束縛問題

$\rho^2 = x$ と変数変換すると,

$$x\frac{d^2 L}{dx^2} + (|\mu| + 1 - x)\frac{dL}{dx} + \frac{1}{4}(\lambda - 2|\mu| - 2)L = 0. \tag{5.9}$$

これは，Kummer の合流型超幾何方程式と呼ばれる方程式の一種である．合流型超幾何方程式およびその特別な場合である Laguerre の（陪）方程式については章末の補遺およびそこで紹介されている参考文献を参照のこと.

　章末の補遺で示した解析により，(5.9) に対する規格化可能な解が得られるためには，$\frac{1}{4}(\lambda - 2) + \frac{1}{2}|\mu| = |\mu| + n_\rho$ でなければならない．すなわち，$\frac{2E}{\hbar\omega} \equiv \lambda = 2 + 4n_\rho + 2|\mu|$. ここに，$n_\rho$ は 0 または自然数である．よって，エネルギー固有値は,

$$E \equiv E_{n_\rho, |\mu|} = (2n_\rho + |\mu| + 1)\hbar\omega \tag{5.10}$$

となる.

　このとき，$L(x)$ は次の Laguerre の陪多項式で与えられる：$L(x) = L(\rho^2) = L_{n_\rho + |\mu|}^{|\mu|}(\rho^2)$. こうして，2 次元調和振動子の規格化された動径方向の波動関数は，(5.7) より，$R(r) = C_{n_\rho, |\mu|}\rho^{|\mu|}L_{n_\rho + |\mu|}^{|\mu|}(\rho^2)\mathrm{e}^{-\frac{1}{2}\rho^2}$. 規格化定数 $C_{n_\rho, |\mu|}$ は章末に与えた公式 (5.118) により次のように与えられる．$|C_{n_\rho, |\mu|}| = \sqrt{\frac{2m\omega}{\hbar}\frac{n_\rho!}{[(n_\rho + |\mu|)!]^3}}$.

エネルギーの縮退度　　与えられた $N = 2n_\rho + |\mu|$ に対して，$E_{n_\rho, |\mu|} = (N + 1)\hbar\omega$ は一定値を取る．そのような N を与える (n_ρ, μ) の組の個数は $N + 1$ であることが以下のようにしてわかる．まず N が偶数のとき，n_ρ が取りうる値は以下の関係式からわかる：$|\mu| = N - 2n_\rho = N, N - 2, \ldots, 0$. この中，$|\mu| \geq 1$ を与える n_ρ の個数は $N/2$. 各 n_ρ に μ は $\pm$ の 2 通りあるから，状態の数は $2 \times \frac{N}{2} = N$ 通り．さらに $|\mu| = 0$ の場合が一通りあるので，全部で $N + 1$ 通りとなる．一方，N が奇数の場合，$|\mu|$ は $N, N - 2, \ldots, 1$ の $\frac{N+1}{2}$ 通りの値を取り得る．すべて $|\mu| \geq 1$ であるから取り得る場合の数は，やはり，$2 \times \frac{N+1}{2} = N + 1$ 通りとなる．この $N + 1$ 重の縮退度は直角座標での結果と一致する．以上のことを低いエネルギー準位に対して表 5.1 の第 3, 4 列に例示している.

§5.2　3次元系：2粒子系問題の1体問題への還元

ここでは，空間3次元系の問題を考える．水素様原子やイオンなどのように相対座標のみにポテンシャルが依る場合には，これまで扱ってきたように問題を1体問題に帰着することができる．そこで，物理的に現実的な状況を考えるためにここでは，質量 m_1 と m_2 を持つ2つの粒子からなる複合系から出発する．

重心と相対運動への分離　　図 5.2 のように，2粒子それぞれの位置ベクトルを $\boldsymbol{r}_1$, $\boldsymbol{r}_2$ とする．2粒子は自由空間中を運動し[1)]，2粒子間には**相対座標** $\boldsymbol{r} \equiv \boldsymbol{r}_1 - \boldsymbol{r}_2$ のみに依存するポテンシャル $V(\boldsymbol{r})$ が働いているとする；

$$\hat{H}_{\text{tot}} = \frac{\hat{\boldsymbol{p}}_1^2}{2m_1} + \frac{\hat{\boldsymbol{p}}_2^2}{2m_2} + V(\boldsymbol{r}), \qquad \hat{\boldsymbol{p}}_a = -i\hbar \frac{\partial}{\partial \boldsymbol{r}_a} \quad (a=1,\,2). \tag{5.11}$$

このとき，座標を相対座標 $\boldsymbol{r}$ と**重心座標** $\boldsymbol{R} \equiv \frac{m_1 \boldsymbol{r}_1 + m_2 \boldsymbol{r}_2}{m_1 + m_2} = \frac{m_1 \boldsymbol{r}_1 + m_2 \boldsymbol{r}_2}{M}$ に変換すると取扱いが簡単になる．ここに，$M = m_1 + m_2$ は**全質量**である．$\boldsymbol{r}_a$ $(a=1,\,2)$ を重心および相対座標で表すと次のようになる：$\boldsymbol{r}_1 = \boldsymbol{R} + \frac{m_2}{M}\boldsymbol{r}$, $\boldsymbol{r}_2 = \boldsymbol{R} - \frac{m_1}{M}\boldsymbol{r}$.

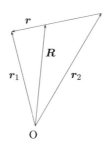

図 5.2　相対座標 $\boldsymbol{r}$ と重心座標 $\boldsymbol{R}$.

全運動量演算子および**相対運動量演算子** $\hat{\boldsymbol{P}}$, $\hat{\boldsymbol{p}}$ はそれぞれ次のように定義される；

$$\hat{\boldsymbol{P}} = -i\hbar \frac{\partial}{\partial \boldsymbol{R}}, \qquad \hat{\boldsymbol{p}} = -i\hbar \frac{\partial}{\partial \boldsymbol{r}}. \tag{5.12}$$

[1)] より一般には，各粒子 a $(a=1,\,2)$ はそれぞれ1体ポテンシャル $U_a(\boldsymbol{r}_a)$ 中を運動している場合が考えられるが，ここでは $U_a(\boldsymbol{r}_a) = 0$ である，ということである．この場合，「粒子は自由空間中を動く」という．

第5章 2,3次元のポテンシャルによる束縛問題

重心座標 $\boldsymbol{R}$ と全運動量 $\hat{\boldsymbol{P}}$ および相対座標 $\boldsymbol{r}$ と相対運動量 $\hat{\boldsymbol{p}}$ は基本交換関係を満たすことに注意する：

$$[R_i, \hat{P}_j] = i\hbar\, \delta_{ij}, \quad [r_i, \hat{p}_j] = i\hbar\, \delta_{ij}. \tag{5.13}$$

各座標の成分を，$\boldsymbol{r}_a = (x_a, y_a, z_a) \equiv (r_{ai})$, $\boldsymbol{R} = (X, Y, Z) \equiv (R_i)$ そして $\boldsymbol{r} = (x, y, z) \equiv (r_i)$ と書こう．ただし，(x, y, z) 成分を走る添え字として i を導入した．すると，たとえば，

$$\frac{\partial}{\partial X} = \frac{\partial x_1}{\partial X}\frac{\partial}{\partial x_1} + \frac{\partial x_2}{\partial X}\frac{\partial}{\partial x_2} = \frac{\partial}{\partial x_1} + \frac{\partial}{\partial x_2}.$$

これに $-i\hbar$ を掛けて $\hat{P}_X = \hat{p}_{1x} + \hat{p}_{2x}$ を得る．これは空間の各成分に対して成り立つので，(5.12) より，重心運動量演算子が

$$\hat{\boldsymbol{P}} = -i\hbar\frac{\partial}{\partial \boldsymbol{R}} = \hat{\boldsymbol{p}}_1 + \hat{\boldsymbol{p}}_2 \tag{5.14}$$

と各粒子の運動量演算子の和で書けることがわかる．同様にして，$r_{1i} = X + (m_2/M)r_i$ および $r_{2i} = X - (m_1/M)r_i$ より，相対座標の微分は $\frac{\partial}{\partial r_i} = \frac{m_2}{M}\frac{\partial}{\partial r_{1i}} - \frac{m_1}{M}\frac{\partial}{\partial r_{2i}}$ $(i = x, y, z)$ となる．これに $-i\hbar$ を掛けて次の相対運動量演算子を得る：

$$\hat{\boldsymbol{p}} = -i\hbar\frac{\partial}{\partial \boldsymbol{r}} = \frac{m_2\hat{\boldsymbol{p}}_1 - m_1\hat{\boldsymbol{p}}_2}{M}. \tag{5.15}$$

(5.14) と (5.15) を用いると，以下のように運動エネルギーは重心系の運動エネルギーと相対運動エネルギーの和に表される：$\frac{\hat{\boldsymbol{p}}_1^2}{2m_1} + \frac{\hat{\boldsymbol{p}}_2^2}{2m_2} = \frac{\hat{\boldsymbol{P}}^2}{2M} + \frac{\hat{\boldsymbol{p}}^2}{2\mu}$. ただし，**換算質量** μ $(1/\mu = 1/m_1 + 1/m_2)$ を導入した．したがって，Hamiltonian も重心座標による部分と相対座標による部分にきれいに分離される：

$$\hat{H}_{\text{tot}} = \frac{1}{2M}\hat{\boldsymbol{P}}^2 + \hat{H}(\boldsymbol{r}, \hat{\boldsymbol{p}}), \quad \hat{H} = \frac{1}{2\mu}\hat{\boldsymbol{p}}^2 + V(\boldsymbol{r}). \tag{5.16}$$

これは形式的には古典力学の場合と同様である．

全波動関数を $\Phi(\boldsymbol{R}, \boldsymbol{r})$ と書くと，全系の Schrödinger 方程式は

$$\left[\frac{1}{2M}\hat{\boldsymbol{P}}^2 + \hat{H}(\boldsymbol{r}, \hat{\boldsymbol{p}})\right]\Phi(\boldsymbol{R}, \boldsymbol{r}) = E_T\Phi(\boldsymbol{R}, \boldsymbol{r}) \tag{5.17}$$

となる．$\Phi(\boldsymbol{R}, \boldsymbol{r}) \equiv \Xi(\boldsymbol{R})\varphi(\boldsymbol{r})$ と仮定して上式に代入すると，変数分離法の議論により $\Xi(\boldsymbol{R})$ と $\varphi(\boldsymbol{r})$ が次の方程式[2]を満たすことがわかる：

$$\frac{\hat{\boldsymbol{P}}^2}{2M}\Xi(\boldsymbol{R}) = E_R\Xi(\boldsymbol{R}), \tag{5.18}$$

---

[2] $\frac{d^2}{d\boldsymbol{r}^2} = \frac{\partial^2}{\partial x^2} + \frac{\partial^2}{\partial y^2} + \frac{\partial^2}{\partial z^2} \equiv \Delta$.

§5.3 【基本】 運動エネルギー演算子の動径と角度部分への分離

$$\hat{H}\varphi(\boldsymbol{r}) = \left[-\frac{\hbar^2}{2\mu}\frac{d^2}{d\boldsymbol{r}^2} + V(\boldsymbol{r}) \right]\varphi(\boldsymbol{r}) = E\varphi(\boldsymbol{r}). \tag{5.19}$$

重心部分は自由粒子の Schrödinger 方程式であるから容易に解けて，固有関数と固有エネルギーは以下のように求まる：$\Xi(\boldsymbol{R}) = \mathrm{e}^{i\boldsymbol{P}\cdot\boldsymbol{R}/\hbar}/\sqrt{\Omega}$ および $E_R = \frac{\boldsymbol{P}^2}{2M}$. ただし，規格化のための全体積を Ω と書いた．このように，自由空間内で相互作用をしている 2 粒子系の状態は相対運動の Schrödinger 方程式 (5.19) を解けば求められることがわかる．特に，全運動量 $\boldsymbol{P} = \boldsymbol{0}$ となる座標系を**重心系**という．このとき，全系のエネルギーは (5.19) の固有値 E に等しい：$E_T = E$.

§5.3 運動エネルギー演算子の動径と角度部分への分離

以下では，相対運動の Schrödinger 方程式 (5.19) において，ポテンシャルが中心力ポテンシャル $V(\boldsymbol{r}) = V(r)$ の場合を扱う．この場合，極座標表示の Hamiltonian(3.99) を使うと Schrödinger 方程式が変数分離型になり解析の見通しがよくなる．運動エネルギー演算子を $\hat{K}$ と書いて再掲する：

$$\hat{K} \equiv -\frac{\hbar^2}{2\mu}\left[\frac{1}{r}\frac{\partial^2}{\partial r^2}r + \frac{1}{r^2}\left(\frac{1}{\sin\theta}\frac{\partial}{\partial\theta}\sin\theta\frac{\partial}{\partial\theta} + \frac{1}{\sin^2\theta}\frac{\partial^2}{\partial\varphi^2} \right) \right]. \tag{5.20}$$

運動エネルギー演算子 $\hat{K}$ が古典力学の場合と同様に[3]，動径方向の運動エネルギー $\hat{p}_r^2/2\mu$ と角運動量を用いて表される量子力学的遠心力ポテンシャル $\hat{\boldsymbol{L}}^2/2\mu r^2$ の分離和で書けることを示そう．ここで，$\hat{\boldsymbol{L}} = \boldsymbol{r}\times\hat{\boldsymbol{p}} = \boldsymbol{r}\times(-i\hbar\boldsymbol{\nabla})$ は（相対の）角運動量演算子，$\hat{p}_r$ は (3.103) で定義される運動量の動径成分である：

$$\hat{p}_r = -i\hbar\frac{1}{r}\frac{\partial}{\partial r}r = \frac{1}{2}\left(\frac{\boldsymbol{r}}{r}\cdot\hat{\boldsymbol{p}} + \hat{\boldsymbol{p}}\cdot\frac{\boldsymbol{r}}{r} \right). \tag{5.21}$$

第 2 の等式は第 3 章の章末問題 4 で示されている．したがって，$\hat{p}_r^2 = -\hbar^2\frac{1}{r}\frac{\partial^2}{\partial r^2}r$ となることに注意しよう．まず，$\hat{\boldsymbol{L}}^2/\hbar^2 \equiv \hat{\boldsymbol{l}}^2 = (\boldsymbol{\nabla}\times\boldsymbol{r})\cdot(\boldsymbol{r}\times\boldsymbol{\nabla})$ と書けることに注意する．ここで，$\boldsymbol{r}\times\boldsymbol{\nabla} = -\boldsymbol{\nabla}\times\boldsymbol{r}$ が成り立つことを用いた．ところ

---

[3] 古典力学の運動エネルギーは，$K = \frac{\boldsymbol{p}^2}{2\mu} = \frac{p_r^2}{2\mu} + \frac{\boldsymbol{L}^2}{2\mu r^2}$ と書ける．$p_r = (\boldsymbol{r}/r)\cdot\boldsymbol{p}$ は運動量の動径成分である．(5.22) はこれを正準量子化したものと見なせる．

109

第5章 2,3次元のポテンシャルによる束縛問題

が，ベクトル演算子について成り立つ公式 $(\hat{\boldsymbol{A}} \times \hat{\boldsymbol{B}}) \cdot \hat{\boldsymbol{C}} = \hat{\boldsymbol{A}} \cdot (\hat{\boldsymbol{B}} \times \hat{\boldsymbol{C}})$ を用いると，$\hat{\boldsymbol{l}}^2 = \boldsymbol{\nabla} \cdot [\boldsymbol{r} \times (\boldsymbol{r} \times \boldsymbol{\nabla})]$ となる．さらに，公式 $\left(\hat{\boldsymbol{A}} \times (\hat{\boldsymbol{B}} \times \hat{\boldsymbol{C}})\right)_i = \hat{B}_i (\hat{\boldsymbol{A}} \cdot \hat{\boldsymbol{C}}) - \hat{\boldsymbol{A}} \cdot \hat{\boldsymbol{B}} \hat{C}_i$ を用いると，

$$
\begin{aligned}
\hat{\boldsymbol{l}}^2 &= \boldsymbol{\nabla} \cdot [\boldsymbol{r}(\boldsymbol{r} \cdot \boldsymbol{\nabla}) - r^2 \boldsymbol{\nabla}] \\
&= (\boldsymbol{\nabla} \cdot \boldsymbol{r})\,\boldsymbol{r} \cdot \boldsymbol{\nabla} + (\boldsymbol{r} \cdot \boldsymbol{\nabla})\boldsymbol{r} \cdot \boldsymbol{\nabla} - (\boldsymbol{\nabla} r^2) \cdot \boldsymbol{\nabla} - r^2 \boldsymbol{\nabla}^2 \\
&= 3\,\boldsymbol{r} \cdot \boldsymbol{\nabla} + (\boldsymbol{r} \cdot \boldsymbol{\nabla})\boldsymbol{r} \cdot \boldsymbol{\nabla} - 2\boldsymbol{r} \cdot \boldsymbol{\nabla} - r^2 \boldsymbol{\nabla}^2 \\
&= (\boldsymbol{r} \cdot \boldsymbol{\nabla})(\boldsymbol{r} \cdot \boldsymbol{\nabla}) + \boldsymbol{r} \cdot \boldsymbol{\nabla} - r^2 \boldsymbol{\nabla}^2 \\
&= r\frac{\partial}{\partial r} r \frac{\partial}{\partial r} + r\frac{\partial}{\partial r} - r^2 \boldsymbol{\nabla}^2 = r\frac{\partial^2}{\partial r^2} r - r^2 \boldsymbol{\nabla}^2 .
\end{aligned}
$$

ただし，$\boldsymbol{\nabla} \cdot \boldsymbol{r} = 3$ および $\boldsymbol{r} \cdot \boldsymbol{\nabla} = x\frac{\partial}{\partial x} + y\frac{\partial}{\partial y} + z\frac{\partial}{\partial z} = r(\frac{x}{r}\frac{\partial}{\partial x} + \frac{y}{r}\frac{\partial}{\partial y} + \frac{z}{r}\frac{\partial}{\partial z}) = r(\frac{\partial x}{\partial r}\frac{\partial}{\partial x} + \frac{\partial y}{\partial r}\frac{\partial}{\partial y} + \frac{\partial z}{\partial r}\frac{\partial}{\partial z}) = r\frac{\partial}{\partial r}$ を用いた．上式の両辺を r^2 で割って，$\hat{\boldsymbol{l}}^2/r^2 = \frac{1}{r}\frac{\partial^2}{\partial r^2} r - \boldsymbol{\nabla}^2$．移項して $\hbar^2$ を掛けると

$$
\hat{K} = \frac{\hat{\boldsymbol{p}}^2}{2\mu} = \frac{1}{2\mu}\hat{p}_r^2 + \frac{\hat{\boldsymbol{L}}^2}{2\mu r^2} \tag{5.22}
$$

を得る．これを用いると，(5.20) と (5.22) を比較して，

$$
\hat{\boldsymbol{L}}^2 = -\hbar^2\left(\frac{1}{\sin\theta}\frac{\partial}{\partial\theta}\sin\theta\frac{\partial}{\partial\theta} + \frac{1}{\sin^2\theta}\frac{\partial^2}{\partial\varphi^2}\right) \tag{5.23}
$$

と同定できる．

こうして極座標表示の Schrödinger 方程式 (5.19) は

$$
\left[-\frac{\hbar^2}{2\mu}\frac{1}{r}\frac{\partial^2}{\partial r^2} r + \frac{\hbar^2\hat{\boldsymbol{l}}^2}{2\mu r^2} + V(r)\right]\varphi(\boldsymbol{r}) = E\varphi(\boldsymbol{r}) \tag{5.24}
$$

となる．$\varphi(\boldsymbol{r}) = R(r)Y(\theta, \phi)$ とおいて変数分離法を適用すると，(5.24) は次の分離した2つの方程式に還元できる：

$$
\left[-\frac{\hbar^2}{2\mu}\frac{1}{r}\frac{d^2}{dr^2} r + \frac{\hbar^2\lambda}{2\mu r^2} + V(r)\right]R(r) = E\,R(r), \tag{5.25}
$$

$$
\hat{\boldsymbol{l}}^2 Y(\theta, \phi) = -\left[\frac{1}{\sin\theta}\frac{\partial}{\partial\theta}(\sin\theta)\frac{\partial}{\partial\theta} + \frac{1}{\sin^2\theta}\frac{\partial^2}{\partial\phi^2}\right]Y = \lambda Y(\theta, \phi). \tag{5.26}
$$

ここで，動径方向の方程式 (5.25) はポテンシャル $V(r)$ に依存するので一般論を適用することはできないが，方程式 (5.26) は角運動量の固有値問題であり $V(r)$ に依存せず普遍的な意味を持っている．そこで，まず方程式 (5.26) を解析する．

§5.4 【基本】 軌道角運動量

§5.4　軌道角運動量

角運動量演算子 $\hat{\boldsymbol{L}}$ についてその主要な性質を解説する．角運動量はオブザーバブルであり，その演算子の各成分は Hermite である：$\hat{L}_i^\dagger = \hat{L}_i$．次に，角運動量演算子の各成分を明示しておく：$\hat{L}_x = yp_z - zp_y$，$\hat{L}_y = zp_x - xp_z$，$\hat{L}_z = xp_y - yp_x$．Levi–Civita の完全反対称テンソル ϵ_{ijk} および Einstein のダミー添え字についての規約を用いると，$\hat{L}_i = \epsilon_{ijk}\, \hat{x}_j\, \hat{p}_k = -i\hbar\, \epsilon_{ijk}\, x_j\, \partial_k$ と書ける[4]．ただし，$\frac{\partial}{\partial r_k} = \partial_k$ と略記した．以下同様の記法を用いる．$\epsilon_{iij} = 0$ を用いると，$\hat{L}_i = \epsilon_{ijk}\, \hat{p}_k\, \hat{x}_j$，すなわち，$\hat{\boldsymbol{L}} = -\hat{\boldsymbol{p}} \times \hat{\boldsymbol{r}}$ とも書けることがわかる．

さて，角運動量演算子は次の交換関係を満たす：

$$[\hat{L}_x,\, \hat{L}_y] = i\hbar \hat{L}_z, \quad [\hat{L}_y,\, \hat{L}_z] = i\hbar \hat{L}_x, \quad [\hat{L}_z,\, \hat{L}_x] = i\hbar \hat{L}_y. \tag{5.27}$$

これは簡潔に，

$$[\hat{L}_i,\, \hat{L}_j] = i\hbar\, \epsilon_{ijk}\, \hat{L}_k \quad (i,\, j,\, k = x,\, y,\, z) \tag{5.28}$$

と書ける．ベクトル積の記号を用いると，これは次の公式と等価である：

$$\hat{\boldsymbol{L}} \times \hat{\boldsymbol{L}} = i\hbar \hat{\boldsymbol{L}}. \tag{5.29}$$

(5.27)/(5.28) を示してみよう．まず，$[\hat{L}_i,\, r_j] = [\epsilon_{ikn} r_k \hat{p}_n,\, r_j] = \epsilon_{ikn} r_k \times [\hat{p}_n,\, r_j] = \epsilon_{ikn} r_k(-i\hbar\delta_{nj}) = i\hbar\epsilon_{ijk} r_k$．運動量演算子 $\hat{p}_j$ についても同様の計算ができるので，以下の交換関係が成り立つ[5]：

$$[\hat{L}_i,\, r_j] = i\hbar\, \epsilon_{ijk}\, r_k, \quad [\hat{L}_i,\, \hat{p}_j] = i\hbar\, \epsilon_{ijk}\, \hat{p}_k. \tag{5.30}$$

これを用いると，

$$[\hat{L}_i,\, \hat{L}_j] = \epsilon_{jkl}\, [\hat{L}_i,\, \hat{x}_k \hat{p}_l] = \epsilon_{jkl} \left(\hat{x}_k\, [\hat{L}_i,\, \hat{p}_l] + [\hat{L}_i,\, \hat{x}_k]\, \hat{p}_l \right)$$

---

[4] ϵ_{ijk} については以下のような性質がある：$\epsilon_{ijk} = \epsilon_{jki} = \epsilon_{kij} = -\epsilon_{ikj} = -\epsilon_{kji}$，$\epsilon_{ijk}\,\epsilon_{iln} = \delta_{jl}\,\delta_{kn} - \delta_{jn}\,\delta_{kl}$，$\epsilon_{ijk}\,\epsilon_{ijn} = 2\delta_{kn}$．ただし，繰り返される添え字（ダミー添え字）については和を取る（Einstein の規約）．

[5] これは，$\boldsymbol{n}$ 方向を軸として微小角 $\delta\theta$ だけ座標軸を回転させたとき，$\boldsymbol{A}$ の i 成分が $(\delta\boldsymbol{A})_i = -\delta\theta\epsilon_{ijk}n_j A_k = \delta\theta\epsilon_{jik}n_j A_k$ と変換されるという一般的事実を表現している．

第5章　2,3次元のポテンシャルによる束縛問題

$$= i\hbar\, \epsilon_{jkl}\, (\hat{x}_k\, \epsilon_{iln}\, \hat{p}_n + \epsilon_{ikn}\, \hat{x}_n\, \hat{p}_l)$$

$$= i\hbar\, (\{-\delta_{ij}\delta_{kn} + \delta_{jn}\delta_{ik}\}\, \hat{x}_k\, \hat{p}_n + \{\delta_{ij}\delta_{ln} - \delta_{jn}\delta_{il}\}\, \hat{x}_n\, \hat{p}_l)$$

$$= i\hbar\, (\hat{x}_i\, \hat{p}_j - \hat{x}_j\, \hat{p}_i) = i\hbar\, \epsilon_{ijk}\, \hat{L}_k.$$

このとき，次の関係式を用いた：$\epsilon_{ijk}\, \hat{L}_k = \epsilon_{ijk}\, \epsilon_{kln}\hat{x}_l\hat{p}_n = \hat{x}_i\hat{p}_j - \hat{x}_j\hat{p}_i$.

　以下では記法の簡単のため，角運動量を $\hbar$ の単位で与える演算子 $\hat{\boldsymbol{l}}$ を使うことにする．$\hat{\boldsymbol{l}}$ は Hermite であり，次の交換関係を満たす：

$$[\hat{l}_i, \hat{l}_j] = i\epsilon_{ijk}\hat{l}_k. \tag{5.31}$$

§5.5　角運動量の固有値問題

　交換関係 (5.31) と $\hat{l}_i$ が Hermite であること，この2つの条件から角運動量演算子 $\hat{\boldsymbol{l}}$ の固有値と固有状態ベクトルについての情報を得てみよう．その後で，座標表示 $\hat{\boldsymbol{L}} = \boldsymbol{r} \times (-i\hbar\boldsymbol{\nabla})$ を用いて固有波動関数を決定[6]する．

　まず，角運動量の大きさの2乗は角運動量の各成分と可換である：

$$[\hat{\boldsymbol{l}}^2, \hat{l}_i] = 0 \quad (i = x, y, z). \tag{5.32}$$

実際，$[\hat{\boldsymbol{l}}^2, \hat{l}_i] = \sum_{k=x,y,z}[\hat{l}_k^2, \hat{l}_i] = \sum_{k=x,y,z}\{\hat{l}_k[\hat{l}_k, \hat{l}_i]+[\hat{l}_k, \hat{l}_i]\hat{l}_k\} = \sum_{k,n\neq i} i\epsilon_{kin}$ $\times\{\hat{l}_k\hat{l}_n + \hat{l}_n\hat{l}_k\}$．ところが，最後の表式でダミー添え字 k と n を入れ替えると，与式 $= \sum_{k,n\neq i} i\epsilon_{nik}\{\hat{l}_n\hat{l}_k + \hat{l}_k\hat{l}_n\} = -\sum_{k,n\neq i} i\epsilon_{kin}\{\hat{l}_k\hat{l}_n + \hat{l}_n\hat{l}_k\} = 0$.

　この可換性から，$\hat{\boldsymbol{l}}^2$ と $\hat{\boldsymbol{l}}$ の一つの成分（通常は $\hat{l}_z$ を取る）の同時固有状態が存在する．λ および m をそれぞれ $\hat{\boldsymbol{l}}^2$ および $\hat{l}_z$ の固有値とし，その規格化された同時固有ベクトルを $|\lambda, m\rangle$ と書くことにする：

$$\hat{\boldsymbol{l}}^2|\lambda, m\rangle = \lambda|\lambda, m\rangle, \quad \hat{l}_z|\lambda, m\rangle = m|\lambda, m\rangle, \quad \langle\lambda, m|\lambda, m\rangle = 1. \tag{5.33}$$

　さて，$\hat{l}_x^2 + \hat{l}_y^2 = \hat{\boldsymbol{l}}^2 - \hat{l}_z^2$ は $|\lambda, m\rangle$ について対角形であり，Hermite 演算子の

---

[6]　(5.31) は2次元ユニタリー群 SU(2) の Lie 環 su(2) の代数である．これは軌道角運動量の作る3次元直交群 SO(3) の Lie 環 so(3) のそれと一致している．Lie 環は群の単位元近傍の性質を表現している．このセクションで行うことは，数学的には，su(2) の表現を求めることに対応する．SU(2) と SO(3) は大域的な構造が異なっている．たとえば，佐藤光著『群と物理』（丸善出版，2016）参照．

112

§5.5 【基本】 角運動量の固有値問題

2乗なのでその期待値は負にはならない[7]：$\langle\lambda, m|(\hat{l}_x^2 + \hat{l}_y^2)|\lambda, m\rangle = \langle\lambda, m|\hat{\boldsymbol{l}}^2 - \hat{l}_z^2|\lambda, m\rangle = \lambda - m^2 \geq 0$. したがって,

$$\lambda \geq m^2 \tag{5.34}$$

という重要な不等式が得られる.

以下の議論のためには次の演算子を定義しておくと都合がよい：

$$\hat{l}_\pm \equiv \hat{l}_x \pm i\hat{l}_y = \hat{l}_\mp^\dagger. \tag{5.35}$$

これらは次の関係式を満たす：

$$[\hat{l}_z, \hat{l}_\pm] = \pm\hat{l}_\pm, \quad [\hat{l}_+, \hat{l}_-] = 2\hat{l}_z. \tag{5.36}$$

すると, $\hat{\boldsymbol{l}}^2$ と $\hat{l}_\pm$ は可換であるから,

$$\hat{\boldsymbol{l}}^2(\hat{l}_\pm|\lambda, m\rangle) = \hat{l}_\pm(\hat{\boldsymbol{l}}^2|\lambda, m\rangle) = \lambda(\hat{l}_\pm|\lambda, m\rangle). \tag{5.37}$$

さらに, (5.36) より,

$$\begin{aligned}\hat{l}_z(\hat{l}_\pm|\lambda, m\rangle) &= \{[\hat{l}_z, \hat{l}_\pm] + \hat{l}_\pm\hat{l}_z\}|\lambda, m\rangle = (\pm\hat{l}_\pm + m\hat{l}_\pm)|\lambda, m\rangle \\ &= (m \pm 1)(\hat{l}_\pm|\lambda, m\rangle). \end{aligned}\tag{5.38}$$

すなわち, $\hat{l}_\pm|\lambda, m\rangle$ は固有値がそれぞれ λ および $m \pm 1$ の $\hat{\boldsymbol{l}}^2$ と $\hat{l}_z$ の同時固有状態である. したがって, ある定数 $\Gamma_\pm$ が存在して

$$\hat{l}_\pm|\lambda, m\rangle = \Gamma_\pm|\lambda, m \pm 1\rangle \tag{5.39}$$

と書ける. ところが, $\hat{l}_z$ の固有値 m の絶対値には上限があるから, ある 0 でない固有ベクトル $|\lambda, m_{\max}\rangle \neq 0$ および $|\lambda, m_{\min}\rangle \neq 0$ が存在して,

$$\hat{l}_+|\lambda, m_{\max}\rangle = 0, \quad \hat{l}_-|\lambda, m_{\min}\rangle = 0 \tag{5.40}$$

とならなければならない[8]. $\hat{\boldsymbol{l}}^2 = \hat{l}_-\hat{l}_+ + \hat{l}_z + \hat{l}_z^2 = \hat{l}_+\hat{l}_- - \hat{l}_z + \hat{l}_z^2$ に注意して, 上式にそれぞれ $\hat{l}_-$ および $\hat{l}_+$ を作用させると, $\hat{l}_-\hat{l}_+|\lambda, m_{\max}\rangle = (\hat{\boldsymbol{l}}^2 - \hat{l}_z -$

---

[7] 任意の Hermite 演算子 $\hat{A}$ $(\hat{A}^\dagger = \hat{A})$ の2乗 $\hat{A}^2$ の対角成分は0または正である. 実際, 任意の状態 $|n\rangle$ と $|m\rangle$ ではさんだ行列要素を $\langle m|\hat{A}|n\rangle = A_{mn}$ と書くと, $\langle n|\hat{A}^2|n\rangle = \sum_k \langle n|\hat{A}|k\rangle\langle k|A|n\rangle = \sum_k A_{nk}A_{kn} = \sum_k A_{kn}^* A_{kn} = \sum_k |A_{kn}|^2 \geq 0$.

[8] $|\lambda, m_{\max}\rangle$ を**最高ウェイト**の状態と呼ぶ.

第5章　2,3次元のポテンシャルによる束縛問題

$\hat{l}_z^2)|\lambda, m_{\max}\rangle = (\lambda - m_{\max} - m_{\max}^2)|\lambda, m_{\max}\rangle = 0$ および, $\hat{l}_+\hat{l}_-|\lambda, m_{\min}\rangle = (\hat{l}^2 + \hat{l}_z - \hat{l}_z^2)|\lambda, m_{\min}\rangle = (\lambda + m_{\min} - m_{\min}^2)|\lambda, m_{\min}\rangle = 0$ を得る. ところが, $|\lambda, m_{\max(\min)}\rangle \neq 0$ であるから, それぞれの係数は0でなければならない. よって,

$$\lambda = m_{\max} + m_{\max}^2 = -m_{\min} + m_{\min}^2. \tag{5.41}$$

第2の等式より, $(m_{\min} + m_{\max})(m_{\max} - m_{\min} + 1) = 0$. よって, $m_{\min} = -m_{\max}$ または, $m_{\max} = m_{\min} - 1$. ところが, $m_{\max} \geq m_{\min}$ であるから, 唯一の解は, $m_{\min} = -m_{\max}$. さて, 差 $m_{\max} - m_{\min} = 2m_{\max}$ は**負でない整数**である. これを $2j$ と書こう. このとき, j は半整数である；$j = 0, \frac{1}{2}, 1, \frac{3}{2}, \ldots$ そして, 与えられた j に対して, $m = j, j-1, j-2, \ldots, -j+1, -j$. これを (5.41) に代入すると, $\hat{l}^2$ の固有値が j を用いて $\lambda = j(j+1)$ と与えられる.

次に, 比例係数 $\Gamma_\pm$ を求めよう. (5.39) の Hermite 共役は $\Gamma_\pm^* \langle \lambda, m \pm 1| = \langle \lambda, m|\hat{l}_\pm^\dagger = \langle \lambda, m|\hat{l}_\mp$. これと (5.39) の内積を取ると, $|\Gamma_\pm|^2 = \langle \lambda, m|\hat{l}_\mp \hat{l}_\pm|\lambda, m\rangle$. ところが, $\hat{l}_\mp \hat{l}_\pm = \hat{l}^2 - \hat{l}_z(\hat{l}_z \pm 1)$. これの期待値は $j(j+1) - m(m \pm 1)$ である. よって, $|\Gamma_\pm|^2 = j(j+1) - m(m \pm 1) = (j \mp m)(j \pm m + 1)$. 位相を正に取って[9], $\Gamma_\pm = \sqrt{(j \mp m)(j \pm m + 1)}$ を得る.

以下では, 伝統的な表記に従い, $|\lambda, m\rangle = |j, m\rangle$ と表すことにする. この表記を用いて以上の結果をまとめると, 次のように書ける：

交換関係 (5.31) と角運動量演算子の Hermite 性から導かれる一般的結果:

$$\left.\begin{array}{l} \hat{l}^2|j, m\rangle = j(j+1)|j, m\rangle \quad (j = 0, \frac{1}{2}, 1, \frac{3}{2}, \ldots) \\[6pt] \hat{l}_z|j, m\rangle = m|j, m\rangle \quad (m = j, j-1, j-2, \ldots, -j+1, -j) \\[6pt] \hat{l}_\pm|j, m\rangle = \sqrt{(j \mp m)(j \pm m + 1)}|j, m \pm 1\rangle. \end{array}\right\} \tag{5.42}$$

以下, 角運動量の固有値および固有状態について重要な事項を述べる：

1. 角運動量の大きさは本来は $\sqrt{j(j+1)}\hbar$ であるが, j を簡略的に角運動量の大きさと呼ぶことが多い. j は**方向量子数**ともよばれる. また, 角運動量の z 軸射影の値 $m\hbar$ あるいは m を磁気量子数と呼ぶ習わしである. こ

---

[9] これは後述する Condon–Shortley の規約の一つである.

114

§5.6 【基本】軌道角運動量：球面調和関数

れは，磁場を掛けると m の値に応じてエネルギー準位が分裂する事実に由来する．

2. 磁気量子数，すなわち，角運動量の z 軸射影の値が離散的な値（$m = -j, -j+1, \ldots, j-1, j$）しか取れないことは，回転軸方向が離散的な方向しか取れないことを意味していると解釈し，これを**方向量子化**と呼んだ．

3. 角運動量のある方向（今の場合 z 軸方向）への射影の最大値は $j\hbar$ であるが，角運動量の大きさの 2 乗は $j^2\hbar^2$ ではなくて，$j(j+1)\hbar^2 = j^2\hbar^2(1 + 1/j)$ と少し大きい．これは以下に示すように量子ゆらぎの効果と解釈できる．古典論が妥当する $j \to \infty$ ではこの効果はなくなる．不等式 (3.68) において，$\hat{A} = \hat{l}_x$, $\hat{B} = \hat{l}_y$ と取ると，$\hat{C} = \hbar \hat{l}_z$ である．また，(3.68) において期待値は $|j, m = j\rangle$ について取るとすると，$\Delta \hat{l}_x \cdot \Delta \hat{l}_y \geq \frac{1}{2}\hbar^2 j$ を得る．すなわち，$\hat{l}_z$ の固有状態においては，$\hat{l}_x, \hat{l}_y$ ともに，$\hbar\sqrt{j/2}$ 程度揺らいでいる，と言える．すると，$\langle j, m = j|\hat{\boldsymbol{l}}^2|j, m = j\rangle = \langle \hat{l}_x^2 + \hat{l}_y^2 + \hat{l}_z^2 \rangle \simeq \hbar^2(j/2 + j/2 + j^2) = \hbar^2(j^2 + j) = \hbar^2 j(j+1)$．これは最後の j が量子的揺らぎによる寄与であることを示している．

§5.6 軌道角運動量：球面調和関数

次に座標表示を取ることにより軌道角運動量の固有状態を具体的に表現し，この場合，方向量子数が整数に限られることを示そう．

極座標表示では，角運動量の固有状態は $\langle \theta, \phi | j, m \rangle \equiv Y_{jm}(\theta, \phi)$ と表される．その具体的な関数形を求めるために，極座標表示で角運動量演算子を表す．まず，ナブラ演算子は $\boldsymbol{\nabla} = \boldsymbol{e}_r \frac{\partial}{\partial r} + \boldsymbol{e}_\theta \frac{1}{r}\frac{\partial}{\partial \theta} + \boldsymbol{e}_\phi \frac{1}{r\sin\theta}\frac{\partial}{\partial \phi}$ と

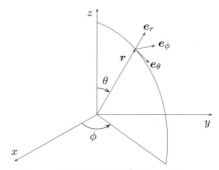

図 5.3 極座標での直交単位ベクトル：$\boldsymbol{e}_r, \boldsymbol{e}_\theta, \boldsymbol{e}_\phi$．

表される（章末問題 5 参照）．ここに，$\boldsymbol{e}_i$ ($i = r, \theta, \phi$) は図 5.3 に示されている極座標での直交単位ベクトルであり，次のような表式で与えられる：$\boldsymbol{e}_r = (\sin\theta\cos\phi, \sin\theta\sin\phi, \cos\theta)$, $\boldsymbol{e}_\theta = (\cos\theta\cos\phi, \cos\theta\sin\phi, -\sin\theta)$, $\boldsymbol{e}_\phi =$

第 5 章　2,3 次元のポテンシャルによる束縛問題

$(-\sin\phi, \cos\phi, 0)$. $(\boldsymbol{e}_r, \boldsymbol{e}_\theta, \boldsymbol{e}_\phi)$ は右手系をなしている：$\boldsymbol{e}_r \times \boldsymbol{e}_\theta = \boldsymbol{e}_\phi,\ \boldsymbol{e}_\theta \times \boldsymbol{e}_\phi = \boldsymbol{e}_r,\ \boldsymbol{e}_\phi \times \boldsymbol{e}_r = \boldsymbol{e}_\theta$. これより，

$$\hat{\boldsymbol{l}} = -i\boldsymbol{r} \times \boldsymbol{\nabla} = -ir\boldsymbol{e}_r \times \boldsymbol{\nabla} = -i\left[\boldsymbol{e}_\phi \frac{\partial}{\partial\theta} - \boldsymbol{e}_\theta \frac{1}{\sin\theta}\frac{\partial}{\partial\phi}\right] \tag{5.43}$$

を得る．これの x, y, z 成分を取ることにより，

$$\hat{l}_x = i\left(\sin\phi\frac{\partial}{\partial\theta} + \cot\theta \cdot \cos\phi\frac{\partial}{\partial\phi}\right), \quad \hat{l}_y = i\left(-\cos\phi\frac{\partial}{\partial\theta} + \cot\theta \cdot \sin\phi\frac{\partial}{\partial\phi}\right),$$

$$\hat{l}_z = -i\frac{\partial}{\partial\phi} \equiv \hat{l}_0 \tag{5.44}$$

が得られる．これを使って少し整理すると，

$$\hat{l}_\pm \equiv \hat{l}_x \pm i\hat{l}_y = \mathrm{e}^{\pm i\phi}\left(\pm\frac{\partial}{\partial\theta} + i\cot\theta\frac{\partial}{\partial\phi}\right) \tag{5.45}$$

と書ける．さらに $(\theta, \phi) \rightarrow (\cos\theta, \phi) \equiv (u, \phi)$ と変数変換すると，

$$\hat{l}_\pm = \mathrm{e}^{\pm i\phi}\left[\mp\sqrt{1-u^2}\frac{\partial}{\partial u} + \frac{iu}{\sqrt{1-u^2}}\frac{\partial}{\partial\phi}\right]. \tag{5.46}$$

　前節の結果 (5.42) の最後の式を極座標表示し，$m \rightarrow m+1$ とおき左辺と右辺を入れ替えると，

$$Y_{j\,m} = \frac{1}{\sqrt{(j+m+1)(j-m)}}\left(\hat{l}_- Y_{j\,m+1}\right) \tag{5.47}$$

を得る．これは，$Y_{j\,m+1}$ が与えられれば $Y_{j\,m}$ が得られることを示す漸化式である．そこでまず，最高ウェイトの状態 $Y_{j\,j}(\theta, \phi)$ を求める．$Y_{j\,j}(\theta, \phi) = \mathrm{e}^{ij\phi}f(u)$ とおき (5.46) を用いると，$0 = \hat{l}_+ Y_{j\,j} = \mathrm{e}^{i(j+1)\phi}\left(-\sqrt{1-u^2}\frac{d}{du} - \frac{ju}{\sqrt{1-u^2}}\right)f(u)$. すなわち，

$$\frac{df(u)}{du} = -\frac{ju}{1-u^2}f(u). \tag{5.48}$$

これは変数分離型の微分方程式なので簡単に解けて，

$$f(u) = C(1-u^2)^{j/2}. \tag{5.49}$$

積分定数 C は後に規格化条件から定まる．ゆえに，$Y_{j\,j} = C\mathrm{e}^{ij\phi}(1-u^2)^{j/2}$. この最高ウェイトの状態に下降演算子 $\hat{l}_-$ を順次作用させていけば任意の $Y_{j\,m}(\theta, \phi)$ が決定できる．

116

§5.6 【基本】 軌道角運動量：球面調和関数

上の作業を具体的に実行するために，任意の $f(u)$ に対して次の公式が成立することに注意する：

$$\hat{l}_-\left(\mathrm{e}^{im\phi}f(u)\right) = \mathrm{e}^{i(m-1)\phi}(1-u^2)^{\frac{1-m}{2}}\frac{d}{du}\left[(1-u^2)^{\frac{m}{2}}f(u)\right]. \qquad (5.50)$$

実際，左辺 $= \mathrm{e}^{-i\phi}\left(\sqrt{1-u^2}\frac{\partial}{\partial u}+i\frac{u}{\sqrt{1-u^2}}\frac{\partial}{\partial \phi}\right)\left[\mathrm{e}^{im\phi}f(u)\right] = \mathrm{e}^{i(m-1)\phi}\left(\sqrt{1-u^2}\frac{d}{du}\right.$ $\left.-\frac{mu}{\sqrt{1-u^2}}\right)f(u) = \mathrm{e}^{i(m-1)\phi}(1-u^2)^{\frac{1-m}{2}}\frac{d}{du}\left[(1-u^2)^{\frac{m}{2}}f(u)\right]$. 最後の等式は右辺を具体的に計算することで示すことができる．(5.50) を使うと，たとえば，$\hat{l}_-Y_{jj} = C\mathrm{e}^{i(j-1)\phi}(1-u^2)^{\frac{1-j}{2}}\frac{d}{du}(1-u^2)^j$ を得る．さらに，数学的帰納法により，

$$\hat{l}_-^k Y_{jj} = C\mathrm{e}^{i(j-k)\phi}(1-u^2)^{\frac{k-j}{2}}\frac{d^k}{du^k}(1-u^2)^j \quad (k=1,\,2,\,\ldots). \qquad (5.51)$$

(5.51) において $k = 2j+1$ とおくと，$\hat{l}_-^{2j+1}Y_{jj} \propto \hat{l}_-Y_{j-j} = 0$ だから，

$$\frac{d^{2j+1}}{du^{2j+1}}(1-u^2)^j = 0 \qquad (5.52)$$

とならなければならない．ところが，j が半整数 $= 1/2,\,3/2,\ldots$ ならば，$(1-u^2)^j$ は多項式ではないからその任意階数の微分は 0 にはなり得ない．一方，j が 0 または自然数 $\equiv l$ のときは $(1-u^2)^l$ は $2l$ 次の多項式であるから，その $(2l+1)$ 階の微分は 0 になる．すなわち，(5.52) は満たされる．こうして，軌道角運動量の大きさ j は 0 または自然数に限られることが示された．今後，軌道角運動量の大きさを l で表す：$l = 0,\,1,\,2,\,\ldots$．

規格化定数 C の決定　　$Y_{ll}(\theta,\phi)$ の規格化条件は

$$1 = \int d\Omega\,|Y_{ll}|^2 = |C|^2\int_0^{2\pi}d\phi\int_{-1}^{1}du\,(1-u^2)^l = 4\pi|C|^2\int_0^1 du\,(1-u^2)^l.$$

ところが，部分積分により，

$$I_l \equiv \int_0^1 du(1-u^2)^l = \frac{2l}{2l+1}I_{l-1} = \frac{2l(2l-2)\cdots 2}{(2l+1)(2l-1)\cdots 3}I_0 = \frac{(2l)!!}{(2l+1)!!}.$$

ゆえに，

$$C = \mathrm{e}^{i\delta}\sqrt{\frac{(2l+1)!!}{4\pi(2l)!!}} = \sqrt{\frac{(2l+1)!}{4\pi}}\frac{1}{2^l l!}\mathrm{e}^{i\delta} \qquad (5.53)$$

117

第 5 章 2,3 次元のポテンシャルによる束縛問題

となる．ここに，δ は未定の位相である．この未定の位相は

$$Y_{l0}(\theta, \phi) = \sqrt{\frac{2l+1}{4\pi}} P_l(\cos\theta) \tag{5.54}$$

となるように選ぶ．$P_l(u)$ は l 次の $\overset{\text{ルジャンドル}}{\text{Legendre}}$ 多項式[10]である：

$$P_l(u) = \frac{1}{2^l l!} \frac{d^l}{du^l} (u^2 - 1)^l. \tag{5.55}$$

参考のために低次の Legendre 多項式を書いておく：$P_0(u) = 1$，　$P_1(u) = u$，$P_2(u) = \frac{1}{2}(3u^2 - 1)$, $P_3(u) = \frac{1}{2}(5u^3 - u)$,　$P_4(u) = \frac{1}{8}(35u^4 - 30u^2 + 3)$.

次に，具体的に $e^{i\delta}$ を求めてみよう．(5.47) より，

$$\begin{aligned} Y_{lm} &= \frac{1}{\sqrt{(l+m+1)(l-m)}} \hat{l}_- Y_{lm+1}, \\ &= \frac{1}{\sqrt{(l+l)(l+l-1)\cdots(l+m+1)(l-m)(l-m-1)\cdots 1}} \hat{l}_-^{l-m} Y_{ll}, \\ &= C\sqrt{\frac{(l+m)!}{(2l)!(l-m)!}} e^{im\phi} (1-u^2)^{-\frac{m}{2}} \frac{d^{l-m}}{du^{l-m}} (1-u^2)^l. \end{aligned} \tag{5.56}$$

ここで，(5.51) を用いた．C に (5.53) を代入して整理すると，

$$Y_{lm} = \sqrt{\frac{(2l+1)(l+m)!}{4\pi(l-m)!}} \frac{e^{i\delta}}{2^l l!} e^{im\phi} (1-u^2)^{-\frac{m}{2}} \frac{d^{l-m}}{du^{l-m}} (1-u^2)^l \tag{5.57}$$

を得る．ここで $m = 0$ とおくと，

$$Y_{l0} = (-1)^l e^{i\delta} \sqrt{\frac{2l+1}{4\pi}} \frac{1}{2^l l!} \frac{d^l}{du^l} (u^2 - 1)^l. \tag{5.58}$$

これと (5.54) を比較して，$e^{i\delta} = (-1)^l$ を得る．結局，軌道角運動量の固有関数として次の球面調和関数を得る：

$$Y_{lm}(\theta, \phi) = \sqrt{\frac{(2l+1)(l+m)!}{4\pi(l-m)!}} e^{im\phi} P_l^{-m}(\cos\theta) \tag{5.59}$$

$$= (-1)^m \sqrt{\frac{(2l+1)(l-m)!}{4\pi(l+m)!}} e^{im\phi} P_l^m(\cos\theta). \tag{5.60}$$

ここに，$P_l^m(u)$ は Legendre の陪多項式である：

$$P_l^m(u) = \frac{(1-u^2)^{m/2}}{2^l l!} \frac{d^{l+m}}{du^{l+m}} (u^2 - 1)^l = (1-u^2)^{m/2} \frac{d^m}{du^m} P_l(u). \tag{5.61}$$

---

[10] (5.55) を Legendre 多項式に対する $\overset{\text{ロドリーグ}}{\text{Rodrigues}}$ の公式という．

118

§5.6 【基本】 軌道角運動量：球面調和関数

また，(5.60) において次の関係式が成り立つことを用いた：

$$P_l^{-m}(u) = (-1)^m \frac{(l-m)!}{(l+m)!} P_l^m(u). \tag{5.62}$$

これは，章末問題で示すように，任意の $m \geq 0$ に対して

$$\frac{(l-m)!}{(l+m)!}(u^2-1)^m \left(\frac{d}{du}\right)^{l+m}(u^2-1)^l = \left(\frac{d}{du}\right)^{l-m}(u^2-1)^l \tag{5.63}$$

が成り立つことから言える．

以上をまとめて，軌道角運動量の規格化された固有関数として次の**球面調和関数**が得られる：

$$Y_{lm}(\theta, \phi) = (-1)^{\frac{m+|m|}{2}} \sqrt{\frac{2l+1}{4\pi} \frac{(l-|m|)!}{(l+|m|)!}} e^{im\phi} P_l^{|m|}(\cos\theta). \tag{5.64}$$

参考のために，低次数の球面調和関数を書き下しておく：$Y_{00} = \sqrt{\frac{1}{4\pi}}$, $Y_{10} = \sqrt{\frac{3}{4\pi}}\cos\theta$, $Y_{1\pm1} = \mp\sqrt{\frac{3}{8\pi}}\sin\theta e^{\pm i\phi}$, $Y_{20} = \sqrt{\frac{5}{16\pi}}(3\cos^2\theta - 1)$, $Y_{2\pm1} = \mp\sqrt{\frac{15}{8\pi}}\cos\theta\sin\theta\, e^{\pm i\phi}$, $Y_{2\pm2} = \sqrt{\frac{15}{32\pi}}\sin^2\theta\, e^{\pm 2i\phi}$.

5.6.1 パリティ変換と複素共役

パリティ変換

$$\boldsymbol{r} = (x, y, z) \to -\boldsymbol{r} = (-x, -y, -z) \tag{5.65}$$

は，極座標では $\theta \to \pi - \theta$, $\phi \to \phi + \pi$ に対応する．このとき，$e^{im\phi} \to e^{im(\phi+\pi)} = (-1)^m e^{im\phi}$. また，$u = \cos\theta \to \cos(\pi - \theta) = -\cos\theta = -u$ だから，(5.61) より $P_l^m(\cos\theta) \to P_l^m(-\cos\theta) = (-1)^{l+m}P_l^m(\cos\theta)$. したがって，(5.64) より，

$$Y_{lm}(\theta, \phi) \to (-1)^l Y_{lm}(\theta, \phi) \tag{5.66}$$

と変換される．このとき，状態はパリティ $(-1)^l$ を持つという．

また，(5.59) と (5.60) より次の重要な関係式が得られる：

$$Y_{lm}^*(\theta, \phi) = (-1)^m Y_{l-m}(\theta, \phi). \tag{5.67}$$

119

第 5 章　2, 3 次元のポテンシャルによる束縛問題

実際，(5.59) より，

$$
\begin{aligned}
右辺 &= (-1)^m \sqrt{\frac{(2l+1)(l-m)!}{4\pi(l+m)!}} e^{-im\phi} P_l^m(\cos\theta) \\
&= Y_{lm}^*(\theta, \phi). \quad ((5.60) \text{ の複素共役.})
\end{aligned}
\tag{5.68}
$$

直角座標を用いた議論　　直角座標で表すと，$r^l Y_{ll}(\theta, \phi) = C(x+iy)^l$ と書ける．これは，x, y, z の l 次の同次多項式[11]である．l は同じだが磁気量子数の異なる任意の球面調和関数 $Y_{lm}(\theta, \phi)$ はこれに $\hat{l}_- = \hat{l}_x - i\hat{l}_y = -i\hbar[(y\partial_z - z\partial_y) - i(z\partial_x - x\partial_z)]$ を作用させていくことで生成される．明らかにこの操作では l 次の同次多項式であるという性質は保持される．このことからも軌道角運動量の大きさが l の状態のパリティは $(-1)^l$ であることが理解できる．

§5.7　動径波動関数：運動エネルギーの Hermite 性と境界条件

次に動径成分の方程式 (5.25) について議論する．(5.21) で導入した運動量演算子の動径成分 $\hat{p}_r$ は以下の性質を持つ：(1) 形式上 $\hat{p}_r$ は Hermite である：$(\hat{p}_r)^\dagger = (\hat{p}_r)$．これは，任意の 2 つの演算子 $\hat{A}, \hat{B}$ の積に対して，$(\hat{A}\hat{B})^\dagger = \hat{B}^\dagger \hat{A}^\dagger$ が成り立つことから明らかである．(2) $\hat{p}_r$ は任意の角運動量成分と可換である：$[\hat{L}_i, \hat{p}_r] = 0$ $(i = x, y, z)$．したがって，$[\hat{\boldsymbol{L}}^2, \hat{p}_r] = 0$．

さて，$0 < r < \infty$ で定義される任意の関数 $R(r)$ が次の境界条件を満たしているものとする：

$$
\lim_{r \to \infty} r R(r) = 0
\tag{5.69}
$$

および

$$
\lim_{r \to 0} r R(r) = 0.
\tag{5.70}
$$

---

[11]　x, y, z の冪の和からなる次のような多項式を x, y, z の l 次の同次多項式と呼ぶ：$\mathcal{Y}_l(x, y, z) = \sum_{l=\alpha+\beta+\gamma} C_{\alpha\beta\gamma} x^\alpha y^\beta z^\gamma$．ただし，$\alpha \geq 0, \beta \geq 0, \gamma \geq 0$ は整数．パリティ変換に対して，$\mathcal{Y}_l(-x, -y, -z) = (-1)^{\alpha+\beta+\gamma} \mathcal{Y}_l(x, y, z) = (-1)^l \mathcal{Y}_l(x, y, z)$．

§5.8 【基本】 3 次元等方調和振動子

このとき，この境界条件を満たす 2 つの関数 R_1, R_2 に対して内積を次のように定義する：

$$\langle R_1, R_2 \rangle \equiv \int_0^\infty R_1^*(r) R_2(r) r^2 \, dr. \tag{5.71}$$

ただし，$*$ は複素共役を表す．このような R が作る関数空間に作用する線型演算子として $\hat{p}_r$ は Hermite である．実際，次の関係式が成り立つ：

$$\langle R, \hat{p}_r R \rangle = \langle \hat{p}_r R, R \rangle. \tag{5.72}$$

3 次元空間において，運動エネルギーが Hermite であるためには，動径部分の波動関数は境界条件 (5.69), (5.70) を満たす必要がある．

§5.8 3 次元等方調和振動子

$\lambda = l(l+1)$ を代入し，動径方向の方程式 (5.25) を解析する．まず，ポテンシャルが次の 3 次元等方調和振動子で与えられる場合を考える：$V(r) = \frac{1}{2}\mu\omega^2(x^2 + y^2 + z^2)$．5.1.2 項で扱った 2 次元等方調和振動子と同様に直角座標で考えると，エネルギー固有値は明らかに，$E_{n_x n_y n_z} = (n_x + n_y + n_z + \frac{3}{2})\hbar\omega$ $(n_i = 0, 1, 2, \ldots)$．波動関数はそれぞれの積で表され，エネルギー $E = (N + 3/2)\hbar\omega$ の縮退度は ${}_{N+1}\mathrm{H}_2 = {}_{N+2}\mathrm{C}_2 = (N+2)(N+1)/2$ となることは明らかであろう．

以下では，極座標表示で考察する．(5.25) において，$r = \alpha\rho$ $(\alpha = \sqrt{\hbar/\mu\omega})$ と変数変換し，$R = \frac{u}{\rho}$ $(u(0) = 0)$ と書くと，$u(\rho)$ に対する次の方程式が得られる：$u'' + \left[E' - \frac{l(l+1)}{\rho^2} - \rho^2\right]u = 0$．ただし，$E' \equiv 2E/(\hbar\omega)$．$\rho \to \infty$ では $u'' \sim \rho^2 u$ なので，$u \sim e^{-\rho^2/2}$．また，$\rho \sim 0$ では，$u'' - l(l+1)u/\rho^2 \sim 0$ だから $u \sim \rho^{l+1}$ $(u \sim \rho^{-l}$ は $u(0) = 0$ とならないので不適)．$u = \rho^{l+1}e^{-\rho^2/2}L(\rho)$ とおくと L は以下の方程式を満たす：$L'' + 2\left(\frac{l+1}{\rho} - \rho\right)L' + \{E' - (2l+3)\}L = 0$．さらに，$\rho^2 = x$ と変数変換すると，

$$x\frac{d^2L}{dx^2} + \left(l + \frac{1}{2} + 1 - x\right)\frac{dL}{dx} + \frac{1}{4}\{E' - (2l+3)\}L = 0 \tag{5.73}$$

を得る．これは，2 次元調和振動子の問題で現れた Laguerre の陪方程式である．そこでの議論およびこの章の補遺より，規格化可能な解が得られるための

121

第 5 章 2, 3 次元のポテンシャルによる束縛問題

条件は，$\frac{1}{4}\{E' - (2l + 3)\} = n_\rho = 0, 1, 2, \ldots,$ すなわち，$E' = 4n_\rho + 2l + 3.$
よって，固有エネルギーは

$$E = \frac{1}{2}\hbar\omega E' = \frac{1}{2}\hbar\omega(4n_\rho + 2l + 3) = \left(2n_\rho + l + \frac{3}{2}\right)\hbar\omega \tag{5.74}$$

となる．$N = 2n_\rho + l$ を満たす量子数 (n_ρ, l, m) の組は同じエネルギー $E = (N + 3/2)\hbar\omega$ を与える．そのような (n_ρ, l) の組は，たとえば N が偶数のとき，$(n_\rho, l) = (0, N), (1, N - 2), \ldots, (N/2 - 1, 2), (N/2, 0)$ で与えられる．このとき，軌道角運動量の大きさ l は偶数ずつ変わるので，パリティ $(-1)^l$ は同じである．すなわち，縮退している状態のパリティは同じである．また，縮退している状態の数は各 $l = 2k$ $(k = 0, 1, 2, \ldots, N/2)$ に対して m は $2l + 1$ の場合がある．よって，全場合の数は $\sum_{k=0}^{N/2}\left(2(2k) + 1\right) = 4\sum_{k=1}^{N/2}k + \sum_{k=0}^{N/2}1$ $= \frac{(N+2)(N+1)}{2}$．N が奇数の場合も同じく，縮退している状態のパリティは同じであり，縮退度 $\frac{(N+2)(N+1)}{2}$ となる．

原子のスペクトル系列の経験的な呼び名に対応して，方向量子数 $l = 0, 1, 2, 3$ の状態はそれぞれ s, p, d, f 状態と呼ばれることが多い[12]．この記号を使うと最初の $N = 3$ までのエネルギーレベルを与える $(n = n_\rho, l)$ の組み合わせは表 5.2 のようになる．なお，$n = n_\rho + 1$ が波動関数のノードの数を与

表 5.2 3 次元等方調和振動子の $N = 3$ までのエネルギー準位を与える (n_x, n_y, n_z) および (n_ρ, l)．ただし，方向量子数はスペクトル線に対する伝統的な呼び名を用いた．

E_N [$\hbar\omega$]	(n_x, n_y, n_z)	(n_ρ, l)	縮退度
$E_0 = 3/2$	$(0, 0, 0)$	0s	1
$E_1 = 5/2$	$(1, 0, 0), (0, 1, 0), (0, 0, 1)$	1p	3
$E_2 = 7/2$	$(2, 0, 0), (0, 2, 0), (0, 0, 2)$ $(1, 1, 0), (1, 0, 1), (0, 1, 1)$	2s, 1d	6
$E_3 = 11/2$	$(3, 0, 0), (0, 3, 0), (0, 0, 3)$ $(2, 1, 0), (2, 0, 1), (1, 2, 0)$ $(0, 2, 1), (1, 0, 2), (0, 1, 2), (1, 1, 1)$	2p, 1f	10

---

[12] それぞれスペクトル線の視覚的特徴を表す形容詞，sharp, principal, diffuse, fundamental の頭文字である．$l = 4$ 以降はアルファベット順に g, h, i, ... と呼ばれる．

える.

固有値 (5.74) に対応する波動関数は Laguerre の陪多項式を用いて

$$R(r) = \frac{u}{\rho} = C_{n_\rho l}\rho^l L_{n_\rho+l+\frac{1}{2}}^{l+\frac{1}{2}}(\rho^2)\mathrm{e}^{-\rho^2/2} \tag{5.75}$$

となる. $C_{n_\rho l}$ は規格化定数である. 原点付近での ρ^l 依存性は角運動量が有限の場合の**遠心力ポテンシャル**による影響を表している. これは, ポテンシャルの形に依らない遠心力ポテンシャルの一般的な効果である.

§5.9 Coulomb ポテンシャル

粒子 1, 2 がそれぞれ電荷 $Z_1 e$ と $-Z_2 e$ を持つとする ($Z_i > 0$, $i = 1, 2$); $V(r) = -\frac{Z_1 Z_2 e^2}{4\pi\epsilon_0}\frac{1}{r}$. 今後, $\frac{Z_1 Z_2 e^2}{4\pi\epsilon_0} = \tilde{e}^2$ と書くことにする. 今の場合, 動径方向の方程式 (5.25) は,

$$-\frac{\hbar^2}{2\mu}\left(\frac{1}{r}\frac{d^2 rR}{dr^2} - \frac{l(l+1)}{r^2}R\right) - \frac{\tilde{e}^2}{r}R = ER(r). \tag{5.76}$$

方程式を無次元化するために次の変数変換を行う. $\rho = \alpha r$. ただし, $\alpha^2 = \frac{8\mu|E|}{\hbar^2}$, $\dim[\alpha]=[1/\mathrm{L}]$ である. ここで系の長さを特徴付ける量として次の Bohr 半径を導入する:

$$a_{\mathrm{B}} \equiv \frac{\hbar^2}{\mu\tilde{e}^2}. \tag{5.77}$$

α は a_{B} に反比例する量であることが後にわかる. さらに,

$$\nu = \frac{\tilde{e}^2}{\hbar}\sqrt{\frac{\mu}{2|E|}} \tag{5.78}$$

とおくと, $\alpha = \frac{2}{\nu a_{\mathrm{B}}}$ である. このとき, (5.76) は

$$\frac{1}{\rho}\frac{d^2\rho R}{d\rho^2} + \left(\frac{\nu}{\rho} - \frac{1}{4} - \frac{l(l+1)}{\rho^2}\right)R = 0 \tag{5.79}$$

となる. さらに, $R = \frac{u(\rho)}{\rho}$ とおくと,

$$\frac{d^2 u}{d\rho^2} + \left(\frac{\nu}{\rho} - \frac{1}{4} - \frac{l(l+1)}{\rho^2}\right)u = 0 \tag{5.80}$$

第 5 章　2, 3 次元のポテンシャルによる束縛問題

を得る.

$\rho \to \infty$ のとき, (5.80) は $\frac{d^2u}{d\rho^2} \simeq \frac{1}{4}u$. したがって, $u \sim \mathrm{e}^{\pm\rho/2}$ であるが, 規格化可能条件から $u(\rho) \sim \mathrm{e}^{-\rho/2}$. そこで, $u(\rho) = \mathrm{e}^{-\rho/2}f(\rho)$ とおいてみよう. このとき, $f(\rho)$ は次の方程式を満たす:

$$f'' - f' + \left(\frac{\nu}{\rho} - \frac{l(l+1)}{\rho^2}\right)f = 0. \tag{5.81}$$

運動エネルギー演算子が Hermite となるための条件 (5.70) より, $\rho \to 0$ のとき, $f \to 0$ でなければならない[13]. そこで, $f = \rho^s$ とおき (5.81) に代入すると, $s(s-1) - l(l+1) = 0$ を得る. ただし, ρ^{s-1} に比例する項は $\rho \to 0$ では ρ^{s-2} に比例する項と比べて小さいので無視した. よって, $s = l+1$ または $s = -l$. ところが, $s = -l$ は $f \to 0$ とならないので明らかに不適[14]である. 結局, $\rho \to 0$ のとき, $f \sim \rho^{l+1}$ である.

そこでさらに, $f(\rho) = \rho^{l+1}L(\rho)$ とおくと, L について次の方程式が得られる;

$$\rho\frac{d^2L}{d\rho^2} + (2l+2-\rho)\frac{dL}{d\rho} + (\nu-1-l)L = 0. \tag{5.82}$$

これは, Laguerre の陪方程式[15]の形をしている. ここでは, 教育上の観点から「補遺」で展開した一般論に依ることなく, 具体的に解を構成する手続きを実行してみる. $\rho \to 0$ のとき, $L(\rho) \to$ 定数 だから, $L(\rho) = a_0 + a_1\rho + a_2\rho^2 + \cdots$ と展開し, (5.82) に代入し係数を比較すると, $a_{k+1} = \frac{k+l+1-\nu}{(k+1)(k+2l+2)}a_k$ ($k = 0, 1, \dots$) を得る. もし, この漸化式の分子が任意の k に対して 0 にならなければ, $a_k \sim \frac{1}{k!}$ となるので, $\rho \to \infty$ のとき $L(\rho) \sim \sum_k \frac{\rho^k}{k!} = \mathrm{e}^\rho$. すると, $u \sim \mathrm{e}^{\rho/2}$ となり, 規格化条件を満たさない. したがって, ある $k \equiv n_\rho$ に対して, $n_\rho + 1 + l - \nu = 0$ ($n_\rho = 0, 1, 2, \dots$) でなければならない. すなわち, $\nu = n_\rho + l + 1 \equiv n$. すると, (5.78) より固有エネルギーは,

$$E_n = -\frac{\mu\tilde{e}^2}{2\hbar^2n^2} \tag{5.83}$$

___

[13] この条件は, 次の規格化可能条件とも一致している: $\int_0^\infty R^2(r)r^2 dr < \infty$.

[14] $l = 0$ の場合, 以下の議論をすることもできる. $R \sim r^{-1}$ とすると, $\Delta(\frac{1}{r}) = -4\pi\delta(\boldsymbol{r})$ となり, 原点にデルタ関数型ポテンシャルがある場合を扱うことになるので不適である.

[15] Laguerre の陪方程式およびその解の Laguerre の陪多項式については次節の補遺を参照のこと.

124

§5.9 【基本】 Coulomb ポテンシャル

と求まる. $n \to \infty$ でも, $E_n < 0$ であるから, 無限個の結合状態が存在することになる. Bohr 半径 a_B を使うと, $E_n = -\frac{\tilde{e}^2}{2a_\mathrm{B}n^2}$ と書ける. 水素原子の場合, $m_2/M_p \ll 1$ なので, $\mu \simeq m_\mathrm{e}$.

$$a_\mathrm{B} = 0.53 \times 10^{-10}\,\mathrm{m}, \quad E_1 = -13.6\,\mathrm{eV} \tag{5.84}$$

となる. これは, Bohr の半古典論の結果と一致している. 同一のエネルギー E_n を与える (n, l) の組は, $n_\rho = n - 1 - l \geq 0$ より得られる条件式 $l \leq n - 1$ より決まる. たとえば, $n \leq 3$ の場合の (n, l) の組はそれぞれ, $(E_0: 1\mathrm{s})$, $(E_1: 2\mathrm{s}, 2\mathrm{p})$, $(E_2: 3\mathrm{s}, 3\mathrm{p}, 3\mathrm{d})$, $(E_3: 4\mathrm{s}, 4\mathrm{p}, 4\mathrm{d}, 4\mathrm{f})$ となる. ただし, l の代わりに §5.8 で導入したスペクトル線を表す記号 s, p, d, f, ... を用いた (表5.2 も参照). 各 l に対して $2l + 1$ 個の異なる m の状態があるから各準位の縮退度は,

$$\sum_{l=0}^{n-1}(2l+1) = 2\frac{(n-1)n}{2} + n = n^2 \tag{5.85}$$

と求まる. この縮退度はエネルギーが軌道角運動量に依存しないことによる. この縮退度は Coulomb ポテンシャルの隠れた対称性を示唆している. これについては, 第8章においても取り上げる.

このとき, $n_\rho + 2l + 1 = n + l$ だから, 波動関数は, 補遺で展開されている一般論より,

$$L(\rho) = L(2r/na_\mathrm{B}) \equiv L_{n+l}^{2l+1}(2r/na_\mathrm{B}) \tag{5.86}$$

と書ける. ここで, $L_{n+l}^{2l+1}(\rho)$ は Laguerre の陪多項式である. こうして, 規格化された全波動関数は

$$\varphi_{nlm}(r, \theta, \phi) = R_{nl}(r)Y_{lm}(\theta, \phi), \tag{5.87}$$

$$R_{nl}(r) = -\left[\left(\frac{2}{na_\mathrm{B}}\right)^3 \frac{(n-l-1)!}{2n(n+l)^3}\right]^{1/2} \mathrm{e}^{-r/na_\mathrm{B}}$$

$$\times \left(\frac{2r}{na_\mathrm{B}}\right)^l L_{n+l}^{2l+1}(2r/na_\mathrm{B}) \tag{5.88}$$

となる. ここで規格化定数を得るために, 章末問題で示される次の公式を用いた:

$$\int_0^\infty x^2 dx\, x^{2l}\mathrm{e}^{-x}\left(L_{n+l}^{2l+1}(x)\right)^2 = \frac{2n\,[(n+l)!]^3}{(n-l-1)!}. \tag{5.89}$$

125

波動関数は $e^{-\rho/2}$ に比例しているから，波動関数は原点で尖っている．同じ Laguerre の多項式で表される調和振動子の場合は引数が ρ^2 なので，Gauss 関数であり原点では丸い．この尖りは Coulomb カスプと呼ばれることがある．この特異性は Coulomb ポテンシャルが原点で発散していることによる．

波動関数の換算質量への依存性：ミュー粒子原子，ハドロン原子　　(5.83) からわかるように，Coulomb ポテンシャルで結合した 2 体系の結合エネルギーは，電荷の積が同じであれば，系の換算質量 μ に比例し，Bohr 半径で表されたその大きさの度合いは (5.77) が示すように μ に反比例する．たとえば，π^- 中間子 (質量は約 140 MeV/c^2) や K$^-$ 中間子（質量は約 500 MeV/c^2）が陽子や原子核と Coulomb 力だけで結合した状態（「中間子原子」と呼ぶ）の結合エネルギーや半径は水素原子と比べてそれぞれ何百倍も大きくなったり何百分の 1 も小さくなる．すると，実際には半径が小さくなるとこれら中間子と陽子や原子核の間の「強い相互作用」の影響も無視できなくなり，Coulomb 力だけの値からずれてくる．逆に，そのずれからこれら中間子と陽子や原子核の間の**強い相互作用**」の性質を研究することができる．また，陽子と反陽子の結合系も興味深い対象であり，現在これらのエキゾティックな**ハドロン原子**の研究が盛んに行われている[16]．

　一方，π^- 中間子は 10^{-8} 秒ほどの時間でミュー粒子 μ^- と反ミューニュートリノ $\bar{\nu}_\mu$ に崩壊する．μ^- は質量が電子の 200 倍ほどであり，10^{-6} 秒ほどで電子と $\bar{\nu}_\mu$ および反電子ニュートリノ $\bar{\nu}_e$ に崩壊する．ミュー粒子は「強い相互作用」をせず寿命が比較的長いので，電子と置き換えて原子やその他物質の性質の探究によく使われる．たとえばミュー粒子原子は，上で指摘した質量効果により μ^- の存在確率が原子核付近でも有意なので原子核の電荷分布の実験的決定に使用される．

---

[16] 「強い相互作用」をする粒子を**ハドロン**と呼ぶ．ハドロンは**クォーク**と**反クォーク**からなる**中間子**と 3 個のクォークからなる**重粒子**に分類される．陽子や中性子は重粒子の仲間である．ハドロン原子については次の解説書がある：比連崎悟著『**中間子原子の物理**— 強い力の支配する世界 —』（シリーズ基本法則から読み解く物理学最前線 [15]，共立出版，2017）．

§5.10 補遺：Laguerreの（陪）方程式とLaguerreの（陪）多項式

ここで，Kummerの合流型超幾何方程式およびその特別な場合であるLaguerreの（陪）方程式について簡単に説明する[17]．c, a を任意パラメータとする次の2階常微分方程式を合流型超幾何方程式という：

$$x\frac{d^2y}{dx^2} + (c-x)\frac{dy}{dx} - ay = 0. \tag{5.90}$$

特に，$c = \mu + 1$, $a = \mu - \lambda$ の場合はLaguerreの陪方程式という：

$$x\frac{d^2y}{dx^2} + (\mu+1-x)\frac{dy}{dx} + (\lambda-\mu)y = 0. \tag{5.91}$$

さらに $\mu = 0$ の場合をLaguerreの方程式と呼ぶ：

$$x\frac{d^2y}{dx^2} + (1-x)\frac{dy}{dx} + \lambda y = 0. \tag{5.92}$$

(5.90) の $x = 0$ の回りの解析的な解を

$$y = x^\sigma \sum_{n=0}^{\infty} a_n x^n, \tag{5.93}$$

と表してみよう．これを (5.90) に代入し，$x^{\sigma+n}$ の係数を比較することにより得られる2次方程式を解くことにより，$\sigma = 0$ または $1-c$ を得る．

1. $\sigma = 0$ のとき，$(n+1)(n+c)a_{n+1} - (n+a)a_n = 0$, すなわち，

$$a_{n+1} = \frac{n+a}{(n+1)(n+c)}a_n. \tag{5.94}$$

したがって，$a_0 = 1$ と選んだときの解は，

$$y = 1 + \frac{a}{c}x + \frac{a(a+1)}{2!c(c+1)}x^2 + \frac{a(a+1)(a+2)}{3!c(c+1)(c+2)}x^3 + \cdots$$
$$\equiv F(a|c|x) \tag{5.95}$$

これを，**合流型超幾何級数**と呼ぶ．この級数は $-\infty < x < \infty$ で収束する．

2. $\sigma = 1-c$ のときの解は，$y = x^{1-c}F(1-c+a|2-c|x)$ となる．

---

[17] 参考文献はたとえば，犬井鉄郎著『特殊関数』（岩波全書，岩波書店，1962），あるいは，堀淳一著『共立物理学講座1　物理数学1』（共立出版，1969）．

第 5 章　2,3 次元のポテンシャルによる束縛問題

- Laguerre の方程式 (5.92) の場合,

$$L(x) = F(-\lambda|1|x) = 1 - \lambda x + \frac{\lambda(\lambda-1)}{(2!)^2}x^2 + \cdots. \qquad (5.96)$$

したがって, λ が 0 または自然数 n に等しくなければ, $n \to \infty$ のとき,

$$\frac{a_{n+1}}{a_n} = \frac{n-\lambda}{(n+1)^2} \to \frac{1}{n} \qquad (5.97)$$

となる. このことは, $x \to \infty$ において $y \sim e^x$ と振る舞うことを意味している. このとき波動関数は規格化不可能になる.

逆に, λ が 0 または自然数

$$\lambda = n = 0,\ 1,\ 2,\ \ldots \qquad (5.98)$$

を取るときは, (5.96) から分かるように, $L(x)$ は n 次の多項式になる. この多項式は, 後に示すように, 本質的に Laguerre の多項式と呼ばれるものである.

- Laguerre の陪方程式 (5.91) の場合, $L(x) = F(\mu-\lambda|\mu+1|x)$ となる. 上と同様に, $\lambda - \mu$ が 0 または自然数 n に等しくなければ,

$$\frac{a_{n+1}}{a_n} = \frac{n+\mu-\lambda}{(n+1)(n+\mu+1)} \to \frac{1}{n} \qquad (5.99)$$

となり, $x \to \infty$ において $y \sim e^x$. したがって, 波動関数は規格化不可能になる.

逆に, λ が次の離散的な値を取る場合はこの限りではない:

$$\lambda = \mu + n \quad (n = 0,\ 1,\ 2,\ \ldots). \qquad (5.100)$$

このときも, $L(x)$ は多項式となる. すぐ後に示すように, この多項式は本質的には Laguerre の陪多項式と呼ばれるものである.

Laguerre の多項式および陪多項式

Laguerre の方程式を書き下す:

$$x\frac{d^2y}{dx^2} + (1-x)\frac{dy}{dx} + ny = 0. \qquad (5.101)$$

128

§5.10 補遺：Laguerre の（陪）方程式と Laguerre の（陪）多項式

１つの解析解は合流型超幾何級数を用いて

$$y = F(a|c|x) = F(-n|1|x)$$
$$= 1 - nx + \frac{n(n-1)}{(2!)^2}x^2 + \cdots + \frac{(-1)^n}{n!}x^n \tag{5.102}$$

と書ける．もう１つの解析解 $y = x^{1-c}F(1-c+a|2-c|x)$ は $c = 1$ のとき，$F(a|1|x)$ と一致する．

Laguerre の多項式 $L_n(x)$ は $F(-n|1|x)$ を用いて以下のように定義される：

【定義】 **Laguerre の多項式 $L_n(x)$**

$$L_n(x) = n! \cdot F(-n|1|x) \tag{5.103}$$
$$= \mathrm{e}^x \frac{d^n}{dx^n}[x^n \mathrm{e}^{-x}]. \tag{5.104}$$

$L_n(x)$ は次の $\overset{\text{スツルム}}{\text{Sturm}}$–$\overset{\text{リュウビル}}{\text{Liouville}}$型の微分方程式を満たす；

$$\mathrm{e}^x\left[\frac{d}{dx}x\mathrm{e}^{-x}\frac{d}{dx}\right]L_n = -nL_n. \tag{5.105}$$

ここで，

$$\hat{\mathcal{L}} \equiv \mathrm{e}^x\left[\frac{d}{dx}x\mathrm{e}^{-x}\frac{d}{dx}\right] \tag{5.106}$$

と定義すると，$\hat{\mathcal{L}}$ は $w(x) = \mathrm{e}^{-x}$ を重みとする内積に対して Hermite 演算子である；

$$\langle f, \hat{\mathcal{L}}g\rangle \equiv \int_0^\infty dx\,\mathrm{e}^{-x}f(x)\hat{\mathcal{L}}g(x)$$
$$= \int_0^\infty dx\,\mathrm{e}^{-x}(\hat{\mathcal{L}}f(x))g(x) = \langle\hat{\mathcal{L}}f, g\rangle. \tag{5.107}$$

これから，$\hat{\mathcal{L}}$ の固有関数である $L_n(x)$ の直交性が帰結する；

$$\langle L_n, L_m\rangle = \int_0^\infty dx\,\mathrm{e}^{-x}L_n(x)L_m(x) = \delta_{nm}\cdot(n!)^2. \tag{5.108}$$

規格化定数 $(n!)^2$ は次のように計算できる；

$$\|L_n\|^2 \equiv \langle L_n, L_n\rangle = \int_0^\infty dx\,\mathrm{e}^{-x}L_n(x)L_n(x) = \int_0^\infty dx\frac{d^n}{dx^n}(x^n\mathrm{e}^{-x})L_n(x)$$

第 5 章　2, 3 次元のポテンシャルによる束縛問題

$$= \int_0^\infty dx\, x^n \mathrm{e}^{-x} (-1)^n n! \times (L_n(x) \text{ の } x^n \text{ の係数})$$

$$= n! \int_0^\infty dx\, x^n \mathrm{e}^{-x} = (n!)^2. \tag{5.109}$$

【定義】　**Laguerre の陪多項式** $L_n^m(x)$

$$L_n^m(x) = \frac{d^m L_n(x)}{dx^m}. \tag{5.110}$$

$y = L_n^m(x)$ は次の Laguerre の陪方程式を満たす；

$$x \frac{d^2 y}{dx^2} + (m + 1 - x) \frac{dy}{dx} + (n - m)y = 0. \tag{5.111}$$

Laguerre 多項式の展開公式 (5.103) を用いると，Laguerre 陪多項式に対する
Rodrigues の公式および展開式を得る：

$$L_n^m(x) = (-1)^m \frac{n!}{(n-m)!} \mathrm{e}^x x^{-m} \frac{d^{n-m}}{dx^{n-m}} \mathrm{e}^{-x} x^n \tag{5.112}$$

$$= (-1)^m n! \sum_{k=0}^{n-m} (-1)^k \binom{n}{n-m-k} \frac{x^k}{k!} \tag{5.113}$$

$$= (-1)^n n! \left[\frac{x^{n-m}}{(n-m)!} - n \frac{x^{n-m-1}}{(n-m-1)!} + \cdots \right]. \tag{5.114}$$

Laguerre の陪多項式は次の Sturm–Liouville 型の微分方程式を満たす：

$$x^{-m} \mathrm{e}^x \left[\frac{d}{dx} x^{m+1} \mathrm{e}^{-x} \frac{d}{dx} \right] L_n^m = -(n-m) L_n^m. \tag{5.115}$$

ここで，

$$\hat{\mathcal{L}}_m \equiv x^{-m} \mathrm{e}^x \left[\frac{d}{dx} x \mathrm{e}^{-x} \frac{d}{dx} \right] \tag{5.116}$$

と定義すると，$\hat{\mathcal{L}}_m$ は $w(x) = x^m \mathrm{e}^{-x}$ を重みとする内積に対して Hermite 演算
子である；

$$\langle f,\, \hat{\mathcal{L}}_m g \rangle_m \equiv \int_0^\infty dx\, x^m \mathrm{e}^{-x} f(x) \hat{\mathcal{L}}_m g(x)$$

$$= \int_0^\infty dx\, x^m \mathrm{e}^{-x} (\hat{\mathcal{L}}_m f(x)) g(x) = \langle \hat{\mathcal{L}}_m f,\, g \rangle_m. \tag{5.117}$$

130

§5.10　補遺：Laguerre の（陪）方程式と Laguerre の（陪）多項式

これから，$\hat{\mathcal{L}}_m$ の固有関数である $L_n^m(x)$ の直交性が帰結する；

$$\langle L_n^m,\, L_{n'}^m \rangle = \int_0^\infty dx\, x^m \mathrm{e}^{-x} L_n^m(x) L_{n'}^m(x) = \delta_{nn'} \cdot \frac{(n!)^3}{(n-m)!}. \quad (5.118)$$

―――――――――――――― 第 5 章　章末問題 ――――――――――――――

問題 1　等式 (5.2) を示せ.

問題 2　(5.118) を示せ.

問題 3　脚注 3) の主張を確認せよ. すなわち, 質量 μ の古典系の運動エネルギーが $K = p_r^2/2\mu + \boldsymbol{L}^2/2\mu$ と書けることを示せ.

問題 4　(5.36) を確かめよ.

問題 5　極座標表示で $\boldsymbol{\nabla} = \boldsymbol{e}_r \frac{\partial}{\partial r} + \boldsymbol{e}_\theta \frac{1}{r} \frac{\partial}{\partial \theta} + \boldsymbol{e}_\phi \frac{1}{r \sin\theta} \frac{\partial}{\partial \phi}$ となることを示せ. ここに, $\boldsymbol{e}_r, \boldsymbol{e}_\theta, \boldsymbol{e}_\phi$ は §5.6 に定義されている.

問題 6　$f(u)$ に対する微分方程式 (5.48) を解き, (5.49) を導け.

問題 7　(5.63) を示せ.
ヒント：まず, $u - 1 = \xi$, $u + 1 = \eta$ とおいて微分を実行せよ.

問題 8　$rY_{1m}(\theta, \phi)$ $(m = 0, \pm 1)$ および $r^2 Y_{2m}(\theta, \phi)$ $(m = 0, \pm 1, \pm 2)$ を直交座標 (x, y, z) を用いて表せ.

問題 9　Laguerre の陪多項式の定義 (5.112) を用いて, Coulomb 波動関数の規格化積分に現れる以下の積分

$$\langle L_n^m, x\, L_n^m \rangle = \frac{(n!)^3}{(n-m)!}(2n + 1 - m)$$

を示せ. Coulomb 波動関数の場合, $n \to n + l$, $m \to 2l + 1$ とおき換えて (5.89) を得る.

問題 10　水素原子に対する以下のエネルギー公式 $E = \frac{p_r^2}{2\mu} - \frac{\bar{e}^2}{r}$ に対して, 不確定性関係 $p_r r \simeq \hbar$ を用いて p_r を消去し, r についての最小値を得る条件, $dE/dr = 0$ より半径と基底状態のエネルギーを求めて, 厳密解と同じ表式が得られることを確かめよ.

第 5 章　章末問題

問題 11　(1)　陽電子は質量が電子と同じで，正電荷 $|e|$ を持つ粒子である．電子と陽電子が Coulomb 力で結合した系をポジトロニウムと呼ぶ．ポジトロニウムの基底状態のエネルギーと半径を求めよ．

(2)　ミュー粒子 μ^- の電荷は電子と同じで，質量は約 $100\,\mathrm{MeV}/c^2$（より正確には，約 $106\,\mathrm{MeV}/c^2$）である．電子の代わりにミュー粒子が陽子と結合したミュー粒子原子の結合エネルギーと半径を求めよ．

133

第6章 量子力学における対称性と保存則

この章では量子力学における対称性と保存則について解説する．対称性とは，たとえば空間や時間の座標を変化させた（変換した）とき，物理法則や状態が不変であることをいう．ここで取り上げる変換は

1) 並進，　　　　　　　2) **Galilei** 変換，　　　　3) 回転，
4) 鏡映（= 空間反転，パリティ），
5) 時間反転，そして　　6) ゲージ変換

である．ゲージ変換は電磁場中の荷電粒子を扱う章で議論する．

§6.1 準備

系の Hamiltonian を $\hat{H}$ とする．時間に依存する Schrödinger 方程式の解は，(4.2) より $|\psi(t)\rangle = e^{-i\hat{H}(t-t_0)/\hbar}|\psi(t_0)\rangle$ である．ただし，初期時刻を $t = t_0$ に取った．オブザーバブル A を表す Hermite 演算子 $\hat{A}$ が Hamiltonian と可換である場合（$[\hat{A}, \hat{H}] = 0$）を考える．ある時刻 t_0 において，$|\psi(t_0)\rangle$ が $\hat{A}$ の固有値 a に属する固有状態にあるとしよう：$\hat{A}|\psi(t_0)\rangle = a|\psi(t_0)\rangle$．すると任意の時刻 t において $|\psi(t)\rangle$ が同じ固有値に属する固有状態であることが言える．実際，

$$\hat{A}|\psi(t)\rangle = \hat{A}\,e^{-i\hat{H}(t-t_0)/\hbar}|\psi(t_0)\rangle = e^{-i\hat{H}(t-t_0)/\hbar}(\hat{A}|\psi(t_0)\rangle)$$
$$= e^{-i\hat{H}(t-t_0)/\hbar}(a|\psi(t_0)\rangle) = ae^{-i\hat{H}(t-t_0)/\hbar}|\psi(t_0)\rangle$$
$$= a|\psi(t)\rangle. \tag{6.1}$$

$\hat{A}$ の Heisenberg 描像[1] $\hat{A}_{\mathrm{H}} = e^{i\hat{H}(t-t_0)/\hbar}\,\hat{A}\,e^{-i\hat{H}(t-t_0)/\hbar}$ も Hamiltonian と可換である：$[\hat{A}_{\mathrm{H}}(t), \hat{H}] = e^{i\hat{H}(t-t_0)/\hbar}[\hat{A}, \hat{H}]e^{-i\hat{H}(t-t_0)/\hbar} = 0$．これより，$\frac{d}{dt}\hat{A}_{\mathrm{H}} = \frac{i}{\hbar}[\hat{H}, \hat{A}_{\mathrm{H}}] = 0$ が成り立つのでオブザーバブル $\hat{A}_{\mathrm{H}}$ の行列要素は時間に依存しない（保存される）．特に，ユニタリー演算子 $\hat{U}$ が $\hat{H}$ と可換の場合は，$[\hat{U}, \hat{H}] = 0$ より $\hat{H}\hat{U} = \hat{U}\hat{H}$．左から $\hat{U}^{-1} = \hat{U}^{\dagger}$ を掛けて，

---

[1] (4.12) 参照.

第6章　量子力学における対称性と保存則

$$\hat{U}^\dagger \hat{H} \hat{U} = \hat{H}$$

を得る．すなわち，Hamiltonian はユニタリー変換 $\hat{U}$ に対して不変である．

任意のユニタリー演算子 $\hat{U}$ はある Hermite 演算子 $\hat{T}$ を用いて $\hat{U} = \mathrm{e}^{-i\hat{T}}$ と表すことができる[2]．$\hat{T}$ をこのユニタリー変換の生成子という．このとき，生成子 $\hat{T}$ は Hamiltonian と可換である：$[\hat{T}, \hat{H}] = 0$.

一般に，並進や回転などの連続的な変換を行う場合，変換後の系を表す状態は元の状態ベクトルのユニタリー変換で与えられる．そして，その生成子は明確な物理的意味を持つ場合が多い．後の節で具体的な変換に対してユニタリー変換および生成子を求める．ただし，離散的な変換の場合はその限りではなく，特に，時間反転に対する状態ベクトルの変換は複素共役を取ることを伴う変換（反ユニタリー変換）になる．そのことを保証するのが後述する $\overset{\text{ウィグナー}}{\text{Wigner}}$ の定理である．

§6.2　対称性と縮退

$\hat{T}$ を Hamiltonian $\hat{H}$ と可換な Hermite 演算子とする；$[\hat{H}, \hat{T}] = 0$. $|E\rangle$ を $\hat{H}$ の固有値 E に属する固有ベクトルとする；$\hat{H}|E\rangle = E|E\rangle$. このとき，$\hat{H}\hat{T} = \hat{T}\hat{H}$ より，$\hat{H}(\hat{T}|E\rangle) = \hat{T}\hat{H}|E\rangle = E(\hat{T}|E\rangle)$. これは，状態 $\hat{T}|E\rangle$ も $\hat{H}$ の固有値 E に属する固有状態であることを意味する．ここで2つの場合分けが必要である．

1. $\hat{T}|E\rangle$ が $|E\rangle$ に平行である場合：すなわち，あるスカラー c が存在して，$|E;\gamma\rangle = c|E\rangle$ と書ける場合（$c = 0$ でもよい）．この場合，エネルギー E は縮退していない．

2. $\hat{T}|E\rangle$ が $|E\rangle$ と独立な場合：この場合は，同じエネルギーに属する Hamiltonian の独立な固有状態が複数存在するので，エネルギー E は縮退している，ということになる．状態を指定するにはエネルギー E の他に変数が必要になる．それを γ と書こう．このとき，以下の関係式が成り立つ（$\gamma \neq \gamma'$）：

---

[2] $(\ln \hat{U})^\dagger = \ln \hat{U}^\dagger = \ln \hat{U}^{-1} = -\ln \hat{U}$ なので，$\ln \hat{U}$ は反 Hermite である．よって，$\ln \hat{U} = -i\hat{T}$ とおけば $\hat{T}$ は Hermite 演算子であり，$\hat{U} = \mathrm{e}^{-i\hat{T}}$ となる．

136

$$\hat{H}|E;\gamma\rangle = E|E;\gamma\rangle, \quad \hat{H}|E;\gamma'\rangle = E|E;\gamma'\rangle, \quad \hat{T}|E;\gamma\rangle \equiv |E;\gamma'\rangle.$$

§6.3 能動的な変換と簡単な例

座標系は動かさず物理系を動かす変換を**能動的な** (active) **変換**といい，物理系を動かさず座標系を動かす変換を**受動的な** (passive) **変換**という．以下では断らない限り，能動的な変換を考える．

6.3.1 並進 (translation)

まず，空間1次元の系を考え空間座標を x とする．系の波動関数が $\varphi(x)$ で与えられているとき，位置 x における区間 $[x - \Delta x/2, \, x + \Delta x/2]$ に粒子を観測する確率は $|\varphi(x)|^2 \Delta x \equiv P(x)\Delta x$ である．さて，系を x 軸の正の方向に a だけ平行移動したとき，位置 x における区間 $[x + a - \Delta x/2, \, x + a + \Delta x/2]$ に粒子を観測する確率は $P(x-a)\Delta x$ で与えられる．そのとき状態を表す波動関数を $\varphi'_a(x) \equiv \hat{\mathcal{T}}_a \varphi(x)$ と書こう．このとき，$P(x-a) = |\varphi'_a(x)|^2 = |\varphi(x-a)|^2$．したがって，ある位相 θ が存在して $\varphi'_a(x) = e^{i\theta}\varphi(x-a)$ と書ける．状態の位相は任意に選べるので，$\theta = 0$ とする (図6.1参照)：$\hat{\mathcal{T}}_a \varphi(x) = \varphi'_a(x) = \varphi(x-a)$．座標 x を a だけ正方向に並進移動させる座標変換 $x \to x' = x + a$ を T_a と書こう：

$$T_a x = x + a. \tag{6.2}$$

これを用いると上で与えた波動関数の変換は

$$\hat{\mathcal{T}}_a \varphi(x) = \varphi(T_{-a} x) \tag{6.3}$$

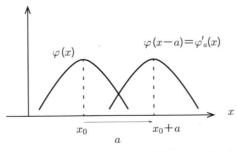

図 **6.1** 系を x の正の方向に a だけ平行移動したときの波動関数．

第6章 量子力学における対称性と保存則

と書ける．左辺と右辺で a の符号が違っていることに注意しよう．以下では，簡単のために波動関数は任意の x で無限回微分可能と仮定し議論を進める[3]．Taylor 展開の公式より，

$$\varphi(x-a) = \varphi(x) - a\varphi'(x) + \frac{(-a)^2}{2!}\varphi''(x) - \cdots + \frac{(-a)^n}{n!}\varphi^{(n)}(x) + \cdots$$

$$= \left\{1 - a\frac{d}{dx}\frac{(-a)^2}{2!}\frac{d^2}{dx^2} + \cdots + \frac{(-a)^n}{n!}\frac{d^n}{dx^n} + \cdots\right\}\varphi(x)$$

$$\equiv \mathrm{e}^{-a\frac{d}{dx}}\varphi(x) = \mathrm{e}^{-ia\hat{p}/\hbar}\varphi(x). \tag{6.4}$$

よって，$\hat{\mathcal{T}}_a\varphi(x) = \mathrm{e}^{-ia\hat{p}/\hbar}\varphi(x)$ を得る．ここで，$\hat{p} = -i\hbar\frac{d}{dx}$ であることを用いた．こうして，正方向 a の並進に対応するユニタリー変換 $\hat{U}_{\mathrm{t}}(a)$ は運動量演算子を用いて

$$\hat{U}_{\mathrm{t}}(a) = \hat{\mathcal{T}}_a = \mathrm{e}^{-ia\hat{p}/\hbar} \tag{6.5}$$

と書けることがわかる．下付き添え字 t は translation（並進）の略である．このとき，「運動量演算子が並進（平行移動）の生成子である」という．

3次元空間への拡張は容易である．3次元空間の波動関数を $\varphi(\boldsymbol{r})$ とする：$\boldsymbol{r} = (x, y, z)$．$\boldsymbol{a} = (a_x, a_y, a_z)$ だけ系を平行移動したときの波動関数を $\hat{\mathcal{T}}_{\boldsymbol{a}}\varphi(\boldsymbol{r}) \equiv \varphi'_{\boldsymbol{a}}(\boldsymbol{r})$ としよう．1次元の場合と同様の議論で，

$$\hat{\mathcal{T}}_{\boldsymbol{a}}\varphi(\boldsymbol{r}) = \varphi(T_{-\boldsymbol{a}}\boldsymbol{r}) \tag{6.6}$$

となる．ここで，$T_{\boldsymbol{a}}$ は座標 $\boldsymbol{r}$ を $\boldsymbol{a}$ だけ平行移動する操作を表す記号である：$T_{\boldsymbol{a}}\boldsymbol{r} = \boldsymbol{r} + \boldsymbol{a}$．さて，異なる方向の運動量演算子は互いに可換であるから，$\varphi(T_{-\boldsymbol{a}}\boldsymbol{r}) = \varphi(x - a_x, y - a_y, z - a_z) = \mathrm{e}^{-ia_x\hat{p}_x/\hbar}\mathrm{e}^{-ia_y\hat{p}_y/\hbar}\mathrm{e}^{-ia_z\hat{p}_z/\hbar}\varphi(\boldsymbol{r})$ $= \mathrm{e}^{-i\boldsymbol{a}\cdot\hat{\boldsymbol{p}}/\hbar}\varphi(\boldsymbol{r})$．すなわち，3次元の場合も並進の生成子は運動量演算子である：

$$\hat{\mathcal{T}}_{\boldsymbol{a}} = \mathrm{e}^{-i\boldsymbol{a}\cdot\hat{\boldsymbol{p}}/\hbar}. \tag{6.7}$$

多粒子系への拡張は明らかであろう．N 個の粒子からなる系の波動関数を $\varphi(\boldsymbol{r}_1, \boldsymbol{r}_2, \ldots, \boldsymbol{r}_N)$ とするとき，$\hat{\mathcal{T}}_{\boldsymbol{a}}\varphi(\boldsymbol{r}_1, \boldsymbol{r}_2, \ldots, \boldsymbol{r}_N) = \varphi(T_{-\boldsymbol{a}}\boldsymbol{r}_1, T_{-\boldsymbol{a}}\boldsymbol{r}_2,$

---

[3] 任意の x で無限回微分可能でない場合，無限回微分可能な領域ごとに波動関数の微分を考える．あるいは，波動関数自体を無限回微分可能な関数の極限として考える．後に，波動関数 $\varphi(x)$ を用いない定式化を示す．

$$\ldots, T_{-a}r_N) = \mathrm{e}^{-ia\cdot\hat{\boldsymbol{P}}/\hbar}\varphi(r_1, r_2, \ldots, r_N).$$ ここで，$\hat{\boldsymbol{P}}$ は全運動量演算子である：$\hat{\boldsymbol{P}} \equiv \hat{p}_1 + \hat{p}_2 + \cdots + \hat{p}_N.$

以下，表記を見やすくするため，$\hat{\mathcal{T}}_{\boldsymbol{a}} = \hat{U}_{\mathrm{t}}(\boldsymbol{a})$ と書くことにする．よく知られているように，並進操作 $T_{\boldsymbol{a}}$ の全体は可換群を成す：

1. 積の定義：$T_{\boldsymbol{a}}T_{\boldsymbol{b}} = T_{\boldsymbol{a}+\boldsymbol{b}}.$
2. 結合則：$T_{\boldsymbol{a}}(T_{\boldsymbol{b}}T_{\boldsymbol{c}}) = T_{\boldsymbol{a}}T_{\boldsymbol{b}+\boldsymbol{c}} = T_{\boldsymbol{a}+\boldsymbol{b}+\boldsymbol{c}} = T_{\boldsymbol{a}+\boldsymbol{b}}T_{\boldsymbol{c}} = (T_{\boldsymbol{a}}T_{\boldsymbol{b}})T_{\boldsymbol{c}}.$
3. 単位元の存在：$T_0 = 1.$
4. 逆元の存在：$T_{-\boldsymbol{a}}T_{\boldsymbol{a}} = T_0 = 1$ より，$T_{\boldsymbol{a}}^{-1} = T_{-\boldsymbol{a}}.$

同様に，並進に伴う状態関数の変換 $\hat{U}_{\mathrm{t}}(\boldsymbol{a})$ 全体の集合 $G_{\mathrm{t}} \equiv \{\hat{U}_{\mathrm{t}}(\boldsymbol{a})\,|\,\boldsymbol{a} \in \boldsymbol{R}^3\}$ が可換な連続群構造を持つことが以下のようにして確かめられる．

1. 積の可換性：$\hat{U}_{\mathrm{t}}(\boldsymbol{b})\hat{U}_{\mathrm{t}}(\boldsymbol{a}) = \hat{U}_{\mathrm{t}}(\boldsymbol{a}+\boldsymbol{b}) = \hat{U}_{\mathrm{t}}(\boldsymbol{b}+\boldsymbol{a}) = \hat{U}_{\mathrm{t}}(\boldsymbol{a})\hat{U}_{\mathrm{t}}(\boldsymbol{b}).$
2. 結合則：$\hat{U}_{\mathrm{t}}(\boldsymbol{c})(\hat{U}_{\mathrm{t}}(\boldsymbol{b})\hat{U}_{\mathrm{t}}(\boldsymbol{a})) = \hat{U}_{\mathrm{t}}(\boldsymbol{c})\hat{U}_{\mathrm{t}}(\boldsymbol{a}+\boldsymbol{b}) = \hat{U}_{\mathrm{t}}(\boldsymbol{a}+\boldsymbol{b}+\boldsymbol{c}) = \hat{U}_{\mathrm{t}}(\boldsymbol{b}+\boldsymbol{c})\hat{U}_{\mathrm{t}}(\boldsymbol{a}) = \left(\hat{U}_{\mathrm{t}}(\boldsymbol{c})\hat{U}_{\mathrm{t}}(\boldsymbol{b})\right)\hat{U}_{\mathrm{t}}(\boldsymbol{a}).$
3. 単位元の存在：$\hat{U}_{\mathrm{t}}(\boldsymbol{0}) = 1.$
4. 逆元の存在：$\hat{U}_{\mathrm{t}}(\boldsymbol{a})\hat{U}_{\mathrm{t}}(-\boldsymbol{a}) = \hat{U}_{\mathrm{t}}(-\boldsymbol{a})\hat{U}_{\mathrm{t}}(\boldsymbol{a}) = U_{\mathrm{t}}(\boldsymbol{0}) = 1.$
5. ユニタリー性：$(\hat{U}_{\mathrm{t}}(\boldsymbol{a}))^{\dagger} = (\mathrm{e}^{-i\boldsymbol{a}\cdot\hat{\boldsymbol{P}}/\hbar})^{\dagger} = \mathrm{e}^{+i\boldsymbol{a}\cdot\hat{\boldsymbol{P}}/\hbar} = \hat{U}_{\mathrm{t}}(-\boldsymbol{a}) = (\hat{U}_{\mathrm{t}}(\boldsymbol{a}))^{-1}.$

幾何学的な変換 $T_{\boldsymbol{a}}$ から線型変換 $\hat{U}_{\mathrm{t}}(\boldsymbol{a})$ への写像を $f(T_{\boldsymbol{a}}) = \hat{U}_{\mathrm{t}}(\boldsymbol{a})$ と定義すると，この写像は積の演算を保存する：$f(T_{\boldsymbol{a}}T_{\boldsymbol{b}}) = f(T_{\boldsymbol{a}+\boldsymbol{b}}) = \hat{U}_{\mathrm{t}}(\boldsymbol{a}+\boldsymbol{b}) = \hat{U}_{\mathrm{t}}(\boldsymbol{a})\hat{U}_{\mathrm{t}}(\boldsymbol{b}) = f(T_{\boldsymbol{a}})f(T_{\boldsymbol{b}}).$ すなわち，この写像は群の**準同型写像**になっている．このように，ある変換から線型変換への準同型写像を**群の表現**という．$\{T_{\boldsymbol{a}}\}$ が群構造を持つとき，準同型写像 f で移る演算子の集合 $\{f(T_{\boldsymbol{a}})\}$ も群構造を持つことが示せる（各自示せ）．

6.3.2　位置演算子の固有状態を用いる定式化

位置ベクトル演算子 $\hat{\boldsymbol{r}}$ の固有値 $\boldsymbol{r}_0$ に属する固有ベクトルを $|\boldsymbol{r}_0\rangle$ と書こう：$\hat{\boldsymbol{r}}|\boldsymbol{r}_0\rangle = \boldsymbol{r}_0|\boldsymbol{r}_0\rangle.$ 無限小 $\delta\boldsymbol{a}$ の並進 $T_{\delta\boldsymbol{a}}$ に対応するユニタリー変換 $\hat{U}_{\mathrm{t}}(\delta\boldsymbol{a})$ は $\delta\boldsymbol{a} \to 0$ のとき 1 になるから，ある（線型）Hermite 演算子 $\hat{\boldsymbol{K}}$ を用いて $\delta\boldsymbol{a}$ の 1 次までで

第6章　量子力学における対称性と保存則

$$\hat{U}_{\mathrm{t}}(\delta\boldsymbol{a}) = 1 - i\boldsymbol{K}\cdot\delta\boldsymbol{a} \tag{6.8}$$

と書ける．この演算子を $|\boldsymbol{r}_0\rangle$ に作用させると，以下の等式が成り立つ．

$$\hat{\boldsymbol{r}}\,\hat{U}_{\mathrm{t}}(\delta\boldsymbol{a})|\boldsymbol{r}_0\rangle = \hat{\boldsymbol{r}}|\boldsymbol{r}_0 + \delta\boldsymbol{a}\rangle = (\boldsymbol{r}_0 + \delta\boldsymbol{a})|\boldsymbol{r}_0 + \delta\boldsymbol{a}\rangle$$

$$\hat{U}_{\mathrm{t}}(\delta\boldsymbol{a})\hat{\boldsymbol{r}}|\boldsymbol{r}_0\rangle = \boldsymbol{r}_0\hat{U}_{\mathrm{t}}(\delta\boldsymbol{a})|\boldsymbol{r}_0\rangle = \boldsymbol{r}_0|\boldsymbol{r}_0 + \delta\boldsymbol{a}\rangle. \tag{6.9}$$

両辺の差を取ると，$[\hat{\boldsymbol{r}}\hat{U}_{\mathrm{t}}(\delta\boldsymbol{a}),\,\hat{U}_{\mathrm{t}}(\delta\boldsymbol{a})\hat{\boldsymbol{r}}]|\boldsymbol{r}_0\rangle = \delta\boldsymbol{a}|\boldsymbol{r}_0 + \delta\boldsymbol{a}\rangle \simeq \delta\boldsymbol{a}|\boldsymbol{r}_0\rangle$．最後の等式では，$\delta\boldsymbol{a}$ が無限小であることを用いた．$|\boldsymbol{r}_0\rangle$ は任意であるから，$[\hat{\boldsymbol{r}}\hat{U}_{\mathrm{t}}(\delta\boldsymbol{a}),\,\hat{U}_{\mathrm{t}}(\delta\boldsymbol{a})\hat{\boldsymbol{r}}] = \delta\boldsymbol{a}$ を得る．(6.8) を代入しこの i 成分を取ると，$-i[\hat{r}_i\hat{K}_j\delta a_j,\,\hat{K}_j\delta a_j\hat{r}_i] = -i[\hat{r}_i\hat{K}_j,\,\hat{K}_j\hat{r}_i]\delta a_j = \delta a_i$．ここで Einstein の規約を用いた．$\delta a_i$ は任意だから，$[\hat{r}_i,\,\hat{K}_j] = i\delta_{ij}$ を得る．これより，

$$\hat{K}_j = \hbar^{-1}\hat{p}_j \tag{6.10}$$

と書くことができる[4]．有限の並進 $\boldsymbol{a}$ に対する変換は $\hat{U}_{\mathrm{t}}(\boldsymbol{a}) = \mathrm{e}^{-i\boldsymbol{a}\cdot\hat{\boldsymbol{p}}/\hbar}$ と書ける．

§6.4　一般の変換の表現：Wigner の定理

並進や回転あるいは時間反転などの変換 T により，任意の2つの状態ベクトル $|\psi_i\rangle$ $(i = 1, 2)$ が，変換 $\hat{T}$ によりそれぞれ $|\psi_i'\rangle = |\psi\rangle$ に変換されるとする：

$$|\psi_i'\rangle = \hat{T}|\psi_i\rangle \quad (i = 1, 2). \tag{6.11}$$

1の状態に含まれる2の状態の確率は変換により不変であるから，以下を要請する：

$$|\langle\psi_2|\psi_1\rangle| = |\langle\psi_2'|\psi_1'\rangle|. \tag{6.12}$$

このとき，あるユニタリー変換 $\hat{U}$ を用いて $\hat{T} = \hat{U}$，または $\hat{T} = \hat{U}\hat{K}$ と表すことができる．ここに，$\hat{K}$ は複素共役を取る操作である．前者はユニタリー変換であり，後者を**反ユニタリー変換**という．これを「Wigner の定理」[5]

---

[4] これに任意定数を加えることのできる不定性があるが，これは変換後の波動関数の位相に吸収できる．

[5] 詳しくは，たとえば，以下の教科書を参照：A. メシア著『量子力学 2』（東京図書，1972）第 15 章 I；河原林研著『量子力学』（岩波書店，1993）．

§6.5 【応用】 Galilei 変換

と言う．並進や回転などの連続変換の場合はユニタリー変換になる．たとえ
ば，その連続変換が 1 パラメーター s で記述されるとしよう．このとき次の
等式が成り立つ：$\hat{T}(s_1 + s_2) = \hat{T}(s_1)\hat{T}(s_2)$．この場合，任意の変換に対して，
$\hat{T}(s) = \hat{T}(s/2)\hat{T}(s/2)$ が成り立つ．すると，$\hat{T}(s/2)$ がユニタリーであろうと
反ユニタリーであろうと，それを 2 回繰り返せばユニタリーになるので，$\hat{T}(s)$
はユニタリーである．反ユニタリー変換については後述する時間反転の項で少
し詳しく説明する．

任意のオブザーバブルを表す演算子 $\hat{O}$ が変換された系で O' になったとす
る．その期待値は系の変換に対して不変であるべきであるから，

$$\langle \psi' | \hat{O}' | \psi' \rangle = \langle \psi | \hat{O} | \psi \rangle.$$

ところが，左辺 $= \langle \psi | U^\dagger \hat{O}' U | \psi \rangle$ であるから，オブザーバブルの変換則

$$\hat{O}' = U \hat{O} U^{-1} \tag{6.13}$$

を得る．

§6.5 Galilei 変換

非相対論的な場合の**古典力学**においては，任意の慣性系が同等な資格を持っ
ており，相対的に等速度 $\boldsymbol{V}$ で運動している座標系 K と K′ が区別できない．こ
れを Galilei の相対性原理という．Galilei 変換不変性と整合的に Newton の運
動方程式は速度の時間微分，すなわち，加速度について与えられている[6]．以
下では質量 $m_a\, (a = 1,\, 2,\, \ldots,\, N)$ の粒子からなる N 体系を考える．各粒子
の座標および運動量をそれぞれ $\boldsymbol{r}_a$ および $\boldsymbol{p}_a$ と書く．速度 $\boldsymbol{V}$ による <u>能動的な</u>
<u>Galilei 変換</u> $(\boldsymbol{r}_a,\, \boldsymbol{p}_a,\, t) \to (\boldsymbol{r}'_a,\, \boldsymbol{p}'_a,\, t')$ は

$$\boldsymbol{r}_a \to \boldsymbol{r}' = \boldsymbol{r}_a + \boldsymbol{V}t, \quad \boldsymbol{p}_a \to \boldsymbol{p}' = \boldsymbol{p}_a + m_a \boldsymbol{V}, \quad t' = t \tag{6.14}$$

と表される[7]（図 6.2 参照）．この変換は Hamilton 形式では正準変換になって
おり[8]，その変換の母関数を G とすると，i 座標成分 $(i = x,\, y,\, z)$ の微小変

---

[6] 篠本滋，坂口英継著『基幹講座 物理学 力学』（東京図書，2013）§2.3 参照．

[7] これを速度 $\boldsymbol{V}$ による Galilei ブーストと呼ぶ．

[8] たとえば，畑浩之著『基幹講座 物理学 解析力学』（東京図書，2014）第 7 章参照．

換の場合は Poisson 括弧 { , } を用いて $\delta r_{ai} = r'_{ai} - r_{ai} = \{r_{ai}, G\} = V_i t$, $\delta p_{ai} = p'_{ai} - p_{ai} = \{p_{ai}, G\} = m_a V_i$ と書ける．したがって，$G = \sum_{a=1}^{N} \boldsymbol{p}_a \cdot \boldsymbol{V} t - \sum_{a=1}^{N} m_a \boldsymbol{r}_a \cdot \boldsymbol{V} = \boldsymbol{P} \cdot \boldsymbol{V} t - M \boldsymbol{R} \cdot \boldsymbol{V}$ と取ればよいことがわかる．ただし，$\boldsymbol{P} \equiv \sum_{a=1}^{N} \boldsymbol{p}_a$, $M \equiv \sum_{a=1}^{N} m_a$, $\boldsymbol{R} \equiv \frac{1}{M} \sum_{a=1}^{N} m_a \boldsymbol{r}_a$ は，それぞれ全運動量，全質量そして質量中心（重心）である．以上は古典力学の場合である．

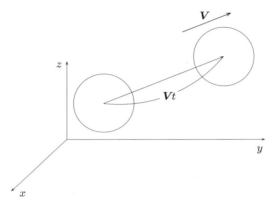

図 **6.2** 系を速度 $\boldsymbol{V}$ で **Galilei** ブーストした図．

さて，量子力学における Galilei 変換を考えよう．速度 $\boldsymbol{V}$ に対応する Galilei 変換の生成子を $\hat{G}(\boldsymbol{V})$ と書く．量子力学的な微小 Galilei 変換を考えると，Poisson 括弧と交換関係の対応関係から，

$$[\hat{r}_{ai}, \hat{G}(\boldsymbol{V})] = \{r_{ai}, G\} i\hbar = i\hbar V_i t, \quad [\hat{p}_{ai}, \hat{G}(\boldsymbol{V})] = \{p_{ai}, G\} i\hbar = i\hbar m_a V_i$$

を要請することができる．これより，

$$\hat{G}(\boldsymbol{V}) = (-M\hat{\boldsymbol{R}} + \hat{\boldsymbol{P}} t) \cdot \boldsymbol{V} \equiv \hat{\boldsymbol{K}} \cdot \boldsymbol{V} \tag{6.15}$$

と取ればよいことがわかる．ただし，$\hat{\boldsymbol{P}} = \sum_{a=1}^{N} \hat{\boldsymbol{p}}_a$, $\hat{\boldsymbol{R}} = \frac{1}{M} \sum_{a=1}^{N} m_a \hat{\boldsymbol{r}}_a$ は，それぞれ全運動量演算子および質量中心座標演算子である．この生成子を用いて Galilei 変換を与えるユニタリー変換は

$$\hat{U}(\boldsymbol{V}) = \mathrm{e}^{-i\hat{G}/\hbar} = \exp(-i\hat{\boldsymbol{K}} \cdot \boldsymbol{V}/\hbar) \tag{6.16}$$

となる．$\hat{\boldsymbol{K}}$ の各成分どうしは可換である：$[\hat{K}_i, \hat{K}_j] = 0 \quad (i, j = x, y, z)$．したがって，$\hat{U}(\boldsymbol{V}) = \hat{U}(V_x) \hat{U}(V_y) \hat{U}(V_z)$ と各方向の変換を独立に行うことができる．

§6.5 【応用】 Galilei 変換

$\hat{U}(\boldsymbol{V})$ を計算しやすい形に書き換えよう．まず，重心座標と全運動量の間の次の交換関係に注意する：

$$[\hat{R}_i,\ \hat{P}_j] = i\hbar\,\delta_{ij} \quad (i,\ j = x,\ y,\ z). \tag{6.17}$$

したがって，座標表示を取ると，$\hat{\boldsymbol{P}} = -i\hbar\frac{\partial}{\partial \boldsymbol{R}}$ と表すことができる．これは 2 体系の場合の関係式 (5.12) の一般化になっている．

$\hat{U}$ の指数の肩に現れた 2 つの演算子の交換関係を計算してみよう：

$$\begin{aligned}[(i/\hbar)M\hat{\boldsymbol{R}}\cdot\boldsymbol{V},\ (-i/\hbar)t\boldsymbol{V}\cdot\hat{\boldsymbol{P}}] &= \frac{Mt}{\hbar^2}V_iV_j\,[\hat{R}_i,\ \hat{P}_j] = \frac{t}{\hbar^2}V_iV_j\,i\hbar\delta_{ij}\\ &= \frac{iM\boldsymbol{V}^2 t}{\hbar}.\end{aligned} \tag{6.18}$$

これはただの数，すなわち，c 数である．そこで，(3.91) において $\hat{A} = (i/\hbar)M\hat{\boldsymbol{R}}\cdot\boldsymbol{V}$ および $\hat{B} = (-i/\hbar)t\boldsymbol{V}\cdot\hat{\boldsymbol{P}}$ とおくと，

$$\hat{U}(\boldsymbol{V}) = \mathrm{e}^{-iE_V t/\hbar}\mathrm{e}^{i\overline{\boldsymbol{P}}\cdot\hat{\boldsymbol{R}}/\hbar}\mathrm{e}^{-it\boldsymbol{V}\cdot\hat{\boldsymbol{P}}/\hbar} \tag{6.19}$$

を得る．ただし，$E_V \equiv M\boldsymbol{V}^2/2$ および $\overline{\boldsymbol{P}} \equiv M\boldsymbol{V}$ はそれぞれ重心の運動エネルギーおよび運動量である．

話を具体的にするために，座標表示を取り系の波動関数を $\Psi(\boldsymbol{r}_1,\ \boldsymbol{r}_2,\ \ldots,\ \boldsymbol{r}_N,\ t)$ と書こう．これに Galilei 変換 $\hat{U}(\boldsymbol{V})$ を掛けて得られる波動関数を $\Psi'(\boldsymbol{r}_1,\ \boldsymbol{r}_2,\ \ldots,\ \boldsymbol{r}_N,\ t)$ と書くと，(6.19) より

$$\begin{aligned}&\Psi'(\boldsymbol{r}_1,\ \boldsymbol{r}_2,\ \ldots,\ \boldsymbol{r}_N,\ t)\\ &= \mathrm{e}^{-iE_V t/\hbar}\mathrm{e}^{i\overline{\boldsymbol{P}}\cdot\hat{\boldsymbol{R}}/\hbar}\mathrm{e}^{-it\boldsymbol{V}\cdot\hat{\boldsymbol{P}}/\hbar}\,\Psi(\boldsymbol{r}_1,\ \boldsymbol{r}_2,\ \ldots,\ \boldsymbol{r}_N,\ t)\\ &= \mathrm{e}^{-iE_V t/\hbar}\mathrm{e}^{i\overline{\boldsymbol{P}}\cdot\hat{\boldsymbol{R}}/\hbar}\,\Psi(\boldsymbol{r}_1 - \boldsymbol{V}t,\ \boldsymbol{r}_2 - \boldsymbol{V}t,\ \ldots,\ \boldsymbol{r}_N - \boldsymbol{V}t,\ t)\end{aligned} \tag{6.20}$$

となる．このとき，

$$\langle\Psi'|\hat{\boldsymbol{r}}_a|\Psi'\rangle = \boldsymbol{r}_a + t\boldsymbol{V}, \quad \langle\Psi'|\hat{\boldsymbol{p}}_a|\Psi'\rangle = \boldsymbol{p}_a + m_a\boldsymbol{V} \tag{6.21}$$

が成り立つ．ただし，$\boldsymbol{p}_a = \langle\Psi|\hat{\boldsymbol{p}}_a|\Psi\rangle$．(6.21) は以下の変換則から従う：

$$\hat{U}^\dagger\hat{\boldsymbol{r}}_a\hat{U} = \hat{\boldsymbol{r}}_a + t\boldsymbol{V}, \quad \hat{U}^\dagger\hat{\boldsymbol{p}}_a\hat{U} = \hat{\boldsymbol{p}}_a + m_a\boldsymbol{V}. \tag{6.22}$$

さて，(6.20) において，$\Psi'(\boldsymbol{r}_1,\ \boldsymbol{r}_2,\ \ldots,\ \boldsymbol{r}_N,\ t)$ が通常の古典波動のように $\Psi(\boldsymbol{r}_1 - \boldsymbol{V}t,\ \boldsymbol{r}_2 - \boldsymbol{V}t,\ \ldots,\ \boldsymbol{r}_N - \boldsymbol{V}t,\ t)$ とはならず，付加的に位相が掛かって

第6章　量子力学における対称性と保存則

いることに注意しよう．特に，指数に E_V を含む項は $\hat{\boldsymbol{R}}$ と $\hat{\boldsymbol{P}}$ の交換関係から生じたものであり，量子力学的な効果 を表している．実際，この項が量子力学における波動関数が古典波動の波動関数とは違うことを端的に示している．より簡単な例として1粒子の自由粒子を考えよう．これは平面波で表される．$\psi(\boldsymbol{r}, t) = \mathrm{e}^{i\boldsymbol{p}\cdot\boldsymbol{r}/\hbar - it\omega/\hbar}$．ただし，$\omega = p^2/2m$．古典波動を Galilei 変換すると，$\psi(\boldsymbol{r} - t\boldsymbol{V}, t) = \mathrm{e}^{i\boldsymbol{p}\cdot(\boldsymbol{r}-\boldsymbol{V}t)/\hbar - it\omega/\hbar} = \mathrm{e}^{i\boldsymbol{p}\cdot\boldsymbol{r}/\hbar - it\omega'/\hbar}$　$(\omega' = \omega + \boldsymbol{p}\cdot\boldsymbol{V})$ となり，運動量は変化せずエネルギーも $(\boldsymbol{p} + m\boldsymbol{V})^2/2m$ とはならない．しかし，(6.20) を用いると，

$$
\begin{aligned}
\psi'(\boldsymbol{r}, t) &= \mathrm{e}^{-imV^2t/2\hbar}\mathrm{e}^{im\boldsymbol{V}\cdot\hat{\boldsymbol{r}}/\hbar} \times \mathrm{e}^{i\boldsymbol{p}\cdot(\boldsymbol{r}-\boldsymbol{V}t)/\hbar - it\boldsymbol{p}^2/(2m\hbar)} \\
&= \mathrm{e}^{i(\boldsymbol{p}+m\boldsymbol{V})\cdot\boldsymbol{r}/\hbar - it(\boldsymbol{p}+m\boldsymbol{V})^2/(2m\hbar)}
\end{aligned}
\tag{6.23}
$$

となり，運動量が $\boldsymbol{p}' \equiv \boldsymbol{p} + m\boldsymbol{V}$ の自由粒子の波動関数を正しく与える．

────────────── 第6章　章末問題 ──────────────

問題1　Galilei 変換の生成子の各成分 $\hat{K}_i$ が互いに可換であること ($[\hat{K}_i, \hat{K}_j] = 0$) を示せ.

問題2　(6.21) を示せ.

問題3　多体系を扱う場合，重心運動を分離して内部エネルギーを曖昧さなく求めることは重要である．その出発点は重心座標と内部座標を陽に分離することである．それは，2体系の場合は重心と相対に分ければよい．それでは，3体系以上の場合はそのような分離が可能であろうか．そのための有用な方法は Jacobi 座標を使う方法である．たとえば，質量，座標がそれぞれ m_a および r_a ($a = 1, 2, 3$) で与えられている3粒子系の場合，Jacobi 座標 $(\boldsymbol{R}, \boldsymbol{\lambda}, \boldsymbol{\mu})$ は以下のように定義される ($M = m_1 + m_2 + m_3$):

$$\boldsymbol{R} = \frac{m_1 \boldsymbol{r}_1 + m_2 \boldsymbol{r}_2 + m_3 \boldsymbol{r}_3}{M}, \quad \boldsymbol{\lambda} = \frac{m_1 \boldsymbol{r}_1 + m_2 \boldsymbol{r}_2}{m_1 + m_2} - \boldsymbol{r}_3, \quad \boldsymbol{\mu} = \boldsymbol{r}_1 - \boldsymbol{r}_2.$$

このとき，運動エネルギー $\hat{T}$ は以下のように重心 $\boldsymbol{R}$ と内部座標 $\boldsymbol{\lambda}, \boldsymbol{\mu}$ に依存する部分に分けることができる:

$$\hat{T} = \sum_{a=1}^{3} \frac{-\hbar^2}{2m_a} \frac{\partial^2}{\partial \boldsymbol{r}_a^2} = \frac{-\hbar^2}{2M} \frac{\partial^2}{\partial \boldsymbol{R}^2} + \frac{-\hbar^2}{2\mu_1} \frac{\partial^2}{\partial \boldsymbol{\lambda}^2} + \frac{-\hbar^2}{2\mu_2} \frac{\partial^2}{\partial \boldsymbol{\mu}^2}. \tag{6.24}$$

ただし，$\mu_1 = (m_1 + m_2)m_3/M$, $\mu_2 = m_1 m_2/(m_1 + m_2)$.

(6.24) を確かめよ.

第7章 回転変換の表現と一般化された角運動量

変換の続きとして系の回転を取り上げ，章を改めて少し詳しく扱うことにする．

§7.1 回転の表現

7.1.1 座標系の回転

まず3次元空間を考え，理解しやすい直角座標系Kの回転，すなわち，受動的な回転変換を考える．

座標系の任意の回転は回転軸を与える方向ベクトル $\boldsymbol{n}$ ($|\boldsymbol{n}|=1$) とその軸周りの角度 θ で指定できる（Éulerの定理[1]）．原点をOとし，(x, y, z) 軸方向の単位ベクトルを $\{\boldsymbol{e}_x, \boldsymbol{e}_y, \boldsymbol{e}_z\}$ とする．記法の便を考え，それぞれ (x_1, x_2, x_3) および $\{\boldsymbol{e}_1, \boldsymbol{e}_2, \boldsymbol{e}_3\}$ と書く場合もある．この座標軸を $\boldsymbol{n}$ 方向に θ だけ回転したときの座標系をK′とする（図7.1参照）：K′での各座標軸を (x', y', z') と呼び，(x', y', z') 軸方向の単位ベクトルを $\{\boldsymbol{e}_{x'}, \boldsymbol{e}_{y'}, \boldsymbol{e}_{z'}\} \equiv \{\boldsymbol{e}_1', \boldsymbol{e}_2', \boldsymbol{e}_3'\}$ とする．空

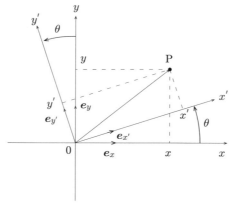

図7.1 座標系の回転を表す図．見やすくするために，z 軸周りの回転を考え x–y 平面の回転で表している．

---

[1] たとえば，H. Goldstein, *Classical Mechanics, 2nd ed.*, Addison-Wesley (1980)§4–6; 山内恭彦著『回転群とその表現』（岩波書店，1957）第1章参照．

第7章　回転変換の表現と一般化された角運動量

間上の任意の点 P の位置ベクトル $\overrightarrow{\text{OP}}$ は座標系の回転 $\text{K} \to \text{K}'$ に対して不変なので，$\overrightarrow{\text{OP}} = \sum_{i=1}^{3} x_i \boldsymbol{e}_i = \sum_{i=1}^{3} x_i' \boldsymbol{e}_i'$ と書ける．(x, y, z) および (x', y', z') はそれぞれ座標系 K および K' での点 P の座標である．上の式から，$\overrightarrow{\text{OP}}$ の異なる座標系における表現 (x, y, z) および (x', y', z') の間の変換が与えられる．まず，$\{\boldsymbol{e}_x, \boldsymbol{e}_y, \boldsymbol{e}_z\}$ から $\{\boldsymbol{e}_{x'}, \boldsymbol{e}_{y'}, \boldsymbol{e}_{z'}\}$ への変換は行列 $M(\boldsymbol{n}, \theta)$ を用いて，$\boldsymbol{e}_{i'} = \sum_{j=1}^{3} M(\boldsymbol{n}, \theta)_{ij} \boldsymbol{e}_j$ と書ける．たとえば，z 軸周りに角度 α だけ回転したときには $\boldsymbol{e}_{x'} = \cos\alpha\, \boldsymbol{e}_x + \sin\alpha\, \boldsymbol{e}_y$，$\boldsymbol{e}_{y'=} -\sin\alpha\, \boldsymbol{e}_x + \cos\alpha\, \boldsymbol{e}_y$，$\boldsymbol{e}_{z'} = \boldsymbol{e}_z$ となるので，

$$M(\boldsymbol{e}_z, \alpha) = \begin{pmatrix} \cos\alpha & \sin\alpha & 0 \\ -\sin\alpha & \cos\alpha & 0 \\ 0 & 0 & 1 \end{pmatrix}. \tag{7.1}$$

同様に，y 軸周りの角度 β の回転に対しては

$$M(\boldsymbol{e}_y, \beta) = \begin{pmatrix} \cos\beta & 0 & -\sin\beta \\ 0 & 1 & 0 \\ \sin\beta & 0 & \cos\beta \end{pmatrix} \tag{7.2}$$

となる．ここで，一般に回転を表す行列 M は直交行列であることに注意する：${}^t M = M^{-1}$．さらに，いまの場合，$\det M = 1$ である．すなわち，M は 3 次元特殊直交行列 (SO(3)) である[2]．すると，座標 (x', y', z') の変換の仕方は以下のように導かれる：$\sum_k x_k \boldsymbol{e}_k = \sum_i x_i' \boldsymbol{e}_{i'} = \sum_{i,k} x_i' M_{ik} \boldsymbol{e}_k = \sum_{i,k} \{({}^t M)_{ki} x_i'\} \boldsymbol{e}_k = \sum_{i,k} \{(M^{-1})_{ki} x_i'\} \boldsymbol{e}_k$．これより，$x_k = \sum_{j=1}^{3} (M^{-1})_{kj} x_j'$ が得られる．この両辺に M を掛けて，$x_i' = \sum_{k=1}^{3} M_{ik} x_k$．

一般の回転は Euler 回転によっても実現できる[3]．すなわち，次の 3 種の回転を順次行う（図 7.2 参照）：

1.　z 軸周りの角度 α 回転：$(x, y, z) \to (x', y', z' = z)$．
2.　y' 軸周りの角度 β 回転：$(x', y', z') \to (x'', y'' = y', z'')$．

---

[2] 座標系の反転（$\boldsymbol{e}_i \to -\boldsymbol{e}_1$）が伴う場合は，$\det M = -1$ となる．この場合も許す場合の変換行列は O(3) となる．

[3] 篠本・坂口著『基幹講座 物理学 力学』（東京図書，2013）§7.8 参照．ただし，2 番目の回転軸が x' 軸になっており，y' 軸に取る以下の定義と異なる．量子力学ではこちらが便利である．

§7.1 【基本】 回転の表現

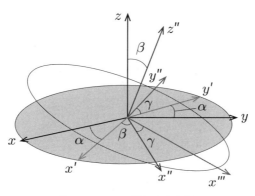

図 7.2 **Euler 回転を表す図.**

3. z'' 軸周りの角度 γ 回転: $(x'', y'', z'') \to (x''', y''', z''' = z'')$.

この回転全体の変換行列 $M(\alpha, \beta, \gamma)$ は (7.1) と (7.2) より，次のように与えられる：

$$M(\alpha, \beta, \gamma) = M(\boldsymbol{e}_{z''}, \gamma) M(\boldsymbol{e}_{y'}, \beta) M(\boldsymbol{e}_z, \alpha). \tag{7.3}$$

直交行列の積も直交行列なので，${}^tM = M^{-1}$ が成り立っている．

7.1.2 系の回転

次に，座標系は動かさず，物理系を回転させる「**能動的な変換**」を考える．この場合，たとえば，Euler 回転 (α, β, γ) によりベクトル $\boldsymbol{V} = {}^t(V_x, V_y, V_z)$ が $\boldsymbol{V}' = {}^t(V'_x, V'_y, V'_z)$ に変換されるときの変換行列を $R(\alpha, \beta, \gamma)$ と書くと，$\boldsymbol{V}' = \sum_i \boldsymbol{e}_i V'_i = R(\alpha, \beta, \gamma) \boldsymbol{V} = \sum_{i,j} \boldsymbol{e}_i R(\alpha, \beta, \gamma)_{ij} V_j$ より，$V'_i = \sum_j R_{ij} V_j$ となる．系の回転は座標軸の回転と逆の関係にあるから，R は (7.3) の逆行列（すなわち転置行列で与えられる：

$$\begin{aligned}R(\alpha, \beta, \gamma) &= {}^tM(\alpha, \beta, \gamma) = {}^tM(\boldsymbol{e}_z, \alpha)\, {}^tM(\boldsymbol{e}_{y'}, \beta)\, {}^tM(\boldsymbol{e}_{z''}, \gamma)\\ &= \begin{pmatrix} \cos\alpha\cos\beta\cos\gamma - \sin\alpha\sin\gamma & -\cos\alpha\cos\beta\sin\gamma - \sin\alpha\cos\gamma & \cos\alpha\sin\beta \\ \sin\alpha\cos\beta\cos\gamma + \cos\alpha\sin\gamma & -\sin\alpha\cos\beta\sin\gamma + \cos\alpha\cos\gamma & \sin\alpha\sin\beta \\ -\sin\beta\cos\gamma & \sin\beta\sin\gamma & \cos\beta \end{pmatrix}.\end{aligned} \tag{7.4}$$

以下では断らない限り能動的な変換（物理系の回転）を考える．

§7.2 回転による状態ベクトルの変換：能動的な回転変換

まず，例として系の z 軸周りに ϕ_0 だけの回転 $R(e_z;\phi_0)$ を考える（図 7.3 参照）．この時の波動関数の変換は $\varphi(\boldsymbol{r}) \to \varphi'(\boldsymbol{r}) = \hat{P}_R \varphi(\boldsymbol{r}) = \varphi(\boldsymbol{r}')$ と表される．ここに，$\boldsymbol{r}' = (x', y', z')$ は $\boldsymbol{r} = (x, y, z)$ を z 軸周りに $-\phi_0$ だけ回転した位置ベクトルである．$\boldsymbol{r}$ の極座標が (r, θ, ϕ) ならば，$\boldsymbol{r}'$ は $(r', \theta', \phi') = (r, \theta, \phi - \phi_0)$ と表される．回転角が逆符号になっていることに注意しよう[4]．したがって，$\varphi'(\boldsymbol{r}) = \varphi(r, \theta, \phi - \phi_0) = e^{-\phi_0 \frac{\partial}{\partial \phi}} \varphi(\boldsymbol{r}) = e^{-i\phi_0 \hat{L}_z/\hbar} \varphi(\boldsymbol{r})$．ここに，$\hat{L}_z = -i\hbar \frac{\partial}{\partial \phi} = \hat{L}_z^\dagger$ は軌道角運動量演算子の z 成分である：(5.2) 参照．すなわち，$\hat{L}_z$ は z 軸周りの回転の生成子であり，状態の変換はユニタリー変換 $\hat{P}_R(e_z;\phi_0) = \exp[-i\phi_0 e_z \cdot \hat{\boldsymbol{L}}/\hbar]$ で与えられる（e_z は z 軸方向の単位ベクトル）．

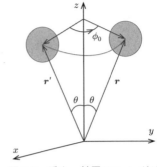

図 7.3 系を z 軸周りに ϕ_0 だけ回転することを示す図．

Euler の定理により，上の z 軸周りの回転に対する結果は一般の能動的回転変換に対して容易に拡張できる．任意の回転として，ある $\boldsymbol{n}$ 軸周りの θ だけの回転 $R(\boldsymbol{n};\theta)$ を考える．そのとき，波動関数 $\varphi(\boldsymbol{r})$ は次のようにユニタリー変換 $\hat{P}_{R(\boldsymbol{n};\theta)}$ を受ける：

$$\varphi'(\boldsymbol{r}) = \hat{P}_{R(\boldsymbol{n};\theta)} \varphi(\boldsymbol{r}) = \varphi(R^{-1}(\boldsymbol{n};\theta)\boldsymbol{r}). \tag{7.5}$$

この回転変換 R から状態ベクトル空間でのユニタリー変換 $\hat{P}_R$ への写像は変換の積を保存する（そのような写像は準同型写像とよばれる）．実際，積 $R = R_2 R_1$ の変換に対して波動関数は以下のように変換される：

$$\hat{P}_R \varphi(\boldsymbol{r}) = \varphi(R^{-1}\boldsymbol{r}) = \varphi(R_1^{-1} R_2^{-1} \boldsymbol{r}) = \hat{P}_{R_1} \varphi(R_2^{-1}\boldsymbol{r}) = \hat{P}_{R_2} \hat{P}_{R_1} \varphi(\boldsymbol{r}).$$

$\varphi(\boldsymbol{r})$ は任意であるから，$\hat{P}_{R_2 R_1} = \hat{P}_{R_2} \hat{P}_{R_1}$．またこのとき，回転変換と対応する波動関数のユニタリー変換が準同型であるという．

この変換 $\hat{P}_R$ を角運動量演算子で表そう．$\boldsymbol{n}$ を単位ベクトルとして，図 7.4 のような $\boldsymbol{n}$ 軸周りの微小角度 $\delta\phi$ の回転 $R(\boldsymbol{n};\delta\phi)$ を行うと，位置ベクトルは

---

[4] 任意の関数 $y = f(x)$ を x の正の方向に a だけ平行移動した関数は引数を逆方向に移動した関数 $y = f(x - a)$ で与えられることと同様である．

§7.3 【基本】 一般化された角運動量の定義

$r \to R(n;\delta\phi)r = r' = r + a(r)$ と変換される. ここで, $a(r) = \delta\phi\, n \times r$ である.

さて, 系を n 軸周りに $\delta\phi$ だけ回転した場合, 状態関数は

$$\varphi(r) \to \varphi'(r) = \hat{P}_{R(n,\delta\phi)}\varphi(r)$$
$$= \varphi(R^{-1}(n;\delta\phi)r) \simeq \varphi(r - a(r)) \quad (7.6)$$

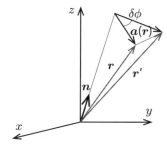

図 7.4 位置ベクトル r を n を回転軸として微小角 $\delta\phi$ だけ回転させたとき r' に移るとすると, $r' - r \simeq \delta\phi n \times r \equiv a(r)$ である.

と変換される. ところが, $a(r)\cdot\hat{p} = \hat{p}\cdot a(r) = \delta\phi(n\times r)\cdot\hat{p} = \delta\phi n\cdot\hat{L}$ であることに注意すると,

$$\varphi'(r) \simeq \varphi(r-a) = \mathrm{e}^{-i a\cdot\hat{p}/\hbar}\varphi(r) = \mathrm{e}^{-i\delta\phi\, n\cdot\hat{L}/\hbar}\varphi(r) \quad (7.7)$$

と書ける. n 軸周りの有限の角度 ϕ の回転の場合, 角度を N 等分して, $\delta\phi = \phi/N$ と書くと, 上記の結果より,

$$\varphi'(r) = \hat{P}_{R(n,\phi)}\varphi(r) = \lim_{N\to\infty}\left(\mathrm{e}^{-i\delta\phi\, n\cdot\hat{L}/\hbar}\right)^N \varphi(r)$$
$$= \lim_{N\to\infty}\mathrm{e}^{-iN\delta\phi\, n\cdot\hat{L}/\hbar}\varphi(r) = \mathrm{e}^{-i\phi\, n\cdot\hat{L}/\hbar}\varphi(r). \quad (7.8)$$

すなわち, 任意の方向 n を回転軸とする有限角 ϕ の回転に対応するユニタリー変換は $\hat{P}_{R(n,\phi)} = \mathrm{e}^{-i\phi\, n\cdot\hat{L}/\hbar}$ となる.

§7.3 一般化された角運動量の定義

回転変換に対する状態関数 $\varphi(r)$ の変換は軌道角運動量演算子 $\hat{L}$ を用いて表された. ここでは座標表示を顕に用いている. 表示に依らない回転変換に対する状態ベクトルの変換性を考えてみる. 実は, Dirac の相対論的電子理論によれば電子を記述するのに 4 成分の波動関数が必要であり, そのうちの 2 自由度は素朴には電子固有の自転自由度を表すと理解される. この自由度は**スピン**と呼ばれる. 以下の状態ベクトルを用いる議論は, 回転変換を生成する一般化された角運動量演算子 $\hat{J}$ がスピンを記述し得ることを示す.

第7章　回転変換の表現と一般化された角運動量

まず，回転 $R(\boldsymbol{n};\theta)$ に対応するユニタリー変換を $\hat{\boldsymbol{L}}$ の代わりにより一般の3成分のエルミート演算子 $\hat{\boldsymbol{J}}$ を用いて $\hat{P}_{R(\boldsymbol{n};\theta)} = e^{-i\theta\boldsymbol{n}\cdot\hat{\boldsymbol{J}}/\hbar}$ と表されると仮定することは自然であろう．$\hat{\boldsymbol{J}}$ の性質を調べるため，図7.5に示しているような2つの無限小回転を考える：i) x 軸周りの角度 $\delta\theta_x$ の回転 $R_x(\delta\theta_x)$ ii) y 軸周りの角度 $\delta\theta_y$ の回転 $R_y(\delta\theta_y)$．そして，x 軸上の点 P を2通りの方法で回転させる．a) まず，x 軸周りに微小角度 $\delta\theta_x$ だけ回転させる：$R_x(\delta\theta_x)$．この操作で点 P は移動しない．次に，y 軸周りに $\delta\theta_y$ だけ回転させる：$R_y(\delta\theta_y)$．この回転操作は全体で $R_y(\delta\theta_y)R_x(\delta\theta_x)$ と書ける．この結果，点 P は x 軸のほとんど直下の点 P$'$ に移動する．b) 上の回転の順序を入れ替えた回転を行う：$R_x(\delta\theta_x)R_y(\delta\theta_y)$．最後の操作で，点 P は半径 $\delta\theta_y$ で角度 $\delta\theta_x$ だけ回転して P$''$ に移動する．

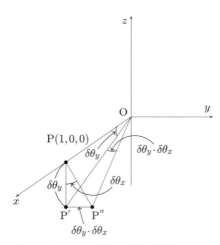

図7.5 図のように，x 軸上の点 P を2通りの方法で回転させると，両者の回転操作の差は，高次の微小量を無視すれば，z 軸周りの角度 $\delta\theta_y\delta\theta_x$ だけの回転操作と恒等変換の差に等しい．

すると，図7.5より $R_y(\delta\theta_y)$ の操作の後に $R_x(\delta\theta_x)$ を行う操作 $R_x(\delta\theta_x)R_y(\delta\theta_y)$ と逆の操作 $R_y(\delta\theta_y)R_x(\delta\theta_x)$ の結果の差は z 軸周りの角度 $\delta\theta_y\delta\theta_x$ の回転操作 $R_z(\delta\theta_x\delta\theta_y)$ と恒等変換の差に等しいことがわかる：

$$R_x(\delta\theta_x)R_y(\delta\theta_y) - R_y(\delta\theta_y)R_x(\delta\theta_x) \simeq R_z(\delta\theta_x\delta\theta_y) - 1. \quad (7.9)$$

これに，§7.2で議論した回転変換 R と対応するユニタリー変換 $\hat{P}_R$ の間の準同

§7.4 【基本】 スピン

型関係を適用しよう. $\delta\theta \ll 1$ のとき, $\hat{P}_{R(\boldsymbol{n};\theta)} = \mathrm{e}^{-i\delta\theta \boldsymbol{n}\cdot\hat{\boldsymbol{J}}/\hbar} \simeq 1 - i\delta\theta \boldsymbol{n}\cdot\hat{\boldsymbol{J}}/\hbar$ と表されることを用いると, (7.9) に対応して以下の関係式が成り立つ:

$$(1 - i\delta\theta_x \hat{J}_x/\hbar)(1 - i\delta\theta_y \hat{J}_y/\hbar) - (1 - i\delta\theta_y \hat{J}_y/\hbar)(1 - i\delta\theta_x \hat{J}_x/\hbar)$$
$$\simeq -i\delta\theta_x\delta\theta_y \hat{J}_z/\hbar.$$

両辺を微小角 $\delta\theta_x$ および $\delta\theta_y$ について2次まで展開し, 両辺の $\delta\theta_x\delta\theta_y$ の係数を比較することにより,

$$\hat{J}_x\hat{J}_y - \hat{J}_y\hat{J}_x = i\hbar\hat{J}_z \tag{7.10}$$

を得る. このようにして, 一般の回転 R の生成子 $\hat{\boldsymbol{J}} = (\hat{J}_x, \hat{J}_y, \hat{J}_z)$ は以下のように $\hat{\boldsymbol{L}}$ と同じ交換関係を満たすことがわかる:

$$[\hat{J}_i, \hat{J}_j] = i\hbar\epsilon_{ijk}\hat{J}_k. \tag{7.11}$$

回転を $R(\boldsymbol{n};\theta)$ で表すと, 状態ベクトル $|\psi\rangle$ はユニタリー変換 $\hat{P}_{R(\boldsymbol{n};\theta)} = \mathrm{e}^{-i\theta \boldsymbol{n}\cdot\hat{\boldsymbol{J}}/\hbar}$ によって

$$|\psi\rangle \rightarrow |\psi'\rangle = \hat{P}_{R(\boldsymbol{n};\theta)}|\psi\rangle \tag{7.12}$$

と変換される. 以下では, 回転の生成子としての演算子 $\hat{\boldsymbol{J}}$ を (一般化された) 角運動量と呼ぶことにする.

$\hat{\boldsymbol{J}}$ のエルミート性と交換関係 (7.11) から, 角運動量の大きさ j は $j = 0, 1/2, 1, \dots$ の値を取ること, また, 軌道角運動量の場合は j が整数に限られることを §5.5 で見た. この j が半整数の場合はスピン自由度に関係しているのである. 最も基本的な $j = 1/2$ の場合について次の節で解説する.

§7.4 スピン

ここで, $j = $ (半整数) $1/2, 3/2, \dots$ のとき, 磁気量子数 m の取りうる値の数 (縮退度) は $2j + 1 = 2, 4, \dots$ のように偶数になることに注意しよう. 軌道角運動量のように $j = l = $ 整数の場合, 縮退度 $2l + 1$ は必ず奇数である. 実は, このような**2価性**, あるいはより一般に「**偶数性**」は原子スペクトルに現れ, その起源は謎とされていたのであった. 偶数性の現れる実験／現象として

第 7 章　回転変換の表現と一般化された角運動量

は，たとえば，以下のものがある: (1) Stern–Gerlach の実験 (2) アルカリ原子のスペクトル (3) 異常 Zeeman 効果.

しかしながら §5.6 で示されたように，$j =$ 半整数のとき角運動量の固有状態を空間座標を引数とする関数で表すことはできない．そこで，量子力学の基礎に戻り，§3.7 で展開された変換理論に基づいて $j =$ 半整数の状態ベクトルの構成を行う．すなわち，角運動量の大きさと z 成分の同時固有状態 $|j, m\rangle$ を状態ベクトルの基底（完全系）に取る．以下では，$j = 1/2$ の場合が基本的で最も重要であるのでその場合を扱う．この場合基底は，$|\frac{1}{2} \pm \frac{1}{2}\rangle$ である．記法を簡単にするために，$|\frac{1}{2} \frac{1}{2}\rangle = |\uparrow\rangle = \chi_\uparrow(\sigma)$，$|\frac{1}{2} -\frac{1}{2}\rangle = |\downarrow\rangle = \chi_\downarrow(\sigma)$ などと書く場合もある．独立な基底の数は 2 つなので，$s = 1/2$ の状態は 2 次元のベクトル空間[5]で表すことができる.

以下では $j = 1/2$ の角運動量を「スピン」と呼び，次のように新しい記号で表すことにする：$j = 1/2$ のとき $\hat{\boldsymbol{J}} = \hat{\boldsymbol{S}}$ と書く．$\hat{\boldsymbol{S}} = \hbar\hat{\boldsymbol{s}}$. したがって，$\hat{s}^2|\frac{1}{2}, m\rangle = \frac{1}{2}(\frac{1}{2}+1)|\frac{1}{2}, m\rangle = \frac{3}{4}|\frac{1}{2}, m\rangle$, $\hat{s}_z|\frac{1}{2}, m\rangle = m|\frac{1}{2}, m\rangle$ $(m = \pm\frac{1}{2})$ と書ける．次に，演算子の行列表示を求める．まず，$\hat{s}_z : \langle\frac{1}{2}, m'|\hat{s}_z|\frac{1}{2}, m\rangle = m\delta_{mm'}$ より，

$$\hat{s}_z = \begin{pmatrix} \frac{1}{2} & 0 \\ 0 & -\frac{1}{2} \end{pmatrix} \equiv \frac{1}{2}\sigma_z \quad \sigma_z \equiv \begin{pmatrix} 1 & 0 \\ 0 & -1 \end{pmatrix}. \tag{7.13}$$

次に，$\hat{s}_\pm = \hat{s}_x \pm i\hat{s}_y$ を考える．$\langle\frac{1}{2}, m'|\hat{s}_+|\frac{1}{2}, \frac{1}{2}\rangle = 0$. 一方，$\langle\frac{1}{2}, m'|\hat{s}_+|\frac{1}{2}, -\frac{1}{2}\rangle = \delta_{m'\frac{1}{2}}$. よって，$\hat{s}_+ = \begin{pmatrix} 0 & 1 \\ 0 & 0 \end{pmatrix}$. また，$\hat{s}_- = \hat{s}_+^\dagger = \begin{pmatrix} 0 & 0 \\ 1 & 0 \end{pmatrix}$. したがって，

$$\hat{s}_x = \frac{1}{2}(\hat{s}_+ + \hat{s}_-) = \frac{1}{2}\begin{pmatrix} 0 & 1 \\ 1 & 0 \end{pmatrix} \equiv \frac{1}{2}\sigma_x, \tag{7.14}$$

$$\hat{s}_y = \frac{1}{2i}(\hat{s}_+ - \hat{s}_-) = \frac{1}{2}\begin{pmatrix} 0 & -i \\ i & 0 \end{pmatrix} \equiv \frac{1}{2}\sigma_y. \tag{7.15}$$

ここに，

$$\sigma_x = \begin{pmatrix} 0 & 1 \\ 1 & 0 \end{pmatrix}, \quad \sigma_y = \begin{pmatrix} 0 & -i \\ i & 0 \end{pmatrix}. \tag{7.16}$$

---
[5] スピノル空間と呼ばれる.

§7.4 【基本】 スピン

ここで導入した行列の組 $\boldsymbol{\sigma} = (\sigma_x, \sigma_y, \sigma_z)$ を Pauli 行列と呼ぶ. 上記の行列表現に対応して, 基底は次のように 2 次元の数ベクトルで表すことができる:

$$\left|\frac{1}{2}, \frac{1}{2}\right\rangle = \begin{pmatrix} 1 \\ 0 \end{pmatrix}, \quad \left|\frac{1}{2}, \frac{-1}{2}\right\rangle = \begin{pmatrix} 0 \\ 1 \end{pmatrix}.$$

Pauli 行列の性質を以下に示す:

(1) $[\sigma_i, \sigma_j] = 2i\epsilon_{ijk}\sigma_k$.

(2) $\sigma_x^2 = \sigma_y^2 = \sigma_z^2 = \mathbf{1}_2 : \boldsymbol{\sigma}^2 = \sigma_x^2 + \sigma_y^2 + \sigma_z^2 = 3\mathbf{1}_2.$ ($\mathbf{1}_2$ は 2 次の単位行列).

(3) $i \neq j$ のとき, $\sigma_i\sigma_j = -\sigma_j\sigma_i$.

(4) $\sigma_i\sigma_j + \sigma_j\sigma_i = 2\delta_{ij}\mathbf{1}_2$.

(5) $i \neq j$ のとき, $\sigma_i\sigma_j = i\epsilon_{ijk}\sigma_k$.

(6) $\sigma_i\sigma_j = \delta_{ij}\mathbf{1}_2 + i\epsilon_{ijk}\sigma_k$.

導出はすべてそこに現れる 2×2 行列の掛け算をすることで簡単に行うことができる. あるいは, (1)〜(3) を示せば他はこれらから導出することができる. (6) より, 任意のベクトル演算子 $\hat{\boldsymbol{A}}, \hat{\boldsymbol{B}}$ に対して次の恒等式が成り立つことがわかる:

$$(\boldsymbol{\sigma} \cdot \hat{\boldsymbol{A}})(\boldsymbol{\sigma} \cdot \hat{\boldsymbol{B}}) = \hat{\boldsymbol{A}} \cdot \hat{\boldsymbol{B}} + i\boldsymbol{\sigma} \cdot (\hat{\boldsymbol{A}} \times \hat{\boldsymbol{B}}). \tag{7.17}$$

実際, 左辺 $= (\sigma_i\hat{A}_i)(\sigma_j\hat{B}_j) = \hat{A}_i\hat{B}_j\sigma_i\sigma_j$ なので, ここで (6) を用いると,

$$左辺 = \hat{A}_i\hat{B}_j(\delta_{ij}\mathbf{1}_2 + i\epsilon_{ijk}\sigma_k) = \hat{\boldsymbol{A}} \cdot \hat{\boldsymbol{B}}\mathbf{1}_2 + i\,\epsilon_{kij}\hat{A}_i\hat{B}_j\,\sigma_k$$

$$= \hat{\boldsymbol{A}} \cdot \hat{\boldsymbol{B}}\mathbf{1}_2 + i\boldsymbol{\sigma} \cdot (\hat{\boldsymbol{A}} \times \hat{\boldsymbol{B}}).$$

(7.17) の両辺は 2×2 の行列であることに注意しよう. 特に, c 数のベクトル $\boldsymbol{a}$ に対しては, $\boldsymbol{a} \times \boldsymbol{a} = \mathbf{0}$ であるから, $(\boldsymbol{\sigma} \cdot \boldsymbol{a})^2 = |\boldsymbol{a}|^2 \mathbf{1}_2$ が成り立つ. したがって, l を 0 または自然数とすると,

$$(\boldsymbol{\sigma} \cdot \boldsymbol{a})^{2l} = |\boldsymbol{a}|^{2l}\mathbf{1}_2, \quad (\boldsymbol{\sigma} \cdot \boldsymbol{a})^{2l+1} = |\boldsymbol{a}|^{2l}\boldsymbol{\sigma} \cdot \boldsymbol{a}. \tag{7.18}$$

が成り立つ. これを利用すると, 次の重要な関係式を示すことができる ($\boldsymbol{n}$ は単位ベクトル):

$$\mathrm{e}^{-i\theta\boldsymbol{\sigma}\cdot\boldsymbol{n}/2} = \cos\frac{\theta}{2} - i\boldsymbol{\sigma} \cdot \boldsymbol{n}\sin\frac{\theta}{2}. \tag{7.19}$$

証明は章末問題 5 とする.

第 7 章　回転変換の表現と一般化された角運動量

§7.5　軌道角運動量とスピン

上で紹介したように，電子は軌道運動に帰することのできない固有の角運動量の自由度であるスピン自由度を持つ．したがって以下のように，電子の状態ベクトルは軌道部分とスピン部分の積（テンソル積）の 1 次結合で表される：$|\psi\rangle = |\varphi_\uparrow\rangle \otimes |\frac{1}{2}, \frac{1}{2}\rangle + |\varphi_\downarrow\rangle \otimes |\frac{1}{2}, \frac{-1}{2}\rangle$．ここで，軌道部分 $|\varphi_\sigma\rangle$ はスピン（$\sigma = \uparrow, \downarrow$）ごとに異なり得ることに注意．軌道部分を $\boldsymbol{r}$-表示すると，

$$\langle \boldsymbol{r}|\psi\rangle \equiv \psi(\boldsymbol{r}) = \langle \boldsymbol{r}|\varphi_\uparrow\rangle \otimes \left|\frac{1}{2}, \frac{1}{2}\right\rangle + \langle \boldsymbol{r}|\varphi_\downarrow\rangle \otimes \left|\frac{1}{2}, \frac{-1}{2}\right\rangle$$

$$= \varphi_\uparrow(\boldsymbol{r}) \begin{pmatrix} 1 \\ 0 \end{pmatrix} + \varphi_\downarrow(\boldsymbol{r}) \begin{pmatrix} 0 \\ 1 \end{pmatrix} = \begin{pmatrix} \varphi_\uparrow(\boldsymbol{r}) \\ \varphi_\downarrow(\boldsymbol{r}) \end{pmatrix}. \tag{7.20}$$

規格化条件は以下のように与えられる：

$$1 = \langle \psi|\psi\rangle$$

$$= \int d\boldsymbol{r}(\varphi_\uparrow^*(\boldsymbol{r}), \varphi_\downarrow^*(\boldsymbol{r})) \begin{pmatrix} \varphi_\uparrow(\boldsymbol{r}) \\ \varphi_\downarrow(\boldsymbol{r}) \end{pmatrix} = \int d\boldsymbol{r}\left(|\varphi_\uparrow(\boldsymbol{r})|^2 + |\varphi_\downarrow(\boldsymbol{r})|^2\right). \tag{7.21}$$

回転 $R(\boldsymbol{n}, \theta)$ に対する波動関数の変換は

$$\hat{P}_{R(\boldsymbol{n}, \theta)}\psi(\boldsymbol{r}) = \mathrm{e}^{-i\hat{\boldsymbol{L}}\cdot\boldsymbol{n}\theta/\hbar}\varphi_\uparrow(\boldsymbol{r})\mathrm{e}^{-i\hat{\boldsymbol{S}}\cdot\boldsymbol{n}\theta/\hbar} \begin{pmatrix} 1 \\ 0 \end{pmatrix}$$

$$+ \mathrm{e}^{-i\hat{\boldsymbol{L}}\cdot\boldsymbol{n}\theta/\hbar}\varphi_\downarrow(\boldsymbol{r})\mathrm{e}^{-i\hat{\boldsymbol{S}}\cdot\boldsymbol{n}\theta/\hbar} \begin{pmatrix} 0 \\ 1 \end{pmatrix}$$

$$= \varphi_\uparrow(R^{-1}\boldsymbol{r})\mathrm{e}^{-i\boldsymbol{\sigma}\cdot\boldsymbol{n}\theta/2\hbar} \begin{pmatrix} 1 \\ 0 \end{pmatrix} + \varphi_\downarrow(R^{-1}\boldsymbol{r})\mathrm{e}^{-i\boldsymbol{\sigma}\cdot\boldsymbol{n}\theta/2\hbar} \begin{pmatrix} 0 \\ 1 \end{pmatrix}$$

$$= \mathrm{e}^{-i\boldsymbol{\sigma}\cdot\boldsymbol{n}\theta/2\hbar} \begin{pmatrix} \varphi_\uparrow(R^{-1}\boldsymbol{r}) \\ \varphi_\downarrow(R^{-1}\boldsymbol{r}) \end{pmatrix} \tag{7.22}$$

と与えられる．すなわち，系が軌道とスピンの両方の自由度を持つ場合は，回転に対する変換演算子は

$$\hat{P}_{R(\boldsymbol{n}, \theta)} = \mathrm{e}^{-i\hat{\boldsymbol{L}}\cdot\boldsymbol{n}\theta/\hbar}\mathrm{e}^{-i\hat{\boldsymbol{S}}\cdot\boldsymbol{n}\theta/\hbar} = \mathrm{e}^{-i(\hat{\boldsymbol{L}}+\hat{\boldsymbol{S}})\cdot\boldsymbol{n}\theta/\hbar} \equiv \mathrm{e}^{-i\hat{\boldsymbol{J}}\cdot\boldsymbol{n}\theta/\hbar} \tag{7.23}$$

$$§7.6 \quad 【発展】 \quad 回転行列：D 関数$$

となる. $\hat{\boldsymbol{J}}$ は全角運動量である：

$$\hat{\boldsymbol{J}} = \hat{\boldsymbol{L}} + \hat{\boldsymbol{S}}. \tag{7.24}$$

$\hat{\boldsymbol{L}}$ と $\hat{\boldsymbol{S}}$ が可換であることに注意しよう.

§7.6 回転行列：D 関数

$\hat{\boldsymbol{J}}^2$ と $\hat{P}_R$ は可換であるから, ユニタリー変換 $\hat{P}_R = \mathrm{e}^{-i\theta \boldsymbol{n}\cdot\hat{\boldsymbol{J}}/\hbar}$ によって角運動量の大きさ J は変化しないことに注意しよう：$\hat{\boldsymbol{J}}^2\left(\hat{P}_R|JM\rangle\right) = \hat{P}_R\hat{\boldsymbol{J}}^2|JM\rangle = \hbar^2 J(J+1)\left(\hat{P}_R|JM\rangle\right)$. そこで, 角運動量の大きさ J の状態で張られる状態空間 (部分 Hilbert 空間) 内での $\hat{P}_R(\boldsymbol{n},\theta) = \mathrm{e}^{-i\theta\boldsymbol{n}\cdot\hat{\boldsymbol{J}}/\hbar}$ の行列要素を以下のように定義する：

$$D^J_{M'M}(\boldsymbol{n},\theta) \equiv \langle JM'|\mathrm{e}^{-i\theta\boldsymbol{n}\cdot\hat{\boldsymbol{J}}/\hbar}|JM\rangle. \tag{7.25}$$

この行列要素を D 関数と呼ぶ. D 関数は空間回転 $R(\alpha,\beta,\gamma)$ に対して, $\{|JM\rangle\}_M$ で張られる $(2J+1)$ 次元部分空間内のベクトルの変換を与える. このことを「$D^J_{M'M}$ は回転群の J 階の既約表現である」という.

ここで, $\hat{P}_R$ がユニタリー変換であることが D 関数にどう表現されるかをみておこう. (7.25) の複素共役を取ると,

$$D^{J*}_{M'M}(\boldsymbol{n},\theta) = \langle JM'|\mathrm{e}^{-i\theta\boldsymbol{n}\cdot\hat{\boldsymbol{J}}/\hbar}|JM\rangle^* = \langle JM|\mathrm{e}^{i\theta\boldsymbol{n}\cdot\hat{\boldsymbol{J}}/\hbar}|JM'\rangle$$
$$= D^J_{MM'}(\boldsymbol{n},-\theta) \equiv (D^J)^{-1}_{MM'}(\boldsymbol{n},\theta). \tag{7.26}$$

これは $D^J_{M'M}(\boldsymbol{n},\theta)$ がユニタリー行列の (M',M) 成分であることを示している. これを用いると,

$$\delta_{M'M} = \sum_{M''} (D^J)^{-1}_{M'M''}(\boldsymbol{n},\theta)D^J_{M''M}(\boldsymbol{n},\theta)$$
$$= \sum_{M''} D^{J*}_{M''M'}(\boldsymbol{n},\theta)D^J_{M''M}(\boldsymbol{n},\theta) \tag{7.27}$$

を得る.

7.6.1 D 関数の Euler 角を用いた表式

D 関数のより具体的な表式を得るためには, 回転を Euler 回転で表現するのが便利である. 実際, $\hat{P}_R$ を Euler 角 (α,β,γ) を用いて表すと, 各座標系での

第7章　回転変換の表現と一般化された角運動量

角運動量演算子を用いて

$$\hat{P}_R(\alpha, \beta, \gamma) = e^{-i\gamma \hat{J}_{z''}/\hbar} e^{-i\beta \hat{J}_{y'}/\hbar} e^{-i\alpha \hat{J}_z/\hbar} \tag{7.28}$$

となる．以下，これを元の座標系での角運動量演算子 $\boldsymbol{\hat{J}}$ を用いて書き直そう．

まず，$\hat{J}_{y'}$ は変換 $U = \exp[-i\alpha \hat{J}_z/\hbar] \equiv \hat{P}_{z:\alpha}$ を行ったときの演算子だから，変換によるオブザーバブルの変換則 (6.13) より，$\hat{J}_{y'} = \hat{P}_{z:\alpha} \hat{J}_y P_{z:\alpha}^\dagger$．したがって，$e^{-i\beta \hat{J}_{y'}/\hbar} = \hat{P}_{z:\alpha} e^{-i\beta \hat{J}_y/\hbar} P_{z:\alpha}^\dagger$．これは直感的には，まず (x, y, z) 座標系にもどして y 軸周りに角度 β だけ回転し，その後また (x', y', z') に変換する操作，と解釈できる．同様にして，

$$e^{-i\gamma \hat{J}_{z''}/\hbar} = e^{-i\beta \hat{J}_{y'}/\hbar} e^{-i\gamma \hat{J}_{z'}/\hbar} e^{i\beta \hat{J}_{y'}/\hbar},$$
$$= \hat{P}_{z:\alpha} e^{-i\beta \hat{J}_y/\hbar} P_{z:\alpha}^\dagger \hat{P}_{z:\alpha} e^{-i\gamma \hat{J}_z/\hbar} P_{z:\alpha}^\dagger \hat{P}_{z:\alpha} e^{i\beta \hat{J}_y/\hbar} P_{z:\alpha}^\dagger.$$

すべてを掛け合わせて (7.28) を作ると，

$$\hat{P}_R = e^{-i\alpha \hat{J}_z/\hbar} e^{-i\beta \hat{J}_y/\hbar} e^{-i\gamma \hat{J}_z/\hbar} \tag{7.29}$$

となる．これはすべて元の座標系での演算子で表現されている．演算子が回転操作と逆の順で現れていることに注意しよう．

7.6.2 　$J = 1/2$ のときの D 関数

(7.29) を用いると，$J = 1/2$ のときの D 関数は (7.19) を用いる簡単な計算で次のようになることがわかる：

$$\hat{P}_R = e^{-i\alpha \sigma_z/2} e^{-i\beta \sigma_y/2} e^{-i\gamma \sigma_z/2}$$
$$= \begin{pmatrix} e^{-i\alpha/2} & 0 \\ 0 & e^{i\alpha/2} \end{pmatrix} \begin{pmatrix} \cos(\beta/2) & -\sin(\beta/2) \\ \sin(\beta/2) & \cos(\beta/2) \end{pmatrix} \begin{pmatrix} e^{-i\gamma/2} & 0 \\ 0 & e^{i\gamma/2} \end{pmatrix}$$
$$= \begin{pmatrix} e^{-i(\alpha+\gamma)/2} \cos(\beta/2) & -e^{-i(\alpha-\gamma)/2} \sin(\beta/2) \\ e^{i(\alpha-\gamma)/2} \sin(\beta/2) & e^{i(\alpha+\gamma)/2} \cos(\beta/2) \end{pmatrix}. \tag{7.30}$$

極座標で $\boldsymbol{n} = (\sin\theta \cos\phi, \sin\theta \sin\phi, \cos\theta)$ とする．このとき，$\boldsymbol{n}$ は (θ, ϕ) 方向を向くと表現する．スピンが z 軸方向を向いた状態 $\begin{pmatrix} 1 \\ 0 \end{pmatrix}$ から (θ, ϕ) 方向に向いた状態 $|\uparrow\rangle_{\boldsymbol{n}}$ へのユニタリー変換を考えよう（図 7.6 参照）．z 方向から

158

§7.7 【基本】 角運動量の合成：Clebsh–Gordan 係数

$\boldsymbol{n} = (\theta, \phi)$ 方向への Euler 回転は $R = (\alpha = \phi, \beta = \theta, 0)$ で与えられる．R に対応するユニタリー変換を $\hat{P}_R$ と書くと，

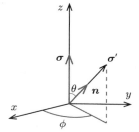

図 7.6 z 軸の正方向を向いているスピンを $\boldsymbol{n}$ 方向に回転させることを示す図．

$$|\uparrow\rangle_{\boldsymbol{n}} \equiv \hat{P}_R \begin{pmatrix} 1 \\ 0 \end{pmatrix}$$

$$= \begin{pmatrix} e^{-i\phi/2}\cos(\theta/2) & -e^{-i\phi/2}\sin(\theta/2) \\ e^{i\phi/2}\sin(\theta/2) & e^{i\phi/2}\cos(\theta/2) \end{pmatrix} \begin{pmatrix} 1 \\ 0 \end{pmatrix}$$

$$= \begin{pmatrix} e^{-i\phi/2}\cos(\theta/2) \\ e^{i\phi/2}\sin(\theta/2) \end{pmatrix}. \tag{7.31}$$

このとき，

$$\boldsymbol{\sigma} \cdot \boldsymbol{n} |\uparrow\rangle_{\boldsymbol{n}} = |\uparrow\rangle_{\boldsymbol{n}}, \quad \hat{P}_R \sigma_z P_R^\dagger = \boldsymbol{\sigma} \cdot \boldsymbol{n} \tag{7.32}$$

が成り立つ．証明は章末問題 6 とする．

§7.7 角運動量の合成：Clebsh–Gordan 係数

2つの独立な自由度に対応する角運動量 $\hat{\boldsymbol{J}}_1$, $\hat{\boldsymbol{J}}_2$ を考える：

$$[\hat{J}_{1i}, \hat{J}_{1j}] = i\hbar \epsilon_{ijk} \hat{J}_{1k}, \quad [\hat{J}_{2i}, \hat{J}_{2j}] = i\hbar \epsilon_{ijk} \hat{J}_{2k}. \tag{7.33}$$

たとえば，1 電子の軌道角運動量 $\hat{\boldsymbol{L}}$ とスピン $\hat{\boldsymbol{S}}$，あるいは，2 電子のそれぞれのスピン $\hat{\boldsymbol{S}}_1, \hat{\boldsymbol{S}}_2$ などである．両者は独立なので可換である：$[\hat{J}_{1i}, \hat{J}_{2j}] = 0$. $\hat{\boldsymbol{J}}_1$ および $\hat{\boldsymbol{J}}_2$ の大きさがそれぞれ j_1, j_2 である固有状態を $|j_a\, m_a\rangle$ ($a = 1, 2$) と書く ($-j_a \leq m_a \leq j_a$)：

$$\hat{J}_a^2 |j_a\, m_a\rangle = j_a(j_a+1)\hbar^2 |j_a\, m_a\rangle, \quad \hat{J}_{az}|j_a\, m_a\rangle = m_a \hbar |j_a\, m_a\rangle. \tag{7.34}$$

j_1 および j_2 を固定したときの全系の状態空間は次のように $|j_1\, m_1\rangle$ と $|j_2\, m_2\rangle$ のテンソル積で張られる：

第 7 章　回転変換の表現と一般化された角運動量

$$\{|j_1\,m_1\rangle \otimes |j_2\,m_2\rangle\}_{\substack{m_1 = -j_1,\,-j_1+1,\,\ldots,\,j_1 \\ m_2 = -j_2,\,-j_2+1,\,\ldots,\,j_2}}$$

この状態空間の次元は $(2j_1 + 1)(2j_2 + 1)$ である.

　この状態空間に含まれる状態ベクトルの線型結合を取って, 全角運動量 $\hat{\boldsymbol{J}} = \hat{\boldsymbol{J}}_1 + \hat{\boldsymbol{J}}_2$ の固有ベクトルを構成することを考える. 全角運動量 $\hat{\boldsymbol{J}}$ は Hermite であり, 角運動量の交換関係を満たす:$[\hat{J}_i, \hat{J}_j] = i\hbar\epsilon_{ijk}\hat{J}_k$. したがって, $[\hat{\boldsymbol{J}}^2, \hat{J}_i] = 0$ も成り立ち, 全角運動量 $\hat{\boldsymbol{J}}$ の固有状態は角運動量の大きさ j とその z 成分 m で表示することができる. さらに, $\hat{\boldsymbol{J}}^2$ は, 各部分系の角運動量の大きさの 2 乗と可換である:

$$[\hat{\boldsymbol{J}}^2, \hat{\boldsymbol{J}}_a^2] = 0. \qquad (a = 1,\, 2). \tag{7.35}$$

　以上より, $\hat{\boldsymbol{J}}^2$, $\hat{J}_z$, $\hat{\boldsymbol{J}}_1^2$ および $\hat{\boldsymbol{J}}_2^2$ の同時固有状態 $|j, m\,;\,j_1 j_2\rangle$ を構成することができる:

$$\left.\begin{aligned}
\hat{\boldsymbol{J}}^2|j, m\,;\,j_1 j_2\rangle &= j(j+1)\hbar^2\,|j, m\,;\,j_1 j_2\rangle, \\
\hat{J}_z|j, m\,;\,j_1 j_2\rangle &= m\hbar\,|j, m\,;\,j_1 j_2\rangle, \\
\hat{\boldsymbol{J}}_a^2|j, m\,;\,j_1 j_2\rangle &= j_a(j_a+1)\hbar^2\,|j, m\,;\,j_1 j_2\rangle.
\end{aligned}\right\} \tag{7.36}$$

ただし, $|j, m\,;\,j_1 j_2\rangle$ は以下のように規格直交化しておく:

$\langle j', m'\,;\,j_1' j_2'|j, m\,;\,j_1 j_2\rangle = \delta_{jj'}\delta_{mm'}\delta_{j_1 j_1'}\delta_{j_2 j_2'}$. 以下では, j_1 と j_2 を固定して, $|j, m\,;\,j_1 j_2\rangle = |jm\rangle\rangle$ と書くことにする. また, このときの基底は $|j_1 m_1\rangle \otimes |j_2 m_2\rangle$ で与えられるから, ある展開係数 $(j_1 m_1 j_2 m_2|jm)$ が存在して,

$$|jm\rangle\rangle = \sum_{m_1, m_2} (j_1 m_1 j_2 m_2|jm)\,|j_1 m_1\rangle \otimes |j_2 m_2\rangle \tag{7.37}$$

と書ける. この係数 $(j_1 m_1 j_2 m_2|jm)$ を Clebsh–Gordan 係数（クレブシュ ゴルダン）という. 以下では簡単に C–G 係数と呼ぶことにする. さて, (7.37) の両辺に $\hat{J}_z = \hat{J}_{1z} + \hat{J}_{2z}$ を掛けて左辺 − 右辺 = 0 を書き下すと, $\sum_{m_1, m_2}(j_1 m_1 j_2 m_2|jm)(m - m_1 - m_2)|j_1 m_1\rangle \otimes |j_2 m_2\rangle = 0$. ところが, $|j_1 m_1\rangle \otimes |j_2 m_2\rangle$ は線型独立なので, $(j_1 m_1 j_2 m_2|jm)(m - m_1 - m_2) = 0$. すなわち, $m \neq m_1 + m_2$ のとき, $(j_1 m_1 j_2 m_2|jm) = 0$.

　次に, 与えられた j_1, j_2 に対して j には最大値 $j_{\max}$ と最小値 $j_{\min}$ が存在する. それらは以下のようにして求めることができる. まず, m_a $(a = 1,\,2)$ の

§7.7 【基本】 角運動量の合成：Clebsh–Gordan 係数

最大値は j_a であるから，m の最大値は $j_1 + j_2 \equiv m_{\max}$ であり，その状態は $|j_1 j_1\rangle \otimes |j_2 j_2\rangle$ である：$\hat{J}_z |j_1 j_1\rangle \otimes |j_2 j_2\rangle = (j_1 + j_2)\hbar |j_1 j_1\rangle \otimes |j_2 j_2\rangle$．この状態の全角運動量の大きさ J を求めるために，$\hat{\boldsymbol{J}}^2$ を作用させてみよう．ここで，

$$2\hat{\boldsymbol{J}}_1 \cdot \hat{\boldsymbol{J}}_2 = \hat{J}_{1+}\hat{J}_{2-} + \hat{J}_{1-}\hat{J}_{2+} + 2\hat{J}_{1z}\hat{J}_{2z} \tag{7.38}$$

と書けることと $\hat{J}_{i+}|j_i j_i\rangle = 0$ を用いると，

$$\begin{aligned}
\hat{\boldsymbol{J}}^2 |j_1 j_1\rangle \otimes |j_2 j_2\rangle &= (\hat{\boldsymbol{J}}_1^2 + (\hat{J}_{1+}\hat{J}_{2-} + \hat{J}_{1-}\hat{J}_{2+} + 2\hat{J}_{1z}\hat{J}_{2z}) + \hat{\boldsymbol{J}}_2^2)|j_1 j_1\rangle \otimes |j_2 j_2\rangle \\
&= \hbar^2 \left(j_1(j_1 + 1) + 2j_1 j_2 + j_2(j_2 + 1) \right) |j_1 j_1\rangle \otimes |j_2 j_2\rangle \\
&= \hbar^2 (j_1 + j_2)(j_1 + j_2 + 1)|j_1 j_1\rangle \otimes |j_2 j_2\rangle. \tag{7.39}
\end{aligned}$$

よって，j の最大値は $j_{\max} = j_1 + j_2$ であり，$|j_1 + j_2, j_1 + j_2\rangle\rangle = |j_1 j_1\rangle \otimes |j_2 j_2\rangle$ と書けることがわかる．ただし，位相を正に取った．

この位相の取り方を Condon–Shortley の規約 1 という．ここで他の Condon–Shortley の規則も含めて書いておこう：

1. $|j_1 + j_2, j_1 + j_2\rangle\rangle = +|j_1 j_1\rangle \otimes |j_2 j_2\rangle$.

2. $\hat{J}_{\pm}|j, m\rangle\rangle = +\sqrt{(j \mp m)(j \pm m + 1)}|j, m \pm 1\rangle\rangle$.

3. $(j_1 \, j_2 + M \, j_2 \, - j_2 | JM) \geq 0$.

$|j_1 + j_2, m\rangle\rangle$ $(m = j_1 + j_2,\ j_1 + j_2 - 1, \ldots, -(j_1 + j_2))$ の状態は上の状態に $\hat{J}_- = \hat{J}_x - i\hat{J}_y$ を掛けていくことで得られる．たとえば，$\hbar \hat{l}_{\pm} = \hat{J}_{\pm}$ とおいて (5.42) の最後の式を用いると，$\hat{J}_-|j_1 + j_2, j_1 + j_2\rangle\rangle = \hbar(\hat{J}_{1-} + \hat{J}_{2-})\,|j_1 j_1\rangle \otimes |j_2 j_2\rangle$ の左辺 $= \hbar\sqrt{2(j_1 + j_2)}\,|j_1 + j_2,\ j_1 + j_2 - 1\rangle\rangle$．一方，右辺 $= \hat{J}_{1-}\,|j_1 j_1\rangle \otimes |j_2 j_2\rangle + |j_1 j_1\rangle \otimes \hat{J}_{2-}|j_2 j_2\rangle = \hbar\sqrt{2j_1}\,|j_1, j_1 - 1\rangle \otimes |j_2 j_2\rangle + \hbar\sqrt{2j_2}\,|j_1 j_1\rangle \otimes |j_2, j_2 - 1\rangle$．両辺を $\hbar\sqrt{2(j_1 + j_2)}$ で割って，

$$\begin{aligned}
|j_1 + j_2,\ j_1 + j_2 - 1\rangle\rangle = {} & \sqrt{\frac{j_1}{j_1 + j_2}}\,|j_1, j_1 - 1\rangle \otimes |j_2 j_2\rangle \\
& + \sqrt{\frac{j_2}{j_1 + j_2}}\,|j_1 j_1\rangle \otimes |j_2, j_2 - 1\rangle. \tag{7.40}
\end{aligned}$$

これより，次の C–G 係数が得られる：

$$\left.\begin{aligned}
(j_1, j_1 - 1,\, j_2, j_2 | j_1 + j_2,\, j_1 + j_2 - 1) &= \sqrt{\tfrac{j_1}{j_1 + j_2}}, \\
(j_1, j_1,\, j_2, j_2 - 1 | j_1 + j_2,\, j_1 + j_2 - 1) &= \sqrt{\tfrac{j_2}{j_1 + j_2}}.
\end{aligned}\right\} \tag{7.41}$$

161

第 7 章　回転変換の表現と一般化された角運動量

一般の $|j_1 + j_2, m\rangle\rangle$ は，$|j_1 + j_2, j_1 + j_2\rangle\rangle$ に $\hat{J}_-$ を $(j_1 + j_2 - m)$ 回作用させれば得られる．

(7.40) と同じ $m = j_1 + j_2 - 1$ を持ち，しかも直交する規格化された次の状態を考える：

$$|\psi\rangle\rangle \equiv -\sqrt{\frac{j_2}{j_1 + j_2}} \, |j_1, j_1 - 1\rangle \otimes |j_2 j_2\rangle$$

$$+ \sqrt{\frac{j_1}{j_1 + j_2}} \, |j_1 j_1\rangle \otimes |j_2, j_2 - 1\rangle \tag{7.42}$$

この状態は $j = j_1 + j_2 - 1$ の状態である．実際，$\hat{J}_+|\psi\rangle\rangle = 0$ より，

$$\hat{\boldsymbol{J}}^2|\psi\rangle\rangle = (\hat{J}_-\hat{J}_+ + \hat{J}_z + \hat{J}_z^2)|\psi\rangle\rangle = (j_1 + j_2 - 1)(j_1 + j_2)|\psi\rangle\rangle.$$

すなわち，$|\psi\rangle\rangle = |j_1 + j_2 - 1, j_1 + j_2 - 1\rangle\rangle$．(7.42) の位相は Condon–Shortley の規約 3 に則していることに注意する．

j の取りうる最小値 $j_{\min}$ を求めよう．各 j に対して $2j + 1$ 個の独立な状態が存在する．合計は，$\sum_{j=j_{\min}}^{j_1+j_2} (2j+1) \equiv D$ である．状態空間の次元はユニタリー変換により変化しないから，この値は元の基底の数 $(2j_1 + 1)(2j_2 + 1)$ に等しい．j が整数と半整数の場合に分けて D を計算し $j_{\min}$ を求めてみよう：

1. $j = l =$ 整数のとき：$\sum_{j=j_{\min}}^{j_1+j_2} (2j+1) = \sum_{j=0}^{j_1+j_2} (2j+1) - \sum_{j=0}^{j_{\min}-1} (2j+1) = (j_1 + j_2 + 1)^2 - j_{\min}^2$．ゆえに，$j_{\min}^2 = (j_1 + j_2 + 1)^2 - (2j_1 + 1)(2j_2 + 1) = (j_1 - j_2)^2$．すなわち，$j_{\min} = |j_1 - j_2|$．

2. j が半整数のとき，$j = (2k + 1)/2$（$k =$ 整数；$k = j - 1/2$)）と書けることに注意すると，$\sum_{j=j_{\min}}^{j_1+j_2} (2j + 1) = (j_1 + j_2 + 1/2)(j_1 + j_2 + 3/2) - (j_{\min} - 1/2)(j_{\min} + 1/2)$．ゆえに，$j_{\min}^2 = (j_1 + j_2 + 1/2)(j_1 + j_2 + 3/2) + 1/4 - (2j_1 + 1)(2j_2 + 1) = (j_1 - j_2)^2$．よって，$j_{\min} = |j_1 - j_2|$．

このように，いずれの場合も $j_{\min} = |j_1 - j_2|$ となる．

7.7.1　例：$j_1 = j_2 = 1/2$ の場合

2 個のスピン $\hbar\hat{\boldsymbol{s}}_1, \hbar\hat{\boldsymbol{s}}_2$ から全スピン $\hbar(\hat{\boldsymbol{s}}_1 + \hat{\boldsymbol{s}}_2) \equiv \hbar\hat{\boldsymbol{S}}$ の固有状態を構成する問題である．第 i 番目の状態について，$|\frac{1}{2}\frac{1}{2}\rangle_i = \chi_\uparrow(\sigma_i)$，$|\frac{1}{2} -\frac{1}{2}\rangle_i = \chi_\downarrow(\sigma_i)$（$i = 1, 2$）と書くことにする．全スピンの大きさは $S = \frac{1}{2} \pm \frac{1}{2} = 1, 0$

§7.7 【基本】 角運動量の合成：Clebsh–Gordan 係数

の 2 通りがある．全スピンの大きさと z 成分がそれぞれ S, M_S の状態を $|S, M_S\rangle\rangle = \chi_{SM_S}(\sigma_1, \sigma_2)$ と書くことにすると，合成系の $S = M_S = \frac{1}{2} + \frac{1}{2} = 1$ の状態は，

$$\chi_{11}(\sigma_1, \sigma_2) = \chi_\uparrow(\sigma_1) \otimes \chi_\uparrow(\sigma_2) \tag{7.43}$$

である．以下では $\otimes$ の記号を省くことがある．これに $\hat{S}_- = \hat{s}_{1-} + \hat{s}_{2-}$ を左辺に作用させると，$\hat{S}_-\chi_{11}(\sigma_1, \sigma_2) = \sqrt{2}\chi_{10}(\sigma_1, \sigma_2)$．一方，右辺は $(\hat{s}_{1-} + \hat{s}_{2-})\chi_\uparrow(\sigma_1)\chi_\uparrow(\sigma_2) = (\hat{s}_{1-}\chi_\uparrow(\sigma_1))\chi_\uparrow(\sigma_2) + \chi_\uparrow(\sigma_1)(\hat{s}_{2-}\chi_\uparrow(\sigma_2)) = \chi_\downarrow(\sigma_1)\chi_\uparrow(\sigma_2) + \chi_\uparrow(\sigma_1)\chi_\downarrow(\sigma_2)$．よって，左辺＝右辺より，

$$\chi_{10}(\sigma_1, \sigma_2) = \frac{1}{\sqrt{2}}\left(\chi_\downarrow(\sigma_1) \otimes \chi_\uparrow(\sigma_2) + \chi_\uparrow(\sigma_1) \otimes \chi_\downarrow(\sigma_2)\right) \tag{7.44}$$

を得る．これに $\hat{s}_-$ を作用させて，

$$\chi_{1-1}(\sigma_1, \sigma_2) = \chi_\downarrow(\sigma_1) \otimes \chi_\downarrow(\sigma_2) \tag{7.45}$$

が得られる．

$M_S = 0$ の状態はもう一つ存在する．実際，(7.44) に直交する次の状態を考えよう：$|\psi\rangle\rangle \equiv \frac{1}{\sqrt{2}}(\chi_\uparrow(\sigma_1) \otimes \chi_\downarrow(\sigma_2) - \chi_\downarrow(\sigma_1) \otimes \chi_\uparrow(\sigma_2))$．この状態は $S = 0$ の状態であることが $\hat{S}^2$ を作用させることで確認できる[6]．したがって，

$$\chi_{00} = \frac{1}{\sqrt{2}}\left(\chi_\uparrow(\sigma_1) \otimes \chi_\downarrow(\sigma_2) - \chi_\downarrow(\sigma_1) \otimes \chi_\uparrow(\sigma_2)\right). \tag{7.46}$$

$\chi_{1M_S}(\sigma_1, \sigma_2)$ および $\chi_{00}(\sigma_1, \sigma_2)$ の状態は粒子の入れ替え $1 \leftrightarrow 2$ に対してそれぞれ**対称**および**反対称**になっていることに注意しよう．すなわち，スピン座標 σ_i を入れ替える演算子を $\hat{P}_{12}^\sigma$ と表すと，

$$\hat{P}_{12}^\sigma\chi_{1M_S}(\sigma_1, \sigma_2) = \chi_{1M_S}(\sigma_2, \sigma_1) = \chi_{1M_S}(\sigma_1, \sigma_2), \tag{7.47}$$

$$\hat{P}_{12}^\sigma\chi_{00}(\sigma_1, \sigma_2) = \chi_{00}(\sigma_2, \sigma_1) = -\chi_{00}(\sigma_1, \sigma_2). \tag{7.48}$$

3 個のスピンを合成する場合　　上の議論を拡張して，3 個のスピン $\hbar\hat{s}_i$ ($i = 1, 2, 3$) から全スピン $\hbar(\hat{s}_1 + \hat{s}_2 + \hat{s}_3) \equiv \hbar\hat{S}$ の固有状態を構成することもできる．この場合，全スピンの大きさは 2 個のスピンを合成して得られる $S_{12} = 1, 0$

---

[6] (7.38) の表式を用いる．章末問題の問題 10 を参照．

第 7 章　回転変換の表現と一般化された角運動量

の状態と 3 番目のスピンを合成して $S = 1 + \frac{1}{2},\, 1 - \frac{1}{2},\, 0 + \frac{1}{2} = \frac{3}{2},\, \frac{1}{2},\, \frac{1}{2}$ の状態ができる．注意すべきは $S = \frac{1}{2}$ の状態は 2 通りの方法で構成されることである．具体的な構成は章末問題とする．

7.7.2　C–G 係数の直交性と完全性

C–G 係数 $(j_1 m - m_2 j_2 m_2 | j m)$ は，j_1, j_2 および m を固定したときの基底 $\{|j_1 m - m_2\rangle \otimes |j_2 m_2\rangle\}_{m_2}$ から基底 $\{|j m\rangle\}_{j=|j_1-j_2|,|j_1-j_2|+1,\ldots,j_1+j_2}$ へのユニタリー変換行列（実は直交行列）U の (j, m_2) 成分である：

$$|jm\rangle = \sum_{m_2} U_{jm_2} |j_1 m - m_2\rangle \otimes |j_2 m_2\rangle, \tag{7.49}$$

$$U_{jm_2} = \langle j_1 m - m_2| \otimes \langle j_2 m_2| \cdot |jm\rangle \equiv (j_1 m - m_2 j_2 m_2 | jm) \tag{7.50}$$

ところが，Condon–Shortley の規約による構成法により，C–G 係数は実数に選ばれているので，$j = |j_1 - j_2|, |j_1 - j_2| + 1, \ldots, j_1 + j_2 - 1, j_1 + j_2$ に対して，

$$(U^{-1})_{m_2 j} = (U^{\dagger})_{m_2 j} = U^*_{j\,m_2} = U_{j\,m_2} = (j_1 m - m_2 j_2 m_2 | jm). \tag{7.51}$$

したがって，逆変換は，

$$|j_1 m - m_2\rangle \otimes |j_2 m_2\rangle = \sum_{j=|j_1-j_2|,\ldots,j_1+j_2} (U^{-1})_{m_2 j} |jm\rangle$$

$$= \sum_{j=|j_1-j_2|,\ldots,j_1+j_2} (j_1 m - m_2 j_2 m_2 | jm)\, |jm\rangle. \tag{7.52}$$

m を固定したとき，$|jm\rangle$　$(j = |j_1 - j_2|, \ldots, j_1 + j_2)$ は完全系をなし，

$$\sum_{j=|j_1-j_2|,\ldots,j_1+j_2} |jm\rangle\langle jm| = 1, \tag{7.53}$$

である．これを用いて次の関係式を得る：

$$\delta_{m_2 m_2'} = \langle j_1 m - m_2'| \otimes \langle j_2 m_2'| \cdot |j_1 m - m_2\rangle \otimes |j_2 m_2\rangle$$

$$= \langle j_1 m - m_2'| \otimes \langle j_2 m_2'| \cdot \left(\sum_{j=|j_1-j_2|,\ldots,j_1+j_2} |jm\rangle\langle jm| \right)$$

$$\times |j_1 m - m_2\rangle \otimes |j_2 m_2\rangle$$

$$= \sum_{j=|j_1-j_2|,\ldots,j_1+j_2} (j_1 m - m_2' j_2 m_2' | jm)(j_1 m - m_2 j_2 m_2 | jm). \tag{7.54}$$

164

§7.7 【基本】 角運動量の合成：Clebsh–Gordan 係数

これは，(7.52) の展開を用いて，$\langle j_1 m - m_2'|\otimes\langle j_2 m_2'|j_1 m - m_2\rangle\otimes|j_2 m_2\rangle = \delta_{m_2' m_2}$ からも得られる．同様にして，m を固定したとき

$$\sum_{m_2}|j_1 m - m_2\rangle \otimes |j_2 m_2\rangle\langle j_1 m - m_2| \otimes \langle j_2 m_2| = 1 \tag{7.55}$$

より，

$$\begin{aligned}
\delta_{jj'} &= \langle j'm|jm\rangle \\
&= \sum_{m_2}\langle j'm| \cdot |j_1 m - m_2\rangle \otimes |j_2 m_2\rangle\langle j_1 m - m_2| \otimes \langle j_2 m_2| \cdot |jm\rangle \\
&= \sum_{m_2}(j_1 m - m_2 j_2 m_2|j'm)(j_1 m - m_2 j_2 m_2|jm). \tag{7.56}
\end{aligned}$$

これは，(7.50) の展開を用いて，$\langle j'm|jm\rangle = \delta_{jj'}$ からも得られる．

その他の対称性の関係式　Condon–Shortley の規約 3 のために，C–G 係数は 1，2 の添え字の入れ替えに対して対称にはなっていない．実際，次の関係式が成り立つことが知られている[7]：

$$(j_1 m_1 j_2 m_2|j_3 m_3) = (-)^{j_1+j_2-j_3}(j_2 m_2 j_1 m_1|j_3 m_3). \tag{7.57}$$

さらに，次の有用な関係式が成り立つ：

$$(j_1 m_1 j_2 m_2|j_3 m_3) = (-)^{j_1+j_2-j_3}(j_1 - m_1 j_2 - m_2|j_3 - m_3), \tag{7.58}$$

$$= (-)^{j_1-m_1}\sqrt{\frac{2j_3+1}{2j_2+1}}(j_1 m_1 j_3 - m_3|j_2 - m_2). \tag{7.59}$$

たとえば，自明な関係式 $(jm00|jm) = 1$ に対して (7.59) を使うと，$1 = (-)^{j-m}\sqrt{2j+1}(jm\, j - m|00)$ を得る．すなわち，

$$(jm\, j - m|00) = \frac{(-)^{j-m}}{\sqrt{2j+1}}. \tag{7.60}$$

7.7.3 軌道角運動量とスピンの合成

無次元化した軌道角運動量 $\hat{\boldsymbol{l}} \equiv \hat{\boldsymbol{L}}/\hbar$ の大きさが l の状態 $|l, m_l\rangle$（$m_l = l, l-1, \ldots, -l+1, -l$）とスピン 1/2 の状態 $|\frac{1}{2}, m_s\rangle$（$m_s = \pm\frac{1}{2}$）の合成

---

[7] たとえば，M.E. ローズ著，山内恭彦，森田正人訳『角運動量の基礎理論』（みすず書房，1971）の p. 37 参照.

165

第 7 章　回転変換の表現と一般化された角運動量

$\hat{\boldsymbol{J}} = \hat{\boldsymbol{L}} + \hbar\hat{\boldsymbol{s}} = \hbar\hat{\boldsymbol{j}}$ を考える：$\langle \hat{\boldsymbol{r}}|l,m\rangle = Y_{lm}(\theta,\phi)$. まず，$\hat{\boldsymbol{j}}$ の大きさは $j = l \pm \frac{1}{2} \equiv j_{\pm}$ である：$\hat{\boldsymbol{j}}^2|j_{\pm},m\rangle\rangle = j_{\pm}(j_{\pm}+1)|j_{\pm},m\rangle\rangle$. ここに，

$$|j,m\rangle\rangle = (lm - \tfrac{1}{2}\,\tfrac{1}{2}\,\tfrac{1}{2}|jm)\left|l,m-\tfrac{1}{2}\right\rangle \otimes |\uparrow\rangle$$
$$+ (lm + \tfrac{1}{2}\,\tfrac{1}{2}\,-\tfrac{1}{2}|jm)\left|l,m+\tfrac{1}{2}\right\rangle \otimes |\downarrow\rangle.$$

$|l\,m_l\rangle \otimes |\pm\frac{1}{2}\rangle$ の張る状態空間では，$\hat{\boldsymbol{l}}^2 = l(l+1)$，$\hat{\boldsymbol{s}}^2 = 3/4$ とおくことができる．したがって，

$$\hat{\boldsymbol{j}}^2 = (\hat{\boldsymbol{l}} + \hat{\boldsymbol{s}})^2 = \hat{\boldsymbol{l}}^2 + \hat{\boldsymbol{s}}^2 + 2\hat{\boldsymbol{l}}\cdot\hat{\boldsymbol{s}} = l(l+1) + \frac{3}{4} + 2\hat{\boldsymbol{l}}\cdot\hat{\boldsymbol{s}} = j_{\pm}(j_{\pm}+1)$$

となる．これから，

$$2\hat{\boldsymbol{l}}\cdot\hat{\boldsymbol{s}} = \begin{cases} l & (j = l + \frac{1}{2}), \\ -(l+1) & (j = l - \frac{1}{2}). \end{cases} \tag{7.61}$$

となることがわかる[8]．よって，

$$(2\hat{\boldsymbol{l}}\cdot\hat{\boldsymbol{s}} - l)|j_+,m\rangle\rangle = 0, \quad (2\hat{\boldsymbol{l}}\cdot\hat{\boldsymbol{s}} + l + 1)|j_-,m\rangle\rangle = 0. \tag{7.62}$$

さて，$|l,m-\frac{1}{2}\rangle \otimes |\uparrow\rangle$ は $|j_+,m\rangle\rangle$ と $|j_-,m\rangle\rangle$ の線型結合で書ける：

$$\left|l,m-\frac{1}{2}\right\rangle \otimes |\uparrow\rangle = \alpha|j_+,m\rangle\rangle + \beta|j_-,m\rangle\rangle. \tag{7.63}$$

これに $2\hat{\boldsymbol{l}}\cdot\hat{\boldsymbol{s}} + l + 1$ を作用させると，

$$(2\hat{\boldsymbol{l}}\cdot\hat{\boldsymbol{s}} + l + 1)\left|l,m-\frac{1}{2}\right\rangle \otimes |\uparrow\rangle$$
$$= \alpha(2\hat{\boldsymbol{l}}\cdot\hat{\boldsymbol{s}} + l + 1)|j_+,m\rangle\rangle + \beta(2\hat{\boldsymbol{l}}\cdot\hat{\boldsymbol{s}} + l + 1)|j_-,m\rangle\rangle$$
$$= \alpha(2l+1)|j_+,m\rangle\rangle.$$

左辺に $2\hat{\boldsymbol{l}}\cdot\hat{\boldsymbol{s}} = 2\hat{l}_z\hat{s}_z + \hat{l}_+\hat{s}_- + \hat{l}_-\hat{s}_+$ を用いて $N \equiv 1/(\alpha(2l+1))$ とおくと，

$$|j_+,m\rangle\rangle = N(2\hat{l}_z\hat{s}_z + l + 1 + \hat{l}_+\hat{s}_- + \hat{l}_-\hat{s}_+)\left|l,m-\frac{1}{2}\right\rangle \otimes |\uparrow\rangle$$
$$= N\left(\left(l + m + \frac{1}{2}\right)\left|l,m-\frac{1}{2}\right\rangle \otimes |\uparrow\rangle\right.$$

---

[8] 以下の議論においては，章末問題 4 も参照のこと．

166

§7.7 【基本】 角運動量の合成：Clebsh–Gordan 係数

$$+\sqrt{\left(l-m+\frac{1}{2}\right)\left(l+m+\frac{1}{2}\right)}\left|l,m+\frac{1}{2}\right\rangle\otimes|\downarrow\rangle.$$

規格化条件より，

$$N^{-2}=\left(l-m+\frac{1}{2}\right)\left(l+m+\frac{1}{2}\right)+\left(l+m+\frac{1}{2}\right)^{2}=\left(l+m+\frac{1}{2}\right)(2l+1)$$

となるので，

$$|j_{+},m\rangle\rangle=\sqrt{\frac{l+m+\frac{1}{2}}{2l+1}}\left|l,m-\frac{1}{2}\right\rangle\otimes|\uparrow\rangle+\sqrt{\frac{l-m+\frac{1}{2}}{2l+1}}\left|l,m+\frac{1}{2}\right\rangle\otimes|\downarrow\rangle$$

を得る.

$|j_{-},m\rangle\rangle$ は，$|j_{+},m\rangle\rangle$ との直交条件より，

$$|j_{-},m\rangle\rangle=-\sqrt{\frac{l-m+\frac{1}{2}}{2l+1}}\left|l,m-\frac{1}{2}\right\rangle\otimes|\uparrow\rangle$$

$$+\sqrt{\frac{l+m+\frac{1}{2}}{2l+1}}\left|l,m+\frac{1}{2}\right\rangle\otimes|\downarrow\rangle.$$

規格化されていることに注意.

座標表示 $\langle\theta,\phi|l,m\rangle=Y_{lm}(\theta,\phi)$ を行うと，

$$\langle\theta,\phi|j_{+},m\rangle\rangle$$
$$\equiv\mathcal{Y}_{l}^{j_{+}m}(\theta,\phi)$$
$$=\sqrt{\frac{l+m+\frac{1}{2}}{2l+1}}Y_{l,m-\frac{1}{2}}(\theta,\phi)\begin{pmatrix}1\\0\end{pmatrix}+\sqrt{\frac{l-m+\frac{1}{2}}{2l+1}}Y_{l,m+\frac{1}{2}}(\theta,\phi)\begin{pmatrix}0\\1\end{pmatrix}$$
$$=\begin{pmatrix}\sqrt{\frac{l+m+\frac{1}{2}}{2l+1}}Y_{l,m-\frac{1}{2}}(\theta,\phi)\\\sqrt{\frac{l-m+\frac{1}{2}}{2l+1}}Y_{l,m+\frac{1}{2}}(\theta,\phi)\end{pmatrix}. \tag{7.64}$$

同様にして，

$$\langle\theta,\phi|j_{-},m\rangle\rangle\equiv\mathcal{Y}_{l}^{j_{-}m}(\theta,\phi)=\begin{pmatrix}-\sqrt{\frac{l-m+\frac{1}{2}}{2l+1}}Y_{l,m-\frac{1}{2}}(\theta,\phi)\\\sqrt{\frac{l+m+\frac{1}{2}}{2l+1}}Y_{l,m+\frac{1}{2}}(\theta,\phi)\end{pmatrix}. \tag{7.65}$$

7.7.4 簡単な応用：球面調和関数の「内積」

ともに軌道角運動量 l の状態にある 2 粒子系を考える．それぞれの位置ベクトルを $\boldsymbol{r}_a$ としその球座標を (r_a,θ_a,ϕ_a) とする：図 7.7 参照．系 a の軌道

第7章 回転変換の表現と一般化された角運動量

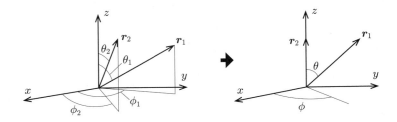

図 7.7 位置ベクトルが r_1 と r_2 の 2 粒子系を r_2 が z 軸と一致するように回転する．

角運動量を $\hat{L}_a$ と書くと，全角運動量は $\hat{L} = \hat{L}_1 + \hat{L}_2$．2 つの角運動量状態 $Y_{lm}(\theta_a, \phi_a)$ を合成して得られる角運動量 0 の状態は，(7.60) を用いて，

$$\sum_{m=-l}^{m} (lm\, l-m|00) Y_{lm}(\theta_1, \phi_1) Y_{l-m}(\theta_2, \phi_2)$$
$$= \frac{(-)^l}{\sqrt{2l+1}} \sum_{m=-l}^{m} Y_{lm}(\theta_1, \phi_1)(-)^m Y_{l-m}(\theta_2, \phi_2)$$
$$= \frac{(-)^l}{\sqrt{2l+1}} \sum_{m=-l}^{m} Y_{lm}(\theta_1, \phi_1) Y_{lm}^*(\theta_2, \phi_2). \tag{7.66}$$

と書くことができる．ここで，球面調和関数の性質 $Y_{lm}^*(\theta, \phi) = (-)^m Y_{l-m}(\theta, \phi)$ を用いた．上のことは，以下の量が回転不変であることを意味している：

$$\sum_{m=-l}^{m} Y_{lm}(\theta_1, \phi_1) Y_{lm}^*(\theta_2, \phi_2) \equiv I(\theta_1, \phi_1, \theta_2, \phi_2). \tag{7.67}$$

そこで，第 2 の粒子の方向が z 軸に一致するように系を回転させて I の値を評価しよう（図 7.7 参照）．このとき，$Y_{lm}(0, \phi_2) = \delta_{m0}\sqrt{\frac{2l+1}{4\pi}}$．また，$m=0$ のとき，$Y_{l0}(\theta_1, \phi_1)$ は ϕ_1 に依存しない：$Y_{l0}(\theta_1, \phi_1) = \sqrt{\frac{2l+1}{4\pi}} P_l(\cos\theta_1)$．今の場合，$\theta_1$ は r_1 と r_2 のなす角 θ ($\cos\theta = \hat{r}_1 \cdot \hat{r}_2$) に他ならないことに注意しよう ($\hat{r}_a \equiv r_a/r_a$)．以上より，$I = \sqrt{\frac{2l+1}{4\pi}} Y_{l0}(\theta_1, \phi_1) = \frac{2l+1}{4\pi} P_l(\cos\theta)$．すなわち，次の有用な関係式が得られた：

$$\sum_{m=-l}^{m} Y_{lm}(\hat{r}_1) Y_{lm}^*(\hat{r}_2) = \frac{2l+1}{4\pi} P_l(\hat{r}_1 \cdot \hat{r}_2). \tag{7.68}$$

ただし，象徴的に $(\theta_a, \phi_a) = \hat{r}_a$ と表記した．

§7.8 【発展】 既約テンソル

§7.8 既約テンソル

Y_{LM} のように $(2L+1)$ 次元表現の既約表現に従って変換される $2L+1$ 個の演算子の組 $T_M^{(L)}$ を L 階の**既約（球）テンソル**[9]という:

$$P_R T_M^{(L)} P_R^\dagger = \sum_{M'} D_{M'M}^L(\boldsymbol{n}, \theta) T_{M'}^{(L)}. \tag{7.69}$$

特に, z 軸周りの無限小回転を考えると, (7.69) は

$$[\hat{J}_z, T_M^{(L)}] = \hbar M T_M^{(L)} \tag{7.70}$$

となる.

同様に, x, y 軸周りの無限小回転の場合 (7.69) は, $[\hat{J}_x, T_M^{(L)}] = \sum_{M'} \langle L\,M' | \hat{J}_x | L\,M \rangle T_{M'}^{(L)}$, $[\hat{J}_y, T_M^{(L)}] = \sum_{M'} \langle L\,M' | \hat{J}_y | L\,M \rangle T_{M'}^{(L)}$ となる. これらの和と差を作って,

$$[\hat{J}_\pm, T_M^{(L)}] = \hbar \sqrt{(L \mp M)(L \pm M + 1)} T_{M\pm 1}^{(L)} \tag{7.71}$$

を得る. (7.70) と (7.71) を L 階の既約（球）テンソルの定義としてもよい. これらの定義式の右辺の係数はそれぞれ, $\langle LM | \hat{J}_z | LM \rangle$ および $\langle LM \pm 1 | \hat{J}_\pm | LM \rangle$ と書けることに注意しよう.

L 階の既約（球）テンソルは L 階の球面調和関数 $Y_{LM}(\theta, \phi) = Y_{LM}(\hat{\boldsymbol{r}})$ を拡張した概念である. たとえば, 任意の 1 階の既約テンソル $T_\mu^1 \equiv A_\mu$ $(\mu = 1, 0, -1)$ に対して, 次のように直交表示 (A_x, A_y, A_z) を定義する: $A_x \equiv \frac{-1}{\sqrt{2}}(A_{+1} - A_{-1})$, $A_y \equiv \frac{i}{\sqrt{2}}(A_{+1} + A_{-1})$, $A_z \equiv A_0$. この直交表示に対して, A_μ $(\mu = 1, 0, -1)$ を**球表示**という. 逆に球表示の成分を直交表示の成分で表すと, $A_{+1} \equiv \frac{-1}{\sqrt{2}}(A_x + iA_y)$, $A_0 \equiv A_z$, $A_{-1} \equiv \frac{1}{\sqrt{2}}(A_x - iA_y)$. A_μ $(\mu = \pm 1, 0)$ に対する (7.70) および (7.71) は A_j $(j = x, y, z)$ に対する次の関係式と等価であることが容易に示される:

$$[\hat{J}_i, A_j] = i\hbar \epsilon_{ijk} A_k. \tag{7.72}$$

たとえば, $rY_{1,0}(\hat{\boldsymbol{r}})$, $rY_{1,\pm 1}(\hat{\boldsymbol{r}})$ は x, y, z の球表示に比例している. また, ベクトルで表される演算子, 運動量 $\hat{\boldsymbol{p}}$, 角運動量 $\hat{\boldsymbol{L}}$, $\hat{\boldsymbol{S}}$, $\hat{\boldsymbol{J}}$ などはすべて 1 階の既約

---

[9] D 関数 $D_{M'M}^L(\boldsymbol{n}, \theta)$ が回転群に対する $2L+1$ 次元の表現行列になっていることを思い出そう.

第 7 章 回転変換の表現と一般化された角運動量

（球）テンソルである．実際，これらの演算子はすべて (7.72) を満たす．1 階の規約テンソルをベクトル演算子ともよぶ．

合成 L_1 階と L_2 階の 2 つの既約（球）テンソル $T_{M_1}^{(L_1)}(\boldsymbol{A}_1)$ と $T_{M_2}^{(L_2)}(\boldsymbol{A}_2)$ から C–G 係数を用いて合成したテンソル演算子

$$\sum_{M_1}(L_1 M_1 L_2 M_2|LM)T_{M_1}^{(L_1)}(\boldsymbol{A}_1)T_{M_2}^{(L_2)}(\boldsymbol{A}_2) \equiv \left[T^{(L_1)} \otimes T^{(L_2)}\right]_M^{(L)} \quad (7.73)$$

は L 階の既約（球）テンソルの M 成分になる．証明は章末問題とする．合成されるテンソルの階数には C–G 係数より次の制限がある: $L = |L_1 - L_2|, |L_1 - L_2| + 1, \ldots, L_1 + L_2$.

【例】 たとえば，1 階テンソル A_m から次の 2 階の既約テンソルを構成することができる : $T_\mu^2 = [\boldsymbol{A} \otimes \boldsymbol{A}]_\mu^{(2)} = \sum_m (1m\,1\mu - m|2\mu)A_m A_{\mu-m}$. また，$L_1 = L_2$ のとき，次の 0 階のテンソルが構成できる : $\left[T^{(L)} \otimes T^{(L)}\right]^{(0)} = T_0^{(0)}(\boldsymbol{A}_1, \boldsymbol{A}_2) = \sum_M (LML - M|00)T_M^{(L)}(\boldsymbol{A}_1)T_{-M}^{(L)}(\boldsymbol{A}_2)$.

スピンと座標それぞれの 2 階テンソルから作った次の 0 階演算子をテンソル演算子といい，原子核物理学やハドロン物理学で重要な役割を果たす ($\hat{\boldsymbol{r}} = \boldsymbol{r}/r$):

$$\sqrt{5}\left[\left[\boldsymbol{\sigma}_1 \otimes \boldsymbol{\sigma}_2\right]^{(2)} \otimes \left[\hat{\boldsymbol{r}} \otimes \hat{\boldsymbol{r}}\right]^{(2)}\right]^{(0)} = (\boldsymbol{\sigma}_1 \cdot \hat{\boldsymbol{r}})(\boldsymbol{\sigma}_2 \cdot \hat{\boldsymbol{r}}) - \frac{1}{3}\boldsymbol{\sigma}_1 \cdot \boldsymbol{\sigma}_2$$
$$\equiv S_{12}(\boldsymbol{\sigma}_1, \boldsymbol{\sigma}_2, \hat{\boldsymbol{r}}). \quad (7.74)$$

Wigner–Eckart の定理 既約（球）テンソルについては次の **Wigner–Eckart の定理**[10]が基本的である:

$$\langle j'm'; \beta|T_M^{(L)}|jm; \alpha\rangle = (jmLM|j'm')\langle j'; \beta\|T^{(L)}\|j; \alpha\rangle. \quad (7.75)$$

ここで，$\langle j'; \beta\|T^{(L)}\|j; \alpha\rangle$ は磁気量子数 m, M, m' に依存しない定数である．これを**簡約行列要素** (reduced matrix element) といい，系の力学的な内容を含んでいる．運動学的な性質は C–G 係数として因子化されているのである．この定理を用いると，さまざまな行列要素を簡便に計算することができる．

---

[10] M.E. ローズ著，山内恭彦，森田正人訳『角運動量の基礎理論』（みすず書房，1971）を参照．

―――――――――――――――― 第7章 章末問題 ――――――――――――――――

問題1 $(\boldsymbol{n} \times \boldsymbol{r}) \cdot \hat{\boldsymbol{p}} = \hat{\boldsymbol{p}} \cdot (\boldsymbol{n} \times \boldsymbol{r})$ であることを示せ.

問題2 ある状態の波動関数が動径 $r = |\boldsymbol{r}|$ のみの関数 $\varphi(r)$ で与えられているとき，その状態は軌道角運動量が0の固有状態であることを示せ.

問題3 §7.4に与えたPauli行列の性質 (1)〜(3) を示せ.

問題4 $\hat{\boldsymbol{L}} = \hbar \hat{\boldsymbol{l}}$ を軌道角運動量演算子とする. (5.29) より $\hat{\boldsymbol{l}}$ は $\hat{\boldsymbol{l}} \times \hat{\boldsymbol{l}} = i\hat{\boldsymbol{l}}$ を満たす.
 (1) 以下の等式が成り立つことを示せ：$(\boldsymbol{\sigma} \cdot \hat{\boldsymbol{l}})^2 = \hat{\boldsymbol{l}}^2 \mathbf{1}_2 - \boldsymbol{\sigma} \cdot \hat{\boldsymbol{l}}$.
 (2) $\hat{\boldsymbol{l}}$ の大きさが l である状態空間では，$\hat{\boldsymbol{l}}^2 = l(l+1)$ とおいてよい. このとき，次の等式が成り立つことを示せ：$(\boldsymbol{\sigma} \cdot \hat{\boldsymbol{l}} + (l+1)\mathbf{1}_2)(\boldsymbol{\sigma} \cdot \hat{\boldsymbol{l}} - l\mathbf{1}_2) = \mathbf{0}$.
 (3) 次の2つの演算子を定義する：$\hat{P}_+ \equiv (\boldsymbol{\sigma} \cdot \hat{\boldsymbol{l}} + l + 1)/(2l+1)$, $\hat{P}_- \equiv (l - \boldsymbol{\sigma} \cdot \hat{\boldsymbol{l}})/(2l+1)$. $\hat{P}_\pm$ が次の等式を満たしていること（射影演算子になっていること）を示せ：$\hat{P}_+ + \hat{P}_- = \mathbf{1}_2$, $\hat{P}_+ \hat{P}_- = \hat{P}_- \hat{P}_+ = 0$, $\hat{P}_\pm^2 = \hat{P}_\pm$.

問題5 (7.19) を示せ.

問題6 (7.32) を示せ.

問題7 下向きスピンの状態を回転させた状態 $\hat{P}_R \begin{pmatrix} 0 \\ 1 \end{pmatrix} = |\downarrow\rangle_{\boldsymbol{n}}$ を求めよ. また，$\boldsymbol{\sigma} \cdot \boldsymbol{n} |\downarrow\rangle_{\boldsymbol{n}} = -|\downarrow\rangle_{\boldsymbol{n}}$ が成り立つことを確かめよ.

問題8 (7.35) を示せ.

問題9 (7.44) に $\hat{S}_-$ を作用させると，(7.45) が得られることを示せ.

問題10 (7.46) の右辺に与えられている状態ベクトルを $|\psi_0\rangle\rangle$ と書くと，$\hat{\boldsymbol{S}}^2 |\psi_0\rangle\rangle = 0$ が成り立つことを示せ.

問題11 以下の等式を示せ：$\boldsymbol{\sigma}_1 \cdot \boldsymbol{\sigma}_2 \chi_{1M_s}(\sigma_1, \sigma_2) = \chi_{1M_s}(\sigma_1, \sigma_2)$,

171

第7章　回転変換の表現と一般化された角運動量

$$\boldsymbol{\sigma}_1 \cdot \boldsymbol{\sigma}_2 \chi_{00}(\sigma_1, \sigma_2) = -3\chi_{00}(\sigma_1, \sigma_2).$$

問題 12 (7.47) および (7.48) において用いられたスピン座標を入れ替える演算子は以下のように書くことができる：$\hat{P}_{12}^{\sigma} = \frac{1}{2}(1 + \boldsymbol{\sigma}_1 \cdot \boldsymbol{\sigma}_2)$. ただし，単位行列を単に 1 と書いている．実際，以下の等式が成り立つことを示せ：$\hat{P}_{12}^{\sigma}\chi_{1M_S}(\sigma_1, \sigma_2) = \chi_{1M_S}(\sigma_1, \sigma_2)$, $\hat{P}_{12}^{\sigma}\chi_{00}(\sigma_1, \sigma_2) = -\chi_{00}(\sigma_1, \sigma_2)$. これはスピン座標の入れ替えと同じ効果である．

問題 13 以下の演算子を定義する：$\hat{P}_t = \frac{3 + \boldsymbol{\sigma}_1 \cdot \boldsymbol{\sigma}_2}{4}$, $\hat{P}_s = \frac{1 - \boldsymbol{\sigma}_1 \cdot \boldsymbol{\sigma}_2}{4}$. ただし，単位行列を単に 1 と書いている．

(1) 以下の等式が成り立つことを示せ：$\hat{P}_t \chi_{1M_s}(\sigma_1, \sigma_2) = \chi_{1M_s}(\sigma_1, \sigma_2)$, $\hat{P}_t \chi_{00}(\sigma_1, \sigma_2) = 0$, $\hat{P}_s \chi_{1M_s}(\sigma_1, \sigma_2) = 0$, $\hat{P}_s \chi_{00}(\sigma_1, \sigma_2) = \chi_{00}(\sigma_1, \sigma_2)$.

(2) $(\boldsymbol{\sigma}_1 \cdot \boldsymbol{\sigma}_2)^2 = 3 - 2\boldsymbol{\sigma}_1 \cdot \boldsymbol{\sigma}_2$ が成り立つことを示せ．

(3) 上記の結果を用いて，以下の等式を示せ：$\hat{P}_t^2 = \hat{P}_t$, $\hat{P}_s^2 = \hat{P}_s$, $\hat{P}_t\hat{P}_s = \hat{P}_s\hat{P}_t = 0$.
以上の結果は，$\hat{P}_t$ および $\hat{P}_s$ がそれぞれスピンの大きさが $S = 1$ および 0 の状態（トリプレットとシングレット）への射影演算子になっていることを示している．

問題 14 (7.64) および (7.65) から C–G 係数 $(1m - \mu \frac{1}{2}\mu | \frac{1}{2} m)$ を書き下せ．

問題 15 3 個の独立なスピン 1/2 を合成して全スピン $S = \frac{3}{2}, \frac{1}{2}$ の状態を構成せよ．

問題 16 D 関数に対して次の合成則が成り立つことを示せ：

$$D_{M'M}^J = \sum_{m_2}\sum_{m_2'}(j_1 M - m_2 j_2 m_2 | JM)(j_1 M' - m_2' j_2 m_2' | JM')$$
$$\times D_{M' - m_2' \, M - m_2}^{j_1} D_{m_2' m_2}^{j_2}. \tag{7.76}$$

すでに $D_{M'M}^{1/2}$ が (7.30) に与えられているので，(7.76) を用いて任意の J に対する D 関数を合成することができる．

問題 17 D 関数に対して次の公式が成り立つことを示せ：

$$D_{m_1'm_1}^{j_1} D_{m_2'm_2}^{j_2} = \sum_J (j_1 m_1 j_2 m_2 | J m_1 + m_2)(j_1 m_1' j_2 m_2' | J m_1' + m_2')$$
$$\times D_{m_1' + m_2' \, m_1 + m_2}^J. \tag{7.77}$$

問題 18 (7.73) の右辺が L 階の既約（球）テンソルの M 成分になることを示せ．

第8章 力学的対称性

これまで扱ってきた対称性は，空間あるいは時間についての変換に対する量子系の不変性であった．物理系を記述する Hamiltonian はこれ以外の不変性を持つ場合がある．それは力学的対称性 (dynamical symmetry)，あるいは，「隠れた対称性」と呼ばれる．そのような例として，5.1.2 項で扱った 2 次元等方調和振動子と Coulomb ポテンシャルを取り上げる．その解析は角運動量演算子の作る su(2) 代数の応用でもある．同様な解析のできる 3 次元調和振動子については簡単に言及するに留める．

§8.1 2次元等方調和振動子：準スピン形式

5.1.2項で導入された2次元等方調和振動子の Hamiltonian(5.1) を再掲する：$\hat{H} = \hbar\omega(\hat{a}_x^\dagger \hat{a}_x + \hat{a}_y^\dagger \hat{a}_y + 1)$. 生成消滅演算子を用いて次の演算子を導入する：$\hat{S}_+ = \hat{a}_x^\dagger \hat{a}_y, \hat{S}_- = \hat{S}_+^\dagger = \hat{a}_y^\dagger \hat{a}_x$. $\hat{S}_z = \frac{1}{2}(\hat{a}_x^\dagger \hat{a}_x - \hat{a}_y^\dagger \hat{a}_y) = \frac{1}{2}(\hat{n}_x - \hat{n}_y)$. 簡単な計算で，これらは以下の交換関係を満たすことがわかる：

$$[\hat{S}_+, \hat{S}_-] = 2\hat{S}_z, \quad [\hat{S}_z, \hat{S}_\pm] = \pm\hat{S}_\pm. \tag{8.1}$$

たとえば，$[\hat{S}_+, \hat{S}_-] = \hat{a}_x^\dagger \hat{a}_y \hat{a}_y^\dagger \hat{a}_x - \hat{a}_y^\dagger \hat{a}_x \hat{a}_x^\dagger \hat{a}_y = \hat{a}_x^\dagger(1 + \hat{a}_y^\dagger \hat{a}_y)\hat{a}_x - \hat{a}_y^\dagger(1 + \hat{a}_x^\dagger \hat{a}_x)\hat{a}_y = 2\frac{1}{2}(\hat{a}_x^\dagger \hat{a}_x - \hat{a}_y^\dagger \hat{a}_y) = 2\hat{S}_z$. したがって，$\hat{S}_x \equiv \frac{1}{2}(\hat{S}_+ + \hat{S}_-), \hat{S}_y \equiv \frac{1}{2i}(\hat{S}_+ - \hat{S}_-)$ を定義すると，$(\hat{S}_x, \hat{S}_y, \hat{S}_z) \equiv \hat{\boldsymbol{S}}$ は Hermite であり，かつ，su(2) の交換関係 $[\hat{S}_i, \hat{S}_j] = \epsilon_{ijk}\hat{S}_k$ を満たす．そこで，$\hat{\boldsymbol{S}}$ を準スピン演算子と呼ぶ．なお，$\hat{S}_\pm = \hat{S}_x \pm i\hat{S}_y$ と書けることに注意する．

全準スピンの大きさの 2 乗を次のように定義する：$\hat{\boldsymbol{S}}^2 \equiv \hat{S}_x^2 + \hat{S}_y^2 + \hat{S}_z^2$. $\hat{\boldsymbol{S}}^2$ は準スピンの各成分と可換である：$[\hat{\boldsymbol{S}}^2, \hat{S}_i] = 0$. ところで，$\hat{\boldsymbol{S}}^2 = \frac{1}{2}(\hat{S}_+\hat{S}_- + \hat{S}_-\hat{S}_+) + \hat{S}_z^2$ と書けるので，

$$\hat{\boldsymbol{S}}^2 = \frac{\hat{N}}{2}\left(\frac{\hat{N}}{2} + 1\right) \tag{8.2}$$

と表すことができる．ただし，$\hat{N} \equiv \hat{n}_x + \hat{n}_y$. Hamiltonian(5.1) は $\hat{H} = (\hat{N} + 1)\hbar\omega$ と書ける．したがって，Hamiltonian はすべての準スピンの成分 $\hat{S}_i$

173

第8章 力学的対称性

と可換である．この「準スピン空間での回転不変性」は (5.1) では明示的ではない．そこで，この不変性を「隠れた対称性」，あるいは，**力学的対称性**という．

$\hat{\boldsymbol{S}}^2$ と $\hat{S}_z$ の同時固有状態を $|\lambda m\rangle$ と書こう．これは，$\hat{n}_i$ $(i = x, y)$ の同時固有状態 $|n_x\rangle \otimes |n_y\rangle$ でもあることに注意しよう．このとき，$\hat{\boldsymbol{S}}^2|\lambda m\rangle = \lambda|\lambda m\rangle$, $\hat{S}_z|\lambda m\rangle = m|\lambda m\rangle$．Hermite 演算子の 2 乗の期待値の正定値性より，$\langle\lambda m|\hat{S}_x^2 + \hat{S}_y^2|\lambda m\rangle = \langle\lambda m|\hat{\boldsymbol{S}}^2 - \hat{S}_z^2|\lambda m\rangle = \lambda - m^2 \geq 0$．よって，$m$ には上下限がある．こうして，角運動量の固有値問題の解法と全く同じ議論より，λ は半整数 j を用いて $\lambda = j(j+1)$ と与えられる．その j に対して，$m = -j, -j+1, \ldots, j-1, j$．$\hat{n}_i$ の固有値を n_i と書くと，$\frac{\hat{N}}{2} = (\hat{n}_x + \hat{n}_y)/2$, $\hat{S}_z = \frac{1}{2}(\hat{n}_x - \hat{n}_y)$ と書けることから，次の等式を得る：$n_x + n_y = 2j = N$．したがって，エネルギー固有値は $(N+1)\hbar\omega \equiv E_N$ で与えられる．ここで N は 0 または自然数である．この N に対して，S_z は $(n_x - n_y)/2 = -\frac{N}{2}, -\frac{N}{2}+1, \ldots, \frac{N}{2}-1, \frac{N}{2}$ と $N+1$ 個の異なる値を取るので，上記のエネルギー固有値は $N+1$ 重に縮退している．固有状態を $|\lambda = j(j+1)\, m\rangle$ の代わりに $|j, m\rangle$ と書くと，$|\frac{1}{2}N, -\frac{1}{2}N\rangle = |n_x = 0\rangle \otimes |n_y = N\rangle$ である．図 8.1 に示されているように，その他の状態はこれに $\hat{S}_+$ を $2j = N$ 回まで掛けていけば得られる：

$$|n_x\rangle \otimes |n_y = N - n_x\rangle = C_{n_x n_y}(\hat{S}_+)^{n_x}\left|\frac{1}{2}N, -\frac{1}{2}N\right\rangle. \tag{8.3}$$

ただし，$C_{n_x n_y} = \sqrt{\frac{n_y!}{N! n_x!}}$ は規格化定数である．これは $[\hat{a}_i, (\hat{a}_i^\dagger)^m] = m(\hat{a}_i^\dagger)^{m-1}$ であることを用いて導かれる以下の等式から得られる：

$$\frac{\hat{a}_y^{j+m}(\hat{a}_y^\dagger)^{2j}}{\sqrt{(2j)!}}|0\rangle = \sqrt{\frac{(2j)!}{(j-m)!}}\,|j-m\rangle. \tag{8.4}$$

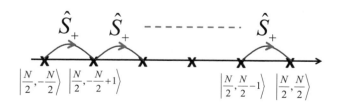

図 8.1 2 次元等方調和振動子の縮退したエネルギー固有値 E_N のすべての固有状態は $|N, -\frac{N}{2}\rangle$ に $\hat{S}_+$ を順次掛けていくことにより構成できる．

§8.2 【発展】 水素原子の隠れた対称性とエネルギーの縮退

3次元調和振動子にも同様な代数構造が存在する．ただし，それは3次元ユニタリー群 SU(3) である．その取扱いはこの教科書のレベルでは少し高度であり[1]，また，紙数の関係もあり省略する．

§8.2 水素原子の隠れた対称性とエネルギーの縮退

§5.9 において，水素原子を典型とする，Coulomb ポテンシャル $V(r) = -\frac{\kappa}{r}$ $(\kappa = Z_1 Z_2 e^2/4\pi\epsilon_0)$ で相互作用する2体系の結合状態のエネルギーは (5.83) で与えられ，各エネルギー準位の縮退度は n^2 であることを見た．ポテンシャルが回転対称であるから軌道角運動量 $\hat{\boldsymbol{L}} = \hat{\boldsymbol{r}} \times \hat{\boldsymbol{p}}$ は Hamiltonian $\hat{H} = \hat{\boldsymbol{p}}^2/2\mu + V(r)$ と可換である：$[\hat{H}, \hat{\boldsymbol{L}}] = 0$．しかし，$n^2$ の縮退度は回転 (SO(3)) 対称性から期待される $2l + 1$ よりも大きい．この「過剰な」縮退度も水素原子系の有する隠れた対称性のためであると考えられる．実は，その対称性を表現する群は $\mathrm{SU}(2) \otimes \mathrm{SU}(2) \simeq \mathrm{SO}(4)$ と同型[2]である．

ここで重要な役割を果たすのが，次のように定義される $\overset{\text{レ ン ツ}}{\text{Lenz}}$ ベクトル演算子[3]である：

$$\hat{\boldsymbol{A}} = \frac{1}{2m} \left(\hat{\boldsymbol{L}} \times \hat{\boldsymbol{p}} - \hat{\boldsymbol{p}} \times \hat{\boldsymbol{L}} \right) + \kappa \frac{\hat{\boldsymbol{r}}}{\hat{r}}. \tag{8.5}$$

$\hat{A}_i$ は Hamiltonian と可換であり，$\hat{\boldsymbol{A}}$ と $\hat{H}$ は同時固有状態を持つ．実際，$[\hat{H}, \hat{A}_i] = \frac{1}{2m}[\hat{\boldsymbol{p}}^2, \hat{A}_i] - \kappa[\frac{1}{r}, \hat{A}_i] = \frac{\kappa}{2m} \frac{2}{r^2} \hbar^2 \frac{x_i}{r} - \kappa \frac{\hbar^2 x_i}{mr^3} = 0$．ただし，$[\hat{p}_i, \frac{1}{r}] = i\hbar \frac{x_i}{r^3}$ となることを用いた．

後に必要なので，$\hat{\boldsymbol{A}}^2$ を計算する．そのために，$\hat{\boldsymbol{A}}$ を書き換える：$\hat{\boldsymbol{A}} = \frac{1}{m} \left(\hat{\boldsymbol{L}} \times \hat{\boldsymbol{p}} - i\hbar\hat{\boldsymbol{p}} \right) + \frac{\kappa}{r}\boldsymbol{r}$．これを2乗して忍耐強く計算すると，

---

[1] たとえば，H. ジョージアイ著（九後汰一郎訳）『物理学におけるリー代数——アイソスピンから統一理論——』（物理学叢書107，吉岡書店，2012）参照．

[2] これは量子色力学の記述する軽いクォーク系が持つカイラル対称性を表現する群と，偶然にも，一致している．たとえば，拙著『クォーク・ハドロン物理学入門 真空の南部理論を基礎として』（SGC ライブラリ100，サイエンス社，2013）を見よ．

[3] Runge–Lenz ベクトル，あるいは，Runge–Lenz–Pauli ベクトルと呼ぶこともある．古典力学では軌道の「離心ベクトル」を表し，その時間不変性は軌道が閉じていることと等価である：山本義隆，中村孔一著『解析力学 I, II』（朝倉書店，1998），あるいは H. ゴールドスタイン『古典力学』（吉岡書店，2006/2009）参照．また，篠本・坂口著『基幹講座 物理学 力学』（東京図書，2013）第1章および4章も参考になる．

第8章　力学的対称性

$$\hat{\boldsymbol{A}}^2 = \frac{1}{m}\hat{\boldsymbol{L}}^2\left(\frac{\boldsymbol{p}^2}{m} - \frac{2\kappa}{r}\right) + \frac{\hbar^2}{m^2}\left(\frac{\boldsymbol{p}^2}{m} - \frac{2\kappa}{r}\right) + \kappa^2$$
$$= \frac{2}{m}(\hat{\boldsymbol{L}}^2 + \hbar^2)H + \kappa^2 = \frac{2E}{m}(\hat{\boldsymbol{L}}^2 + \hbar^2) + \kappa^2. \tag{8.6}$$

結合状態のエネルギー固有状態のみを考えることにして，$H \rightarrow E\,(< 0)$ の置き換えを行った．以下でもこの置き換えを行う．

　次に，6個の演算子 $\{\hat{\boldsymbol{L}}, \hat{\boldsymbol{A}}\}$ が作る代数を求める．まず，$\hat{A}_i$ がベクトル演算子（1階の既約テンソル）であることより，$[\hat{L}_i, \hat{A}_j] = i\hbar\epsilon_{ijk}\hat{A}_k$．また，少し面倒な計算により，

$$[\hat{A}_i, \hat{A}_j] = -\frac{i\hbar}{m^2}\epsilon_{ijk}\hat{L}_k\boldsymbol{\hat{p}}^2 + \frac{\kappa}{m}2i\hbar\epsilon_{ijk}\hat{L}_k\frac{1}{r} = -i\hbar\epsilon_{ijk}\frac{2}{m}\hat{L}_k\left(\frac{\boldsymbol{\hat{p}}^2}{2m} - \frac{\kappa}{r}\right)$$
$$= -i\hbar\epsilon_{ijk}\frac{2}{m}\hat{L}_k\hat{H} = i\hbar\epsilon_{ijk}\frac{2|E|}{m}\hat{L}_k \tag{8.7}$$

を得る．$\hat{\boldsymbol{K}} \equiv \sqrt{\frac{m}{2|E|}}\hat{\boldsymbol{A}}$ と書くと，(8.7) から $[\hat{K}_i, \hat{K}_j] = i\hbar\epsilon_{ijk}\hat{K}_k$ が得られる．また，$\hat{\boldsymbol{K}}$ は，$\hat{\boldsymbol{A}}$ と同様に，ベクトル演算子であるから，$[\hat{L}_i, \hat{K}_j] = i\hbar\epsilon_{ijk}\hat{K}_k$．このとき，6個の演算子 $\{\hat{L}_1, \hat{L}_2, \hat{L}_3, \hat{K}_1, \hat{K}_2, \hat{K}_3\}$ は4次元直交変換 SO(4) の生成子 so(4) の Lie 代数を構成している．ただし，$\hat{\boldsymbol{A}}\cdot\hat{\boldsymbol{L}} = \hat{\boldsymbol{L}}\cdot\hat{\boldsymbol{A}} = 0$ より，$\hat{\boldsymbol{K}}\cdot\hat{\boldsymbol{L}} = \hat{\boldsymbol{L}}\cdot\hat{\boldsymbol{K}} = 0$．ここで，次の演算子を導入する：

$$\hat{\boldsymbol{S}}_+ \equiv \frac{1}{2}(\hat{\boldsymbol{L}} + \hat{\boldsymbol{K}}), \quad \hat{\boldsymbol{S}}_- \equiv \frac{1}{2}(\hat{\boldsymbol{L}} - \hat{\boldsymbol{K}}). \tag{8.8}$$

容易に確かめられるように，$\hat{\boldsymbol{S}}_+$ と $\hat{\boldsymbol{S}}_-$ はそれぞれ独立な準スピン演算子であり su(2) 代数を構成する：$[\hat{S}_{+i}, \hat{S}_{+j}] = i\hbar\epsilon_{ijk}\hat{S}_{+k}$，$[\hat{S}_{-i}, \hat{S}_{-j}] = i\hbar\epsilon_{ijk}\hat{S}_{-k}$，$[\hat{S}_{+i}, \hat{S}_{-j}] = 0$．このことを $\hat{\boldsymbol{S}}_+$ と $\hat{\boldsymbol{S}}_-$ は su(2) $\otimes$ su(2) を構成している，という[4]．ただし，$(\hat{\boldsymbol{S}}_+)^2$ と $(\hat{\boldsymbol{S}}_-)^2$ の固有値は等しい：実際，$(\hat{\boldsymbol{S}}_+)^2 - (\hat{\boldsymbol{S}}_-)^2 = \hat{\boldsymbol{L}}\cdot\hat{\boldsymbol{K}} + \hat{\boldsymbol{K}}\cdot\hat{\boldsymbol{L}} = 0$．$\hat{\boldsymbol{S}}_+, \hat{\boldsymbol{S}}_-$ はともに su(2) 代数を満たすから，$(\hat{\boldsymbol{S}}_+)^2$ および $(\hat{\boldsymbol{S}}_-)^2$ の固有値は半整数 $S_+ = S_- \equiv S = 0, 1/2, 1, 3/2, \ldots$ を用いて，$(\hat{\boldsymbol{S}}_+)^2 = (\hat{\boldsymbol{S}}_-)^2 = \frac{1}{4}(\hat{\boldsymbol{L}}^2 + \hat{\boldsymbol{K}}^2) = S(S+1)\hbar^2$ と表すことができる．そこで (8.6) を用いると，$S(S+1)\hbar^2 = \frac{1}{4}(\hat{\boldsymbol{L}}^2 + \frac{m}{2|E|}\hat{\boldsymbol{A}}^2) = \frac{1}{4}(-\hbar^2 + \frac{m\kappa^2}{2|E|})$．ここで，$\hat{\boldsymbol{L}}^2$ の項が相殺したことに注意しよう．上式を $E\,(< 0)$ について解くと，$E = -m\kappa^2/2(2S+1)^2\hbar^2$ となる．$2S+1 = n$ とおくと，$E = -m\kappa^2/2n^2\hbar^2$

---

[4] 以上のことは SO(4) $\simeq$ SU(2) $\otimes$ SU(2) を意味する．

§8.2 【発展】 水素原子の隠れた対称性とエネルギーの縮退

$(n = 1, 2, \ldots)$ となり, (5.83) が再現される. さらに, (8.8) より, $\hat{\boldsymbol{L}} = \hat{\boldsymbol{S}}_+ + \hat{\boldsymbol{S}}_-$ であるから, $\hat{\boldsymbol{L}}^2 = l(l+1)\hbar^2$ と書くと, 与えられた n, すなわち $S = S_+ = S_-$ に対して l は $S_+ - S_- = 0$ から $S_+ + S_- = 2S = n - 1$ までの整数値を取る: $l = 0, 1, 2, \ldots, n-1$. したがって, エネルギーの縮退度は $\sum_{l=0}^{n-1}(2l+1) = n^2$. これは §5.9 で得られた結果と一致する.

―――――――――――――― 第 8 章　章末問題 ――――――――――――――

問題 1　(8.1) の 2 番目の等式を示せ.

問題 2　§8.1 で導入された準スピン演算子 $\hat{\boldsymbol{S}}$ を直角座標 $\boldsymbol{r} = (x,\, y,\, z)$ と運動量演算子 $\hat{\boldsymbol{p}}$ で表せ.

問題 3　(8.2) を示せ.

問題 4　以下の等式を示せ:

$$[\hat{S}_z,\, \hat{a}_x^\dagger] = \frac{1}{2}\hat{a}_x^\dagger, \quad [\hat{S}_z,\, \hat{a}_y^\dagger] = -\frac{1}{2}\hat{a}_x^\dagger, \quad [\hat{S}_+,\, \hat{a}_x^\dagger] = 0,$$
$$[\hat{S}_+,\, \hat{a}_y^\dagger] = \hat{a}_x^\dagger, \quad [\hat{S}_-,\, \hat{a}_x^\dagger] = \hat{a}_y^\dagger, \quad [\hat{S}_-,\, \hat{a}_y^\dagger] = 0.$$

　これらの等式は, $(\hat{a}_x^\dagger,\, \hat{a}_y^\dagger)$ が準スピン空間の $\frac{1}{2}$ 階の既約テンソルの 2 重項を構成していることを示している. 同様に, $(-a_y,\, a_x)$ が $\frac{1}{2}$ 階の既約テンソルの 2 重項を構成していることを示せ.

　なお, これらの 2 つの $\frac{1}{2}$ 階テンソルから 1 重項を作ると, $\frac{1}{\sqrt{2}}\{\hat{a}_x^\dagger \hat{a}_x - \hat{a}_y^\dagger(-\hat{a}_y)\} = \frac{1}{\sqrt{2}}(\hat{a}_x^\dagger \hat{a}_x + \hat{a}_y^\dagger \hat{a}_y)$. これは 2 次元等方調和振動子の Hamiltonian が準スピン回転に対して不変であることを示している.

問題 5　準スピン空間の y 軸周りに角度 β だけ回転する変換は $\hat{P}_{R_y(\beta)} = \mathrm{e}^{-i\hat{S}_y\beta}$ で与えられる. $\hat{A}_i^\dagger(\beta) = \hat{P}_{R_y(\beta)}\hat{a}_i \hat{P}_{R_y(\beta)}^{-1}$ $(i = x,\, y)$ とする.
(1)　次の等式が成り立つことを示せ:

$$d\hat{A}_x^\dagger(\beta)/d\beta = \frac{1}{2}\hat{A}_y^\dagger(\beta), \ d\hat{A}_y^\dagger(\beta)/d\beta = -\frac{1}{2}\hat{A}_x^\dagger(\beta).$$

(2)　$\hat{A}_i^\dagger(0) = \hat{a}_i^\dagger$ に注意して, $\hat{A}_x^\dagger(\beta) = \hat{a}_x^\dagger \cos\frac{\beta}{2} + \hat{a}_y^\dagger \sin\frac{\beta}{2}$, $\hat{A}_y^\dagger(\beta) = \hat{a}_y^\dagger \cos\frac{\beta}{2} - \hat{a}_x^\dagger \sin\frac{\beta}{2}$ となることを示せ.

第9章　離散的な変換

　これまでは恒等変換から連続的につながり得る変換を扱ってきた．ここでは，それが成り立たない場合の重要な例として，空間反転（パリティ変換）と時間反転を扱う．

§9.1　空間反転：パリティ

　スピンを持つ1粒子系を考える．多粒子系への拡張は容易である．位置ベクトル $\boldsymbol{r} = {}^t(x, y, z)$ の符号を逆転する変換 (5.65) を**空間反転**あるいは**パリティ変換**と呼ぶことはすでに見た．また，(5.66) において軌道角運動量の大きさが l のときパリティが $(-1)^l$ であることも見ている．ここでは，パリティ変換について少し形式的な議論をする．

　パリティ変換 (5.65) は行列 P を用いて次のように書ける：

$$\boldsymbol{r} \to \boldsymbol{r}' = -\boldsymbol{r} \equiv P\boldsymbol{r}, \qquad P = \begin{pmatrix} -1 & 0 & 0 \\ 0 & -1 & 0 \\ 0 & 0 & -1 \end{pmatrix}. \tag{9.1}$$

運動量 $\boldsymbol{p}$ も空間反転で符号を変える ($\boldsymbol{p} \to -\boldsymbol{p}$) ので，Poisson 括弧は $\{x_i, p_j\} = \delta_{ij}$ は空間反転の下で不変である．空間反転を2回くりかえすと元に戻る：

$$P^2 = I \qquad (I \text{ は恒等変換}). \tag{9.2}$$

　対応する量子力学的変換を $\hat{P}$ と書こう：

$$\hat{P}\hat{\boldsymbol{r}}\hat{P}^{-1} = -\hat{\boldsymbol{r}}, \qquad \hat{P}\hat{\boldsymbol{p}}\hat{P}^{-1} = -\hat{\boldsymbol{p}}. \tag{9.3}$$

この変換の下で，正準交換関係 $[\hat{x}_i, \hat{p}_j] = i\hbar\,\delta_{ij}$ は不変である．$\hat{P}$ は空間座標にのみ関係しているので，スピン変数は不変である：

$$\hat{P}\hat{\boldsymbol{s}}\hat{P}^{-1} = \hat{\boldsymbol{s}}. \tag{9.4}$$

179

第 9 章　離散的な変換

これより，軌道角運動量および全角運動量演算子はパリティ変換の下で不変であることが確認できる：

$$\hat{\boldsymbol{L}} = \hat{\boldsymbol{r}} \times \hat{\boldsymbol{p}} \to \hat{\boldsymbol{L}}' = (-\hat{\boldsymbol{r}}) \times (-\hat{\boldsymbol{p}}) = \hat{\boldsymbol{L}}; \quad \hat{\boldsymbol{J}} = \hat{\boldsymbol{L}} + \hat{\boldsymbol{s}} \to \hat{\boldsymbol{J}}' = \hat{\boldsymbol{J}}. \quad (9.5)$$

位置座標演算子 $\hat{\boldsymbol{r}}$ の固有状態 $|\boldsymbol{r}\rangle$ に対して，$\hat{P}|\boldsymbol{r}\rangle$ は固有値 $-\boldsymbol{r}$ に属する状態だから，ある絶対値 1 の数 η を用いて $\hat{P}|\boldsymbol{r}\rangle = \eta|-\boldsymbol{r}\rangle$ と書ける．ここでは $\eta = 1$ とする表現を用いることにしよう：

$$\hat{P}|\boldsymbol{r}\rangle = |-\boldsymbol{r}\rangle, \quad \langle\boldsymbol{r}|\hat{P}^\dagger = \langle-\boldsymbol{r}|. \quad (9.6)$$

これより，$\langle\boldsymbol{r}'|\boldsymbol{r}\rangle = \delta(\boldsymbol{r} - \boldsymbol{r}')$ ならば，$\langle-\boldsymbol{r}'|-\boldsymbol{r}\rangle = \delta(\boldsymbol{r} - \boldsymbol{r}')$ が言える．すなわち，内積，そしてノルムが保存されるのでパリティ変換のユニタリー性が従う：$\hat{P}^\dagger = \hat{P}^{-1} = \hat{P}$．座標 $\boldsymbol{r}$ とスピンの z 成分 $\sigma = \pm\frac{1}{2}$ で指定される 1 粒子波動関数 $\psi(\boldsymbol{r}, \sigma) = \langle\boldsymbol{r}|\psi_\sigma\rangle$ は以下のように変換される：

$$\langle\boldsymbol{r}|\psi_\sigma\rangle = \psi(\boldsymbol{r}, \sigma) \to \langle-\boldsymbol{r}|\psi_\sigma\rangle = \psi(-\boldsymbol{r}, \sigma) = \psi(P\boldsymbol{r}, \sigma) \equiv \hat{P}\psi(\boldsymbol{r}, \sigma). \quad (9.7)$$

(9.2) に対応して，

$$\hat{P}^2 = 1 \quad (9.8)$$

が成り立つ．実際，任意の状態 $\psi(\boldsymbol{r}, \sigma)$ に対して，$\hat{P}^2\psi(\boldsymbol{r}, \sigma) = \hat{P}\psi(-\boldsymbol{r}, \sigma) = \psi(\boldsymbol{r}, \sigma)$．したがって，$\hat{P}^{-1} = \hat{P}$ であり，また，$\hat{P}$ の固有値は ± 1 である．この固有値がパリティである．任意のオブザーバブルを表す演算子 $\hat{O}$ が空間反転で $\hat{O}'$ に変換されるとすると，$\hat{O}' = \hat{P}\hat{O}\hat{P}^{-1}$．(9.6) によって定義されたパリティ変換に対して，座標および運動量演算子が (9.3) を満たすことを確認することができる．たとえば，$\hat{\boldsymbol{r}}|\boldsymbol{r}\rangle = \boldsymbol{r}|\boldsymbol{r}\rangle$ の両辺に $\hat{P}$ を作用させることで $\hat{P}\hat{\boldsymbol{r}}\hat{P}^{-1} = -\hat{\boldsymbol{r}}$ を示すことができる（章末問題参照）．

n 粒子からなる多体系では，パリティ変換は以下のように定義される：

$$\hat{P}|\boldsymbol{r}_1, \boldsymbol{r}_2, \ldots, \boldsymbol{r}_n; \sigma_1, \sigma_2, \ldots, \sigma_n\rangle = |-\boldsymbol{r}_1, -\boldsymbol{r}_2, \ldots, -\boldsymbol{r}_n; \sigma_1, \sigma_2, \ldots, \sigma_n\rangle.$$

たとえば，2 体系の波動関数 $\psi(\boldsymbol{r}_1, \boldsymbol{r}_2, \sigma_1, \sigma_2)$ が重心座標 $\boldsymbol{R} = \frac{m_1\boldsymbol{r}_1 + m_2\boldsymbol{r}_2}{m_1 + m_2}$ と相対座標 $\boldsymbol{r} = \boldsymbol{r}_1 - \boldsymbol{r}_2$ を用いて，$\psi(\boldsymbol{r}_1, \boldsymbol{r}_2, \sigma_1, \sigma_2) = \Phi(\boldsymbol{R})\varphi(\boldsymbol{r})\chi(\sigma_1, \sigma_2)$ と表されているとする．座標の入れ替え $(\boldsymbol{r}_1, \sigma_1) \leftrightarrow (\boldsymbol{r}_2, \sigma_2)$ によって，<u>相対の波動関数</u>

はパリティ変換を受ける：$\varphi(\boldsymbol{r}) \to \varphi(-\boldsymbol{r})$. 特に，この相対の波動関数が特定の軌道角運動量を持ち，$\varphi(\boldsymbol{r}) = R(r)Y_{lm}(\theta, \phi)$ と書けるとすると，粒子の入れ替えによって $(-1)^l$ の符号が現れ，この系のパリティが $(-1)^l$ であることがわかる.

§9.2　時間反転

古典力学における Newton の運動方程式は

$$m\frac{d^2\boldsymbol{r}}{dt^2} = \boldsymbol{F}(\boldsymbol{r}) \tag{9.9}$$

と書ける．時間について 2 階の微分方程式であるから，力 $\boldsymbol{F}$ が時間に依存しなければ，時間反転 $t \to t' = -t$ に対して運動方程式 (9.9) は不変である．この**時間反転不変性**の意味することは，$t = t_{\mathrm{I}}$ における初期条件 $(\boldsymbol{r}(t_{\mathrm{I}}), \dot{\boldsymbol{r}}(t_{\mathrm{I}}))$ から出発して運動方程式 (9.9) に従い $t = t_{t_{\mathrm{F}}}$ において $(\boldsymbol{r}(t_{\mathrm{F}}), \dot{\boldsymbol{r}}(t_{\mathrm{F}}))$ に至るとすると，時間を逆回しにした運動，すなわち，$t = t_{t_{\mathrm{F}}}$ において $(\boldsymbol{r}(t_{\mathrm{F}}), -\dot{\boldsymbol{r}}(t_{\mathrm{F}}))$ を初期条件として運動方程式に従い，$t = t_{\mathrm{I}}$ において $(\boldsymbol{r}(t_{\mathrm{I}}), -\dot{\boldsymbol{r}}(t_{\mathrm{I}}))$ に至る運動が可能である，ということである.

量子力学における時間反転はどのように記述され，どのような場合に時間反転不変性が成り立ち，その帰結はどのようなものであろうか．この節ではこれらの問題を扱う．記述はできるだけ初等的に行い，ほとんどの場合，$\boldsymbol{r}$-表示を用いる.

9.2.1　定義

例として，次の時間に依存しない Hamiltonian $\hat{H} = \hat{H}(\boldsymbol{r}, \hat{\boldsymbol{p}})$ を考える：

$$\hat{H} = \frac{\hat{\boldsymbol{p}}^2}{2m} + V(\boldsymbol{r}) = -\frac{\hbar^2}{2m}\boldsymbol{\nabla}^2 + V(\boldsymbol{r}).$$

ただし，スピン自由度は無視できるとし，ポテンシャル $V(\boldsymbol{r})$ は実数であるとする．このときの時間に依存する Schrödinger 方程式は，

$$i\hbar\frac{\partial\psi(\boldsymbol{r}, t)}{\partial t} = \hat{H}\psi(\boldsymbol{r}, t). \tag{9.10}$$

ここで，$t = -t'$ とおいて整理すると，

$$i\hbar\frac{\partial\psi(\boldsymbol{r}, -t')}{\partial t'} = -\hat{H}\psi(\boldsymbol{r}, -t') \tag{9.11}$$

第 9 章　離散的な変換

となって，$\psi(\boldsymbol{r}, -t')$ は (9.10) を満たさない．そこで，(9.11) の**複素共役**を取ると，

$$i\hbar \frac{\partial \psi^*(\boldsymbol{r}, -t')}{\partial t'} = \hat{H}^* \psi^*(\boldsymbol{r}, -t') \tag{9.12}$$

となる．したがって，Hamiltonian が実であれば時間に依存する Schrödinger 方程式 (9.10) を満たすので，$\psi^*(\boldsymbol{r}, -t')$ によって記述される状態は量子力学的な状態として実現可能である．すなわち，Hamiltonian が実のとき，時間に依存する Schrödinger 方程式 (9.10) は以下の時間反転変換に対して不変である：

$$t \to t' = -t, \quad \psi(\boldsymbol{r}, t) \to \psi^*(\boldsymbol{r}, -t). \tag{9.13}$$

そこで，**時間反転した状態を表す波動関数**を次のように定義する：

$$\psi_r(\boldsymbol{r}, t) \equiv \psi^*(\boldsymbol{r}, -t) \equiv \hat{\mathcal{T}} \psi(\boldsymbol{r}, t). \tag{9.14}$$

ここで $\hat{\mathcal{T}}$ は時間反転演算子である．このとき，確率密度は $P_r(\boldsymbol{r}, t) \equiv |\psi_r(\boldsymbol{r}, t)|^2 = \psi_r^*(\boldsymbol{r}, t)\psi_r(\boldsymbol{r}, t) = \psi(\boldsymbol{r}, -t)\psi^*(\boldsymbol{r}, -t) = P(\boldsymbol{r}, -t)$. すなわち，確率密度の時間発展はちょうど逆になっている．

　たとえば，エネルギー E_n を持つ定常状態の波動関数は $\psi(\boldsymbol{r}, t) = \varphi_n(\boldsymbol{r}) \times \mathrm{e}^{-iE_n t/\hbar}$ と書けるので，その時間反転した状態は $\psi_r(\boldsymbol{r}, t) = \varphi_n^*(\boldsymbol{r})\mathrm{e}^{-iE_n t/\hbar}$ である．そのとき，確率密度は時間に依らず，したがって，時間反転に対して不変である：$|\psi(\boldsymbol{r}, t)|^2 = |\psi_r(\boldsymbol{r}, t)|^2 = |\varphi_n(\boldsymbol{r})|^2$. しかし，これは定常状態について成り立つ特別な場合であり，一般には成り立たない．

【例】波束の時間発展とその時間反転　　第 4 章の章末問題 4 で扱った自由粒子の波束の時間変化を取り上げてみよう．初期状態 (4.47)

$$\varphi_0(x; p_0) = \frac{1}{(a^2\pi)^{1/4}} \mathrm{e}^{-\frac{x^2}{2a^2} + ip_0 x/\hbar}$$

から時間発展して得られる状態の波動関数 $\varphi(x, t)$ は (4.48) に与えられている．図 9.1 はその確率密度 $|\varphi(x, t)|^2 \equiv P(x, t)$ の時間発展を示している．時間とともに，不確定性関係 $\Delta x \cdot \Delta p$ が一方的に増大するように確率密度は広がっていきながらそのピーク位置が x の正の方向に移動していることが見て取れる[1]．

---

[1] 第 4 章の章末問題 4 の (3)(v) を参照．

§9.2 【基本】 時間反転

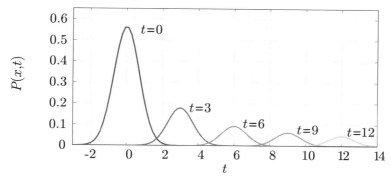

図 9.1 波束の確率密度 $P(x, t) = |\varphi(x, t)|^2$ の時間発展. 量子力学における波束の時間発展の不可逆性を表している.

一方, (4.48) を時間反転した波動関数 $\psi_r(x, t)$ は, (4.48) において, 複素共役を取り $t \to -t$ とすることによって次のように与えられる:

$$\psi_r(x, t) = N \frac{e^{i(-p_0 x - \epsilon_{p_0} t)/\hbar}}{\sqrt{1 + i\frac{\hbar t}{ma^2}}} \exp\left[-\frac{(x + v_0 t)^2}{2a^2(1 + i\frac{\hbar t}{ma^2})}\right] \tag{9.15}$$

これは, 初期状態として (4.47) の運動量 p_0 の符号を変えたときの $t > 0$ の波動関数であり, 確かに物理的に実現し得る. また, 対応する確率密度は $P_r(x, t) = P(x, -t)$ は (4.49) において初期速度 v_0 の符号を変えたものと同じである. ここで注意すべきことは, 古典力学のときのように時刻 $t = t_F$ における解 (4.48) を初期状態として, 時間を反転させて元の状態 (4.47) に戻る, という変化が実現するわけではないということである.

この例は, 量子力学における時間反転の内容は古典物理学の場合と異なっていることを示している. すなわち, ある初期状態 $\varphi(\boldsymbol{r})$ から出発して $t > 0$ において $\psi(x, t)$ になるとき, それを時間反転した状態 $\psi^*(x, -t)$ から出発して発展させても $\varphi^*(\boldsymbol{r})$ に戻ることはない. すなわち, 量子力学においては初期状態と終状態における根本的な非等価性がある. これは古典物理学にはなかった量子力学に特有の性質であり, 観測による非可逆性と関係していると考えられる. 実際, 初期状態の波動関数が与えられているときには, 完全な実験により状態が準備されていることを意味する[2].

---

[2] A. Peres, *Quantum Theory: Concepts and Methods*, Kluwer Academic Publishers, 1995, 参照.

第9章　離散的な変換

9.2.2　演算子と状態ベクトルの変換性

時間反転に対して，物理的な意味から位置演算子と運動量演算子は $\mathcal{T}\hat{\boldsymbol{r}}\mathcal{T}^{-1} = \hat{\boldsymbol{r}}$, $\mathcal{T}\hat{\boldsymbol{p}}\mathcal{T}^{-1} = -\hat{\boldsymbol{p}}$ と変換される．$\boldsymbol{r}$-表示では $\hat{\boldsymbol{p}} = -i\hbar\frac{\partial}{\partial \boldsymbol{r}}$ であるから，$\mathcal{T}$ は**複素共役を取る操作 K を含む**．さらに時間反転によって内積の絶対値が保存されることを要請すると，$\mathcal{T} = UK$ と書ける（Wignerの定理）．U はユニタリー変換である：$U^{\dagger} = U^{-1}$．すなわち，時間反転に伴い，状態ベクトルは反ユニタリー変換で変換される．なお，複素共役を2回取ると元に戻るから，$K^2 = 1$．したがって，$K^{-1} = K$．

任意の状態ベクトル $|\alpha\rangle$ と $|\beta\rangle$ に対して，時間反転された状態を $|\bar{\alpha}\rangle = \mathcal{T}|\alpha\rangle$, $|\bar{\beta}\rangle = \mathcal{T}|\beta\rangle$ と表すと，

$$\langle \bar{\beta}|\bar{\alpha}\rangle = \langle UK\,\beta|UK\alpha\rangle = \langle K\,\beta|U^{\dagger}UK\alpha\rangle = \langle K\,\beta|K\alpha\rangle = \langle\beta|\alpha\rangle^*.$$

よって，$|\langle\bar{\beta}|\bar{\alpha}\rangle| = |\langle\beta|\alpha\rangle|$．すなわち，内積の絶対値は時間反転に対して不変である．ここで，絶対値の記号を外すことはできない．

9.2.3　角運動量の変換性

軌道角運動量を時間反転について変換すると，

$$\hat{\boldsymbol{L}} = \hat{\boldsymbol{r}} \times \hat{\boldsymbol{p}} \to \hat{\boldsymbol{L}}' = \mathcal{T}\hat{\boldsymbol{r}} \times \hat{\boldsymbol{p}}\mathcal{T}^{-1} = \mathcal{T}\hat{\boldsymbol{r}}\mathcal{T}^{-1} \times \mathcal{T}\hat{\boldsymbol{p}}\mathcal{T}^{-1} = \hat{\boldsymbol{r}} \times (-\hat{\boldsymbol{p}}) = -\hat{\boldsymbol{L}}.$$

すなわち，時間の向きを逆にすると逆に回転するので角運動量の向きは逆になる，という自然な結果が得られる．荷電粒子の回転運動は磁場を生むことからもわかるように，外磁場 $\boldsymbol{B} = \boldsymbol{\nabla} \times \boldsymbol{A}$ がある系[3]においては時間反転不変性が破れている．これに対して，外電場 $\boldsymbol{E}$ は時間反転不変性を破らない．

さて，ここまではユニタリー変換 U は何の役割も果たさず，$U = 1$，すなわち，$\mathcal{T} = K$ とした単純な表現を取った場合と区別が付かない．この事情はスピンの自由度を考えると変化する．スピン演算子を $\hat{\boldsymbol{S}} = \hbar\boldsymbol{\sigma}/2$ と書く．

全角運動量演算子 $\hat{\boldsymbol{J}} = \hat{\boldsymbol{L}} + \hat{\boldsymbol{S}}$ は時間反転に対して符号を変えることを要請しよう：

$$\mathcal{T}\hat{\boldsymbol{J}}\mathcal{T}^{-1} = -\hat{\boldsymbol{J}}. \tag{9.16}$$

---

[3] ここで，外磁場と呼んでいるのは，その磁場を作る荷電粒子は系に含まれていないことを意味する．

§9.2 【基本】 時間反転

(9.16) は時間反転によりスピン演算子が $\hat{S} \to -\hat{S}$ と変換されることを要請することと同値である. ところが, Pauli 行列の具体形 (7.13) および (7.16) より, 複素共役を取る演算 K に対して, $K\sigma_x K^{-1} = K\sigma_x K = \sigma_x$, $K\sigma_y K^{-1} = -\sigma_y$, $K\sigma_z K^{-1} = \sigma_z$ となって, スピン演算子は一斉に符号を変えるわけではない. したがって, 複素共役以外の操作 U が必要である. それは, x, z 軸を y 軸周りに π 回転させれば実現できる. すなわち, スピン自由度のあるときは, 時間反転演算子は

$$\mathcal{T} \equiv e^{-i\pi\hat{s}_y/\hbar} K = K e^{-i\pi\hat{s}_y/\hbar}, \qquad U = e^{-i\pi\hat{s}_y/\hbar} \tag{9.17}$$

と定義できる. 実際, $e^{-i\pi\hat{s}_y/\hbar} = e^{-i\pi\sigma_y/2} = \cos\frac{\pi}{2} - i\sigma_y \sin\frac{\pi}{2} = -i\sigma_y$ に注意すると,

$$\left.\begin{array}{l} \mathcal{T}\sigma_x\mathcal{T}^{-1} = -i\sigma_y K\sigma_x K^{-1}(i\sigma_y) = \sigma_y\sigma_x\sigma_y = -\sigma_x, \\[4pt] \mathcal{T}\sigma_y\mathcal{T}^{-1} = -i\sigma_y K\sigma_y K^{-1}(i\sigma_y) = \sigma_y(-\sigma_y)\sigma_y = -\sigma_y, \\[4pt] \mathcal{T}\sigma_z\mathcal{T}^{-1} = -i\sigma_y K\sigma_z K^{-1}(i\sigma_y) = \sigma_y\sigma_z\sigma_y = -\sigma_z \end{array}\right\} \tag{9.18}$$

となり, 所望の変換性を示す.

【注意】

1. 時間反転に対して回転演算子は不変である.

$$\mathcal{T}e^{-i\hat{\boldsymbol{J}}\cdot\boldsymbol{n}/\hbar}\mathcal{T}^{-1} = e^{i\mathcal{T}\hat{\boldsymbol{J}}\mathcal{T}^{-1}\cdot\boldsymbol{n}/\hbar} = e^{-i\hat{\boldsymbol{J}}\cdot\boldsymbol{n}/\hbar}. \tag{9.19}$$

   したがって, 右から $\mathcal{T}$ を掛けて,

$$\mathcal{T}e^{-i\hat{\boldsymbol{J}}\cdot\boldsymbol{n}/\hbar} = e^{-i\hat{\boldsymbol{J}}\cdot\boldsymbol{n}/\hbar}\mathcal{T}. \tag{9.20}$$

   すなわち, 時間反転演算子と回転演算子は可換である.

2. 球面調和関数の時間反転した状態は, 複素共役を取ればよいから (5.67) で与えられる. この位相は不都合な場合があるので, 位相を変えた次の関数を定義する:

$$\tilde{Y}_{l\,m}(\theta,\varphi) \equiv i^l Y_{l\,m}(\theta,\varphi). \tag{9.21}$$

   これの時間反転した状態はその複素共役を取ればよいので,

$$\tilde{Y}_{l\,m}^*(\theta,\varphi) = (-1)^{l-m}\tilde{Y}_{l-m}(\theta,\varphi) \tag{9.22}$$

となる.

第 9 章　離散的な変換

3.　スピン $\frac{1}{2}$ の状態 $|\frac{1}{2}\,m\rangle$ の時間反転した状態は,

$$\mathrm{e}^{-i\pi\sigma_y/2}\left|\frac{1}{2}\,m\right\rangle = -i\sigma_y\left|\frac{1}{2}\,m\right\rangle = \begin{pmatrix} 0 & -1 \\ 1 & 0 \end{pmatrix}\left|\frac{1}{2}\,m\right\rangle. \tag{9.23}$$

すなわち,

$$\left.\begin{aligned} \mathrm{e}^{-i\pi\sigma_y/2}\left|\tfrac{1}{2}\,\tfrac{1}{2}\right\rangle &= \begin{pmatrix} 0 & -1 \\ 1 & 0 \end{pmatrix}\begin{pmatrix} 1 \\ 0 \end{pmatrix} = \begin{pmatrix} 0 \\ 1 \end{pmatrix}, \\ \mathrm{e}^{-i\pi\sigma_y/2}\left|\tfrac{1}{2}\,\tfrac{-1}{2}\right\rangle &= \begin{pmatrix} 0 & -1 \\ 1 & 0 \end{pmatrix}\begin{pmatrix} 0 \\ 1 \end{pmatrix} = \begin{pmatrix} -1 \\ 0 \end{pmatrix}. \end{aligned}\right\} \tag{9.24}$$

4.　軌道部分も含めると, 時間反転した状態は以下のように表される:

$$\begin{aligned} \mathcal{T}\psi(\boldsymbol{r},\,t) &= \mathcal{T}\varphi_+(\boldsymbol{r},\,t)\begin{pmatrix} 1 \\ 0 \end{pmatrix} + \mathcal{T}\varphi_-(\boldsymbol{r},\,t)\begin{pmatrix} 0 \\ 1 \end{pmatrix} \\ &= \varphi_+^*(\boldsymbol{r},\,-t)\begin{pmatrix} 0 \\ 1 \end{pmatrix} + \varphi_-^*(\boldsymbol{r},\,-t)\begin{pmatrix} -1 \\ 0 \end{pmatrix} \\ &= \begin{pmatrix} -\varphi_-^*(\boldsymbol{r},\,-t) \\ \varphi_+^*(\boldsymbol{r},\,-t) \end{pmatrix}. \end{aligned} \tag{9.25}$$

5.　さらに, 軌道角運動量 l の状態とスピン $1/2$ の状態から作った全角運動量 $j = l \pm 1/2$ の状態 $\mathcal{Y}_l^{l\pm 1/2\,m}(\theta,\varphi)$ は以下のように変換される:

$$\left.\begin{aligned} \mathcal{T}\mathcal{Y}_l^{l+\frac{1}{2}\,m} &= (-1)^{m-\frac{1}{2}}\mathcal{Y}_l^{l+\frac{1}{2}\,-m}, \\ \mathcal{T}\mathcal{Y}_l^{l-\frac{1}{2}\,m}(\theta,\varphi) &= (-1)^{m+\frac{1}{2}}\mathcal{Y}_l^{l-\frac{1}{2}\,-m}. \end{aligned}\right\} \tag{9.26}$$

9.2.4　スピン $\frac{1}{2}$ の多体系の場合：Kramers の縮退

次にスピン $\frac{1}{2}$ の n 体系の任意の状態を考える：$|\ \rangle_n$. 全スピンは $\hat{\boldsymbol{S}} = \sum_{i=1}^n \hat{\boldsymbol{S}}_i$. このとき, $\mathcal{T} = \mathrm{e}^{-i\pi\hat{S}_y/\hbar}K$. 時間反転を 2 回行うと状態は元に戻るから, ある定数 $\mathrm{e}^{i\theta}$ が存在して $\mathcal{T}^2|\ \rangle = \mathrm{e}^{i\theta}|\ \rangle$ と書ける. すなわち, $\mathcal{T}^2 = \mathrm{e}^{i\theta}$. この定数 $\mathrm{e}^{i\theta}$ を求めよう.

まず, $K^{-1} = K$ より, $K\mathrm{e}^{-i\pi\hat{S}_y/\hbar}K = K\mathrm{e}^{-i\pi\hat{S}_y/\hbar}K^{-1} = \mathrm{e}^{-i\pi\hat{S}_y/\hbar}$. ここで, $K\hat{S}_yK^{-1} = \sum_{i=1}^n K\hat{S}_{iy}K^{-1} = -\hat{S}_y$ を用いた. したがって,

$$\mathcal{T}^2 = \mathrm{e}^{-i\pi\hat{S}_y/\hbar}K\mathrm{e}^{-i\pi\hat{S}_y/\hbar}K = \mathrm{e}^{-i\pi\hat{S}_y/\hbar}\mathrm{e}^{-i\pi\hat{S}_y/\hbar} = \mathrm{e}^{-2i\pi\hat{S}_y/\hbar}$$

§9.2 【基本】 時間反転

$$= \prod_{k=1}^{n} e^{-i\pi\sigma_{ky}} = (-1)^n \mathbf{1}.$$

すなわち,

$$\mathcal{T}^2 = \begin{cases} e^{i\theta} = (-1)^n = \mathbf{1} & n : \text{偶数} \\ -\mathbf{1} & n : \text{奇数} \end{cases} \tag{9.27}$$

さて,$|1\rangle$ をエネルギー固有値 E_1 に属する $\hat{H}$ の固有ベクトルであるとする:$\hat{H}|1\rangle = E_1|1\rangle$. さらに Hamiltonian $\hat{H}$ が時間反転不変とする,すなわち,$[\hat{H}, \mathcal{T}] = 0$. このとき,$\mathcal{T}|1\rangle$ は同じ固有値 E_1 に属する固有ベクトルである:$\hat{H}(\mathcal{T}|1\rangle) = \mathcal{T}\hat{H}|1\rangle = E_1(\mathcal{T}|1\rangle)$.

以上の結果から,以下のいくつかの重要な結論を導くことができる. 奇数個のスピン $\frac{1}{2}$ の粒子を含む系のエネルギーは少なくとも 2 重に縮退している. $\mathcal{T}|1\rangle$ は $|1\rangle$ と独立ではなく位相しか違わないとしよう:

$$\mathcal{T}|1\rangle = e^{i\delta}|1\rangle.$$

これに $\mathcal{T}$ を作用させると,

$$\mathcal{T}^2|1\rangle = \mathcal{T}e^{i\delta}|1\rangle = e^{-i\delta}\mathcal{T}|1\rangle = e^{-i\delta}e^{i\delta}|1\rangle = |1\rangle. \tag{9.28}$$

ところが,$\mathcal{T}^2 = -1$ より,左辺 $= -|1\rangle$. これは,矛盾である. よって,$\mathcal{T}|1\rangle$ は $|1\rangle$ と独立な状態であり,エネルギー E_1 は少なくとも 2 重に縮退している.

この時間反転不変な系特有の縮退を **Kramers の縮退**[4]という. たとえば,p 状態に電子が 1 個いる場合,角運動量は $^2P_{1/2}$ または $^2P_{3/2}$ である. それぞれ,j の磁気量子数の符号の異なる状態 $m = \pm 1/2$,あるいは $m = \pm 1/2, \pm 3/2$ の状態が互いに縮退している. また,電場 $\boldsymbol{E}$ が作用しているが磁場 $\boldsymbol{B}$ が作用していない電子系では,時間反転不変性があるのでエネルギーは縮退している. しかし,そこに磁場が掛かると Hamiltonian に $\boldsymbol{J} \cdot \boldsymbol{B}$ のような時間反転に対して不変でない項が生じるため,その縮退は解ける. 最近,時間反転不変性が重要な役割を果たす物質として「位相的(トポロジカル)絶縁体」[5]が盛んに研究されている.

---

[4] ただし,このことを理論的に明らかにしたのは Wigner である.

[5] たとえば,安藤陽一著『トポロジカル絶縁体入門』(講談社,2014),あるいは野村健太郎著『トポロジカル絶縁体・超伝導体』(現代理論物理学シリーズ 6,丸善出版,2016)参照.

第 9 章　離散的な変換

次に，$n =$ 奇数のとき互いに時間反転の状態になっている 2 つの状態ベクトル $|1\rangle$ と $\mathcal{T}|1\rangle$ は直交し，したがって独立であることを示しておこう．まず，任意の状態 $|\phi\rangle$ と $|\psi\rangle$ に対して，$\langle\mathcal{T}\phi|\mathcal{T}\psi\rangle = \langle\psi|\phi\rangle$．これに $|\phi\rangle = \mathcal{T}|1\rangle$，$|\psi\rangle = |1\rangle$ を代入すると，$\langle\mathcal{T}^2 1|\mathcal{T}1\rangle = \langle 1|\mathcal{T}1\rangle$．ところが，$\mathcal{T}^2 = -1$ だから，左辺 $= -\langle 1|\mathcal{T}1\rangle$．よって，$\langle 1|\mathcal{T}1\rangle = 0$．すなわち，2 つの状態ベクトル $|1\rangle$ と $\mathcal{T}|1\rangle$ は直交し，したがって独立である．

$|1\rangle$ および $\mathcal{K}|1\rangle$ と直交するある状態を $|2\rangle$ とする：$\langle 2|1\rangle = \langle 2|(\mathcal{K}|1\rangle) = 0$．このとき，第 2 の等式より，$0 = \langle 2|(\mathcal{K}|1\rangle) = \langle 1|(\mathcal{K}^\dagger|2\rangle) = -\langle 1|(\mathcal{K}|2\rangle)$．すなわち，$\langle 1|(\mathcal{K}|2\rangle) = 0$．さらに，$\mathcal{K}^\dagger\mathcal{K} = 1$ より，$(\langle 1|\mathcal{K}^\dagger)(\mathcal{K}|2\rangle) = [\langle 1|(\mathcal{K}^\dagger\mathcal{K}|2\rangle)]^* = [\langle 1|2\rangle]^* = 0$．よって，$\mathcal{K}|2\rangle$ は $\mathcal{K}|1\rangle$ とも直交する．ただし，第 1 の等号で (9.35) を用いた．これをすべての独立な状態ベクトルがなくなるまで続けることができる．

偶数個のスピン $\frac{1}{2}$ を含む系の場合　　この場合 $\mathcal{T}^2 = 1$ なので，$|1\rangle$ と $\mathcal{T}|1\rangle$ が線型従属であるとしても矛盾を導くことはできない．実際，ある定数 c を用いて $\mathcal{T}|1\rangle = c|1\rangle$ と仮定してみよう：$\mathcal{T}|1\rangle = c|1\rangle$．両辺に $\mathcal{T}$ を掛けると，$\mathcal{T}^2|1\rangle = c^* \mathcal{T}|1\rangle = |c|^2|1\rangle$．ところが，左辺 $= |1\rangle$ だから，$|c| = 1$ であればよい．これを一般に否定することはできない．

しかし，この場合でも $|1\rangle$ と $\mathcal{K}|1\rangle$ が（縮退した）独立な状態であり得るので，縮退したエネルギー固有状態が存在しないわけではないことに注意しよう．しかしそれでも，偶数系においては時間反転不変な状態で完全系を構成することができる．

波動関数の実数性　　時間反転不変な系でスピン自由度が無視できる場合を考える：$\mathcal{T} = K$．$\varphi(\boldsymbol{r})$ が規格化された縮退のないエネルギー固有状態であるとする：$\hat{H}\varphi(\boldsymbol{r}) = E\varphi(\boldsymbol{r})$．時間反転不変で縮退がないから，$\mathcal{T}\varphi(\boldsymbol{r}) = K\varphi(\boldsymbol{r}) = \varphi^*(\boldsymbol{r})$ は $\varphi(\boldsymbol{r})$ に比例しなければならない：$\varphi^*(\boldsymbol{r}) = \mathrm{e}^{i\delta}\varphi(\boldsymbol{r})$（$\delta$：実数）．そこで改めて，$\varphi'(\boldsymbol{r}) = \mathrm{e}^{i\delta/2}\varphi(\boldsymbol{r})$ を定義すると，$\varphi'(\boldsymbol{r})$ および $K\varphi'(\boldsymbol{r})$ ともにエネルギー E に属する固有状態であり，

$$
\begin{aligned}
K\varphi'(\boldsymbol{r}) &= \varphi'^*(\boldsymbol{r}) = K\mathrm{e}^{i\delta/2}\varphi(\boldsymbol{r}) = \mathrm{e}^{-i\delta/2}K\varphi(\boldsymbol{r}) \\
&= \mathrm{e}^{-i\delta/2}\mathrm{e}^{i\delta}\varphi(\boldsymbol{r}) = \mathrm{e}^{i\delta/2}\varphi(\boldsymbol{r}) = \varphi'(\boldsymbol{r})
\end{aligned}
\tag{9.29}
$$

§9.2 【基本】 時間反転

となるので，$\varphi'(\boldsymbol{r})$ は実数である．こうして以下のことが示された：時間反転不変な系で縮退のない場合，その波動関数 $\varphi(\boldsymbol{r})$ は実数に取ることができる．

9.2.5 回転変換を用いた時間反転演算子の角運動量の固有状態への作用の定義

y 軸周りに角 π だけ回転する変換 $\hat{P}_R(0, \pi, 0; \hat{y}) = \mathrm{e}^{-i\pi\hat{L}_y/\hbar}$ は y 軸についての鏡映変換と同じであり，極座標では $\theta \to \theta' = \pi - \theta$, $\phi \to \phi' = \pi - \phi$ という変換に対応する．このとき，球面調和関数の顕わな表示より $\mathrm{e}^{-i\pi\hat{L}_y/\hbar}Y_{l\,m}(\theta, \phi) = Y_{l\,m}(\theta - \pi, \phi - \pi) = (-1)^{l-m}Y_{l\,-m}(\theta, \phi)$. スピン自由度を含めると，$\mathcal{Y}_l^{j\,m}(\theta, \varphi)$ の顕わな表式より，

$$\hat{P}_R(0, -\pi, 0)\mathcal{Y}_l^{j\,m}(\theta, \varphi) = (-1)^{j-m}\mathcal{Y}_l^{j\,-m}(\theta, \varphi) \tag{9.30}$$

が得られる．ただし，$\hat{P}_R(0, -\pi, 0) = \mathrm{e}^{-i\pi\hat{J}_y/\hbar}$.

実は，角運動量の固有状態 $|j\,m\rangle$ の位相を適当に選べば，$\mathcal{T}|j\,m\rangle = \mathrm{e}^{-i\pi\hat{J}_y/\hbar}|jm\rangle$ の関係式が成り立つようにできる．このことを一般的に考察してみる．まず，$\hat{P}_R(0, -\pi, 0)\mathcal{T} \equiv \hat{\Theta}$ とおく．この $\hat{\Theta}$ と $\hat{\boldsymbol{J}}^2$ および $\hat{J}_z$ は可換である．実際まず，$[\hat{\Theta}, \hat{\boldsymbol{J}}^2] = 0$ は自明である．さらに，

$$\begin{aligned}
\hat{\Theta}\hat{J}_z\hat{\Theta}^{-1} &= \hat{P}_R(0, -\pi, 0)\mathcal{T}\hat{J}_z\mathcal{T}^{-1}\hat{P}_R^{-1}(0, -\pi, 0) \\
&= -\hat{P}_R(0, -\pi, 0)\hat{J}_z\hat{P}_R^{-1}(0, -\pi, 0) = \hat{J}_z.
\end{aligned}$$

したがって，$\hat{\Theta}$ と $\hat{\boldsymbol{J}}^2$ および $\hat{J}_z$ の同時固有状態 $|j\,m;\,\alpha\rangle$ を作ることができる．α は $\hat{\Theta}$ の量子数である．規格化されたそのような状態は，$\mathcal{Y}_l^{j\,m}(\theta, \phi)$ に絶対値 1 の定数 η を掛けたものでなければならない．すなわち，

$$\hat{\Theta}|j\,m;\,\alpha\rangle = \alpha|j\,m;\,\alpha\rangle, \quad |j\,m;\,\alpha\rangle = \eta\mathcal{Y}_l^{j\,m}(\theta, \phi). \tag{9.31}$$

さて，$\hat{\Theta}$ の固有値は ± 1 である．まず，(9.26) より，容易に $\mathcal{T}^2|j\,m;\,\alpha\rangle = |j = m;\,\alpha\rangle$ を示すことができる．したがって，

$$\begin{aligned}
\hat{\Theta}^2|j\,m;\,\alpha\rangle &= \hat{P}_R(0, -\pi, 0)\mathcal{T}\hat{P}_R(0, -\pi, 0)\mathcal{T}|j\,m;\,\alpha\rangle \\
&= \hat{P}_R^2(0, -\pi, 0)\mathcal{T}^2|j\,m;\,\alpha\rangle = \hat{P}_R^2(0, -\pi, 0)|j\,m;\,\alpha\rangle \\
&= (-1)^{2(j-m)}|j\,m;\,\alpha\rangle = |j\,m;\,\alpha\rangle. \tag{9.32}
\end{aligned}$$

第 9 章 離散的な変換

よって，$\hat{\Theta}$ の固有値は $\alpha = \pm 1$ である．特に，$\alpha = +1$ の状態を取ると，
$\hat{\Theta}|j\,m;\,+1\rangle = \hat{P}_R(0,\,-\pi,\,0)\mathcal{T}|j\,m;\,+1\rangle = |j\,m;\,+1\rangle$. 両辺に $\hat{P}_R^{-1}(0,\,-\pi,\,0)$
を掛けて，

$$\mathcal{T}|j\,m;\,+1\rangle = \hat{P}_R^{-1}(0,\,-\pi,\,0)|j\,m;\,+1\rangle = \hat{P}_R(0,\,\pi,\,0)|j\,m;\,+1\rangle.$$

すなわち，$|j\,m;\,+1\rangle$ は時間反転に対して以下のように変換される：

$$\mathcal{T}|j\,m;\,+1\rangle = \mathrm{e}^{-i\pi\hat{J}_y/\hbar}|j\,m;\,+1\rangle = (-1)^{j-m}|j\,-m;\,+1\rangle. \quad (9.33)$$

原子核などの孤立系の量子力学ではこの表示を取ることが多い．

9.2.6 反線型および反ユニタリー演算子の性質

$U = \mathrm{e}^{-i\pi\hat{S}_y/\hbar}$ とおく．U はユニタリー変換であり，複素共役を取る演算と
可換である．そして，$\mathcal{T} = UK$. この複素共役を取る演算を伴う線型演算子を
反線型演算子という．今の場合 U がユニタリーなので，特に，反ユニタリー演
算子[6]という．反線型（ユニタリー）演算子の基本的性質をブラ・ケットベク
トル記法を用いて表すと，以下の通りである．

(i) **反線型性**：$\mathcal{T}(c_1|1\rangle + c_2|2\rangle) = c_1^* \mathcal{T}|1\rangle + c_2^* \mathcal{T}|2\rangle$.

(ii) **内積**（反ユニタリー演算子）：$\langle \mathcal{T}1|\mathcal{T}2\rangle = \langle 2|1\rangle$.

(iii) **ブラベクトルへの作用**：反線型演算子のブラベクトルへの作用は難解
であり，間違いを引き起こしやすい．したがって，できるだけその使用を避
けるべきである．また，これらから導かれる共役演算子についても同様であ
る．ここでは，文献を読む際の参考のため，基本的な定義と性質を述べてお
く．$\langle b|U = \langle U^\dagger b| \equiv \langle \tilde{b}|$ とおくと，

$$\begin{aligned}
[\langle b|(\mathcal{T}|a\rangle)]^* &= [\langle b|(UK|a\rangle)]^* = \left[\langle U^\dagger b|(K|a\rangle)\right]^* = \left[\langle \tilde{b}|(K|a\rangle)\right]^* \\
&\equiv ((\langle \tilde{b}|K)|a\rangle) = (\langle b|UK)|a\rangle) = ((\langle b|\mathcal{T})|a\rangle).
\end{aligned} \quad (9.34)$$

すなわち，ブラベクトル $\langle b|$ への反線型演算子 $\mathcal{T}$ の作用を

$$[\langle b|(\mathcal{T}|a\rangle)]^* = ((\langle b|\mathcal{T})|a\rangle) \quad (9.35)$$

---

[6] §6.4 を参照．

§9.2 【基本】 時間反転

によって定義する. ここで括弧 (　) を省くことはできない. このとき,

$$\langle b|(c\mathcal{T}) = c^*(\langle b|\mathcal{T}) = \langle b|(\mathcal{T}c^*). \tag{9.36}$$

(iv) **共役変換** $\mathcal{T}^\dagger$：共役変換は次のように定義される.

$$\mathcal{T}^\dagger|b\rangle = (\langle b|\mathcal{T})^\dagger. \tag{9.37}$$

したがって, $\langle a|(\mathcal{T}^\dagger|b\rangle) = [(\langle b|\mathcal{T})|a\rangle)]^*$. ところが, ブラベクトルへの演算の定義 (9.35) より, $[(\langle b|\mathcal{T})|a\rangle)]^* = \langle b|(\mathcal{T}|a\rangle)$. よって,

$$\langle a|(\mathcal{T}^\dagger|b\rangle) = \langle b|(\mathcal{T}|a\rangle). \tag{9.38}$$

―――――――――――――― 第9章　章末問題 ――――――――――――――

問題 1　$\hat{\boldsymbol{r}}|\boldsymbol{r}\rangle = \boldsymbol{r}|\boldsymbol{r}\rangle$ の両辺に $\hat{P}$ を作用させて，$\hat{P}\hat{\boldsymbol{r}}\hat{P}^{-1} = -\hat{\boldsymbol{r}}$ を示せ．

問題 2　$\hat{P}|\boldsymbol{r}\rangle = |-\boldsymbol{r}\rangle$ から，運動量の固有状態 $|\boldsymbol{p}\rangle$ に対して，$\hat{P}|\boldsymbol{p}\rangle = |-\boldsymbol{p}\rangle$ が従うことを示せ．これより，問題 1 と同様にして，$\hat{P}\hat{\boldsymbol{p}}\hat{P}^{-1} = -\hat{\boldsymbol{p}}$ が言える．

問題 3　軌道角運動量 l の状態とスピン $1/2$ の状態から作った全角運動量 $j = l \pm 1/2$ の状態 $\mathcal{Y}_l^{l\pm 1/2\, m}(\theta, \varphi)$ は (7.64) および (7.65) に与えられている．これらの時間反転則 (9.26) を示せ．

第10章　電磁場中の荷電粒子

　古典電磁場中の荷電粒子の量子力学に関する基本事項を解説する．具体的には，量子力学におけるゲージ変換およびゲージ不変性の表現および磁気（双極子）モーメントの起源が主な内容である．ゲージ変換は古典電磁場のゲージ変換の母関数を用いたユニタリー変換として表現される．磁化などの磁性は純粋量子力学的な効果であり，古典物理学の範囲では物質の磁化の存在を説明できないこと[1]が知られている．古典電磁気学では微小な局在電流により，電気双極子と類似の空間的特異性を持つ磁場が生じる．荷電粒子の閉じた軌道運動は局在電流を生むことからわかるように，磁気は量子力学的角運動量の理論と密接な関係がある．

　逆に，磁場中の荷電粒子は局在した軌道運動を行い，反磁性を生む．それを示すのがランダウ
Landau 軌道である．Hamiltonian に基づく量子力学では，電場 E や磁場 B ではなく，ゲージポテンシャル (ϕ, A) が第一義的な量となる．その実在性を明快に示すのがアハラノフ　ボーム
Aharonov–Bohm 効果である．

§10.1　古典論

　電磁場中の荷電粒子の古典論について基礎的事項を整理しておく．

10.1.1　電磁場中の荷電粒子の解析力学：ゲージポテンシャルとゲージ変換

　電磁場 E および B は，与えられた電荷密度 ρ および電流密度 j のもとで次の Maxwell 方程式に従う（SI 単位系）：

$$\nabla \cdot E = \rho/\epsilon_0, \qquad\qquad \nabla \cdot B = 0,$$

$$\nabla \times B = \mu_0 \left(j + \frac{\partial D}{\partial t} \right), \quad \nabla \times E = -\frac{\partial B}{\partial t}. \tag{10.1}$$

ただし，$D = \epsilon_0 E$．ϵ_0 および μ_0 はそれぞれ真空の誘電率および透磁率である．

---

[1]「Bohr–van Leeuwen の定理」という．たとえば，金森順次郎著『新物理学シリーズ 磁性』（培風館，1969）を参照のこと．

第 10 章　電磁場中の荷電粒子

一方，電場 $\boldsymbol{E}$ および磁場 $\boldsymbol{B}$ が存在するとき，電荷 q [C] を持つ質量 m の荷電粒子の運動方程式は

$$m\dot{\boldsymbol{v}} = q(\boldsymbol{E} + \boldsymbol{v} \times \boldsymbol{B}) \qquad \left(\boldsymbol{v} \equiv \frac{d\boldsymbol{r}}{dt}\right). \tag{10.2}$$

$\boldsymbol{F} \equiv q(\boldsymbol{E} + \boldsymbol{v} \times \boldsymbol{B})$ は $\overset{\text{ローレンツ}}{\text{Lorentz}}$ 力である．

運動方程式 (10.2) は次の Euler–Lagrange 方程式から導かれる[2]：$\frac{d}{dt}\frac{\partial L_荷}{\partial v_i} = \frac{dL_荷}{dx_i}$ $(\boldsymbol{r} = (x, y, z) = (x_i))$．ただし，Lagrangian は

$$L_荷 = \frac{m}{2}\dot{\boldsymbol{r}}^2 - q\,\phi(\boldsymbol{r}, t) + q\dot{\boldsymbol{r}} \cdot \boldsymbol{A}(\boldsymbol{r}, t). \tag{10.3}$$

ここにゲージポテンシャル $(\phi, \boldsymbol{A})$ は電場，磁場と次の関係で結びついている：

$$\boldsymbol{E} = -\boldsymbol{\nabla}\phi - \frac{\partial \boldsymbol{A}}{\partial t}, \quad \boldsymbol{B} = \boldsymbol{\nabla} \times \boldsymbol{A}. \tag{10.4}$$

ゲージポテンシャルを以下のようにゲージ変換しても同じ電場，磁場が得られる．すなわち，ゲージポテンシャルは一意ではなくゲージ変換の不定性がある：

$$\left.\begin{aligned}\phi(\boldsymbol{r}, t) &\to \phi'(\boldsymbol{r}, t) = \phi(\boldsymbol{r}, t) - \frac{\partial \Lambda(\boldsymbol{r}, t)}{\partial t}, \\ \boldsymbol{A}(\boldsymbol{r}, t) &\to \boldsymbol{A}'(\boldsymbol{r}, t) = \boldsymbol{A}(\boldsymbol{r}, t) + \boldsymbol{\nabla}\Lambda(\boldsymbol{r}, t).\end{aligned}\right\} \tag{10.5}$$

このゲージ変換で Lagrangian は次のように変換される：

$$L_荷 \to L'_荷 = L_荷 + q\frac{d\Lambda}{dt}. \tag{10.6}$$

ここで，第 2 項は全微分である．このとき，ゲージ変換は $\Lambda(\boldsymbol{r}, t)$ を母関数とする正準変換になっている[3]．また，当然ながら，運動方程式は変分原理で与えられるので形を変えない：$\delta \int_{t_1}^{t_2} dt\, L_荷 = \delta \int_{t_1}^{t_2} dt\, L'_荷$．ただし，$\delta\Lambda(t_1) = \delta\Lambda(t_2) = 0$ とする．

【参考】荷電粒子と電磁場を含めた全 Lagrangian $L_全$ は (10.3) に

$$L^0_{電磁}(\boldsymbol{A}, \phi, \partial\boldsymbol{A}/\partial t) = \frac{1}{2}\int d^3\boldsymbol{r} \left(\epsilon_0 \boldsymbol{E}(\boldsymbol{r}, t)^2 - \frac{1}{\mu_0}\boldsymbol{B}(\boldsymbol{r}, t)^2\right) \tag{10.7}$$

---

[2] たとえば，畑浩之著『基幹講座 物理学 解析力学』（東京図書，2014）§2.6 および §10.2 を参照．

[3] たとえば，山本義隆，中村孔一著『解析力学 I』（朝倉書店，1998）§5.3 を参照．

194

§10.1 【基本】 古典論

を加えた $L_{全} \equiv L_{荷} + L^0_{電磁}$ で与えられる．そして，変分原理により電磁場 $\boldsymbol{E}$，$\boldsymbol{B}$ を含む (10.1) が導かれる[4]．ただし，電流 $\boldsymbol{j}(\boldsymbol{x}, t)$ は次のように与えられる：

$$\boldsymbol{j}(\boldsymbol{x}, t) = \frac{\delta L_{荷}}{\delta \boldsymbol{A}(\boldsymbol{x}, t)} = q\dot{\boldsymbol{r}}(t)\delta(\boldsymbol{x} - \boldsymbol{r}(t)). \tag{10.8}$$

なお，$L^0_{電磁}$ の中の $\boldsymbol{E}$ と $\boldsymbol{B}$ は (10.4) を用いてゲージポテンシャル ϕ と $\boldsymbol{A}$ で書かれていることに注意しよう．すなわち，電磁場の解析力学の基本物理量はゲージポテンシャルである．$L^0_{電磁}$ は $\boldsymbol{E}$ と $\boldsymbol{B}$ で表されているからゲージ不変である．

Hamilton 形式　荷電粒子の**正準運動量**は次のように与えられる：$p_i = \frac{\partial L_{荷}}{\partial v_i} = mv_i + q A_i(\boldsymbol{r}, t)$．逆に，速度に質量を掛けた「**運動学的運動量** (kinematical momentum)」は $m\boldsymbol{v} = \boldsymbol{p} - q\boldsymbol{A} \equiv \boldsymbol{\pi}$ と書ける[5]．以下では，電磁場を外場として扱い，荷電粒子系のダイナミクスのみを考える．ゲージポテンシャル $(\phi, \boldsymbol{A})$ が作用する場合の Hamiltonian は

$$H = \boldsymbol{p} \cdot \dot{\boldsymbol{r}} - L = \frac{1}{2m}(\boldsymbol{p} - q\boldsymbol{A})^2 + q\phi = \frac{1}{2m}\boldsymbol{\pi}^2 + q\phi. \tag{10.9}$$

なお，(10.9) は自由粒子の Hamiltonian $H = \boldsymbol{p}^2/2m$ に対して次の置き換えで得ることができる[6]：

$$\boldsymbol{p} \to \boldsymbol{p} - q\boldsymbol{A}, \quad H \to H + q\phi. \tag{10.10}$$

系の時間発展は Hamilton の正準方程式によって与えられる．

ゲージ変換は以下の正準変換を誘導する：

$$\begin{cases} \boldsymbol{p} \longrightarrow \boldsymbol{p}' = \boldsymbol{p} + q\boldsymbol{\nabla}\Lambda(\boldsymbol{r}, t), \\ \boldsymbol{r} \longrightarrow \boldsymbol{r}' = \boldsymbol{r}, \\ H \longrightarrow H' = H - q\frac{\partial\Lambda}{\partial t}. \end{cases} \tag{10.11}$$

このとき，Hamiltonian は以下のように変換される：

$$H'(\boldsymbol{r}', \boldsymbol{p}') = \frac{1}{2m}(\boldsymbol{p}' - q\boldsymbol{A}')^2 + q\phi'. \tag{10.12}$$

---

[4] 畑浩之著の前掲書 §10.2 を参照．

[5] $\boldsymbol{\pi}$ は**力学的運動量** (dynamical momentum) と呼ばれることもある．

[6] この形で入る荷電粒子と電磁場との相互作用を**極小相互作用** (minimal coupling) という．

すなわち，古典Hamiltonianはゲージ変換 (10.11) に対して形を変えない．このとき，Hamiltonianは**ゲージ不変**である，という．

【例題1】 図 10.1 のように，z 軸方向に平行な磁場 $\boldsymbol{B} = (0, 0, B)$ 中にある正電荷 $q\,(> 0)$，質量 m の荷電粒子の運動を考えてみよう．このときの運動方程式は，$m\,d\boldsymbol{v}/dt = q\boldsymbol{v} \times \boldsymbol{B}$．$(v_x, v_y) \equiv \boldsymbol{v}_\perp$ と書くと，$\dot{\boldsymbol{v}}_\perp = i\omega\sigma_y \boldsymbol{v}_\perp$, $\dot{v}_z = 0$. ただし，$\omega = qB/m$ は**サイクロトロン振動数**である．この解は，

$$\boldsymbol{v}_\perp(t) = e^{i\omega\sigma_y t}\boldsymbol{v}_\perp(0) = (\cos\omega t\,\mathbf{1}_2 + i\sigma_y \sin\omega t)\boldsymbol{v}_\perp(0)$$
$$= \begin{pmatrix} v_x(0)\cos\omega t + v_y(0)\sin\omega t \\ v_y(0)\cos\omega t - v_x(0)\sin\omega t \end{pmatrix}. \tag{10.13}$$

$v_z(t) = v_z(0)$. 一般性を失うことなく，初速度を $\boldsymbol{v}(0) = (0, v, 0)\,(v > 0)$, とすると，$\boldsymbol{v}(t) = (v\sin\omega t, v\cos\omega t, 0)$ であり，粒子の運動は (x, y) 平面内（$z = 0$ 平面に取る）に限られる．(10.13) を積分すると (X, Y) を積分定数として，$\boldsymbol{r}_\perp(t) = (x(t), y(t))$ が次のように得られる：$x(t) = X - (v/\omega)\cos\omega t = X - \frac{1}{qB}\pi_y(t) \equiv X + \rho_x$, $y(t) = Y + (v/\omega)\sin\omega t = Y + \frac{1}{qB}\pi_x(t) \equiv Y + \rho_y$. ただし，$\boldsymbol{\pi}(t) = m\boldsymbol{v}(t)$. この解は，荷電粒子が $(X, Y) \equiv \boldsymbol{R}$ を中心とする半径 $v/\omega \equiv \rho$ の時計回りの等速円運動を行うことを示している．$\boldsymbol{\rho} = (\rho_x, \rho_y) = (\frac{-\pi_y}{qB}, \frac{\pi_x}{qB})$ は回転中心 $\boldsymbol{R}$ からの位置ベクトルを表している：この円電流により生じる磁場は外磁場 $\boldsymbol{B}$ と反対方向である．すなわち，**反磁性電流**が生じる：図 10.1 参照．

ここで，角運動量の不定性について注意する．Hamilton 形式における角運動量の自然な定義は正準運動量 $\boldsymbol{p}$ を用いて $\boldsymbol{L}_{正準} \equiv \boldsymbol{r} \times \boldsymbol{p}$ と与えられるだろう．量子力学に現れる軌道角運動量はこれを量子化したものである．しかし，これ

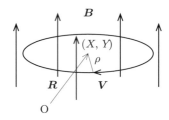

図 10.1 z 軸方向に平行な磁場 $\boldsymbol{B} = (0, 0, B)$ 中にある質量が m の正電荷 q の荷電粒子のサイクロトロン運動．反磁性電流を生じる．

はゲージ変換に対して不変ではない．たとえば，$\boldsymbol{B} = (0, 0, B)$ を与えるベクトルポテンシャルとして $\boldsymbol{A}_{\text{対称}} = \frac{1}{2}\boldsymbol{B} \times \boldsymbol{r} = (-By/2, Bx/2, 0)$ を取って計算してみよう．このとき，$\boldsymbol{p} = m\boldsymbol{v} + q\boldsymbol{A}_{\text{対称}} = \frac{qB}{2}(-Y + \rho_y, X - \rho_x, 0)$ となるので，

$$\boldsymbol{L}_{\text{正準}} = \frac{qB}{2}(R^2 - \rho^2)\boldsymbol{e}_z \tag{10.14}$$

となる．ここで，$\boldsymbol{r}_\perp = \boldsymbol{R} + \boldsymbol{\rho}$ を用いた．この角運動量の符号は中心位置 R と円運動の半径 ρ の相対的な大きさに依存し，定符号ではない．一方，ゲージ不変な角運動量は運動学的運動量 $\boldsymbol{\pi}$ を用いて次のように定義することができる：$\boldsymbol{L}_{\text{kin}} = \boldsymbol{r} \times \boldsymbol{\pi} = \boldsymbol{r} \times (\boldsymbol{p} - q\boldsymbol{A})$．これを仮に**運動学的角運動量**と呼ぼう．上の例では $\boldsymbol{L}_{\text{kin}} = -qB\rho^2\boldsymbol{e}_z$ であり，常に外磁場 $\boldsymbol{B}$ の逆方向である．これは，ゲージ不変であるが対応する量は量子力学には現れない．

§10.2　量子論

量子化は以下の置き換えで行われる：$\boldsymbol{r} \to \hat{\boldsymbol{r}},\quad \boldsymbol{p} \to \hat{\boldsymbol{p}};\ [\hat{x}_i, \hat{p}_j] = i\hbar\delta_{ij}$．

以下では，$\boldsymbol{r}$-表示を取り，$\hat{\boldsymbol{r}} = \boldsymbol{r}, \hat{\boldsymbol{p}} = -i\hbar\boldsymbol{\nabla}$ とする．古典電磁場と相互作用する荷電粒子を記述する量子化された Hamiltonian は量子化の手続きにより，(10.9) から

$$\hat{H} = \frac{1}{2m}\hat{\boldsymbol{\pi}}^2 + q\phi \equiv \hat{H}[\phi, \boldsymbol{A}] \tag{10.15}$$

となる．ただし，$\hat{\boldsymbol{\pi}} \equiv \hat{\boldsymbol{p}} - q\boldsymbol{A}$ は**運動学的運動量演算子**である．$\hat{\boldsymbol{\pi}}$ の異なる成分は可換ではなく，次の交換関係を満たす：

$$[\hat{\pi}_i, \hat{\pi}_j] = i\hbar q\epsilon_{ijk}B_k. \tag{10.16}$$

ただし，$(\partial_i A_j - \partial_j A_i) = \epsilon_{ijk}B_k$ となることを用いた．ベクトル表示では

$$\hat{\boldsymbol{\pi}} \times \hat{\boldsymbol{\pi}} = i\hbar q\boldsymbol{B} \tag{10.17}$$

と表される．

この Hamiltonian は運動量演算子と位置座標との非可換性のために見かけほど簡単な構造をしていないことに注意しよう．実際，

$$\hat{H}[\phi, \boldsymbol{A}] = \frac{1}{2m}(\hat{\boldsymbol{p}} - q\boldsymbol{A}) \cdot (\hat{\boldsymbol{p}} - q\boldsymbol{A}) + q\phi$$

$$= \frac{1}{2m}(\hat{\boldsymbol{p}}^2 - q\hat{\boldsymbol{p}}\cdot\boldsymbol{A} - q\boldsymbol{A}\cdot\hat{\boldsymbol{p}} + q^2\boldsymbol{A}^2) + q\phi$$

であるが，第 2 項を波動関数 $\psi(\boldsymbol{r},t)$ への作用として明示的に書くと，$\hat{\boldsymbol{p}}\cdot\boldsymbol{A}\psi = -i\hbar[(\boldsymbol{\nabla}\cdot\boldsymbol{A})\psi + \boldsymbol{A}\cdot\boldsymbol{\nabla}\psi]$ となる．したがって，

$$\hat{H}[\phi,\boldsymbol{A}] = \frac{-\hbar^2}{2m}\boldsymbol{\nabla}^2 + \frac{i\hbar q}{2m}(\boldsymbol{\nabla}\cdot\boldsymbol{A}) + \frac{i\hbar q}{m}(\boldsymbol{A}\cdot\boldsymbol{\nabla}) + \frac{q^2}{2m}\boldsymbol{A}^2 + q\phi. \quad (10.18)$$

後の便宜のためにこのときの時間に依存する Schrödinger 方程式を書き下しておく：

$$i\hbar\frac{\partial\psi}{\partial t} = \left[\frac{-\hbar^2}{2m}\boldsymbol{\nabla}^2 + \frac{i\hbar q}{2m}(\boldsymbol{\nabla}\cdot\boldsymbol{A}) + \frac{i\hbar q}{m}(\boldsymbol{A}\cdot\boldsymbol{\nabla}) + \frac{q^2}{2m}\boldsymbol{A}^2 + q\phi\right]\psi. \quad (10.19)$$

10.2.1 量子力学におけるゲージ不変性

古典力学における正準変換は量子力学におけるユニタリー変換に対応する．以下に示すように，正準変換としてのゲージ変換に対応するユニタリー変換は $U_\Lambda \equiv \mathrm{e}^{iq\Lambda(\boldsymbol{r},t)/\hbar}$ を用いて以下のように書ける：$\psi(\boldsymbol{r},t) \to \psi'(\boldsymbol{r},t) = U_\Lambda\psi(\boldsymbol{r},t)$. ここで，$U_\Lambda^\dagger = U_\Lambda^{-1} = \mathrm{e}^{-iq\Lambda(\boldsymbol{r},t)/\hbar}$ であり，$|\psi'|^2 = |\psi|^2$.

$\psi'(\boldsymbol{r},t)$ が従う運動方程式を求めてみよう．$\hat{\boldsymbol{\pi}}$ の次の変換性が基本的である：

$$U_\Lambda\hat{\boldsymbol{\pi}}U_\Lambda^{-1} = (\hat{\boldsymbol{p}} - q\boldsymbol{\nabla}\Lambda) - q\boldsymbol{A} = \hat{\boldsymbol{p}} - q\boldsymbol{A}' \equiv \hat{\boldsymbol{\pi}}'. \quad (10.20)$$

すなわち，$\hat{\boldsymbol{\pi}}$ はゲージ変換に対して形を変えない．したがって，次の組み合わせも同じ性質を持つ：

$$U_\Lambda\hat{\boldsymbol{\pi}}\psi(\boldsymbol{r},t) = U_\Lambda\hat{\boldsymbol{\pi}}U_\Lambda^{-1}U_\Lambda\psi(\boldsymbol{r},t) = \hat{\boldsymbol{\pi}}'\psi'(\boldsymbol{r},t). \quad (10.21)$$

この性質のために，$\hat{\boldsymbol{\pi}}$ は**共変運動量**とも呼ばれる．

さて，$U_\Lambda\hat{\pi}_i\hat{\pi}_j\psi(\boldsymbol{r},t) = U_\Lambda\hat{\pi}_iU_\Lambda^{-1}U_\Lambda\hat{\pi}_jU_\Lambda^{-1}U_\Lambda\psi(\boldsymbol{r},t) = \hat{\pi}_i'\hat{\pi}_j'\psi'(\boldsymbol{r},t)$. これらを用いると，$U_\Lambda\hat{H}[\phi,\boldsymbol{A}]\psi = \frac{1}{2m}U_\Lambda\hat{\boldsymbol{\pi}}^2U_\Lambda^{-1}U_\Lambda\psi + U_\Lambda(q\phi)U_\Lambda^{-1}U_\Lambda\psi = \frac{1}{2m}U_\Lambda\hat{\boldsymbol{\pi}}'^2\psi' + q\phi\psi'$. よって，

$$i\hbar\frac{\partial\psi'}{\partial t} = -q\frac{\partial\Lambda}{\partial t}\psi' + U_\Lambda\left(i\hbar\frac{\partial\psi}{\partial t}\right) = -q\frac{\partial\Lambda}{\partial t}\psi' + U_\Lambda\hat{H}\psi$$

$$= -q\frac{\partial\Lambda}{\partial t}\psi' + \frac{1}{2m}\hat{\boldsymbol{\pi}}'^2\psi' + q\phi\psi' = \hat{H}[\phi',\boldsymbol{A}']\psi'. \quad (10.22)$$

すなわち，ゲージ変換された波動関数は，ゲージ変換された Hamiltonian による時間に依存する Schrödinger 方程式に従う．一方，

$$U_\Lambda \hat{p} U_\Lambda^{-1} = \hat{p} - q\nabla\Lambda \tag{10.23}$$

なので，<u>（正準）運動量演算子はゲージ不変ではない</u>．

§10.3 Heisenberg 表示での議論：古典論との対応

Heisenberg 表示により古典論との対応を見てみる．Heisenberg 表示での任意の演算子 $\hat{O}_H$ の従う方程式（Heisenberg 方程式）を再掲すると，$\frac{d\hat{O}_H}{dt} = \frac{\partial \hat{O}_H}{\partial t} + \frac{1}{i\hbar}[\hat{O}_H, \hat{H}]$．以下では下付き添え字 H を省略する．位置座標 $\hat{r}$ の従う方程式は

$$\frac{d\hat{r}}{dt} = [\hat{r}, \hat{H}] = \frac{1}{m}(\hat{p} - q\boldsymbol{A}) = \frac{1}{m}\boldsymbol{\pi} \equiv \hat{v}. \tag{10.24}$$

「**速度演算子**」$\hat{v}$ はゲージ変換に対して不変であることに注意しよう．

Heisenberg 表示により運動学的運動量演算子の時間変化率を計算すると，

$$\begin{aligned}\frac{d\hat{\pi}_i}{dt} &= \frac{\partial \hat{\pi}_i}{\partial t} + \frac{1}{i\hbar}[\hat{\pi}_i, \hat{H}] \\ &= q(\boldsymbol{E})_i + \frac{q}{2}((\hat{v} \times \boldsymbol{B})_i - (\boldsymbol{B} \times \hat{v})_i) \equiv \hat{F}_i \end{aligned} \tag{10.25}$$

となる．ただし，$\hat{\boldsymbol{F}} \equiv q[\boldsymbol{E} + \frac{1}{2}((\hat{v} \times \boldsymbol{B}) - (\boldsymbol{B} \times \hat{v}))]$ は Lorentz 力に対応する量子力学的演算子である．

運動学的軌道角運動量演算子を $\hat{\boldsymbol{L}}_{kin} = \frac{1}{2}(\hat{r} \times \hat{\boldsymbol{\pi}} - \boldsymbol{\pi} \times \hat{r})$ と定義すると，その Heisenberg 方程式は (10.24) および (10.25) より，$\frac{d\hat{\boldsymbol{L}}_{kin}}{dt} = \frac{1}{2}[\hat{r} \times \hat{\boldsymbol{F}} - \hat{\boldsymbol{F}} \times \hat{r}]$ となる．右辺は量子力学的な Lorentz 力によるトルクである．$\hat{\boldsymbol{L}}_{kin}$ もこのトルクもすべてゲージ不変である．正準運動量 $\hat{p}$ を用いて，$\boldsymbol{L}_{正準} = \hat{r} \times \hat{p}$ も定義することができる．これは明らかにゲージに依存する．しかし，量子力学で現れるのはこの正準角運動量である．

§10.4 確率流

電磁場がある場合も Hamiltonian は Hermite であるから，確率の保存が成り立つ．これを確認するとともに確率流を構成してみよう．(10.19) の共役方程

第 10 章　電磁場中の荷電粒子

式より，

$$\frac{\partial \psi^*}{\partial t} = \frac{i}{\hbar} \left[\frac{-\hbar^2}{2m} \boldsymbol{\nabla}^2 - \frac{i\hbar q}{2m} (\boldsymbol{\nabla} \cdot \boldsymbol{A}) - \frac{i\hbar q}{m} (\boldsymbol{A} \cdot \boldsymbol{\nabla}) + \frac{q^2}{2m} \boldsymbol{A}^2 + q\phi \right] \psi^*. \tag{10.26}$$

これと (10.19) を用いて確率密度 $\rho(\boldsymbol{r}, t) = \psi^*(\boldsymbol{r}, t)\psi(\boldsymbol{r}, t)$ の時間微分を計算すると，次の結果が得られる：

$$\frac{\partial \rho}{\partial t} + \boldsymbol{\nabla} \boldsymbol{j} = 0, \quad \boldsymbol{j} = \frac{1}{2} \left(\psi^* (\hat{\boldsymbol{\pi}}/m) \psi + \text{c.c.} \right). \tag{10.27}$$

ここで，$\hat{\boldsymbol{\pi}}/m$ は量子力学的な速度の意味を持っていたことを思い出そう．計算に便利な形に確率流の表式を書き換えよう：

$$\boldsymbol{j} = \frac{1}{2} \left[\psi^* \left((\hat{\boldsymbol{p}} - q\boldsymbol{A})/m \right) \psi + \text{c.c.} \right] \tag{10.28}$$

$$= \frac{1}{2m} \left[\psi^*(-i\hbar\boldsymbol{\nabla}\psi) + (i\hbar\boldsymbol{\nabla}\psi^*)\psi \right] - \frac{q}{m} \boldsymbol{A} |\psi|^2. \tag{10.29}$$

【参考】　この確率流に電荷 q を掛けたものは，ベクトルポテンシャルの源となる電磁カレントである．任意の状態 ψ に関するエネルギー期待値を $\langle \psi | \hat{H}[\phi, \boldsymbol{A}] | \psi \rangle \equiv E[\phi, \boldsymbol{A}]$ と書こう：

$$E[\phi, \boldsymbol{A}] = \int d^3\boldsymbol{r} \, \psi^*(\boldsymbol{r}, t) \left[\frac{1}{2m} (\hat{\boldsymbol{p}} - q\boldsymbol{A})^2 + q\phi \right] \psi(\boldsymbol{r}, t). \tag{10.30}$$

すると，電磁カレントは $-E[\phi, \boldsymbol{A}]$ のベクトルポテンシャル $\boldsymbol{A}(\boldsymbol{r}, t)$ についての汎関数微分で与えられる．実際，$\boldsymbol{A} \to \boldsymbol{A} + \delta\boldsymbol{A}$ と変分を取ったときの $-E$ の変化は

$$-\delta E[\phi, \boldsymbol{A}] = \int d^3\boldsymbol{r} \, q\boldsymbol{j}(\boldsymbol{r}, t) \cdot \delta\boldsymbol{A}(\boldsymbol{r}, t). \tag{10.31}$$

すなわち，

$$-\frac{\delta E[\phi, \boldsymbol{A}]}{\delta \boldsymbol{A}(\boldsymbol{r}, t)} = q\boldsymbol{j}(\boldsymbol{r}, t) \tag{10.32}$$

を得る．これは，量子力学的 Lagrangian の期待値を

$$L[\psi, \phi, \boldsymbol{A}] = \int_{t_1}^{t_2} dt \, \langle \psi | i\hbar \frac{\partial}{\partial t} - \hat{H} | \psi \rangle \tag{10.33}$$

と定義すると，次のように書くこともできる．

$$\frac{\delta L[\psi, \phi, \boldsymbol{A}]}{\delta \boldsymbol{A}(\boldsymbol{r}, t)} = q\boldsymbol{j}(\boldsymbol{r}, t) \tag{10.34}$$

§10.5 【基本】 軌道運動による磁気モーメント

§10.5 軌道運動による磁気モーメント

1体ポテンシャル $V(\boldsymbol{r})$ 中を運動する電荷 $q\,[\mathrm{C}]$ を持つ質量 m の荷電粒子に，一様な静磁場 $\boldsymbol{B} = (0, 0, B)$ がかかっている場合を考える．B は弱く高々 $10\,[\mathrm{T}]$ 程度とする．ただし，磁場の方向を z 軸方向に取った．対応するベクトルポテンシャルは $\boldsymbol{\nabla} \times \boldsymbol{A} = \boldsymbol{B} = (0, 0, B)$ を満たす．（電場 $\boldsymbol{E} = \boldsymbol{0}$ なので $\phi = 0$ である．）この条件を満たすベクトルポテンシャルはゲージに依存し無限にあるが，次のベクトルポテンシャルを取ることにする（「**対称ゲージ**」のベクトルポテンシャルと呼ぶ）：$\boldsymbol{A} = \frac{1}{2}\boldsymbol{B} \times \boldsymbol{r} = (-By/2, Bx/2, 0)$．このとき，$\boldsymbol{\nabla} \cdot \boldsymbol{A} = 0$ に注意．このゲージでの Hamiltonian は，(10.18) と $\boldsymbol{\nabla} \cdot \boldsymbol{A} = 0$ に注意して，$\hat{H} = \frac{1}{2m}(\hat{\boldsymbol{p}}^2 - 2q\boldsymbol{A} \cdot \hat{\boldsymbol{p}} + q^2\boldsymbol{A}^2) + V(\boldsymbol{r})$．ところが，括弧の中の第2項は $\boldsymbol{A} \cdot \hat{\boldsymbol{p}} = \frac{1}{2}(\boldsymbol{B} \times \boldsymbol{r}) \cdot \hat{\boldsymbol{p}} = \frac{1}{2}\boldsymbol{B} \cdot (\hat{\boldsymbol{r}} \times \hat{\boldsymbol{p}}) = \frac{1}{2}\boldsymbol{B} \cdot \hat{\boldsymbol{L}}$ となるので，

$$\hat{H} = \frac{\hat{\boldsymbol{p}}^2}{2m} + V(\boldsymbol{r}) - \boldsymbol{B} \cdot \left(\frac{q}{2m}\hat{\boldsymbol{L}}\right) + \frac{q^2B^2}{8m}(x^2 + y^2) \qquad (10.35)$$

を得る．ここで，(10.35) の第3項の意味について考える．古典電磁気学において，磁気モーメント $\boldsymbol{\mu}$ に弱い磁場 $\boldsymbol{B}$ が作用したときのエネルギーは $\delta H = -\boldsymbol{\mu} \cdot \boldsymbol{B}$ である．この表式と (10.35) の第3項の表式を比べて，**量子力学的な（軌道運動による）磁気モーメント**として，

$$\hat{\boldsymbol{\mu}} = \frac{q}{2m}\hat{\boldsymbol{L}} \equiv \gamma_l \hat{\boldsymbol{L}} \qquad (10.36)$$

となることが示唆される．この表式は古典電磁気学の場合の磁気モーメントと同じ形をしているのでもっともらしい．第3および第4項はそれぞれ軌道運動による Zeeman エネルギーおよび反磁性エネルギーと呼ぶ．また，係数 $\gamma_l \equiv \frac{q}{2m}$ を (軌道角運動量に対する)「**磁気回転比**」という．

ここで，電子の場合について Zeeman および反磁性エネルギーの大きさの程度を見積もっておこう．ただし，$B \simeq 10\,[\mathrm{T}]$ とする．$\hat{\boldsymbol{L}} = \hbar\hat{\boldsymbol{l}}$ と書けるから，

Zeeman エネルギー：

$$\begin{aligned}
\frac{e\hbar}{2m}B &= \frac{1.60 \times 10^{-19} \times 1.05 \times 10^{-34}}{2 \times 9.11 \times 10^{-31}}B\,[\mathrm{J}] \\
&= \frac{1.05}{18.22} \times 10^3 B[\mathrm{eV}] = 5.8 \times 10^{-5}B\,[\mathrm{eV}] \ < \ 10^{-3}\,[\mathrm{eV}].
\end{aligned}$$

201

第 10 章　電磁場中の荷電粒子

これは水素原子の基底状態のエネルギー $-13.6\,[\mathrm{eV}]$ に比べて非常に小さい．一方，第 4 項において $x^2 + y^2$ をボーア半径 $a_{\mathrm{B}} = \frac{\hbar}{mc\alpha} \simeq 0.53 \times 10^{-10}\,[\mathrm{m}]$ 程度とすると

$$\frac{\text{反磁性エネルギー}}{\text{Zeeman エネルギー}} = \frac{\hbar q}{4m}\frac{1}{mc^2\alpha^2}B = \frac{1.05 \times 10^{-3}}{4 \times 9.11}\frac{137^2}{.511 \times 10^6} < 1.06 \times 10^{-5}.$$

ここで，電子の静止エネルギー $mc^2 \simeq 0.511\,[\mathrm{MeV}]$ および微細構造定数 $\alpha = 1/137$ を用いた．このように，原子系においては反磁性エネルギーは Zeeman エネルギーよりさらに小さい．ただし，前者は軌道半径の 2 乗に比例するので，磁場内の固体内伝導粒子などが描く比較的大きな軌道の場合はこの限りではないことに注意する．そのような場合を扱うのが次の Landau 準位の問題であり，量子 Hall 効果[7] などではこちらが主要項となる．

§10.6　一様磁場中の荷電粒子：Landau 準位とその縮退度

空間的に定常で一様な磁場 $\boldsymbol{B}$ がかかっている空間を運動する荷電粒子を考える．磁場の方向を z 軸に取る（図 10.1 参照）：$\boldsymbol{B} = (0, 0, B)$. スカラーポテンシャルは $\phi = 0$ とできるので，Hamiltonian は (10.15) より，$\hat{H} = \frac{1}{2m}\hat{\boldsymbol{\pi}}^2$ と書ける．ただし，$\nabla \times \boldsymbol{A} = \boldsymbol{B}$. この系のエネルギー E とその縮退度を初等的に求めるために $\boldsymbol{A}$ を次のように取ろう[8]：$\boldsymbol{A} = (0, Bx, 0)$. これを Landau ゲージ[9] と呼ぶ．このゲージでの Hamiltonian は，(10.18) より，

$$\hat{H} = \frac{1}{2m}(\hat{p}_z^2 + \hat{p}_x^2 + \hat{p}_y^2) - \omega x\hat{p}_y + \frac{m}{2}\omega^2 x^2. \tag{10.37}$$

ただし，$\omega \equiv \frac{qB}{m}$ とおいた．このとき，$\hat{H}$ は y および z に依存していないので $\hat{p}_y$ および $\hat{p}_z$ と可換である：$[\hat{H}, \hat{p}_y] = [\hat{H}, \hat{p}_z] = 0$. よって，Hamiltonian の固有状態 $\varphi(\boldsymbol{r})$ として，y および z 方向の運動量との同時固有状態を取ることができる：$\hat{p}_y\varphi(\boldsymbol{r}) = p_y\varphi(\boldsymbol{r})$, $\quad \hat{p}_z\varphi(\boldsymbol{r}) = p_z\varphi(\boldsymbol{r})$. したがって，全波動関数は y, z 方向の平面波を用いて $\varphi(\boldsymbol{r}) = \frac{e^{ip_z z/\hbar}e^{ip_y y/\hbar}}{2\pi\hbar}\varphi(x; p_y, p_z)$ と書ける．ただし，周期境界条件を取ることにする：

---

[7] たとえば，吉岡大二郎著『量子ホール効果』（新物理学選書，岩波書店，1998）参照．

[8] ゲージに依らない議論と対称ゲージによる取扱いは章末問題を参照．

[9] 対称ゲージから Landau ゲージへのゲージ変換はゲージ関数 $\Lambda(\boldsymbol{r}, t) = Bxy/2$ によって達成される．

202

§10.6 【基本】 一様磁場中の荷電粒子：Landau 準位とその縮退度

$$p_y = \frac{\hbar 2\pi n_y}{L_y} \quad (n_y = 0, \pm 1, \pm 2, \dots),$$

$$p_z = \frac{\hbar 2\pi n_z}{L_z} \quad (n_z = 0, \pm 1, \pm 2, \dots).$$

(10.38)

これに Hamiltonian(10.37) を作用させると,

$$\hat{H}\varphi(\boldsymbol{r}) = \mathrm{e}^{i(p_y y + p_z z)/\hbar} \left\{ \frac{p_z^2}{2m} - \frac{\hbar^2}{2m}\frac{d^2}{dx^2} + \frac{m\omega^2}{2}\left(x - \frac{1}{m\omega}p_y\right)^2 \right\} \varphi(x; p_y, p_z)$$

$$= \mathrm{e}^{i(p_y y + p_z z)/\hbar} E\varphi(x; p_y, p_z).$$

(10.39)

これは $x = x_0 \equiv \frac{p_y}{m\omega}$ を中心とする 1 次元調和振動子の方程式である. そこで, $E - \frac{p_z^2}{2m} \equiv \epsilon$, $x - \frac{1}{m\omega}p_y \equiv X$ とおき, $\frac{d}{dx} = \frac{d}{dX}$ に注意すると,

$$\left(-\frac{\hbar^2}{2m}\frac{d^2}{dX^2} + \frac{m\omega^2}{2}X^2\right)\varphi(x; p_y, p_z) = \epsilon\varphi(x; p_y, p_z).$$

(10.40)

この 1 次元調和振動子のエネルギー固有値は $\epsilon = \hbar\omega(n+\frac{1}{2})$ $(n = 0, 1, 2, \dots)$ となる. したがって,

$$E = \frac{p_z^2}{2m} + \hbar\omega\left(n + \frac{1}{2}\right).$$

(10.41)

この磁場中の離散的なエネルギー準位を **Landau 準位** (レベル) という. このとき, 固有波動関数は (2.56) より, $\xi = \sqrt{\frac{m\omega}{\hbar}}(x - \frac{1}{m\omega}p_y)$ を用いて,

$$\varphi(\boldsymbol{r}) = \frac{\mathrm{e}^{ip_z z/\hbar}\mathrm{e}^{ip_y y/\hbar}}{2\pi\hbar} C_n H_n(\xi)\mathrm{e}^{-\frac{\xi^2}{2}}$$

(10.42)

と書ける. 規格化定数 C_n は (2.57) に与えられている.

Landau 準位の縮退度を求めよう. x 方向の調和振動の中心の座標 x_0 の範囲は以下の領域に限られなければならない：$0 \leq x_0 = \frac{p_y}{m\omega} < L_x$. すなわち, $0 \leq p_y < m\omega L_x$. ここで, 周期境界条件 (10.38) を考慮すると, $0 \leq \frac{\hbar 2\pi n_y}{L_y} \leq m\omega L_x$. したがって, n_y の最大値は

$$n_y^{\max} = \frac{m\omega S}{2\pi\hbar} = \frac{qBS}{2\pi\hbar} \equiv d \quad (S = L_x L_y)$$

(10.43)

と与えられる. これが各 Landau 準位の縮退度を与える. 磁束 $BS = \Phi$ および磁束量子 $\Phi_0 = 2\pi\hbar/q$ を用いると, Landau 準位の縮退度は磁束量子を単位として計った磁束の数に一致する：

$$d = \frac{\Phi}{\Phi_0}.$$

(10.44)

203

対称ゲージを用いる場合　　対称ゲージ $\boldsymbol{A}_{対称}$ を用いる場合，Hamiltonian は (10.35) より，

$$\hat{H} = \frac{\hat{p}_x^2 + \hat{p}_y^2}{2m} + \frac{m(\omega/2)^2}{2}(x^2 + y^2) - \frac{\omega}{2}\hat{L}_z \quad (10.45)$$

となる．ただし，z 方向の運動エネルギー項は無視した．すると，(10.45) の解析は本質的に，5.1.2 項で扱った 2 次元調和振動子の問題と同じである．したがって，たとえば x, y 方向の生成消滅演算子 $(\hat{a}_x, \hat{a}_x^\dagger)$, $(\hat{a}_y, \hat{a}_y^\dagger)$ を用いて解析することができる．具体的な解析は章末問題とする．

§10.7　結合状態に対する Aharonov–Bohm 効果 ── ゲージポテンシャルの「実在性」

図 10.2 のように，内径 R_1，外径 R_2，長さ d の金属の円筒 D 内にその中心軸を含む半径 $a\,(a \ll R_1 < R_2)$ の円柱内に z 軸方向を向いた磁場 $\boldsymbol{B}$ が存在している．たとえば，半径 a のソレノイドに電流を流している場合を考えればよい．そしてこのソレノイドは十分長く，金属円筒内ではこの磁場 $\boldsymbol{B}$ は一様とみなしてよいものとする．ρ は中空の中心から計った動径方向の距離として，次の円筒座標を取る：$\boldsymbol{r} = (\rho\cos\theta, \rho\sin\theta, z)$．このとき，

$$\boldsymbol{B} = \begin{cases} B\boldsymbol{e}_z, & \rho \leq a \\ 0, & \rho > a \end{cases} \quad (10.46)$$

と書ける．

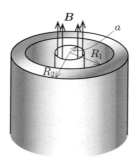

図 10.2　中心軸を含む半径 a の円柱内に z 軸に平行に磁場 $\boldsymbol{B} = (0, 0, B)$ が存在する．この領域は内径 R_1，外径 R_2 の金属の円筒に囲まれている $(a < R_1 < R_2)$．

§10.7 【発展】 結合状態に対する Aharonov–Bohm 効果 — ゲージポテンシャルの「実在性」

円筒座標の単位ベクトルは $\boldsymbol{e}_\rho = (\cos\theta, \sin\theta, 0)$, $\boldsymbol{e}_\theta = (-\sin\theta, \cos\theta, 0)$, $\boldsymbol{e}_z = (0, 0, 1)$：$\boldsymbol{e}_\rho \times \boldsymbol{e}_\theta = \boldsymbol{e}_z$, $\frac{\partial}{\partial\theta}\boldsymbol{e}_\rho = \boldsymbol{e}_\theta$, $\frac{\partial}{\partial\theta}\boldsymbol{e}_\theta = -\boldsymbol{e}_\rho$. $\boldsymbol{\nabla}$ は次のように展開できる：$\boldsymbol{\nabla} = \boldsymbol{e}_\rho \frac{\partial}{\partial\rho} + \boldsymbol{e}_\theta \frac{\partial}{\rho\partial\theta} + \boldsymbol{e}_z \frac{\partial}{\partial z}$.

領域 D の自由電子 (電荷を q とする) の従う Schrödinger 方程式 $\frac{1}{2m}(\hat{\boldsymbol{p}} - q\boldsymbol{A})^2 \psi(\rho, \theta) = E\psi(\rho, \theta)$ を考える. ここで, 領域 D には磁場は存在しないがベクトルポテンシャル $\boldsymbol{A} = (A_x, A_y, A_z)$ は有限の値を持ち得ることが重要である. それを確かめるために, (10.46) で与えられる磁場 $\boldsymbol{B}$ に対応する $\boldsymbol{A}$ を全領域において求めてみよう. $\boldsymbol{\nabla} \times \boldsymbol{A} = \boldsymbol{B}$ は z 軸に平行なので, 直交座標では, $B_x = \partial_y A_z - \partial_z A_y = 0$, $B_y = \partial_z A_x - \partial_x A_z = 0$. この解として, $\partial_z A_x = \partial_z A_y = 0$ (z に依存しない) かつ $A_z = 0$ と取ることができる. さらに, 系の対称性より, $\boldsymbol{A}$ は ρ のみに依存するとしてよい：$\boldsymbol{A} = \boldsymbol{A}(\rho) = A_\rho(\rho)\boldsymbol{e}_\rho + A_\theta(\rho)\boldsymbol{e}_\theta$. このとき, $\boldsymbol{\nabla} \times \boldsymbol{A} = \left(\frac{dA_\theta}{d\rho} + \frac{A_\theta}{\rho}\right)\boldsymbol{e}_z$ となるので, 次の方程式を得る：

$$\frac{dA_\theta}{d\rho} + \frac{A_\theta}{\rho} = \begin{cases} B, & \rho \leq a \\ 0, & \rho > a. \end{cases} \tag{10.47}$$

$\rho \to 0$ での正則性を仮定すると $\rho < a$ のときの解は,

$$A_\theta(\rho) = \frac{B}{2}\rho \tag{10.48}$$

となる (章末問題参照). $\rho = a$ での連続性を課すと $\rho > a$ での解は, $A_\theta(\rho) = \frac{Ba^2}{2\rho} = \frac{\Phi_a}{2\pi\rho}$. ここに,

$$\Phi_a = B\pi a^2 \tag{10.49}$$

は磁束の大きさである. こうして, $\hat{\boldsymbol{p}} - q\boldsymbol{A} = -i\hbar\left(\boldsymbol{e}_\rho\frac{\partial}{\partial\rho} + \rho^{-1}\boldsymbol{e}_\theta\left(\frac{\partial}{\partial\theta} - i\frac{q\Phi_a}{\hbar 2\pi}\right)\right)$. このとき, $\frac{q\Phi_a}{\hbar 2\pi} \equiv \alpha$ とおき, $\mathrm{e}^{-i\alpha\theta}\psi(\rho, \theta) \equiv \varphi(\rho, \theta)$ と書くと, Schrödinger 方程式は次のようになる：

$$\left(\frac{\partial^2}{\partial\rho^2} + \frac{1}{\rho}\frac{\partial}{\partial\rho} + \frac{1}{\rho^2}\frac{\partial}{\partial\theta^2}\right)\varphi = \frac{-2mE}{\hbar^2}E\varphi. \tag{10.50}$$

この解は明らかに, $\alpha = qBa^2/h$ を通して電子の存在しない領域にある磁場 B の大きさに依存する. ここで, 磁束 $\Phi = Ba^2$ および磁束単位 $\Phi_0 = h/q$ を用いると, $\alpha = \Phi/\Phi_0$ と書ける.

205

第 10 章　電磁場中の荷電粒子

境界条件は，$\psi(\rho = R_1, \forall\theta) = \psi(\rho = R_2, \forall\theta) = 0,\ \psi(\rho, \theta + 2\pi) = \psi(\rho, \theta)$. この条件を φ に対する条件として表すと，

$$\varphi(\rho = R_1, \forall\theta) = \varphi(\rho = R_2, \forall\theta) = 0, \tag{10.51}$$

$$\mathrm{e}^{i2\pi\alpha}\,\varphi(\rho, \theta + 2\pi) = \varphi(\rho, \theta) \tag{10.52}$$

となる．この境界条件の下で (10.50) の基本解を変数分離法で解こう．$\varphi(\rho, \theta)$ $= \Theta(\theta)R(\rho)$ を (10.50) に代入して，境界条件 (10.52) を考慮すると，

$$\Theta(\theta) = \frac{1}{\sqrt{2\pi}}\mathrm{e}^{i(m-\alpha)\theta} \quad (m = 0,\ \pm 1,\ \pm 2, \dots) \tag{10.53}$$

$$\frac{d^2 R}{d\rho^2} + \frac{1}{\rho}\frac{dR}{d\rho} - \frac{(m-\alpha)^2}{\rho^2}R = -k^2\,R \quad \left(k^2 \equiv \frac{2mE}{\hbar^2}\right) \tag{10.54}$$

を得る．$k\rho \equiv \eta$ と変数変換すると，動径方向の方程式は

$$\left(\frac{d^2}{d\eta^2} + \frac{1}{\eta}\frac{d}{d\eta} + 1 - \frac{\nu^2}{\eta^2}\right)R = 0 \tag{10.55}$$

$$\nu \equiv |m - \Phi_a/\Phi_0| \tag{10.56}$$

となる．(10.55) は Bessel の微分方程式であり，解は Bessel 関数 $J_\nu(\eta)$ と Neumann 関数 $N_\nu(\eta)$ の線型結合で表すことができる（§10.9「補遺」を参照）：

$$R(\rho) = c_1 J_\nu(k\rho) + c_2 N_\nu(k\rho) \quad (c_1 c_2 \neq 0). \tag{10.57}$$

境界条件 (10.51) に代入すると，

$$c_1 J_\nu(kR_1) + c_2 N_\nu(kR_1) = 0, \quad c_1 J_\nu(kR_2) + c_2 N_\nu(kR_2) = 0. \tag{10.58}$$

c_1 と c_2 が同時には 0 にならない条件より，

$$\det \begin{pmatrix} J_\nu(kR_1)\ N_\nu(kR_1) \\ J_\nu(kR_2)\ N_\nu(kR_2) \end{pmatrix} = J_\nu(kR_1)N_\nu(kR_2) - J_\nu(kR_2)N_\nu(kR_1) = 0.$$

この解を $k = k_1,\ k_2, \dots$ とすると，エネルギー固有値は

$$E = \frac{\hbar^2 k_n^2}{2m} \equiv E_n \tag{10.59}$$

と得られる．いずれにしろ，エネルギー固有値は (10.56) に与えられている ν を通して荷電粒子の存在域外にある磁場に依存する．これを **Aharonov–Bohm 効果** と呼ぶ．

206

§10.8 【基本】 荷電粒子がスピンを持つ場合の磁場との相互作用

なお, (10.58) の第 1 式より,

$$c_1 : c_2 = N_\nu(kR_1) : (-J_\nu(kR_1))$$

となるので, 波動関数は

$$R(\rho) = C\left[N_\nu(kR_1)J_\nu(k\rho) - J_\nu(kR_1)N(k\rho)\right] \tag{10.60}$$

と求まる. ただし, $C\,(\neq 0)$ は規格化定数である.

§10.8 荷電粒子がスピンを持つ場合の磁場との相互作用

スピン $s = 1/2$ を持つ粒子の波動関数は 2 成分で書かれる:$\psi(\xi, t) = \begin{pmatrix} \psi_\uparrow(\boldsymbol{r}, t) \\ \psi_\downarrow(\boldsymbol{r}, t) \end{pmatrix}$. ただし, 位置座標 $\boldsymbol{r}$ とスピン座標 $\sigma = \pm\frac{1}{2}$ を一緒にして $\xi \equiv (\boldsymbol{r}, \sigma)$ と書いた. スピン自由度がない場合, 自由粒子の Hamiltonian は $\hat{H} = \begin{pmatrix} \frac{\hat{\boldsymbol{p}}^2}{2m} & 0 \\ 0 & \frac{\hat{\boldsymbol{p}}^2}{2m} \end{pmatrix} = \frac{\hat{\boldsymbol{p}}^2}{2m}\mathbf{1}_2$ である. さて, スピン自由度を取り入れるために, (7.18) から得られる次の関係式に注意しよう:$(\boldsymbol{\sigma} \cdot \hat{\boldsymbol{p}})^2 = \hat{\boldsymbol{p}}^2\mathbf{1}_2$. これより, スピンを持つ自由粒子の Hamiltonian は

$$\hat{H} = \frac{(\boldsymbol{\sigma} \cdot \hat{\boldsymbol{p}})^2}{2m} \tag{10.61}$$

と表すことができる[10].

ゲージポテンシャル $(\phi, \boldsymbol{A})$ が作用する場合は, (10.10) の置き換えで Hamiltonian が得られる. そこで, (10.61) に対してこの置き換えを行うと,

$$\hat{H} = \frac{1}{2m}(\boldsymbol{\sigma} \cdot \hat{\boldsymbol{\pi}})^2 + q\phi\mathbf{1}_2. \tag{10.62}$$

運動エネルギー項は (7.17) より,

$$(\boldsymbol{\sigma} \cdot \hat{\boldsymbol{\pi}})^2 = \hat{\boldsymbol{\pi}}^2\mathbf{1}_2 + i\boldsymbol{\sigma} \cdot (\hat{\boldsymbol{\pi}} \times \hat{\boldsymbol{\pi}}) = \hat{\boldsymbol{\pi}}^2\mathbf{1}_2 + i\boldsymbol{\sigma} \cdot (i\hbar\boldsymbol{B}) \tag{10.63}$$

---

[10] この Hamiltonian は相対論的な自由電子についての Dirac 理論の非相対論的極限として得られる. 電磁ポテンシャルがある場合の (10.62) も同様である. A. メシア著, 小出昭一郎, 田村二郎訳『量子力学 1〜3』(東京図書, 1972) 第 20 章あるいは J.J. サクライ著, 樺沢宇紀訳『上級量子力学 1, 2』(丸善プラネット, 2010) 第 3 章を参照.

207

第 10 章　電磁場中の荷電粒子

最後の等式では (10.17) を用いた．第 1 項は，スピン自由度を考慮しない場合 (10.15) の演算子が 2 行 2 列の行列の対角項として並ぶことになる．一方，新しく現れた第 2 項はスピン演算子 $\hat{\boldsymbol{S}} = \hbar\boldsymbol{\sigma}/2$ を用いて $-2q\,\hat{\boldsymbol{S}}\cdot\boldsymbol{B}$ と表され，スピン角運動量と磁場との相互作用を表している．以上をまとめると全 Hamiltonian は，

$$\hat{H} = \Big\{\frac{-\hbar^2}{2m}\boldsymbol{\nabla}^2 + \frac{i\hbar q}{2m}(\boldsymbol{\nabla}\cdot\boldsymbol{A}) + \frac{i\hbar q}{m}(\boldsymbol{A}\cdot\boldsymbol{\nabla}) + \frac{q^2}{2m}\boldsymbol{A}^2 + q\phi\Big\}\mathbf{1}_2$$
$$- 2\frac{q}{2m}\boldsymbol{B}\cdot\hat{\boldsymbol{S}} \tag{10.64}$$

となる．さて，新しく現れた $\boldsymbol{B}$ に比例する項はスピン角運動量に由来する量子力学的な磁気モーメントと解釈することができる．こうして，スピン自由度の存在により新たに磁気モーメント

$$\hat{\boldsymbol{\mu}}_s \equiv \frac{q}{2m}\hat{\boldsymbol{S}} = \gamma_s\hat{\boldsymbol{S}} \tag{10.65}$$

が生じることがわかる．$\gamma_s \equiv \frac{q}{2m}$ は，軌道角運動量のときと同様に，**スピンに対する磁気回転比**と呼ぶ[11]．そこで，$\gamma_s = g_s\frac{q}{2m}$ と書くと $g_s = 2$ である．これを**スピンの g 因子**という．軌道角運動量の場合は g 因子は 1 である．

対称ゲージを取り (10.35) を用いてすべてまとめると，

$$\hat{H} = \Big(\frac{1}{2m}\hat{\boldsymbol{p}}^2 - \frac{q^2 B^2}{8m}(x^2 + y^2) + q\phi\Big)\mathbf{1}_2 - \frac{q}{2m}\boldsymbol{B}\cdot(\hat{\boldsymbol{L}} + 2\hat{\boldsymbol{S}}) \tag{10.66}$$

となる．たとえば，弱い外磁場 $\boldsymbol{B}$ を作用させるとき，軌道角運動量とスピンを持つ荷電粒子には次のエネルギー（Hamiltonian）が付加されることになる：

$$\hat{H}_B = -(\hat{\boldsymbol{\mu}}_l + \hat{\boldsymbol{\mu}}_s)\cdot\boldsymbol{B} = -\Big(\frac{q\hbar}{2m}\Big)(\hat{\boldsymbol{l}} + g\hat{\boldsymbol{s}})\cdot\boldsymbol{B}. \tag{10.67}$$

軌道角運動量 $\boldsymbol{l}$ に比例する項が**正常 Zeeman 効果**，スピン $\boldsymbol{s}$ に比例する項が**異常 Zeeman 効果**の起源となる．

後の便宜のために，この場合も時間に依存する Schrödinger 方程式を書き下しておこう：

$$i\hbar\frac{\partial\psi(\xi, t)}{\partial t} = \Big[\Big\{\frac{-\hbar^2}{2m}\boldsymbol{\nabla}^2 + \frac{i\hbar q}{2m}(\boldsymbol{\nabla}\cdot\boldsymbol{A}) + \frac{i\hbar q}{m}(\boldsymbol{A}\cdot\boldsymbol{\nabla}) + \frac{q^2}{2m}\boldsymbol{A}^2 + q\phi\Big\}\mathbf{1}_2$$
$$- \frac{q}{m}\boldsymbol{B}\cdot\hat{\boldsymbol{S}}\Big]\psi(\xi, t). \tag{10.68}$$

---

[11] 電子の場合は $q = -e < 0$ であるから γ_s は負である．

§10.8 【基本】 荷電粒子がスピンを持つ場合の磁場との相互作用

【例題2】 スピンの歳差運動　　スピン $1/2$ を持つ粒子に静的で一様な z 軸方向の磁場 $\boldsymbol{B}_0 = (0, 0, B_0)$ が掛かっているとする．磁気回転比を γ_s とするとこの系の Hamiltonian は $\hat{H} = -\hat{\boldsymbol{\mu}}_s \cdot \boldsymbol{B}_0 = -\gamma_s \hat{\boldsymbol{S}} \cdot \boldsymbol{B}_0 = -\frac{\hbar \gamma_s B_0}{2} \sigma_z$ と書ける．この Hamiltonian はすでに対角化されており，その固有値は $E_\pm = \mp \frac{\hbar \gamma_s B_0}{2}$，対応する固有ベクトルはそれぞれ $|\uparrow\rangle$ および $|\downarrow\rangle$ である．なお，$\omega_\mathrm{L} \equiv \gamma_s B_0$ を Larmor 振動数という．以下ではこの記号を用いる：$E_\pm = \mp \frac{\hbar \omega_\mathrm{L}}{2}$．この系の状態の時間変化は §4.6 の方法より定常解を用いて $|\psi(t)\rangle = c_+ \mathrm{e}^{-iE_+ t/\hbar} |\uparrow\rangle + c_- \mathrm{e}^{-iE_- t/\hbar} |\downarrow\rangle$ と求まる．$c_\pm$ は初期条件から決まる定数である．$t = 0$ においてスピンが $\boldsymbol{n} = (\sin\theta, 0, \cos\theta)$ の方向を向いた状態にあるとしよう．(7.31) より $|\psi(0)\rangle = \begin{pmatrix} \cos(\theta/2) \\ \sin(\theta/2) \end{pmatrix}$ と書ける．すなわち，$c_+ = \cos(\theta/2)$, $c_- = \sin(\theta/2)$. このとき，時刻 t における各スピン成分の期待値 $\langle \psi(t) | \sigma_i | \psi(t) \rangle \equiv \langle \sigma_i \rangle_t$ は以下のように求まる：

$$\langle \sigma_x \rangle_t = \sin\theta \cos\omega_\mathrm{L} t, \quad \langle \sigma_y \rangle_t = -\sin\theta \sin\omega_\mathrm{L} t, \quad \langle \sigma_z \rangle_t = \cos\theta. \quad (10.69)$$

これより，スピンは z 軸方向となす角度を一定の値 θ に保ったまま，γ_s が正（負）のとき z 軸周りを時計回り（反時計回り）に回転することがわかる．この回転運動をスピンの**歳差運動** (presession) という．

10.8.1 スピン–軌道相互作用

スピンを持つ荷電粒子が軌道運動を行うと，**相対論の効果**によりスピンと軌道角運動量の内積 $\boldsymbol{\sigma} \cdot \boldsymbol{L}$ に比例するエネルギーが生じる．これを**スピン–軌道相互作用**[12]と呼ぶ．その生じる機構を古典物理学および相対論を用いて発見法的に説明する．

電荷 q を持つ荷電粒子が，たとえば，図 10.3 のように，原子核からの Coulomb ポテンシャル $V(r)$ を受けて運動しているとする．荷電粒子の受ける電気力は $q\boldsymbol{E} = -\boldsymbol{\nabla} V(r) = -\frac{\boldsymbol{r}}{r} \frac{dV}{dr}$. 静止系で測った粒子の速度を $\boldsymbol{v}(t)$ とする．速度 $\boldsymbol{v}$ で粒子とともに動く座標系（粒子の静止系）で考えると，相対論[13]によればこの座標系では次の磁場が生じている：$\boldsymbol{B} = \frac{1}{\sqrt{1 - \frac{v^2}{c^2}}} \left(-\frac{\boldsymbol{v}}{c^2} \right) \times \boldsymbol{E} \simeq -\frac{\boldsymbol{v}}{c^2} \times \boldsymbol{E} =$

[12) 相互作用ではなくエネルギーであるが，このように呼ぶ習わしである．

[13) たとえば，以下を参照：太田浩一著『電磁気学の基礎 I, II』§15.6（シュプリンガー・ジャパン，2007）．

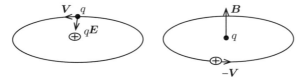

図 10.3 （原子核からの）電場 E を受けて電荷 $q(<0)$ を持つ荷電粒子が速度 v で運動している．この荷電粒子の静止系では，磁場 $B \simeq -\frac{1}{c^2} v \times E$ が生じている．

$\frac{1}{mqc^2}\frac{dV}{rdr}\boldsymbol{p} \times \boldsymbol{r} = -\frac{1}{mqc^2}\frac{dV}{rdr}\boldsymbol{L}$. ここに，$\boldsymbol{p} = m\boldsymbol{v}$ は粒子の運動量，$\boldsymbol{L} = \boldsymbol{r} \times \boldsymbol{p}$ は軌道角運動量である．粒子の固有の磁気モーメントを $\boldsymbol{\mu}_s$ とすると，次の磁気エネルギーが生じる：$\hat{H}' = -\boldsymbol{\mu}_s \cdot \boldsymbol{B} = \frac{1}{mqc^2}\frac{dV}{rdr}\boldsymbol{\mu}_s \cdot \boldsymbol{L}$．さて量子力学的には，粒子のスピンにより固有磁気モーメント $\hat{\boldsymbol{\mu}}_s = (gq\hbar/2m)\hat{\boldsymbol{s}}$ が存在する．したがって，上の式は次の量子力学的表式を導くだろう：

$$\hat{H}'_{LS} = \frac{g\hbar}{2m^2c^2}\frac{1}{r}\frac{dV}{dr}\hat{\boldsymbol{s}} \cdot \hat{\boldsymbol{L}}. \tag{10.70}$$

これは，スピンと軌道角運動量の結合した相互作用である．

実際は，荷電粒子が直線運動ではなく回転運動をしている効果を取り入れることにより，$g \to g-1$ と変更される．$g=2$ であるからこれは，$(g-1)/g = 1/2$ の因子（Thomas 因子）を掛けることと同値である．こうして，次の「スピン–軌道相互作用（spin–orbit interaction）」が得られる[14]：

$$\hat{H}_{LS} = \frac{1}{2}\frac{g}{2m^2c^2}\frac{1}{r}\frac{dV}{dr}\hat{\boldsymbol{S}} \cdot \hat{\boldsymbol{L}} \quad (\hat{\boldsymbol{S}} = \hbar\hat{\boldsymbol{s}}). \tag{10.71}$$

全角運動量は $\hat{\boldsymbol{J}} = \hat{\boldsymbol{L}} + \hat{\boldsymbol{S}} = \hbar(\hat{\boldsymbol{l}} + \hat{\boldsymbol{s}})$ である．演算子 $\hat{\boldsymbol{S}} \cdot \hat{\boldsymbol{L}}$ は全角運動量 $\hat{\boldsymbol{J}}$ および軌道角運動量，スピン角運動量それぞれの 2 乗と可換である：

$$[\hat{\boldsymbol{J}}, \hat{\boldsymbol{L}} \cdot \hat{\boldsymbol{S}}] = 0, \quad [\hat{\boldsymbol{L}}^2, \hat{\boldsymbol{L}} \cdot \hat{\boldsymbol{S}}] = 0, \quad [\hat{\boldsymbol{S}}^2, \hat{\boldsymbol{L}} \cdot \hat{\boldsymbol{S}}] = 0. \tag{10.72}$$

正の電荷 Ze を持った原子核の周りを 1 個の電子が回っている原子あるいはイオンを水素様原子と呼ぶ．水素様原子内の電子の受ける中心力ポテンシャルは $V(r) = -\frac{Ze^2}{4\pi\epsilon_0}\frac{1}{r}$ である．この場合スピン–軌道相互作用 (10.71) は

$$\hat{H}_{LS} = \frac{Ze^2}{4\pi\epsilon_0}\frac{1}{2}\frac{g}{2m^2c^2}\frac{1}{r^3}\hat{\boldsymbol{S}} \cdot \hat{\boldsymbol{L}} \tag{10.73}$$

---

[14] このような「木に竹を接ぐ」ような議論が必要なのは，本来適用すべき**相対論的量子力学**である Dirac 理論の使用を避けているためである．

§10.9 【基本】 補遺：Bessel 関数について

となる．この動径部分は正定値であるので，スピンと軌道角運動量が平行（反平行）のとき斥力的（引力的）な効果を受ける．

§10.9 補遺：Bessel 関数について

Bessel の微分方程式

$$\left(\frac{d^2}{dz^2} + \frac{1}{z}\frac{d}{dz} + 1 - \frac{\nu^2}{z^2}\right) Z_\nu(z) = 0 \tag{10.74}$$

の解は $Z_\nu(z) = z^\sigma \sum_{n=0} a_n z^n$ と級数展開の形で求めることができる．1つの解は

$$J_\nu(z) = \left(\frac{z}{2}\right)^\nu \sum_{k=0} \frac{(-1)^k}{k!\Gamma(\nu + k + 1)} \left(\frac{z}{2}\right)^{2k} \tag{10.75}$$

と表される．これを ν 次の（狭義の）Bessel 関数と呼ぶ．$\nu \neq$ 整数のときは，$J_\nu(z)$ と $J_{-\nu}(z)$ が独立な基本解系を与える．しかし，ν が整数 n のときは，$J_{-n}(z) = (-1)^n J_n(z)$ となり両者は独立ではない．$J_\nu(z)$ と $J_{-\nu}(z)$ の次の線型結合で定義された関数 $N_\nu(z)$ を Neumann 関数と呼ぶ：

$$N_\nu(z) = \frac{1}{\sin \nu\pi} \left(\cos \nu\pi\, J_\nu(z) - J_\nu(z)\right). \tag{10.76}$$

ただし，

$$N_n(z) = \lim_{\nu \to n} N_\nu(z) = \frac{1}{\pi} \left[\frac{\partial J_\nu(z)}{\partial \nu} - (-1)^n \frac{\partial J_{-\nu}(z)}{\partial \nu}\right]_{\nu=n}.$$

これは，$J_n(z) \log \frac{z}{2}$ を含む関数である．詳細はここでは触れない[15]．

---

[15] たとえば，『岩波 数学公式 III』（岩波書店，1987）の p.145 以降を参照のこと．

第10章　章末問題

問題1 $\partial_i A_j - \partial_j A_i = \epsilon_{ijk} B_k$ となることを示せ.

問題2 (10.16) を確かめよ.

問題3 (10.25) を確かめよ.

問題4 対称ゲージから Landau ゲージへのゲージ変換は $\Lambda = Bxy/2$ として, $\boldsymbol{A}_{\text{Landau}} = \boldsymbol{A}_{\text{対称}} + \boldsymbol{\nabla}\Lambda$ によって得られることを確かめよ.

問題5 §10.6 で扱った問題を x–$y2$ 次元系で考える. このとき, Hamiltonian は $\hat{H} = \frac{1}{2m}(\hat{\pi}_x^2 + \hat{\pi}_y^2)$ である $(q > 0)$. このときのエネルギー準位はゲージに依らず Landau 準位 (10.41) 第2項で与えられることを示せ.
ヒント: $[\hat{\pi}_x, \hat{\pi}_y] = i\hbar qB$ を用いよ.

問題6 Hamiltonian(10.45) を x, y 方向の生成消滅演算子 $\hat{\boldsymbol{a}}^\dagger = (\hat{a}_x^\dagger, \hat{a}_y^\dagger)$, $\hat{\boldsymbol{a}} = {}^t(\hat{a}_x, \hat{a}_y)$ を用いて考察しよう. ただし, $\hat{a}_k = \sqrt{\frac{m\omega}{4\hbar}}r_k + i\frac{1}{\sqrt{\hbar m\omega}}\hat{p}_k$ $(k = x, y)$.
(1) Hamiltonian(10.45) は2次の Hermite 行列 $\hat{M}$ を用いて, $\hat{H} = (\hbar\omega/2)\cdot\hat{\boldsymbol{a}}^\dagger\hat{M}\hat{\boldsymbol{a}} + \hbar\omega/2$ と表すことができる. $\hat{M}$ を求めよ.
(2) $\hat{a}_x$ と $\hat{a}_y$ の線型結合 $\hat{b}_i = c_{ix}\hat{a}_x + c_{iy}\hat{a}_y$ $(i = \rho, R)$ を作ることにより上記 Hamiltonian を対角化し, 固有値とその線型結合の係数および固有状態を求めよ.
(3) 軌道角運動量 $\hat{L}_z$ を $\hat{b}_i, \hat{b}_i^\dagger$ を用いて表せ. その形から, $\hat{b}_{\rho, R}$ の物理的意味を考察せよ.

問題7 (10.47) の $\rho < a$ での解が $A_\theta(\rho) = B\rho/2$ となることを示せ.

問題8 (10.72) を示せ.

212

第11章　時間に依存しない場合の摂動論

この章を含む3章はSchrödinger方程式の近似解を求める方法の解説である．この章と次の章ではHamiltonianに含まれる小さいパラメーターについてのTaylor展開で近似解を求める方法を学ぶ．なお，この小さいパラメーターを含む項あるいはその効果を摂動 (perturbation) と呼び，そこに表れるTaylor展開は摂動展開と呼ばれる．

§11.1　はじめに

Hamiltonian $\hat{H}$ の n 番目の固有値を E_n，それに属する固有ベクトルを $|\varphi_n\rangle$ とする：

$$\hat{H}|\varphi_n\rangle = E_n|\varphi_n\rangle. \tag{11.1}$$

$\hat{H}$ が小さいパラメーター λ を用いて以下のように書ける場合を考える：

$$\hat{H} = \hat{H}_0 + \lambda\hat{H}_1 \tag{11.2}$$

$\hat{H}_0$ および $\lambda\hat{H}_1$ をそれぞれ非摂動 Hamiltonian，摂動 Hamiltonian と呼ぶ．非摂動部分についての固有値問題は解けているものとする：

$$\hat{H}_0|\varphi_n^{(0)}\rangle = E_n^{(0)}|\varphi_n^{(0)}\rangle, \quad \langle\varphi_{n'}^{(0)}|\varphi_n^{(0)}\rangle = \delta_{n'n}. \tag{11.3}$$

これを**非摂動解** (unperturbed solution) と呼ぶ．以下では非摂動解の**完全性**を仮定する：

$$\sum_n |\varphi_n^{(0)}\rangle\langle\varphi_n^{(0)}| = \mathbf{1}. \tag{11.4}$$

摂動論はSchrödinger方程式の**近似解**を，非摂動解を0次解として小さいパラメータ λ についての Taylor 展開により求める方法である．その手続きは，1) 時間に依存しないSchrödinger方程式 (11.1) を解く場合と，2) 時間に依存するSchrödinger方程式を解く場合とで異なる．1) の場合はさらに，1a) E_n^0 に縮退がない場合と，1b) E_n^0 に縮退がある場合とでさらに手続きが異なる．この章では時間に依存しない場合について解説する．

213

第 11 章 時間に依存しない場合の摂動論

【注】 Schrödinger 方程式 (11.1) の有効な近似解がいつも λ の Taylor 展開で表せるとは限らないことは注意すべきである。結合状態や多体系の相転移など，物理的に重要なもので素朴な摂動論では表現できないものは少なくない。逆に言うと，これらの問題を扱うには $\hat{H}_0$ と $\hat{H}_1$ への適切な分解が必要である。そこでは，どのような分解が適切か試行錯誤するのが物理研究の醍醐味となる。ある著名な物理学者は，「実りある理論物理の研究は，よい物理的感覚と摂動論からなる。」という標語を残している。

§11.2 準備：摂動論に現れる線型方程式の解の構造

摂動論の基本方程式は特異行列を伴う線型方程式で表されている。そこでまず準備として有限次元の線型方程式を例としてそのような方程式の解の一般的構造について整理しておく。

A を $n \times n$ Hermite 行列，$\boldsymbol{x}$ および $\boldsymbol{b}$ をそれぞれ n 次元ベクトルとして，以下の $\boldsymbol{x}$ についての線型方程式を考える[1]：

$$A\boldsymbol{x} = \boldsymbol{b}. \tag{11.5}$$

行列 A が正則 (regular) であるとき，すなわち，$\det A \neq 0$ のとき，逆行列 A^{-1} が存在するので (11.5) の解は一意的に $\boldsymbol{x} = A^{-1}\boldsymbol{b}$ となる。

以下では $\det A = 0$ のとき，すなわち，A が特異 (singular) であるときを考える。このときも方程式 (11.5) が解を持つ場合がある。そのための必要十分条件を与える。このとき，A はゼロ固有値を持つ。その個数を $m\,(< n)$ とする：$\dim[\ker A] = m > 0$。$\ker A$ の独立なベクトルを $\boldsymbol{x}_k^{(0)}\,(k = 1, 2, \ldots, m < n)$ とする：$A\boldsymbol{x}_k^{(0)} = 0$。また，$A$ の $n - m$ 個のゼロでない固有値を $\lambda_l\,(l = m+1, m+2, \ldots, n)$ とし，λ_l に属する規格化された固有ベクトルを $\boldsymbol{x}_{\lambda_l}$ とする：$A\boldsymbol{x}_{\lambda_l} = \lambda_l \boldsymbol{x}_{\lambda_l}$。

(11.5) が解を持つための必要十分条件は，$\boldsymbol{b} \notin \ker A$，すなわち，$\boldsymbol{b}$ がすべてのゼロ固有ベクトルと直交していることである：

$$(\boldsymbol{x}_k^{(0)}, \boldsymbol{b}) = \boldsymbol{x}_k^{0\,\dagger} \cdot \boldsymbol{b} = 0 \qquad \forall k = 1, 2, \ldots, m. \tag{11.6}$$

---

[1] Hermite 行列は対角化可能（半単純）である。たとえば，佐竹著の前掲書 IV §3 参照。

214

§11.3 【基本】 縮退のない場合

ここで，$(\boldsymbol{x}, \boldsymbol{y}) = \boldsymbol{x}^\dagger \cdot \boldsymbol{y} = \sum_i x_i^* y_i$ は Hermite 内積である．このとき，$\boldsymbol{b}$ は $\{\boldsymbol{x}_{\lambda_l}\}_{l=m+1,\ldots,n}$ で展開できる：$\boldsymbol{b} = \sum_{l=m+1}^n c_l \boldsymbol{x}_{\lambda_l}$．このとき解は

$$\boldsymbol{x} = \sum_{l=m+1}^n c_l \lambda_l^{-1} \boldsymbol{x}_{\lambda_l} + \sum_{k=1}^m c_k \boldsymbol{x}_k^{(0)} \tag{11.7}$$

と与えられる．第 2 項には注意．ここで，c_k は不定の定数である．

ここで固有ベクトルを用いて，射影行列 P, Q を次のように定義すると便利である：$P \equiv \sum_{k=1}^m \boldsymbol{x}_k^{(0)} \boldsymbol{x}_k^{(0)\dagger}$，$Q \equiv \sum_{l=m+1}^n \boldsymbol{x}_{\lambda_l} \boldsymbol{x}_{\lambda_l}^\dagger$．条件 (11.6) は $P\boldsymbol{b} = 0$，あるいは，$Q\boldsymbol{b} = \boldsymbol{b}$ と書ける．$P + Q = 1$ なので，$\boldsymbol{b} = (P + Q)\boldsymbol{b} = Q\boldsymbol{b}$ である．また，$A_Q \equiv QAQ$ は逆行列を持つ．(11.7) は簡潔に，

$$\boldsymbol{x} = A_Q^{-1} Q\boldsymbol{b} + \sum_{k=1}^m c_k \boldsymbol{x}_k^{(0)} \tag{11.8}$$

と書ける．$Q^2 = Q$ かつ $[A, Q] = 0$ なので，$A_Q Q = QA = AQ$．このことに注意して，今後は記号を倹約して $A_Q^{-1} Q = A^{-1} Q$ などと書くことにする．

(11.6) を (11.5) の**可解条件**，あるいは**整合性の条件**と呼ぶ．後者の名前の由来は，(11.5) の左辺と任意のゼロ固有ベクトルとの内積が 0 になることからくる．実際，A の Hermite 性を用いると，$(\boldsymbol{x}_k^{(0)}, A\boldsymbol{x}) = (A\boldsymbol{x}_k^{(0)}, \boldsymbol{b}) = 0 = (\boldsymbol{0}, \boldsymbol{b}) = 0 = (\boldsymbol{x}_k^{(0)}, \boldsymbol{b})$．

摂動論ではここで現れた不定の定数 c_k の扱いが焦点となる．実は，摂動論では非摂動解がゼロ固有ベクトルになっている．そこでは，c_k を非摂動解にくりこみ，規格化を最後に行う，という処方がよく取られる．

§11.3 縮退のない場合

まず，非摂動解 (11.3) に縮退がない場合を扱う．すなわち，$n \neq m$ のとき，$E_n^{(0)} \neq E_m^{(0)}$ となる場合である．(11.1) の解が λ についての Taylor 展開で表されるものとする[2]：

$$|\varphi_n\rangle = |\varphi_n^{(0)}\rangle + \lambda|\varphi_n^{(1)}\rangle + \lambda^2|\varphi_n^{(2)}\rangle + \cdots,$$

---

[2] このように，状態ベクトルとともにエネルギー固有値も Taylor 展開で求める摂動展開の方法を **Rayleigh–Schrödinger 型**の摂動論という．これに対して，エネルギー固有値には厳密解を用いる摂動展開の方法を **Brillouin–Wigner 型**の摂動論という．これについては後述する．

第 11 章　時間に依存しない場合の摂動論

$$E_n = E_n^{(0)} + \lambda E_n^{(1)} + \lambda^2 E_n^{(2)} + \cdots \tag{11.9}$$

これを (11.1) に代入し λ^k の係数を等値すると，以下の一連の方程式を得る：

$$\mathcal{O}(\lambda^0) : (E_n^{(0)} - \hat{H}_0)|\varphi_n^{(0)}\rangle = 0, \tag{11.10}$$

$$\mathcal{O}(\lambda^1) : (E_n^{(0)} - \hat{H}_0)|\varphi_n^{(1)}\rangle = \hat{H}_1|\varphi_n^{(0)}\rangle - E_n^{(1)}|\varphi_n^{(0)}\rangle, \tag{11.11}$$

$$\mathcal{O}(\lambda^2) : (E_n^{(0)} - \hat{H}_0)|\varphi_n^{(2)}\rangle = \hat{H}_1|\varphi_n^{(1)}\rangle - E_n^{(1)}|\varphi_n^{(1)}\rangle - E_n^{(2)}|\varphi_n^{(0)}\rangle, \tag{11.12}$$

$$\vdots$$

$$\mathcal{O}(\lambda^k) : (E_n^{(0)} - \hat{H}_0)|\varphi_n^{(k)}\rangle = \hat{H}_1|\varphi_n^{(k-1)}\rangle - E_n^{(1)}|\varphi_n^{(k-1)}\rangle - E_n^{(2)}|\varphi_n^{(k-2)}\rangle - \cdots$$
$$- E_n^{(k)}|\varphi_n^{(0)}\rangle, \tag{11.13}$$

11.3.1　1 次の摂動解

まず，1 次の摂動を解析する．(11.11) は次の形に書くことができる：

$$(E_n^{(0)} - \hat{H}_0)|\varphi_n^{(k)}\rangle = |b^{(1)}\rangle, \quad |b^{(1)}\rangle \equiv \hat{H}_1|\varphi_n^{(0)}\rangle - E_n^{(1)}|\varphi_n^{(0)}\rangle. \tag{11.14}$$

ここで，Hermite 演算子 $E_n^{(0)} - \hat{H}_0$ はゼロ固有値を持つことに注意しよう：$(E_n^{(0)} - \hat{H}_0)|\varphi_n^{(0)}\rangle = 0$. そこで，次の可解条件を課す：$0 = \langle\varphi_n^{(0)}|b^{(1)}\rangle = \langle\varphi_n^{(0)}|\hat{H}_1|\varphi_n^{(0)}\rangle - E_n^{(1)}$. こうして，エネルギーの 1 次の摂動補正 $E_n^{(1)}$ が得られる：

$$E_n^{(1)} = \langle\varphi_n^{(0)}|\hat{H}_1|\varphi_n^{(0)}\rangle. \tag{11.15}$$

このとき非斉次項 $|b^{(1)}\rangle$ は次のように変形できる．

$$\begin{aligned}
|b^{(1)}\rangle &= \hat{H}_1|\varphi_n^{(0)}\rangle - E_n^{(1)}|\varphi_n^{(0)}\rangle = \hat{H}_1|\varphi_n^{(0)}\rangle - |\varphi_n^{(0)}\rangle\langle\varphi_n^{(0)}|\hat{H}_1|\varphi_n^{(0)}\rangle \\
&= \left[\mathbf{1} - |\varphi_n^{(0)}\rangle\langle\varphi_n^{(0)}|\right]\hat{H}_1|\varphi_n^{(0)}\rangle = [\mathbf{1} - \hat{P}]\hat{H}_1|\varphi_n^{(0)}\rangle \\
&\equiv \hat{Q}\hat{H}_1|\varphi_n^{(0)}\rangle. \tag{11.16}
\end{aligned}$$

ここで，以下の射影演算子を導入した：

$$\hat{P} \equiv |\varphi_n^{(0)}\rangle\langle\varphi_n^{(0)}|, \qquad \hat{Q} \equiv \sum_{m \neq n} |\varphi_m^{(0)}\rangle\langle\varphi_m^{(0)}| = \mathbf{1} - \hat{P}, \tag{11.17}$$

$$\hat{P}^2 = \hat{P}, \quad \hat{Q}^2 = \hat{Q}, \quad \hat{P}\hat{Q} = \hat{Q}\hat{P} = 0, \quad \hat{P} + \hat{Q} = \mathbf{1}. \tag{11.18}$$

216

§11.3 【基本】 縮退のない場合

また, $\hat{P}$ および $\hat{Q}$ はともに $\hat{H}_0$ と可換である:

$$[\hat{H}_0, \hat{P}] = 0, \quad [\hat{H}_0, \hat{Q}] = 0. \tag{11.19}$$

非摂動ベクトル $|\varphi_n^{(0)}\rangle$ の張る（Hilbert 部分）空間を P 空間と呼び, P 空間に入らない状態ベクトルで張られる状態（部分）空間 $\{|\varphi_m^{(0)}\rangle\}_{m \neq n}$ を Q 空間と呼ぶことにする. $\hat{P}$ および $\hat{Q}$ はそれぞれ P および Q 空間への射影演算子である. 射影演算子を用いると, 摂動論に現れる表式は簡潔に表すことができる.

このとき, $|\varphi_n^{(1)}\rangle$ を与える方程式 (11.14) は

$$(E_n^{(0)} - \hat{H}_0)|\varphi_n^{(1)}\rangle = \hat{Q}\hat{H}_1|\varphi_n^{(0)}\rangle \tag{11.20}$$

となる. この解は

$$|\varphi_n^{(1)}\rangle = (E_n^{(0)} - \hat{H}_0)^{-1}\hat{Q}\hat{H}_1|\varphi_n^{(0)}\rangle + c_{nn}^{(1)}|\varphi_n^{(0)}\rangle \tag{11.21}$$

と求まる. 以下では, $(E_n^{(0)} - \hat{H}_0)^{-1} = \frac{1}{E_n^{(0)} - \hat{H}_0}$ とも書く. ここに, $c_{nn}^{(1)} = \langle\varphi_n^{(0)}|\varphi_n^{(1)}\rangle$ は不定の定数である. まず, (11.21) の第 1 項に (11.17) を代入すると[3],

$$
\begin{aligned}
\text{第 1 項} &= \frac{1}{E_n^{(0)} - \hat{H}_0} \sum_{m \neq n} |\varphi_m^{(0)}\rangle\langle\varphi_m^{(0)}|\hat{H}_1|\varphi_n^{(0)}\rangle \\
&= \sum_{m \neq n} \frac{1}{E_n^{(0)} - E_m^{(0)}} |\varphi_m^{(0)}\rangle\langle\varphi_m^{(0)}|\hat{H}_1|\varphi_n^{(0)}\rangle.
\end{aligned}
$$

次に不定の定数 $c_{nn}^{(1)}$ について議論する. もし, $c_{nn}^{(1)} \neq 0$ とすると, 近似解は $|\varphi_n\rangle \simeq (1 + \lambda c_{nn}^{(1)})|\varphi_n^{(0)}\rangle + (E_n^{(0)} - \hat{H}_0)^{-1}|b^{(1)}\rangle$ と書ける. すなわち, 0 次項の係数が 1 からずれる. 一方, (11.1) は線型の方程式なので, $|\varphi\rangle$ が解であれば, それに任意の複素数を掛けた $|\varphi'\rangle = c|\varphi\rangle$ も解である: $\hat{H}(c|\varphi\rangle) = E(c|\varphi\rangle)$. すなわち, もともと解は定数倍だけ不定である. そのことを考慮して, このように求めた $|\varphi_n\rangle$ に定数 $\sqrt{Z}$ を掛けて 1 に規格化された状態ベクトル $|\varphi_n\rangle_N \equiv \sqrt{Z}|\varphi_n\rangle$ を構成することができる: $_N\langle\varphi_n|\varphi_n\rangle_N = 1$. そこで次の規格化条件を課すことにする:

$$\langle\varphi_n^{(0)}|\varphi_n^{(1)}\rangle = c_{nn}^{(1)} = 0. \tag{11.22}$$

---

[3] 第 3 章の章末問題 2 参照.

第 11 章　時間に依存しない場合の摂動論

このことは，$|\varphi_n^{(1)}\rangle$ が $|\varphi_n^{(0)}\rangle$ を含まずに展開できることを意味する．よって，

$$|\varphi_n^{(1)}\rangle = \sum_{m' \neq n} c_{m'n}^{(1)}|\varphi_{m'}^{(0)}\rangle, \quad c_{mn}^{(1)} = \langle \varphi_m^{(0)}|\varphi_n^{(1)}\rangle \tag{11.23}$$

と書くことができる．また，射影演算子を用いると次の関係式が得られる：

$$\hat{P}|\varphi_n^{(1)}\rangle = 0, \quad \hat{Q}|\varphi_n^{(1)}\rangle = |\varphi_n^{(1)}\rangle. \tag{11.24}$$

こうして $c_{nn}^{(1)} = 0$ と選ばれたので，(11.21) は

$$|\varphi_n^{(1)}\rangle = \sum_{m \neq n} \frac{\langle \varphi_m^{(0)}|\hat{H}_1|\varphi_n^{(0)}\rangle}{E_n^{(0)} - E_m^{(0)}}|\varphi_m^{(0)}\rangle \tag{11.25}$$

となる．展開係数は $c_{mn}^{(1)} = \frac{\langle \varphi_m^{(0)}|\hat{H}_1|\varphi_n^{(0)}\rangle}{E_n^{(0)} - E_m^{(0)}}$．これより，摂動展開は $\left|\frac{\langle m|\hat{H}_1|n\rangle}{E_n^{(0)} - E_m^{(0)}}\right| \ll 1$ のとき，良い近似になることがわかる．

　この段階で解析をやめれば，エネルギーと波動関数の近似解は

$$E_n \simeq E_n^{(0)} + \lambda E_n^{(1)}, \quad |\varphi_n\rangle = |\varphi_n^{(0)}\rangle + \lambda|\varphi_n^{(1)}\rangle \tag{11.26}$$

となる．この波動関数はこの次数までの近似で規格化されていることに注意する：

$$\langle \varphi_n|\varphi_n\rangle \simeq \left(\langle \varphi_n^{(0)}| + \lambda\langle \varphi_n^{(1)}|\right)\left(|\varphi_n^{(0)}\rangle + \lambda|\varphi_n^{(1)}\rangle\right) \simeq \langle \varphi_n^{(0)}|\varphi_n^{(0)}\rangle + O(\lambda^2) \simeq 1.$$

ここで，直交条件 (11.22) を用いた．

【例題 1】　$\hat{H}_0 = \frac{\hat{p}^2}{2m} + \frac{m\omega^2}{2}\hat{x}^2$，$\lambda\hat{H}_1 = \lambda\frac{m\omega^2}{2}\hat{x}^2$ $(\lambda > 0)$ とする．$\hat{H}_0$ の n 番目の固有状態を $|n^{(0)}\rangle$ とする．$\lambda\hat{H}_1$ によるエネルギーと状態ベクトル（波動関数）の補正を 1 次の摂動論で求めなさい．特に，基底状態の波動関数に対して，厳密解 $\varphi_0(x) = \frac{(1+\lambda)^{1/4}}{\sqrt{\alpha}\pi^{1/4}}e^{-\sqrt{1+\lambda}\xi^2/2}$ $(\alpha = \sqrt{\frac{\hbar}{m\omega}}, \xi = x/\alpha)$ と比較しなさい．

【解】　(3.76) より，$\hat{H}_0 = \hbar\omega(\hat{a}^\dagger\hat{a} + \frac{1}{2})$．(3.74) および (3.75) より，$x = \sqrt{\hbar/2m\omega}(\hat{a}+\hat{a}^\dagger)$．ゆえに，$x^2 = \frac{\hbar}{2m\omega}(\hat{a}^2 + \hat{a}\hat{a}^\dagger + \hat{a}^\dagger\hat{a} + (\hat{a}^\dagger)^2)$．これを用いると，$\langle m^{(0)}|\lambda\hat{H}_1|n^{(0)}\rangle = \frac{\lambda\hbar\omega}{4}\langle m^{(0)}|\hat{a}^2 + \hat{a}\hat{a}^\dagger + \hat{a}^\dagger\hat{a} + (\hat{a}^\dagger)^2|n^{(0)}\rangle = \frac{\lambda\hbar\omega}{4}[\sqrt{n(n-1)}\delta_{m,n-2} + (2n+1)\delta_{m,n} + \sqrt{(n+1)(n+2)}\delta_{m,n+2}]$．

(11.15) よりエネルギーの補正は，$\lambda E_n^{(1)} = \langle n^{(0)}|\lambda\hat{H}_1|n^{(0)}\rangle = \frac{\lambda\hbar\omega}{4}(2n+1)$．
状態ベクトルの補正は，(11.25) より，

$$\lambda|n^{(1)}\rangle = \sum_{m=n\pm2} \frac{\langle m^{(0)}|\lambda\hat{H}|n^{(0)}\rangle}{E_n^{(0)} - E_m^{(0)}}|m^{(0)}\rangle$$

218

$$= \frac{\lambda}{8} \left[\sqrt{n(n-1)} |(n-2)^{(0)}\rangle - \sqrt{(n+1)(n+2)} |(n+2)^{(0)}\rangle \right].$$

ただし，第 1 項は $n = 0, 1$ のときは消える．

基底状態の場合，$|0\rangle = |0^{(0)}\rangle - \frac{\sqrt{2}\lambda}{8} |2^{(0)}\rangle$. 座標表示をすると，(2.56), (2.57) および (2.72) より，

$$\langle x|0\rangle = \langle x|0^{(0)}\rangle - \frac{\sqrt{2}\lambda}{8} \langle x|2^{(0)}\rangle = \frac{\mathrm{e}^{-\xi^2/2}}{\sqrt{\alpha\sqrt{\pi}}} \left[1 - \frac{\sqrt{2}\lambda}{8} \frac{1}{2\sqrt{2}} (4\xi^2 - 2) \right]$$

$$= \left(1 + \frac{\lambda}{8} \right) \frac{\mathrm{e}^{-\xi^2/2}}{\sqrt{\alpha\sqrt{\pi}}} \left(1 - \frac{\lambda}{4} \xi^2 \right).$$

これは厳密解を λ の 1 次まで展開したものと一致している．

11.3.2 2 次の摂動解

次に 2 次の摂動に進む．(11.12) において右辺を $|b^{(2)}\rangle$ と書くと，可解条件は

$$0 = \langle \varphi_n^{(0)} | b^{(2)} \rangle = \langle \varphi_n^{(0)} | \hat{H}_1 | \varphi_n^{(1)} \rangle - E_n^{(2)}. \tag{11.27}$$

ただし，直交性 $\langle \varphi_n^{(0)} | \varphi_n^{(1)} \rangle =$ を用いた．これより，未知であった $E_n^{(2)}$ が以下のように決定される：

$$E_n^{(2)} = \langle \varphi_n^{(0)} | \hat{H}_1 | \varphi_n^{(1)} \rangle. \tag{11.28}$$

1 次の解 $|\varphi_n^{(1)}\rangle$ は (11.25) に与えられている．

可解条件 (11.27) を用いると，(11.12) の右辺は

$$|b^{(2)}\rangle = \hat{H}_1 |\varphi_n^{(1)}\rangle - E_n^{(1)} |\varphi_n^{(1)}\rangle - |\varphi_n^{(0)}\rangle \langle \varphi_n^{(0)} | \hat{H}_1 | \varphi_n^{(1)} \rangle$$

$$= \left[\mathbf{1} - |\varphi_n^{(0)}\rangle \langle \varphi_n^{(0)}| \right] \hat{H}_1 |\varphi_n^{(1)}\rangle - E_n^{(1)} |\varphi_n^{(1)}\rangle$$

$$= \hat{Q} \hat{H}_1 |\varphi_n^{(1)}\rangle - E_n^{(1)} \hat{Q} |\varphi_n^{(1)}\rangle \tag{11.29}$$

となる．途中の変形で射影演算子の定義 (11.17) および (11.24) を用いた．(11.12) において可解条件が満たされたので，両辺に $(E_n^0 - \hat{H}_0)^{-1}$ を掛けることができる：

$$|\varphi_n^{(2)}\rangle = \frac{1}{E_n^{(0)} - \hat{H}_0} \left(\hat{Q} \hat{H}_1 - E_n^{(1)} \right) \hat{Q} |\varphi_n^{(1)}\rangle \tag{11.30}$$

1 次の解 $E_n^{(1)}$ および $|\varphi_n^{(1)}\rangle$ はそれぞれ (11.15) および (11.25) に与えられている．

第 11 章　時間に依存しない場合の摂動論

【より具体的な表式】　(11.28) に 1 次の解 (11.25) を代入すると,

$$E_n^{(2)} = \sum_{m \neq n} \frac{\langle \varphi_n^{(0)} | \hat{H}_1 | \varphi_m^{(0)} \rangle \langle \varphi_m^{(0)} | \hat{H}_1 | \varphi_n^{(0)} \rangle}{E_n^{(0)} - E_m^{(0)}} = \sum_{m \neq n} \frac{|\langle \varphi_m^{(0)} | \hat{H}_1 | \varphi_n^{(0)} \rangle|^2}{E_n^{(0)} - E_m^{(0)}}. \quad (11.31)$$

ここで, $\langle \varphi_n^{(0)} | \hat{H}_1 | \varphi_m^{(0)} \rangle = \langle \varphi_m^{(0)} | \hat{H}_1 | \varphi_n^{(0)} \rangle^*$ を用いた.

(11.30) に (11.15) および (11.25) を代入すると,

$$|\varphi_n^{(2)}\rangle = \sum_{m \neq n} (E_n^{(0)} - E_m^{(0)})^{-1} |\varphi_m^{(0)}\rangle \langle \varphi_m^{(0)} | \hat{H}_1 | \varphi_n^{(1)} \rangle - E_n^{(1)} (E_n^{(0)} - \hat{H}_0)^{-1} \hat{Q} |\varphi_n^{(1)}\rangle$$

$$\equiv \sum_{m \neq n} c_{mn}^{(2)} |\varphi_m^{(0)}\rangle,$$

$$c_{mn}^{(2)} = \langle \varphi_m^{(0)} | \varphi_n^{(2)} \rangle = \frac{\langle \varphi_m^{(0)} | \hat{H}_1 | \varphi_n^{(1)} \rangle}{E_n^{(0)} - E_m^{(0)}} - E_n^{(1)} \frac{\langle \varphi_m^{(0)} | \varphi_n^{(1)} \rangle}{E_n^{(0)} - E_m^{(0)}}$$

$$= \sum_{l \neq n} \left\{ \frac{\langle \varphi_m^{(0)} | \hat{H}_1 | \varphi_l^{(0)} \rangle \langle \varphi_l^{(0)} | \hat{H}_1 | \varphi_n^{(0)} \rangle}{(E_n^{(0)} - E_m^{(0)})(E_n^{(0)} - E_l^{(0)})} - \frac{\langle \varphi_m^{(0)} | \hat{H}_1 | \varphi_n^{(0)} \rangle \langle \varphi_n^{(0)} | \hat{H}_1 | \varphi_n^{(0)} \rangle}{(E_n^{(0)} - E_m^{(0)})^2} \right\}. $$

$$(11.32)$$

ここまでの近似でのエネルギーと波動関数は $E_n \simeq E_n^{(0)} + \lambda E_n^{(1)} + \lambda^2 E_n^{(2)}$, $|\varphi_n\rangle \simeq |\varphi_n^{(0)}\rangle + \lambda |\varphi_n^{(1)}\rangle + \lambda^2 |\varphi_n^{(2)}\rangle$ と表される.

【注】 $|\varphi_n^{(0)}\rangle$ を基底状態 $(n = 0)$ とすると, $E_0^{(0)} < E_m^{(0)}$ $(m \neq 0)$ であるから, (11.31) より, $E_0^{(2)} = \sum_{m \neq 0} \frac{|\langle \varphi_m^{(0)} | \hat{H}_1 | \varphi_0^{(0)} \rangle|^2}{E_0^{(0)} - E_m^{(0)}} < 0$. すなわち, <u>2 次の摂動により基底状態のエネルギーは必ず減少する</u>.

【例】2 準位系の場合　　状態が 2 つだけしかない系を考える. それぞれの状態を $n = 0, 1$ と書き, $E_0^{(0)} < E_1^{(1)}$ とする. それぞれの 2 次の摂動エネルギーの補正は

$$E_0^{(2)} = \frac{|\langle \varphi_1^{(0)} | \hat{H}_1 | \varphi_0^{(0)} \rangle|^2}{E_0^{(0)} - E_1^{(0)}} < 0, \quad E_1^{(2)} = \frac{|\langle \varphi_0^{(0)} | \hat{H}_1 | \varphi_1^{(0)} \rangle|^2}{E_1^{(0)} - E_0^{(0)}} > 0 \quad (11.33)$$

となって, 準位反発が起こる (図 11.1 参照). この準位反発は元のエネルギー差 $E_1^{(0)} - E_0^{(0)}$ が小さいほど大きい.

規格化　　このように求めた状態ベクトル $|\varphi_n\rangle$ は規格化されていない. 実際そのノルムの 2 乗は,

$$\langle \varphi_n | \varphi_n \rangle = (\langle \varphi_n^{(0)} | + \lambda \langle \varphi_n^{(1)} | + \lambda^2 \langle \varphi_n^{(2)} | + \cdots)(|\varphi_n^{(0)}\rangle + \lambda |\varphi_n^{(1)}\rangle + \lambda^2 |\varphi_n^{(2)}\rangle + \cdots)$$

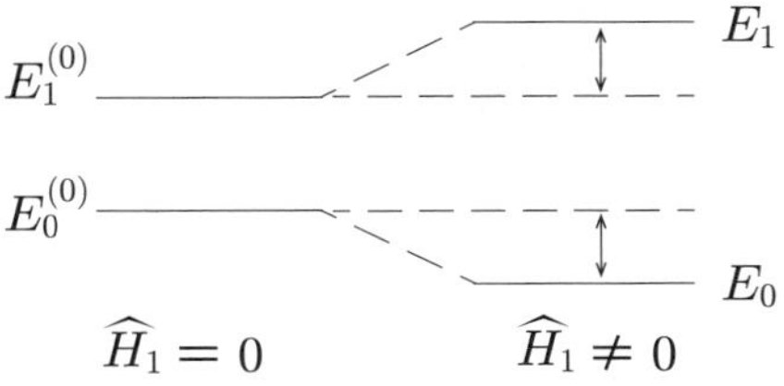

§11.3 【基本】 縮退のない場合

図 **11.1** 準位反発を表す図.

$$= \langle \varphi_n^{(0)} | \varphi_n^{(0)} \rangle + \lambda^2 \langle \varphi_n^{(1)} | \varphi_n^{(1)} \rangle + \mathcal{O}(\lambda^3)$$
$$= 1 + \lambda^2 \langle \varphi_n^{(1)} | \varphi_n^{(1)} \rangle + \mathcal{O}(\lambda^3). \tag{11.34}$$

ここで，$k \geq 1$ に対して $\langle \varphi_n^{(0)} | \varphi_n^{(k)} \rangle = 0$ を用いた．さらに第 2 項は，

$$\langle \varphi_n^{(1)} | \varphi_n^{(1)} \rangle = \left(\sum_{m \neq n} c_{mn}^{(1)*} \langle \varphi_m^{(0)} | \right) \sum_{m' \neq n} c_{m'n}^{(1)} | \varphi_{m'}^{(0)} \rangle$$
$$= \sum_{m \neq n, m' \neq n} c_{mn}^{(1)*} c_{m'n}^{(1)} \langle \varphi_m^{(0)} | \varphi_{m'}^{(0)} \rangle = \sum_{m \neq n} |c_{mn}^{(1)}|^2$$

と書けるので，$\langle \varphi_n | \varphi_n \rangle \simeq 1 + \lambda^2 \sum_{m \neq n} |c_{mn}^{(1)}|^2$．規格化された状態ベクトルを $|\varphi_n\rangle_N = \sqrt{Z} |\varphi_n\rangle$ と定義すると，

$$1 =_N \langle \varphi_n | \varphi_n \rangle_N = Z \langle \varphi_n | \varphi_n \rangle \simeq Z \left(1 + \lambda^2 \sum_{m \neq n} |c_{mn}^{(1)}|^2 \right). \tag{11.35}$$

よって，位相を正に取ると，

$$Z^{1/2} \simeq \left[1 + \lambda^2 \sum_{m \neq n} |c_{mn}^{(1)}|^2 \right]^{-1/2} \simeq 1 - \frac{1}{2} \lambda^2 \sum_{m \neq n} |c_{mn}^{(1)}|^2$$
$$= 1 - \frac{1}{2} \lambda^2 \sum_{m \neq n} \frac{|\langle \varphi_m^{(0)} | \hat{H}_1 | \varphi_n^{(0)} \rangle|^2}{(E_n^{(0)} - E_m^{(0)})^2} < 1. \tag{11.36}$$

この定数 Z を**波動関数くりこみ定数**とよぶときがある．このとき，

$$|\varphi_n\rangle_N = \sqrt{Z} |\varphi_n^{(0)}\rangle + \lambda \sqrt{Z} |\varphi_n^{(1)}\rangle + \cdots$$

$|\varphi_n\rangle_N$ には $|\varphi_n^{(0)}\rangle$ 以外の状態の成分が混じるので，その振幅は $Z^{1/2} < 1$ に減るのである．

　以上の漸化的手続きを用いることにより，3 次以上の補正を求めることができる．

221

第 11 章　時間に依存しない場合の摂動論

【例題 2】　例題 1 において，$n = 0, 1$ の場合について 2 次のエネルギーの補正 $E_n^{(2)}$ を計算しなさい．また，1 次の補正の結果と合わせて厳密解 $E_n = \hbar\omega\sqrt{1+\lambda}(n+1/2) = E_n^{(0)}\sqrt{1+\lambda}$ と比較しなさい．

【解】　$n < 2$ の場合，$m \neq n$ に対して，例題 1 の解より $\langle m^{(0)}|\lambda\hat{H}_1|n^{(0)}\rangle = \frac{\lambda\hbar\omega}{4}\sqrt{(n+2)(n+1)}\delta_{m\,n+2}$．よって，

$$E_n^{(2)} = \sum_{m \neq n} \frac{|\langle m^{(0)}|\lambda\hat{H}_1|n^{(0)}\rangle|^2}{E_n^{(0)} - E_m^{(0)}} = \frac{\lambda^2\hbar^2\omega^2}{16}\frac{(n+2)(n+1)}{-2\hbar\omega}$$

$$= -\lambda^2\frac{\hbar\omega}{32}(n+2)(n+1).$$

$n = 0, 1$ それぞれに対して，$E_n \simeq E_n^{(0)} + E_n^{(1)} + E_n^{(2)}$ は $E_n = E_n^{(0)}(1 + \lambda/2 - \lambda^2/8)$ となる．これは厳密解 $E_n = E_n^{(0)}\sqrt{1+\lambda}$ の λ についての Taylor 展開を 2 次まで行ったものと一致する．

11.3.3　高次項の一般的表式

$k\,(\geq 3)$ 次の方程式 (11.13) の右辺を $|b^{(k)}\rangle$ と書こう：

$$|b^{(k)}\rangle \equiv \hat{H}_1|\varphi_n^{(k-1)}\rangle - E_n^{(1)}|\varphi_n^{(k-1)}\rangle - E_n^{(2)}|\varphi_n^{(k-2)}\rangle - \cdots - E_n^{(k)}|\varphi_n^{(0)}\rangle.$$

ここで，$k-1$ 次以下の摂動解に対して以下の直交条件が成り立っていることに注意する：

$$\langle \varphi_n^{(0)}|\varphi_n^{(k-1)}\rangle = 0 \quad (k \geq 2). \tag{11.37}$$

(11.13) の可解条件は直交性 (11.37) を用いると，

$$0 = \langle \varphi_n^{(0)}|b^{(k)}\rangle = \langle \varphi_n^{(0)}|\hat{H}_1|\varphi_n^{(k-1)}\rangle - E_n^{(k)} \qquad (k \geq 1). \tag{11.38}$$

これより，未知であった $E_n^{(k)}$ が以下のように決定される：

$$E_n^{(k)} = \langle \varphi_n^{(0)}|\hat{H}_1|\varphi_n^{(k-1)}\rangle. \tag{11.39}$$

k 次の方程式を解くときには，$k-1$ 次の解 $|\varphi_n^{(k-1)}\rangle$ はすでに求まっていることに注意しよう．可解条件のもとでは，これまでと同様にして (11.13) は解くことができる．結果だけ以下に公式としてまとめて書いておく：

$$E_n^{(k)} = \langle \varphi_n^{(0)}|\hat{H}_1|\varphi_n^{(k-1)}\rangle, \tag{11.39}$$

222

$$\S 11.3 \quad \text{【基本】 縮退のない場合}$$

$$|\varphi_n^{(1)}\rangle = (E_n^{(0)} - \hat{H}_0)^{-1}\hat{Q}\hat{H}_1|\varphi_n^{(0)}\rangle, \tag{11.21}, (11.25)$$

$$|\varphi_n^{(k\geq 2)}\rangle = (E_n^{(0)} - \hat{H}_0)^{-1}\hat{Q}|\hat{H}_1|\varphi_n^{(k-1)}\rangle - (E_n^{(0)} - \hat{H}_0)^{-1}\hat{Q}(E_n^{(1)}|\varphi_n^{(k-1)}\rangle$$
$$+ E_n^{(2)}|\varphi_n^{(k-2)}\rangle + \cdots + E_n^{(k-1)}|\varphi_n^{(1)}\rangle). \tag{11.40}$$

11.3.4 水素原子の基底状態への電場の影響：小谷の方法

　静的な外電場により原子や分子などのエネルギーのずれや分裂が引き起こされる現象を Stark 効果という．この節では水素原子の基底状態の Stark 効果を摂動論で扱う．

　これまで紹介した通常の摂動論では，1 次の摂動波動関数 $|\varphi_n^{(1)}\rangle$ は (11.25) のように非摂動関数の級数和で表されている．実際の問題ではこの級数和を求めるのがそれほど簡単ではないことが多い．しかもその前提として，すべての m について行列要素 $\langle\varphi_m^{(0)}|\hat{H}_1|\varphi_n^{(0)}\rangle$ を求めないといけない．以下で紹介する小谷の方法は，その級数和の計算を避けて，現れる非斉次の微分方程式を直接解くという巧妙なものである[4]．

　基底状態にある水素原子に z 軸方向の一様な電場 $\boldsymbol{E} = (0, 0, F)$ が加わったとする．このとき，静電ポテンシャルは $A_0(\boldsymbol{r}) = \int_{\boldsymbol{r}_0}^{\boldsymbol{r}}(-\boldsymbol{E})\cdot d\boldsymbol{r}' = -\boldsymbol{E}\cdot(\boldsymbol{r} - \boldsymbol{r}_0) = -F(z - z_0)$ である．ここに，$\boldsymbol{r}_0$ は任意に取った座標原点である．したがって，電子および原子核の質量を m_e および m_p としそれぞれの位置座標を $\boldsymbol{r}_\mathrm{e} = (x_\mathrm{e}, y_\mathrm{e}, z_\mathrm{e})$ および $\boldsymbol{r}_\mathrm{p} = (x_\mathrm{p}, y_\mathrm{p}, z_\mathrm{p})$ と書くと，全系の Hamiltonian は以下のように書ける（$\tilde{e}^2 = \frac{e^2}{4\pi\epsilon_0}$）:

$$\hat{H}_\text{全} = -\frac{\hbar^2}{2m_\mathrm{p}}\boldsymbol{\nabla}_\mathrm{p}^2 - \frac{\hbar^2}{2m_\mathrm{e}}\boldsymbol{\nabla}_\mathrm{e}^2 - \frac{\tilde{e}^2}{|\boldsymbol{r}_\mathrm{e} - \boldsymbol{r}_\mathrm{p}|} + (eA_0(\boldsymbol{r}_\mathrm{p}) + (-e)A_0(\boldsymbol{r}_\mathrm{e})).$$

電子の電荷は $-e\,(< 0)$ である．ここで，重心座標 $\boldsymbol{R} = \frac{m_\mathrm{e}\boldsymbol{r}_\mathrm{e} + m_\mathrm{p}\boldsymbol{r}_\mathrm{p}}{m_\mathrm{e} + m_\mathrm{p}}$ と相対座標 $\boldsymbol{r} \equiv \boldsymbol{r}_\mathrm{e} - \boldsymbol{r}_\mathrm{p} = (x, y, z)$ を導入すると，$\hat{H}_\text{全}$ は以下のように重心運動と相対部分 $\hat{H}$ に変数分離される．$\hat{H}_\text{全} = -\frac{\hbar^2}{2M}\boldsymbol{\nabla}_R^2 + \hat{H}$. ただし，$\hat{H} = \hat{H}_0 + \lambda\hat{H}_1$;

$$\hat{H}_0 = -\frac{\hbar^2}{2\mu}\boldsymbol{\nabla}^2 - \frac{\tilde{e}^2}{r}, \quad \lambda\hat{H}_1 = eFz = eFr\cos\theta. \tag{11.41}$$

ここで，$M = m_\mathrm{e} + m_\mathrm{p}$ および $\mu = \frac{m_\mathrm{e}m_\mathrm{p}}{m_\mathrm{e} + m_\mathrm{p}}$ はそれぞれ全質量および換算質量である．また，$\lambda = \frac{a_\mathrm{B}}{\tilde{e}^2}2a_\mathrm{B}eF$ と選ぶ（a_B は Bohr 半径）．これは無次元である．

---

[4] 小谷正雄著『量子力学　1』（岩波全書，1951 年）．

第 11 章　時間に依存しない場合の摂動論

電場の効果 $\lambda\hat{H}_1 = \lambda\frac{r\cos\theta}{a_B}\frac{\bar{e}^2}{2a_B}$ を摂動として扱って水素原子の基底状態のエネルギーと波動関数の変化を求めよう[5].

非摂動状態は $n=1$, $l=m=0$ であるから, $\langle \boldsymbol{r}|\varphi^{(0)}\rangle = \varphi_{100}(r) = \frac{2\mathrm{e}^{-\rho}}{\sqrt{4\pi a_B^3}}$ ($\rho \equiv r/a$). 縮退がないから, 1 次の摂動エネルギーは

$$E^{(1)} = \langle \varphi^0|\lambda\hat{H}_1|\varphi^{(0)}\rangle \propto \int r^2 dr\, \varphi_{100}^2(r) \int d\Omega\, r\cos\theta = 0. \quad (11.42)$$

このとき, 波動関数の 1 次の補正項は (11.20) を解くことによって与えられる. ただし, (11.22) より, $\hat{P}|\varphi_n^{(1)}\rangle = 0$ の条件が付加されている. (11.20) を座標表示すると, $(\hat{H}_0 - E^{(0)})\varphi^{(1)}(\boldsymbol{r}) = -\hat{H}_1\varphi^{(0)}(\boldsymbol{r})$ と書ける. さらに極座標表示を行い, $E^{(0)} = -\hbar^2/(2\mu a_B^2)$ および $\hat{H}_1 = \frac{\bar{e}^2}{2a_B^2}r\cos\theta$ を代入して整理すると,

$$\left[\frac{\partial^2}{\partial\rho^2} + \frac{2}{\rho}\frac{\partial}{\partial\rho} - \frac{\hat{l}^2}{\rho^2} + \frac{2}{\rho} - 1\right]\varphi^{(1)}(r,\theta,\phi) = \rho\cos\theta\mathrm{e}^{-\rho}\Big/\sqrt{\pi a_B^3} \quad (11.43)$$

となる. ただし, $\hat{\boldsymbol{L}} = \hbar\hat{\boldsymbol{l}}$ である. (5.23) あるいは (5.26) に与えられているように, $\hat{l}^2$ は θ および ϕ のみで書かれた演算子である. 今扱っている摂動の問題においては, 非斉次の線型微分方程式 (11.43) の特解を求めればよい[6].

右辺の角度依存性を与えるのは θ のみであるから, 特解は ϕ-依存性を持たない $Y_{l0}(\theta,\phi)$ で展開することができる : $\varphi^{(1)}(r,\theta,\phi) = \sum_l c_l u_l(\rho)Y_{l0}(\theta,\phi)$. これを (11.43) に代入し, $Y_{l0}(\theta,\phi)$ との内積を取ると, $\cos\theta = \sqrt{4\pi/3}Y_{10}(\theta,\phi)$ より, $c_l = \delta_{l1}c_1$ となることがわかる. そこで, 最初から

$$\varphi^{(1)}(r,\theta,\phi) = u(\rho)\cos\theta = u(\rho)\sqrt{4\pi/3}Y_{10}(\theta,\phi) \quad (11.44)$$

の形で特解を求めることにする. $\hat{l}^2\cos\theta = 1(1+1)\cos\theta = 2\cos\theta$ に注意して (11.44) を (11.43) に代入すると,

$$\left[\frac{d^2}{d\rho^2} + \frac{2}{\rho}\frac{d}{d\rho} - \frac{2}{\rho^2} + \frac{2}{\rho} - 1\right]u(\rho) = \rho\mathrm{e}^{-\rho}\Big/\sqrt{\pi a_B^3} \quad (11.45)$$

---

[5] 例として 100 万 V/m の電場 F が掛かっている場合を考える. このとき電子が水素原子の直径程度 $(\sim 10^{-10}\,\mathrm{m})$ を移動する間に受ける仕事は $\Delta W = eF \times 10^{-10} = 10^{-4}\,\mathrm{eV}$ である. 一方, 水素原子の基底状態と第 1 励起状態のエネルギー差は $\Delta E = (1 - \frac{1}{4}) \times \frac{\hbar^2}{2\mu a_B^2} \simeq 10\,\mathrm{eV}$ である. したがって, いま扱っている問題に対しては摂動論の適用は妥当である.

[6] 一般には斉次方程式の一般解が付加されるが, それは摂動の 0 次解に他ならず (11.22) の条件により省かれる.

224

§11.3 【基本】 縮退のない場合

を得る. 指数関数は微分しても形が変わらないから, $u(\rho) \propto e^{-\rho}$ と考えられる. そこで, $u(\rho) = f(\rho)e^{-\rho}$ とおいて $f(\rho)$ を Taylor 展開して上式に代入すると, $r \to \infty$ のとき $\varphi^{(1)}(r) \to 0$ となる境界条件を満たす解は, $u(\rho) = -\frac{1}{4}(2\rho + \rho^2)e^{-\rho}/\sqrt{\pi a_{\mathrm{B}}^3}$ と求まる. よって,

$$\varphi^{(1)}(r, \theta, \phi) = -(\rho^2 + 2\rho)e^{-\rho}\cos\theta/4\sqrt{\pi a_{\mathrm{B}}^3} \quad (\rho = r/a_{\mathrm{B}}). \quad (11.46)$$

ここで全体の係数が負であることに注意しよう. こうして, 1 次の近似で基底状態の波動関数は以下のように与えられる:

$$\varphi(\boldsymbol{r}) = \left[1 - \frac{a_{\mathrm{B}}^2 eF}{2\tilde{e}^2}(\rho^2 + 2\rho)\cos\theta\right] e^{-\rho}\Big/\sqrt{\pi a_{\mathrm{B}}^3}. \quad (11.47)$$

電場の効果を見やすくするために, $x = y = 0$ の断面, すなわち, z 軸方向の波動関数を書き下すと,

$$\sqrt{\pi a_{\mathrm{B}}^3}\,\varphi(0,0,z) = \begin{cases} [1 - \epsilon(\frac{z}{a_{\mathrm{B}}} + 2)\frac{z}{a_{\mathrm{B}}}]e^{-|z|/a_{\mathrm{B}}} < 1 & ;z > 0 \\ [1 + \epsilon(\frac{z}{a_{\mathrm{B}}} - 2)\frac{z}{a_{\mathrm{B}}}]e^{-|z|/a_{\mathrm{B}}} > 1 & ;z < 0. \end{cases} \quad (11.48)$$

ただし, $\epsilon = \frac{a_{\mathrm{B}}^2 eF}{2\tilde{e}^2}$ とおいた. 指数関数に掛かる括弧 [ ] の中は z の単調減少関数[7]であり, 電場の影響で電子の波動関数は電場と逆の方向に 'ゆがむ' ことがわかる. このため, 後述するように有限の**電気双極子モーメント**を持つ.

次に 2 次のエネルギー補正 $\Delta E^{(2)} = \lambda^2 E^{(2)}$ を求める. $E^{(2)}$ は $\varphi^{(1)}$ を用いて (11.28) に与えられている:

$$\begin{aligned} E^{(2)} &= \lambda^2 \langle \varphi^{(0)} | \lambda \hat{H}_1 | \varphi^{(1)} \rangle \\ &= \int_0^r r^2 dr \int_0^\pi \sin\theta d\theta \int_0^{2\pi} d\phi \frac{e^{-\rho}}{\sqrt{\pi a_{\mathrm{B}}^3}} \frac{\tilde{e}^2}{2a_{\mathrm{B}}^2} r\cos\theta \\ &\quad \times \left[-\frac{1}{4\sqrt{\pi a_{\mathrm{B}}^3}}(\rho^2 + \rho)e^{-\rho}\cos\theta \right] = -\lambda^2 \frac{9\tilde{e}^2}{16a_{\mathrm{B}}}. \end{aligned}$$

$\lambda = \frac{a_{\mathrm{B}}}{\tilde{e}^2} 2a_{\mathrm{B}}eF$ を代入して, 2 次のエネルギー補正

$$\Delta E^{(2)} = -9\pi\epsilon_0 a_{\mathrm{B}}^3 F^2 \quad (11.49)$$

[7] $z > \sqrt{\epsilon^{-1} + 1} - 1$ では波動関数は負の値になる.

225

第 11 章　時間に依存しない場合の摂動論

を得る.

　電子の電気双極子モーメント演算子は $\hat{\boldsymbol{\mu}}_E = (-e)\hat{\boldsymbol{r}}$ である. (11.47) に与えられている 1 次の波動関数 $\varphi(\boldsymbol{r})$ を用いて, この電気双極子モーメントの期待値 $\boldsymbol{\mu}_E \equiv \langle\varphi|\hat{\boldsymbol{\mu}}_E|\varphi\rangle$ を計算しよう. $\varphi(\boldsymbol{r})$ は z 軸周りの回転に対して対称であるから, $\mu_{Ex} = \mu_{Ey} = 0$ である. 同様に対称性から $\langle\varphi^{(0)}|\hat{\mu}_{Ez}|\varphi^{(0)}\rangle = 0$ であるから, $\mu_{Ez} = \langle\varphi|\hat{\mu}_{Ez}|\varphi\rangle = \lambda(\langle\varphi^{(0)}|\hat{\mu}_{Ez}|\varphi^{(1)}\rangle + \langle\varphi^{(1)}|\hat{\mu}_{Ez}|\varphi^{(0)}\rangle) = 2\lambda\langle\varphi^{(0)}|\hat{\mu}_{Ez}|\varphi^{(1)}\rangle$. ここで, $\hat{\mu}_{Ez} = -\frac{\lambda}{F}\hat{H}_1$ と書けることに注意すると,

$$\mu_{Ez} = -\frac{2}{F}\lambda^2\langle\varphi^{(0)}|\hat{H}_1|\varphi^{(1)}\rangle = -\frac{2}{F}\Delta E^{(2)} = 4\pi\epsilon_0\frac{9}{2}a_{\mathrm{B}}^3 F \equiv \alpha F \quad (11.50)$$

を得る. $\mu_{Ez} = -\frac{d\Delta E^{(2)}}{dF}$ と 2 次の摂動エネルギーの外場 F に関する微分の形に表されることに注意する. F の係数 $\alpha \equiv 4\pi\epsilon_0\frac{9}{2}a_{\mathrm{B}}^3$ を分極率と呼ぶ. $a_{\mathrm{B}} = 0.529 \times 10^{-10}\,\mathrm{m}$ を代入すると, $\alpha/4\pi\epsilon_0 \simeq 0.666 \times 10^{-30}\,\mathrm{m}^3$ となり, 実験値 $(0.667 \times 10^{-30}\,\mathrm{m}^3)$ との一致は非常に良い.

§11.4　縮退のある場合

　ここでは, (11.2) において非摂動 Hamiltonian $\hat{H}_0$ の固有値が縮退している場合を扱う. たとえば, $\hat{H}_0$ が何らかの変換 $\hat{T}$ に対して不変になっている場合, すなわち, $[\hat{T}, \hat{H}_0] = 0$ が成り立っているとき, $\hat{H}_0$ の固有値に縮退が生じ得る. しかし, 摂動 Hamiltonian $\lambda\hat{H}_1$ はその変換に対して不変になっていない場合, $\lambda\hat{H}_1$ の作用によってその縮退は解ける. その縮退の解消を定量的に, しかし近似的に求める方法がここで扱う縮退のある場合の摂動論である. ここで注意しないといけないのは, $\lambda\hat{H}_1$ が変換 $\hat{T}$ の部分変換に対して不変の場合である. たとえば, 3 次元等方調和振動子 $\hat{H}_0 = \frac{\hat{p}^2}{2m} + \frac{m\omega^2}{2}r^2$ は 3 次元回転や, x, y, z の座標の入れ替えに対して不変であるが, 3 次元回転に対して不変ではない摂動 $\hat{H}_1 = 2z^2 - x^2 - y^2$ によって一部の縮退が解ける. しかし, x–y 平面の回転変換や x–y の交換に対する不変性は残っている. その場合は, λ について高次の摂動計算を行ってもこの部分変換に対する不変性による縮退は解けない.

　(11.1) において, $\lambda \to 0+$ のとき, エネルギー固有値 E が $E_n^{(0)}$ に近づくとし, そのエネルギーが g_n 重に縮退しているとしよう (図 11.2 参照):

$$\hat{H}_0|\varphi_n^{(0)};\alpha\rangle = E_n^{(0)}|\varphi_n^{(0)};\alpha\rangle \qquad (\alpha = 1, 2, \ldots, g_n). \quad (11.51)$$

226

§11.4 【基本】 縮退のある場合

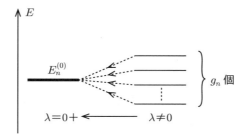

図 11.2 $\lambda \to 0+$ のとき,エネルギー固有値 E が $\hat{H}_0$ のエネルギー固有値 $E_n^{(0)}$ に近づく.そのエネルギーは g_n 重に縮退している.

ここで,α は $E_n^{(0)}$ に属する独立な固有ベクトルを区別する添え字である.後の便利のため規格直交化しておく:

$$\langle \varphi_n^{(0)}; \alpha | \varphi_m^{(0)}; \beta \rangle = \delta_{nm} \delta_{\alpha\beta} \qquad (\alpha, \beta = 1, 2, \ldots, g_n). \tag{11.52}$$

$E_n^{(0)}$ が縮退している場合,$|\varphi_n^{(0)}; \alpha\rangle$ の任意の線型結合はエネルギー $E_n^{(0)}$ に属する $\hat{H}_0$ の固有状態ベクトルである.したがって,摂動を受けるのは $\{|\varphi_n^{(0)}; \alpha\rangle\}_{\alpha=1,2,\ldots,g_n}$ で張られる(部分)ヒルベルト空間である.この部分空間を P 空間と呼ぼう.P 空間への射影演算子を $\hat{P}$ と書くことにする:

$$\hat{P} = \sum_{\alpha=1}^{g_n} |\varphi_n^{(0)}; \alpha\rangle\langle\varphi_n^{(0)}; \alpha|. \tag{11.53}$$

これに直交するベクトルの作るベクトル空間への射影演算子を $\hat{Q}$ と書く:$\hat{Q} = 1 - \hat{P}$.簡単のために,$E_n^{(0)}$ 以外のエネルギー $E_m^{(0)}$ ($m \neq 0$) の縮退はないとしよう.このとき,非摂動解の完全性より,

$$\hat{Q} = \sum_{m \neq n} |\varphi_m^{(0)}\rangle\langle\varphi_m^{(0)}|. \tag{11.54}$$

厳密解で $\lambda \to 0+$ の極限で $E_n^{(0)}$ を持つ状態ベクトルは $|\varphi_n^{(0)}; \alpha\rangle$ の線型結合になっている.そして,このような線型結合で表される独立な状態ベクトルは g_n 個あるので,$|\varphi_n\rangle$ も g_n 個の独立なベクトルとして表しておく必要がある.それらを区別する添え字を a ($a = 1, 2, \ldots, g_n$) とすると,状態ベクトルの展開は以下のように書ける:

$$|\varphi_n; a\rangle = \sum_{\alpha=1}^{g_n} C_{\alpha a}(\lambda)|\varphi_n^{(0)}; \alpha\rangle + \lambda|\varphi_n^{(1)}; a\rangle + \lambda^2|\varphi_n^{(2)}; a\rangle + \cdots. \tag{11.55}$$

第 11 章　時間に依存しない場合の摂動論

ここで，以下の直交条件を課しておく：$\langle \varphi_n^{(0)}; \alpha | \varphi_n^{(k)}; a \rangle = 0 \, (k \geq 1)$. このとき，$|\varphi_n^{(k)}; a\rangle$ は以下のように $|\varphi_{m \neq n}^{(0)}\rangle$ だけで展開できる：

$$|\varphi_n^{(k)}; a\rangle = \sum_{m \neq n} C_{ma}^{(k)} |\varphi_m^{(0)}\rangle. \tag{11.56}$$

展開 (11.55) は，摂動の以下の 2 つの効果を表現している：

1.　摂動は縮退していたエネルギーを分離させ，その度合いは λ とともに変化する．それに応じて固有状態中の縮退成分の組成も変化する．そのため，0 次解の展開係数 $C_{\alpha a}(\lambda)$ は λ に依存する．
2.　摂動により，縮退成分以外の成分が混じる．

　0 次解の展開係数 $C_{\alpha a}(\lambda)$ も λ について次のように展開しておく：

$$C_{\alpha a}(\lambda) = C_{\alpha a}^{(0)} + \lambda C_{\alpha a}^{(1)} + \lambda^2 C_{\alpha a}^{(2)} + \cdots. \tag{11.57}$$

ここで，$C_{\alpha a}^{(k)} \, (k \geq 0)$ は λ に依存しない定数である．高次項にも非摂動成分が混じることに注意しよう．特に，0 次項は

$$|\phi_n^{(0)}; a\rangle = \sum_{\alpha=1}^{g_n} C_{\alpha a}^{(0)} |\varphi_n^{(0)}; \alpha\rangle, \qquad C_{\alpha a}^{(0)} = \langle \varphi_n^{(0)}; \alpha | \phi_n^{(0)}; a \rangle \tag{11.58}$$

となる．a は 1 から g_n までの値を走る．$|\phi_n^{(0)}; a\rangle$ は規格直交化しておく：

$$\langle \phi_n^{(0)}; a | \phi_n^{(0)}; b \rangle = \delta_{ab}. \tag{11.59}$$

このとき，(α, a) 成分が $C_{\alpha a}^{(0)}$ で与えられる $g_n \times g_n$ の行列を $\boldsymbol{C}_n^{(0)}$ と書くと，この行列はユニタリーになる：$\boldsymbol{C}_n^{(0)} (\boldsymbol{C}_n^{(0)})^\dagger = \boldsymbol{1}$. P 空間への射影演算子は任意のユニタリー変換で不変であるので，$\hat{P} = \sum_{a=1}^{g_n} |\phi_n^{(0)}; a\rangle \langle \phi_n^{(0)}; a|$ と表すことができる．状態ベクトルの高次補正に 0 次ベクトルからの寄与も含めて書くと，(11.55) は

$$|\varphi_n; a\rangle = |\phi_n^{(0)}; a\rangle + \lambda |\Phi_n^{(1)}; a\rangle + \lambda^2 |\Phi_n^{(2)}; a\rangle + \cdots \tag{11.60}$$

と書くことができる．ただし，状態ベクトルの高次補正は以下のように書ける：

$$\left. \begin{array}{l} |\Phi_n^{(k)}; a\rangle = (\hat{P} + \hat{Q}) |\Phi_n^{(k)}; a\rangle = \hat{P} |\Phi_n^{(k)}; a\rangle + \hat{Q} |\Phi_n^{(k)}; a\rangle, \\ \hat{P} |\Phi_n^{(k)}; a\rangle \equiv \sum_b^{g_n} \tilde{C}_{ba}^{(k)} |\phi_n^{(0)}; b\rangle, \qquad \hat{Q} |\Phi_n^{(k)}; a\rangle = \sum_{m \neq n} C_{ma}^{(k)} |\varphi_m^{(0)}\rangle. \end{array} \right\} \tag{11.61}$$

§11.4 【基本】 縮退のある場合

展開係数は規格直交性 (11.52) より,

$$\tilde{C}_{ba}^{(k)} = \langle \phi_n^{(0)}; b | \hat{P} | \Phi_n^{(k)}; a \rangle = \langle \phi_n^{(0)}; b | \Phi_n^{(k)}; a \rangle,$$

$$C_{ma}^{(k)} = \langle \varphi_m^{(0)} | \hat{Q} | \Phi_n^{(k)}; a \rangle = \langle \varphi_m^{(0)} | \Phi_n^{(k)}; a \rangle \tag{11.62}$$

と与えられる.

摂動を受けたエネルギー固有値も a に依存するので, $E \equiv E_{na}$ を λ について摂動展開を行うと,

$$E_{na} = E_n^{(0)} + \Delta E_{na}(\lambda), \qquad \Delta E_{na}(\lambda) \equiv \lambda E_{na}^{(1)} + \lambda^2 E_{na}^{(2)} + \cdots \tag{11.63}$$

さて, (11.63), (11.60) を (11.1) に代入すると,

$$\lambda^0 : \hat{H}_0 | \phi_n^{(0)}; a \rangle = E_n^{(0)} | \phi_n^{(0)}; a \rangle \tag{11.64}$$

$$\lambda^1 : (E_n^{(0)} - \hat{H}_0) | \Phi_n^{(1)}; a \rangle = (\hat{H}_1 - E_{na}^{(1)}) | \phi_n^{(0)}; a \rangle \tag{11.65}$$

$$\lambda^2 : (E_n^{(0)} - \hat{H}_0) | \Phi_n^{(2)}; a \rangle = (\hat{H}_1 - E_{na}^{(1)}) | \Phi_n^{(1)}; a \rangle - E_{na}^{(2)} | \phi_n^{(0)}; a \rangle \tag{11.66}$$

$$\vdots$$

これらの方程式が (11.14) と同様の構造をしていることに注意して, 各次数ごとに解析していこう. 0 次項は非摂動方程式そのものであり, 新たな情報を有しない.

11.4.1　1 次の摂動

方程式 (11.65) の左から $\langle \varphi_n^{(0)}; \alpha' |$ を掛けて, 可解条件

$$\sum_{\alpha=1}^{g_n} C_{\alpha a}^{(0)} \langle \varphi_n^{(0)}; \alpha' | \hat{H}_1 | \varphi_n^{(0)}; \alpha \rangle = E_{na}^{(1)} C_{\alpha' a}^{(0)} \tag{11.67}$$

を得る. ただし, (11.58) を用いた. この方程式は固有値方程式である. このことを見るために, 次のように $g_n \times g_n$ エルミート行列 $\mathcal{H}_n^{(1)}$ と g_n 次元ベクトル $\boldsymbol{c}_a^{(0)}$ を定義しよう[8]:

$$(\mathcal{H}_n^{(1)})_{\alpha'\alpha} \equiv \langle \varphi_n^{(0)}; \alpha' | \hat{H}_1 | \varphi_n^{(0)}; \alpha \rangle, \quad \boldsymbol{c}_a^{(0)} \equiv \begin{pmatrix} C_{1a}^{(0)} \\ C_{2a}^{(0)} \\ \vdots \\ C_{g_n a}^{(0)} \end{pmatrix}. \tag{11.68}$$

---

[8] $\boldsymbol{c}_a^{(0)}$ は行列 $\boldsymbol{C}_n^{(0)}$ の第 a 列の作るベクトルである.

第11章　時間に依存しない場合の摂動論

すると，(11.67) は次の固有値方程式の第 α' 成分に他ならない：

$$\mathcal{H}_n^{(1)} \boldsymbol{c}_a^{(0)} = E_{na}^{(1)} \boldsymbol{c}_a^{(0)}. \tag{11.69}$$

固有値 $E_n^{(1)}$ は以下の特性方程式（「永年方程式」とも呼ばれる）の解である：

$$\det(\mathcal{H}_n^{(1)} - E_{na}^{(1)}) = 0. \tag{11.70}$$

この固有値方程式は重複も含めて g_n 個の解を持つ：$E_{na}^{(1)}\,(a = 1,\,2,\,\ldots,\,g_n)$.
これを (11.69) に代入して，対応する固有ベクトル $\boldsymbol{c}_a^{(0)}\,(a = 1,\,2,\,\ldots,g_n)$ が
求まる．ただし，規格化定数は未確定である．こうして，(11.58) より，0 次
の固有ベクトル $|\phi_n^{(0)};a\rangle\,(a = 1,\,2,\,\ldots,\,g_n)$ が定まる．ただし，固有値方程式
(11.70) に多重根（縮退しているエネルギー固有値）があるときはこの限りで
はない．その多重根を $E_{n\bar{a}}^{(1)}$ とし，その縮退度を $g_{n\bar{a}}^{(1)}$ としよう．このとき，展開
係数 $\boldsymbol{c}_{\bar{a}}^{(0)}\,(\bar{a} = 1,\,2,\,\ldots,\,g_{n\bar{a}}^{(1)})$ は一意には定まらない．以下では，まずこのよう
な縮退がない場合を扱い，縮退がある場合は後で節を改めて扱うことにする．

【例題3】 スピン–軌道相互作用　　中心力ポテンシャル $V(r)$ 中を運動するス
ピン 1/2 を持つ粒子を考える：$\hat{H}_0 = \frac{\hat{\boldsymbol{p}}^2}{2m} + V(r)$. 非摂動状態 $R_{nl}(r)Y_{lm}\chi_{\pm 1/2}(\sigma)$
は，与えられた軌道角運動量 l に対して，$2(2l+1) = 4l+2$ 重に縮退している．
スピン–軌道相互作用 (10.71)

$$\hat{H}_{LS} = \xi(r)\hat{\boldsymbol{S}} \cdot \hat{\boldsymbol{L}}, \quad \left(\xi(r) \equiv \frac{g}{4m^2c^2}\frac{1}{r}\frac{dV}{dr}\right)$$

が摂動 Hamiltonian として働くと，$4l+2$ 個の状態は 2 つの全角運動量 $j_\pm = l\pm 1/2$ の状態に分裂し，縮退は部分的に解ける：$j_\pm$ の状態はそれぞれ $2j_+ + 1 = 2l+2$ および $2j_- + 1 = 2l$ に縮退している：図 11.3 参照．この縮退は $\hat{H}_1$ につ
いていくら高次の摂動を計算しても解けない．

　ところで，全角運動量演算子を $\hat{\boldsymbol{J}} = \hat{\boldsymbol{L}} + \hat{\boldsymbol{S}}$ と書くと，$[\hat{\boldsymbol{J}}, \hat{\boldsymbol{S}} \cdot \hat{\boldsymbol{L}}] = 0$ なの
で，$\hat{\boldsymbol{S}} \cdot \hat{\boldsymbol{L}}$ は $\hat{L}_z + \hat{S}_z$ との同時固有状態を持つ[9]：

$$\int d\Omega Y_{lm_l'}^* \chi_{\alpha'}^\dagger \hat{\boldsymbol{S}} \cdot \hat{\boldsymbol{L}} Y_{lm_l}\chi_\alpha(\sigma) \equiv \langle lm_l'| \otimes \langle\alpha'|\hat{\boldsymbol{S}} \cdot \hat{\boldsymbol{L}}|lm_l\rangle \otimes |\alpha\rangle \propto \delta_{m_l'+\alpha',m_l+\alpha}$$

したがって，$m_l + \alpha = m$ とおくと，スピン–軌道相互作用によるエネルギーの
補正を求めるには以下の行列要素のみ求めればよいことがわかる：

$$E_{nlm\pm 1/2}^{(1)} \equiv \langle nl\,m \pm 1/2| \otimes \langle \mp 1/2|\xi_{nl}(r)\hat{\boldsymbol{S}} \cdot \hat{\boldsymbol{L}}|nl\,m \pm 1/2\rangle \otimes |\mp 1/2\rangle$$

---

[9] $[\hat{J}_z, \hat{\boldsymbol{S}} \cdot \hat{\boldsymbol{L}}] = 0$ を $\langle lm'| \otimes \langle\alpha'|$ と $|lm\rangle \otimes |\alpha\rangle$ で挟んでみよ．

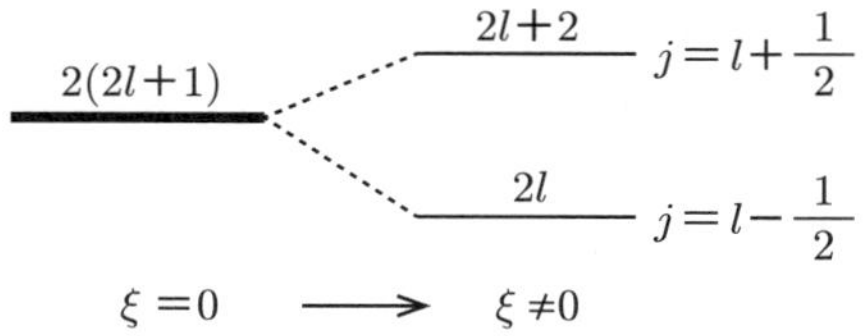

§11.4 【基本】 縮退のある場合

図 **11.3** $2(2l + 1)$ 重に縮退しているエネルギーが，スピン-軌道相互作用により，それぞれ $2l + 2$ 重および $2l$ 重に縮退している $j = l + \frac{1}{2}$ の状態と $j = l - \frac{1}{2}$ の状態に分裂する.

$$= \frac{g}{2m^2c^2}\langle\xi(r)\rangle_{nl}\langle l\,m \pm 1/2|\otimes\langle\mp 1/2|\hat{\boldsymbol{S}}\cdot\hat{\boldsymbol{L}}|l\,m \pm 1/2\rangle\otimes|\mp 1/2\rangle.$$

ここに，$\langle\xi(r)\rangle_{nl}\equiv\int r^2 dr\, R_{nl}^2(r)\xi(r)$.

角運動量部分の行列要素は，$\hat{\boldsymbol{S}}\cdot\hat{\boldsymbol{L}} = \frac{1}{2}(\hat{L}_+\hat{S}_- + \hat{L}_-\hat{S}_+) + \hat{L}_z\hat{S}_z$ を用いると，以下のように計算できる（(5.42)参照）：

$$\hat{\boldsymbol{S}}\cdot\hat{\boldsymbol{L}}|l\,m - \tfrac{1}{2}\rangle\otimes|\tfrac{1}{2}\rangle = \frac{\hbar^2}{2}[(m - \tfrac{1}{2})|l\,m - \tfrac{1}{2}\rangle\otimes|\tfrac{1}{2}\rangle$$
$$+ \sqrt{(l - m + \tfrac{1}{2})(l + m + \tfrac{1}{2})}|l\,m + \tfrac{1}{2}\rangle\otimes|-\tfrac{1}{2}\rangle],$$

$$\hat{\boldsymbol{S}}\cdot\hat{\boldsymbol{L}}|l\,m + \tfrac{1}{2}\rangle\otimes|-\tfrac{1}{2}\rangle = \frac{\hbar^2}{2}[-(m + \tfrac{1}{2})|l\,m + \tfrac{1}{2}\rangle\otimes|-\tfrac{1}{2}\rangle$$
$$+ \sqrt{(l + m + \tfrac{1}{2})(l - m + \tfrac{1}{2})}|l\,m - \tfrac{1}{2}\rangle\otimes|\tfrac{1}{2}\rangle].$$

動径部分は m に依らないので以下の行列の固有値問題を解けばよいことがわかる：

$$\mathcal{H}_1 \equiv \begin{pmatrix} m - 1/2 & \sqrt{(l + m + 1/2)(l - m + 1/2)} \\ \sqrt{(l + m + 1/2)(l - m + 1/2)} & -(m + 1/2) \end{pmatrix}.$$

容易に計算できるように，この行列の固有値は l と $-(l + 1)$，対応する規格化された固有ベクトルはそれぞれ

$$\sqrt{\frac{l + m + \frac{1}{2}}{2l + 1}}\left|lm - \frac{1}{2}\right\rangle\otimes\left|\frac{1}{2}\,\frac{1}{2}\right\rangle + \sqrt{\frac{l - m + \frac{1}{2}}{2l + 1}}\left|lm + \frac{1}{2}\right\rangle\otimes\left|\frac{1}{2}\,\frac{-1}{2}\right\rangle$$
$$\equiv |j_+ m; l\rangle,$$

$$-\sqrt{\frac{l - m + \frac{1}{2}}{2l + 1}}\left|lm - \frac{1}{2}\right\rangle\otimes\left|\frac{1}{2}\,\frac{1}{2}\right\rangle + \sqrt{\frac{l + m + \frac{1}{2}}{2l + 1}}\left|lm + \frac{1}{2}\right\rangle\otimes\left|\frac{1}{2}\,\frac{-1}{2}\right\rangle$$
$$\equiv |j_- m; l\rangle$$

231

第 11 章　時間に依存しない場合の摂動論

とできる. ただし, $l \neq 0$. これはそれぞれ全角運動量の大きさが $j = l \pm 1/2 \equiv j_\pm$ の状態 $|j = l \pm 1/2\, m; l\rangle$ である. すなわち[10],

$$\hat{\boldsymbol{S}} \cdot \hat{\boldsymbol{L}} |j_+m; l\rangle = \frac{\hbar^2}{2} l |j_+m; l\rangle, \quad \hat{\boldsymbol{S}} \cdot \hat{\boldsymbol{L}} |j_-m; l\rangle = -\frac{\hbar^2}{2}(l+1)|j_-m; l\rangle. \quad (11.71)$$

例として水素様原子の場合を考える. このとき, $\xi(r) = \frac{g}{4m^2c^2} \frac{Ze^2}{4\pi\epsilon_0 r^3}$ である. 後の (11.111) に示されているように, $\langle \frac{1}{r^3} \rangle_{nl} = (\frac{Z}{a_B})^3 \frac{1}{n^3} \frac{1}{l(l+1/2)(l+1)}$ となる. ここに a_B は Bohr 半径である. したがって,

$$\langle \hat{H}_{LS} \rangle_{nl} = V_{LS} \frac{1}{n^3} \frac{1}{l(l+1/2)(l+1)} \times \begin{cases} l & (j = l + \frac{1}{2}) \\ -(l+1) & (j = l - \frac{1}{2}) \end{cases} \quad (11.72)$$

ただし, $V_{LS} = \frac{1}{2}|E_0|(\alpha Z)^2$. $E_0 \equiv -\frac{Z^2 \tilde{e}^2}{2a_0} = -\frac{1}{2}mc^2(Z\alpha)^2$ は水素様原子の基底状態のエネルギー, $\alpha = \frac{\tilde{e}^2}{\hbar c} \simeq 1/137$ は微細構造定数である. こうして, スピン–軌道相互作用により結合エネルギー E_{nj} は主量子数 n だけでなく全角運動量 $j = j_\pm = l \pm \frac{1}{2}$ にも依存することになる. そのエネルギーの分裂の大きさは

$$\Delta E_{nl} = V_{LS} \frac{1}{n^3} \frac{2l+1}{l(l+1/2)(l+1)} = V_{LS} \frac{1}{n^3} \frac{2}{l(l+1)}$$

となる. $Z \sim 1$ のとき $V_{LS} = \frac{1}{2}|E_0|\alpha^2$ であるから, スピン–軌道相互作用によるエネルギーの分裂の大きさは $|E_0|$ の 10^{-4} 程度であり微細である. そのため, その大きさを決めるパラメータ α を微細構造定数と呼んでいる.

【例題 4】 Zeeman エネルギー　　外磁場がかかったときの原子中の電子の得るエネルギーは

$$\hat{H}_B = -\frac{q\hbar}{2m_e}(\hat{\boldsymbol{l}} + g_e \hat{\boldsymbol{s}}) \cdot \boldsymbol{B} \simeq -\frac{q\hbar}{2m_e}(\hat{\boldsymbol{l}} + 2\hat{\boldsymbol{s}}) \cdot \boldsymbol{B} \quad (11.73)$$

m_e は電子の質量である. 最後の近似等式は $g_e \simeq 2$ としたことによる. 磁場は小さく, 電子にはスピン–軌道相互作用が作用しているものとして, この相互作用の効果を 1 次の摂動で計算で求めよう. そのためには全角運動量が $j = j_\pm$ の状態についての期待値 $\Delta E_{jm;l} = \langle jm; l|\hat{H}_B|jm; l\rangle = -\frac{q\hbar}{2m_e}\boldsymbol{B} \cdot \langle jm; l|\hat{\boldsymbol{A}}|jm; l\rangle$ を求めればよい. ここで, $\hat{\boldsymbol{l}} + 2\hat{\boldsymbol{s}} = \hat{\boldsymbol{j}} + \hat{\boldsymbol{s}} \equiv \hat{\boldsymbol{A}}$ とおいた. $\boldsymbol{B}$ の方向を z 方向に取ると次の期待値を計算すればよい: $\langle j_\pm m; l|\hat{j}_z + \hat{s}_z|j_\pm m; l\rangle =$

---

[10] 以下の表式自体はより簡単に導出することができる.

§11.4 【基本】 縮退のある場合

$\langle j_\pm m; l|\hat{j}_z|j_\pm m; l\rangle + \langle j_\pm m; l|\hat{s}_z|j_\pm m; l\rangle = m + \langle j_\pm m; l|\hat{s}_z|j_\pm m; l\rangle$. まず, $j = j_+ = l + 1/2$ の場合を考える. 上で与えた表式より,

$$\hat{s}_z|j_+m; l\rangle = \frac{1}{2}\sqrt{\frac{l+m+\frac{1}{2}}{2l+1}}\left|lm-\frac{1}{2}\right\rangle \otimes \left|\frac{1}{2}\frac{1}{2}\right\rangle$$
$$- \frac{1}{2}\sqrt{\frac{l-m+\frac{1}{2}}{2l+1}}\left|lm+\frac{1}{2}\right\rangle \otimes \left|\frac{1}{2}\frac{-1}{2}\right\rangle.$$

したがって, $\langle j_+m; l|\hat{s}_z|j_\pm m; l\rangle = \frac{1}{2}\frac{l+m+\frac{1}{2}}{2l+1} - \frac{1}{2}\frac{l-m+\frac{1}{2}}{2l+1} = \frac{m}{2l+1}$. ゆえに,

$$\langle j_+m; l|\hat{j}_z + \hat{s}_z|j_+m; l\rangle = m + \frac{m}{2l+1} = 2m\frac{l+1}{2l+1} = m\frac{j_+ + 1/2}{j_+} \equiv mg_+.$$

ただし, $g_+ = (j_+ + 1/2)/j_+$ とおいた. 同様にして,

$$\langle j_-m; l|\hat{j}_z + \hat{s}_z|j_-m; l\rangle = m + \frac{-m}{2l+1} = 2m\frac{l}{2l+1} = m\frac{j_- + 1/2}{j_- + 1} \equiv mg_-.$$

ただし, $g_- = (j_- + 1/2)/(j_- + 1)$. こうして, 磁場による 1 次の摂動エネルギーは

$$\Delta E_{j_\pm m; l} = -\frac{q\hbar}{2m_e}mg_\pm \tag{11.74}$$

となるので, 全角運動量の磁気量子数 m に応じて $2j_\pm + 1$ 本に分裂する. 分裂の間隔は $g_\pm$ で与えられ, 実験と比較することができる. $g_\pm$ を Landé の g 因子という. ここで, この分裂するエネルギー数は偶数であることに注意しよう. スピンの概念が確立していないとき, この Zeeman エネルギーの偶数本への分裂は謎であり,「異常 Zeeman 効果」と呼ばれた.

【問い】 $g_e \simeq 2$ と近似せず $g_\pm$ を求めてみよ.

Wigner–Eckart の定理を使う方法 上の期待値を一般化して, 次の行列要素を計算する方法を示す: $\mathcal{M}_\mu \equiv \langle jm'; l|\hat{A}_\mu|jm; l\rangle$. ここでまず, $\hat{l} + 2\hat{s} = \hat{j} + \hat{s} \equiv \hat{A}$ は 1 階の球テンソルであることに注意する. Wigner–Eckart の定理 (7.75) より, $\mathcal{M}_\mu = (jm1\mu|jm')\langle j; l||\hat{A}||j; l\rangle$. $\langle jm'; l|\hat{j}_\mu|jm; l\rangle = (jm1\mu|jm')\langle j; l||\hat{j}||j; l\rangle$. ここで,

$$\frac{\langle j; l||\hat{A}||j; l\rangle}{\langle j; l||\hat{j}||j; l\rangle} \equiv g_{jl}$$

とおくと, 上の 2 つの式より, $\mathcal{M}_\mu = g_{jl}\langle jm'; l|\hat{j}_\mu|jm; l\rangle$. すなわち, $\hat{J}^2$, $\hat{J}_z$, $\hat{L}^2$, $\hat{S}^2$ の同時固有状態 $\{|jm; l\rangle\}$ で張られる Hilbert 空間内では $\hat{A}$ は ($\hbar$ を単位に

233

第 11 章　時間に依存しない場合の摂動論

測った）全角運動量演算子 $\boldsymbol{\hat{j}}$ に比例するとしてよい．したがって，

$$\boldsymbol{\hat{A}} = \boldsymbol{\hat{j}} + \boldsymbol{\hat{s}} = g_{jl}\boldsymbol{\hat{j}} \tag{11.75}$$

を満たす定数 g_{jl} が存在する．両辺の行列要素を取って，$\mathcal{M}_\mu = g_{jl}\langle jm'; l|\hat{j}_\mu |jm; l\rangle$．この g_{jl} は，$\{|jm; l\rangle\}$ で張られる Hilbert 空間内では，次のように簡単に求めることができる．(11.75) の左から $\boldsymbol{\hat{j}}$ を掛けて内積を作ると，

$$\boldsymbol{\hat{j}}^2 + \boldsymbol{\hat{j}} \cdot \boldsymbol{\hat{s}} = g_{jl}\boldsymbol{\hat{j}}^2 = g_{jl}j(j+1). \tag{11.76}$$

一方，$\boldsymbol{\hat{l}}^2 = (\boldsymbol{\hat{j}} - \boldsymbol{\hat{s}})^2 = \boldsymbol{\hat{j}}^2 - 2\boldsymbol{\hat{j}} \cdot \boldsymbol{\hat{s}} + \boldsymbol{\hat{s}}^2$ より $\boldsymbol{\hat{j}} \cdot \boldsymbol{\hat{s}} = \frac{1}{2}(\boldsymbol{\hat{j}}^2 - \boldsymbol{\hat{l}}^2 + \boldsymbol{\hat{s}}^2)$ と書けることに注意すると，$\{|jm; l\rangle\}$ で張られる Hilbert 空間内では $\boldsymbol{\hat{j}} \cdot \boldsymbol{\hat{s}} = \frac{1}{2}[j(j+1) - l(l+1) + s(s+1)]$ と書くことができる．これを (11.76) の左辺に代入して両辺を $j(j+1)$ で割ると，

$$g_{jl} = 1 + \frac{1}{2}\frac{j(j+1) - l(l+1) + s(s+1)}{j(j+1)} \tag{11.77}$$

を得る．これは Lande の g 因子の一般的な表式である．$m' = m$ のとき，$\mathcal{M}_\mu = g_{jl}m$ となる．

【問い】$j = j_\pm$ および $s = 1/2$ の場合について g_{jl} 因子を求めて，それぞれ上で求めた Lande の g 因子 $g_\pm$ に一致することを確かめよ．

11.4.2　1 次で縮退が解けていない状態に対する取扱い[11]

ここでは，(11.70) において $E_{n\bar{a}}^{(1)}$ が縮退しているときを扱う．$E_{n\bar{a}}^{(1)}$ が $g_{n\bar{a}}^{(1)}$ 重に縮退しているとし，対応する独立な 0 次の状態ベクトルを $|\phi_n^{(0)}; \bar{a}_k\rangle$（$k = 1, 2, \ldots, g_{n\bar{a}}^{(1)}$）とする．$\lambda \to 0+$ のときに実現される 0 次の状態ベクトルはこれら $g_{n\bar{a}}^{(1)}$ 個の状態ベクトルの線型結合で表されている：

$$|\bar{\phi}_n^{(0)}; \bar{a}l\rangle = \sum_{k'=1}^{g_{n\bar{a}}^{(1)}} C_{k'\bar{a}}^{(0)}|\phi_n^{(0)}; \bar{a}_{k'}\rangle \quad (l = 1, 2, \ldots, g_{n\bar{a}}^{(1)}). \tag{11.78}$$

ここで，展開係数 $C_{k'\bar{a}}^{(0)}$ はすべて未定である．p 次の高次補正は，

$$|\Phi_n^{(p)}; \bar{a}l\rangle = \hat{Q}|\Phi_n^{(p)}; \bar{a}l\rangle + \sum_{k=1}^{g_{n\bar{a}}^{(1)}} \bar{C}_k^{(p)}|\phi_n^{(0)}; \bar{a}_k\rangle \quad (p \geq 1). \tag{11.79}$$

---

[11] この節の内容はあまり応用も多くなく後の内容の理解に影響はないので，難解と感じる場合は最初の学習ではとばしてもよい．

§11.4 【基本】 縮退のある場合

以上の記号を用いて (11.65) および (11.66) を書き下しておこう：

$$\lambda : (E_{n\bar{a}}^{(0)} - \hat{H}_0)|\Phi_n^{(1)}; \bar{a}l\rangle = (\hat{H}_1 - E_{n\bar{a}}^{(1)})|\bar{\phi}_n^{(0)}; \bar{a}l\rangle, \tag{11.80}$$

$$\lambda^2 : (E_{n\bar{a}}^{(0)} - \hat{H}_0)|\Phi_n^{(2)}; \bar{a}l\rangle = (\hat{H}_1 - E_{n\bar{a}}^{(1)})|\Phi_n^{(1)}; \bar{a}l\rangle - E_{n\bar{a}}^{(2)}|\bar{\phi}_n^{(0)}; \bar{a}l\rangle. \tag{11.81}$$

1 次の方程式 (11.80) の可解条件は満たされているので[12]，(11.80) に特異性はなく，次の解を得る：

$$\hat{Q}|\Phi_n^{(1)}; \bar{a}l\rangle = \frac{1}{E_{n\bar{a}}^{(0)} - \hat{H}_0}\hat{Q}\hat{H}_1|\bar{\phi}_n^{(0)}; \bar{a}l\rangle. \tag{11.82}$$

$|\Phi_n^{(2)}; \bar{a}l\rangle$ についての方程式 (11.81) の可解条件は，左から $\langle\phi_n^{(0)}; \bar{a}_{k'}|$ を掛けて，

$$\langle\phi_n^{(0)}; \bar{a}_{k'}|(\hat{H}_1 - E_{n\bar{a}}^{(1)})|\Phi_n^{(1)}; \bar{a}l\rangle - E_{n\bar{a}}^{(2)}\langle\phi_n^{(0)}; \bar{a}_{k'}|\bar{\phi}_n^{(0)}; \bar{a}l\rangle = 0. \tag{11.83}$$

ところが，(11.78) より，$\langle\phi_n^{(0)}; \bar{a}_{k'}|\bar{\phi}_n^{(0)}; \bar{a}l\rangle = C_{k'\bar{a}}^{(0)}$ だから，

$$E_{n\bar{a}}^{(2)}C_{k'\bar{a}}^{(0)} = \langle\phi_n^{(0)}; \bar{a}_{k'}|\hat{H}_1|\Phi_n^{(1)}; \bar{a}l\rangle - E_{n\bar{a}}^{(1)}\langle\phi_n^{(0)}; \bar{a}_{k'}|\Phi_n^{(1)}; \bar{a}l\rangle.$$

ここで，右辺に対して $E_{n\bar{a}}^{(1)} = \langle\phi_n^{(0)}; \bar{a}_{k'}|\hat{H}_1|\phi_n^{(0)}; \bar{a}_{k'}\rangle$ を用いて変形すると，
右辺 $= \langle\phi_n^{(0)}; \bar{a}_{k'}|\hat{H}_1\left(\mathbf{1} - |\phi_n^{(0)}; \bar{a}_{k'}\rangle\langle\phi_n^{(0)}; \bar{a}_{k'}|\right)|\Phi_n^{(1)}; \bar{a}l\rangle$. ここで，これまでと同様に上式の括弧 (　) は $\hat{Q}$ に置き換えることができるので，(11.82)を用いて，

$$\text{右辺} = \langle\phi_n^{(0)}; \bar{a}_{k'}|\hat{H}_1\hat{Q}|\Phi_n^{(1)}; \bar{a}l\rangle = \langle\phi_n^{(0)}; \bar{a}_{k'}|\hat{H}_1\frac{\hat{Q}}{E_{n\bar{a}}^{(0)} - \hat{H}_0}\hat{H}_1|\bar{\phi}_n^{(0)}; \bar{a}l\rangle$$

$$= \langle\phi_n^{(0)}; \bar{a}_{k'}|\hat{H}_1\frac{\hat{Q}}{E_{n\bar{a}}^{(0)} - \hat{H}_0}\hat{H}_1\left(\sum_{k=1}^{g_{n\bar{a}}^{(1)}} C_{k\bar{a}}^{(0)}|\phi_n^{(0)}; \bar{a}_k\rangle\right)$$

$$= \sum_{k=1}^{g_{n\bar{a}}^{(1)}} \langle\phi_n^{(0)}; \bar{a}_{k'}|\hat{H}_1\frac{\hat{Q}}{E_{n\bar{a}}^{(0)} - \hat{H}_0}\hat{H}_1|\phi_n^{(0)}; \bar{a}_k\rangle C_{k\bar{a}}^{(0)}.$$

よって，次の固有値方程式を得る：

$$\sum_{k=1}^{g_{n a}^{(1)}} (\mathcal{H}_{na}^{(2)})_{k'k} C_{k\bar{a}}^{(0)} = E_{n\bar{a}}^{(2)} C_{k'\bar{a}}^{(0)}. \tag{11.84}$$

---

[12] その条件から固有値と固有ベクトルが定まった．

第11章　時間に依存しない場合の摂動論

ただし，$(\mathcal{H}^{(2)}_{n\bar{a}})_{k'k} \equiv \langle \phi^{(0)}_n; \bar{a}_{k'} | \hat{H}_1 \frac{\hat{Q}}{E^{(0)}_n - \hat{H}_0} \hat{H}_1 | \phi^{(0)}_n; \bar{a}_k \rangle$. よって，$E^{(2)}_{n\bar{a}}$ は次の特性方程式から求まる：

$$\det(\mathcal{H}^{(2)}_{n\bar{a}} - E^{(2)}_{n\bar{a}}\mathbf{1}) = 0. \tag{11.85}$$

この方程式の（重複も含めて）$g^{(1)}_{n\bar{a}}$ 個の解を

$$E^{(2)}_{n\bar{a}} \equiv E^{(2)}_{n\bar{a},k} \quad (k = 1, 2, \ldots, g^{(1)}_{n\bar{a}}) \tag{11.86}$$

と書こう．これを (11.84) に代入して，対応する固有ベクトル $\boldsymbol{c}^{(0)}_{\bar{a}}$ $(a = 1, \ldots, g^{(1)}_{n\bar{a}})$ が求まる．ただし，$E^{(2)}_{n\bar{a},k}$ が縮退しているとき，この縮退を解くには次の次数の摂動方程式を解かないといけない．しかし，高次の摂動により縮退が必ず解けるとは限らないことは注意すべきである．

§11.5　Brillouin–Wigner 型の摂動論

$\hat{H} = \hat{H}_0 + \hat{H}_1$ に対する Schrödinger 方程式を

$$(E_n - \hat{H}_0)|\Psi_n\rangle = \hat{H}_1|\Psi_n\rangle \tag{11.87}$$

と書く．規格化された非摂動解を $|\phi_n\rangle = |n\rangle$ と書こう：$(E^{(0)}_n - \hat{H}_0)|n\rangle = 0$, $\langle n|m\rangle = \delta_{nm}$. 非摂動解の完全性を仮定する．厳密解の規格化を次のように設定する：$\langle n|\Psi_n\rangle = 1$. すると，非摂動解の完全性より，

$$|\Psi_n\rangle = \sum_m |m\rangle\langle m|\Psi_n\rangle = |n\rangle\langle n|\Psi_n\rangle + \sum_{m \neq n} |m\rangle\langle m|\Psi_n\rangle$$

$$= |n\rangle + \hat{Q}|\Psi_n\rangle. \tag{11.88}$$

ただし，$|n\rangle$ 以外の状態への射影演算子 $\hat{Q}$ を導入した：$\hat{Q} = \sum_{m \neq n} |m\rangle\langle m|$. $\hat{H}_0$ と $\hat{Q}$ は可換である．

(11.87) に $\hat{Q}$ を作用させると，$\hat{Q}(E_n - \hat{H}_0)|\Psi_n\rangle = \hat{Q}\hat{H}_1|\Psi_n\rangle$. ところが可換性より，左辺 $= (E_n - \hat{H}_0)\hat{Q}|\Psi_n\rangle$. よって，

$$\hat{Q}|\Psi_n\rangle = \frac{1}{E_n - \hat{H}_0}\hat{Q}\hat{H}_1|\Psi_n\rangle. \tag{11.89}$$

これを (11.88) に代入して，

$$|\Psi_n\rangle = |n\rangle + \frac{1}{E_n - \hat{H}_0}\hat{Q}\hat{H}_1|\Psi_n\rangle \tag{11.90}$$

§11.5 【発展】 Brillouin–Wigner 型の摂動論

これが Brillouin–Wigner 型の摂動論の基本方程式である[13].

右辺第2項を左辺に移項して，$|\Psi_n\rangle$ について形式的に解くと，

$$|\Psi_n\rangle = \frac{1}{1 - \hat{G}_0(E_n)\hat{H}_1}|n\rangle. \tag{11.91}$$

ただし，$\hat{G}_0(E_n) = \frac{\hat{Q}}{E_n - \hat{H}_0}$ とおいた．$\hat{Q}$ と $\hat{H}_0$ が可換であるから，上の表式に曖昧さはない．

今採用している規格化条件 $\langle n|\Psi_n\rangle = 1$ に注意すると，このときのエネルギー固有値は次のように書ける：

$$\begin{aligned}
E_n &= \langle n|\hat{H}|\Psi_n\rangle = \langle n|(\hat{H}_0 + \hat{H}_1)(|n\rangle + \hat{Q}|\Psi_n\rangle) \\
&= E_n^{(0)} + \langle n|\hat{H}_1|n\rangle + \langle n|\hat{H}_1\hat{Q}|\Psi_n\rangle \\
&= E_n^{(0)} + \langle n|\hat{H}_1|n\rangle + \langle n|\hat{H}_1\hat{Q}\frac{1}{1 - \hat{G}_0(E_n)\hat{H}_1}|n\rangle.
\end{aligned} \tag{11.92}$$

ここで，(11.91)を用いた．

$\hat{H}_1$ が小さいパラメーター λ を用いて $\hat{H}_1 = \lambda\hat{\mathcal{H}}$ と書けているものとし，(11.91) を $\hat{G}_0(E_n)\hat{H}_1$ について展開すると，

$$|\Psi_n\rangle = |n\rangle + \hat{G}_0(E_n)\hat{H}_1|n\rangle + \left(\hat{G}_0(E_n)\hat{H}_1\right)^2|n\rangle + \cdots. \tag{11.93}$$

エネルギーの展開は，(11.92) より，

$$E_n = E_n^{(0)} + \langle n|\hat{H}_1|n\rangle + \sum_{k=1}^{\infty}\langle n|\hat{H}_1\left(\hat{Q}\hat{G}_0(E_n)\hat{H}_1\right)^k|n\rangle. \tag{11.94}$$

ここで，$\hat{Q}|n\rangle = 0$ より，上の展開は $k = 1$ から始まることに注意しよう．(11.93) および (11.94) の展開を **Brillouin–Wigner 型の摂動展開**という．

たとえば，エネルギーの1次および2次の補正はそれぞれ次のように書ける：

$$E_n^{(1)} = \langle n|\hat{H}_1|n\rangle, \quad E_n^{(2)} = \langle n|\hat{H}_1\frac{\hat{Q}}{E_n - \hat{H}_0}\hat{H}_1|n\rangle = \sum_{m \neq n}\frac{|\langle n|\hat{H}_1|m\rangle|^2}{E_n - E_m^{(0)}}.$$

ここで，2次の表式において分母は厳密な E_n を含んでいることに注意しよう．すなわち，E_n の陰的な表式になっている．

---

[13] この方程式は散乱の Lippmann–Schwinger 方程式に対応している．散乱の量子論に関しては，たとえば，砂川重信著『散乱の量子論』（岩波全書 296，岩波書店，1977）参照．

第 11 章　時間に依存しない場合の摂動論

Bethe–Goldstone 方程式　(11.90) が散乱の Lippmann–Schwinger 方程式に類似していることはすでに述べた．散乱問題における T 行列[13)]に対応して，演算子 $\hat{K}(E_n)$ を次のように定義する：$\hat{K}(E_n)|n\rangle = \hat{H}_1|\Psi_n\rangle$．これを **Brueckner の反応行列**と呼ぶ．(11.91) の左から $\hat{H}_1$ を掛けると，

$$\hat{H}_1|\Psi_n\rangle = \hat{H}_1 \frac{1}{1 - \hat{G}_0(E_n)\hat{H}_1}|n\rangle. \tag{11.95}$$

ところが，左辺 $= \hat{K}(E_n)|n\rangle$ であるから，

$$\hat{K}(E_n) = \hat{H}_1 \frac{1}{1 - \hat{G}_0(E_n)\hat{H}_1}. \tag{11.96}$$

これは以下の方程式を満たす：

$$\hat{K}(E) = \hat{H}_1 + \hat{H}_1 \frac{\hat{Q}}{E - \hat{H}_0}\hat{K}(E). \tag{11.97}$$

これは **Bethe–Goldstone 方程式**と呼ばれる量子多体系の基礎方程式である．原子核理論や化学物理において重要な役割を果たしている．

§11.6　様々の動径関数の期待値 $\langle r^k \rangle$ を求めるための便利な方法

摂動論の計算においては，様々の物理量の期待値，たとえば，動径関数の冪の期待値 $\langle \varphi_{nlm}|r^k|\varphi_{nlm}\rangle \equiv \langle r^k \rangle_{nl}$ を求める必要がある．これらの期待値は，もちろん直接波動関数を用いて計算することもできるが，いくつかの重要な期待値については簡便に求める方法がある．ここでは，Hellmann–Feynman の定理，ビリアル定理そして Kramers の漸化式を紹介する．特に，前二者は場の理論においても有用であり汎用性がある．

11.6.1　Hellmann–Feynman の定理

Hamiltonian $\hat{H}$ がパラメーター λ に依存しているとする：$\hat{H} = \hat{H}(\lambda)$．たとえば，粒子の質量 m や電荷 q である．エネルギー固有値を $E_\alpha(\lambda)$ とする規格化された固有ベクトル $|E_\alpha, \gamma\rangle$ は次の Schrödinger 方程式を満たしている：

$$\Big(E_\alpha(\lambda) - \hat{H}(\lambda)\Big)|E_\alpha, \gamma\rangle = 0, \qquad \langle E_\alpha, \gamma|\Big(E_\alpha(\lambda) - \hat{H}(\lambda)\Big) = 0. \tag{11.98}$$

ただし，$\langle E_\alpha, \gamma|E_\alpha, \gamma\rangle = 1$．ここに，$\gamma$ はエネルギー以外の量子数である．(11.98) の最初の式を λ で微分すると，

238

§11.6 【基本】 様々の動径関数の期待値 $\langle r^k \rangle$ を求めるための便利な方法

$$\left(\frac{\partial E_\alpha(\lambda)}{\partial \lambda} - \frac{\partial \hat{H}(\lambda)}{\partial \lambda}\right)|E_\alpha, \gamma\rangle + \left(E_\alpha(\lambda) - \hat{H}(\lambda)\right)\frac{\partial}{\partial \lambda}|E_\alpha, \gamma\rangle = 0.$$

これに左から $\langle E_\alpha, \gamma|$ を掛けると，(11.98) の2番目の式から第2項は消えるので，

$$\frac{\partial E_\alpha(\lambda)}{\partial \lambda} = \langle E_\alpha, \gamma|\frac{\partial \hat{H}(\lambda)}{\partial \lambda}|E_\alpha, \gamma\rangle. \tag{11.99}$$

これを，**Hellmann–Feynman の定理**という．

例として，Hamiltonian が運動エネルギー $\hat{T} = \hat{\boldsymbol{p}}^2/2m$ と球対称ポテンシャル $V(r)$ の和で書かれている場合を考える：$\hat{H} = \hat{T} + V(r)$．球対称ポテンシャル中の粒子のエネルギーの固有関数は $\varphi_{nlm}(\boldsymbol{r}) = u_{nl}(r) Y_l^m(\theta, \phi)$ と書ける．動径部分 $u_{nl}(r)$ は主量子数 n と角運動量 l で指定され，次の方程式を満たす：

$$\hat{H}_l u_{nl}(r) = E_{nl} u_{nl}(r), \quad \hat{H}_l \equiv \frac{-\hbar^2}{2mr}\frac{d^2}{dr^2}r + \frac{l(l+1)\hbar^2}{2mr^2} + V(r). \tag{11.100}$$

このとき，(11.99) において $\lambda = l$ として，

$$\frac{\partial E_{nl}}{\partial l} = \left\langle \frac{\partial \hat{H}_l}{\partial l} \right\rangle = \frac{\hbar^2}{m}\left(l + \frac{1}{2}\right)\left\langle \frac{1}{r^2} \right\rangle_{nl} \tag{11.101}$$

を得る．

11.6.2 ビリアル定理

定常状態 $|E_\alpha, \gamma\rangle$ を考える．$\hat{H}$ が Hermite であるから，任意の演算子 $\hat{F}$ に対して，$\langle E_\alpha, \gamma|[\hat{F}, \hat{H}]|E_\alpha, \gamma\rangle = 0$ が成り立つ．特に，$\hat{F} = \hat{\boldsymbol{p}} \cdot \hat{\boldsymbol{r}}$ の場合が有用である．以下のように，$\hat{F}$ はスケール変換の生成子になっている：$[\boldsymbol{r}, \delta\lambda\hat{F}] = i\hbar\delta\lambda\boldsymbol{r}$, $[\boldsymbol{p}, \delta\lambda\hat{F}] = -i\hbar\delta\lambda\boldsymbol{p}$.

$\hat{H} = \hat{T} + \hat{V}(\boldsymbol{r})$ で与えられる Hamiltonian を考えると，$[\hat{\boldsymbol{p}} \cdot \hat{\boldsymbol{r}}, \hat{T}] = [\hat{\boldsymbol{p}} \cdot \hat{\boldsymbol{r}}, \frac{\boldsymbol{p}^2}{2m}] = \frac{1}{2m}\hat{p}_i[x_i, \hat{p}_j^2] = \frac{1}{2m}\hat{p}_i(2i\hbar\,\delta_{ij}\,\hat{p}_j) = \frac{i\hbar}{m}\hat{\boldsymbol{p}}^2 = 2i\hbar\hat{T}$. $[\hat{\boldsymbol{p}} \cdot \hat{\boldsymbol{r}}, \hat{V}(\boldsymbol{r})] = [\hat{\boldsymbol{p}}, \hat{V}(\boldsymbol{r})] \cdot \hat{\boldsymbol{r}} = -i\hbar\boldsymbol{r} \cdot \boldsymbol{\nabla}V(\boldsymbol{r})$. 両辺を加えて

$$2\langle\hat{T}\rangle = \langle\boldsymbol{r} \cdot \boldsymbol{\nabla}V(\boldsymbol{r})\rangle \tag{11.102}$$

を得る．これが（量子力学における）**ビリアル定理**である．

たとえば，$V(\boldsymbol{r}) = V_0 r^\alpha$ のとき $\boldsymbol{r} \cdot \boldsymbol{\nabla}V(\boldsymbol{r}) = rV'(r) = \alpha V(r)$ となるので，(11.102) より，

$$2\langle\hat{T}\rangle_{nl} = \alpha\langle V\rangle_{nl}. \tag{11.103}$$

第11章　時間に依存しない場合の摂動論

$E_{nl} = \langle \hat{T} \rangle + \langle \hat{V} \rangle_{nl}$ であることを用いると，$E_{nl} = (1 + 2/\alpha)\langle \hat{T} \rangle_{nl} = (1 + \alpha/2)\langle \hat{V} \rangle_{nl}$，あるいは，

$$\langle \hat{T} \rangle_{nl} = \frac{\alpha}{2 + \alpha} E_{nl}, \quad \langle \hat{V} \rangle_{nl} = \frac{2}{2 + \alpha} E_{nl} \tag{11.104}$$

を得る．

Coulomb ポテンシャル $\hat{V}(r) = -\frac{Z\bar{e}^2}{r}$ の場合，$\alpha = -1$ だから，

$$\langle \hat{T} \rangle_{nl} = -E_n, \quad \langle V \rangle_{nl} = 2E_n. \tag{11.105}$$

3次元等方調和振動子の場合，$\alpha = 2$ だから，$\langle \hat{T} \rangle_{nl} = \langle V \rangle_{nl} = \frac{1}{2}E_{nl}$．

11.6.3　特殊な方法

ここでは，$\langle 1/r^3 \rangle$ を一般的に求める方法[14]を紹介する．球対称ポテンシャルのときの動径波動関数の従う方程式 (11.100) において，$u_{nl}(r) = \frac{\chi_{nl}(r)}{r}$ とおくとき，$\chi_{nl}(r)$ は以下の方程式を満たす：

$$\chi_{nl}''(r) = h(r)\chi_{nl}(r). \tag{11.106}$$

ただし，$h(r) \equiv \frac{l(l+1)}{r^2} + \frac{2m}{\hbar^2}(V(r) - E)$. (11.106) を r で微分して変形すると[15]，

$$\chi''' - h(r)\chi' = \{-2\frac{l(l+1)}{r^3} + \frac{2m}{\hbar^2}V'\}\chi. \tag{11.107}$$

(11.107)$\times \chi - (11.106)\times \chi'$ を作ると，

$$\chi\chi''' - \chi'\chi'' = \left\{ -2\frac{l(l+1)}{r^3} + \frac{2m}{\hbar^2}V' \right\}\chi^2. \tag{11.108}$$

ところが，左辺 $= (\chi\chi'' - \chi'^2)'$ だから，(11.108) の両辺を 0 から無限大まで積分して

$$\left. (\chi\chi'' - \chi'^2) \right|_0^\infty = -2l(l+1)\left\langle \frac{1}{r^3} \right\rangle + \frac{2m}{\hbar^2}\langle V' \rangle. \tag{11.109}$$

ここで，左辺 $= \chi'^2(0)$. ところが，$r \sim 0$ において $\chi'(r) \sim r^l$ だから，$l \neq 0$ のとき $\chi'(0) = 0$. したがって，$l \neq 0$ のとき

$$\left\langle \frac{1}{r^3} \right\rangle = \frac{m}{\hbar^2 l(l+1)}\langle V'(r) \rangle \quad (l \neq 0) \tag{11.110}$$

---

[14] この方法はジュリアン・シュウィンガー著『シュウィンガー量子力学』（シュプリンガー・フェアラーク東京，2003）8.3 節に紹介されている．

[15] χ_{nl} の下付き添え字 nl を省略する．

§11.6 【基本】 様々の動径関数の期待値 $\langle r^k \rangle$ を求めるための便利な方法

となる．特に Coulomb ポテンシャルの場合，(11.101) を用いて

$$\left\langle \frac{1}{r^3} \right\rangle = \left(\frac{Z}{a_0} \right)^3 \frac{1}{n^3 l(l+1)(l+\frac{1}{2})} \tag{11.111}$$

を得る．この表式は水素様原子におけるスピン–軌道相互作用エネルギーを求めるときに必要である．

―――――――――――― 第 11 章　章末問題 ――――――――――――

問題 1　$\hat{H}_0 = \frac{\hat{p}^2}{2m} + \frac{m\omega^2}{2}x^2$, $\lambda\hat{H}_1 = \lambda x^k$ $(\lambda > 0)$, とする. $k = 3, 4$ のときそれぞれについて, $\hat{H}_1$ についての **1 次**の摂動による基底状態のエネルギーの変化 $E_0^{(1)}$ を求めよ. ただし, 積分公式 (4.46) を用いてもよい. ただし, 積分範囲に注意.

問題 2　次の Hamiltonian で記述される 2 次元系を考える. $\hat{H} = \hat{H}_0 + \hat{H}_1$, $\hat{H}_0 = \frac{\hat{p}_x^2 + \hat{p}_y^2}{2m} + \frac{m\omega^2}{2}(\hat{x}^2 + \hat{y}^2)$, $\hat{H}_1 = \lambda(\hat{x}\hat{p}_y - \hat{y}\hat{p}_x)$.

(1)　$\hat{H}_1$ による基底状態のエネルギーの補正を 1 次および 2 次の摂動で求めよ.

(2)　$\hat{H}_0$ の第 2 励起状態は縮退している. そのエネルギー補正を $\hat{H}_1$ の 1 次の摂動で求めよ.

問題 3　水素様原子中の電子を記述する Hamiltonian $\hat{H}_0 = \hat{p}^2/2m - \frac{Z\tilde{e}^2}{r}$ の固有状態を $|\varphi_{nlm}\rangle$ と書く：$\hat{H}_0|\varphi_{nlm}\rangle = E_n^{(0)}|\varphi_{nlm}\rangle$. $E_n^{(0)} = -\frac{Z^2\tilde{e}^2}{2a_B}\frac{1}{n^2}$. $(a_B = \hbar^2/m\tilde{e}^2$ は Bohr 半径). $n = n_r + l$ は主量子数, n_r は動径波動関数に対する量子数 (「節 (ノード)」の数), l は軌道角運動量, そして m は磁気量子数である.

(1)　Hellmann–Feynman の定理あるいはビリアル定理を用いて以下の期待値を求めよ：(i) $\langle\varphi_{nlm}|\frac{1}{r}|\varphi_{nlm}\rangle$,　(ii) $\langle\varphi_{nlm}|\frac{1}{r^2}|\varphi_{nlm}\rangle$

(2)　古典的な相対論的運動エネルギー $K = \sqrt{(\boldsymbol{p}c)^2 + (mc^2)^2} - mc^2$ は $\boldsymbol{p}^2c^2/(mc^2)^2$ について展開すると, $K = \boldsymbol{p}^2/2m - \frac{1}{2mc^2}(\boldsymbol{p}^2/2m)^2 + \cdots$ となる. したがって, 相対論的効果による補正 (の一部) は, 量子力学的な摂動 Hamiltonian $\hat{H}_1 = -\frac{1}{2mc^2}(\hat{p}^2/2m)^2$ によって取り入れることができる. $\hat{H}_1$ についての 1 次の摂動で相対論によるエネルギー補正 $\Delta E_{nl}^{(1)} = \langle\varphi_{nlm}|\hat{H}_1|\varphi_{nlm}\rangle \equiv \langle\hat{H}_1\rangle_{nl}$ を求めよ ($\hat{H}_1$ も等方的なので摂動エネルギーも m に依存しない).

ヒント：$(\hat{p}^2/2m)^2 = \left(\hat{H}_0 + \frac{Z\tilde{e}^2}{r}\right)\left(\hat{H}_0 + \frac{Z\tilde{e}^2}{r}\right)$. また, (1) の答えを用いよ.

問題 4　水素原子に z 軸方向の一様な電場 $\boldsymbol{E} = (0, 0, F)$ を掛けたときの Hamiltonian は (11.41) に与えられている. このとき第 1 励起状態 (4 重に縮退している) のエネルギーと波動関数の変化 (**励起状態の Stark 効果**) を F についての 1 次の摂動論で求めよ. ただし, $\hat{H}_0$ の固有関数である第 1 励起状態の波動関数 $\varphi_{nlm}^{(0)}(r, \theta, \phi)$ は, (5.88) より, 次のように与えられる ($\rho = r/a_B$):

242

第 11 章　章末問題

$$\varphi_{200}^{(0)} = R_{20}Y_{00} = \left(\frac{1}{2a_{\mathrm{B}}}\right)^{3/2}(2-\rho)\mathrm{e}^{-\rho/2}/\sqrt{4\pi},$$

$$\varphi_{21m}^{(0)} = R_{21}Y_{1m} = \left(\frac{1}{a_{\mathrm{B}}}\right)^{3/2}\frac{\rho}{2\sqrt{6}}\mathrm{e}^{-\rho/2} \times \begin{cases} \sqrt{\frac{3}{4\pi}}\cos\theta & ; \quad m = 0, \\ -\sqrt{\frac{3}{8\pi}}\sin\theta\,\mathrm{e}^{\pm i\phi} & ; \quad m = \pm 1. \end{cases}$$

第12章　非摂動的な近似法

ここでは，摂動展開に依らない近似法として変分法と **WKB** 近似を紹介する.

§12.1　変分法

変分法は，微分方程式としての Schrödinger 方程式を解くのではなく，試行的な波動関数を用意しその形を最適化することでエネルギー固有値と波動関数の近似値を求める方法である．また，試行関数に含まれるパラメータへのエネルギーの内訳の依存性により，結合状態実現の物理的機構の理解を得ることもできる．注意すべきことは，エネルギーの良い近似値が得られたとしても，その精度の近似の波動関数が得られているとは限らないことである．その意味で，変分法はエネルギーの良い近似値を求めるのに適した方法である，と言える.

12.1.1　変分法の基礎

$\hat{H}$ の固有値を E_n，それに属する規格直交化された固有ベクトルを $|\varphi_n\rangle$ とする：$\hat{H}|\varphi_n\rangle = E_n|\varphi_n\rangle$ ($\langle\varphi_n|\varphi_m\rangle = \delta_{nm}$). $\{|\varphi_n\rangle\}_n$ は規格直交系かつ完全系を成しているとし，簡単のために縮退はないと仮定する：$E_0 < E_1 < E_2 < \cdots$.

$|\varphi_n\rangle$ と同じ境界条件を満たす任意の関数を $|\tilde{\varphi}\rangle$ とする．このとき，次の不等式が成り立つことが変分法の基礎である：

$$\tilde{E} \equiv \frac{\langle\tilde{\varphi}|\hat{H}|\tilde{\varphi}\rangle}{\langle\tilde{\varphi}|\tilde{\varphi}\rangle} \geq E_0. \tag{12.1}$$

等号は，$|\tilde{\varphi}\rangle = c|\varphi_0\rangle$ のときに成り立ち，かつその場合に限られる．ただし，c はゼロでない定数.

【証明】 与えられた条件より，$|\tilde{\varphi}\rangle$ は完全系 $\{|\varphi_n\rangle\}_n$ で展開できる：$|\tilde{\varphi}\rangle = \sum_{n=0}^{\infty} \tilde{c}_n|\varphi_n\rangle$. したがって，$\hat{H}|\tilde{\varphi}\rangle = \sum_{n=0}^{\infty} \tilde{c}_n E_n|\varphi_n\rangle$. よって，

$$\langle\tilde{\varphi}|\hat{H}|\tilde{\varphi}\rangle = \sum_{n=0}^{\infty}\sum_{n'=0}^{\infty} E_n\,\tilde{c}_{n'}^*\tilde{c}_n\langle\varphi_{n'}|\varphi_n\rangle = \sum_{n=0}^{\infty}\sum_{n'=0}^{\infty} E_n\,\tilde{c}_{n'}^*\tilde{c}_n\delta_{nn'} = \sum_{n=0}^{\infty} E_n|\tilde{c}_n|^2.$$

245

第 12 章　非摂動的な近似法

同様にして，$\langle\tilde{\varphi}|\tilde{\varphi}\rangle = \sum_{n=0}^{\infty}|\tilde{c}_n|^2$. よって，$E_n > E_0$ より，

$$\tilde{E} = \frac{\sum_{n=0}^{\infty}E_n|\tilde{c}_n|^2}{\sum_{n=0}^{\infty}|\tilde{c}_n|^2} \geq \frac{E_0\sum_{n=0}^{\infty}|\tilde{c}_n|^2}{\sum_{n=0}^{\infty}|\tilde{c}_n|^2} = E_0. \tag{12.2}$$

等号が $|\tilde{\varphi}\rangle = |\varphi_0\rangle$ のときに限り成り立つことは明らかである．

変分原理と Schrödinger 方程式　　結合状態の基底状態に対する変分法は，エネルギー期待値 $E[\varphi] = \int d\boldsymbol{r}\,\varphi^*(\boldsymbol{r})\,\hat{H}\,\varphi(\boldsymbol{r})$ を拘束条件 $\langle\varphi|\varphi\rangle = 1$ の下で最小にするように φ を決める操作である．ただし，簡単のためにスピン自由度は無視した．これは，Lagrange の未定乗数 μ を含む次の（汎）関数 F を最小にする関数 φ を求めることと同値である：

$$F[\varphi] \equiv E[\varphi] - \mu(\langle\varphi|\varphi\rangle - 1). \tag{12.3}$$

実際，最良の波動関数 $\bar{\varphi}$ からの任意の微小なずれ $\delta\varphi$ を考えてみよう：$\varphi = \bar{\varphi} + \delta\varphi$．このときの F の変化は

$$\delta F[\varphi] = \int d\boldsymbol{r}\delta\varphi^*(\hat{H} - \mu)\,\bar{\varphi} + \int d\boldsymbol{r}\bar{\varphi}^*(\hat{H} - \mu)\,\delta\varphi = 0.$$

この等式が任意の $\delta\varphi$ に対して成り立つ条件は，$(\hat{H} - \mu)\bar{\varphi} = 0$. $\mu = E$ と書くと，$\hat{H}\bar{\varphi} = E\bar{\varphi}$. これは Schrödinger 方程式である．すなわち，変分原理は Schrödinger 方程式と同値である．

12.1.2　"実装"：Rayleigh–Ritz の方法

試行波動関数がパラメーター λ に依存しているとしよう：$|\tilde{\varphi}\rangle = |\tilde{\varphi}(\lambda)\rangle$. このとき，$\tilde{E} \equiv \frac{\langle\tilde{\varphi}(\lambda)|\hat{H}|\tilde{\varphi}(\lambda)\rangle}{\langle\tilde{\varphi}(\lambda)|\tilde{\varphi}(\lambda)\rangle} \equiv \tilde{E}(\lambda)$. さて，$\lambda$ の関数として $\tilde{E}(\lambda)$ が $\lambda = \bar{\lambda}$ のときに最小値を取るとしよう．このとき，$\tilde{E}(\bar{\lambda})$ は（与えられた試行波動関数の範囲内での）基底状態のエネルギーの最良の近似値であり，$|\tilde{\varphi}(\bar{\lambda})\rangle$ は真の基底状態ベクトルの最も良い近似となる．

パラメーターを複数含む場合，$|\tilde{\varphi}\rangle = |\lambda_1, \lambda_2, \ldots, \lambda_n\rangle$ と書くと，

$$\frac{\langle\lambda_1, \lambda_2, \ldots, \lambda_n|\hat{H}|\lambda_1, \lambda_2, \ldots, \lambda_n\rangle}{\langle\tilde{\varphi}|\tilde{\varphi}\rangle} \equiv \tilde{E}(\lambda_1, \lambda_2, \ldots, \lambda_n). \tag{12.4}$$

次の停留条件は最小値を与える必要条件である：

$$\left.\frac{\partial\tilde{E}}{\partial\lambda_i}\right|_{\lambda_i = \bar{\lambda}_i} = 0 \qquad (i = 1, \ldots, n) \tag{12.5}$$

246

$$\S 12.1 \quad \text{【基本】 変分法}$$

これは $\lambda_1, \lambda_2, \ldots, \lambda_n$ についての連立方程式である．その解を $\bar{\lambda}_1, \bar{\lambda}_2, \ldots, \bar{\lambda}_n$ とすると，$\tilde{E}(\lambda_1, \lambda_2, \ldots, \lambda_n)$ が基底状態のエネルギーの最良の近似値となる．

最小値であることの確認　$\tilde{E}(\lambda_1, \lambda_2, \ldots, \lambda_n)$ が $\lambda_i = \bar{\lambda}_i$ で最小値になっているか確認する必要がある．そのために次の行列 (Hesse 行列; $\hat{\mathbf{Hessian}}$ と呼ぶ) を定義する：$(\hat{K})_{ij} \equiv \left. \frac{\partial^2 \tilde{E}(\lambda)}{\partial \lambda_i \partial \lambda_j} \right|_{\lambda_i = \bar{\lambda}_i}$．この対称行列 $\hat{K}$ の固有値が全て正になることを確かめられれば最小値であることが確認できたことになる．

【注】　ここでは (12.5) の解が 1 つしかないと仮定している．(12.5) の解が複数ある場合は，それぞれの解から極小値を与えるものを選び $\tilde{E}(\bar{\lambda}_1, \bar{\lambda}_2, \ldots, \bar{\lambda}_n)$ に代入し，その値を比較して最小値を与える解を選ぶことになる．

12.1.3　変分法の例

変分法の出発点は試行関数の選択である．典型的な方法として 2 つの方法が知られている．一つは，物理的な直観からパラメータを含む適当な関数を取り，そのエネルギー期待値が最小になるようにそのパラメータを決める方法である．もう一つは，既存の線型独立な波動関数の組を取り，その線型結合を試行関数としてその係数の組を変分パラメータとする**線型変分法**である．これは後節で扱う．

【例】水素原子の基底状態への適用　水素原子の Hamiltonian を再掲する：
$\hat{H} = -\frac{\hbar^2}{2m} \frac{1}{r} \frac{\partial^2}{\partial r^2} r + \frac{\hat{L}^2}{2mr^2} + \hat{U}(r)$．ただし，$\hat{U} = -\tilde{e}^2/r$ $(\tilde{e}^2 \equiv \frac{e^2}{4\pi\epsilon_0})$．

試行波動関数を $\langle r | \varphi(\lambda) \rangle \equiv \varphi(r; \lambda) = N e^{-\lambda^2 r^2}$ として，変分法により水素原子の基底状態のエネルギーを求めよう．この波動関数は回転不変であるから $\hat{L}\varphi(r) = 0$，すなわち，$l = 0$ の状態である[1]．規格化条件から N を決めておこう[2]：

$$1 = \langle \varphi(\lambda) | \varphi(\lambda) \rangle = \int dr\, N^2 e^{-2\lambda^2 r^2}$$
$$= N^2 4\pi \int_0^\infty r^2 dr\, e^{-2\lambda^2 r^2} = N^2 \left(\frac{\pi^{3/2}}{2^{3/2} \lambda^3} \right).$$

ゆえに，$N^2 = \left(\frac{\sqrt{2}\lambda}{\sqrt{\pi}} \right)^3$．図 12.1 には波動関数の λ 依存性が与えられている．

---

[1] 第 7 章の章末問題 2 を参照．
[2] 以下の一連の積分の計算では Gauss 積分公式 (4.46) を用いる．

第 12 章 非摂動的な近似法

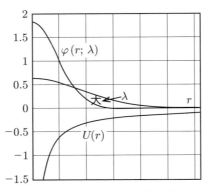

図 12.1 水素原子内電子の試行波動関数 $\varphi(r;\lambda)$. 波動関数は λ が大きいほど波動関数は原点付近に局在化し, $r \sim \lambda^{-1}$ 程度の広がりを持つ.

次に, エネルギー期待値を計算する: $\langle\varphi(\lambda)|\hat{H}|\varphi(\lambda)\rangle = \langle\varphi(\lambda)|\hat{T}|\varphi(\lambda)\rangle + \langle\varphi(\lambda)|\hat{U}|\varphi(\lambda)\rangle$. 運動エネルギーの期待値は,

$$\langle\varphi(\lambda)|\hat{T}|\varphi(\lambda)\rangle = N^2 \int d\boldsymbol{r}\, e^{-\lambda^2 r^2}\left(-\frac{\hbar^2}{2m}\frac{1}{r}\frac{d^2}{dr^2}r\right)e^{-\lambda^2 r^2}$$

$$= -\frac{4\pi\hbar^2}{2m}N^2 \int_0^\infty dr\,(re^{-\lambda^2 r^2})\frac{d^2}{dr^2}(re^{-\lambda^2 r^2})$$

$$= \frac{4\pi\hbar^2}{2m}N^2 \int_0^\infty dr\left(\frac{d}{dr}re^{-\lambda^2 r^2}\right)^2 = \frac{3}{2}\frac{\hbar^2}{m}\lambda^2 \equiv T(\lambda).$$

ここで部分積分を行った.

一方, ポテンシャルエネルギーの期待値は,

$$\langle\varphi(\lambda)|\hat{U}|\varphi(\lambda)\rangle = N^2 \int d\boldsymbol{r}\, e^{-\lambda^2 r^2}\left(-\frac{\tilde{e}^2}{r}\right)e^{-\lambda^2 r^2} = -2\sqrt{\frac{2}{\pi}}\,\tilde{e}^2\lambda \equiv U(\lambda).$$

よって, 全エネルギーは,

$$E(\lambda) = T(\lambda) + U(\lambda) = \frac{3}{2}\frac{\hbar^2}{m}\lambda^2 - 2\sqrt{\frac{2}{\pi}}\,\tilde{e}^2\lambda.$$

図 12.2 に示されているように, $E(\lambda)$ は最小値を持つ. 停留条件 $\frac{dE}{d\lambda}\big|_{\bar{\lambda}} = 0$ を課すと, 最良の $\lambda = \bar{\lambda}$ は $\bar{\lambda} = \frac{2}{3}\sqrt{\frac{2}{\pi}}\frac{m\tilde{e}^2}{\hbar^2} = \frac{2}{3}\sqrt{\frac{2}{\pi}}\frac{1}{a_B}$ と求まる. ここに, $a_B \equiv \hbar^2/(m\tilde{e}^2)$ は Bohr 半径である. これを代入して, 全エネルギーは

$$E(\bar{\lambda}) = -\frac{4}{3\pi}\frac{\hbar^2}{m}\frac{1}{a_B^2} = \frac{8}{3\pi}\left(-\frac{\tilde{e}^2}{2a_B}\right) \simeq 0.85 \times (-13.6\,\mathrm{eV})$$

と求まる. 最後の変形で Bohr 半径の定義を用いた. 基底状態のエネルギーの厳密な値 $E_0 = -\frac{\tilde{e}^2}{2a_B} \simeq -13.6\,\mathrm{eV}$ を約 15% の誤差で再現している.

§12.1 【基本】 変分法

物理的解釈 まず，図12.1に示されているように，$1/\lambda$ が波動関数の広がりを表していることに注意しよう．したがって，λ が大きいほど，波動関数は原点付近に局在化している．そのため，不確定性関係 $\Delta p \sim \hbar/\Delta r \sim \hbar\lambda$ からもわかるように，λ が大きいと運動エネルギーは大きい値を持つ．一方，ポテンシャルエネルギーは波動関数が原点付近に局在化するほど絶対値の大きい負の値を持つ．全エネルギーは両者の兼ね合いで決まり，ある λ の値で最小値を取る（図12.2参照）．

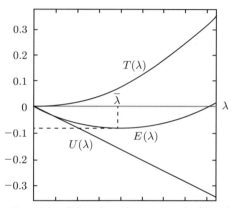

図12.2 運動エネルギー $T(\lambda)$，位置エネルギー $U(\lambda)$ および全エネルギー $E(\lambda)$ の λ 依存性．位置エネルギーと運動エネルギーの兼ね合いで最良の局在度 $\bar{\lambda}$ が決まる．

12.1.4 エネルギーの近似計算に適していること

変分法で得られた規格化された基底状態の関数が $|\tilde{\varphi}(\lambda)\rangle = \sum_n \tilde{c}_n |\varphi_n\rangle$ ($\sum_n |\tilde{c}_n|^2 = 1$) と展開されているとする．ここで，$1 - |\tilde{c}_0|^2 = \sum_{k\neq 0} |\tilde{c}_k|^2 = \epsilon^2$ ($\epsilon > 0$) と書き，$\epsilon \ll 1$ とする．このとき，$|\tilde{\varphi}(\lambda)\rangle - \tilde{c}_0|\varphi_n\rangle = \sum_{k\neq 0} \tilde{c}_k|\varphi_k\rangle \equiv b|\psi\rangle$ とおく．ただし，$\langle\psi|\psi\rangle = 1$ と規格化しておく．厳密解との差の振幅の絶対値の2乗は，$|b|^2 = \sum_{k\neq 0} |\tilde{c}_k|^2 = \epsilon^2$ である．したがって，$|\tilde{\varphi}\rangle = \tilde{c}_0|\varphi_0\rangle + b|\psi\rangle = \tilde{c}_0|\varphi_0\rangle + \epsilon e^{i\theta}|\psi\rangle$ と表すことができる．θ は b の位相である．この表式は，状態ベクトルの厳密解からのずれの大きさが $O(\epsilon)$ であることを示している．

第12章　非摂動的な近似法

$|\psi\rangle$ は $|\varphi_{k\neq 0}\rangle$ の線型結合であるから，$|\varphi_0\rangle$ と直交している；$\langle\varphi_0|\psi\rangle = \langle\psi|\varphi_0\rangle = 0$. また，以下の便利のために $\langle\psi|\hat{H}|\psi\rangle \equiv \Delta\tilde{E}_0$ と書く．以上の記法により，エネルギー期待値を計算すると，

$$
\begin{aligned}
\tilde{E} &= \langle\tilde{c}_0\varphi_0 + b\psi|\hat{H}|\tilde{c}_0\varphi_0 + b\psi\rangle \\
&= |\tilde{c}_0|^2\langle\varphi_0|\hat{H}|\varphi_0\rangle + \tilde{c}_0^* b\langle\varphi_0|\hat{H}|\psi\rangle + b^*\tilde{c}_0\langle\psi|\hat{H}|\varphi_0\rangle + |b|^2\langle\psi|\hat{H}|\psi\rangle \\
&= |\tilde{c}_0|^2 E_0 + \epsilon^2\Delta\tilde{E}_0.
\end{aligned} \tag{12.6}
$$

ここで，$\langle\varphi_0|\hat{H}|\psi\rangle = E_0\langle\varphi_0|\psi\rangle = 0 = \langle\psi|\hat{H}|\varphi_0\rangle$ を用いた．(12.6) に $|\tilde{c}_0|^2 = 1 - \epsilon^2$ を代入すると，$\tilde{E}_0 = E_0 + \epsilon^2(\Delta\tilde{E}_0 - E_0)$. すなわち，エネルギーの厳密値との差は ϵ^2 程度の高次の微小量になることがわかる．

12.1.5 励起状態

変分法は励起状態にも適用できる．まず，簡単のために，基底状態の（近似）波動関数 $|\varphi_0\rangle$ は既知であるとして，第1励起状態に対する試行波動関数 $|\chi_1\rangle$ を $|\varphi_0\rangle$ に直交するように設定することがポイントである：$\langle\varphi_0|\chi_1\rangle = 0$. このとき，$|\chi_1\rangle$ は $|\varphi_0\rangle$ 以外の状態ベクトル $|\varphi_k\rangle$ $(k \geq 1)$ を用いて展開できる：$|\chi_1\rangle = \sum_{k\geq 1} c_k|\varphi_k\rangle$. したがって，そのエネルギー期待値は

$$
\frac{\langle\chi_1|\hat{H}|\chi_1\rangle}{\langle\chi_1|\chi_1\rangle} = \frac{\sum_{k\geq 1} E_k|c_k|^2}{\sum_{k\geq 1}|c_k|^2} \geq \frac{E_1\sum_{k\geq 1}|c_k|^2}{\sum_{k\geq 1}|c_k|^2} = E_1. \tag{12.7}
$$

等号は，$|\chi_1\rangle$ が（規格化定数を除いて）$|\varphi_1\rangle$ に一致する場合である．

このような $|\chi_1\rangle$ は，Gram-Schmidt の直交化法により任意の試行状態関数 $|\tilde{\varphi}_1\rangle$ から次のように構成することができる：$|\chi_1\rangle \equiv |\tilde{\varphi}_1\rangle - |\varphi_0\rangle\langle\varphi_0|\tilde{\varphi}_1\rangle$. 実際，このとき，

$$
\langle\varphi_0|\chi_1\rangle = \langle\varphi_0|\tilde{\varphi}_1\rangle - \langle\varphi_0|\varphi_0\rangle\langle\varphi_0|\tilde{\varphi}_1\rangle = \langle\varphi_0|\tilde{\varphi}_1\rangle - \langle\varphi_0|\tilde{\varphi}_1\rangle = 0
$$

となり，$|\chi_1\rangle$ は $|\varphi_0\rangle$ と直交する．

この $|\chi_1\rangle$ を用いて次の変分を行えば第1励起状態に関する（近似）波動関数と（近似）エネルギー固有値が得られる：

$$
\frac{\delta}{\delta\tilde{\varphi}_1}\left(\frac{\langle\chi_1|\hat{H}|\chi_1\rangle}{\langle\chi_1|\chi_1\rangle}\right) = 0. \tag{12.8}
$$

このことは第2励起状態以降にも容易に拡張できる（章末問題参照）．

§12.1 【基本】 変分法

12.1.6 線型変分法

$\{\phi_i\}_{i=1,2,\ldots,N}$ を N 個の関数系とする. 以下で展開する変分法では, 規格化された変分の試行波動関数 $|\tilde{\varphi}\rangle$ として $\{\phi_i\}_{i=1,2,\ldots,N}$ の線型結合を取る:

$$|\tilde{\varphi}\rangle = \sum_{i=1}^{N} c_i |\phi_i\rangle \quad (\langle\tilde{\varphi}|\tilde{\varphi}\rangle = 1). \tag{12.9}$$

c_i を複素数に取ると, 試行関数の自由度は $2N - 1$ である. 次のように N 次元ベクトル $\boldsymbol{c}$ を定義すると, この方法は $\boldsymbol{c}$ を変分パラメータとする Rayleigh–Ritz の方法である: $\boldsymbol{c} \equiv {}^t(c_1, c_2, \ldots, c_N)$.

以下では $\{\phi_i\}_{i=1,2,\ldots,N}$ が規格直交系をなす場合[3] を考える: $\langle\phi_i|\phi_j\rangle = \delta_{ij}$. このとき, 我々の変分問題は E を Lagrange の未定乗数として以下の関数を極小にすることである:

$$F(\boldsymbol{c}; E) \equiv \langle\tilde{\varphi}|\hat{H}|\tilde{\varphi}\rangle - E(\langle\tilde{\varphi}|\tilde{\varphi}\rangle - 1) = \sum_{i,j=1}^{N} c_i^* c_j (H_{ij} - \delta_{ij} E) + E.$$

ここに, $H_{ij} \equiv \langle\phi_i|\hat{H}|\phi_j\rangle$. 停留条件 $\partial F/\partial c_i^* = 0$ より, $\sum_{j=1}^{N} H_{ij} c_j = E c_i$. n 次の Hermite 行列 $\boldsymbol{H}$ を $(\boldsymbol{H})_{ij} = H_{ij}$ により定義すると,

$$\boldsymbol{H}\boldsymbol{c} = E\boldsymbol{c}.$$

これは固有値問題である. N 個の固有値を小さい順に, $\tilde{E}_\alpha$ $(\alpha = 0, 1, 2, \ldots, N-1)$ と書き, 対応する規格化された固有ベクトルを $\boldsymbol{c}^\alpha$ とする: $\boldsymbol{c}^\alpha = {}^t(c_1^\alpha, c_2^\alpha, \ldots, c_N^\alpha)$. さらに, 得られた波動関数を $|\tilde{\varphi}_\alpha\rangle$ と書こう: $|\tilde{\varphi}_\alpha\rangle = \sum_{i=1}^{N} c_i^\alpha |\phi_i\rangle$. 容易に確かめられるように,

$$\langle\tilde{\varphi}_\alpha|\hat{H}|\tilde{\varphi}_\beta\rangle = \tilde{E}_\alpha \delta_{\alpha\beta}, \quad \langle\tilde{\varphi}_\alpha|\tilde{\varphi}_\beta\rangle = \delta_{\alpha\beta}. \tag{12.10}$$

このとき, 以下に証明するように, 次の不等式が成り立つ:

$$E_\alpha \leq \tilde{E}_\alpha \quad (\alpha = 0, 1, 2, \ldots, N-1). \tag{12.11}$$

すなわち, 基底状態だけでなく N 番目までの状態のエネルギーの上限が得られたことがわかる.

---

[3] 非直交系を取る場合も有用であるが, ここでは扱わない.

【証明】 (i) α を自然数とする．規格化されたベクトル $|\Phi\rangle$ を厳密解 $|\varphi_k\rangle$ を用いて次のように定義する：$|\Phi\rangle = \sum_{k=\alpha}^{\infty} c_k |\varphi_k\rangle$. すると，

$$\langle\Phi|\hat{H}|\Phi\rangle = \sum_{k=\alpha}^{\infty} E_i |c_i|^2 \geq E_\alpha \sum_{k=\alpha}^{\infty} |c_i|^2 = E_\alpha.$$

最後の等号で規格化条件 $\langle\Phi|\Phi\rangle = \sum_{k=\alpha}^{\infty} |c_i|^2 = 1$ を用いた．

(ii) α を N 以下の自然数とする．$\alpha+1$ 個の定数 x_β $(\beta = 0, 1, 2, \ldots, \alpha)$ および $|\tilde{\varphi}_\beta\rangle$ $(\beta = 0, 1, 2, \ldots, \alpha)$ を用いて次のベクトルを定義する：$|\Phi'\rangle = \sum_{\beta=0}^{\alpha} x_\beta |\tilde{\varphi}_\beta\rangle$. ただし，以下の条件を課す：

$$\langle\Phi'|\Phi'\rangle = \sum_{\beta=0}^{\alpha} |x_\beta|^2 = 1, \quad \langle\Phi'|\varphi_k\rangle = 0 \quad (k = 0, 1, 2, \ldots, \alpha-1).$$

自由度の数からいつでもこの条件を満たすように x_β $(\beta = 0, 1, 2, \ldots, \alpha)$ を決めることができる．このとき，定数の組 $\{c'_k\}_{k=\alpha,\ldots,\infty}$ を用いて，$|\Phi'\rangle = \sum_{k=\alpha}^{\infty} c'_k |\varphi_k\rangle$ と書けるから，(i) より，$E_\alpha \leq \langle\Phi'|\hat{H}|\Phi'\rangle$. 一方，

$$右辺 = \sum_{\beta,\beta'=0}^{\alpha} x_{\beta'}^* x_\beta \langle\tilde{\varphi}_{\beta'}|\hat{H}|\tilde{\varphi}_\beta\rangle = \sum_{\beta,\beta'=0}^{\alpha} x_{\beta'}^* x_\beta \tilde{E}_\beta \delta_{\beta\beta'} = \sum_{\beta=0}^{\alpha} \tilde{E}_\beta |x_\beta|^2$$

$$\leq \tilde{E}_\alpha \sum_{\beta=0}^{\alpha} |x_\beta|^2 = \tilde{E}_\alpha.$$

よって，$E_\alpha \leq \tilde{E}_\alpha$ $(\alpha = 0, 1, 2, \ldots, N-1)$. **【証了】**

§12.2 WKB近似

§4.3 において，古典論への極限を考えるために $\hbar$ の Taylor 展開を用いて Schrödinger 方程式を解く方法を紹介した．これも相互作用の大きさ（小ささ）を仮定しない非摂動的な方法である．ここでは，その近似法としての基礎的なことのみ解説する[4]．

---

[4] WKB 近似をめぐる数理は，最近 Borel（ボレル）総和法を活用して「exact-WKB」あるいは「リサージェンス理論」として面目を一新し大きな発展を遂げつつある．たとえば，初等的な解説として首藤啓著『古典と量子の間（岩波講座 物理の世界）』（岩波書店，2011）を参照．最近の進展は以下の解説からたどることができる：藤森俊明，三角樹弘，坂井典佑著「リサージェンス理論：摂動論から非摂動効果を理解する」（日本物理学会誌 **73**, No.6 (2018) p. 352).

§12.2 【基本】 WKB 近似

定常状態の場合は (4.10) が基本方程式である．ここではこの方程式を次の空間 1 次元の場合に限って具体的に解いてみよう：

$$\left(\frac{dW}{dx}\right)^2 - i\hbar \frac{d^2W}{dx^2} = 2m(E - V(x)). \tag{12.12}$$

$\hbar$ での展開 $W = W_0 + \frac{\hbar}{i}W_1 + (\frac{\hbar}{i})^2 W_2 + \cdots$ を (12.12) に代入する．x-微分を $'$（プライム）で表すと，$(\frac{dW}{dx})^2 = (W_0' + \frac{\hbar}{i}W_1' + (\frac{\hbar}{i})^2 W_2' + \ldots)^2 = W_0'^2 - 2i\hbar W_0' W_1' - \hbar^2(2W_0' W_2' + W_1'^2) + \cdots$ に注意して，$\hbar^n$ ($n = 0, 1, 2, \ldots$) の係数を等置すると，

$$\mathrm{O}(\hbar^0): W_0'^2 = 2m(E - V(x)), \tag{12.13}$$

$$\mathrm{O}(\hbar^1): 2W_0' W_1' = -W_0'', \tag{12.14}$$

$$\mathrm{O}(\hbar^2): 2W_0' W_2' + W_1'^2 = -W_1'', \tag{12.15}$$

$$\vdots$$

まず，(i) これらは W_n の微分しか現れないことに注意しよう．(ii) $\mathrm{O}(\hbar^1)$ までの近似を WKB 近似と呼ぶ．以下では，E と $V(x)$ の大小関係により場合分けをして解析する（図 12.3 参照）．

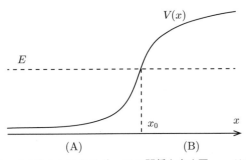

図 12.3 ポテンシャル $V(x)$ とエネルギー E の関係を表す図．x_0 は古典回帰点である．この図の範囲では古典回帰点は 1 つだけである．

(A) $E > V(x)$ の領域：$\sqrt{2m(E - V(x))} \equiv p(x)$ とおく．(12.13), (12.14) はそれぞれ以下のように書ける：

$$\frac{dW_0}{dx} = \pm p(x), \quad \frac{dW_1}{dx} = -\frac{1}{2p(x)}\frac{dp}{dx}. \tag{12.16}$$

第 12 章　非摂動的な近似法

これを a から x まで積分して,

$$W_0(x) = \pm \int_a^x dx'\, p(x') + C_0, \quad W_1(x) = \frac{C}{\sqrt{p(x)}}. \qquad (12.17)$$

ここで積分定数 C_0 は全体の振幅 A の再定義でくりこむことができるので 0 に取っても一般性を失わない. また, 同様の理由で積分の下限 a は省略する. $p(x)$ の前の異なる符号の解 $\frac{C}{\sqrt{p(x)}} e^{\pm i \int^x dx' \frac{p(x')}{\hbar}}$ が元の 2 階の微分方程式の基本解系をなすので, 一般解はそれらの線型結合を取って,

$$\psi(x,t) = \frac{e^{-iEt/\hbar}}{\sqrt{p(x)}} \left[A_1 e^{i \int^x dx' \frac{p(x')}{\hbar}} + A_2 e^{-i \int^x dx' \frac{p(x')}{\hbar}} \right] \qquad (12.18)$$

と与えられる.

(B) $E < V(x)$ **の領域**: $\sqrt{2m(V(x) - E)} \equiv \pi(x)$ とおく. (12.13), (12.14) はそれぞれ次のように書ける : $\frac{dW_0}{dx} = \pm i\pi(x)$, $\frac{dW_1}{dx} = -\frac{1}{2\pi(x)} \frac{d\pi}{dx}$. これを積分して, $W_0(x) = \pm i \int^x dx'\, \pi(x')$, $W_1(x) = \frac{C'}{\sqrt{\pi(x)}}$. よって,

$$\psi(x,t) = \frac{e^{-iEt/\hbar}}{\sqrt{\pi(x)}} \left[B_1 e^{-\int^x dx' \frac{\pi(x')}{\hbar}} + B_2 e^{\int^x dx' \frac{\pi(x')}{\hbar}} \right] \qquad (12.19)$$

を得る.

【適用条件】　$\hbar$ の展開による近似が妥当であるためには, (12.12) より, $\hbar \left| \frac{d^2 W}{dx^2} \right| \ll \left(\frac{dW}{dx} \right)^2$ であればよい. まず, $E > V(x)$ の領域を考えよう. 上の不等式に近似式 $W \simeq W_0$ を代入し, $|dW_0/dx| = p(x)$ を用いると,

$$\frac{\hbar}{p^2(x)} \left| \frac{dp}{dx} \right| = \hbar \frac{d}{dx} \frac{1}{p(x)} \ll 1,\ \text{すなわち,}\ \frac{1}{2\pi} \left| \frac{\lambda(x)}{dx} \right| \ll 1. \qquad (12.20)$$

$\lambda(x) = h/p(x)$ は de Broglie 波長 (1.12) である. これは, de Broglie 波長の変化が小さい領域で WKB 近似が妥当であることを意味する. $|dp/dx| = (m/p)|dV/dx|$ であることからも明らかなように, $\lambda(x)$ の変化はポテンシャル $V(x)$ の変化に起因するから, WKB 近似は変化のゆるやかなポテンシャル, あるいはそのような空間領域で妥当であることがわかる. それは表記的には $[\hat{p}, \hat{H}] \simeq 0$ とみなせる[5]ことを意味する. 左辺と同じ次元を持つ $p^3(x)/m$ との

---

[5]　運動量とエネルギーの同時固有状態が近似的に構成できることを意味する.

254

§12.2 【基本】 WKB近似

比を用いて表すと，

$$\frac{1}{p^3(x)/m}\left|[\hat{p},\hat{H}]\right| \ll 1 \tag{12.21}$$

ところが，$\frac{m}{p^3}[\hat{p},\hat{H}] = -i\hbar\frac{m}{p^3}\frac{dV}{dx} = -i\frac{\hbar}{p^2(x)}\frac{dp}{dx}$．これの絶対値が無視できる条件は，(12.20) そのものである．

【接続公式】 $E = V(x_0)$ を満たす点 x_0 を**古典回帰点** (classical turning point)，あるいは単に，**回帰点**という：$x < x_0$ で $E > V(x)$ だとすると，古典力学では粒子は $x > x_0$ の領域に入ることができないからである（図12.3参照）．$x \sim x_0$ では，$p(x) \sim 0$ すなわち，$\lambda(x) \to \infty$ となるので，(12.20) は明らかに満たされない．以上の事情は $E < V(x)$ の領域においても同様である．

$x \sim x_0$ 付近はしたがって，別の取扱いが必要である[6]．たとえば，x_0 がポテンシャルの頂点の座標に近くなければ，次のように線型近似をして厳密に取り扱うことができる：$V(x) \simeq V(x_0) + a(x - x_0)$．ただし，$a \equiv dV/dx|_{x=x_0}$．結果は1/3次のBessel関数で表すことができ[7]，その知られた接続公式を用いて (12.18) と (12.19) における係数 A_i と B_i の関係を与えることができる．しかし，それは込み入った技術的な解析を要するのでここではその結果だけを紹介することにする．

図12.4のように遠く離れた2つの回帰点 x_a, x_b がある場合を考える：$V(x_a) = V(x_b) = E$．このときの解 (12.18)，(12.19) の接続関係は以下のようになる．

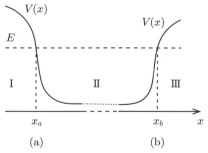

図12.4 遠く離れた2つの古典回帰点 x_a および x_b がある場合のポテンシャルとエネルギーの関係を表す図．

---

[6] R. E. Langer, Phys. Rev. **51** (1937) 669.
[7] Airy関数を用いることもできる．

第 12 章　非摂動的な近似法

- 図 12.4(a) の場合

$$
\begin{array}{c|c}
E < V(x)\,;\, x < x_a & E > V(x)\,;\, x_a < x \\
\hline
\frac{A}{\sqrt{\pi(x)}}e^{\frac{1}{\hbar}\int_{x_a}^{x} dx'\,\pi(x')} & \Leftrightarrow \frac{2A}{\sqrt{p(x)}}\cos\left[\frac{1}{\hbar}\int_{x_a}^{x} dx'\,p(x') - \frac{\pi}{4}\right] \\
\frac{A}{\sqrt{\pi(x)}}e^{-\frac{1}{\hbar}\int_{x_a}^{x} dx'\,\pi(x')} & \Leftrightarrow \frac{-A}{\sqrt{p(x)}}\sin\left[\frac{1}{\hbar}\int_{x_a}^{x} dx'\,p(x') - \frac{\pi}{4}\right]
\end{array} \tag{12.22}
$$

- 図 12.4(b) の場合

$$
\begin{array}{c|c}
E > V(x)\,;\, x < x_b & E < V(x)\,;\, x_b < x \\
\hline
\frac{2A}{\sqrt{p(x)}}\cos\left[\frac{1}{\hbar}\int_{x_b}^{x} dx'\,p(x') + \frac{\pi}{4}\right] & \Leftrightarrow \frac{A}{\sqrt{\pi(x)}}e^{-\frac{1}{\hbar}\int_{x_b}^{x} dx'\,\pi(x')} \\
\frac{A}{\sqrt{p(x)}}\sin\left[\frac{1}{\hbar}\int_{x_b}^{x} dx'\,p(x') + \frac{\pi}{4}\right] & \Leftrightarrow \frac{A}{\sqrt{\pi(x)}}e^{\frac{1}{\hbar}\int_{x_b}^{x} dx'\,\pi(x')}
\end{array} \tag{12.23}
$$

Bohr–Sommerfeld の量子化条件の導出　　例として，WKB 近似を結合状態に適用すると Bohr–Sommerfeld の量子化条件 (1.8) が導かれることを示そう.

　図 12.4 のようなポテンシャルによる結合状態を考え，未定の結合エネルギー E を求める条件を導こう．領域 I および III では，$E < V(x)$ であるからそこでの波動関数はそれぞれ，$\frac{A}{\sqrt{\pi(x)}}e^{\frac{1}{\hbar}\int_{x_a}^{x} dx'\,\pi(x')}$ および $\frac{A'}{\sqrt{\pi(x)}}e^{-\frac{1}{\hbar}\int_{x_b}^{x} dx'\,\pi(x')}$ と書ける．領域 II の波動関数は，領域 I および III から II への接続公式として (12.22) および (12.23) を用いて次のように表すことができる:

$$
\varphi_{\mathrm{II}}(x) = \frac{2A}{\sqrt{p(x)}}\cos\left[\frac{1}{\hbar}\int_{x_a}^{x} dx'\,p(x') - \frac{\pi}{4}\right] = \frac{2A'}{\sqrt{p(x)}}\cos\left[\frac{1}{\hbar}\int_{x_b}^{x} dx'\,p(x') + \frac{\pi}{4}\right].
$$

左辺と右辺の $\cos$ の [　] の中をそれぞれ $\Theta_1(x)$ および $\Theta_2(x)$ とおくと，$\Theta_2(x) = \Theta_1(x) + \frac{1}{\hbar}\int_{x_b}^{x_a} dx'\,p(x') + \frac{\pi}{2} \equiv \Theta_1(x) + \Phi$. ここで，$\frac{1}{\hbar}\int_{x_b}^{x_a} dx'\,p(x') + \frac{\pi}{2} \equiv \Phi$ とおいた．左辺＝右辺 となるためには，$\sin\Phi = -\sin\left[\frac{1}{\hbar}\int_{x_a}^{x_b} dx'\,p(x') - \frac{\pi}{2}\right] = 0$ でなければならない．ここで余弦の和の公式 $\cos\Theta_2(x) = \cos\Theta_1(x)\cos\Phi - \sin\Theta_1(x)\sin\Phi$ を用いた．よって，

$$
\frac{1}{\hbar}\int_{x_a}^{x_b} dx'\,p(x') - \frac{\pi}{2} = n\pi \quad (n = 0,\,\pm 1,\,\pm 2,\ldots). \tag{12.24}
$$

回帰点間の往復 $x_a \leftrightarrow x_b$ に対しての積分に直すと 2 を掛けて

$$
\oint_{\mathrm{C}} dx'\,p(x') = \left(n + \frac{1}{2}\right) h \quad (\text{C は } (x_a,\,x_b) \text{ の往復を意味する}) \tag{12.25}
$$

となる．これは本質的に Bohr–Sommerfeld の量子化条件に他ならない．ただし，「量子補正」$\frac{1}{2}h$ が加わった形になっているので，より小さい n の場合も妥当性を持つと期待できる.

第12章 章末問題

問題1 縮退のない Hamiltonian $\hat{H}$ の固有状態 $|\varphi_k\rangle$ と固有値 E_k が基底状態から第 $n-1$ 励起状態まで求まっているとする ($k = 0, 1, \ldots, n-1$).
(1) 任意の試行状態関数 $|\tilde{\varphi}_n\rangle$ を用いて，$|\varphi_k\rangle$ ($k = 0, 1, 2, \ldots, n-1$) と直交している状態ベクトル $|\chi_n\rangle$ を構成せよ．
(2) $|\chi_n\rangle = \sum_{k \geq n} c_k |\varphi_k\rangle$ と展開できることを示せ．
(3) $\frac{\langle \chi_n | \hat{H} | \chi_n \rangle}{\langle \chi_n | \chi_n \rangle} \geq E_n$ が成り立つことを示せ．また，等号が成り立つのはどういう場合か．こうして構成された $|\chi_n\rangle$ を用いて $|\tilde{\varphi}_n\rangle$ についての次の変分を取れば，n 番目の励起状態の近似的状態ベクトルとエネルギーが得られる：$\frac{\delta}{\delta \tilde{\varphi}_n} \left(\frac{\langle \chi_n | \hat{H} | \chi_n \rangle}{\langle \chi_n | \chi_n \rangle} \right) = 0$.

問題2 図 12.5 のような局在したポテンシャル $V(x)$ が与えられているとき，$x \to -\infty$ からエネルギー E で入射した質量 m の粒子の透過率 $T(E)$ を WKB 法で求めよう．回帰点を x_1, x_2 とする：$E = V(x_1) = V(x_2)$ ($x_1 < x_2$). まず，領域 III の解は x の正の方向に進む平面波に漸近するので，$\varphi_{\text{III}}(x) = \frac{A}{\sqrt{p(x)}} e^{i(\int_{x_2}^x dx' p(x')/\hbar - \pi/4)}$ と書けることに注意する．

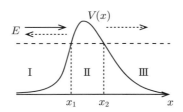

図 12.5 透過率を求めるための図: $E = V(x_1) = V(x_2)$.

(1) 接続公式 (12.22) を用いて，領域 II の波動関数 $\varphi_{\text{II}}(x)$ を求めよ．
(2) さらに，$\varphi_{\text{II}}(x)$ に対して接続公式 (12.23) を適用して，領域 I の波動関数が

$$\varphi_{\text{I}}(x) = \frac{-iA}{\sqrt{p(x)}} \left[e^{ik(x)} \left(e^M + \frac{e^{-M}}{4} \right) + e^{-ik(x)} \left(e^M - \frac{e^{-M}}{4} \right) \right]$$

と書けることを示せ．ただし，$k(x) \equiv \frac{1}{\hbar} \int_{x_1}^x dx' p(x') + \frac{\pi}{4}$, $M = \frac{1}{\hbar} \int_{x_1}^{x_2} dx' \pi(x')$.
(3) 透過率 $T(E)$ を求めよ．

第13章 時間に依存する摂動論

　第4章において，時間に依存するSchrödinger方程式 (4.1) を基礎にして物理量の時間変化について議論した．この章ではHamiltonianが $\hat{H} = \hat{H}_0 + \lambda \hat{V}(t)$ と与えられている場合を扱い，$\lambda \hat{V}(t)$ についての摂動論を展開する．

§13.1　はじめに

　$\hat{H}_0$ についての固有値問題は解けているとする：

$$\hat{H}_0|n\rangle = E_n|n\rangle, \quad \langle n|m\rangle = \delta_{nm}. \tag{13.1}$$

ただし，$\{|n\rangle\}_n$ は完全系を成すと仮定する[1]．

　この章での中心課題は，$t = 0$ において $\hat{H}_0$ の固有状態 $|i\rangle$ にあった系が $\hat{H}$ で時間発展した後，時刻 t において状態 $|n\rangle$ $(n \neq i)$ に観測される確率

$$P_{ni}(t) \equiv |\langle n|\psi(t)\rangle|^2 \tag{13.2}$$

を求める問題である．この $P_{ni}(t)$ を状態 $|i\rangle$ から $|n\rangle$ への**遷移確率**という．以下では，必ずしも初期状態記号 i を明記しない．したがって，我々の扱う問題は，

$$\left(i\hbar\frac{d}{\partial t} - \hat{H}_0\right)|\psi(t)\rangle_{\rm S} = \lambda \hat{V}(t)|\psi(t)\rangle_{\rm S} \tag{13.3}$$

を，与えられた初期条件のもとで解くことである．ここで，下付き添字Sによって Schrödinger 描像を取っていることを明示した．

§13.2　遷移確率が厳密に求まる例：磁気共鳴

　第10章の例題2で扱ったのと同様の問題，すなわち，外磁場中のスピンの運動のダイナミクスを考える．ただし，$t = 0$ においてスピンは上向きの状

---

[1] ただし，固有値は離散的なものと連続的なものとの両方を含んでいてよい．

259

第13章　時間に依存する摂動論

態にあったとする：$|\psi(t=0)\rangle = \begin{pmatrix} 1 \\ 0 \end{pmatrix}$．また，$z$ 軸方向の一様な静的磁場 $\boldsymbol{B}_0 = (0, 0, B_0)$ の他に x-y 平面内で反時計回りに回転する磁場 $\boldsymbol{B}_\perp(t) = (B_\perp \cos\omega t, -B_\perp \sin\omega t, 0)$ が作用しているとする：$\boldsymbol{B}(t) = \boldsymbol{B}_0 + \boldsymbol{B}_\perp(t)$．Hamiltonian は $\hat{H} = -\gamma_s \boldsymbol{B}(t) \cdot \hat{\boldsymbol{S}} = -(\hbar\gamma_s/2)(B_0 \sigma_z - B_\perp \sigma_\perp(t))$ と書ける．ここに，$\sigma_\perp(t) \equiv \sigma_x \cos\omega t - \sigma_y \sin\omega t = \mathrm{e}^{i\sigma_z \omega t/2} \sigma_x \mathrm{e}^{-i\sigma_z \omega t/2}$（最後の等式の証明は章末問題とする）．$|\Psi(t)\rangle = \mathrm{e}^{-i\omega t \sigma_z/2} |\psi(t)\rangle$ とおいて時間に依存する Schrödinger 方程式 $i\hbar\frac{d}{dt}|\psi(t)\rangle = \hat{H}|\psi(t)\rangle$ に代入すると，$|\Psi(t)\rangle$ は次の方程式を満たすことがわかる：$i\hbar\frac{d}{dt}|\Psi(t)\rangle = -\frac{\hbar}{2}[(\omega_\mathrm{L}-\omega)\sigma_z - \omega_\perp \sigma_x]|\Psi(t)\rangle \equiv \hat{H}'|\Psi(t)\rangle$．ここに，$\omega_\mathrm{L} = \gamma_s B_0$，$\omega_\perp = \gamma_s B_\perp$．$\hat{H}'$ には時間依存性がないので $|\Psi(t)\rangle = \mathrm{e}^{-i\hat{H}'t/\hbar}|\Psi(0)\rangle$．さらに，$\Omega = \sqrt{(\omega_\mathrm{L} - \omega)^2 + \omega_\perp^2}$（$\tan\theta = \frac{\omega_\perp}{\omega_\mathrm{L}-\omega}$）を定義すると，$(\omega_\mathrm{L} - \omega)\sigma_z + \omega_\perp \sigma_x = \Omega \sigma_\perp$ と書ける．ただし，$\sigma_\perp = \sigma_z \cos\theta + \sigma_x \sin\theta$．すなわち，$\hat{H}' = -\frac{\hbar\Omega}{2}\sigma_\perp$．さらに，$\sigma_x \sigma_z + \sigma_z \sigma_x = 0$ および $\sigma_x^2 = \sigma_z^2 = \mathbf{1}_s$ より $\sigma_\perp^2 = \mathbf{1}_2$ が成り立つので，$\mathrm{e}^{-i\hat{H}'t/\hbar} = \mathrm{e}^{i\Omega t \sigma_\perp/2} = \mathbf{1}_2 \cos\frac{\Omega t}{2} + i\sigma_\perp \sin\frac{\Omega t}{2}$．$|\Phi(t=0)\rangle = |\psi(t=0)\rangle$ に注意して，$|\Psi(t)\rangle = \begin{pmatrix} h_+ & h_- \\ h_- & h_+^* \end{pmatrix}\begin{pmatrix} 1 \\ 0 \end{pmatrix} = \begin{pmatrix} h_+ \\ h_- \end{pmatrix}$ を得る．ただし，$h_+ \equiv \cos\frac{\Omega t}{2} + i\cos\theta \sin\frac{\Omega t}{2}$，$h_- \equiv i\sin\theta \sin\frac{\Omega t}{2}$．こうして，$|\psi(t)\rangle = \mathrm{e}^{i\omega t \sigma_z/2}|\Psi(t)\rangle = (\mathbf{1}_2 \cos\frac{\omega t}{2} + i\sigma_z \sin\frac{\omega t}{2})|\Psi(t)\rangle = \begin{pmatrix} \mathrm{e}^{i\omega t/2} h_+ \\ \mathrm{e}^{-i\omega t/2} h_- \end{pmatrix}$．最後の等式で $\cos\frac{\omega t}{2} \pm i\sin\frac{\omega t}{2} = \mathrm{e}^{\pm i\omega t/2}$ を用いた．このとき，時刻 t においてスピンが下向きの状態として観測される確率，すなわち，上向きから下向きにスピンがフリップする遷移確率は $P_\downarrow(t) = |\langle\downarrow|\psi(t)\rangle|^2 = |h_-|^2$ より，

$$P_\downarrow(t) = \sin^2\theta \, \sin^2\frac{\Omega t}{2} = \frac{\omega_\perp^2}{(\omega_\mathrm{L}-\omega)^2 + \omega_\perp^2}\sin^2\frac{\Omega t}{2} \tag{13.4}$$

となる．確率の振幅が最大になる（「磁気共鳴」）条件は $\omega = \omega_\mathrm{L} = \gamma_s B_0$ で与えられる．ω および B_0 は実験的に調節可能であるから，この「共鳴」条件から粒子の磁気回転比 γ_s を決定することができる．

§13.3　相互作用描像

摂動論で遷移確率を求める問題を扱うときに便利なのが，以下に述べる**相互作用描像** (interaction picture) の理論である．第 4 章において，時間依存を扱

§13.3 【基本】 相互作用描像

う手法として Scrödinger 描像 と Heisenberg 描像を導入した. 相互作用描像は第 3 の描像であり, Dirac 描像とも呼ばれる.

Schrödinger 描像での状態ベクトルを $|\psi(t)\rangle_\mathrm{S}$ と表記しよう: $i\hbar\frac{d}{dt}|\psi(t)\rangle_\mathrm{S} = \hat{H}|\psi(t)\rangle_\mathrm{S}$. 相互作用描像での状態ベクトル $|\psi(t)\rangle_\mathrm{I}$ を以下のように定義する:

$$|\psi(t)\rangle_\mathrm{I} = \mathrm{e}^{i\hat{H}_0 t/\hbar}|\psi(t)\rangle_\mathrm{S}. \tag{13.5}$$

逆に, $|\psi(t)\rangle_\mathrm{S} = \mathrm{e}^{-i\hat{H}_0 t/\hbar}|\psi(t)\rangle_\mathrm{I}$. 特に, $t=0$ では $|\psi(t=0)\rangle_\mathrm{I} = |\psi(t=0)\rangle_\mathrm{S}$ となり, 両描像の状態ベクトルは一致する. $\hat{H}_0$ の固有状態は完全系をなすので, $|\psi(t)\rangle_\mathrm{S}$ は時間に依存する係数を用いて以下のように展開できる:

$$|\psi(t)\rangle_\mathrm{I} = \sum_n c_n(t)|n\rangle. \tag{13.6}$$

相互作用描像での演算子 $\hat{O}_\mathrm{I}(t)$ は, 任意の時刻 t での期待値が Schrödinger 描像でのそれと同じになるように定義する: $_\mathrm{I}\langle\psi(t)|\hat{O}_\mathrm{I}(t)|\psi(t)\rangle_\mathrm{I} = {}_\mathrm{S}\langle\psi(t)|\hat{O}_\mathrm{S}(t)|\psi(t)\rangle_\mathrm{S} = {}_\mathrm{I}\langle\psi(t)|\mathrm{e}^{i\hat{H}_0 t/\hbar}\hat{O}_\mathrm{S}(t)\mathrm{e}^{-i\hat{H}_0 t/\hbar}|\psi(t)\rangle_\mathrm{I}$. ゆえに,

$$\hat{O}_\mathrm{I}(t) = \mathrm{e}^{i\hat{H}_0 t/\hbar}\,\hat{O}_\mathrm{S}(t)\,\mathrm{e}^{-i\hat{H}_0 t/\hbar} \tag{13.7}$$

遷移確率 (13.2) を相互作用描像で表そう. $\langle n|\psi(t)\rangle_\mathrm{S} = \langle n|\mathrm{e}^{-i\hat{H}_0 t/\hbar}|\psi(t)\rangle_\mathrm{I} = \mathrm{e}^{-iE_n t/\hbar}\langle n|\psi(t)\rangle_\mathrm{I} = \mathrm{e}^{-iE_n t/\hbar}c_n(t)$ と書けるので, (13.2) は

$$P_n(t) = |\langle n|\psi(t)\rangle_\mathrm{S}|^2 = |\langle n|\psi(t)\rangle_\mathrm{I}|^2 = |c_n(t)|^2 \tag{13.8}$$

となる.

相互作用描像では, 状態ベクトルと演算子両方が時間依存性を持つ. まず状態ベクトルについては, (13.5) を時間微分して, $i\hbar\frac{d}{dt}|\psi(t)\rangle_\mathrm{I} = -\mathrm{e}^{i\hat{H}_0 t/\hbar}\hat{H}_0|\psi(t)\rangle_\mathrm{S} + \mathrm{e}^{i\hat{H}_0 t/\hbar}i\hbar\frac{d}{dt}|\psi(t)\rangle_\mathrm{S} = \mathrm{e}^{i\hat{H}_0 t/\hbar}(-\hat{H}_0 + \hat{H})|\psi(t)\rangle_\mathrm{S} = \mathrm{e}^{i\hat{H}_0 t/\hbar}\hat{V}(t)|\psi(t)\rangle_\mathrm{S}$. そこで, $\hat{V}_\mathrm{I}(t) = \mathrm{e}^{i\hat{H}_0 t/\hbar}\hat{V}(t)\mathrm{e}^{-i\hat{H}_0 t/\hbar}$ と書くと,

$$i\hbar\frac{d}{dt}|\psi(t)\rangle_\mathrm{I} = \hat{V}_\mathrm{I}(t)\,|\psi(t)\rangle_\mathrm{I} \tag{13.9}$$

を得る. 一方, 演算子の従う方程式は (13.7) を時間微分して,

$$\frac{d}{dt}\hat{O}_\mathrm{I}(t) = \frac{1}{i\hbar}[\hat{O}_\mathrm{I}(t), \hat{H}_0] \tag{13.10}$$

261

第 13 章　時間に依存する摂動論

となる．このように，相互作用描像では $|\psi(t)\rangle_{\mathrm{I}}$ の時間発展は相互作用 $\hat{V}_{\mathrm{I}}(t)$ によって決まるが，$\hat{O}_{\mathrm{I}}(t)$ の時間発展は $\hat{H}_0$ が決める．

(13.9) の形式解を求めよう．まず，解を完全系で展開しておく：$|\psi(t)\rangle_{\mathrm{I}} = \sum_m c_m(t)|m\rangle$．これを (13.9) へ代入すると，左辺 $= \sum_m i\hbar \dot{c}_m |m\rangle$．一方，右辺 $= \hat{V}_{\mathrm{I}}(t) \sum_m c_m |m\rangle = \sum_m c_m \hat{V}_{\mathrm{I}}(t)|m\rangle$．両辺の左から $\langle n|$ を掛けると，

$$i\hbar \dot{c}_n = \sum_m \langle n|\hat{V}_{\mathrm{I}}(t)|m\rangle \, c_m \tag{13.11}$$

を得る．ここで，$\langle n|\hat{V}_{\mathrm{I}}(t)|m\rangle = \langle n|\mathrm{e}^{iE_n t/\hbar} \hat{V}(t) \, \mathrm{e}^{-iE_m t/\hbar}|m\rangle = \mathrm{e}^{i(E_n - E_m)t/\hbar} \times \langle n|\hat{V}(t)|m\rangle$ と書けることに注意する．

§13.4　逐次近似解の構成（摂動展開）

相互作用表示を使って，解の逐次近似式を求める．

〔A〕初等的な解法　微分方程式 (13.9) を積分方程式に変換すると，初等的に摂動展開が得られる．以下で説明する方法は**逐次近似法**と呼ばれる．

(13.9)を t_0 から t' まで積分し，あらためて $t' = t$ と書き直し整理すると，

$$|\psi(t)\rangle_{\mathrm{I}} = |\psi(t_0)\rangle_{\mathrm{I}} + \frac{1}{i\hbar} \int_{t_0}^{t} dt' \, \hat{V}_{\mathrm{I}}(t') \, |\psi(t')\rangle_{\mathrm{I}} \tag{13.12}$$

ここで，右辺第 2 項は第 1 項に比べて相互作用 $\hat{V}_{\mathrm{I}}$ に関して高次であることに注意しよう．

【第 1 近似】　(13.12) の右辺第 2 項の $|\psi(t)\rangle_{\mathrm{I}}$ を第 1 項 $|\psi(t_0)\rangle_{\mathrm{I}}$ で近似すると，(13.12) は

$$|\psi(t)\rangle_{\mathrm{I}} \simeq |\psi(t_0)\rangle_{\mathrm{I}} + \frac{1}{i\hbar} \int_{t_0}^{t} dt' \, \hat{V}_{\mathrm{I}}(t') \, |\psi(t_0)\rangle_{\mathrm{I}} \tag{13.13}$$

と表される．

【第 2 近似】　(13.12) の右辺の $|\psi(t)\rangle_{\mathrm{I}}$ に (13.13) を代入する；

$$|\psi(t)\rangle_{\mathrm{I}} \simeq |\psi(t_0)\rangle_{\mathrm{I}} + \frac{1}{i\hbar} \int_{t_0}^{t} dt' \, \hat{V}_{\mathrm{I}}(t') \left(|\psi(t_0)\rangle_{\mathrm{I}} + \frac{1}{i\hbar} \int_{t_0}^{t'} dt'' \, \hat{V}_{\mathrm{I}}(t'') \, |\psi(t_0)\rangle_{\mathrm{I}} \right)$$

$$= |\psi(t_0)\rangle_{\mathrm{I}} + \frac{1}{i\hbar} \int_{t_0}^{t} dt' \, \hat{V}_{\mathrm{I}}(t') \, |\psi(t_0)\rangle_{\mathrm{I}}$$

$$+ \left(\frac{1}{i\hbar} \right)^2 \int_{t_0}^{t} dt' \, \hat{V}_{\mathrm{I}}(t') \int_{t_0}^{t'} dt'' \, \hat{V}_{\mathrm{I}}(t'') \, |\psi(t_0)\rangle_{\mathrm{I}}. \tag{13.14}$$

§13.4 【基本】 逐次近似解の構成（摂動展開）

〔B〕一般的な表式：時間発展演算子を使う方法　　閉じた表式を得るため，相互作用表示での時間発展演算子 $\hat{U}(t; t_0)$ を次のように定義する：

$$|\psi(t)\rangle_{\mathrm{I}} = \hat{U}(t; t_0) |\psi(t_0)\rangle_{\mathrm{I}} \tag{13.15}$$

(13.9) に代入すると，

$$i\hbar \frac{d}{dt} \hat{U}(t; t_0) = \hat{V}_{\mathrm{I}}(t) \hat{U}(t; t_0) \quad (\hat{U}(t_0; t_0) = 1) \tag{13.16}$$

を得る．これは (4.17) と同じ形の方程式なので，この解は，(4.22) の導出と同様にして，時間順序積を用いて次のように簡潔に表すことができる：

$$\hat{U}(t; t_0) = T \mathrm{e}^{\frac{1}{i\hbar} \int_{t_0}^{t} dt' \hat{V}_{\mathrm{I}}(t')}. \tag{13.17}$$

この表式から〔A〕で議論した逐次近似解の表式を導出してみよう．まず，(13.17) の指数関数を形式的に展開すると，$\hat{U}(t; t_0) = T\left[1 + \frac{1}{i\hbar} \int_{t_0}^{t} dt' \hat{V}_{\mathrm{I}}(t') + \frac{1}{2!} \left(\frac{1}{i\hbar}\right)^2 \left(\int_{t_0}^{t} dt' \hat{V}_{\mathrm{I}}(t')\right)^2 + \cdots \right]$ となる．たとえば，

$$\text{第 3 項} = T\left[\frac{1}{2!} \left(\frac{1}{i\hbar}\right)^2 \left(\int_{t_0}^{t} dt' \hat{V}_{\mathrm{I}}(t')\right) \int_{t_0}^{t} dt'' \hat{V}_{\mathrm{I}}(t'') \right]$$

$$= \frac{1}{2!} \left(\frac{1}{i\hbar}\right)^2 T\left[\int_{t_0}^{t} dt' \int_{t_0}^{t} dt'' \hat{V}_{\mathrm{I}}(t') \hat{V}_{\mathrm{I}}(t'') \right].$$

ところが，

$$T[\cdots] = \int_{t_0}^{t} dt' \int_{t_0}^{t} dt'' \left(\theta(t' - t'') \hat{V}_{\mathrm{I}}(t') \hat{V}_{\mathrm{I}}(t'') + \theta(t'' - t') \hat{V}_{\mathrm{I}}(t'') \hat{V}_{\mathrm{I}}(t') \right)$$

$$= \int_{t_0}^{t} dt' \int_{t_0}^{t'} dt'' \hat{V}_{\mathrm{I}}(t') \hat{V}_{\mathrm{I}}(t'') + \int_{t_0}^{t} dt'' \int_{t_0}^{t''} dt' \hat{V}_{\mathrm{I}}(t'') \hat{V}_{\mathrm{I}}(t')$$

$$= 2 \int_{t_0}^{t} dt' \int_{t_0}^{t'} dt'' \hat{V}_{\mathrm{I}}(t') \hat{V}_{\mathrm{I}}(t''). \tag{13.18}$$

最後の等号においては，第 2 項において t' と t'' の名前を入れ替えた．こうして，第 3 項 $= (1/i\hbar)^2 \int_{t_0}^{t} dt' \hat{V}_{\mathrm{I}}(t') \int_{t_0}^{t'} dt'' \hat{V}_{\mathrm{I}}(t'')$ となる．したがって，

$$\hat{U}(t; t_0) = 1 + \frac{1}{i\hbar} \int_{t_0}^{t} dt' \hat{V}_{\mathrm{I}}(t') + \left(\frac{1}{i\hbar}\right)^2 \int_{t_0}^{t} dt' \hat{V}_{\mathrm{I}}(t') \int_{t_0}^{t'} dt'' \hat{V}_{\mathrm{I}}(t'') + \cdots$$

が得られる．これを (13.15) に代入すれば (13.14) が得られる．

263

第 13 章　時間に依存する摂動論

§13.5　例：時間に依存しない $\hat{V}$ がある時刻から働きだす場合

$t = 0$ において系は $\hat{H}_0$ の固有状態 $|i\rangle$ にあったとする：$|\psi(t=0)\rangle_{\mathrm{S}} = |i\rangle$. 次のように与えられる $\hat{V}(t)$ により，状態 $|n\rangle\,(n \neq i)$ への遷移確率を 1 次の近似で求めてみよう：

$$
\hat{V}(t) = \begin{cases} 0 & (t < 0) \\ \hat{V} & (0 < t). \end{cases} \tag{13.19}
$$

ただし，$0 < t$ において $\hat{V}$ は時間に依存しないとする．遷移確率の表式 (13.8) より，$c_n(t)$ を求めればよいことがわかる．(13.14) を使うと，

$$
c_n(t) \equiv \langle n|\psi(t)\rangle_{\mathrm{I}} = \langle n|i\rangle + \frac{1}{i\hbar}\int_0^t dt'\,\langle n|\hat{V}_{\mathrm{I}}(t')\,|i\rangle + \cdots \tag{13.20}
$$

ところが，$\langle n|i\rangle = 0$ より，$c_n(t) \simeq \frac{1}{i\hbar}\int_0^t dt'\,\langle n|\hat{V}_{\mathrm{I}}(t')\,|i\rangle \equiv c_n^{(1)}(t)$. さらに，$\langle n|\hat{V}_{\mathrm{I}}(t')\,|i\rangle = \langle n|\mathrm{e}^{i\hat{H}_0 t/\hbar}\,\hat{V}\,\mathrm{e}^{-i\hat{H}_0 t/\hbar}|i\rangle = \mathrm{e}^{i(E_n - E_i)t'/\hbar}\langle n|\hat{V}|i\rangle \equiv V_{ni}\,\mathrm{e}^{i\omega_{ni}t'}$. ただし，$V_{ni} \equiv \langle n|\hat{V}|i\rangle$，$\omega_{ni} \equiv (E_n - E_i)/\hbar$ とおいた．V_{ni} は時間に依存しないことに注意しよう．よって，

$$
c_n^{(1)}(t) = \frac{1}{i\hbar}V_{ni}\int_0^t dt'\,\mathrm{e}^{i\omega_{ni}t'} = \frac{V_{ni}}{\hbar\omega_{ni}}\,(1 - \mathrm{e}^{i\omega_{ni}t}). \tag{13.21}
$$

こうして第 1 近似での遷移確率 $|c_n^{(1)}(t)|^2 \equiv P_n^{(1)}(t)$ は

$$
P_n^{(1)}(t) = \frac{|V_{ni}|^2}{\hbar^2}\left(\frac{\sin\frac{\omega_{ni}}{2}t}{\frac{\omega_{ni}}{2}}\right)^2 \equiv \frac{|V_{ni}|^2}{\hbar^2}t^2 F\left(\frac{\omega_{ni}}{2}t\right) \tag{13.22}
$$

となる．ここで，$F(x) = \frac{\sin^2 x}{x^2}$ とおいた．

図 13.1 に $F(x)$ のグラフを示した．このグラフより，$F(x)$ は $x = \frac{\omega_{ni}}{2}t < \pi$ に対してのみ有意の値を取ることがわかる．これは，与えられた時間 t に対して $|\omega_{ni}| = \frac{|E_n - E_i|}{\hbar} \leq \frac{2\pi}{t}$ を満たすエネルギーを持つ状態 $|n\rangle$ への遷移が主であることを意味している．言い換えると，$|E_n - E_i| > \frac{2\pi\hbar}{t}$ を満たす状態 $|n\rangle$ への遷移は小さいので，時間が経過すると異なるエネルギー状態への遷移は抑制される．

264

§13.6 【基本】 観測されるエネルギー E_n の誤差を取り入れる取扱い

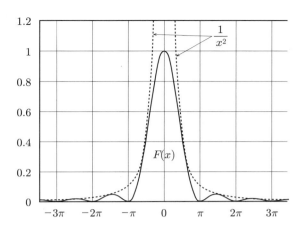

図 13.1 関数 $F(x)$ のグラフ．有意な値を持つのは $|x| < \pi$ に限られる．

§13.6 観測されるエネルギー E_n の誤差を取り入れる取扱い

実験では無限の分解能を得ることは不可能なので，たとえば観測されるエネルギー E_n に誤差が伴う．エネルギーの誤差が ΔE の場合を考えると，$E_n - \frac{\Delta E}{2} < E < E_n + \frac{\Delta E}{2}$ の間に存在する状態すべてへの遷移確率を足し合わせなければならない．そこで，$E_n - \frac{\Delta E}{2} < E < E_n + \frac{\Delta E}{2}$ の間に存在する状態の数を

$$\Delta N(E_n) \equiv \rho(E_n)\,\Delta E = \Delta E \int d\gamma\, \rho(E_n;\gamma) \tag{13.23}$$

と表そう．ここで，γ はエネルギー以外の量子数である．$\rho(E;\gamma)$ および $\rho(E)$ は**状態密度**と呼ばれる．

第 1 近似での遷移確率 (13.22) を終状態のエネルギーの誤差 ΔE の範囲で和を取り $\bar{P}_n(t)$ と書くと，

$$\begin{aligned}\bar{P}_n(t) &\equiv \sum_{|E_n - \bar{E}| \leq \Delta E/2} |c_n^{(1)}(t)|^2 \simeq \int dE_n\, \rho(E_n)\, |c_n^{(1)}|^2 \\ &= 4 \int |V_{ni}|^2 \frac{\sin^2\!\left(\frac{(E_n - E_i)\,t}{2\hbar}\right)}{|E_n - E_i|^2} \rho(E_n)\, dE_n. \end{aligned} \tag{13.24}$$

ここで，$\bar{P}_n(t)$ の $t \to \infty$ での振る舞いを調べよう．このとき次の公式が成り立つことに注意する：

$$\lim_{t \to \infty} \frac{\sin^2\left(\frac{(E_n - E_i)\,t}{2\hbar}\right)}{|E_n - E_i|^2} \simeq \frac{\pi t}{2\hbar} \delta(E_n - E_i). \tag{13.25}$$

【証明】 任意の連続関数 $f(x)$ に対して,

$$I \equiv \int \frac{\sin^2\left(\frac{xt}{2\hbar}\right)}{x^2} f(x)\,dx = \frac{t}{2\hbar} \int \frac{\sin^2 y}{y^2} f\left(\frac{2\hbar y}{t}\right) dy \qquad \left(y = \frac{xt}{2\hbar}\right).$$

ところが, $t \to \infty$ のとき, $f\left(\frac{2\hbar y}{t}\right) \to f(0)$ より,

$$I \simeq \frac{t}{2\hbar} f(0) \int_{-\infty}^{\infty} \frac{\sin^2 y}{y^2}\,dy = \frac{\pi t}{2\hbar} f(0) = \frac{\pi t}{2\hbar} \int \delta(x)\,f(x)\,dx.$$

$x = E_n - E_i$ とおけば, これは (13.25) が成り立つことを意味する. **【証了】**

この公式を用いると, $t \to \infty$ のとき (13.24) は $\bar{P}_n(t) = \frac{2\pi}{\hbar} |V_{ni}|^2 \rho(E_i)t$ となり, 時間に比例する. したがって,

---

十分に時間が経った後での単位時間当たりの遷移確率は

$$w_{ni} \equiv \frac{\bar{P}_n(t)}{t} = \frac{2\pi}{\hbar} |V_{ni}|^2 \rho(E_n) \tag{13.26}$$

となる. これを **Fermi** の黄金律あるいは**黄金則**と言う.

全遷移確率と寿命　　全遷移確率 w は終状態 $|n\rangle$ についての和を取って,

$$w = \sum_{n \neq 1} w_{ni} \tag{13.27}$$

となる. $1/w$ の時間が経つと理論上 1 の確率で状態 $|i\rangle$ は他の状態に遷移することになるので,「**寿命**」τ を

$$\tau = 1/w \tag{13.28}$$

と定義することができる.

【状態密度の例】　　終状態が運動量の固有状態である質量 m の自由粒子の場合について状態密度を求めてみよう. エネルギー $E_{\boldsymbol{p}} = p^2/2m$ の固有関数は運動量 $\boldsymbol{p}$ の固有関数である: $\varphi_{\boldsymbol{p}}(\boldsymbol{r}) = \frac{1}{\sqrt{V}} e^{i\boldsymbol{p}\cdot\boldsymbol{r}/\hbar}$. ただし, x, y, z 方向の長さがそれぞれ L_x, L_y, L_z で与えられる箱を考え, 周期境界条件を課す ($V = L_x L_y L_z$). このとき, $\boldsymbol{p}$ は (3.17) で与えられる離散的な値を取るので, $\boldsymbol{p}$ と $\boldsymbol{p} + \Delta\boldsymbol{p}$ の間

§13.7 【基本】 摂動ポテンシャルが時間的に振動している場合

にある状態の数は $\Delta N \equiv \Delta n_x \Delta n_y \Delta n_z$ と与えられる．ただし，(3.17) より $\Delta p_i = \hbar \frac{2\pi}{L_i} \Delta n_i$ $(i = x,\, y,\, z)$．よって，$\Delta N = V \frac{\Delta p_x \Delta p_y \Delta p_z}{(2\pi\hbar)^3} = V \frac{\Delta \boldsymbol{p}}{(2\pi\hbar)^3}$．ところが，運動量方向 (θ_p, ϕ_p) の立体角 $\Omega_{\boldsymbol{p}}$ を用いると，$\Delta \boldsymbol{p} = \Delta \Omega_{\boldsymbol{p}} p^2 \, dp$．さらに，$dE = p \, dp / m$ を用いると，

$$\Delta N = V \frac{\Delta \Omega_{\boldsymbol{p}}}{(2\pi\hbar)^3} mp \, dE \tag{13.29}$$

を得る．なお，$\Delta \Omega_{\boldsymbol{p}} = \sin \theta_p \Delta \theta_p \Delta \phi_p$ である．したがって，エネルギー以外の状態を指定するパラメータとして運動量の方向 $\gamma = (\theta_p, \phi_p)$ を取り，

$$\Delta N = \rho(E; \gamma) \Delta \Omega_{\boldsymbol{p}} dE, \quad \rho(E; \gamma) = V \frac{mp}{(2\pi\hbar)^3} = V \frac{m\sqrt{2mE}}{(2\pi\hbar)^3} \tag{13.30}$$

となる．また，

$$\rho(E) = \int d\Omega_{\boldsymbol{p}} \rho(E; \theta_p, \phi_p) = V \frac{m\sqrt{2mE}}{2\pi^2 \hbar^3} \tag{13.31}$$

である．

【注】 分子の V は行列要素 V_{ni} に含まれる波動関数の規格化定数 $1/\sqrt{V}$ の 2 乗とキャンセルして，物理量は V に依存しなくなる．

§13.7 摂動ポテンシャルが時間的に振動している場合

$\hat{V}(t)$ が時間的に振動しており，

$$\hat{V}(t) = \hat{F} \mathrm{e}^{-i\omega t} + \hat{F}^\dagger \mathrm{e}^{i\omega t} \tag{13.32}$$

と与えられている場合を扱う．ただし，$\omega = E / \hbar$ とおいた．$F_{ni} \equiv \langle n | \hat{F} | i \rangle$ $(n \neq i)$ と書くと，$\langle n | \hat{F}^\dagger | i \rangle = \langle i | \hat{F} | n \rangle^* = F_{in}^*$．簡単な計算で

$$\begin{aligned}
c_n^{(1)}(t) &= \frac{1}{i\hbar} \int_0^t dt' \, \langle n | \hat{V}_\mathrm{I}(t') | i \rangle \\
&= \frac{1 - \mathrm{e}^{i(\omega_n - \omega_i - \omega)t}}{\hbar(\omega_n - \omega_i - \omega)} F_{ni} + \frac{1 - \mathrm{e}^{i(\omega_n - \omega_i + \omega)t}}{\hbar(\omega_n - \omega_i + \omega)} F_{in}^*
\end{aligned} \tag{13.33}$$

を得る．

E_n は離散的であるとし，$\omega > 0$ かつ $E_n > E_i$ の場合を考える．すなわち，系がエネルギー $\hbar\omega$ を吸収する場合である．この場合，第 1 項の分母 $\omega_n - \omega_i - \omega$

は 0 になり得ることに注意する．このとき，(13.33) の第 1 項が支配的になり第 2 項が無視できるので，$c_n^{(1)}(t) \simeq \frac{1}{\hbar} \frac{1 - e^{i(\omega_n - \omega_i - \omega)t}}{\omega_n - \omega_i - \omega} F_{ni}$ と近似できる．したがって，

$$P_n(t) \simeq |c_n^{(1)}(t)|^2 = \left| 2 \frac{\sin \frac{(E_n - E_i - \hbar\omega)t}{2\hbar}}{E_n - E_i - \hbar\omega} \right|^2 |F_{ni}|^2. \tag{13.34}$$

誤差を考慮に入れて，(13.34) をあるエネルギー幅について足し合わせると，

$$\bar{P}_n(t) \equiv \int P_\nu(t)\, \rho(E_\nu)\, dE_\nu \simeq \int |c_\nu^{(1)}(t)|^2\, \rho(E_\nu)\, dE_\nu$$

$$= \int \left| 2 \frac{\sin \frac{(E_\nu - E_i - \hbar\omega)t}{2\hbar}}{E_\nu - E_i - \hbar\omega} \right|^2 |F_{\nu i}|^2 \rho(E_\nu) dE_\nu. \tag{13.35}$$

$t \to \infty$ のとき，(13.25) より単位時間当たりの遷移確率

$$w \equiv \frac{\bar{P}_n(t)}{t} \simeq \frac{2\pi}{\hbar} |F_{\nu i}|^2 \Big|_{E_\nu = E_n + \hbar\omega} \rho(E_n + \hbar\omega) \tag{13.36}$$

を得る．あるいは，(13.35) に公式 (13.25) を適用して，

$$\bar{P}_n(t) = \int |c_\nu^{(1)}(t)|^2\, \rho(E_\nu)\, dE_\nu = \int \left| 2 \frac{\sin \frac{(E_\nu - E_i - \hbar\omega)t}{2\hbar}}{E_\nu - E_i - \hbar\omega} \right|^2 |F_{\nu i}|^2 \rho(E_\nu) dE_\nu$$

$$= t \int \frac{2\pi}{\hbar} \delta(E_\nu - E_i - \hbar\omega) |F_{\nu i}|^2 \rho(E_\nu) dE_\nu. \tag{13.37}$$

よって，$t \to \infty$ の極限においてエネルギーについて積分することを前提として，単位時間あたりの遷移確率は

$$w \simeq \frac{2\pi}{\hbar} \delta(E_\nu - E_i - \hbar\omega) |F_{\nu i}|^2 \tag{13.38}$$

と書かれることもある．これも **Fermi** の黄金律（黄金則）と呼ばれる．

§13.8　初期定常状態に対する摂動補正：くりこみ

時間に依存する摂動論では，初期状態 $|i\rangle$ から他の状態 $|n\rangle$ $(n \neq i)$ への遷移確率を得ることが主な問題となるが，摂動により初期状態も影響を受ける．後者を素朴に計算すると発散や後に説明する永年項が出る．実際，例 1 の場合に (13.20) において $n = i$ とすると，$\langle i | \hat{V}_I(t') | i \rangle = \langle i | V | i \rangle = V_{ii}$ であり，V_{ii} は時

§13.8 【発展】 初期定常状態に対する摂動補正：くりこみ

間に依存しないから

$$c_i(t) = \langle i|i \rangle + \frac{V_{ii}}{i\hbar} \int_0^t dt' + \cdots = 1 + t \frac{-iV_{ii}}{\hbar} + \cdots \tag{13.39}$$

となる．この第2項は t とともに無限に増大しており，時間発展演算子 $e^{-i\hat{H}t/\hbar}$ がユニタリーであることを考えると不適な解であることがわかる．この時間とともに発散する項は**永年項**と呼ばれる．永年項の存在は摂動展開の破綻を意味する[2]．そこでは摂動級数の何らかの総和法が必要とされる．たとえば，場の理論の「くりこみ処方」がこの永年項の処理に適用できることが江沢によって示されている[3]．そこでは，くりこまれたエネルギーが Brillouin–Wigner 型の摂動展開として得られる．また，Rayleigh–Schrödinger 流の摂動展開と整合的なくりこみを与える処方も存在する．しかし，ここでは長くなるのでこれ以上立ち入らない．

---

[2] P. W. Langhoff, S. T. Epstein and M. Karplus, Rev. Mod. Phys. **44** (1972) 602.

[3] 湯川秀樹，豊田利幸編集，江沢洋執筆『量子力学 I』（岩波講座 新装版 現代物理学の基礎 3，岩波書店，2011）の §6.2 を参照．

———————————— 第 13 章　章末問題 ————————————

問題 1　$e^{i\sigma_z\phi/2}\sigma_x e^{-i\sigma_z\phi/2} = \sigma_x\cos\phi - \sigma_y\sin\phi$ が成り立つことを示せ.

問題 2　§13.2 で扱った系の Hamiltonian を $\hat{H} = \hat{H}_0 + \hat{V}(t)$ と表そう. ただし, $\hat{H}_0 = -\frac{\hbar\omega_L}{2}\sigma_z$, $\hat{V}(t) = -\frac{\hbar\omega_\perp}{2}(\sigma_x\cos\omega t - \sigma_y\sin\omega t) = -\frac{\hbar\omega_\perp}{2}(\sigma_-e^{-i\omega t} + \sigma_+e^{i\omega t})$ である. ただし, $\sigma_\pm = (\sigma_x \pm i\sigma_y)/2$. スピンフリップの遷移確率 $P_\downarrow(t)$ を $\hat{V}(t)$ について 1 次の摂動論で求めよ. また, 厳密解 (13.4) と比較することにより近似の妥当性について議論せよ.

第14章 同種粒子からなる多体系の量子力学入門

　この章では，同種粒子からなる多体系の量子力学を扱う．まず，同種粒子からなる多体系の波動関数が座標の入れ替えに対して対称か反対称でなければならないことをみる．この性質は粒子の種類ごとに決まっており，対称な波動関数になる粒子を「ボソン」，半対称な波動関数になる粒子を「フェルミオン」と呼んでいる．さらに，ある粒子がボソンかフェルミオンかはその固有スピンが整数か半整数かによって決まっている．フェルミオンの場合，波動関数が反対称のため異なる粒子の座標が同じ値を取ると確率振幅は消える．そのことを「Pauli の排他律」あるいは「Pauli 原理」という．これは波動関数の反対称性からの帰結に過ぎないが，逆に，波動関数が反対称になること自体を Pauli の排他律と呼ぶこともある．フェルミオン多体系では，Pauli の排他律と粒子間相互作用がからみあった効果によって，Hamiltonian に表されている以上の多彩な物理的効果が生まれる．すなわち「創発される」．

　この章ではそのような例として，電子間の Coulomb 斥力が重要な要素となって興味深い原子の性質が導かれる．そこでは，電子がスピン自由度を持ち，スピン 3 重項と 1 重項のスピン波動関数がそれぞれ対称および反対称になっている，という事実が重要な役割を果たす．粒子間の相互作用が引力であるフェルミオン多体系，たとえば，原子核やクォーク多体系としてのハドロンにおいては電子系とは異なる特性が実現することを注記しておく．

§14.1　同種粒子系

　2 個の粒子が同種粒子であるとは，それらの質量やスピンそして電荷などその粒子固有の物理量が厳密に同じであり区別できないことを意味する．そのことは古典物理学でも同じである．ところが，古典物理学の場合は図 14.1 のように，粒子の**軌道**の時間履歴によって 2 つの粒子を識別することができる．ある時刻に限れば，それは位置の違いにより区別できるということである．しかし，量子力学においては位置座標と運動量の**不確定**

第14章 同種粒子からなる多体系の量子力学入門

性関係のために,粒子の軌道という概念は意味を持たない[1]. したがって,それぞれの粒子の位置およびスピン座標が r_i および σ_i で表されている同種2粒子系の波動関数を $\psi(r_1, \sigma_1; r_2, \sigma_2) \equiv \psi_1$ とする場合,その座標番号を入れ替えた波動関数 $\psi(r_2, \sigma_2; r_1, \sigma_1) \equiv \psi_2$ は ψ_1 と同じ状態を表している.それは ψ_2 が ψ_1 の定数倍でなければならないことを意味する.すなわち, $\psi(r_2, \sigma_2; r_1, \sigma_1) = c\,\psi(r_1, \sigma_1; r_2, \sigma_2)$. この入れ替えをもう一度行うと, $\psi(r_2, \sigma_2; r_1, \sigma_1) = c^2\,\psi(r_2, \sigma_2; r_1, \sigma_1)$. よって, $c = \pm 1$. すなわち,

$$\psi(r_2, \sigma_2; r_1, \sigma_1) = \pm \psi(r_1, \sigma_1; r_2, \sigma_2). \tag{14.1}$$

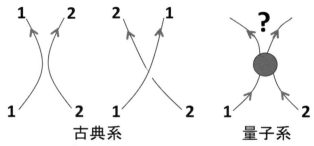

図14.1 古典系では,軌道を追うことができるので粒子 1,2 を識別することができるが,量子系では不確定性関係のため粒子の軌道という概念が意味を持たないので粒子の識別が不可能になる.

この2つの符号のうちどちらの符号が選ばれるかは,実は粒子の種類ごとに決まっている.より具体的にはその粒子のスピンの大きさが($\hbar$ を単位として)**整数**の場合はプラスの符号,**半整数**の場合はマイナスの符号が選ばれる.プラスの符号およびマイナスの符号になる粒子を総称して,それぞれ**ボソン**および**フェルミオン**と呼ぶ[2]. スピンが 1/2 の電子はフェルミオンであり,波動関数は座標の入れ替えに対して符号を変える.その他に,陽子,中性子,クォークのスピンも 1/2 でありフェルミオンである.光子,フォノン,重力子などは整数のスピンを持ち,ボソンである.

---

[1] 精確に位置を測定しようとすれば状態に大きな擾乱を与えてしまい,別の状態になってしまう.
[2] この「スピンと統計」に関する定理は Lorentz 変換不変性と量子力学,そしてエネルギーの正定値性だけを仮定することにより 1940 年に Pauli によって証明された.

§14.2 【基本】 多電子系の Hamiltonian

座標をまとめて $\xi = (\boldsymbol{r}_i, \sigma_i)$ と表す. 系の波動関数を $\psi(\xi_1, \xi_2, \ldots, \xi_N) \equiv \psi(1, 2, \ldots, N)$ と書こう. ここで i 番目と j 番目の粒子の入れ替えを行う演算子 $\hat{P}_{ij}$ を導入すると,

$$\hat{P}_{ij}\psi(1, 2, \ldots, i, \ldots, j, \ldots, N) = \psi(1, 2, \ldots, j, \ldots, i, \ldots, N)$$
$$= \pm\psi(1, 2, \ldots, i, \ldots, j, \ldots, N).$$

この系の Hamiltonian を $\hat{H} = \hat{H}(\xi_1, \xi_2, \ldots, \xi_N) \equiv \hat{H}(1, 2, \ldots, N)$ としよう. このとき, 粒子はすべて同じであり区別できないので, 任意の粒子の座標の入れ替えに対して不変である. Hamiltonian の粒子座標の入れ替えに対する不変性は

$$\hat{P}_{ij}\hat{H}(1, 2, \ldots, i, \ldots, j, \ldots, N)\hat{P}_{ij}^{-1} = \hat{H}(1, 2, \ldots, j, \ldots, i, \ldots, N)$$
$$= \hat{H}(1, 2, \ldots, i, \ldots, j, \ldots, N)$$

と表される.

さて, $\psi(1, 2, \ldots, i, \ldots, j, \ldots, N; t) = \psi(t)$ と略記すると, 時間に依存する Scrödinger 方程式 $i\hbar\frac{\partial\psi}{\partial t} = \hat{H}\psi$ の解は $\psi(t) = \mathrm{e}^{-i\hat{H}t/\hbar}\psi(t=0)$ と書ける. この式に左から $\hat{P}_{ij}$ を作用させると, $\hat{P}_{ij}\psi(t) = \hat{P}_{ij}\mathrm{e}^{-i\hat{H}t/\hbar}\hat{P}_{ij}^{-1}\hat{P}_{ij}\psi(0) = \mathrm{e}^{-i\hat{P}_{ij}\hat{H}\hat{P}_{ij}^{-1}t/\hbar}\left(\hat{P}_{ij}\psi(0)\right) = \mathrm{e}^{-i\hat{H}t/\hbar}\left(\hat{P}_{ij}\psi(0)\right)$. したがって, 時刻 $t=0$ において波動関数が粒子の入れ替えに対して（反）対称であり, $\hat{P}_{ij}\psi(0) = \pm\psi(0)$ であるとすると, 任意の時刻 t において,

$$\hat{P}_{ij}\psi(t) = \pm\mathrm{e}^{-i\hat{H}t/\hbar}\psi(0) = \pm\psi(t). \tag{14.2}$$

すなわち, 波動関数の粒子の入れ替えに対する変換性は時間に依らない不変な性質であり, その性質が粒子の種類ごとに決まっているという事実と整合的である.

§14.2　多電子系の Hamiltonian

N 個の電子を含む原子またはイオンを考える. 系内の各電子は原子核からの 1 体ポテンシャル $U(r_i) = -Z\tilde{e}^2/r_i\,(\tilde{e}^2 = e^2/4\pi\epsilon_0)$ を受けるとともに, 他の電子とポテンシャル $\hat{V}_{12}$ で相互作用もしている. したがって, 全電子系の

第14章　同種粒子からなる多体系の量子力学入門

Hamiltonian は次のように書ける[3]：

$$\hat{H} = \sum_{i=1}^{N} \hat{h}(i) + \sum_{i<j}^{N} \hat{V}_{12}(\boldsymbol{r}_i - \boldsymbol{r}_j). \tag{14.3}$$

ここに，$\hat{h}(i) = \frac{-\hbar^2}{2m}\nabla_i^2 + U(r_i)$，$\hat{V}_{12}(\boldsymbol{r}_i - \boldsymbol{r}_j) = \frac{e^2}{4\pi\epsilon_0|\boldsymbol{r}_i - \boldsymbol{r}_j|}$．$\hat{h}(i)$ は原子核と1電子のみからなる系の Hamiltonian である：$\hat{h}\varphi_{nlm}(\boldsymbol{r}) = E_n\varphi_{nlm}(\boldsymbol{r})$．1電子状態の固有値 E_n は (5.83) に与えられており，規格化された固有関数は $\varphi_{nlm}(\boldsymbol{r}) = R_{nl}(r)Y_{lm}(\theta, \phi)$ と表される．$R_{nl}(r)$ は (5.88) に与えられている．以下では，$(n, l, m) \equiv \alpha$ と書くことにする．スピンの部分も含めると，1体の全波動関数は $\psi(\xi) = \varphi_{nlm}(\boldsymbol{r})\chi_\beta(\sigma)$ と書ける．ただし，$\xi = (\boldsymbol{r}, \sigma)$ であり，β はスピンの z 成分である：$\beta = \uparrow, \downarrow$．

Hamiltonian $\hat{H}$ は，軌道回転に対して不変であり，全軌道角運動量演算子 $\boldsymbol{\hat{L}} = \sum_{i=1}^{N} \boldsymbol{\hat{l}}_i$ と可換である：$[\hat{H}, \boldsymbol{\hat{L}}] = 0$．さらに，Hamiltonian $\hat{H}$ はスピンを含まないので，全スピン演算子 $\boldsymbol{\hat{S}} = \sum_i^N \boldsymbol{\hat{s}}_i$ と可換である：$[\hat{H}, \boldsymbol{\hat{S}}] = 0$．したがって，エネルギーと $\boldsymbol{\hat{S}}$ の同時固有状態を作ることができる．

§14.3　2電子系

まず簡単な同種粒子系の例として，電荷が Ze の原子核の周りを運動する2電子系を考えてみよう．たとえば，H^-，Li^+ などのイオンや He 原子である．Hamiltonian は (14.3) において $N = 2$ とおいたものである：

$$\hat{H} = \sum_{i=1}^{2} \hat{h}(i) + \hat{V}_{12}(\boldsymbol{r}_1 - \boldsymbol{r}_2). \tag{14.4}$$

合成スピンの大きさ S は1あるいは0である．合成スピンの大きさ S が1の状態は各電子のスピン状態を用いて，(7.43)，(7.44)，(7.45) に与えられている．$S = 0$ の状態は (7.46) である．以下では，i 番目の粒子のスピンが $\frac{1}{2}$ および $-\frac{1}{2}$ の規格化された状態をそれぞれ $\chi_\uparrow(\sigma_i)$ および $\chi_\downarrow(\sigma_i)$ と書くことにする．合成スピンの大きさが S，z 成分が M_S の状態ベクトルを $\chi_{S\,M_S}(\sigma_1, \sigma_2)$ と書くことにする．たとえば，$\chi_{00}(\sigma_1, \sigma_2) = \frac{1}{\sqrt{2}}\begin{vmatrix} \chi_\uparrow(\sigma_1) & \chi_\downarrow(\sigma_1) \\ \chi_\uparrow(\sigma_2) & \chi_\downarrow(\sigma_2) \end{vmatrix}$ である．ス

---

[3] ここでは，原子核の質量は電子系の質量に比べて十分大きいと仮定している．また，スピン・軌道力など相対論的な効果も無視している．

274

$$\S14.3 \quad \text{【基本】 2 電子系}$$

ピン座標の入れ替え演算子を $\hat{P}_{12}^{\sigma}$ と書くと，$S = 1$ および $S = 0$ の状態はそれぞれ，$\hat{P}_{12}^{\sigma}$ の固有値 1 および -1 の状態になっており，スピン座標 σ_1 および σ_2 に対してそれぞれ対称および反対称な関数になっていることに注意しよう：
$$\hat{P}_{12}^{\sigma}\chi_{1M_s}(\sigma_1, \sigma_2) = \chi_{1M_s}(\sigma_1, \sigma_2), \quad \hat{P}_{12}^{\sigma}\chi_{00}(\sigma_1, \sigma_2) = -\chi_{00}(\sigma_1, \sigma_2).$$

今扱っている近似の下では相互作用にスピン・軌道力がないので，全波動関数は空間部分 $\Phi(\boldsymbol{r}_1, \boldsymbol{r}_2)$ とスピン部分 $\chi_{SM_s}(\sigma_1, \sigma_2)$ の積で表すことができる：

$$\Psi(\xi_1, \xi_2) = \Phi(\boldsymbol{r}_1, \boldsymbol{r}_2)\chi_{SM_S}(\sigma_1, \sigma_2). \tag{14.5}$$

以下では，軌道角運動量の固有状態を構成することを後回しにして，反対称化の効果を考察する．

14.3.1 電子間相互作用を無視する場合

> ① 非摂動状態において各粒子が異なる軌道 $(n_i, l_i, m_i) \equiv \alpha_i \ (i = 1, 2)$ を占めている場合：$\alpha_1 \neq \alpha_2$.

全波動関数 $\Psi(\xi_1, \xi_2)$ は $\xi_1 = (\boldsymbol{r}_1, \sigma_1)$ と $\xi_2 = (\boldsymbol{r}_2, \sigma_2)$ の入れ替えに対して反対称であり，$S = 1$ および $S = 0$ のスピン波動関数 $\chi_{SM_s}(\sigma_1, \sigma_2)$ は σ_1, σ_2 の入れ替えに対してそれぞれ対称および反対称であるから，それぞれの軌道部分 $\varphi_{\alpha_1,\alpha_2}^t(\boldsymbol{r}_1, \boldsymbol{r}_2)$ および $\varphi_{\alpha_1,\alpha_2}^s(\boldsymbol{r}_1, \boldsymbol{r}_2)$ は座標 $\boldsymbol{r}_1, \boldsymbol{r}_2$ の入れ替えに対してそれぞれ反対称および対称でなければならない．よって，それぞれの規格化された波動関数は以下のように書ける：

(a) $S = 1$ の場合

$$\begin{aligned}
\varphi_{\alpha_1,\alpha_2}^t(\boldsymbol{r}_1, \boldsymbol{r}_2) &= \frac{1}{\sqrt{2}}(\varphi_{n_1 l_1 m_1}(\boldsymbol{r}_1)\,\varphi_{n_2 l_2 m_2}(\boldsymbol{r}_2) \\
&\qquad - \varphi_{n_2 l_2 m_2}(\boldsymbol{r}_1)\,\varphi_{n_1 l_1 m_1}(\boldsymbol{r}_2)) \\
&= \frac{1}{\sqrt{2}}\begin{vmatrix} \varphi_{n_1 l_1 m_1}(\boldsymbol{r}_1) & \varphi_{n_2 l_2 m_2}(\boldsymbol{r}_1) \\ \varphi_{n_1 l_1 m_1}(\boldsymbol{r}_2) & \varphi_{n_2 l_2 m_2}(\boldsymbol{r}_2) \end{vmatrix}
\end{aligned} \tag{14.6}$$

ここで現れた行列式を **Slater** 行列式という．全波動関数は，$\Psi_{SM_S}(\xi_1, \xi_2) = \varphi_{\alpha_1,\alpha_2}^t(\boldsymbol{r}_1, \boldsymbol{r}_2)\chi_{SM_S}(\sigma_1, \sigma_2)$. 特に，$M_S = \pm 1$ のときは，次のように 1 個の行列式で表すことができる：

$$\Psi_{S=1\ M_S=1}(\xi_1, \xi_2) = \varphi_{\alpha_1,\alpha_2}^t(\boldsymbol{r}_1, \boldsymbol{r}_2)\chi_{11}(\sigma_1, \sigma_2)$$

第 14 章　同種粒子からなる多体系の量子力学入門

$$
= \frac{1}{\sqrt{2}} \begin{vmatrix} \varphi_{n_1 l_1 m_1}(\boldsymbol{r}_1)\chi_\uparrow(\sigma_1) & \varphi_{n_2 l_2 m_2}(\boldsymbol{r}_1)\chi_\uparrow(\sigma_1) \\ \varphi_{n_1 l_1 m_1}(\boldsymbol{r}_2)\chi_\uparrow(\sigma_2) & \varphi_{n_2 l_2 m_2}(\boldsymbol{r}_2)\chi_\uparrow(\sigma_2) \end{vmatrix} \quad (14.7)
$$

$M_S = -1$ のときも同様である．一方，$M_S = 0$ のときは 1 つの行列式で表す
ことはできず，次の 2 つの行列式の和で表される：

$$
\begin{aligned}
\Psi_{S=1\ M_S=0}(\xi_1, \xi_2) &= \varphi^t_{\alpha_1, \alpha_2}(\boldsymbol{r}_1, \boldsymbol{r}_2)\chi_{10}(\sigma_1, \sigma_2) \\
&= \frac{1}{\sqrt{2}} \left(\Psi^{(1)}(\xi_1, \xi_2) + \Psi^{(2)}(\xi_1, \xi_2) \right). \quad (14.8)
\end{aligned}
$$

ここに，$\Psi^{(i)}(\xi_1, \xi_2)$ は次のように与えられる Slater 行列式である：

$$
\Psi^{(1)}(\xi_1, \xi_2) = \frac{1}{\sqrt{2}} \begin{vmatrix} \varphi_{n_1 l_1 m_1}(\boldsymbol{r}_1)\chi_\uparrow(\sigma_1) & \varphi_{n_2 l_2 m_2}(\boldsymbol{r}_1)\chi_\downarrow(\sigma_1) \\ \varphi_{n_1 l_1 m_1}(\boldsymbol{r}_2)\chi_\uparrow(\sigma_2) & \varphi_{n_2 l_2 m_2}(\boldsymbol{r}_2)\chi_\downarrow(\sigma_2) \end{vmatrix}
$$

$$
\Psi^{(2)}(\xi_1, \xi_2) = \frac{1}{\sqrt{2}} \begin{vmatrix} \varphi_{n_1 l_1 m_1}(\boldsymbol{r}_1)\chi_\downarrow(\sigma_1) & \varphi_{n_2 l_2 m_2}(\boldsymbol{r}_1)\chi_\uparrow(\sigma_1) \\ \varphi_{n_1 l_1 m_1}(\boldsymbol{r}_2)\chi_\downarrow(\sigma_2) & \varphi_{n_2 l_2 m_2}(\boldsymbol{r}_2)\chi_\uparrow(\sigma_2) \end{vmatrix}
$$

両者でスピンの向きが入れ替わっていることに注意しよう．

(b)　$S = 0$ の場合

$$
\begin{aligned}
\varphi^s_{\alpha_1, \alpha_2}(\boldsymbol{r}_1, \boldsymbol{r}_2) = \frac{1}{\sqrt{2}} [&\varphi_{n_1 l_1 m_1}(\boldsymbol{r}_1)\,\varphi_{n_2 l_2 m_2}(\boldsymbol{r}_2) \\
&+ \varphi_{n_2 l_2 m_2}(\boldsymbol{r}_1)\,\varphi_{n_1 l_1 m_1}(\boldsymbol{r}_2)].
\end{aligned}
$$

このときの全波動関数は上で定義した 2 つの行列式の差で表される：

$$
\begin{aligned}
\Psi_{S=0\ M_S=0}(\xi_1, \xi_2) &= \varphi^s_{\alpha_1, \alpha_2}(\boldsymbol{r}_1, \boldsymbol{r}_2)\chi_{00}(\sigma_1, \sigma_2) \\
&= \frac{1}{\sqrt{2}} \left(\Psi^{(1)}(\xi_1, \xi_2) - \Psi^{(2)}(\xi_1, \xi_2) \right).
\end{aligned}
$$

このときの全エネルギーはともに，

$$
E_t^{(0)} = E_s^{(0)} = E_{n_1} + E_{n_2} = -\frac{Z^2 \tilde{e}^2}{2a_B} \left(\frac{1}{n_1^2} + \frac{1}{n_2^2} \right) \equiv E_{n_1 n_2}^{(0)} \quad (14.9)
$$

であり縮退している．

$\boxed{2}$ **非摂動状態において各粒子が同じ軌道 $(n, l, m) \equiv \alpha$ にある場合**

この場合，軌道部分は対称でしかありえないから，スピン 1 重項のときの
みが該当する．このときの軌道部分の規格化された波動関数は $\varphi^s_{\alpha, \alpha}(\boldsymbol{r}_1, \boldsymbol{r}_2) = \varphi_{nlm}(\boldsymbol{r}_1)\,\varphi_{nlm}(\boldsymbol{r}_2)$. 全エネルギーは，(14.9) において $(n_i, l_i) = (n, l)$ とおい
たものである：$E_s^{(0)} = 2E_n = -\frac{Z^2 \tilde{e}^2}{2a_B}\frac{2}{n^2}$.

$$\S 14.3 \quad \textbf{【基本】} \quad 2\text{電子系}$$

14.3.2 電子間相互作用の取り込み

上で求めた $S = 1$ および $S = 0$ の非摂動状態をそれぞれ用いて，$\hat{V}(1,2) = V(|\boldsymbol{r}_1 - \boldsymbol{r}_2|)$ によるエネルギーの変化 $\Delta E_{t(s)}^{(1)}$ を 1 次の摂動で求めよう．

> $\boxed{1}$ $\alpha_1 \neq \alpha_2$ のとき：3 重項の場合

$$
\begin{aligned}
\Delta E_t^{(1)} &= \langle \Psi_{1M_s} | \hat{V}(1,2) | \Psi_{1M_s} \rangle \\
&= \frac{1}{2} \int d\boldsymbol{r}_1 \int d\boldsymbol{r}_2 \left(\varphi_{\alpha_1}^*(\boldsymbol{r}_1) \varphi_{\alpha_2}^*(\boldsymbol{r}_2) - \varphi_{\alpha_2}^*(\boldsymbol{r}_1) \varphi_{\alpha_1}^*(\boldsymbol{r}_2) \right) V(|\boldsymbol{r}_1 - \boldsymbol{r}_2|) \\
&\quad \times \left(\varphi_{\alpha_1}(\boldsymbol{r}_1) \varphi_{\alpha_2}(\boldsymbol{r}_2) - \varphi_{\alpha_2}(\boldsymbol{r}_1) \varphi_{\alpha_1}(\boldsymbol{r}_2) \right) \equiv J_{\alpha_1 \alpha_2} - K_{\alpha_1 \alpha_2}. \quad (14.10)
\end{aligned}
$$

ただし，

$$
J_{\alpha_1 \alpha_2} = \int d\boldsymbol{r}_1 \int d\boldsymbol{r}_2 \, |\varphi_{\alpha_1}(\boldsymbol{r}_1)|^2 |\varphi_{\alpha_2}(\boldsymbol{r}_2)|^2 \, V(|\boldsymbol{r}_1 - \boldsymbol{r}_2|),
$$

$$
K_{\alpha_1 \alpha_2} = \int d\boldsymbol{r}_1 \int d\boldsymbol{r}_2 \, \varphi_{\alpha_1}^*(\boldsymbol{r}_1) \varphi_{\alpha_2}(\boldsymbol{r}_1) \, V(|\boldsymbol{r}_1 - \boldsymbol{r}_2|) \, \varphi_{\alpha_2}^*(\boldsymbol{r}_2) \varphi_{\alpha_1}(\boldsymbol{r}_2).
$$

ここで，$V(|\boldsymbol{r}_1 - \boldsymbol{r}_2|)$ が $\boldsymbol{r}_1$ と $\boldsymbol{r}_2$ の入れ替えに対して不変であることを用いた．$J_{\alpha_1 \alpha_2}$ および $K_{\alpha_1 \alpha_2}$ はそれぞれ **Coulomb 積分** (あるいは**直接積分**) および**交換積分**と呼ばれる．2 電子間の Coulomb ポテンシャル $V(|\boldsymbol{r}_1 - \boldsymbol{r}_2|)$ が正定値なので，Coulomb 積分は明らかに正定値であるが，交換積分も正定値である．後に示すように，一般に，ポテンシャル $V(\boldsymbol{r}_1 - \boldsymbol{r}_2)$ の Fourier 変換 $\tilde{V}(\boldsymbol{q})$ が正定値であればその交換積分は正定値である．

全く同様にして 1 重項の場合，

$$
\begin{aligned}
\Delta E_s^{(1)} &= \frac{1}{2} \int d\boldsymbol{r}_1 \int d\boldsymbol{r}_2 \left(\varphi_{\alpha_1}^*(\boldsymbol{r}_1) \varphi_{\alpha_2}^*(\boldsymbol{r}_2) + \varphi_{\alpha_2}^*(\boldsymbol{r}_1) \varphi_{\alpha_1}^*(\boldsymbol{r}_2) \right) V(|\boldsymbol{r}_1 - \boldsymbol{r}_2|) \\
&\quad \times \left(\varphi_{\alpha_1}(\boldsymbol{r}_1) \varphi_{\alpha_2}(\boldsymbol{r}_2) + \varphi_{\alpha_2}(\boldsymbol{r}_1) \varphi_{\alpha_1}(\boldsymbol{r}_2) \right) = J_{\alpha_1 \alpha_2} + K_{\alpha_1 \alpha_2}
\end{aligned} \quad (14.11)
$$

となる．したがって，全エネルギーはそれぞれ $E_t \simeq E_{n_1 n_2}^{(0)} + (J_{\alpha_1 \alpha_2} - K_{\alpha_1 \alpha_2})$，$E_s \simeq E_{n_1 n_2}^{(0)} + (J_{\alpha_1 \alpha_2} + K_{\alpha_1 \alpha_2})$ となる．$J_{\alpha_1 \alpha_2}, K_{\alpha_1 \alpha_2}$ がともに正定値であることより，

$$
E_s > E_t \quad (14.12)
$$

を得る．すなわち，3 重項状態（$S = 1$）の方が 1 重項状態（$S = 0$）よりもエネルギーが低い．直観的には，3 重項状態は軌道部分の波動関数が反対称になっているため，2 電子の近距離で波動関数の値が小さくなり，結果として

第 14 章　同種粒子からなる多体系の量子力学入門

Coulomb 斥力を避けているからである．つまり，軌道波動関数の反対称化のために Coulomb 斥力によるエネルギーの増大が避けられている．Coulomb 斥力のために 2 電子系はスピンが揃う傾向にあることがわかる．これは重要な量子力学的効果である．

② 2 電子が同じ軌道 α を占めている場合

この場合はスピンは 1 重項になっている（交換積分は現われない）：

$$\Delta E_s^{(1)} = \int dr_1 \int dr_2\, \varphi_\alpha^*(\boldsymbol{r}_1)\varphi_\alpha^*(\boldsymbol{r}_2)\, V(|\boldsymbol{r}_1 - \boldsymbol{r}_2|)\varphi_\alpha(\boldsymbol{r}_1)\varphi_\alpha(\boldsymbol{r}_2) = J_{\alpha\alpha}.$$

(14.13)

交換積分の正定値性の証明　一般の与えられたポテンシャル $V(\boldsymbol{r}_1 - \boldsymbol{r}_2)$ の Fourier 変換 $\tilde{V}(\boldsymbol{q})$ を次のように定義する：

$$\tilde{V}(\boldsymbol{q}) = \int d\boldsymbol{r}\, \mathrm{e}^{-i\boldsymbol{q}\cdot\boldsymbol{r}} V(\boldsymbol{r}), \quad V(\boldsymbol{r}) = \int \frac{d\boldsymbol{q}}{(2\pi)^3} \mathrm{e}^{i\boldsymbol{q}\cdot\boldsymbol{r}} \tilde{V}(\boldsymbol{q}). \quad (14.14)$$

$\tilde{V}(\boldsymbol{q}) \geq 0$，すなわち，ポテンシャルの Fourier 変換が正定値であれば交換積分 $K_{\alpha_1\alpha_2}$ は正定値であることを示す．

【証明】　まず，$\rho_{\alpha_1\alpha_2}(\boldsymbol{r}) \equiv \varphi_{\alpha_1}^*(\boldsymbol{r})\varphi_{\alpha_2}(\boldsymbol{r})$ のフーリエ変換を次のように定義しておく：

$$\tilde{\rho}_{\alpha_1\alpha_2}(\boldsymbol{k}) = \int d\boldsymbol{r}\, \mathrm{e}^{i\boldsymbol{k}\cdot\boldsymbol{r}} \rho_{\alpha_1\alpha_2}(\boldsymbol{r}), \qquad \rho_{\alpha_1\alpha_2}(\boldsymbol{r}) = \int \frac{d\boldsymbol{k}}{(2\pi)^3} \mathrm{e}^{-i\boldsymbol{k}\cdot\boldsymbol{r}} \tilde{\rho}_{\alpha_1\alpha_2}(\boldsymbol{k}).$$

すると，

$$
\begin{aligned}
K_{\alpha_1\alpha_2} &= \int d\boldsymbol{r}_1 \int d\boldsymbol{r}_2\, \rho_{\alpha_1\alpha_2}(\boldsymbol{r}_1) V(\boldsymbol{r}_1 - \boldsymbol{r}_2) \rho_{\alpha_1\alpha_2}^*(\boldsymbol{r}_2) \\
&= \int d\boldsymbol{r}_1 \int d\boldsymbol{r}_2 \int \frac{d\boldsymbol{k}_1}{(2\pi)^3} \mathrm{e}^{-i\boldsymbol{k}_1\cdot\boldsymbol{r}_1} \tilde{\rho}_{\alpha_1\alpha_2}(\boldsymbol{k}_1) \int \frac{d\boldsymbol{k}_2}{(2\pi)^3} \mathrm{e}^{i\boldsymbol{k}_2\cdot\boldsymbol{r}_2} \tilde{\rho}_{\alpha_1\alpha_2}^*(\boldsymbol{k}_2) \\
&\qquad \times \int \frac{d\boldsymbol{q}}{(2\pi)^3} \mathrm{e}^{i\boldsymbol{q}\cdot(\boldsymbol{r}_1 - \boldsymbol{r}_2)} \tilde{V}(\boldsymbol{q}) \\
&= \int \frac{d\boldsymbol{k}_1}{(2\pi)^3} \tilde{\rho}_{\alpha_1\alpha_2}(\boldsymbol{k}_1) \int \frac{d\boldsymbol{k}_2}{(2\pi)^3} \tilde{\rho}_{\alpha_1\alpha_2}^*(\boldsymbol{k}_2) \int \frac{d\boldsymbol{q}}{(2\pi)^3} \tilde{V}(\boldsymbol{q}) \\
&\qquad \times \int d\boldsymbol{r}_1 \int d\boldsymbol{r}_2\, \mathrm{e}^{-i(\boldsymbol{k}_1-\boldsymbol{q})\cdot\boldsymbol{r}_1} \mathrm{e}^{i(\boldsymbol{k}_2-\boldsymbol{q})\cdot\boldsymbol{r}_2} \\
&= \int \frac{d\boldsymbol{k}_1}{(2\pi)^3} \tilde{\rho}_{\alpha_1\alpha_2}(\boldsymbol{k}_1) \int \frac{d\boldsymbol{k}_2}{(2\pi)^3} \tilde{\rho}_{\alpha_1\alpha_2}^*(\boldsymbol{k}_2) \int \frac{d\boldsymbol{q}}{(2\pi)^3} \tilde{V}(\boldsymbol{q})
\end{aligned}
$$

$$\times (2\pi)^6 \delta(\boldsymbol{k}_1 - \boldsymbol{q}) \delta(\boldsymbol{k}_2 - \boldsymbol{q})$$

$$= \int \frac{d\boldsymbol{q}}{(2\pi)^3} |\tilde{\rho}_{\alpha_1 \alpha_2}(\boldsymbol{q})|^2 \tilde{V}(\boldsymbol{q}) \geq 0. \qquad \text{【証了】}$$

たとえば Coulomb ポテンシャル $V(\boldsymbol{r}) = \tilde{e}^2/r$ の場合,電磁気学でおなじみの Poisson 方程式 $\boldsymbol{\nabla}^2 V(\boldsymbol{r}) = -4\pi\tilde{e}^2\delta(\boldsymbol{r})$ の両辺の Fourier 変換から,$\boldsymbol{q}^2\tilde{V}(\boldsymbol{q}) = 4\pi\tilde{e}^2$ を得る.ゆえに,$\tilde{V}(\boldsymbol{q}) = 4\pi\tilde{e}^2/\boldsymbol{q}^2 > 0$ となり,交換積分が正定値となる.

14.3.3 例:ヘリウム原子の基底状態と励起状態

ヘリウムは原子番号 2 の元素であり,正電荷 $2|e|$ を持つ原子核の周りを 2 個の電子が「回っている.」その原子核は 2 個の陽子と同数の中性子からなる.電子の質量に比べて原子核の質量が圧倒的に大きいので,ここでは簡単のために原子核は静止しているものとして扱う.系の Hamiltonian は (14.4) に与えられている.

基底状態　　基底状態においては,電子間の Coulomb 斥力を無視する場合,2 個の電子は最低の 1 電子エネルギー状態,すなわち,$1s$ 状態を占めている.すると,空間部分が対称なので,Pauli 原理よりスピン部分は反対称,すなわち,スピン部分は 1 重項である.こうして波動関数は以下のように書ける:$\Psi(\xi_1, \xi_2) = \varphi_{100}(\boldsymbol{r}_1)\varphi_{100}(\boldsymbol{r}_2)\chi_{S=0}(\sigma_1, \sigma_2)$.ただし,

$$\varphi_{100}(\boldsymbol{r}) = \frac{1}{\sqrt{4\pi}} R_{10}(r) = -\frac{1}{\sqrt{\pi}} \left(\frac{2}{a_B}\right)^{3/2} \mathrm{e}^{-2r/a_0}. \qquad (14.15)$$

そのときのエネルギーは (14.9) において $Z = 2$,$n_1 = n_2 = 1$ とおいて得られる:$E_{\mathrm{gr}}^{(0)} = E_{11}^{(0)} = -8\frac{\tilde{e}^2}{2a_B} = -108.8\,\mathrm{eV}$.実験値は $E_{\mathrm{gr}}^{\mathrm{exp}} \simeq -79.01$ eV であり[4],大幅に結合エネルギーを過剰評価している.

そこで電子間相互作用による斥力効果を **1 次の摂動** (14.13) で求めよう(今の場合,交換積分は現われないことに注意しよう):$\Delta E_{\mathrm{gr}}^{(1)} = \langle\Psi|\hat{V}_{12}|\Psi\rangle = J_{1s1s}$.この計算は以下のように行うことができる.

$$J_{1s1s} = \int d\boldsymbol{r}_1 \int \boldsymbol{r}_2 \, \frac{1}{4\pi} R_{10}^2(r_1) R_{10}^2(r_2) \frac{\tilde{e}^2}{|\boldsymbol{r}_1 - \boldsymbol{r}_2|} \equiv \frac{\tilde{e}^2}{16\pi^2 a_B} I.$$

---

[4] 高柳和夫著『原子分子の物理学』(朝倉書店,2005) p. 55 を参照.

第14章 同種粒子からなる多体系の量子力学入門

ただし，$I \equiv \int d\boldsymbol{x}_1 \int d\boldsymbol{x}_2 \frac{e^{-|\boldsymbol{x}_1|-|\boldsymbol{x}_2|}}{|\boldsymbol{x}_1-\boldsymbol{x}_2|}$ $(\boldsymbol{x}_i \equiv 4\boldsymbol{r}_i/a_{\mathrm{B}})$. 次のよく知られた Legen-dre 展開を思い出そう．すなわち，$\boldsymbol{x}_1$ と $\boldsymbol{x}_2$ の大きさをそれぞれ $x_i\,(i=1,2)$ とし，そのなす角を θ とすると，

$$\frac{1}{|\boldsymbol{x}_1-\boldsymbol{x}_2|} = \frac{1}{\sqrt{x_1^2 - 2x_1 x_2 \cos\theta + x_2^2}} = \frac{1}{x_>}\sum_{l=0}^{\infty} h^l P_l(\cos\theta) \quad \left(h \equiv \frac{x_<}{x_>}\right).$$

ここに，$x_>\,(x_<)$ は x_1 と x_2 のうちで大きい（小さい）方を表し，$P_l(z)$ は l 次の Legendre 多項式である．これを代入して，

$$I = \int d\boldsymbol{x}_1 \left[\int_0^{x_1} x_2^2 dx_2 \frac{e^{-x_1-x_2}}{x_1} \int d\Omega_2 \sum_{l=0}^{\infty}\left(\frac{x_2}{x_1}\right)^l P_l(\cos\theta) \right]$$
$$+ \int d\boldsymbol{x}_2 \left[\int_0^{x_2} x_1^2 dx_1 \frac{e^{-x_1-x_2}}{x_2} \int d\Omega_1 \sum_{l=0}^{\infty}\left(\frac{x_1}{x_2}\right)^l P_l(\cos\theta) \right].$$

ところが，

$$\int_0^{\pi} \sin\theta d\theta\, P_l(\cos\theta) P_{l'}(\cos\theta) = \delta_{ll'}\frac{2}{2l+1}, \quad P_0(z) = 1$$

が成り立つので，

$$I = \int_0^{\infty} dx_1\, x_1 e^{-x_1} \int_0^{x_2} dx_2\, x_2^2 e^{-x_2} + (x_1 \leftrightarrow x_2) = (4\pi)^2 2 \times \frac{5}{8} = 20\pi^2.$$

すなわち，$J_{1s1s} = \frac{\tilde{e}^2}{16\pi^2 a_{\mathrm{B}}} 20\pi^2 = \frac{5}{2}\frac{\tilde{e}^2}{2a_{\mathrm{B}}}$ を得る．具体的な数値を入れると，$J_{1s1s} \simeq 34\,\mathrm{eV}$ となる．こうして，1 次の摂動ではヘリウムの基底状態のエネルギーは

$$E_{\mathrm{gr}} \simeq E_{\mathrm{gr}}^{(0)} + \Delta E_{\mathrm{gr}}^{(1)} = -8\left(1 - \frac{5}{16}\right)\frac{\tilde{e}^2}{2a_{\mathrm{B}}} \simeq -74.82\,\mathrm{eV} \qquad (14.16)$$

となる．結合エネルギーの減少は約 30% であり，大きな効果と言える．

変分法による解析　非摂動的な方法として変分法を適用してみよう．この方法では，良い試行関数を選べばエネルギーの良い近似値が得られるはずである．電子間相互作用を無視したときの波動関数 (14.15) の指数部分を変更した次の規格化された試行波動関数を採用してみよう：

$$\varphi(\boldsymbol{r}_1, \boldsymbol{r}_2; \zeta) = \frac{1}{\pi}\left(\frac{\zeta}{a_{\mathrm{B}}}\right)^3 e^{-\zeta(r_1+r_2)/a_{\mathrm{B}}}. \qquad (14.17)$$

280

§14.3 【基本】 2電子系

ここに, ζ は変分パラメータである. (14.15) では $\zeta = 2$ であった. この波動関数を試行関数として Hamiltonian(14.4) の期待値 $E(\zeta)$ を計算しよう：

$$E(\zeta) \equiv \int d\boldsymbol{r}_1 \int d\boldsymbol{r}_2 \, \varphi^*(\boldsymbol{r}_1, \boldsymbol{r}_2; \zeta) \hat{H} \varphi(\boldsymbol{r}_1, \boldsymbol{r}_2; \zeta)$$
$$\equiv E_{\mathrm{T}}(\zeta) + E_{\mathrm{U}}(\zeta) + E_{\mathrm{V}}(\zeta), \tag{14.18}$$

$$E_{\mathrm{T}}(\zeta) \equiv \int d\boldsymbol{r}_1 \int d\boldsymbol{r}_2 \, \varphi^*(\boldsymbol{r}_1, \boldsymbol{r}_2; \zeta)(\hat{T}_1 + \hat{T}_2)\varphi(\boldsymbol{r}_1, \boldsymbol{r}_2; \zeta), \tag{14.19}$$

$$E_{\mathrm{U}}(\zeta) \equiv \int d\boldsymbol{r}_1 \int d\boldsymbol{r}_2 \, \varphi^*(\boldsymbol{r}_1, \boldsymbol{r}_2; \zeta)(\hat{U}(1) + \hat{U}(2))\varphi(\boldsymbol{r}_1, \boldsymbol{r}_2; \zeta), \tag{14.20}$$

$$E_{\mathrm{V}}(\zeta) \equiv \int d\boldsymbol{r}_1 \int d\boldsymbol{r}_2 \, \varphi^*(\boldsymbol{r}_1, \boldsymbol{r}_2; \zeta)\hat{V}_{12}\varphi(\boldsymbol{r}_1, \boldsymbol{r}_2; \zeta). \tag{14.21}$$

各項は以下のように計算される.

【運動エネルギー】 $E_{\mathrm{T}}(\zeta) = T_1 + T_2$ と書く. ここに,

$$T_1 = \int d\boldsymbol{r}_1 \int d\boldsymbol{r}_2 \, \varphi^*(\boldsymbol{r}_1, \boldsymbol{r}_2; \zeta)\hat{T}_1\varphi(\boldsymbol{r}_1, \boldsymbol{r}_2; \zeta)$$
$$= \frac{1}{\pi^2}\left(\frac{\zeta}{a_{\mathrm{B}}}\right)^6 \int d\boldsymbol{r}_2 \, \mathrm{e}^{-\frac{2\zeta}{a_{\mathrm{B}}}r_2} \frac{-\hbar^2}{2m} \int d\Omega_1 \int r_1^2 dr_1 \, \mathrm{e}^{-\frac{\zeta}{a_{\mathrm{B}}}r_1}\left(\frac{1}{r_1}\frac{d^2}{dr_1^2}r_1\right)\mathrm{e}^{-\frac{\zeta}{a_{\mathrm{B}}}r_1}. \tag{14.22}$$

ところが,

$$\int r_1^2 dr_1 \mathrm{e}^{-\frac{\zeta}{a_{\mathrm{B}}}r_1}\left(\frac{1}{r_1}\frac{d^2}{dr_1^2}r_1\right)\mathrm{e}^{-\frac{\zeta}{a_{\mathrm{B}}}r_1} = -\int dr_1 \left[\frac{d}{dr_1}\left(r_1\mathrm{e}^{-\frac{\zeta}{a_{\mathrm{B}}}r_1}\right)\right]^2 = \frac{-a_{\mathrm{B}}}{4\zeta}.$$

および, $\int d\boldsymbol{r}_2 \mathrm{e}^{-\frac{2\zeta}{a_{\mathrm{B}}}r_2} = \pi\left(\frac{a_{\mathrm{B}}}{\zeta}\right)^3$. さらに, $T_2 = T_1$ であるから, $E_{\mathrm{T}}(\zeta) = \frac{\tilde{e}^2}{a_{\mathrm{B}}}\zeta^2$ となる.

【1体ポテンシャル】 簡単な計算で $E_{\mathrm{U}}(\zeta) = -\frac{4\tilde{e}^2}{a_{\mathrm{B}}}\zeta$ となる.

【2電子間相互作用】 $J_{\alpha\alpha}$ と同様の計算で $E_{\mathrm{V}}(\zeta) = \frac{5}{8}\frac{\tilde{e}^2}{a_{\mathrm{B}}}\zeta$ を得る.

以上の結果を加えて,

$$E(\zeta) = \frac{\tilde{e}^2}{a_{\mathrm{B}}}\left(\zeta^2 - 4\zeta + \frac{5}{8}\zeta\right) = \frac{\tilde{e}^2}{a_{\mathrm{B}}}\left(\zeta^2 - \frac{27}{8}\zeta\right). \tag{14.23}$$

$E(\zeta)$ の最小値は, $\zeta = 27/16 = 1.6875 \equiv \zeta_M \; (< 2)$ のとき得られる. 最小値は, $E(\zeta_M) = -\left(\frac{27}{16}\right)^2\frac{\tilde{e}^2}{a_{\mathrm{B}}} \simeq -77.5\,[\mathrm{eV}]$ となる. これは1次の摂動論の結果よりも実験値に近い. (14.15) と (14.17) との比較より, ζ_M が2より小さいことは実効的には半径 a_{B} を大きくすることと同じである. これは, 電子間相互作用が原子核の電荷を遮蔽し減少させているためである, と解釈できる.

281

第 14 章　同種粒子からなる多体系の量子力学入門

励起状態　　電子間の Coulomb 斥力を無視する場合，ヘリウム原子の第 1 励起状態では電子は (S) $(1s, 2s)$，　あるいは，(P) $(1s, 2p)$ の軌道を占めている．この 2 つの状態は縮退しているが，電子間相互作用により (S) の状態と (P) の状態はそれぞれ，$(^3S_1, {}^1S_0)$ および $(^3P_{0,1,2}, {}^1P_1)$ に分裂する．電子間の Coulomb 斥力を 1 次の摂動で取り入れた場合のそれぞれのエネルギーは

$$E_{^3S_1} = E_{12}^{(0)} + (J_{1s2s} - K_{1s2s}), \quad E_{^1S_0} = E_{12}^{(0)} + (J_{1s2s} + K_{1s2s}),$$

$$E_{^3P_{0,1,2}} = E_{12}^{(0)} + (J_{1s2p} - K_{1s2p}), \quad E_{^1P_1} = E_{12}^{(0)} + (J_{1s2p} + K_{1s2p})$$

となり，各 (S) および (P) の状態の中では 3 重項の方がエネルギーが低くなることがわかる．実験値もそうなっている[5]．

14.3.4　実効的スピン・スピン相互作用

スピンの大きさ $S = 1$ および 0 の状態への射影演算子は以下のように書ける[6]：$\hat{P}_t = \frac{3 + \boldsymbol{\sigma}_1 \cdot \boldsymbol{\sigma}_2}{4}$, $\hat{P}_s = \frac{1 - \boldsymbol{\sigma}_1 \cdot \boldsymbol{\sigma}_2}{4}$. ただし，単位行列を数 1 と書いている．これを用いると，1 次の摂動エネルギーはスピン波動関数に作用する演算子として統一的に

$$\Delta\hat{\mathcal{H}}^{(1)} = (J_{\alpha_1\alpha_2} - K_{\alpha_1\alpha_2})\hat{P}_t + (J_{\alpha_1\alpha_2} + K_{\alpha_1\alpha_2})\hat{P}_s$$

$$= \frac{2J_{\alpha_1\alpha_2} - K_{\alpha_1\alpha_2}}{2} - \frac{K_{\alpha_1\alpha_2}}{2}\boldsymbol{\sigma}_1 \cdot \boldsymbol{\sigma}_2 \tag{14.24}$$

と書ける．第 2 項は電子間に Coulomb エネルギーと同程度の大きさのスピン・スピン相互作用が実効的に働くことを示している．$\boldsymbol{\sigma}_1 \cdot \boldsymbol{\sigma}_2$ はスピン 3 重項（平行）および 1 重項（反平行）に対してそれぞれ 1 および -3 の値を取る[7]．したがって，このスピン・スピン相互作用は平行（反平行）スピン間に実効的な引力（斥力）効果を与えることがわかる．この大きな効果は電子間の Coulomb 斥力と Pauli の禁制原理という量子力学的効果を起源と「創発された」ことを強調しておこう．

---

[5] 高柳和夫著『原子分子の物理学』（朝倉書店，2005）p. 78 を参照．さらに，全体として (S) の方が (P) の状態よりもエネルギーが低い．これは軌道角運動量が有限の場合 $(l \neq 0)$，波動関数が原子核の外側に広がっているので原子核からの引力が効きにくくなっているからであると解釈できる．

[6] 第 7 章の章末問題 13 を参照．

[7] 第 7 章の章末問題 11 を参照．

§14.3 【基本】 2電子系

14.3.5 自由空間中の2電子の状態：合成スピンとパリティ

自由空間中に存在する2個のフェルミオン間に相対距離のみに依存する中心力ポテンシャル $V(|\boldsymbol{r}_1 - \boldsymbol{r}_2|)$ が働いているとする．このとき，§5.2で行ったように，重心 $\boldsymbol{R} = (\boldsymbol{r}_1 + \boldsymbol{r}_2)/2$ および相対座標 $\boldsymbol{r} = \boldsymbol{r}_1 - \boldsymbol{r}_2$ を使うと，Hamiltonian は重心と相対座標の部分に分離される：$\hat{H} = \hat{H}_{\mathrm{G}} + \hat{H}_{\mathrm{rel}}$．ただし，$\hat{H}_{\mathrm{G}} \equiv \frac{-\hbar^2}{2M} \frac{\partial^2}{\partial \boldsymbol{R}^2}$, $\hat{H}_{\mathrm{rel}} \equiv \frac{-\hbar^2}{2\mu} \frac{\partial^2}{\partial \boldsymbol{r}^2} + V(r)$ である．ここに，$r = |\boldsymbol{r}|$, $M = 2m$ と $\mu = m/2$ はそれぞれ全質量と換算質量である．このとき，全波動関数は，$\Psi(\boldsymbol{r}_1, \sigma_1, \boldsymbol{r}_2, \sigma_2) = \Phi(\boldsymbol{R})\phi(\boldsymbol{r})\chi(\sigma_1, \sigma_2)$ と表される．ただし，$\chi(\sigma_1, \sigma_2)$ は合成系のスピン波動関数であり，$\Phi(\boldsymbol{R})$ および $\phi(\boldsymbol{r})$ はそれぞれ以下の Schrödinger 方程式を満たす：$\hat{H}_{\mathrm{G}}\Phi(\boldsymbol{R}) = E_{\mathrm{G}}\Phi(\boldsymbol{R})$, $\hat{H}_{\mathrm{rel}}\phi(\boldsymbol{r}) = E_{\mathrm{rel}}\phi(\boldsymbol{r})$．全エネルギーは $E = E_{\mathrm{G}} + E_{\mathrm{rel}}$ である．さらに，V が中心力ポテンシャルであるから，$\phi(\boldsymbol{r})$ は軌道角運動量で指定することができる：$\phi(\boldsymbol{r}) = R_{nl}(r)Y_{lm}(\theta, \varphi)$．

さて，Pauli の排他律より，全波動関数 $\Psi(\boldsymbol{r}_1, \sigma_1, \boldsymbol{r}_2, \sigma_2)$ は $\xi_i = (\boldsymbol{r}_i, \sigma_i)$ の入れ替えに対して符号を変えなければならない：$\Psi(\boldsymbol{r}_2, \sigma_2, \boldsymbol{r}_1, \sigma_1) = -\Psi(\boldsymbol{r}_1, \sigma_1, \boldsymbol{r}_2, \sigma_2)$．ところが，位置座標 $\boldsymbol{r}_i$ の入れ替えに対して，重心座標 $\boldsymbol{R} = (\boldsymbol{r}_1 + \boldsymbol{r}_2)/2$ は不変，相対座標 $\boldsymbol{r} = \boldsymbol{r}_1 - \boldsymbol{r}_2$ は符号を変える：$\boldsymbol{r} \rightarrow -\boldsymbol{r}$．すなわち，相対座標は**パリティ変換**をする：$\Psi(\boldsymbol{r}_2, \sigma_2, \boldsymbol{r}_1, \sigma_1) = \Phi(\boldsymbol{R})\phi(-\boldsymbol{r})\chi(\sigma_2, \sigma_1) = -\Psi(\boldsymbol{r}_1, \sigma_1, \boldsymbol{r}_2, \sigma_2) = -\Phi(\boldsymbol{R})\phi(\boldsymbol{r})\chi(\sigma_1, \sigma_2)$．よって，

$$\phi(-\boldsymbol{r})\chi(\sigma_2, \sigma_1) = -\phi(\boldsymbol{r})\chi(\sigma_1, \sigma_2). \tag{14.25}$$

ところが，(5.66) に示されているように，パリティ変換で l 階の球面調和関数は $Y_{lm}(\theta, \varphi) \rightarrow (-1)^l Y_l^m(\theta, \varphi)$ と変換される．また，動径座標 r はパリティ変換で変化しないから，(14.25) は以下の表式に帰着される：$(-1)^l Y_l^m(\theta, \varphi)\chi(\sigma_2, \sigma_1) = -Y_{lm}(\theta, \varphi)\chi(\sigma_1, \sigma_2)$．よって，スピン波動関数に対する次の表式を得る：$(-1)^l \chi(\sigma_2, \sigma_1) = -\chi(\sigma_1, \sigma_2)$．Pauli 排他律のために，相対波動関数の軌道角運動量と合成スピン状態が相関を持つのである．

もう少し具体的に見てみよう．

1. 合成スピンの大きさ S が 1 のとき

この場合，スピン波動関数は座標の入れ替えに対して対称である：$\chi(\sigma_2, \sigma_1) = \chi(\sigma_1, \sigma_2)$．したがって，$(-1)^l \chi(\sigma_1, \sigma_2) = -\chi(\sigma_1, \sigma_2)$．すなわち，$(-1)^l = -1$．よって，$l$ は奇数でなければならない．すなわち，<u>$S = 1$ のとき，</u>

$l = 1, 3, 5, \ldots$ であり，2電子は奇パリティ状態にある．

2. 合成スピンの大きさ S が 0 のとき

この場合，スピン波動関数は座標の入れ替えに対して反対称である：$\chi(\sigma_2, \sigma_1) = -\chi(\sigma_1, \sigma_2)$．したがって，$(-1)^l = 1$ が得られ，l は偶でなければならないことがわかる．すなわち，$\underline{S = 0 \, \text{のとき，相対軌道の角運動量} \, l}$ $\underline{\text{は} \, l = 0, 2, 4, \ldots \, \text{であり，2電子は偶パリティ状態にある．}}$

電子の超伝導は電子対の相関を起源とする．電子対は $^1S_0$ や $^3P_{0,1,2}$ の状態にはなり得るが，$^3S_1$ などの状態にはなり得ないことがわかる．

§14.4 Hartree–Fock 方程式と多電子原子の構造

一般の N 電子系に対して Hamiltonian(14.3) の固有値問題を解くことは，電子間の2体相互作用 $\hat{V}_{12}$ のためにたいへん難しい**多体問題** (many-body problem) である．そこで，よく行われるのが1体場近似である．すなわち，

$$\hat{H} \simeq \sum_i \hat{h}_{\mathrm{MF}}(i), \quad \hat{h}_{\mathrm{MF}}(i) \equiv \frac{\boldsymbol{p}_i^2}{2m} + U_{\mathrm{MF}}(r_i), \tag{14.26}$$

と近似する．ここで，MF は mean field（平均場）の頭文字である．その意味は後にわかる．以下では簡単のために，2体相互作用を平均化して球対称の1体場を作ると仮定している．これは，与えられた角運動量の大きさに対してすべての次期量子数 m の状態がすべて占拠された電子系においては正しい設定である．実際，(7.68) において，$\hat{\boldsymbol{r}}_1 = \hat{\boldsymbol{r}}_2$ の場合，θ_1, φ_1 をそれぞれ改めて θ, φ と書くと，

$$\sum_{m=-l}^{l} |Y_{lm}(\theta, \varphi)|^2 = \frac{2l+1}{4\pi} \tag{14.27}$$

となる．ここで，$P_l(1) = 1$ を用いた．これは与えられた l に対してすべての磁気量子数 m の状態が占有されているとき，確率密度が角度に依らず等方的であることを示している．

もし，適当な $U_{\mathrm{MF}}(r)$ が得られれば，1体問題の Schrödinger 方程式 $\hat{h}_{\mathrm{MF}} \phi_\alpha = \varepsilon_\alpha \phi_\alpha$ を解き，全エネルギーはその和として $E = \sum_{i=1}^{N} \varepsilon_{\alpha_i}$ と与えられるであろう．また，そのときの波動関数 $\boldsymbol{\Psi_\alpha}(\boldsymbol{\xi})$ は，単純には各電子の1体波動

§14.4 【応用】 Hartree–Fock 方程式と多電子原子の構造

関数の積で与えられる：$\boldsymbol{\Psi_\alpha(\xi)} \sim \phi_{\alpha_1}(\xi_1) \cdot \phi_{\alpha_2}(\xi_2) \cdot \cdots \cdot \phi_{\alpha_N}(\xi_N)$. ただし，$\boldsymbol{\alpha} \equiv (\alpha_1, \alpha_2, \ldots, \alpha_N)$, $\boldsymbol{\xi} \equiv (\xi_1, \xi_2, \ldots, \xi_N)$. しかし，電子はフェルミオンなので多電子波動関数はその座標 $\xi_i \leftrightarrow \xi_j$ の入れ替えに対して反対称でなければならない．すなわち，

$$\boldsymbol{\Psi_\alpha(\xi)} = \frac{1}{\sqrt{N!}} \sum_P (-1)^P \phi_{\alpha_1}(\xi_{P(1)}) \phi_{\alpha_2}(\xi_{P(2)}) \cdots \phi_{\alpha_N}(\xi_{P(N)})$$

$$= \frac{1}{\sqrt{N!}} \begin{vmatrix} \phi_{\alpha_1}(\xi_1) & \phi_{\alpha_1}(\xi_2) & \cdots & \phi_{\alpha_1}(\xi_N) \\ \phi_{\alpha_2}(\xi_1) & \phi_{\alpha_2}(\xi_2) & \cdots & \phi_{\alpha_2}(\xi_N) \\ \vdots & \vdots & \ddots & \vdots \\ \phi_{\alpha_N}(\xi_1) & \phi_{\alpha_N}(\xi_2) & \cdots & \phi_{\alpha_N}(\xi_N) \end{vmatrix} \equiv \frac{\boldsymbol{\Phi_\alpha(\xi)}}{\sqrt{N!}} \quad (14.28)$$

と与えられる．ここに，P は N 個の置換を表し，$(-)^P$ はその符号（シグネチャー）である．(14.28) は，(14.6) と同様，Slater 行列式と呼ばれる．

【注】 1つの Slater 行列式で表された状態は，必ずしも全スピン（一般には全角運動量）の固有状態になっていないことに注意する．そのような固有状態は，得られた Slater 行列式の線型結合を取ることにより実現できる．全角運動量 $\boldsymbol{\hat{J}}$ は各粒子の軌道角運動量 $\boldsymbol{\hat{L}_i}$ とスピン $\boldsymbol{\hat{S}_i}$ の合成 $\boldsymbol{\hat{J}} = \sum_i \boldsymbol{\hat{L}_i} + \sum_i \boldsymbol{\hat{S}_i}$ によって与えられる．この合成はまず軌道角運動量とスピンの合成を行い，$\boldsymbol{\hat{L}} \equiv \sum_i \boldsymbol{\hat{L}_i}$ および $\boldsymbol{\hat{S}} \equiv \sum_i \boldsymbol{\hat{S}_i}$ を行ってから，$\boldsymbol{\hat{J}} = \boldsymbol{\hat{L}} + \boldsymbol{\hat{S}}$ を行う方法と各粒子について全角運動量 $\boldsymbol{\hat{J}_i} \equiv \boldsymbol{\hat{L}_i} + \boldsymbol{\hat{S}_i}$ を求めてから $\boldsymbol{\hat{J}} = \sum_i \boldsymbol{\hat{J}_i}$ を合成する方法がある．Russell–Saunders 結合（LS 結合ともいう）と呼ばれる前者の結合方法は小さい原子番号の原子に対して有効であり，jj 結合と呼ばれる後者は大きい原子番号の原子に対して有効である．

14.4.1 変分法による定式化：Hartree–Fock 方程式

1体場近似したときの全電子系の波動関数 Ψ は Slater 行列式の形に表されるので，最初から未知の ϕ_{α_i} を用いて (14.28) の形を仮定し，変分法で ϕ_{α_i} を求めることを考える．ただし，以下の規格化条件が拘束条件として課される：$\langle \phi_{\alpha_i} | \phi_{\alpha_j} \rangle = \delta_{ij}$. 以下で展開される理論は，Hartree–Fock 理論あるいは Hartree–Fock 近似と呼ばれる．この場合の変分方程式は以下のようになる：

$$\frac{\delta}{\delta \phi^*_{\alpha_i}(\xi)} \left(\langle \boldsymbol{\Psi_\alpha} | \hat{H} | \boldsymbol{\Psi_\alpha} \rangle - \sum_{i,j} \lambda_{ij} \langle \phi_{\alpha_i} | \phi_{\alpha_j} \rangle \right) = 0. \quad (14.29)$$

第 14 章　同種粒子からなる多体系の量子力学入門

まず，第 1 項は反対称化を考慮して少し計算すると[8]，

$$
E[\Phi] \equiv \langle \Psi_{\boldsymbol{\alpha}} | \hat{H} | \Psi_{\boldsymbol{\alpha}} \rangle = \sum_{k=1}^{N} \langle \phi_{\alpha_k}, \hat{h}\phi_{\alpha_k} \rangle
$$
$$
+ \frac{1}{2} \sum_{k,l} \langle \phi_{\alpha_k}(1)\,\phi_{\alpha_l}(2) | \hat{V}_{12}(\xi_1, \xi_2) | \phi_{\alpha_k}(1)\,\phi_{\alpha_l}(2) - \phi_{\alpha_l}(1)\,\phi_{\alpha_k}(2) \rangle
$$

$$\tag{14.30}$$

となる．また，(14.29) の第 2 項において $\langle \phi_{\alpha_i}, \phi_{\alpha_j} \rangle \equiv (\boldsymbol{A})_{ji}$ と行列 $\boldsymbol{A}$ を定義しよう（下付添え字の順番に注意）．すると，$(\boldsymbol{A}^\dagger)_{ij} = (\boldsymbol{A})_{ji}^* = \langle \phi_{\alpha_i}, \phi_{\alpha_j} \rangle^* = \langle \phi_{\alpha_j}, \phi_{\alpha_i} \rangle = (\boldsymbol{A})_{ij}$，すなわち，$\boldsymbol{A}^\dagger = \boldsymbol{A}$．ゆえに，行列 $\boldsymbol{A}$ は Hermite 行列である．したがって，次のようにユニタリー変換 U によって対角化される[9]：

$$
U_{ij}\boldsymbol{A}_{jk}(U^\dagger)_{kl} = U_{ij}\boldsymbol{A}_{jk}U_{lk}^* = \langle U_{lk}\phi_{\alpha_k}, U_{ij}\phi_{\alpha_j} \rangle = \epsilon_k\,\delta_{kl}.
$$

したがって改めて，$U_{ij}\phi_{\alpha_j} \rightarrow \phi_{\alpha_i}$ と定義し直すと，(14.29) は簡単に，

$$
\frac{\delta}{\delta \phi_{\alpha_i}^*(\xi_i)} \left(E[\Phi] - \sum_k \epsilon_k \langle \phi_{\alpha_k}, \phi_{\alpha_k} \rangle \right) = 0 \tag{14.31}
$$

となる．(14.30) を代入すると，

$$
\hat{h}(1)\phi_{\alpha_i}(\xi_1) + \sum_{j=1}^{N} \left(\int d\xi_2\, |\phi_{\alpha_j}(\xi_2)|^2 \hat{V}_{12}(\xi_1, \xi_2) \right) \phi_{\alpha_i}(\xi_1)
$$
$$
- \sum_{j=1}^{N} \left(\int d\xi_2\, \phi_{\alpha_j}^*(\xi_2)\hat{V}_{12}(\xi_1, \xi_2)\phi_{\alpha_i}(\xi_2) \right) \phi_{\alpha_j}(\xi_1) = \epsilon_i \phi_{\alpha_i}(\xi_1).
$$

$$\tag{14.32}$$

ここで，$\rho(\xi_2) \equiv \sum_{j=1}^{N} |\phi_{\alpha_j}(\xi_2)|^2$ とおくと，左辺の第 2 項 $= U_{\mathrm{MF}}(\boldsymbol{r})\phi_{\alpha_i}(\xi_1)$，$U_{\mathrm{MF}}(\boldsymbol{r}) \equiv \int d\xi_2\, \rho(\xi_2)\hat{V}_{12}(\xi_1, \xi_2)$ と書ける．これを「直接項」と呼ぶ．直接項は粒子 2 の状態について期待値を取った，すなわち平均した相互作用ポテンシャルであり，(14.26) の $U_{\mathrm{MF}}(r)$ に対応する量である．これは「**平均場**」ポテンシャルを与える．さらに，この平均場は解かれるべき波動関数 $\phi_{\alpha_i}(\xi)$ に

---

[8] 導出は後で与える．また，たとえば，岡崎誠著『べんりな変分原理』第 6 章（物理数学 One Point 4; 共立出版，1993 年）を参照．

[9] 以下では繰り返される添え字については和を取る Einstein の規約を用いている．

§14.4 【応用】 Hartree–Fock 方程式と多電子原子の構造

よって与えられているので，**自己無撞着** (self-consistent) に求めなければならない．電子のフェルミオン性による波動関数の反対称性から，(14.32) には第3項（「交換項」あるいは「交換ポテンシャル」と呼ばれる）が存在することに注意しよう． この交換ポテンシャルも波動関数を自己無撞着に求めなければならないことは直接項と同様である．そのため，Hartree–Fock 近似は「自己無撞着平均場近似 (self-consistent mean-field approximation)」とも呼ばれる．

14.4.2 (14.30) の導出

① 1体 Hamiltonian $\hat{H}_0$ の期待値

以下のように計算できる．

$$\langle \hat{H}_0 \rangle \equiv \langle \Psi_{\boldsymbol{\alpha}} | \hat{H}_0 | \Psi_{\boldsymbol{\alpha}} \rangle$$

$$= \frac{1}{N!} \int d\boldsymbol{\xi} \left(\sum_P (-)^P \prod_{j=1}^{N} \phi_{\alpha_j}^*(\xi_{P(j)}) \right) \left(\sum_{k=1}^{N} \hat{h}(\xi_k) \right) \Phi_{\boldsymbol{\alpha}}(\boldsymbol{\xi})$$

$$= \frac{1}{N!} \sum_P (-)^P \int d\boldsymbol{\xi} \left(\prod_{j=1}^{N} \phi_{\alpha_j}^*(\xi_{P(j)}) \right) \left(\sum_{k=1}^{N} \hat{h}(\xi_k) \right) \Phi_{\boldsymbol{\alpha}}(\boldsymbol{\xi}).$$

ここで，積分変数を $\xi_{P(j)} = \xi_j'$ $(i = 1, 2, \ldots, N)$ と変数変換し，$(\xi_{P(1)}, \xi_{P(2)}, \ldots, \xi_{P(N)}) = (\xi_1', \xi_2', \ldots, \xi_N') \equiv P\boldsymbol{\xi}$ と書くと，以下の等式が成り立つ：$d\boldsymbol{\xi} = \prod_{i=1}^{N} d\xi_i = \prod_{i=1}^{N} d\xi_{P(i)} = d\boldsymbol{\xi}'$．また，$\sum_{k=1}^{N} \hat{h}(\xi_k) = \sum_{k=1}^{N} \hat{h}(\xi_k')$, $\Phi_{\boldsymbol{\alpha}}(\boldsymbol{\xi}) = (-)^P \Phi_{\boldsymbol{\alpha}}(P\boldsymbol{\xi})$. これらを用いると，

$$\langle \hat{H}_0 \rangle = \frac{1}{N!} \sum_P \int d\boldsymbol{\xi}' \left(\prod_{k=1}^{N} \phi_{\alpha_k}^*(\xi_k') \right) \left(\sum_{j=1}^{N} \hat{h}(\xi_j') \right) \Phi_{\boldsymbol{\alpha}}(\boldsymbol{\xi}')$$

$$= \frac{1}{N!} N! \int d\boldsymbol{\xi} \left(\prod_{k=1}^{N} \phi_{\alpha_k}^*(\xi_k) \right) \left(\sum_{j=1}^{N} \hat{h}(\xi_j) \right) \Phi_{\boldsymbol{\alpha}}(\boldsymbol{\xi})$$

$$= \sum_{j=1}^{N} \int d\boldsymbol{\xi} \left(\prod_{k=1}^{N} \phi_{\alpha_k}^*(\xi_k) \right) \hat{h}(\xi_j) \Phi_{\boldsymbol{\alpha}}(\boldsymbol{\xi})$$

ここで，積分が入れ替え操作 P に依存していないことと，添え字 k についての和 $\sum_P (-)^P (-)^P = \sum_P 1 = N!$ を用いた．最後の積分は ϕ_α の規格直交性から各 ξ_j についての積分しか残らないので，$\langle \hat{H}_0 \rangle = \sum_{j=1}^{N} \int d\xi_j \, \phi_{\alpha_j}^*(\xi_j) \hat{h}(\xi_j) \phi_{\alpha_j}(\xi_j)$ となる．これは，(14.30) の右辺第1項である．

287

第14章　同種粒子からなる多体系の量子力学入門

② 2体演算子 $\hat{V}_{12} = \sum_{i<j} V_{12}(\xi_i, \xi_j) = \frac{1}{2}\sum_{i,j=1}^{N} V_{12}(\xi_i, \xi_j)$ の期待値

1体演算子の場合と同様に，

$$
\langle \hat{V}_{12} \rangle = \frac{1}{N!} \sum_P (-)^P \int d\boldsymbol{\xi}\, \phi_{\alpha_1}^*(\xi_{P(1)}) \phi_{\alpha_2}^*(\xi_{P(2)}) \cdots \phi_{\alpha_N}^*(\xi_{P(N)})
$$
$$
\times \left(\frac{1}{2} \sum_{i,j=1}^{N} V_{12}(\xi_i, \xi_j) \right) \Phi_{\boldsymbol{\alpha}}(\boldsymbol{\xi})
$$

と書ける．ここで，積分変数を $\xi_{P(i)} = \xi_i'\ (i=1, 2, \ldots, N)$ と変数変換すると，1体演算子のときに注意した公式と $\frac{1}{2}\sum_{i,j} \hat{V}_{12}(\xi_i, \xi_j) = \frac{1}{2}\sum_{i,j} \hat{V}_{12}(\xi_i', \xi_j')$ に注意して，

$$
\langle \hat{V}_{12} \rangle = \int d\boldsymbol{\xi}'\, \phi_{\alpha_1}^*(\xi_1') \phi_{\alpha_2}^*(\xi_2') \cdots \phi_{\alpha_N}^*(\xi_N') \left(\frac{1}{2} \sum_{i,j=1}^{N} V_{12}(\xi_i', \xi_j') \right) \Phi_{\boldsymbol{\alpha}}(\boldsymbol{\xi}')
$$
$$
= \sum_{i<j}^{N} \int d\boldsymbol{\xi}\, \phi_{\alpha_1}^*(\xi_1) \phi_{\alpha_2}^*(\xi_2) \cdots \phi_{\alpha_N}^*(\xi_N) V_{12}(\xi_i, \xi_j) \Phi_{\alpha}(\boldsymbol{\xi})
$$
$$
= \sum_{i<j}^{N} \sum_P (-)^P \int d\boldsymbol{\xi}\, \phi_{\alpha_1}^*(\xi_1) \phi_{\alpha_2}^*(\xi_2) \cdots \phi_{\alpha_N}^*(\xi_N) V_{12}(\xi_i, \xi_j)
$$
$$
\times \phi_{\alpha_1}(\xi_{P(1)}) \phi_{\alpha_2}(\xi_{P(2)}) \cdots \phi_{\alpha_N}(\xi_{P(N)})
$$
$$
= \sum_{i<j}^{N} \sum_{k,P} (-)^P \int d\xi_i d\xi_j\, \phi_{\alpha_i}^*(\xi_i) \phi_{\alpha_j}^*(\xi_j) V_{12}(\xi_i, \xi_j) \phi_{\alpha_i}(\xi_{P(i)}) \phi_{\alpha_j}(\xi_{P(j)})
$$
$$
\times \prod_{k \neq i,j} \int d\xi_k \phi_{\alpha_k}^*(\xi_k) \phi_{\alpha_k}(\xi_{P(k)})
$$
$$
= \sum_{i<j}^{N} \sum_{k,P} (-)^P \int d\xi_i d\xi_j\, \phi_{\alpha_i}^*(\xi_i) \phi_{\alpha_j}^*(\xi_j) V_{12}(\xi_i, \xi_j) \phi_{\alpha_i}(\xi_{P(i)}) \phi_{\alpha_j}(\xi_{P(j)})
$$
$$
\times \prod_{k \neq i,j} \delta_{kP(k)}.
$$

(i, j) が与えられたとき，上の表式が 0 でない k の順列 P は (i, j) 以外の k は入れ替えがなく，$(P(i), P(j))$ は (i, j) またはそれを入れ替えた (j, i) である．よって，$\langle \hat{V}_{12} \rangle = \sum_{i<j}^{N} \int d\xi_i d\xi_j\, \phi_{\alpha_i}^*(\xi_i) \phi_{\alpha_j}^*(\xi_j) V_{12}(\xi_i, \xi_j) \Big(\phi_{\alpha_i}(\xi_i) \phi_{\alpha_j}(\xi_j) - \phi_{\alpha_i}(\xi_j) \phi_{\alpha_j}(\xi_i) \Big)$．これは，(14.30) の右辺第 2 項である．

§14.5 【基本】 Fermi 気体

14.4.3 原子の構造：周期律の定性的理解

近似的に電子は球対称の1体場ポテンシャルを運動しているとしてよい．各電子の軌道は水素原子の電子軌道のように，(n, l) で指定することができる：$n > l \geq 0$. ただし，水素原子の場合と異なり，n が同じでも l が異なるとエネルギー ϵ_{nl} は異なる：

$$\epsilon_{1s} < \epsilon_{2s} \sim \epsilon_{2p} < \epsilon_{3s} \sim \epsilon_{3p} < \epsilon_{3d} \sim \epsilon_{4s} \sim \epsilon_{4p} < \epsilon_{5s} \sim \epsilon_{4d} \sim \epsilon_{5p}, \ldots$$

そして，いくつかの例外を除いてこの順に軌道は埋まっていく[10]ことが知られている．

さて，たとえば，p 状態は $l = 1$ だから $m = 1, 0, -1$ の3個の状態があり，またそれぞれにスピンの z 成分の2個があるから，合計6個の状態がある．同様に，d 状態は $5 \times 2 = 10$ 個の状態がある．こうして，電子数が

$$2, 8, 8, 18, 18, 32, \ldots$$

と電子数が増えると，次の電子が入るエネルギーは大きくなり，原子は安定になり不活性になる．こうして，元素の周期律が説明される．

「Hundの規則」： まず，1) 最大の全スピンになるように軌道が埋められる．次に，2) 全軌道角運動量が最大になるように軌道が埋まっていく．このHundの規則は現象論的に導き出されたものである．素朴な摂動論の範囲では，電子間のCoulomb斥力による交換積分のためにスピン3重項の方が1重項よりも2電子系のエネルギーが低くなることを14.3.2項で見た．この事実はHundの規則成立と整合的である．しかし，スピン多重項ごとに1粒子軌道自体が変化することを取り入れ原子核からの強い引力を考慮に入れる場合はこの限りではなく，その起源については現在も活発な研究がされている[11].

§14.5 Fermi 気体

スピン $1/2$ を持つフェルミオンの多体系を考える．粒子間の相互作用が無視

---

[10] 例外：$4s$ 軌道，その後 $3d$ 軌道に電子が入る．これは，1体場近似で取り込みきれない2体の残留相互作用とPauli原理の効果によると理解できる．

[11] たとえば，高柳和夫著『原子分子の物理学』（朝倉書店，2005）p.161，および，佐甲徳栄著「ヘリウム様原子におけるフントの第一規則の起源」日本物理学会誌 **68** (2013) p.358 を参照．

第14章　同種粒子からなる多体系の量子力学入門

できる理想的な状況を考える．このような理想系を Fermi 気体という．固体
中の電子系や中性子星内部の中性子系などは Fermi 気体として近似的に記述す
ることができる．系の体積を Ω，粒子数を N とする．このような系では体積 Ω
も粒子数も巨視的な値である．そこでよく行う取扱いは，粒子数密度 $N/\Omega \equiv \rho$
を固定して Ω と N を無限大の量と見なすというものである．以下でもそのよ
うな扱いを行うであろう．

　この系の Hamiltonian は $\hat{H}_0 = \sum_{i=1}^{N} \hat{h}_i$; $\hat{h}_i = \frac{\boldsymbol{p}_i^2}{2m}$. Hamiltonian が各粒
子の自由 Hamiltonian の和で書かれているから，全系の波動関数を各粒子の
座標 $\xi_i \equiv (\boldsymbol{r}_i, \sigma_i)$ のみに依存する関数の積で表そう：$\Psi(\xi_1, \xi_2, \ldots, \xi_N) = \phi_1(\xi_1)\phi_2(\xi_2)\cdots\phi_N(\xi_N)$．これを Schrödinger 方程式 $\hat{H}_0\Psi = E\Psi$ に代入する
と，各座標について変数分離できるので，

$$\hat{h}_i\phi_i(\xi) = \epsilon_i\phi_i(\xi_i), \quad E = \sum_i \epsilon_i \tag{14.33}$$

となる．$\hat{h}_i$ は運動量演算子 $\hat{\boldsymbol{p}}_i$ と可換であるから，固有状態として運動量の固
有状態（平面波）を取ることができる：

$$\phi_i(\xi) = \frac{1}{\sqrt{\Omega}}e^{i\boldsymbol{p}_i\cdot\boldsymbol{r}/\hbar}\chi_{\alpha_i}(\sigma_i), \quad \epsilon_i = \boldsymbol{p}_i^2/2m. \tag{14.34}$$

ただし，周期境界条件 (3.16) を課すことにすると，$\boldsymbol{p}_i$ は (3.17) に与えられて
いる．以下では，波数ベクトル $\boldsymbol{k}_i$ $(\boldsymbol{p}_i = \hbar\boldsymbol{k}_i)$ を用いることもある：

$$\boldsymbol{k}_i = (\frac{2\pi n_{ix}}{L}, \frac{2\pi n_{iy}}{L}, \frac{2\pi n_{iz}}{L}) \equiv \frac{2\pi}{L}\boldsymbol{n}_i. \quad \boldsymbol{n} \equiv (n_{ix}, n_{iy}, n_{iz}). \tag{14.35}$$

粒子はフェルミオンなので，波動関数は次のように反対称化されている：

$$\Psi = \frac{1}{\sqrt{A!}} \sum_P \text{sign}(P)\phi_{i_1}(\xi_1)\phi_{i_2}(\xi_2)\cdots\phi_{i_N}(\xi_N). \tag{14.36}$$

　系の基底状態 $|\Phi_0\rangle$ は Pauli 原理を満たしつつ $\sum_k \epsilon_k$ を最小にする状態であ
る．以下では簡単のために，$L \to \infty$ の場合を考える．このとき (14.35) より，
$\Delta\boldsymbol{k}_i = (2\pi/L)\cdot\Delta\boldsymbol{n}_i \to 0$ であるから波数ベクトルを連続量と見なすことが
できるので，$\boldsymbol{n}$ の和を $\boldsymbol{k}$ の積分に置き換える．また，エネルギーは $\boldsymbol{k}$ の大きさ
だけで決まるから，ある上限 k_F が存在して $|\boldsymbol{k}| < k_F$ を満たす波数 $\boldsymbol{k}$ の状態
が 2 個ずつ占拠された状態が基底状態である．このように運動量空間において
半径 $p_F = \hbar k_F$ の球が構成されることになる．この球を **Fermi 球**，その表面

290

§14.5 【基本】 Fermi 気体

を **Fermi 面**と言い，半径 $p_F = \hbar k_F$ を **Fermi 運動量**，そして $\epsilon_F \equiv p_F^2/2m$ を（Fermi 気体）の **Fermi エネルギー**という．占拠されている 1 粒子エネルギーの最大値が Fermi エネルギーである．こうして，全エネルギーは，

$$E_0 = 2 \sum_{|\boldsymbol{n}| < n_F} \epsilon_k = 2 \int_{|\boldsymbol{n}| < n_F} d\boldsymbol{n}\, \epsilon_k = 2\Omega \int_{k < k_F} \frac{d\boldsymbol{k}}{(2\pi)^3} \frac{\hbar^2 k^2}{2m}. \quad (14.37)$$

ただし，n_F は k_F に対応する $\boldsymbol{n}$ の大きさである．また，$d\boldsymbol{n} = dn_x dn_y dn_z = \left(\frac{L}{2\pi}\right)^3 dk_x dk_y dk_z = \frac{\Omega}{(2\pi)^3} d\boldsymbol{k}$ を用いた．積分を実行して，$E_0 = \frac{\Omega k_F^3}{5\pi^2} \frac{\hbar^2 k_F^2}{2m}$ を得る．

同様に，粒子数は

$$N = 2 \sum_{|\boldsymbol{n}| < n_F} 1 = 2\Omega \int_{k < k_F} \frac{d\boldsymbol{k}}{(2\pi)^3} = \Omega \frac{k_F^3}{3\pi^2} \quad (14.38)$$

と計算できる．すると，1 粒子あたりの全エネルギーは

$$E_0/N = \frac{3}{5} \epsilon_F \quad (14.39)$$

と書ける．また，粒子数密度は

$$\frac{N}{\Omega} \equiv \rho = \frac{k_F^3}{3\pi^2}. \quad (14.40)$$

系の圧力 P は，体積を変化させたときのエネルギーの変化から見積もられる：$\Delta E_0 = -P\, d\Omega$. 簡単な計算により，$P = \frac{2\epsilon_F}{5} \rho$ を得る．

【問い】 化学ポテンシャルは

$$\mu = \frac{\partial E}{\partial A}\Big|_{\Omega}$$

によって定義される．$\mu = \epsilon_F$ であることを示せ．

Pauli の排他原理による 2 粒子相関　　Fermi 気体中の 2 粒子間には相互作用が働いていないが，興味深いことに，同種粒子に対する量子効果のために 2 粒子間には相関が存在する．それを見てみよう．

状態 $\alpha = (\boldsymbol{p}_\alpha = \hbar\boldsymbol{k}_\alpha, \sigma_\alpha)$ および $\beta = (\boldsymbol{p}_\beta = \hbar\boldsymbol{k}_\beta, \sigma_\beta)$ にある 2 核子が位置 $\boldsymbol{r}_1$ および $\boldsymbol{r}_2$ の存在する確率振幅は，$\Psi_{\alpha\beta}(\xi_1, \xi_2) = \frac{1}{\sqrt{2}}(\phi_\alpha(\xi_1)\phi_\beta(\xi_2) - \phi_\beta(\xi_1) \times \phi_\alpha(\xi_2))$．したがって，この系において 2 粒子が位置 $\boldsymbol{r}_1$ および $\boldsymbol{r}_2$ に存在する確率は

$$P(\boldsymbol{r}_1, \boldsymbol{r}_2) = \sum_{\sigma_\alpha, \sigma_\beta;\, p_\alpha, p_\beta < p_F} |\Psi_{\alpha\beta}(\xi_1, \xi_2)|^2$$

第14章 同種粒子からなる多体系の量子力学入門

$$= \frac{1}{\Omega^2} \sum_{\sigma_\alpha, \sigma_\beta} \sum_{k_{\alpha,\beta} < k_F} \left[1 - e^{i(\boldsymbol{k}_\alpha - \boldsymbol{k}_\beta) \cdot (\boldsymbol{r}_1 - \boldsymbol{r}_2)} \delta_{\sigma_\alpha \sigma_\beta} \right].$$

第1項は $(N/\Omega)^2 \rho^2$ である.第2項を $P_{ex}(\boldsymbol{r}_1, \boldsymbol{r}_2)$ と書くと,

$$P_{ex}(\boldsymbol{r}_1, \boldsymbol{r}_2) = 2 \sum_{k_\alpha < k_F} \sum_{k_\beta < k_F} e^{i\boldsymbol{k}_\alpha \cdot (\boldsymbol{r}_1 - \boldsymbol{r}_2)} e^{-i\boldsymbol{k}_\beta \cdot (\boldsymbol{r}_1 - \boldsymbol{r}_2)}$$

$$= 2 \left| \sum_{k_\alpha < k_F} e^{i\boldsymbol{k}_\alpha \cdot (\boldsymbol{r}_1 - \boldsymbol{r}_2)} \right|^2. \tag{14.41}$$

ところが,

$$\sum_{k_\alpha < k_F} e^{i\boldsymbol{k}_\alpha \cdot \boldsymbol{r}} = \Omega \int_{k < k_F} \frac{d^3\boldsymbol{k}}{(2\pi)^3} e^{i\boldsymbol{k} \cdot \boldsymbol{r}} \equiv \Omega \frac{\rho}{2} C(k_F r). \tag{14.42}$$

ただし,$C(x) = \frac{3}{x^3}(\sin x - x \cos x)$.ゆえに,

$$P(\boldsymbol{r}_1, \boldsymbol{r}_2) = \rho^2 \left[1 - C^2(k_F r_{12}) \right] \equiv P(r_{12}) \quad (r_{12} \equiv |\boldsymbol{r}_1 - \boldsymbol{r}_2|) \tag{14.43}$$

を得る.密度で規格化した2体相関関数 $P(r_{12})/\rho^2$ は図14.2に示されている.図からわかるように,$k_F r_{12} < 3$,すなわち,$r_{12} < 3/k_F$ では相関が有意であり,2粒子がこの範囲に同時に存在する確率は小さい.また,密度が高いほど相関距離は短く,密度が低いと相関距離が長いことがわかる.すなわち,密度が低い方が,相対的にPauli原理の効果が大きい.

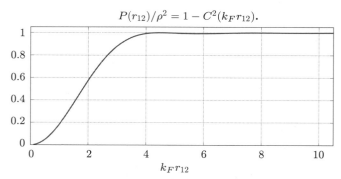

図14.2 Pauliの排他原理のみによる2粒子相関関数 $P(r_{12})/\rho^2 = 1 - C^2(k_F r_{12})$.

―――――――――――― 第 14 章　章末問題 ――――――――――――

問題 1　次のように与えられるポテンシャル（湯川ポテンシャルと呼ばれる）の交換積分の符号は λ の符号に一致することを示せ：$\hat{V}(1, 2) = \lambda \dfrac{\mathrm{e}^{-\mu|\boldsymbol{r}_1 - \boldsymbol{r}_2|}}{|\boldsymbol{r}_1 - \boldsymbol{r}_2|}$.

問題 2　(14.3) で記述されるフェルミオン 2 体系を考える．ただし，2 体相互作用を $\lambda \hat{V}_{12}$ と書く．

　$\lambda \hat{V}_{12}$ を無視する無摂動状態において，各粒子が**異なる**軌道 $(n_i, l_i, m_i) \equiv \alpha_i$ $(i = 1, 2)$ にあるとする．さらに，全スピンの z 成分が 0 の場合を考えよう．すなわち，$\beta_1 + \beta_2 = 0$. このとき，全系のエネルギーは $E^{(0)} \equiv E_{n_1} + E_{n_2}$ であり，2 体系の全波動関数は $(\beta_1, \beta_2) = (1/2, -1/2)$ および $(\beta_1, \beta_2) = (-1/2, 1/2)$ の 2 通りのスピンの組み合わせに対応して次の 2 つの独立な状態があり，縮退している：

$$\Psi_A(\xi_1, \xi_2) = \frac{1}{\sqrt{2}} \left(\phi_{\alpha_1; \frac{1}{2}}(\xi_1) \phi_{\alpha_2; -\frac{1}{2}}(\xi_2) - \phi_{\alpha_2; -\frac{1}{2}}(\xi_1) \phi_{\alpha_1; \frac{1}{2}}(\xi_2) \right),$$

$$\Psi_B(\xi_1, \xi_2) = \frac{1}{\sqrt{2}} \left(\phi_{\alpha_1; -\frac{1}{2}}(\xi_1) \phi_{\alpha_2; \frac{1}{2}}(\xi_2) - \phi_{\alpha_2; \frac{1}{2}}(\xi_1) \phi_{\alpha_1; -\frac{1}{2}}(\xi_2) \right).$$

ただし，粒子がフェルミオンであることに注意して，それぞれ粒子座標の入れ替えに対して反対称になっていることを考慮した．

(1)　$\hat{V}_{12}$ の効果を縮退のある場合の 1 次の摂動論を用いて考察しよう．状態関数およびエネルギーを以下のように展開する：$\Psi = \Psi^{(0)} + \lambda \Psi^{(1)} + \cdots$，$E = E^{(0)} + \lambda \Delta E^{(1)} + \cdots$. ただし，$\Psi^{(0)} = c_A \Psi_A(\xi_1, \xi_2) + c_B \Psi_B(\xi_1, \xi_2)$. ここに，$c_A$ および c_B は未定の定数である：ただし，規格化しておく．すなわち，$|c_A|^2 + |c_B|^2 = 1$. このとき，ある 2 次の Hermite 行列 $\hat{\mathcal{H}}$ を用いて，

$$\hat{\mathcal{H}} \begin{pmatrix} c_A \\ c_B \end{pmatrix} = \Delta E^{(1)} \begin{pmatrix} c_A \\ c_B \end{pmatrix}$$

と書ける．$\hat{\mathcal{H}}$ の行列要素を書け．

(2)　2 個の固有値 $\Delta E_a^{(1)}$ $(a = 1, 2)$ とそれぞれに対応する係数の組 $(c_A, c_B)_a$ を求めよ．

(3)　上で求めた摂動状態のスピン部分の状態関数を因子化することによって，全スピンの大きさ S はそれぞれいくらか，答えよ．

293

第 14 章　同種粒子からなる多体系の量子力学入門

問題 3　2 体系および 3 体系の場合 ($N = 2, 3$) の場合に，Hartree–Fock 方程式 (14.30) が成り立つことを確かめよ．

第15章 統計演算子：純粋状態と混合状態

量子力学的状態には §3.12 で定義した「純粋状態」とは別に「混合状態」と呼ばれる状態がある．両者を統一的に記述する手段が「統計演算子」（あるいは「密度行列」ともよばれる）である．この章ではこれらの概念を導入するとともに量子統計物理学についても言及する．また，最近注目をあびている「量子もつれ（エンタングルメント）」についても簡単な導入を行う．

§15.1 統計演算子：純粋状態の場合

$|\psi\rangle$ を規格化された任意の純粋状態とする．また，$\{|i\rangle\}_{i=1,2,\ldots}$ を任意の完全系としよう：$\sum_i |i\rangle\langle i| = \mathbf{1}$. 添え字 i は表記を簡単にするために離散的であるとした．また，規格直交化しておく：$\langle i|j\rangle = \delta_{ij}$. （連続的添え字を含む場合への拡張は自明であろう．）$|\psi\rangle$ は完全系 $\{|i\rangle\}_{i=1,2,\ldots}$ を用いて次のように展開できる：$|\psi\rangle = \sum_i c_i|i\rangle$ $(c_i = \langle i|\psi\rangle)$. 規格化条件は展開係数を用いて，$\sum_i |c_i|^2 = 1$ と書ける．

ここで純粋状態の統計演算子 $\hat{\rho}$ を次のように定義する：

$$\hat{\rho} \equiv |\psi\rangle\langle\psi| = \sum_{i,j} c_j^* c_i |i\rangle\langle j|. \tag{15.1}$$

統計演算子は密度行列とも呼ばれる．このとき，$\langle i|\hat{\rho}|j\rangle = c_j^* c_i$ である．特に，規格化条件は $1 = \sum_i |c_i|^2 = \sum_i \langle i|\hat{\rho}|i\rangle \equiv \mathrm{tr}\hat{\rho}$ と書ける．

規格化された純粋状態の統計演算子は次の関係式を満たす：

$$\hat{\rho}^2 = |\psi\rangle\langle\psi|\psi\rangle\langle\psi| = |\psi\rangle\langle\psi| = \hat{\rho}. \tag{15.2}$$

これは純粋状態の統計演算子が射影演算子の性質を持つことを示している．

さて，任意の物理量 $\hat{A}$ の状態 $|\psi\rangle$ における期待値は $\bar{A} \equiv \langle\psi|\hat{A}|\psi\rangle = \sum_{i,j} c_j^* c_i \langle j|\hat{A}|i\rangle$ と書ける．一般には，$i \neq j$ に対して複素数の展開係数 $c_j^* c_i \neq 0$ である．これを量子力学的干渉効果という．統計演算子を用いると，

$$\bar{A} = \mathrm{tr}\,\hat{\rho}\hat{A} \tag{15.3}$$

と書ける.

$|\psi\rangle$ が任意のユニタリー変換 $\hat{U}$ により，$|\psi\rangle \to |\psi'\rangle = \hat{U}|\psi\rangle$ と変換されるとする．このとき，$\hat{\rho}$ および $\hat{A}$ はそれぞれ $\hat{\rho} \to \hat{\rho}' = \hat{U}\hat{\rho}\hat{U}^\dagger$, $\hat{A} \to \hat{A}' = \hat{U}\hat{A}\hat{U}^\dagger$ と変換される．しかし，期待値 $\bar{A}$ は不変である：$\bar{A} = \mathrm{tr}\,\hat{\rho}\hat{A} = \mathrm{tr}\,\hat{\rho}'\hat{A}'$. 実際，右辺 $= \mathrm{tr}\,[\hat{U}\hat{\rho}\hat{U}^\dagger\hat{U}\hat{A}\hat{U}^\dagger] = \mathrm{tr}\,[\hat{U}\hat{\rho}\hat{A}\hat{U}^\dagger] = \mathrm{tr}\,\hat{\rho}\hat{A}$. ここで，対角和の性質 $(\mathrm{tr}\,\hat{A}\hat{B} = \mathrm{tr}\,\hat{B}\hat{A})$ を用いた.

§15.2　混合状態

与えられた量子系の状態が，たとえば，量子数の組 (n, l, m) で完全に指定できるとしよう：$|\psi\rangle = |nlm\rangle$. そのうちの量子数 m について定まった値を取るように系を用意することができない状況を考える．これは通常よくあることである[1]．ただし，多数の同一の系が用意できるとし状態が m を持つ統計的確率が w_m となることがわかっているとする：$\sum_m w_m = 1\,(w_m \geq 0)$. このような量子系は**混合状態**であるという．このとき，$\hat{A}$ の観測期待値は $\bar{A} = \sum_m w_m\langle nlm|\hat{A}|nlm\rangle$. このときも統計演算子を $\hat{\rho} \equiv \sum_m w_m|nlm\rangle\langle nlm|$ と定義すると，期待値は $\bar{A} = \mathrm{tr}\,\hat{\rho}\hat{A}$ と表すことができる．混合状態についても $\mathrm{tr}\,\hat{\rho} = 1$ であることに注意する．このように，統計演算子を用いると物理量の観測期待値を純粋状態および混合状態に依らず統一的に表現することができる．一般に，状態 $|i\rangle$ が確率 w_i $(\sum_i w_i = 1;\ w_i \geq 0)$ で用意されている混合状態に対する統計演算子は

$$\hat{\rho} = \sum_i w_i|i\rangle\langle i| \tag{15.4}$$

と定義される．このとき，任意の物理量 $\hat{A}$ の観測期待値は $\bar{A} = \sum_i w_i\langle i|\hat{A}|i\rangle = \mathrm{tr}\,\hat{\rho}\hat{A}$ と表すことができる.

混合状態に対する統計演算子は一般には (15.2) を満たさない．(15.2) が成り立つのは純粋状態のときのみである．したがって，(15.2) は純粋状態と混合状態を区別する重要な性質であると言える．また，不等式 $0 \leq w_i \leq 1$ より $w_i^2 \leq w_i$（等号成立は $w_i = 1$ または 0 のときのみ）を用いると，同様にして次

---

[1] 逆に，すべての量子数が定まった状態を用意できる系は純粋状態として記述されるのであった（§3.12 参照）.

の不等式を得る：$\mathrm{tr}\hat{\rho}^2 = \sum_i w_i^2 \leq \sum_i w_i = \mathrm{tr}\hat{\rho}$（等号の成立は純粋状態のときのみ）．この不等式も純粋状態と混合状態を区別する条件として使われる．

§15.3 量子統計

温度 T の系においてエネルギーが E_n である確率は e^{-E_n/k_BT} に比例する（**Boltzmann の原理**）．したがって，エネルギーが E_n にある場合の確率 w_n は次のように与えられる：$w_n = Z^{-1}\mathrm{e}^{-E_n/k_BT}$ $(Z \equiv \sum_n \mathrm{e}^{-E_n/k_BT})$．$Z$ は**分配関数**と呼ばれる．状態を指定する量子数としてエネルギーの固有値を含めることにし，$|i\rangle = |n;\gamma\rangle$ と書くことにする．ここに，γ はエネルギー以外の量子数（の組）である．完全性は $\sum_{n,\gamma}|n;\gamma\rangle\langle n;\gamma| = 1$ と表現できる．統計演算子は (15.4) に上記 w_n を代入して上記完全性を用いると，

$$\hat{\rho} = Z^{-1}\sum_{n,\gamma}\mathrm{e}^{-E_n/k_BT}|n;\gamma\rangle\langle n;\gamma| = \left(\mathrm{e}^{-\hat{H}/k_BT}/Z\right)\cdot 1 \tag{15.5}$$

となる．また，分配関数も簡潔に $Z = \mathrm{tr}\,\mathrm{e}^{-\hat{H}/k_BT}$ と表されることに注意する．物理量 A の期待値，すなわち，統計熱平均は

$$\bar{A} = \mathrm{tr}\,\hat{\rho}\hat{A} = \mathrm{tr}\left[\mathrm{e}^{-\hat{H}/k_BT}\hat{A}\right]/Z \equiv \langle\langle\hat{A}\rangle\rangle \tag{15.6}$$

となる．これが量子統計（正準分布）の基礎公式である．以下では，$k_B = 1$ とする単位系を取る．すなわち，温度をエネルギーの単位で測ることにする．

分配関数を用いて次の量を定義する：

$$F \equiv -T\ln Z. \tag{15.7}$$

このとき，$\frac{\partial F}{\partial T}\big|_V = -\ln Z - Z^{-1}\mathrm{tr}\left(\hat{H}\mathrm{e}^{-\hat{H}/T}\right) = \frac{F}{T} - \frac{\bar{E}}{T}$．ただし，$\bar{E} = \langle\langle\hat{H}\rangle\rangle$ はエネルギー期待値である．さて，ここで F を熱力学における **Helmholtz の自由エネルギー**と同定できると仮定すると，左辺 $= \partial F/\partial T|_V = -S$ なので $F = \bar{E} - TS$ となり，確かに熱力学の公式と整合的である．ここで，S は系の熱力学的エントロピーである．よって，(15.7) を熱力学における Helmholtz の自由エネルギーと同定する．こうして量子統計力学に基づく熱力学を展開することができる．このとき，S は統計演算子を用いて次のように具体的な表式として与えられる：

$$S = -\mathrm{tr}\left[\hat{\rho}\ln\hat{\rho}\right] = -\langle\langle\ln\hat{\rho}\rangle\rangle \tag{15.8}$$

第 15 章　統計演算子：純粋状態と混合状態

このエントロピーの表式を **von Neumann** エントロピーと呼ぶ．量子統計力学についてのこれ以上の詳しい解説は統計力学の教科書に譲る．

§15.4　統計演算子の満たす運動方程式

$|\psi(t)\rangle$ は次の時間に依存する Schrödinger 方程式を満たしているとする：$i\hbar\partial_t|\psi(t)\rangle = \hat{H}|\psi(t)\rangle$．この形式解はユニタリー演算子 $\hat{U}(t;t_0) \equiv \mathrm{e}^{-i\hat{H}(t-t_0)/\hbar}$ を用いて，$|\psi(t)\rangle = \hat{U}(t;t_0)|\psi(t_0)\rangle$ と書ける．このとき，$i\hbar\partial_t\hat{U}(t;t_0) = \hat{H}\hat{U}(t;t_0)$，および $\hat{U}^\dagger(t;t_0) = \mathrm{e}^{i\hat{H}(t-t_0)/\hbar} = \hat{U}^{-1}(t;t_0)$ に注意する．時間に依存する統計演算子 $\hat{\rho}(t;t_0) = |\psi(t)\rangle\langle\psi(t)| = \hat{U}(t;t_0)|\psi(t_0)\rangle\langle\psi(t_0)|\hat{U}^\dagger(t;t_0)$ は次の運動方程式を満たす：

$$\partial_t\hat{\rho} = \frac{1}{i\hbar}\,[\hat{H},\,\hat{\rho}]. \tag{15.9}$$

混合状態の統計演算子が $\hat{\rho}(t) = \sum_i w_i|i;t\rangle\langle i;t|$ （$\sum_i w_i = 1;\ w_i \geq 0$）と与えられているとする．ここに，$|i;t\rangle = \hat{U}(t;t_0)|i;t_0\rangle$．$|i;t\rangle$ は系が $t = 0$ において状態 $|i\rangle$ にあった後，時刻 t において取る状態である：$i\hbar\partial_t|i;t\rangle = \hat{H}|i;t\rangle$ （$|i;t = 0\rangle = |i\rangle$）．$\hat{\rho}(t) = \sum_i w_i\hat{U}(t;t_0)|i;t_0\rangle\langle i;t_0|\hat{U}^\dagger(t;t_0) = \hat{U}(t;t_0)\hat{\rho}(t_0)\hat{U}^\dagger(t;t_0)$．これより，この統計演算子も (15.9) を満たすことがわかる．より一般に，$\hat{\rho}^n(t) = \left(\hat{U}(t;t_0)\hat{\rho}(t_0)\hat{U}^\dagger(t;t_0)\right)^n = \hat{U}(t;t_0)\hat{\rho}^n(t_0)\hat{U}^\dagger(t;t_0)$．特に，$t = t_0$ で純粋状態のとき，$\hat{\rho}^2(t_0) = \hat{\rho}(t_0)$ であるから $\hat{\rho}^2(t) = \hat{U}(t;t_0)\hat{\rho}^2(t_0)\hat{U}^\dagger(t;t_0) = \hat{U}(t;t_0)\hat{\rho}(t_0)\hat{U}^\dagger(t;t_0) = \hat{\rho}(t)$．すなわち，任意の時刻 t においても純粋状態のままである．

§15.5　複合系：統計演算子の部分和と混合状態

系が 2 つの部分系 S, R からなっているとする．逆に，系を S と R の合成系とみなしてもよい．それぞれの部分系を記述する Hamiltonian を $\hat{H}_\mathrm{S}$ および $\hat{H}_\mathrm{R}$ とし，それぞれの規格直交化された固有状態を $\{|S;i\rangle\}_{i=1,2,\ldots}$ および $\{|R;a\rangle\}_{a=1,2,\ldots}$ とする：$\hat{H}_S|S;i\rangle = E_{Si}|S;i\rangle$，$\langle S;j|S;i\rangle = \delta_{ij}$，$\hat{H}_R|R;a\rangle = E_{Ra}|R;a\rangle$，$\langle R;b|R;a\rangle = \delta_{ab}$．さらに，$\{|S;i\rangle\}_{i=1,2,\ldots}$ および $\{|R;a\rangle\}_{a=1,2,\ldots}$ はそれぞれの部分 Hilbert 空間の完全系をなすとしよう：$\sum_i |S;i\rangle\langle S;i| = \mathbf{1}_\mathrm{S}$，$\sum_a |R;a\rangle\langle R;a| = \mathbf{1}_\mathrm{R}$．後の議論に必ずしも必要ではないが，S と R の間の相

298

§15.5 【発展】 複合系：統計演算子の部分和と混合状態

互作用を $\hat{H}_{SR}$ とする.

全系 S＋R の任意の純粋状態 $|\psi\rangle$ は以下のように，完全系 $\{|S;i\rangle \otimes |R;a\rangle\}_{i,}$ $_{a=1,2,\dots}$ で展開できる：$|\psi\rangle = \sum_{i,a} c_{ia}|S;i\rangle \otimes |R;a\rangle$. $|\psi\rangle$ は規格化されているものとする：$\langle\psi|\psi\rangle = \sum_{i,a}\sum_{j,b} c_{ia}c_{jb}^*\langle S;j|S;i\rangle\langle R;b|R;a\rangle = \sum_{i,a}\sum_{j,b} c_{ia}c_{jb}^*$ $\delta_{ij}\delta_{ab} = \sum_{i,a}|c_{ia}|^2 = 1$. 合成系の任意の純粋状態の統計演算子は，

$$\hat{\rho}_{S+R} = |\psi\rangle\langle\psi| = \sum_{i,a}\sum_{j,b} c_{ia}c_{jb}^*|S;i\rangle \otimes |R;a\rangle\langle S;j|\langle R;b| \qquad (15.10)$$

と書ける. 部分系 S の物理量 $\hat{A}_S$ を考える. 演算子 $\hat{A}_S$ は完全系 $\{|S;i\rangle\}_{i=1,2,\dots}$ を用いて，$\hat{A}_S = \sum_{i,j}(\boldsymbol{A}_S)_{ji}|S;j\rangle\langle S;i|,\ ((\boldsymbol{A}_S)_{ji} \equiv \langle S;j|\hat{A}_S|S;i\rangle)$ と表すことができる. さて，$\hat{A}_S$ の全系での期待値は，

$$\langle\hat{A}_S \otimes \mathbf{1}_R\rangle \equiv \langle\psi|\hat{A}_S \otimes \mathbf{1}_R|\psi\rangle = \mathrm{tr}\,[\boldsymbol{A}_S\boldsymbol{W}], \qquad (15.11)$$

$$(\boldsymbol{W})_{ij} \equiv \sum_a c_{ia}c_{ja}^* \qquad (15.12)$$

と書くことができる. $\boldsymbol{W}$ の定義式での a に関する和は部分系 R の状態についてのものである. $\boldsymbol{W}$ は部分系 S の基底の次元と同じ次数の Hermite 行列であることに注意する. 以下では，$(\boldsymbol{W})_{ij} = w_{ij}$ とも書く. 後の議論のために，$(\boldsymbol{W})_{ij}$ を形式的に少し書き換えておく：

$$
\begin{aligned}
(\boldsymbol{W})_{ij} &= \sum_{a,b} c_{jb}^* c_{ia}\langle R;b|\mathbf{1}_R|R;a\rangle = \sum_{a,b} c_{jb}^* c_{ia}\langle R;b|\left(\sum_c |R;c\rangle\langle R;c|\right)|R;a\rangle \\
&= \sum_c\left(\sum_{a,b} c_{jb}^* c_{ia}\langle R;c|R;a\rangle\langle R;b|R;c\rangle\right) \\
&= \sum_c \langle R;c|\left(\sum_{a,b} c_{jb}^* c_{ia}|R;a\rangle\langle R;b|\right)|R;c\rangle \\
&= \mathrm{tr}_R\left(\sum_{a,b} c_{jb}^* c_{ia}|R;a\rangle\langle R;b|\right).
\end{aligned}
$$

部分系 S に作用する次の統計演算子を導入する：

$$\hat{\rho}_S \equiv \sum_i w_{ij}|S;i\rangle\langle S;j| \quad (w_{ij} = \langle S;i|\hat{\rho}_S|S;j\rangle). \qquad (15.13)$$

実は，$\hat{\rho}_S$ は次のように全統計演算子の $\hat{\rho}_{S+R}$ の R 空間についての**部分和**になっている：$\hat{\rho}_S = \mathrm{tr}_R\,\hat{\rho}_{S+R}$. 実際，$\mathrm{tr}_R\,\hat{\rho}_{S+R} = \sum_a \langle R;a|\hat{\rho}_{S+R}|R;a\rangle =$

第15章　統計演算子：純粋状態と混合状態

$\sum_{i,j} |S;i\rangle\langle S;j| (\sum_a c_{ia} c_{ja}^*) = \sum_{i,j} (\boldsymbol{W})_{ij} |S;i\rangle\langle S;j| = \hat{\rho}_S.$ ここで，(15.12)
を用いた．$\hat{\rho}_S$ を S についての**部分統計演算子**と呼ぶ．同様に，R についての部分統計演算子 $\hat{\rho}_R$ を定義することができる：

$$\hat{\rho}_R = \mathrm{tr}_S \, \hat{\rho}_{S+R}. \tag{15.14}$$

容易に示されるように，以下のことが成り立つ：

$$\langle \hat{A}_S \rangle = \mathrm{tr}[\hat{\rho}_{S+R} \hat{A}_S] = \mathrm{tr}_S [\hat{\rho}_S \hat{A}_S]. \tag{15.15}$$

これは，部分系 S の観測量が S の状態のみに作用する統計演算子で書かれることを示している．そのとき，統計演算子は全系の統計演算子について系以外の状態について部分和を取ったものになる．この簡約された（「縮約された」ともいう）統計演算子は一般には混合状態の統計演算子になっている．実際，$\mathrm{tr}\,\hat{\rho}_S = \mathrm{tr}\,\boldsymbol{W} = \sum_i w_{ii} = \sum_i (\sum_a c_{ia} c_{ia}^*) = \sum_{i,a} |c_{ia}|^2 = 1.$ 以下ではさらに，$\boldsymbol{W}$ が非負行列であることを示す．

まず，$c_{ia} = (\boldsymbol{c})_{ia}$ と行列 $\boldsymbol{c}$ を定義すると，$(\boldsymbol{W})_{ij} = (\boldsymbol{cc}^\dagger)_{ij}$ と書けることに注意する．行列 $\boldsymbol{W}$ は Hermite であるから，あるユニタリー行列 U を用いて $U^\dagger \boldsymbol{W} U$ を対角行列にすることができる：その対角成分は w_j $(j = 1, 2, \ldots)$ は $\boldsymbol{W}$ の固有値である．逆変換を成分で書くと，$\sum_k U_{ik} w_k U_{jk}^* = w_{ij}.$ 対角和はユニタリー変換で不変であるから，$1 = \mathrm{tr}\boldsymbol{W} = \sum_k w_k = 1.$ さらに，$\boldsymbol{W}$ の任意の固有値 w_k は非負である．実際，w_k に属する固有ベクトルを χ_k と書くと，

$$w_k = (\chi_k, \boldsymbol{W}\chi_k) = (\chi_k, \boldsymbol{cc}^\dagger \chi_k) = \|\boldsymbol{c}^\dagger \chi_k\|^2 \geq 0.$$

ここで，$|S;j\rangle' \equiv \sum_i U_{ij} |S;i\rangle$ と定義すると，以下の等式が成り立つ：

$$\hat{\rho}_S = \sum_k w_k |S;k\rangle'{}^\backprime \langle S;k|. \tag{15.16}$$

実際，$\sum_k w_k |S;k\rangle'{}^\backprime\langle S;k| = \sum_k w_k \sum_i \sum_j U_{ik} U_{jk}^* |S;i\rangle\langle S;j| = \sum_i \sum_j |S;i\rangle\langle S;j| \times (\sum_k U_{ik} w_k U_{jk}^*) = \sum_i \sum_j |S;i\rangle\langle S;j| w_{ij} = \hat{\rho}_S.$ ユニタリー変換なので，$\{|S;j\rangle'\}_{j=1, 2\ldots}$ は S 系において完全系をなすことに注意しよう．

(15.15) および (15.16) より，

$$\langle \hat{A}_S \rangle = \sum_j {}^\backprime\langle S;j| \hat{\rho}_S \hat{A}_S |S;j\rangle' = \sum_{j,j'} {}^\backprime\langle S;j| \hat{\rho}_S |S;j'\rangle'{}^\backprime\langle S;j'| \hat{A}_S |S;j\rangle'$$

300

§15.5 【発展】 複合系：統計演算子の部分和と混合状態

$$= \sum_{j,j'} w_j \delta_{jj'} \langle S;j'|\hat{A}_S|S;j \rangle' = \sum_j w_j \langle S;j|\hat{A}_S|S;j \rangle' \qquad (15.17)$$

が得られる．これは，部分系 S のみに閉じた期待値が，一般には混合状態の期待値として与えられることを示している．このように，全系が純粋状態であったとしても，注目する部分系以外を観測しない場合，部分系は混合状態として記述されることになる．これは，混合状態が現れる一つの典型例となっている．

15.5.1 相関／量子もつれ

2 つの独立な系 1, 2 からなる合成系を考える．その状態 $|\psi\rangle$ が部分系 1, 2 の状態ベクトル $|\psi_1\rangle, |\psi_2\rangle$ を用いて，$|\psi\rangle = |\psi_1\rangle \otimes |\psi_2\rangle$ と 1 個のテンソル積で表されるとき，$|\psi\rangle$ は「**量子もつれ（エンタングルメント）がない**」という．$|\psi\rangle = c_1|\psi_1\rangle \otimes |\psi_2\rangle + c_2|\psi_1'\rangle \otimes |\psi_2'\rangle$ とテンソル積の線型結合で表さなければならないとき，「**量子もつれがある**」，あるいは，「**エンタングルしている**」という．たとえば，2 つのスピン系を考えると，合成された 4 つのスピン状態のうち，全スピンの大きさが $S = 1$ でその z 成分が $M_S = \pm 1$ の状態は，それぞれ，$|11\rangle = |\uparrow\rangle_1 \otimes |\uparrow\rangle_2$ および $|1-1\rangle = |\downarrow\rangle_1 \otimes |\downarrow\rangle_2$ と表されるので量子もつれはない．しかし，2 つの $M_S = 0$ の状態は $\frac{1}{\sqrt{2}}(|\uparrow\rangle_1 \otimes |\downarrow\rangle_2 \pm |\downarrow\rangle_1 \otimes |\uparrow\rangle_2)$ と表されるので，量子もつれがあることになる．

部分統計演算子 $\hat{\rho}_1$ および $\hat{\rho}_2$ を用いると，量子もつれがない場合，全系の統計演算子は $\hat{\rho} = \hat{\rho}_1 \otimes \hat{\rho}_2$ となる．$\hat{A}_1$ および $\hat{A}_2$ をそれぞれ部分系 1, 2 のみに作用する任意の演算子とすると，量子もつれがない場合，このようなすべての演算子に対して，$\langle \hat{A}_1 \hat{A}_2 \rangle = \langle \hat{A}_1 \rangle_1 \langle \hat{A}_2 \rangle_2$ となる．このとき，状態は**無相関の状態**であるという．

―――――――――――――― 第 15 章　章末問題 ――――――――――――――

問題 1　混合状態に対する統計演算子は一般には (15.2) を満たさないこと，また，(15.2) が成り立つのは純粋状態のときのみであることを示せ.

問題 2　(15.3) を示せ.

問題 3　(15.5) の統計演算子に対して，以下の等式を示せ：$\ln \hat{\rho} = -\hat{H}/T - \ln Z$.

問題 4　(15.8) を示せ.

問題 5　(15.11) を示せ.

■益川コラム　Wigner 関数

　量子力学の定式化には，よく知られているように正準量子化と経路積分がある．前者は，Hilbert 空間での演算子である位置 x と運動量 p の正準変数の組に，正準交換関係を設定するものである．一方，後者は粒子の古典的な軌道まわりのあらゆる経路を作用積分に依存する位相因子の重みで積分することで量子的な揺らぎを取り入れるものである．これらの 2 つの代表的な量子化の方法に加えて，「Wigner 関数」と呼ばれる位相空間における c 数の実関数を用いる定式化がある．*)

　この関数は位相空間の点 (x, p) に依存する関数で，波動関数 $\psi(x)$ を用いて以下の式で定義される．ただし，ここでは，簡単のため時間変数 t の依存性を suppress している．

$$f(x, p) = \frac{1}{2\pi} \int_{-\infty}^{\infty} dy \psi^* \left(x - \frac{\hbar}{2} y \right) \mathrm{e}^{-iyp} \psi \left(x + \frac{\hbar}{2} y \right) \tag{1}$$

Wigner 関数は実数であることが示せるが負になることもあるため「準確率密度関数」と呼ばれる．また，上限・下限が存在し，$-2/\hbar \leq f(x, p) \leq 2/\hbar$ が示せる．一方，$f(x, p)$ を p で積分すれば $|\psi(x)|^2$ に等しく，逆に x で積分すれば $|\tilde{\psi}(p)|^2$ とそれぞれ x-表示，p-表示での確率密度を表す．また，x, p 両変数で積分すれば 1 に規格化されている．ここで，$\tilde{\psi}(p)$ は $\psi(x)$ を Fourier 変換した運動量表示の波動関数を表す．

　演算子 $\hat{A}(\hat{x}, \hat{p})$ の量子力学的な期待値は，この物理量に対応する位相空間の c 数関数 $A(x, p)$ を用いて以下の式で与えられる．

$$\langle \hat{A} \rangle = \int dx dp f(x, p) A(x, p) \tag{2}$$

与えられた Hamiltonian H に対して，Schrödinger 方程式を解かずに直接 Wigner 関数を求めてエネルギー固有値を得るには，以下の方程式を解く．

$$H \left(x + \frac{i\hbar}{2} \vec{\partial}_p, p - \frac{i\hbar}{2} \vec{\partial}_x \right) f(x, p) = E f(x, p) \tag{3}$$

ちなみに，調和振動子の各エネルギー固有値の Wigner 関数は，Hermite 多項式ではなく，Laguerre 多項式になる．Wigner 関数の量子力学的な期待値は応用としては，量子光学や原子核物理学，さらに素粒子物理学での string theory での非可換幾何学に対応する非可換積 (star product) を導く．

*) E. P. Wigner, Phys. Rev. **40** (1932) 749–760.

益川敏英

章末問題　解答

第 1 章

問題 1　たとえば，$\lambda = h/p$ の関係から $[L] = [h][T/ML]$ が得られるので，これを $[h]$ について解けばよい．

問題 2　$E_n = -\frac{1}{2}\frac{m\bar{e}^2}{\hbar^2 n^2}\bar{e}^2$.

問題 3　$a_n = \frac{\hbar^2}{m\bar{e}^2}n^2$.

問題 4　$E = m\omega^2 q_0^2/2$ によって $q_0 > 0$ を定義すると，Bohr-Sommerfeld の量子化条件 (1.8) は

$$nh = 2\int_{-q_0}^{q_0} dq\,\sqrt{2m(E - m\omega^2 q^2/2)} = \frac{2\pi E}{\omega}.\ \text{ゆえに，}\ E = n\hbar\omega.$$

第 2 章

問題 1　(2.21) を x で微分すると，

$$\frac{dW(x;\,E)}{dx} = \begin{vmatrix} \frac{d\varphi_1(x)}{dx} & \frac{d\varphi_1(x)}{dx} \\ \frac{d\varphi_2(x)}{dx} & \frac{d\varphi_2(x)}{dx} \end{vmatrix} + \begin{vmatrix} \varphi_1(x) & \frac{d^2\varphi_1(x)}{dx^2} \\ \varphi_2(x) & \frac{d^2\varphi_2(x)}{dx^2} \end{vmatrix} = \begin{vmatrix} \varphi_1(x) & \frac{d^2\varphi_1(x)}{dx^2} \\ \varphi_2(x) & \frac{d^2\varphi_2(x)}{dx^2} \end{vmatrix}$$

ここで (2.19) を用いると，最右辺は行列式の第 2 列が第 1 列に比例することがわかるので 0 である．

問題 2　(1)　領域 I および II における微分方程式の一般解はそれぞれ (2.29) および (2.31)．偶関数になるには，$A = B$ および $D = F$ でなければならない．B と D をそれぞれ改めて $B/2$ および C と書くと (2.41) が得られる．

(2)　(2.29) および (2.31) で与えられる一般解に対して，奇関数となる条件はそれぞれ $A = -B$ および $D = -F$ である．よって，適当に定数を選ぶことにより，領域 I および II の波動関数はそれぞれ，$A\sin kx$ および $\pm Ce^{-\kappa|x|}$ となる．ただし，符号は x の正負に対応している．このようにして得られた波動関数の $x = a$ での対数微分の連続性の条件

304

$$\text{章末問題　解答}$$

と (2.28) より (2.35) が得られる.

問題 3　E が有限であると仮定する. その仮定の妥当性は最後に確かめる.
(2.27) より, $\hbar^2 k^2/2m = E + V_0 = E + \bar{V}_0/2a \sim \bar{V}_0/2a$. すなわち, k は
$1/\sqrt{a}$ 程度の大きさの量である. ゆえに, $\xi = ka \sim \sqrt{a}$ であり, これは
$a \to 0+$ のとき微小量として扱ってよい. これを方程式 (2.42) の第 2 の式
に代入すると, $a\kappa = ka \tan ka \simeq k^2 a^2$. よって, $\kappa \simeq k^2 a$. 一方, (2.42)
の第 1 の式を a^2 で割ると, $k^2 + \kappa^2 = \frac{m\bar{V}_0}{a\hbar^2}$. 上の関係式をこの式に代入し
て, $\frac{\kappa}{a} + \kappa^2 = \frac{m\bar{V}_0}{a\hbar^2}$. この $\kappa > 0$ についての 2 次方程式を解いて a につい
て展開すると,

$$\kappa = \frac{1}{2}\left(-\frac{1}{a} + \frac{1}{a}\sqrt{1 + 4ma\bar{V}_0/\hbar^2}\right) \simeq \frac{1}{2}\left(-\frac{1}{a} + \frac{1}{a}(1 + 2ma\bar{V}_0/\hbar^2)\right)$$
$$= \frac{m\bar{V}_0}{\hbar^2}.$$

問題 4　被積分関数の指数部分を完全平方の形にし, $k - 2i\xi = q$ と変数変換す
ると,

$$H_n(\xi) = \frac{1}{2\sqrt{\pi}}\int_{-\infty}^{\infty} dq\,(-i)^n (q + 2i\xi)^n e^{-q^2/4}$$
$$= \frac{(-i)^n}{2\sqrt{\pi}}\sum_{m=0}^{n} {}_n C_m (2i\xi)^{n-m}\int_{-\infty}^{\infty} dq\, q^m e^{-q^2/4}.$$

ここで Gauss 積分の公式 (4.46) を用いると,

$$H_n(\xi) = \frac{1}{2\sqrt{\pi}}\sum_{r=0}^{[\frac{n}{2}]}\frac{n!}{(n-m)!m!}i^{-m}(2\xi)^{n-m}\delta_{m\,2r}2^{r+1}(2r-1)!!\sqrt{\pi}$$
$$= \sum_{r=0}^{[\frac{n}{2}]}\frac{(-1)^r n!}{(n-2r)!(2r)!!}(2\xi)^{n-2r}2^r = \sum_{r=0}^{[\frac{n}{2}]}\frac{(-1)^r n!}{(n-2r)!r!}(2\xi)^{n-2r}.$$

問題 5　(2.56) を (2.86) に代入して, 問題に与えられた指針に従うと,

$$I(x, x') = \frac{1}{\alpha\sqrt{\pi}}e^{-\frac{\xi^2+\xi'^2}{2}}\sum_{n=0}^{\infty}\frac{2^{-n}}{n!}H_n(\xi)H_n(\xi') \qquad (\xi = x/\alpha)$$
$$= \frac{1}{\alpha\sqrt{\pi}}e^{-\frac{\xi^2+\xi'^2}{2}}\sum_{n=0}^{\infty}\frac{2^{-n}}{n!}H_n(\xi)\frac{e^{\xi'^2}}{2\sqrt{\pi}}\int_{-\infty}^{\infty}dk\,(-ik)^n e^{ik\xi'}e^{-k^2/4}$$
$$= \frac{e^{-(\xi^2-\xi'^2)/2}}{2\pi\alpha}\int_{-\infty}^{\infty}dk\,e^{ik\xi'}e^{-k^2/4}\sum_{n=0}^{\infty}\frac{(-ik/2)^n}{n!}H_n(\xi).$$

章末問題　解答

(2.80) より，最後の和は $S(-ik/2,\,\xi)$ に等しい．これに (2.78) の表式を用いると，

$$I(x,\,x') = \frac{e^{-(\xi^2-\xi'^2)/2}}{2\pi\alpha} \int_{-\infty}^{\infty} dk\, e^{ik\xi'} e^{-k^2/4}\, e^{-(-ik/2)^2+2(-ik/2)\xi}$$

$$= \frac{e^{-(\xi^2-\xi'^2)/2}}{\alpha} \int_{-\infty}^{\infty} \frac{dk}{2\pi}\, e^{ik(\xi'-\xi)} = \frac{e^{-(\xi^2-\xi'^2)/2}}{\alpha}\, \delta(\xi-\xi')$$

$$= \delta(x-x').$$

ここで，$\delta(\xi-\xi') = \delta((x-x')/\alpha) = \alpha\,\delta(x-x')$ を用いた．

問題 6　領域 II から領域 I に向かって波が入射することに注意して，領域 II と領域 I の波動関数をそれぞれ $\varphi_{\mathrm{II}}(x) = A'e^{-ik_2 x} + B'e^{ik_2 x}$，$\varphi_{\mathrm{I}}(x) = C'e^{-ikx}$ と書ける．接続条件より，$C'/A' = \frac{2k_2}{k+k_2}$ および $B'/A' = \frac{k_2-k}{k+k_2}$ を得る．したがって，反射率と透過率はそれぞれ，$R = \frac{k_2|B'|^2}{k_2|A'|^2} = \left(\frac{k-k_2}{k+k_2}\right)^2$ および，$T = \frac{k|C'|^2}{k_2|A'|^2} = \frac{4kk_2}{(k+k_2)^2}$ となる．すなわち，表式上逆方向の波の場合と変わらない．

問題 7　略．

第 3 章

問題 1　任意の ψ_1, ψ_2 に対して，$\psi_+ = \psi_1 + \psi_2$ および $\psi_- = \psi_1 + i\psi_2$ の場合をそれぞれ計算する．$\langle\psi_+, \hat{A}\psi_+\rangle = \langle\psi_1+\psi_2, \hat{A}(\psi_1+\psi_2)\rangle = \sum_{i=1,2}\langle\psi_i, \hat{A}\psi_i\rangle + \langle\psi_1, \hat{A}\psi_2\rangle + \langle\psi_2, \hat{A}\psi_1\rangle = \langle\hat{A}\psi_+, \psi_+\rangle = \langle\hat{A}(\psi_1+\psi_2), \psi_1+\psi_2\rangle = \sum_{i=1,2}\langle\hat{A}\psi_i, \psi_i\rangle + \langle\hat{A}\psi_1, \psi_2\rangle + \langle\hat{A}\psi_2, \psi_1\rangle$．同じ ψ に対しては，$\langle\psi, \hat{A}\psi\rangle = \langle\hat{A}\psi, \psi\rangle$ が成り立っているのだから，

$$\langle\psi_1, \hat{A}\psi_2\rangle + \langle\psi_2, \hat{A}\psi_1\rangle = \langle\hat{A}\psi_1, \psi_2\rangle + \langle\hat{A}\psi_2, \psi_1\rangle.$$

一方，$\langle\psi_-, \hat{A}\psi_-\rangle = \langle\psi_1+i\psi_2, \hat{A}(\psi_1+i\psi_2)\rangle = \langle\psi_1, \hat{A}\psi_1\rangle - \langle\psi_2, \hat{A}\psi_2\rangle + i\langle\psi_1, \hat{A}\psi_2\rangle - i\langle\psi_2, \hat{A}\psi_1\rangle = \langle\hat{A}\psi_-, \psi_-\rangle = \langle\hat{A}(\psi_1+i\psi_2), \psi_1+i\psi_2\rangle = \langle\hat{A}\psi_1, \psi_1\rangle - \langle\hat{A}\psi_2, \psi_2\rangle + i\langle\hat{A}\psi_1, \psi_2\rangle - i\langle\hat{A}\psi_2, \psi_1\rangle$．より，上と同様にして，

$$\langle\psi_1, \hat{A}\psi_2\rangle - \langle\psi_2, \hat{A}\psi_1\rangle = \langle\hat{A}\psi_1, \psi_2\rangle - \langle\hat{A}\psi_2, \psi_1\rangle.$$

上式と和を取ると，$\langle\psi_1, \hat{A}\psi_2\rangle = \langle\hat{A}\psi_1, \psi_2\rangle$ が得られる．ψ_1, ψ_2 は任意であるから，証明終わり．

章末問題　解答

問題 2　$F(\hat{A}) = F(\hat{A})\mathbf{1} = \sum_n F(\hat{A})|\alpha_n\rangle\langle\alpha_n| = \sum_n(\sum_{k=0}^{\infty} f_k \hat{A}^k |\alpha_n\rangle\langle\alpha_n|) = \sum_n(\sum_{k=0}^{\infty} f_k \alpha_n^k |\alpha_n\rangle\langle\alpha_n|) = \sum_n F(\alpha_n)|\alpha_n\rangle\langle\alpha_n|$.

問題 3　$|\alpha\rangle = e^{-|\alpha|^2/2} e^{\alpha\hat{a}^\dagger} e^{-\alpha^*\hat{a}} |0\rangle = e^{\alpha\hat{a}^\dagger - \alpha^*\hat{a}}|0\rangle$. ここで, $e^{-\alpha^*\hat{a}}|0\rangle = |0\rangle$ を用いた.

問題 4　(i) $\hat{p}_r = -i\hbar\frac{1}{r}\frac{\partial}{\partial r}r = -i\hbar(\frac{\partial}{\partial r} + \frac{1}{r}) = -i\hbar(\frac{1}{r}\boldsymbol{r}\cdot\boldsymbol{\nabla} + \frac{1}{r}) = \frac{1}{r}\boldsymbol{r}\cdot\hat{\boldsymbol{p}} - i\hbar\frac{1}{r}$. ここで, (5.22) の上に示された等式 $\boldsymbol{r}\cdot\boldsymbol{\nabla} = r\frac{\partial}{\partial r}$ を用いた.　　(ii) $\hat{\boldsymbol{p}}\cdot\frac{\boldsymbol{r}}{r} = -i\hbar\left(\frac{\partial}{\partial x_i}\frac{x_i}{r} + \frac{x_i}{r}\frac{\partial}{\partial x_i}\right) = -i\hbar\frac{r\delta_{ii} - x_i\frac{x_i}{r}}{r^2} + \frac{\boldsymbol{r}}{r}\cdot\hat{\boldsymbol{p}}$. ところが, 第 1 項は $-i\hbar\frac{2}{r}$ と書けるから, $\frac{1}{2}(\frac{\boldsymbol{r}}{r}\cdot\hat{\boldsymbol{p}} + \hat{\boldsymbol{p}}\cdot\frac{\boldsymbol{r}}{r}) = \frac{\boldsymbol{r}}{r}\cdot\hat{\boldsymbol{p}} - i\hbar\frac{1}{r} = \hat{p}_r$ となる. ここで, (i) の結果を用いた.

問題 5　両辺を x の無限領域で積分すると, $\int dx\, \varphi(x)\frac{d}{dx}\delta(x) = \varphi(x)\delta(x)\big|_{-\infty}^{\infty} - \int dx\, \frac{d\varphi(x)}{dx}\delta(x) = \int dx\,(-\delta(x)\frac{d\varphi(x)}{dx})$. これは, 被積分関数として $\varphi(x)\frac{d\delta(x)}{dx} = -\delta(x)\frac{d\varphi(x)}{dx}$ としてよいことを示している.

なお, 形式的に $\varphi(x) = x$ とおいた表式 $x\frac{d}{dx}\delta(x) = -\delta(x)$ も成立するが, これは積 $x\frac{d}{dx}\delta(x)$ 全体を新たな超関数とみなしたときの関係式である. (その証明は無限遠で十分速く 0 に収束する関数 $F(x)$ を掛けて積分することで得られる.)

問題 6　固有値方程式 $-i\hbar g^{-1/4}(q)\frac{d}{dq}g^{1/4}(q)\varphi_p(q) = p\varphi_p(q)$ を解けばよい. これは, $f(q) = g^{1/4}(q)\varphi_p(q)$ とおくことで容易に解けて, $\varphi_p(q) = \frac{C}{\sqrt{2\pi\hbar}g^{1/4}(q)}e^{ipq/\hbar}$. 積分定数 C は規格化条件 $1 = \int dq\sqrt{g(q)}|\varphi_p(q)|^2$ より $C = 1$ と定まる.

問題 7　運動量の固有状態の完全性を用いると, $\hat{p}|q\rangle = \int dp\,|p\rangle\langle p|\hat{p}|q\rangle = \int dp\,|p\rangle p\langle p|q\rangle = \int dp\,|p\rangle p\frac{1}{\sqrt{2\pi\hbar}g^{1/4}(q)}e^{-ipq/\hbar} = \frac{1}{\sqrt{2\pi\hbar}g^{1/4}(q)}\int dp\,|p\rangle p e^{-ipq/\hbar}$ $= \frac{1}{\sqrt{2\pi\hbar}g^{1/4}(q)}i\hbar\frac{d}{dq}\int dp\,|p\rangle e^{-ipq/\hbar} = g^{-1/4}(q)i\hbar\frac{d}{dq}g^{1/4}(q)\int dp\,|p\rangle\frac{1}{\sqrt{2\pi\hbar}g^{1/4}(q)}e^{-ipq/\hbar} = g^{-1/4}(q)i\hbar\frac{d}{dq}g^{1/4}(q)\int dp\,|p\rangle\langle p|q\rangle = g^{-1/4}(q)i\hbar\frac{d}{dq}g^{1/4}(q)|q\rangle$.

問題 8　略.

問題 9　(1) (3.74) と (3.75) から $\hat{x}$ と $\hat{p}$ について解けば容易に得られる.

(2) 上問より $\hat{x}^2 = \frac{\hbar}{2m\omega}\cdot(\hat{a}\hat{a} + \hat{a}\hat{a}^\dagger + \hat{a}^\dagger\hat{a} + \hat{a}^\dagger\hat{a}^\dagger)$. このうち固有値 n を変えないのは第 2, 第 3 項だけであり, それぞれの $|n\rangle$ における期待値は $n+1$ および n であるから, $\langle n|\hat{x}^2|n\rangle = \frac{\hbar}{2m\omega}(2n+1) = \frac{E_n}{m\omega^2}$ を得る. $\hat{p}^2$ の期待値についても同様. なおこれらは, 古典力学におけるエネルギーと位置, 運動量の 1 周期にわたる平均値と同じ関係式である.

（3） $n = 0$ であれば $\hat{a}|n\rangle = 0$. $n \neq 0$ であれば $\hat{a}|n\rangle = \sqrt{n}|n-1\rangle$. また，$\hat{a}^\dagger|n\rangle = \sqrt{n+1}|n+1\rangle$ であることを思い出すと，$\langle n|m\rangle = \delta_{mn}$ より，$\langle n|\hat{x}|n\rangle = \sqrt{\frac{\hbar}{2m\omega}}\langle n|\hat{a} + \hat{a}^\dagger|n\rangle = 0$. $\hat{p}$ についても同様．

（4） $\langle n|\hat{x}|n\rangle = \langle n|\hat{p}|n\rangle = 0$ であるから，$\Delta x \Delta p = \sqrt{\langle n|\hat{x}^2|n\rangle}\sqrt{\langle n|\hat{p}^2|n\rangle} = E_n/\omega$.

問題 10 この問題の場合，最小値を求めるのに微分を用いず相加平均と相乗平均の関係を使う方が簡単である：$E(\Delta x) = \frac{\hbar^2}{8m}\frac{1}{(\Delta x)^2} + \frac{m\omega^2}{2}(\Delta x)^2 \geq 2\left[\frac{\hbar^2}{8m}\frac{m\omega^2}{2}\right]^{1/2} = \frac{1}{2}\hbar\omega$. 等号は第 1 項と第 2 項が等しいときに成り立つ．ゆえに，$(\Delta x)^2 = \left[\frac{\hbar^2}{8m}\frac{2}{m\omega^2}\right]^{1/2} = \frac{\hbar}{2m\omega}$.

問題 11

$$\int \frac{d^2\alpha}{\pi}|\alpha\rangle\langle\alpha| = \int \frac{d^2\alpha}{\pi}e^{-|\alpha|^2}\sum_m\sum_n \frac{\alpha^n}{\sqrt{n!}}\frac{(a^\dagger)^n}{\sqrt{n!}}|0\rangle\langle0|\frac{a^m}{\sqrt{m!}}\frac{(\alpha^*)^m}{\sqrt{m!}}$$

$$= \int \frac{d^2\alpha}{\pi}e^{-|\alpha|^2}\sum_m\sum_n \frac{\alpha^n}{\sqrt{n!}}|n\rangle\langle m|\frac{(\alpha^*)^m}{\sqrt{m!}}$$

$$= \sum_m\sum_n \frac{|n\rangle\langle m|}{\sqrt{n!m!}}\int \frac{d^2\alpha}{\pi}e^{-|\alpha|^2}\alpha^n(\alpha^*)^m.$$

ここで，極座標表示 $\alpha = re^{i\theta}$ を行い 2 次元積分を行うと，上記積分は

$$\int_0^\infty rdr\,e^{-r^2}r^{n+m}\int_0^{2\pi}d\theta\,e^{i(n-m)\theta} = 2\pi\delta_{nm}\int_0^\infty rdr\,e^{-r^2}r^{2n} = \pi\delta_{nm}\cdot n!$$

となる．ここで Gauss 積分の公式 (4.46) を用いた．こうして，右辺 $= \sum_{n=0}^\infty |n\rangle\langle n| = 1$. すなわち，問題に与えられた完全性条件が得られる．

問題 12 (3.85) より，$\langle\beta|\alpha\rangle = e^{-(|\alpha|^2+|\beta|^2)/2}\langle0|e^{\beta^*\hat{a}}e^{\alpha\hat{a}^\dagger}|0\rangle$. ところが，(3.91) および (3.92) を用いると，$\langle0|e^{\beta^*\hat{a}}e^{\alpha\hat{a}^\dagger}|0\rangle = e^{\alpha\beta^*}\langle0|e^{\alpha\hat{a}^\dagger}e^{\beta^*\hat{a}}|0\rangle = e^{\alpha\beta^*}$. これを上式に代入して $\langle\beta|\alpha\rangle = e^{-(|\alpha|^2+|\beta|^2-2\alpha\beta^*)/2}$ を得る．

第 4 章

問題 1 まず，$\langle\boldsymbol{q}|\varphi_n\rangle = \varphi_n(\boldsymbol{q})$ に注意する．(4.31) に完全性条件 (4.34) を代入すると，$\langle\boldsymbol{q}|e^{-i\hat{H}(t-t_0)/\hbar}|\boldsymbol{q}'\rangle = \langle\boldsymbol{q}|e^{-i\hat{H}(t-t_0)/\hbar}[\sum_n|\varphi_n\rangle\langle\varphi_n| + \int_{\alpha_m}^{\alpha_M}d\alpha|\varphi_\alpha\rangle\langle\varphi_\alpha|]|\boldsymbol{q}'\rangle$. ところが，$\langle\boldsymbol{q}|e^{-i\hat{H}(t-t_0)/\hbar}|\varphi_n\rangle = e^{-iE_n(t-t_0)/\hbar} \times\langle\boldsymbol{q}|\varphi_n\rangle$ などとなることから，上記右辺は (4.35) に一致する．

問題 2 (i)(4.35) を t で微分し，$E_{n(\alpha)}\varphi_n(\boldsymbol{q}) = \hat{H}\varphi_{n(\alpha)}(\boldsymbol{q})$ であることを使うと

308

容易に示すことができる．(ii) 同じく (4.35) において $t_0 = t$ とおくと，右辺は (4.34) を左右から $\langle \boldsymbol{q}|$ と $|\boldsymbol{q}'\rangle$ で挟んだものと一致し，$\langle \boldsymbol{q}|\boldsymbol{q}'\rangle = \delta(\boldsymbol{q}' - \boldsymbol{q})$ より示すことができる．

問題 3 (4.29) において，$\boldsymbol{q} \to x$, $\boldsymbol{q}' \to x'$, $t_0 = 0$ とおき，Feynman 核および $\varphi_{\mathrm{init}}(\boldsymbol{q}')$ にそれぞれ (4.38) および (4.39) を代入すると，

$$\psi(x, t; 0) = \sqrt{\frac{m}{2\pi i \hbar t}} \, \frac{1}{(a^2\pi)^{1/4}} \int_{-\infty}^{\infty} dx' \, \mathrm{e}^{\frac{im(x-x')^2}{2\hbar t}} \mathrm{e}^{-\frac{x'^2}{2a^2}} \equiv C \, I(x).$$

ただし，$C = \sqrt{\frac{m}{2\pi i \hbar t}} \frac{1}{(a^2\pi)^{1/4}}$．この右辺の Gauss 積分を行えばよい．直接，積分公式 (2.87) を用いてもよいが，$x' - x = y$ と変数変換すると，

$$I(x) = \exp(-\Gamma x^2) \int_{-\infty}^{\infty} dy \, \mathrm{e}^{-A\left(y + \frac{x}{2Aa^2}\right)^2} = \sqrt{\frac{\pi}{A}} \, \exp(-\Gamma x^2)$$

となる．ただし，

$$A = \frac{1}{2a^2} - \frac{im}{2\hbar t} = \frac{a^2 + i\hbar t/m}{2ia^2 \hbar t/m}, \quad \Gamma = \frac{1}{2a^2}\left(1 - \frac{1}{2Aa^2}\right) = \frac{1}{2(a^2 + i\frac{\hbar t}{m})}.$$

これを上式に代入し少し整理すると，(4.43) と同じ表式が得られる．

問題 4 (1) 例題と同様に，$\psi(x, t) = \int_{-\infty}^{\infty} dp \, \tilde{C}_p \langle x|p\rangle \mathrm{e}^{-i\epsilon_p t/\hbar}$ と $\tilde{C}_p$ を定義すると，初期条件より，$\tilde{C}_p = (Na/\sqrt{\hbar})\mathrm{e}^{-a^2(p-p_0)^2/2\hbar^2}$ と求まる．これを上式に代入し，指数関数の肩を $p - p_0 \equiv \hbar q$ の多項式で表すと，

$$\psi(x, t) = Na\mathrm{e}^{i(p_0 x - \epsilon_{p_0} t)/\hbar} \int_{-\infty}^{\infty} \frac{dq}{\sqrt{2\pi}} \mathrm{e}^{-\frac{a^2}{2}(1 + i\hbar t/ma^2)q^2 + iq x_{v_0}}$$

となる．ただし，$x_{v_0} \equiv x - v_0 t$．(2.87) を用いてこの積分を実行した後，係数を少し整理すると，

$$\psi(x, t) = N\frac{\mathrm{e}^{i(p_0 x - \epsilon_{p_0} t)/\hbar}}{\sqrt{1 + i\frac{\hbar t}{ma^2}}} \exp\left[-\frac{(x - v_0 t)^2}{2a^2(1 + i\frac{\hbar t}{ma^2})}\right]$$

を得る．

(2) 例題と同様にすればよい．以下略．

(3) 略．

309

章末問題　解答

第5章

問題1　合成関数の微分の公式を使うと，$\frac{\partial}{\partial\theta} = \frac{\partial x}{\partial\theta}\frac{\partial}{\partial x} + \frac{\partial y}{\partial\theta}\frac{\partial}{\partial y} = -y\frac{\partial}{\partial x} + x\frac{\partial}{\partial y}$.
これに $-i\hbar$ を掛ければ (5.2) が得られる．

問題2　直交性は (5.117) に示されている微分演算子 $\hat{\mathcal{L}}_m$ の Hermite 性から帰結する．規格化定数が $\frac{(n!)^3}{(n-m)!}$ であることは次のように確かめられる．最初の $L_n^m(x)$ にだけ (5.112) を用いると，

$$\langle L_n^m, L_n^m \rangle = \int_0^\infty dx\, x^m e^{-x}\left[(-1)^m\frac{n!}{(n-m)!}e^x x^{-m}\frac{d^{n-m}}{dx^{n-m}}e^{-x}x^n\right]L_n^m(x)$$
$$= (-1)^m\frac{n!}{(n-m)!}\int_0^\infty dx\left(\frac{d^{n-m}}{dx^{n-m}}e^{-x}x^n\right)L_n^m(x).$$

$(n-m)$ 回部分積分を行うと，

$$右辺 = (-1)^n\frac{n!}{(n-m)!}\int_0^\infty dx\, e^{-x}x^n\frac{d^{n-m}}{dx^{n-m}}L_n^m(x).$$

ここで，(5.114) に示されているように $L_n^m(x)$ が高々 $(n-m)$ 次の多項式であり x^{n-m} の係数が $(-1)^n\frac{n!}{(n-m)!}$ であることを用いると，

$$右辺 = (-1)^n\frac{n!}{(n-m)!}\int_0^\infty dx\, e^{-x}x^n \times (n-m)!(-1)^n\frac{n!}{(n-m)!}$$
$$= \frac{(n!)^3}{(n-m)!} \qquad \left(\because \int_0^\infty dx\, e^{-x}x^n = \Gamma(n+1) = n!\right).$$

問題3　極座標表示で速度ベクトルは $\boldsymbol{v} = d\boldsymbol{r}/dt = \dot{r}\boldsymbol{e}_r + r\dot{\theta}\boldsymbol{e}_\theta + r\sin\theta\dot{\phi}\boldsymbol{e}_\phi$.
運動エネルギーは $K = \frac{\mu}{2}\boldsymbol{v}^2 = \mu\dot{r}^2/2 + (\mu/2)r^2(\dot{\theta}^2 + \sin^2\theta\dot{\phi}^2)$. ここで，$\dot{r} = \boldsymbol{e}_r\cdot\boldsymbol{v} \equiv v_r$ となることに注意．次に，角運動量 $\boldsymbol{L} = \boldsymbol{r}\times\boldsymbol{p}$ を球座標表示する：$\boldsymbol{L} = \mu r\boldsymbol{e}_r\times\boldsymbol{v} = \mu r\boldsymbol{e}_r\times(\dot{r}\boldsymbol{e}_r + r\dot{\theta}\boldsymbol{e}_\theta + r\sin\theta\dot{\phi}\boldsymbol{e}_\phi) = \mu r^2(\dot{\theta}\boldsymbol{e}_\phi - \sin\theta\dot{\phi}\boldsymbol{e}_\theta)$. ゆえに，$\boldsymbol{L}^2 = \mu^2 r^4(\dot{\theta}^2 + \sin^2\theta\dot{\phi}^2)$. これは上記 K の第2項 $= \boldsymbol{L}^2/2\mu r^2$ を示している．さらに，動径方向の運動量 p_r が $p_r = \boldsymbol{e}_r\cdot\boldsymbol{p} = \mu\boldsymbol{e}_r\cdot\boldsymbol{v} = \mu v_r$ と表されることを用いると，$K = \frac{p^2}{2\mu} = \frac{p_r^2}{2\mu} + \frac{\boldsymbol{L}^2}{2\mu r^2}$ を得る．

問題4　$[\hat{l}_z, \hat{l}_+] = [\hat{l}_z, \hat{l}_x + i\hat{l}_y] = i\hat{l}_y + i(-i\hat{l}_x) = \hat{l}_+$. 第2の式はこの Hermite 共役から得られる．$[\hat{l}_+, \hat{l}_-] = [\hat{l}_x + i\hat{l}_y, \hat{l}_x - i\hat{l}_y] = [\hat{l}_x, -i\hat{l}_y] + [i\hat{l}_y, \hat{l}_x] = (-i)\hat{l}_z + i(-i\hat{l}_z) = 2\hat{l}_z$.

310

章末問題　解答

問題 5　座標ベクトル $\boldsymbol{r}$ の微小変化は，$\Delta\boldsymbol{r} = \frac{\partial\boldsymbol{r}}{\partial r}dr + \frac{\partial\boldsymbol{r}}{\partial\theta}d\theta + \frac{\partial\boldsymbol{r}}{\partial\phi}d\phi = \boldsymbol{e}_r dr + \boldsymbol{e}_\theta r d\theta + \boldsymbol{e}_\phi r\sin\theta d\phi$.　ゆえに，

$$\Delta f \equiv f(\boldsymbol{r}+\Delta\boldsymbol{r}) - f(\boldsymbol{r}) \simeq (\boldsymbol{e}_r\cdot\boldsymbol{\nabla}f)\,dr + (\boldsymbol{e}_\theta\cdot\boldsymbol{\nabla}f)\,rd\theta + (\boldsymbol{e}_\phi\cdot\boldsymbol{\nabla}f)r\sin\theta d\phi.$$

ここで，$\boldsymbol{e}_i\cdot\boldsymbol{\nabla}f$ は f に関する i 方向の方向微分である．したがって，たとえば，$\frac{\Delta f}{\Delta r}\big|_{\theta,\phi} \to \frac{\partial f}{\partial r} = \boldsymbol{e}_r\cdot\boldsymbol{\nabla}f$.　ゆえに，このときのスカラー関数 $f(\boldsymbol{r})$ の $\boldsymbol{e}_r, \boldsymbol{e}_\theta, \boldsymbol{e}_\phi$ 方向の方向微分はそれぞれ $\frac{\partial f}{\partial r}, \frac{\partial f}{r\partial\theta}, \frac{\partial f}{r\sin\theta\partial\phi}$ となる．これは，$\boldsymbol{\nabla} = \boldsymbol{e}_r\frac{\partial}{\partial r} + \boldsymbol{e}_\theta\frac{1}{r}\frac{\partial}{\partial\theta} + \boldsymbol{e}_\phi\frac{1}{r\sin\theta}\frac{\partial}{\partial\phi}$ と書けることを意味する．

問題 6　$\frac{df(u)}{du} = -\frac{ju}{1-u^2}f(u)$ を変形すると，$df/f = -ju\,du/(1-u^2)$.　$u = 0$ から u まで両辺を積分すると，左辺 $= \ln(f(u)/f(0))$.

$$右辺 = -j\int_0^u \frac{u\,du}{1-u^2} = -\frac{j}{2}\int_0^{u^2}\frac{dx}{1-x} = \frac{j}{2}\ln(1-u^2) = \ln[(1-u^2)^{j/2}].$$

よって，$f(u) = C(1-u^2)^{j/2}$.　ただし，$f(0) = C$.

問題 7　$u - 1 = \xi,\ u + 1 = \eta$ とおくと，

$$
\begin{aligned}
(5.63) の左辺 &= \frac{(l-m)!}{(l+m)!}\xi^m\eta^m\left(\frac{d}{du}\right)^{l+m}\xi^l\eta^l\\
&= \frac{(l-m)!}{(l+m)!}\xi^m\eta^m\sum_{k=0}^{l+m}{}_{l+m}\mathrm{C}_k\left(\frac{d}{du}\right)^{l+m-k}\xi^l\left(\frac{d}{du}\right)^k\eta^l\\
&= \frac{(l-m)!}{(l+m)!}\xi^m\eta^m\sum_{k=m}^{l}{}_{l+m}\mathrm{C}_k\frac{l!}{(l-l-m+k)!}\xi^{k-m}\frac{l!}{(l-k)!}\eta^{l-k}\\
&= \frac{(l-m)!}{(l+m)!}\sum_{k=m}^{l}\frac{(l+m)!}{(l+m-k)!k!}\frac{(l!)^2}{(k-m)!(l-k)!}\xi^k\eta^{l+m-k}\\
&= \sum_{k=m}^{l}\frac{(l-m)!(l!)^2}{(l+m-k)!k!(k-m)!(l-k)!}\xi^k\eta^{l+m-k}.\quad\cdots(*)
\end{aligned}
$$

ここで，$k - m = k'$ とおくと，

$$
\begin{aligned}
(*) &= \sum_{k'=0}^{l-m}\frac{(l-m)!(l!)^2}{(l-k')!(m+k')!k'!(l-m-k')!}\xi^{k'+m}\eta^{l-k'}\\
&= \sum_{k=0}^{l-m}\frac{(l-m)!(l!)^2}{(l-m-k)!k!(l-k)!(m+k)!}\xi^{m+k}\eta^{l-k}.\quad\cdots(**)
\end{aligned}
$$

一方，

$$(5.63) の右辺 = \left(\frac{d}{du}\right)^{l-m}\xi^l\eta^l$$

311

$$= \sum_{k=0}^{l-m} {}_{l-m}\mathrm{C}_k \left(\frac{d}{du}\right)^{l-m-k} \xi^l \left(\frac{d}{du}\right)^k \eta^l$$

$$= \sum_{k=0}^{l-m} \frac{(l-m)!}{(l-m-k)!k!} \frac{(l!)^2}{(l-k)!(m+k)!} \xi^{m+k} \eta^{l-k}.$$

これは $(**)$ に等しい.よって,(5.63) が正しいことが証明された.

問題 8　$rY_{10} = \sqrt{3/4\pi}\,z,\, rY_{1\pm 1} = \mp\sqrt{3/8\pi}(x \pm iy),\, r^2 Y_{20} = \sqrt{5/16\pi}(3z^2 - r^2),\, r^2 Y_{2\pm 1} = \mp\sqrt{15/8\pi}\,z(x \pm iy),\, r^2 Y_{2\pm 2} = \sqrt{15/32\pi}(x^2 - y^2 \pm 2ixy)$.
このように $r^l Y_{lm}(\theta, \phi)$ は $x,\, y,\, z$ の l 次の同次関数になっている.

問題 9　問題 2 の場合と同様に左側の Laguerre の陪多項式に定義 (5.112) を用いて部分積分を行うと,

$$\langle L_n^m,\, x\, L_n^m \rangle = (-1)^n \frac{n!}{(n-m)!} \int_0^\infty dx\, e^{-x} x^n \frac{d^{n-m}}{dx^{n-m}} \left(x L_n^m(x) \right).$$

ところが,$\frac{d^{n-m}}{dx^{n-m}}\left(xL_n^m(x)\right) = x\frac{d^{n-m}}{dx^{n-m}}L_n^m(x) + (n-m)\frac{d^{n-m-1}}{dx^{n-m-1}}L_n^m(x)$ であり,(5.114) より,

$$\frac{d^{n-m}}{dx^{n-m}}L_n^m(x) = (-1)^n n!, \qquad \frac{d^{n-m-1}}{dx^{n-m-1}}L_n^m(x) = (-1)^n n!\,(x-n).$$

残った積分はガンマ関数 $\Gamma(n)$ で書けるので,

$$\langle L_n^m,\, x\, L_n^m \rangle = \frac{(n!)^2}{(n-m)!}\Big((n+1)! + (n-m)\{(n+1)! - n \cdot n!\}\Big)$$

$$= \frac{(n!)^3}{(n-m)!}(2n+1-m).$$

問題 10　$p_r r \simeq \hbar$ をエネルギーの表式に代入すると,$E \simeq \frac{\hbar^2}{2\mu r^2} - \frac{\tilde{e}^2}{r}$.この最小値は $r = \hbar^2/\tilde{e}^2\mu \equiv a_{\mathrm{B}}$ のときであり,その最小値は $E = -\frac{\mu\tilde{e}^4}{\hbar^2} = -\frac{\tilde{e}^2}{2a_{\mathrm{B}}}$ である.

問題 11　(1)　水素原子の問題に現われる換算質量は $\mu_{\mathrm{H}} \simeq m_{\mathrm{e}}$ としてよい.一方,ポジトロニウムの場合の換算質量は $\mu_{e^+ e^-} = m_{\mathrm{e}}/2$ となる.したがって,その基底状態のエネルギーは水素原子の場合の約 $1/2$ になる.一方,形式的には Bohr 半径は 2 倍になるが,ポジトロニウムの場合相対座標は系の直径を表すので,物理的な半径は水素原子とほぼ同じになる.

章末問題　解答

(2)　ミュー粒子原子系の換算質量は $\mu_{\mu P} = m_\mu/(1 + m_\mu/M_P) \simeq 180\,m_e$. したがって，結合エネルギーは水素原子の 180 倍 $(\sim 2.4\,\text{keV})$，半径は約 $a_B/180 \sim 3^{-13}[\text{m}]$ となって原子核に接近し，原子核の大きさや電荷分布がエネルギー準位に影響するようになる.

第6章

問題1

$$
\begin{aligned}
[\hat{N}_i,\,\hat{N}_j] &= \left[\sum_{a=1}^{N}(\hat{p}_{ai}t - m_a\hat{r}_{ai}),\,\sum_{b=1}^{N}(\hat{p}_{bj}t - m_b\hat{r}_{bj})\right] \\
&= \sum_{a,b}[\hat{p}_{ai}t - m_a\hat{r}_{ai},\,\hat{p}_{bj}t - m_b\hat{r}_{bj}] \\
&= \sum_{a,b}([\hat{p}_{ai}t,\,-m_b\hat{r}_{bj}] + [-m_a\hat{r}_{ai},\,\hat{p}_{bj}t]) \\
&= \sum_{a,b}\delta_{ab}(tm_ai\hbar + (-m_ati\hbar)) = 0.
\end{aligned}
$$

問題2　可換性から，1自由度かつ1次元 (x軸に取る) の場合に示せば十分である．このとき，$\hat{U}(V) = e^{-iE_Vt/\hbar}e^{i\bar{p}\hat{x}/\hbar}e^{-itV\hat{p}/\hbar}$. ただし，$\bar{p} = MV$. 次の等式に注意する：$\hat{U}^\dagger(V)\hat{x}U(V) = e^{itV\hat{p}/\hbar}\hat{x}e^{-itV\hat{p}/\hbar} = \hat{x} + (itV/\hbar)[\hat{p},\,\hat{x}] = \hat{x} + tV$. ここで，(3.90)を用いた．よって，$\langle\Psi'|\hat{x}|\Psi'\rangle = \langle\Psi|\hat{U}^\dagger(V)\hat{x}U(V)|\Psi\rangle = \langle\Psi|\hat{x}+tV|\Psi\rangle = x + tV$. 同様に，$\hat{U}^\dagger(V)\hat{p}U(V) = e^{-i\bar{p}\hat{x}/\hbar}\hat{p}e^{i\bar{p}\hat{x}/\hbar} = \hat{p} - i\bar{p}\hbar[\hat{x},\,\hat{p}] = \hat{p} + \bar{p}$. よって，$\langle\Psi'|\hat{p}|\Psi'\rangle = \langle\Psi|\hat{p}+\bar{p}|\Psi\rangle = p + MV$.

問題3　たとえば，x座標についての微分は $\frac{\partial}{\partial x_1} = \frac{\partial R_x}{\partial x_1}\frac{1}{\partial R_x} + \frac{\partial\lambda_x}{\partial x_1}\frac{1}{\partial\lambda_x} + \frac{\partial\mu_x}{\partial x_1}\frac{1}{\partial\mu_x} = \frac{m_1}{M}\frac{\partial}{\partial R_x} + \frac{m_1}{m_1+m_2}\frac{\partial}{\partial\lambda_x} + \frac{\partial}{\partial\mu_x}$. 同様にして，$\frac{\partial}{\partial x_2} = \frac{m_2}{M}\frac{\partial}{\partial R_x} + \frac{m_2}{m_1+m_2}\frac{\partial}{\partial\lambda_x} + \frac{\partial}{\partial\mu_x}$，$\frac{\partial}{\partial x_3} = \frac{m_3}{M}\frac{\partial}{\partial R_x} - \frac{\partial}{\partial\lambda_x}$. これより，$\sum_{a=1}^{3}\frac{1}{m_a}\frac{\partial^2}{\partial x_a^2} = \frac{1}{M}\frac{\partial^2}{\partial R_x^2} + \frac{1}{\mu_1}\frac{\partial^2}{\partial\lambda_x^2} + \frac{1}{\mu_2}\frac{\partial^2}{\partial\mu_x^2}$ を得る．y, z成分についても全く同様である.

第7章

問題1　$(\boldsymbol{n}\times\boldsymbol{r})\cdot\hat{\boldsymbol{p}} = \epsilon_{ijk}n_jr_k\hat{p}_i = \epsilon_{ijk}n_j([r_k,\,\hat{p}_i] + \hat{p}_ir_k) = \epsilon_{ijk}n_j(i\hbar\delta_{ki} + \hat{p}_ir_k) = \epsilon_{ijk}\hat{p}_in_jr_k = \hat{\boldsymbol{p}}\cdot(\boldsymbol{n}\times\boldsymbol{r})$.

問題2　任意の回転変換 R に対して動径の大きさ r は不変である．したがって，$\varphi(r)$ を変換した状態は $\varphi'(\boldsymbol{r}) = \hat{P}_R\varphi(r) = \varphi(R^{-1}r) = \varphi(r)$ となり，$\varphi(r)$

313

章末問題　解答

は回転不変である．回転として，任意の $\boldsymbol{n}$ 方向の微小角度 $\delta\theta$ の回転を考えると，$0 = \delta\varphi \equiv \varphi'(\boldsymbol{r}) - \varphi(r) = [\mathrm{e}^{-i\delta\theta\boldsymbol{n}\cdot\hat{\boldsymbol{L}}/\hbar} - 1]\varphi(r) \simeq -(i\delta\theta/\hbar)\boldsymbol{n}\cdot\hat{\boldsymbol{L}}\varphi(r)$．すなわち，$\boldsymbol{n}\cdot\hat{\boldsymbol{L}}\varphi(r) = 0$．$\boldsymbol{n}$ は任意の方向であるから，$\hat{\boldsymbol{L}}\varphi(r) = 0$．これは $\varphi(r)$ が軌道角運動量 0 の固有状態であることを示している．

問題 3　$\sigma_x\sigma_y = \begin{pmatrix} 0 & 1 \\ 1 & 0 \end{pmatrix}\begin{pmatrix} 0 & -i \\ i & 0 \end{pmatrix} = i\begin{pmatrix} 1 & 0 \\ 0 & -1 \end{pmatrix} = i\sigma_z$．　$\sigma_y\sigma_x = \begin{pmatrix} 0 & -i \\ i & 0 \end{pmatrix}\begin{pmatrix} 0 & 1 \\ 1 & 0 \end{pmatrix} =$
$-i\begin{pmatrix} 1 & 0 \\ 0 & -1 \end{pmatrix} = -i\sigma_z$．以下同様．

問題 4　(1)　(7.17) において，$\hat{\boldsymbol{A}} = \hat{\boldsymbol{B}} = \hat{\boldsymbol{l}}$ とおくと，$(\boldsymbol{\sigma}\cdot\hat{\boldsymbol{l}})^2 = \hat{l}^2\mathbf{1}_2 + i\boldsymbol{\sigma}\cdot\hat{\boldsymbol{l}}\times\hat{\boldsymbol{l}} =$
$\hat{l}^2\mathbf{1}_2 + (i)^2\boldsymbol{\sigma}\cdot\hat{\boldsymbol{l}} = \hat{l}^2\mathbf{1}_2 - \boldsymbol{\sigma}\cdot\hat{\boldsymbol{l}}$．

(2)　$(\boldsymbol{\sigma}\cdot\hat{\boldsymbol{l}} + (l+1)\mathbf{1}_2)(\boldsymbol{\sigma}\cdot\hat{\boldsymbol{l}} - l\mathbf{1}_2) = (\boldsymbol{\sigma}\cdot\hat{\boldsymbol{l}})^2 + \boldsymbol{\sigma}\cdot\hat{\boldsymbol{l}} - l(l+1)\mathbf{1}_2 =$
$\hat{l}^2\mathbf{1}_2 - \boldsymbol{\sigma}\cdot\hat{\boldsymbol{l}} + \boldsymbol{\sigma}\cdot\hat{\boldsymbol{l}} - l(l+1) = \hat{l}^2\mathbf{1}_2 - l(l+1)\mathbf{1}_2 = \mathbf{0}$．
なお，$\boldsymbol{\sigma}\cdot\hat{\boldsymbol{l}}$ の固有値は l と $-(l+1)$ なので，この等式は Hamilton–Cayley の定理に他ならない．

(3)　略．

問題 5　指数関数の Taylor 展開 $\mathrm{e}^z = \sum_{k=0}^{\infty} \frac{z^k}{k!}$ に $z = -i\theta\boldsymbol{\sigma}\cdot\boldsymbol{n}/2$ を代入すると，$\mathrm{e}^{-i\theta\boldsymbol{\sigma}\cdot\boldsymbol{n}/2} = \sum_{k=0}^{\infty} \frac{(-i\theta\boldsymbol{\sigma}\cdot\boldsymbol{n}/2)^k}{k!}$．ところが，(7.18) および $|\boldsymbol{n}| = 1$ を用いると，$(\boldsymbol{\sigma}\cdot\boldsymbol{n})^{2l} = \mathbf{1}_2,\ (\boldsymbol{\sigma}\cdot\boldsymbol{n})^{2l+1} = \boldsymbol{\sigma}\cdot\boldsymbol{n}$ となるから，

$$\mathrm{e}^{-i\theta\boldsymbol{\sigma}\cdot\boldsymbol{n}/2} = \sum_{l=0}^{\infty} \frac{(-i\theta\boldsymbol{\sigma}\cdot\boldsymbol{n}/2)^{2l}}{(2l)!} + \sum_{l=0}^{\infty} \frac{(-i\theta\boldsymbol{\sigma}\cdot\boldsymbol{n}/2)^{2l+1}}{(2l+1)!}$$
$$= \mathbf{1}_2\sum_{l=0}^{\infty} \frac{(-1)^l(\theta/2)^{2l}}{(2l)!} - i\boldsymbol{\sigma}\cdot\boldsymbol{n}\sum_{l=0}^{\infty} \frac{(-1)^l(\theta/2)^{2l+1}}{(2l+1)!}$$
$$= \mathbf{1}_2\cos\frac{\theta}{2} - i\boldsymbol{\sigma}\cdot\boldsymbol{n}\sin\frac{\theta}{2}.$$

ここで，以下の $\cos z$ と $\sin z$ の Taylor 展開の公式を用いた：$\cos z = \sum_{l=0}^{\infty} \frac{(-1)^l z^{2l}}{(2l)!},\ \sin z = \sum_{l=0}^{\infty} \frac{(-1)^l z^{2l+1}}{(2l+1)!}$．

問題 6

$$\boldsymbol{\sigma}\cdot\boldsymbol{n} = \sigma_x\sin\theta\cos\varphi + \sigma_y\sin\theta\sin\varphi + \sigma_z\cos\theta$$
$$= \begin{pmatrix} \cos\theta & (\cos\varphi - i\sin\varphi)\sin\theta \\ (\cos\varphi + i\sin\varphi)\sin\theta & -\cos\theta \end{pmatrix}$$

$$= \begin{pmatrix} \cos\theta & \mathrm{e}^{-i\varphi}\sin\theta \\ \mathrm{e}^{i\varphi}\sin\theta & -\cos\theta \end{pmatrix}. \tag{Ans.1}$$

これを (7.31) に作用させ三角関数の半角の公式を用いると，$\boldsymbol{\sigma}\cdot\boldsymbol{n}|\uparrow\rangle_{\boldsymbol{n}} = |\uparrow\rangle_{\boldsymbol{n}}$ が得られる．

$\hat{P}_R\sigma_z P_R^\dagger$

$$= \begin{pmatrix} \mathrm{e}^{-i\varphi/2}\cos(\theta/2) & -\mathrm{e}^{-i\varphi/2}\sin(\theta/2) \\ \mathrm{e}^{i\varphi/2}\sin(\theta/2) & \mathrm{e}^{i\varphi/2}\cos(\theta/2) \end{pmatrix} \sigma_z \begin{pmatrix} \mathrm{e}^{i\varphi/2}\cos(\theta/2) & \mathrm{e}^{-i\varphi/2}\sin(\theta/2) \\ -\mathrm{e}^{i\varphi/2}\sin(\theta/2) & \mathrm{e}^{-i\varphi/2}\cos(\theta/2) \end{pmatrix}$$

$$= \begin{pmatrix} \cos\theta & \mathrm{e}^{-i\varphi}\sin\theta \\ \mathrm{e}^{i\varphi}\sin\theta & -\cos\theta \end{pmatrix} = \boldsymbol{\sigma}\cdot\boldsymbol{n}.$$

問題7　$|\uparrow\rangle_{\boldsymbol{n}}$ の場合と同様の計算により，$|\downarrow\rangle_{\boldsymbol{n}} = \begin{pmatrix} -\mathrm{e}^{-i\varphi/2}\sin(\theta/2) \\ \mathrm{e}^{i\varphi/2}\cos(\theta/2) \end{pmatrix}$．問題6の (Ans.1) に与えられる $\boldsymbol{\sigma}\cdot\boldsymbol{n}$ をこの状態に作用させれば，$\boldsymbol{\sigma}\cdot\boldsymbol{n}|\downarrow\rangle_{\boldsymbol{n}} = -|\downarrow\rangle_{\boldsymbol{n}}$ が容易に確かめられる．

問題8　たとえば，$[\hat{\boldsymbol{J}}^2, \hat{\boldsymbol{J}}_1^2] = [(\hat{\boldsymbol{J}}_1 + \hat{\boldsymbol{J}}_2)^2, \hat{\boldsymbol{J}}_1^2] = [\hat{\boldsymbol{J}}_1^2 + 2\hat{\boldsymbol{J}}_1\cdot\hat{\boldsymbol{J}}_2 + \hat{\boldsymbol{J}}_2^2, \hat{\boldsymbol{J}}_1^2] = [\boldsymbol{J}_1^2, \hat{\boldsymbol{J}}_1^2] + 2[\hat{\boldsymbol{J}}_1\cdot\hat{\boldsymbol{J}}_2, \hat{\boldsymbol{J}}_1^2] + [\hat{\boldsymbol{J}}_2^2, \hat{\boldsymbol{J}}_1^2] = 2[\hat{\boldsymbol{J}}_1\cdot\hat{\boldsymbol{J}}_2, \hat{\boldsymbol{J}}_1^2] = 2[\hat{J}_{1i}\hat{J}_{2i}, \hat{\boldsymbol{J}}_1^2] = [\hat{J}_{1i}, \hat{\boldsymbol{J}}_1^2]\hat{J}_{2i} = 0.$

$\hat{\boldsymbol{J}}_2$ についても全く同様にして示すことができる．

問題9　$\hat{S}_-\chi_{10}(\sigma_1, \sigma_2) = \sqrt{(1+0)(1-0+1)}\chi_{1-1}(\sigma_1, \sigma_2) = \sqrt{2}\chi_{1-1}(\sigma_1, \sigma_2).$ 一方，$\chi_\uparrow(\sigma), \chi_\downarrow(\sigma)$ ではなく，それぞれ $|\uparrow\rangle$ および $|\downarrow\rangle$ の記法を用いると，$\hat{S}_-\chi_{10}(\sigma_1\sigma_2) = (\hat{s}_{1-} + \hat{s}_{2-})\frac{1}{\sqrt{2}}(|\uparrow\rangle\otimes|\downarrow\rangle + |\downarrow\rangle\otimes|\uparrow\rangle) = \frac{1}{\sqrt{2}} \times [(\hat{s}_{1-}|\uparrow\rangle)\otimes|\downarrow\rangle + (\hat{s}_{1-}|\downarrow\rangle)\otimes|\uparrow\rangle] + \frac{1}{\sqrt{2}}[|\uparrow\rangle\otimes(\hat{s}_{2-}|\downarrow\rangle) + |\downarrow\rangle \otimes(\hat{s}_{2-}|\uparrow\rangle)] = \frac{1}{\sqrt{2}}|\downarrow\rangle\otimes|\downarrow\rangle + \frac{1}{\sqrt{2}}|\downarrow\rangle\otimes|\downarrow\rangle = \sqrt{2}|\downarrow\rangle\otimes|\downarrow\rangle.$ 両辺を比較して，(7.45) を得る．

問題10　前問と同様の記法を取る．また，$\hat{\boldsymbol{S}} = \hat{\boldsymbol{j}}$ の記法に戻す．$\hat{\boldsymbol{j}}^2$ に対して (7.38) を用いると，$\hat{\boldsymbol{j}}^2|\psi_0\rangle = (\hat{\boldsymbol{j}}_1^2 + (\hat{j}_{1+}\hat{j}_{2-} + \hat{j}_{1-}\hat{j}_{2+} + 2\hat{j}_{1z}\hat{j}_{2z}) + \hat{\boldsymbol{j}}_2^2) \times \frac{1}{\sqrt{2}}(|\uparrow\rangle\otimes|\downarrow\rangle - |\downarrow\rangle\otimes|\uparrow\rangle).$ 各項を順次計算していこう．$\hat{\boldsymbol{j}}_1^2|\psi_0\rangle = \frac{1}{\sqrt{2}}[(\hat{\boldsymbol{j}}_1^2|\uparrow\rangle)\otimes|\downarrow\rangle - (\hat{\boldsymbol{j}}_1^2|\downarrow\rangle)\otimes|\uparrow\rangle] = \frac{1}{\sqrt{2}}[\frac{3}{4}|\uparrow\rangle\otimes|\downarrow\rangle - \frac{3}{4}|\downarrow\rangle \otimes|\uparrow\rangle] = \frac{3}{4}|\psi_0\rangle.$ 全く同様にして，$\hat{\boldsymbol{j}}_2^2|\psi_0\rangle = \frac{3}{4}||0\rangle\rangle.$ $\hat{j}_{1+}\hat{j}_{2-}|\psi_0\rangle = \frac{1}{\sqrt{2}}\left[(\hat{j}_{1+}|\uparrow\rangle)\otimes(\hat{j}_{2-}|\downarrow\rangle) - (\hat{j}_{1-}|\downarrow\rangle)\otimes(\hat{j}_{2+}|\uparrow\rangle)\right] = \frac{1}{\sqrt{2}}(0 - |\uparrow\rangle\otimes|\downarrow\rangle) = -\frac{1}{\sqrt{2}}|\uparrow\rangle\otimes|\downarrow\rangle.$ 同様にして，$\hat{j}_{1-}\hat{j}_{2+}|\psi_0\rangle =$

315

$\frac{1}{\sqrt{2}}|\downarrow\rangle\otimes|\uparrow\rangle$). よって，$(\hat{j}_{1+}\hat{j}_{2-}+\hat{j}_{1-}\hat{j}_{2+})|\psi_0\rangle)=-|\psi_0\rangle$). さらに，容易にわかるように，$2\hat{j}_{1z}\hat{j}_{2z}|\psi_0\rangle)=2\frac{1}{2}(-\frac{1}{2})|\psi_0\rangle)=-\frac{1}{2}|\psi_0\rangle$). 以上をまとめて，$\hat{j}^2|\psi_0\rangle)=\left(2\frac{3}{4}-1-\frac{1}{2}\right)|\psi_0\rangle)=0$.

問題 11 $\boldsymbol{\sigma}^2=3\mathbf{1}_2$ だから，$\hbar$ を単位とした全スピン演算子 $\hat{\boldsymbol{S}}=\frac{1}{2}(\boldsymbol{\sigma}_1+\boldsymbol{\sigma}_2)$ を 2 乗すると，$\hat{\boldsymbol{S}}^2=(1/4)(\boldsymbol{\sigma}_1^2+2\boldsymbol{\sigma}_1\cdot\boldsymbol{\sigma}_2+\boldsymbol{\sigma}_2^2)=\frac{1}{2}(3\mathbf{1}_2+\boldsymbol{\sigma}_1\cdot\boldsymbol{\sigma}_2)$. ところが，$\hat{\boldsymbol{S}}^2\chi_{1M_S}(\sigma_1,\sigma_2)=2\chi_{1M_S}(\sigma_1,\sigma_2)$ だから，$\boldsymbol{\sigma}_1\cdot\boldsymbol{\sigma}_2\chi_{1M_S}(\sigma_1,\sigma_2)=\chi_{1M_S}(\sigma_1,\sigma_2)$. 同様に，$\hat{\boldsymbol{S}}^2\chi_{00}(\sigma_1,\sigma_2)=0\times\chi_{1M_S}(\sigma_1,\sigma_2)$ だから，$\boldsymbol{\sigma}_1\cdot\boldsymbol{\sigma}_2\chi_{00}(\sigma_1,\sigma_2)=-3\chi_{00}(\sigma_1,\sigma_2)$.

問題 12 前問の結果より明らか.

問題 13 (1) 問題 10 の結果から明らか.

(2) $S=1$ のとき，左辺 $=1$, 右辺 $=3-2=1$ より，等式は成り立つ. 同様に，$S=0$ のときも左辺 $=3^2=9$, 右辺 $=3-2\times(-3)=9$ となり等号が成り立つ.

【別解】左辺 $=(\sigma_{1i}\sigma_{2i})^2=\sigma_{1i}\sigma_{1j}\sigma_{2i}\sigma_{2j}=(\delta_{ij}+i\epsilon_{ijk}\sigma_{1k})(\delta_{ij}+i\epsilon_{ijl}\sigma_{2l})=\delta_{ij}\delta_{ij}-\epsilon_{ijk}\epsilon_{ijl}\sigma_{1k}\sigma_{2l}=3-2\delta_{kl}\sigma_{1k}\sigma_{2l}=3-2\boldsymbol{\sigma}_1\cdot\boldsymbol{\sigma}_2$. ここで，$\epsilon_{ijk}\epsilon_{ijl}=2\delta_{kl}$ を用いた.

(3) 前問の結果を用いると，$\hat{P}_t^2=(1/16)(9+6\boldsymbol{\sigma}_1\cdot\boldsymbol{\sigma}_2+(\boldsymbol{\sigma}_1\cdot\boldsymbol{\sigma}_2)^2)=(1/16)(12+4\boldsymbol{\sigma}_1\cdot\boldsymbol{\sigma}_2)=P_t$. $\hat{P}_s^2=(1/16)(1-2\boldsymbol{\sigma}_1\cdot\boldsymbol{\sigma}_2+(\boldsymbol{\sigma}_1\cdot\boldsymbol{\sigma}_2)^2)=(1/16)(4-4\boldsymbol{\sigma}_1\cdot\boldsymbol{\sigma}_2)=P_s$. $\hat{P}_t\hat{P}_s=\hat{P}_s\hat{P}_t=(1/16)(3-2\boldsymbol{\sigma}_1\cdot\boldsymbol{\sigma}_2-(\boldsymbol{\sigma}_1\cdot\boldsymbol{\sigma}_2)^2)=0$.

問題 14 $(10\frac{1}{2}\frac{1}{2}|\frac{1}{2}\frac{1}{2})=-\sqrt{1/3}$, $(11\frac{1}{2}-\frac{1}{2}|\frac{1}{2}\frac{1}{2})=\sqrt{2/3}$, $(10\frac{1}{2}-\frac{1}{2}|\frac{1}{2}-\frac{1}{2})=\sqrt{1/3}$, $(1-1\frac{1}{2}\frac{1}{2}|\frac{1}{2}-\frac{1}{2})=-\sqrt{2/3}$.

問題 15 全スピンの固有状態を $|SM_S\rangle$ と書く. 明らかに，$|\frac{3}{2}\frac{3}{2}\rangle=\chi_\uparrow(\sigma_1)\chi_\uparrow(\sigma_2)\times\chi_\uparrow(\sigma_3)\equiv\,\uparrow\uparrow\uparrow$. これに $\hat{S}_-=\hat{s}_{1-}+\hat{s}_{2-}+\hat{s}_{3-}$ を掛けると，左辺 $=\sqrt{3}|\frac{3}{2}\frac{1}{2}\rangle$. 右辺 $=\downarrow\uparrow\uparrow+\uparrow\downarrow\uparrow+\uparrow\uparrow\downarrow$. よって，$|\frac{3}{2}\frac{1}{2}\rangle=\frac{1}{\sqrt{3}}(\downarrow\uparrow\uparrow+\uparrow\downarrow\uparrow+\uparrow\uparrow\downarrow)$. これを繰り返して，$|\frac{3}{2}-\frac{1}{2}\rangle=\frac{1}{\sqrt{3}}(\downarrow\downarrow\uparrow+\downarrow\uparrow\downarrow+\uparrow\downarrow\downarrow)$. $|\frac{3}{2}\frac{-3}{2}\rangle=\,\downarrow\downarrow\downarrow$.

次に合成スピン $\frac{1}{2}$ の状態 $|\frac{1}{2}M_s\rangle$ を構成する. 2 個のスピンを合成してできる合成スピンの固有状態を $|sm_s\rangle$ と書く $(s=1,0)$. まず，問題 13 で求めた C–G 係数を用いて $|1m_s\rangle$ とスピン $\frac{1}{2}$ の状態を合成する: $|\frac{1}{2}\frac{1}{2}\rangle=\sqrt{\frac{2}{3}}|11\rangle\otimes\downarrow-\sqrt{\frac{1}{3}}|10\rangle\otimes\uparrow=\sqrt{\frac{2}{3}}\uparrow\uparrow\downarrow-\sqrt{\frac{1}{6}}(\uparrow\downarrow\uparrow+\downarrow\uparrow\uparrow)$. 同様にして，$|\frac{1}{2}-\frac{1}{2}\rangle=\sqrt{\frac{1}{3}}|10\rangle\otimes\downarrow-\sqrt{\frac{2}{3}}|1-1\rangle\otimes\uparrow=\sqrt{\frac{1}{6}}(\uparrow\downarrow\downarrow+\downarrow\uparrow\downarrow)-\sqrt{\frac{2}{3}}\downarrow\downarrow\uparrow$.

316

$|00)$ との合成は簡単で, $|\frac{1}{2}\frac{1}{2}\rangle = |00) \otimes \uparrow = \frac{1}{\sqrt{2}}(\uparrow\downarrow\uparrow \ - \ \downarrow\uparrow\uparrow).|\frac{1}{2} - \frac{1}{2}\rangle = |00) \otimes \downarrow = \frac{1}{\sqrt{2}}(\uparrow\downarrow\downarrow \ - \ \downarrow\uparrow\downarrow).$

問題 16 $|JM\rangle = \sum_{m_2}(j_1 M - m_2\, j_2 m_2|JM)\, |j_1 M - m_2\rangle \otimes |j_2 m_2\rangle$ を用いて行列要素 $\langle JM'|P_R|JM\rangle = D^J_{M'M}$ を作ると,

$$D^J_{M'M} = \sum_{m_2\, m_2'} (j_1 M - m_2\, j_2 m_2|JM)(j_1 M' - m_2'\, j_2 m_2'|JM')$$
$$\times \langle j_1 M' - m_2'|P_R|j_1 M - m_2\rangle \langle j_2 m_2'|P_R|j_2 m_2\rangle$$
$$= \sum_{m_2\, m_2'} (j_1 M - m_2\, j_2 m_2|JM)(j_1 M' - m_2'\, j_2 m_2'|JM')$$
$$\times D^{j_1}_{M' - m_2'\, M - m_2} D^{j_2}_{m_2'\, m_2}.$$

問題 17 $|j_1 m_1\rangle \otimes |j_2 m_2\rangle = \sum_J (j_1 m_1\, j_2 m_2|J m_1 + m_2)|J\, m_1 + m_2\rangle$ を用いて行列要素 $\langle j_1 m_1'| \otimes \langle j_2 m_2'|P_R|j_1 m_1\rangle \otimes |j_2 m_2\rangle = D^{j_1}_{m_1'\, m_1} D^{j_2}_{m_2'\, m_2}$ を作ると,

$$D^{j_1}_{m_1'\, m_1} D^{j_2}_{m_2'\, m_2} = \sum_{J\, J'} (j_1 m_1'\, j_2 m_2'|J' m_1' + m_2')(j_1 m_1\, j_2 m_2|J m_1 + m_2)$$
$$\times \langle J' m_1' + m_2'|P_R|J m_1 + m_2\rangle$$
$$= \sum_{J\, J'} (j_1 m_1'\, j_2 m_2'|J' m_1' + m_2')(j_1 m_1\, j_2 m_2|J m_1 + m_2)$$
$$\times D^J_{m_1' + m_2'\, m_1 + m_2}\delta_{J\, J'}$$
$$= \sum_{J} (j_1 m_1'\, j_2 m_2'|J m_1' + m_2')(j_1 m_1\, j_2 m_2|J m_1 + m_2)$$
$$\times D^J_{m_1' + m_2'\, m_1 + m_2}.$$

問題 18 (7.73) を $T(1, 2)$ と書く. その空間回転 R に対する変換性は

$$P_R T(1, 2) P_R^\dagger = \sum_{M_1} (L_1 M_1 L_2 M_2|LM)\, P_R T^{(L_1)}_{M_1}(1) P_R^\dagger\, P_R T^{(L_2)}_{M_2}(2) P_R^\dagger$$
$$= \sum_{M_1} (L_1 M_1 L_2 M_2|LM)$$
$$\times \sum_{M_1',M_2'} T^{(L_1)}_{M_1'}(1) D^{L_1}_{M_1' M_1} T^{(L_2)}_{M_2'}(2) D^{L_2}_{M_2' M_2}.$$

ここで, (7.77) と C–G 係数の直交性 (7.56) を用いると, $P_R T(1, 2) P_R^\dagger = \sum_{M'} T(1, 2) D^L_{M'M}$ が成立することがわかる. これは, (7.73) で定義されるテンソル演算子が L 階の既約テンソルの第 M 成分であることを意味する.

317

章末問題　解答

第 8 章

問題 1　$[\hat{S}_z, \hat{S}_+] = \frac{1}{2}[\hat{a}_x^\dagger\hat{a}_x - \hat{a}_y^\dagger\hat{a}_y, \hat{a}_x^\dagger\hat{a}_y] = \frac{1}{2}\{[\hat{a}_x^\dagger\hat{a}_x, \hat{a}_x^\dagger\hat{a}_y] - [\hat{a}_y^\dagger\hat{a}_y, \hat{a}_x^\dagger\hat{a}_y]\}.$
ところが，$[\hat{a}_x^\dagger\hat{a}_x, \hat{a}_x^\dagger\hat{a}_y] = \hat{a}_x^\dagger[\hat{a}_x^\dagger\hat{a}_x, \hat{a}_y] + [\hat{a}_x^\dagger\hat{a}_x, \hat{a}_x^\dagger]\hat{a}_y = \hat{a}_x^\dagger[\hat{a}_x, \hat{a}_x^\dagger]\hat{a}_y = $
$\hat{a}_x^\dagger\hat{a}_y.$ 同様に，$[\hat{a}_y^\dagger\hat{a}_y, \hat{a}_x^\dagger\hat{a}_y] = \hat{a}_x^\dagger[\hat{a}_y^\dagger\hat{a}_y, \hat{a}_y] = \hat{a}_x^\dagger[\hat{a}_y^\dagger, \hat{a}_y]\hat{a}_y = -\hat{a}_x^\dagger\hat{a}_y.$
よって，$[\hat{S}_z, \hat{S}_+] = \hat{a}_x^\dagger\hat{a}_y = \hat{S}_+.$ この Hermite 共役を取って，$[\hat{S}_-, \hat{S}_z] = $
$\hat{a}_y^\dagger\hat{a}_x = \hat{S}_-.$ ゆえに，$[\hat{S}_z, \hat{S}_-] = -\hat{S}_-.$

問題 2　$\hat{S}_x = \frac{1}{m\hbar\omega}(m^2\omega^2 xy + \hat{p}_x\hat{p}_y).$ $\hat{S}_y = \frac{1}{\hbar}(x\hat{p}_y - y\hat{p}_x) = \frac{1}{\hbar}\hat{L}_z,$ $\hat{S}_z = $
$\frac{1}{4m\hbar\omega}\{m^2\omega^2(x^2 - y^3) + (\hat{p}_x^2 - \hat{p}_y^2)\}.$

問題 3　$\hat{S}_\pm$ および $\hat{S}_z$ の定義を代入すると，$\hat{\boldsymbol{S}}^2 = \frac{1}{2}(\hat{a}_x^\dagger\hat{a}_y\hat{a}_y^\dagger\hat{a}_x + \hat{a}_y^\dagger\hat{a}_x\hat{a}_x^\dagger\hat{a}_y) + $
$(\frac{\hat{n}_x}{2} - \frac{\hat{n}_y}{2})^2.$ 第 1 項は $\frac{1}{2}\{\hat{a}_x^\dagger(1+\hat{a}_y^\dagger\hat{a}_y)\hat{a}_x + \hat{a}_y^\dagger(1+\hat{a}_x^\dagger\hat{a}_x)\hat{a}_y\} = \frac{\hat{n}_x}{2} + \frac{\hat{n}_y}{2} + $
$4\frac{\hat{n}_x}{2}\frac{\hat{n}_y}{2}.$ よって，$\hat{\boldsymbol{S}}^2 = \frac{\hat{n}_x}{2} + \frac{\hat{n}_y}{2} + (\frac{\hat{n}_x}{2} + \frac{\hat{n}_y}{2})^2 = \frac{\hat{N}}{2}(\frac{\hat{N}}{2} + 1).$

問題 4　$[\hat{S}_z, \hat{a}_x^\dagger] = \frac{1}{2}[\hat{a}_x^\dagger\hat{a}_x, \hat{a}_x^\dagger] = \frac{1}{2}\hat{a}_x^\dagger.$ $[\hat{S}_z, \hat{a}_y^\dagger] = \frac{1}{2}[-\hat{a}_y^\dagger\hat{a}_y, \hat{a}_x^\dagger] = -\frac{1}{2}\hat{a}_y^\dagger.$ 以
下略．$(-\hat{a}_y, \hat{a}_x)$ については $(\hat{a}_x^\dagger, \hat{a}_y^\dagger)$ に対する与式の Hermite 共役を取れ
ば得られる．

問題 5　(1)　$d\hat{A}_x^\dagger(\beta)/d\beta = -i\hat{P}_{R_y(\beta)}[\hat{S}_y, \hat{a}_x^\dagger]\hat{P}_{R_y(\beta)}^{-1} = \frac{1}{2}\hat{P}_{R_y(\beta)}\hat{a}_y^\dagger\hat{P}_{R_y(\beta)}^\dagger = $
$\hat{A}_y^\dagger(\beta).$ $d\hat{A}_y^\dagger(\beta)/d\beta$ についても同様．

　　(2)　容易．略．この表式を用いると容易に $\langle jm'|\hat{P}_{R_y(\beta)}|jm\rangle = d_{m'm}^j(\beta)$
の表式（Wigner の公式）を導くことができる：ジュリアン・シュウィ
ンガー著，清水清孝，日向裕幸訳『シュウィンガー量子力学』（丸善出
版，2012）第 3 章参照．

第 9 章

問題 1　(1)　$\hat{P}\hat{\boldsymbol{r}}|\boldsymbol{r}\rangle = \boldsymbol{r}\hat{P}|\boldsymbol{r}\rangle = -(-\boldsymbol{r})|-\boldsymbol{r}\rangle.$ ところが，左辺 $= \hat{P}\hat{\boldsymbol{r}}\hat{P}^{-1}\hat{P}|\boldsymbol{r}\rangle = $
$\hat{P}\hat{\boldsymbol{r}}\hat{P}^{-1}|-\boldsymbol{r}\rangle$ であり，$|\boldsymbol{r}\rangle$ は任意であるから，$\hat{P}\hat{\boldsymbol{r}}\hat{P}^{-1} = -\hat{\boldsymbol{r}}$ である．

問題 2　$|\boldsymbol{p}\rangle$ を座標表示すると，$\hat{P}|\boldsymbol{p}\rangle = \hat{P}\int d\boldsymbol{r}\,|\boldsymbol{r}\rangle\langle\boldsymbol{r}|\boldsymbol{p}\rangle = \int d\boldsymbol{r}\,\hat{P}|\boldsymbol{r}\rangle\langle\boldsymbol{r}|\boldsymbol{p}\rangle = $
$\int d\boldsymbol{r}\,|-\boldsymbol{r}\rangle\langle\boldsymbol{r}|\boldsymbol{p}\rangle.$ ここで積分変数を $-\boldsymbol{r} = \boldsymbol{r}'$ に変換すると，右辺 $= $
$\int d\boldsymbol{r}'\,|\boldsymbol{r}'\rangle\langle-\boldsymbol{r}'|\boldsymbol{p}\rangle.$ ところが，$\langle-\boldsymbol{r}'|\boldsymbol{p}\rangle = \frac{1}{\sqrt{(2\pi\hbar)^3}}e^{-\boldsymbol{p}\cdot\boldsymbol{r}'/\hbar} = \langle\boldsymbol{r}'|-\boldsymbol{p}\rangle.$
よって，$\hat{P}|\boldsymbol{p}\rangle = \int d\boldsymbol{r}'\,|\boldsymbol{r}'\rangle\langle\boldsymbol{r}'|-\boldsymbol{p}\rangle = |-\boldsymbol{p}\rangle.$

318

章末問題　解答

問題 3

$$\mathcal{T}\mathcal{Y}_l^{l+\frac{1}{2}\,m} = \begin{pmatrix} -\sqrt{\frac{l-m+\frac{1}{2}}{2l+1}}Y^*_{l\,m+\frac{1}{2}}(\theta,\varphi) \\ \sqrt{\frac{l+m+\frac{1}{2}}{2l+1}}Y^*_{l\,m-\frac{1}{2}}(\theta,\varphi) \end{pmatrix}$$

$$= \begin{pmatrix} (-1)^{m-\frac{1}{2}}\sqrt{\frac{l-m+\frac{1}{2}}{2l+1}}Y_{l\,-m-\frac{1}{2}}(\theta,\varphi) \\ (-1)^{m-\frac{1}{2}}\sqrt{\frac{l+m+\frac{1}{2}}{2l+1}}Y_{l\,-m+\frac{1}{2}}(\theta,\varphi) \end{pmatrix}$$

$$= (-1)^{m-\frac{1}{2}}\mathcal{Y}_l^{l+\frac{1}{2}\,-m}.$$

同様にして,

$$\mathcal{T}\mathcal{Y}_l^{l-\frac{1}{2}\,m}(\theta,\varphi) = (-1)^{m+\frac{1}{2}}\mathcal{Y}_l^{l-\frac{1}{2}\,-m}$$

を得る. なお, $Y_{l\,m}$ の代わりに $\tilde{Y}_{l\,m}$ を用いて $\mathcal{Y}_l^{j\,m}(\theta,\varphi)$ を定義すると, 以下のように簡潔に表すことができる.

$$\mathcal{T}\mathcal{Y}_l^{j\,m}(\theta,\varphi) = (-1)^{j-m}\mathcal{Y}_l^{j\,-m}(\theta,\varphi)$$

こちらの定義を用いる文献も少なくないので注意が必要である.

第 10 章

問題 1 $(\partial_i A_j - \partial_j A_i) = \epsilon_{ijk}B_k$ の $i, j = (1, 2), (2, 3), (3, 1)$ の各成分を書いていくと, $\partial_x A_y - \partial_y A_x = B_z$, $\partial_y A_z - \partial_z A_y = B_x$, $\partial_z A_x - \partial_x A_z = B_y$. これは, ベクトルポテンシャルと磁場の関係式 $\boldsymbol{\nabla} \times \boldsymbol{A} = \boldsymbol{B}$ の各成分に他ならない.

問題 2 $[\hat{\pi}_i, \hat{\pi}_j] = [\hat{p}_i - qA_i(\boldsymbol{r}, t), \hat{p}_j - qA_j(\boldsymbol{r}, t)] = [\hat{p}_i, -qA_j(\boldsymbol{r}, t)] + [-qA_i(\boldsymbol{r}, t), \hat{p}_j]$. ところが, $[\hat{p}_i, -qA_j(\boldsymbol{r}, t)] = -q[-i\hbar\partial_i, A_j(\boldsymbol{r}, t)] = iq\partial_i A_j(\boldsymbol{r}, t)$. また, 同様にして, $[-qA_i(\boldsymbol{r}, t), \hat{p}_j] = [\hat{p}_j, qA_i(\boldsymbol{r}, t)] = -iq\partial_j A_i(\boldsymbol{r}, t)$. よって, $[\hat{\pi}_i, \hat{\pi}_j] = iq(\partial_i A_j - \partial_j A_i) = iq\epsilon_{ijk}B_k$.

問題 3 $\partial\hat{\pi}_i/\partial t = \partial(\hat{p}_i - qA_i(\boldsymbol{r}, t))/\partial t = -q\partial A_i/\partial t$. Heisenberg 演算子 $\hat{p}_i$ の陰的な時間依存性は次の第 2 項で考慮されている: $\frac{1}{i\hbar}[\hat{\pi}_i, \hat{H}] = \frac{1}{i\hbar}[\hat{\pi}_i, \hat{\boldsymbol{\pi}}^2/2m + q\phi] = \frac{1}{i\hbar}[\hat{\pi}_i, \hat{\boldsymbol{\pi}}^2/2m] + \frac{1}{i\hbar}[\hat{\pi}_i, q\phi(\boldsymbol{r}, t)]$. ところが, $[\hat{\pi}_i, \hat{\boldsymbol{\pi}}^2] = [\hat{\pi}_i, \hat{\pi}_j\hat{\pi}_j] = \hat{\pi}_j[\hat{\pi}_i, \hat{\pi}_j] + [\hat{\pi}_i, \hat{\pi}_j\hat{\pi}_j]\hat{\pi}_j = i\hbar q\epsilon_{ijk}\hat{\pi}_j B_k + i\hbar q\epsilon_{ijk}\hat{\pi}_j B_k\hat{\pi}_j = i\hbar q[(\hat{\boldsymbol{\pi}} \times \boldsymbol{B})_i - (\boldsymbol{B} \times \hat{\boldsymbol{\pi}})_i]$. さらに, $\frac{1}{i\hbar}[\hat{\pi}_i, q\phi(\boldsymbol{r}, t)] = q[-\partial_i, \phi(\boldsymbol{r}, t)] =$

319

章末問題　解答

$-q(\partial_i\phi)$. よって，$-q\partial A_i/\partial t - q(\boldsymbol{\nabla}\phi)_i = qE_i$ および $\hat{\boldsymbol{v}} = \hat{\boldsymbol{\pi}}/m$ に注意すると，(10.25) の右辺第 1 行は $E_i + \frac{q}{2}[(\hat{\boldsymbol{v}}\times\boldsymbol{B})_i - (\boldsymbol{B}\times\hat{\boldsymbol{v}})_i]$ となる.

問題 4　$\partial_x\Lambda = By/2, \partial_y\Lambda = Bx/2$ だから，$\boldsymbol{A}_\text{対称} + \boldsymbol{\nabla}\Lambda = (-By/2 + By/2, Bx/2 + Bx/2, 0) = (0,\, Bx,\, 0) = \boldsymbol{A}_\text{Landau}$.

問題 5　$\hat{\pi}_x/(qB) \equiv \hat{X}$ と $\hat{\pi}_y$ は交換関係 $[\hat{X}, \hat{\pi}_y] = i\hbar$ を満たす. Hamiltonian は $\hat{H} = \frac{\hat{\pi}_y^2}{2m} + \frac{m\omega^2}{2}\hat{X}^2$ と 1 次元調和振動子の形に書ける. ただし，$\omega = qB/m$. よって，エネルギー固有値は $\epsilon = (n+\frac{1}{2})\hbar\omega$ と得られる. これは特定のゲージに依らない結果である.

問題 6　(1)　最初の 2 項の和は $\frac{\hbar\omega}{2}(\hat{a}_x^\dagger\hat{a}_x + \hat{a}_y^\dagger\hat{a}_y + 1)$. また，$\hat{L}_z = -i\hbar(\hat{a}_x^\dagger\hat{a}_y - \hat{a}_y^\dagger\hat{a}_x)$ となるので，$\hat{M} = \begin{pmatrix} 1 & i \\ -i & 1 \end{pmatrix}$. ただし，$x = \sqrt{\frac{\hbar}{m\omega}}(\hat{a}_x + \hat{a}_x^\dagger)$, $\hat{p}_y = \frac{\sqrt{m\hbar\omega}}{2i}(\hat{a}_y - \hat{a}_y^\dagger)$ 等を用いた.

(2)　$\hat{M}$ の固有値は $2, 0$. それぞれの固有ベクトルは $\boldsymbol{c}_\rho \equiv {}^t(c_{\rho x}, c_{\rho y}) = {}^t(1, -i)/\sqrt{2}$. および $\boldsymbol{c}_R \equiv {}^t(c_{Rx}, c_{Ry}) = {}^t(-i, 1)/\sqrt{2}$ である. ユニタリー行列 $U = (\boldsymbol{c}_\rho\,\boldsymbol{c}_R)$ を用いると，

$$\hat{\boldsymbol{a}}^\dagger\hat{M}\hat{\boldsymbol{a}} = \hat{\boldsymbol{a}}^\dagger UU^\dagger\hat{M}UU^\dagger\hat{\boldsymbol{a}} = \hat{\boldsymbol{b}}^\dagger\begin{pmatrix} 2 & 0 \\ 0 & 0 \end{pmatrix}\hat{\boldsymbol{b}}$$

となる. ここに，$\hat{\boldsymbol{b}} = U^\dagger\hat{\boldsymbol{a}} \equiv {}^t(\hat{b}_\rho, \hat{b}_R)$: $\hat{b}_\rho = (\hat{a}_x + i\hat{a}_y)/\sqrt{2}, \hat{b}_R = (i\hat{a}_x + \hat{a}_y)/\sqrt{2}$. こうして，$\hat{H} = \hbar\omega(\hat{b}_\rho^\dagger\hat{b}_\rho + \frac{1}{2})$. エネルギーは $\hat{b}_R$ の自由度の分，縮退している. この自由度の物理的意味はすぐ後で議論する.

(3)　$\hat{\boldsymbol{a}} = U\hat{\boldsymbol{b}}$ より，簡単な計算で $\hat{L}_z = \hbar(\hat{b}_R^\dagger\hat{b}_R - \hat{b}_\rho^\dagger\hat{b}_\rho)$ を得る.

さて，$\hat{\boldsymbol{\pi}}_\perp = \hat{\boldsymbol{p}}_\perp + q\boldsymbol{A}_\text{対称} = (\hat{p}_x - qBy/2, \hat{p}_y + qBx/2)$ も生成・消滅演算子で表すことができることに注意する. 古典論との対応より，回転中心の位置演算子を，$\hat{\boldsymbol{R}} = (\hat{X}, \hat{Y}) = (x + \frac{1}{qB}\hat{\pi}_y, y - \frac{1}{qB}\hat{\pi}_x)$ によって定義すると，$\hat{b}_R = i\sqrt{\frac{qB}{2\hbar}}(\hat{X} - i\hat{Y})$ と書ける. すなわち，ゼロ固有値の自由度は回転中心の位置に対応している. さらに，相対座標演算子を $\hat{\boldsymbol{\rho}} = \boldsymbol{r}_\perp - \hat{\boldsymbol{R}} = (-\frac{1}{qB}\hat{\pi}_y, \frac{1}{qB}\hat{\pi}_x)$ と定義すると，$\hat{b}_\rho = \sqrt{\frac{qB}{2\hbar}}(\hat{\rho}_x + i\hat{\rho}_y)$ となる. よって，$\hat{L}_z = \frac{qB}{2}(\hat{\boldsymbol{R}}^2 - \hat{\boldsymbol{\rho}}^2)$ と書けることがわかる. これは古典力学での結果 (10.14) と同じ形をしている. ただし，$\hat{b}_R^\dagger\hat{b}_R = \frac{qB}{2}\hat{\boldsymbol{R}}^2 - \frac{1}{2}$, $\hat{b}_\rho^\dagger\hat{b}_\rho = \frac{qB}{2}\hat{\boldsymbol{\rho}}^2 - \frac{1}{2}$ である.

320

章末問題　解答

問題 7　添え字 $_\theta$ は省略する．解くべき方程式は $dA/d\rho + A/\rho = B$. これは非斉次方程式であるから定数変化法で解くことを試みる．まず，対応する斉次方程式 $dA/d\rho + A/\rho = 0$ を解く．これは $dA/A = -d\rho/\rho$ と変形することにより，$A(\rho) = C/\rho$ と解ける．次に，$A(\rho) = C(\rho)/\rho$ を元の非斉次方程式に代入すると，$C(\rho)$ に対する方程式 $dC(\rho)/d\rho = B\rho$ を得る．この解は，$C(\rho) = B\rho^2/2 + C'$ ($C' = $ 定数)．よって，$A(\rho) = B\rho/2 + C'/\rho$. ところが，原点での正則性の要請より，$C' = 0$. ゆえに，$A(\rho) = B\rho/2$.

問題 8　$[\hat{J}_i, \hat{\boldsymbol{S}} \cdot \hat{\boldsymbol{L}}] = [\hat{J}_i, \hat{S}_j \hat{L}_j] = \hat{S}_j[\hat{S}_i + \hat{L}_i, \hat{L}_j] + [\hat{S}_i + \hat{L}_i, \hat{S}_j]\hat{L}_j = i\hbar\epsilon_{ijk}(\hat{S}_j \hat{L}_k + \hat{S}_k \hat{L}_j) = i\hbar\epsilon_{ijk}(\hat{S}_j \hat{L}_k - \hat{S}_j \hat{L}_k) = 0$.
$[\hat{\boldsymbol{L}}^2, \hat{\boldsymbol{S}} \cdot \hat{\boldsymbol{L}}] = \hat{S}_j[\hat{\boldsymbol{L}}^2, \hat{L}_j] = 0$. $[\hat{\boldsymbol{S}}^2, \hat{\boldsymbol{S}} \cdot \hat{\boldsymbol{L}}] = [\hat{\boldsymbol{L}}^2, \hat{S}_j]\hat{L}_j = 0$.

第 11 章

問題 1　(2.56) および (2.57) より，基底状態の波動関数は $\varphi_0(x) = \dfrac{e^{-\xi^2/2}}{\sqrt{\alpha\sqrt{\pi}}}$, ($\alpha = \sqrt{\hbar/m\omega}$, $\xi = x/\alpha$).

　　$k = 3$ のとき：$E_0^{(1)} = 0$. なぜなら，奇関数と偶関数の積の積分だから．

　　$k = 4$ のとき：

$$E_0^{(1)} = \int_{-\infty}^{\infty} dx\; \varphi_0^*(x)\lambda x^4 \varphi_0(x) = \frac{1}{\alpha\sqrt{\pi}}\int_{-\infty}^{\infty} dx\; \lambda x^4 e^{-(x/\alpha)^2} = \frac{3\hbar^2\lambda}{4m\omega}.$$

問題 2　(1)　生成・消滅演算子を使うと，$\hat{H}_1 = i\hbar\lambda(\hat{a}_y^\dagger \hat{a}_x - \hat{a}_x^\dagger \hat{a}_y)$. 基底状態の 1 次の摂動エネルギーは，$\Delta E_0^{(1)} = \langle 0,0|\hat{H}_1|0,0\rangle = 0$. 明らかに，任意の n_x, n_y に対して $\langle n_x, n_y|\hat{H}_1|0,0\rangle = 0$ なので，2 次の摂動エネルギーは

$$\Delta E_0^{(2)} = \sum_{(n_x,\, n_y)\neq(0,\, 0)} \frac{|\langle n_x,\, n_y|\hat{H}_1|0,\, 0\rangle|^2}{E_{0,0} - E_{n_x,\, n_y}} = 0.$$

　　(2)　$\hat{H}_0$ の第 2 励起状態のエネルギーは $E_1 = (2+1)\hbar\omega = 3\hbar\omega$, このエネルギーを与える独立な状態ベクトルは以下の 3 つであり，3 重に縮退している：$|2,0\rangle \equiv |1\rangle$, $|1,1\rangle \equiv |2\rangle$, $|0,2\rangle \equiv |3\rangle$. ここで，$(j|\hat{H}_1|i) \equiv (\boldsymbol{A})_{ji}$ とおくと，1 次の摂動エネルギーは Hermite 行列 $\boldsymbol{A}$ の固有値 ϵ_1 で与えられる．その 0 でない行列要素は $(\boldsymbol{A})_{21} = \langle 1,1|\hat{H}_1|2,0\rangle = $

321

章末問題　解答

$i\hbar\sqrt{2}\lambda = (\boldsymbol{A})^*_{12}$, $(\boldsymbol{A})_{23} = \langle 1,1|\hat{H}_1|0,2\rangle = -i\hbar\sqrt{2}\lambda = (\boldsymbol{A})^*_{32}$. すなわ

ち，$\boldsymbol{A} = \sqrt{2}\hbar\lambda\begin{pmatrix} 0 & -i & 0 \\ i & 0 & -i \\ 0 & i & 0 \end{pmatrix}$. $\boldsymbol{A}$ の固有値は $\epsilon_1 = 0$, $\pm 2\lambda\hbar$ となる.

よって，第 2 励起状態のエネルギーは $2\hbar\omega$, $2\hbar(\omega - \lambda)$, $2\hbar(\omega + \lambda)$ に

分裂する.

問題 3 (1)　(i) ビリアル定理の関係式 (11.105) より，$\langle\varphi_{nlm}|\frac{-Z\bar{e}^2}{r}|\varphi_{nlm}\rangle =$

$2E_n^{(0)} = -\frac{Z^2\bar{e}^2}{a_{\rm B}}\frac{1}{n^2}$. よって，$\langle\varphi_{nlm}|\frac{1}{r}|\varphi_{nlm}\rangle = \frac{Z}{a_{\rm B}}\frac{1}{n^2}$.

(ii) Coulomb ポテンシャルの場合，エネルギー固有値の l への依存

性は主量子数の表式 $n = n_r + l$ を通して与えられる．したがっ

て，$\frac{\partial E_n^{(0)}}{\partial l} = \frac{Z^2\bar{e}^2}{a_{\rm B}}\frac{1}{(n_r+l+1)^3} = \frac{Z^2\bar{e}^2}{a_{\rm B}}\frac{1}{n^3}$. これを (11.101) に代入して，

$\langle\varphi_{nlm}|\frac{1}{r^2}|\varphi_{nlm}\rangle = \frac{Z^2}{a_{\rm B}^2}\frac{2}{n^3(2l+1)}$ を得る.

(2)　ヒントに与えられた表式を用いると，$\Delta E_{nl}^{(1)} = -\frac{1}{2mc^2}\langle[\hat{H}_0^2 + \hat{H}_0\frac{Z\bar{e}^2}{r}$

$+\frac{Z\bar{e}^2}{r}\hat{H}_0 + \frac{Z^2\bar{e}^4}{r^2}]\rangle_{nl}$. ここで (1) の結果を用いると，$\langle\hat{H}_0^2\rangle_{nl} = (E_n^{(0)})^2$,

$\langle\hat{H}_0\frac{Z\bar{e}^2}{r}\rangle_{nl} = \langle\frac{Z\bar{e}^2}{r}\hat{H}_0\rangle_{nl} = E_n^{(0)}\langle\frac{Z\bar{e}^2}{r}\rangle_{nl} = E_n^{(0)}\frac{Z^2\bar{e}^2}{a_{\rm B}}\frac{1}{n^2} = -2(E_n^{(0)})^2$,

$\langle\frac{Z^2\bar{e}^4}{r^2}\rangle_{nl} = \frac{Z^4\bar{e}^4}{a_{\rm B}^2}\frac{2}{n^3(2l+1)}$. これらを足し合わせて，$\Delta E_{nl}^{(1)} = -\frac{1}{2mc^2}$

$\left(\frac{Z\bar{e}^2}{a_{\rm B}}\right)^2[\frac{2}{n^3(2l+1)} - \frac{3}{4n^4}] = -\frac{1}{2}mc^2\frac{(Z\alpha)^4}{n^4}(-\frac{3}{4} + \frac{n}{l+1/2})$ を得る．α は微

細構造定数である．なお，§10.8 で説明したようにスピン–軌道相互作

用も相対論的効果として生じる．$l \neq 0$ の場合，$\Delta E_{nl}^{(1)}$ と (11.72) を

加えると，相対論的補正エネルギーとして $\Delta E_{\rm rel} = -\frac{1}{2}mc^2(Z\alpha)^4\frac{1}{n^4}$

$(\frac{n}{j+1/2} - \frac{3}{4})$ を得る．これは Dirac の相対論的電子理論から得られる

表式

$$E_{nj} = mc^2\left[1 + \left(\frac{Z\alpha}{n - (j+1/2) + \sqrt{(j+1/2)^2 - (Z\alpha)^2}}\right)^2\right]^{-\frac{1}{2}}$$

を $(Z\alpha)^2$ で展開し 2 次まで取った式に等しい．また，この表式は $l = 0$

のときも補正エネルギーとして正しい.

問題 4　まず，摂動 Hamitonian $\lambda\hat{H}_1 = eFz$ の行列要素を求める．必要な積分

は次のものである:

$$\langle\varphi_{200}^{(0)}|z|\varphi_{210}^{(0)}\rangle = \langle\varphi_{210}^{(0)}|z|\varphi_{200}^{(0)}\rangle$$
$$= \int_0^\infty r^2 dr\, R_{20}(r)R_{21}(r)\int d\Omega\, Y_{00}\, r\cos\theta\, Y_{10}.$$

322

章末問題　解答

最後の角度積分 $= r \int_{-1}^{1} d\chi \int_{0}^{2\pi} d\phi \frac{1}{\sqrt{4\pi}} \chi \sqrt{\frac{3}{4\pi}} \chi = \frac{r}{\sqrt{3}}$. よって,

$$\langle \varphi_{200}^{(0)} | z | \varphi_{210}^{(0)} \rangle = \frac{1}{\sqrt{3}} \int_{0}^{\infty} r^3 dr \left(\frac{1}{2a_{\mathrm{B}}} \right)^{3/2} (2 - \rho) \left(\frac{1}{a_{\mathrm{B}}} \right)^{3/2} \frac{\rho}{2\sqrt{6}} \mathrm{e}^{-\rho}$$
$$= \frac{a_{\mathrm{B}}}{24} \int_{0}^{\infty} d\rho \, (2\rho^4 - \rho^5) \mathrm{e}^{-\rho}.$$

ここで, $\int_{0}^{\infty} d\rho \, \rho^n \mathrm{e}^{-\rho} = n!$ を用いると, $\langle \varphi_{200}^{(0)} | eFz | \varphi_{210}^{(0)} \rangle = eF(-3a_{\mathrm{B}})$ を得る. 他の行列要素は対称性から 0 になる: $\langle \varphi_{200}^{(0)} | eFz | \varphi_{200}^{(0)} \rangle = 0$, $\langle \varphi_{200}^{(0)} | eFz | \varphi_{21\pm1}^{(0)} \rangle \propto \int_{0}^{2\pi} d\phi \, \mathrm{e}^{i\phi} = 0$, $\langle \varphi_{21m}^{(0)} | eFz | \varphi_{21m'}^{(0)} \rangle = 0$. 対角化すべき行列は以下のようになる (ただし, 行列要素は $(nlm) = (200)$, (210),

(211), $(21\,{-}1)$ の順): $\mathcal{H} \equiv \begin{pmatrix} 0 & -3eFa_{\mathrm{B}} & 0 & 0 \\ -3eFa_{\mathrm{B}} & 0 & 0 & 0 \\ 0 & 0 & 0 & 0 \\ 0 & 0 & 0 & 0 \end{pmatrix}$. $\mathcal{H}$ の固有値は

$\Delta E^{(1)} = \pm 3eFa_{\mathrm{B}}$, 0 (2 重縮退) である. したがって, この電場のために第 1 励起状態のエネルギーは 3 つのエネルギーレベル $E_{+} = -\hbar^2/(2\mu a_{\mathrm{B}}^2) + 3eFa_{\mathrm{B}}$, $E_{-} = -\hbar^2/(2\mu a_{\mathrm{B}}^2) - 3eFa_{\mathrm{B}}$, $E_0 = -\hbar^2/(2\mu a_{\mathrm{B}}^2)$ に分裂する. $\mathcal{H}$ についての固有値方程式を解くことにより, $E_{\pm}$ の状態の波動関数はそれぞれ $\varphi_{\pm}(\boldsymbol{r}) = (\varphi_{200}^{(0)}(\boldsymbol{r}) \mp \varphi_{210}^{(0)})/\sqrt{2}$ となることがわかる. $\varphi_{210}^{(0)} \propto +z\mathrm{e}^{-\rho/2}$ であるから, φ_{+} は z の負 (正) の領域で確率振幅が大きく (小さく) なっており, 電子が電気的引力を強く受ける確率分布になっている. 逆に, φ_{-} は z の正 (負) の領域で確率振幅が大きく (小さく) なっており, 電子が電気的斥力を避ける確率分布になっている.

第 12 章

問題 1 (1) $|\chi_n\rangle$ は任意の試行状態ベクトル $|\tilde{\varphi}_n\rangle$ を用いて, Gram–Schmidt の直交化法により, 以下のように構成できる: $|\chi_n\rangle \equiv |\tilde{\varphi}_n\rangle - \sum_{k=0}^{n-1} |\varphi_k\rangle \langle\varphi_k|\tilde{\varphi}_n\rangle$.

(2) $|\chi_n\rangle$ と任意の $|\varphi_k\rangle$ $(k = 0, 1, \ldots, n-1)$ との直交性は以下のように示すことができる: $\langle\varphi_k|\chi_n\rangle = \langle\varphi_k|\tilde{\varphi}_n\rangle - \sum_{j=0}^{n-1} \langle\varphi_k|\varphi_j\rangle\langle\varphi_j|\tilde{\varphi}_n\rangle = \langle\varphi_k|\tilde{\varphi}_n\rangle - \sum_{j=0}^{n-1} \delta_{jk}\langle\varphi_j|\tilde{\varphi}_n\rangle = \langle\varphi_k|\tilde{\varphi}_n\rangle - \langle\varphi_k|\tilde{\varphi}_n\rangle = 0$.

(3) $\frac{\langle\chi_n|\hat{H}|\chi_n\rangle}{\langle\chi_n|\chi_n\rangle} = \frac{\sum_{k \geq n} E_k |c_k|^2}{\sum_{k \geq n} |c_k|^2} \geq E_n$.

323

章末問題 解答

問題2 (1)　まず，$\varphi_{\mathrm{III}}(x) = \frac{A}{\sqrt{p(x)}}[\cos\theta(x;x_2) + i\sin\theta(x;x_2)]$ と書けること
に注意する．ただし，$\theta(x;a) = \frac{1}{\hbar}\int_a^x dx'\,p(x') - \frac{\pi}{4}$．これに (12.22) を
適用して，$\varphi_{\mathrm{II}}(x) = \frac{A}{\sqrt{\pi(x)}}[\frac{1}{2}\mathrm{e}^{K(x;x_2)} - i\mathrm{e}^{-K(x;x_2)}]$．ただし，$K(x;a) = \frac{1}{\hbar}\int_a^x dx'\,\pi(x')$．

(2)　$\varphi_{\mathrm{II}}(x) = \frac{A}{\sqrt{\pi(x)}}[\frac{1}{2}\mathrm{e}^{-M}\mathrm{e}^{K(x;x_1)} - i\mathrm{e}^M\mathrm{e}^{-K(x;x_1)}]$ と書ける．ただし，
$M \equiv \frac{1}{\hbar}\int_{x_1}^{x_2} dx'\,\pi(x')$．これに接続公式 (12.23) を適用すると，$\varphi_{\mathrm{I}}(x) = \frac{-A}{\sqrt{p(x)}}[\frac{1}{2}\mathrm{e}^{-M}\sin\theta(x_1;x) + 2i\mathrm{e}^M\cos\theta(x_1;x)]$．ここで，$\sin\theta = (\mathrm{e}^{i\theta} - \mathrm{e}^{-i\theta})/2i$ および $\cos\theta = (\mathrm{e}^{i\theta} + \mathrm{e}^{-i\theta})/2$ を用いると，問題に与えられ
た表式が得られる．

(3)　領域 I における入射波は $\frac{-iA}{\sqrt{p(x)}}\mathrm{e}^{ik(x)}(\mathrm{e}^M + \frac{1}{4}\mathrm{e}^{-M}) \equiv \varphi_{\mathrm{in}}(x)$ と与えら
れているので，$T(E) = \left|\frac{\varphi_{\mathrm{III}}(x)}{\varphi_{\mathrm{in}}(x)}\right|^2 = (\mathrm{e}^M + \frac{1}{4}\mathrm{e}^{-M})^{-2} \simeq \mathrm{e}^{-\frac{2}{\hbar}\int_{x_1}^{x_2} dx'\,\pi(x')}$ と
なる．

第13章

問題1　$\mathrm{e}^{i\sigma_z\phi/2}\sigma_x\mathrm{e}^{-i\sigma_z\phi/2} = (\cos\frac{\phi}{2}\mathbf{1}_2 + i\sigma_z\sin\frac{\phi}{2})\sigma_x(\cos\frac{\phi}{2}\mathbf{1}_2 - i\sigma_z\sin\frac{\phi}{2})$．
ここで (7.19) を用いた $(\boldsymbol{n} = (0,0,1))$．$\sigma_z\sigma_x - \sigma_x\sigma_z = 2i\sigma_y$ および
$\sigma_z\sigma_x\sigma_z = -\sigma_x\sigma_z^2 = -\sigma_x$ に注意し，三角関数の 2 倍角の公式を用い
ると示すべき式が得られる．

問題2　§13.7 で与えた公式にあてはめればよい．$\hat{F} = -\frac{\hbar\omega_\perp}{2}\sigma_-$，$\hat{F}^\dagger = -\frac{\hbar\omega_\perp}{2}\sigma_+$ である．$\langle n|\hat{F}|i\rangle = -\frac{\hbar\omega_\perp}{2}\langle\downarrow|\sigma_-|\uparrow\rangle = -\frac{\hbar\omega_\perp}{2}$，$\langle n|\hat{F}^\dagger|i\rangle = -\frac{\hbar\omega_\perp}{2}\langle\downarrow|\sigma_+|\uparrow\rangle = 0$．また，$\omega_n - \omega_i = \hbar\omega_{\mathrm{L}}$．よって，$c_n^{(1)}(t) = \frac{1}{\hbar}\frac{1-\mathrm{e}^{i(\omega_{\mathrm{L}}-\omega)t}}{\omega_{\mathrm{L}}-\omega}F_{ni}$．ゆえに，$P_\downarrow(t) = |c_n^{(1)}(t)|^2 = \left|\frac{2\sin\frac{(\omega_{\mathrm{L}}-\omega)t}{2}}{\hbar(\omega_{\mathrm{L}}-\omega)}\right|^2 |F_{ni}|^2 = \frac{\omega_\perp^2}{(\omega_{\mathrm{L}}-\omega)^2}\sin^2(\frac{\omega_{\mathrm{L}}-\omega}{2}t)$．
(13.4) を $B_\perp/(B_0 - \omega/\gamma_s) = \omega_\perp/(\omega_{\mathrm{L}} - \omega) \equiv \epsilon$ で展開すると，最低次の近
似で上式が導かれる．ただし，ここでの暗黙の仮定は $\epsilon \ll 1$ である．こ
の条件は磁気共鳴領域 $(\omega \sim \omega_{\mathrm{L}})$ では明らかに破綻する．一方，遷移確率
の両表式を t で展開した最低次は一致する．すなわち，短い時間 t の遷移
の記述には摂動論が妥当であることがわかる．

章末問題　解答

第14章

問題1 (14.14) の定義に従って湯川ポテンシャルの Fourier 変換を求めると，$4\pi\lambda/(q^2+\mu^2)$ となるので，符号は λ で決まる．したがって，核力のように，引力のとき $(\lambda < 0)$ は交換積分は負になる．

問題2 (1) 縮退のあるときの摂動論の公式より，

$$\hat{\mathcal{H}} = \lambda \begin{pmatrix} \langle\Psi_A|\hat{V}_{12}|\Psi_A\rangle & \langle\Psi_A|\hat{V}_{12}|\Psi_B\rangle \\ \langle\Psi_B|\hat{V}_{12}|\Psi_A\rangle & \langle\Psi_B|\hat{V}_{12}|\Psi_B\rangle \end{pmatrix}.$$ この行列要素を具体的に
計算すればよい．ここで注意しないといけないことは，Ψ_A, Ψ_B とも<u>全スピンの固有状態にはなっていない</u>ことである．結果は，$\langle\Psi_A|\hat{V}_{12}|\Psi_A\rangle = \langle\Psi_B|\hat{V}_{12}|\Psi_B\rangle = J$, $\langle\Psi_A|\hat{V}_{12}|\Psi_B\rangle = \langle\Psi_B|\hat{V}_{12}|\Psi_A\rangle = -K$, スピン関数の規格直交性に注意．よって，$\hat{\mathcal{H}} = \lambda \begin{pmatrix} J & -K \\ -K & J \end{pmatrix}$

(2) 上で得られた行列 $\hat{\mathcal{H}}$ の固有値問題を解く．固有値方程式は，$(x-J)^2 - K^2 = 0$. ゆえに，$\Delta E^{(1)} = \lambda(J \pm K)$. 対応する係数の組はそれぞれ，$(c_A, c_B) = (1/\sqrt{2}, \mp 1/\sqrt{2})$ となる（複号同順）．

(3) $\Delta E^{(1)} = \lambda(J + K)$ のとき：$\Psi^{(0} = \frac{1}{\sqrt{2}}(\Psi_A - \Psi_B) = \frac{\varphi_{\alpha_1}(\boldsymbol{r}_1)\varphi_{\alpha_2}(\boldsymbol{r}_2) + \varphi_{\alpha_2}(\boldsymbol{r}_1)\varphi_{\alpha_1}(\boldsymbol{r}_2)}{\sqrt{2}} \frac{\chi_{1/2}(\sigma_1)\chi_{-1/2}(\sigma_2) - \chi_{-1/2}(\sigma_1)\chi_{1/2}(\sigma_2)}{\sqrt{2}}$. このスピン部分の波動関数は全スピンの大きさとその z 成分がそれぞれ $S = 0$ および $S_z = 0$ であることを示している．よって，$S = 0$ である．

$\Delta E^{(1)} = \lambda(J - K)$ のとき：$\Psi^{(0)} = \frac{1}{\sqrt{2}}(\Psi_A + \Psi_B) = \frac{\varphi_{\alpha_1}(\boldsymbol{r}_1)\varphi_{\alpha_2}(\boldsymbol{r}_2) - \varphi_{\alpha_2}(\boldsymbol{r}_1)\varphi_{\alpha_1}(\boldsymbol{r}_2)}{\sqrt{2}} \frac{\chi_{1/2}(\sigma_1)\chi_{-1/2}(\sigma_2) + \chi_{-1/2}(\sigma_1)\chi_{1/2}(\sigma_2)}{\sqrt{2}}$. このスピン部分の波動関数は全スピンの大きさとその z 成分がそれぞれ $S = 1$ および $S_z = 0$ であることを示している．よって，$S = 1$ である．

問題3 $N = 2$ の場合の Slater 行列式 $\Psi_{\alpha_1,\alpha_2}(\xi_1, \xi_2) = (\phi_{\alpha_1}(\xi_1)\phi_{\alpha_2}(\xi_2) - \phi_{\alpha_1}(\xi_2)\phi_{\alpha_2}(\xi_1))/\sqrt{2}$ を代入して計算すればよい．以下略．$N = 3$ のときも同様．

章末問題　解答

第15章

問題1　$\hat{\rho}^2 = (\sum_i w_i |i\rangle\langle i|)(\sum_j w_j |j\rangle\langle j|) = \sum_{i,j} w_i w_j |i\rangle\langle i|j\rangle\langle j| = \sum_{i,j} w_i w_j$ $\delta_{ij} |i\rangle\langle j| = \sum_i w_i^2 |i\rangle\langle i|$. これが $\hat{\rho}$ と等しくなるには任意の i に対して $w_i = w_i^2$ でなければならない. すなわち, $w_i = 1$ または 0 である. ところが, $\sum_i w_i = 1$ であるから, ある i_0 が存在して $w_i = \delta_{i\,i_0}$. このとき, $\hat{\rho} = |i_0\rangle\langle i_0|$ であるから, これは純粋状態の場合である.

問題2　(15.1) を用いると, $\mathrm{tr}\,\hat{\rho}\hat{A} = \sum_i \langle i|\hat{\rho}\hat{A}|i\rangle = \sum_{i,j} \langle i|\hat{\rho}|j\rangle\langle j|\hat{A}|i\rangle = \sum_{i,j} c_j^* c_i \langle j|\hat{A}|i\rangle = \bar{A}$.

問題3　自然対数に対する公式 $\ln(X/Y) = \ln X - \ln Y$ および $\ln \mathrm{e}^x = x$ を形式的に (15.5) に適用すれば得られる.

問題4　問題3と (15.7) を用いると, $\langle\langle \ln\hat{\rho}\rangle\rangle = -T^{-1}\langle\langle\hat{H}\rangle\rangle - \ln Z = (-\bar{E} + F)/T = -S$.

問題5　$\langle \hat{A}_S \otimes \mathbf{1}_R \rangle \equiv \langle\psi|\hat{A}_S \otimes \mathbf{1}_R|\psi\rangle = \sum_{i,\,a}\sum_{j,b}(c_{jb}^*\langle R;b| \otimes \langle S;j|)(\hat{A}_S \otimes \mathbf{1}_R)(c_{ij}|S;i\rangle \otimes |R;a\rangle) = \sum_{i,\,j}\langle S;j|\hat{A}_S|S;i\rangle \sum_{a,\,b} c_{jb}^* c_{ia}\langle R;b|\mathbf{1}_R|R;a\rangle = \sum_{i,\,j}\langle S;j|\hat{A}_S|S;i\rangle \sum_{a,\,b} c_{jb}^* c_{ia}\delta_{ab} = \sum_{i,\,j}\langle S;j|\hat{A}_S|S;i\rangle(\sum_a c_{ia}c_{ja}^*) = \mathrm{tr}\,[\boldsymbol{A}_S\boldsymbol{W}]$. ここで, (15.12) を用いた.

索　引

英数字

$\hbar$-展開, 89

π^- 中間子, 126

1 次元調和振動子, 32, 69, 103

1 次元調和振動子の代数的解法, 69

1 次元定常流, 40

1 重項, 279, 282

1 重項状態, 277

1 体場近似, 284, 285, 289

1 体問題, 107

2 階テンソル, 170

2 価性, 153

2 次元調和振動子, 103, 105, 106

2 次元等方調和振動子, 173

2 乗可積分, 17

2 体相関関数, 292

2 体の残留相互作用, 289

2 電子系, 274

2 粒子相関, 291

2 粒子相関関数, 292

3 次元調和振動子, 103

3 次元直交群 SO(3), 112

3 次元等方調和振動子, 121, 226, 240

3 次元特殊直交行列 (SO(3)), 148

3 次元ユニタリー群 SU(3), 175

3 重項, 282

3 重項状態, 277

4 次元直交変換 SO(4), 176

active 変換, 137

Aharonov–Bohm 効果, 193, 204, 206

annihilation operator, 70

A 表示を取る, 63

Balmer 系列, 3

Bessel 関数, 206, 211, 255

Bessel の微分方程式, 206, 211

Bethe–Goldstone 方程式, 238

Bohr–Sommerfeld の量子化条件, 5, 7, 256

Bohr–van Leeuwen の定理, 193

Bohr の振動数条件, 4

Bohr の半古典論, 125

Bohr の理論, 4

Bohr 半径, 123, 125, 126, 232, 248

Boltzmann の原理, 297

Borel 総和法, 252

Brillouin–Wigner 型 の 摂 動 展 開, 237, 269

Brillouin–Wigner 型の摂動論, 215, 236, 237

Brueckner の反応行列, 238

c 数, 65

C–G 係数, 160, 170

C–G 係数の直交性と完全性, 164

classical turning point, 255

Clebsh–Gordan 係数, 159, 160

Condon–Shortley の規約, 114, 161, 162, 164, 165

Coulomb カスプ, 126

Coulomb 積分, 277

Coulomb 波動関数の規格化積分, 132

Coulomb ポ テ ン シ ャ ル, 103, 123, 125, 175, 240, 241

creation operator, 70

索　引

de Broglie の関係, 6
de Broglie 波, 12, 26
de Broglie 波長, 6, 254
Descartes 座標, 62, 79
Dirac の相対論的電子理論, 151, 322
Dirac の量子化の処方, 75
Dirac 描像, 261
displacement operator, 72
dynamical momentum, 195
dynamical symmetry, 173
D 関数, 157

Ehrenfest の定理, 88, 89
Einstein–de Broglie の条件, 15
Einstein の関係式, 3
Einstein の規約, 111
Einstein の光量子仮説, 2
Euler–Lagrange 方程式, 194
Euler 回転, 148, 149, 157
Euler 角, 157
Euler の定理, 147, 150
exact-WKB, 252

Fermat の原理, 8, 9, 11
Fermi 運動量, 291
Fermi エネルギー, 291
Fermi 気体, 289, 290
Fermi 球, 290
Fermi の黄金律（黄金則）, 266, 268
Fermi 面, 291
Feynman 核, 95–97

Galilei の相対性原理, 141
Galilei ブースト, 141
Galilei 変換, 141–144
Gauss 関数, 35
Gauss 積分の公式, 37, 39, 96, 98
Gauss の定理, 20
Gauss 分布, 73
Gram–Schmidt の直交化法, 68, 250
Green 関数, 95

g 因子, 208

Hamilton の特性関数, 12
Hamilton–Cayley の定理, 314
Hamilton–Jacobi 方程式, 7, 10, 12, 15, 89
Hartree–Fock 近似, 285, 287
Hartree–Fock 方程式, 284, 285
Hartree–Fock 理論, 285
Heisenberg–Kennard の不確定性関係式, 67
Heisenberg 表示, 90, 91, 199
Heisenberg 描像, 135
Heisenberg 方程式, 90, 199
Hellmann–Feynman の定理, 238, 239
Helmholtz の自由エネルギー, 297
Hermite, 50, 77
Hermite 演算子, 49, 51, 52, 66
Hermite 関数, 36
Hermite 共役, 49, 50
Hermite 共役演算子, 49
Hermite 行列, 64, 68
Hermite 性, 49
Hermite 性判定法, 51
Hermite 多項式, 33, 35, 36, 38
Hermite 多項式の積分表示, 37, 39
Hermite 多項式の母関数, 38
Hermite の微分方程式, 35, 37, 38
Hessian, 247
Hilbert 空間, 48, 49, 82
Hund の規則, 289

interaction picture, 260

Jacobian, 77
Jacobi 座標, 145
Jacobi の原理, 11
jj 結合, 285
JWKB, 90
J 階の既約表現, 157

328

索　引

K^- 中間子, 126

kinematical momentum, 195

Kramers の縮退, 186, 187

Kramers の漸化式, 238

Kronecker 積, 83

Kummer の合流型超幾何方程式, 106, 127

L^2 空間, 49

L^2 ノルム, 49

Lagrange の未定乗数, 246

Laguerre の（陪）多項式, 127

Laguerre の（陪）方程式, 106, 127

Laguerre の多項式, 128, 129

Laguerre の陪多項式, 106, 125, 128, 130

Laguerre の陪方程式, 121, 124, 127, 128, 130

Laguerre の方程式, 127, 128

Laguerre 陪多項式に対する Rodrigues の公式, 130

Landau 軌道, 193

Landau ゲージ, 202

Landau 準位（レベル）, 202, 203

Landau 準位の縮退度, 203

Lande の g 因子, 233, 234

Laplacian, 17, 104

Larmor 振動数, 209

Legendre 多項式, 118, 280

Legendre 多項式に対する Rodrigues の公式, 118

Legendre 展開, 280

Legendre の陪多項式, 118

Lenz ベクトル, 175

Levi–Civita の完全反対称テンソル, 75, 111

Lie 環 so(3), 112

Lie 環 su(2), 112

Lippmann–Schwinger 方程式, 237

Lorentz 力, 194

LS 結合, 285

Lyman 系列, 3

L 階の既約（球）テンソル, 169, 317

l 次の同次多項式, 120

Maupertuis の原理, 9, 11

Maxwell 方程式, 193

mean field, 284

minimal coupling, 195

Neumann 関数, 206, 211

Newton の運動方程式, 181

O(3), 148

Observable, 59

P 空間, 217

Paschen 系列, 3

passive 変換, 137

Pauli 行列, 155, 185

Pauli 行列の性質, 155

Pauli 原理, 271, 290, 292

Pauli の排他律, 271, 283

perturbation, 213

Planck 定数, 2

Planck の量子仮説, 1

Poisson 括弧, 75, 76, 91, 142, 179

Poisson 方程式, 279

presession, 209

Q 空間, 217

q 数, 65

q-表示, 73

ray, 18

Rayleigh–Ritz の方法, 246, 251

Rayleigh–Schrödinger 型の摂動論, 215

Robertson の不等式, 67

Rodrigues の公式, 36, 37, 72

Runge–Lenz–Pauli ベクトル, 175

Runge–Lenz ベクトル, 175

329

Russell–Saunders 結合, 285
Rydberg 数, 3
Rydberg の公式, 3

Schmidt の直交化法, 68
Schrödinger 表示, 90
Schrödinger 描像, 259
Schrödinger 方程式, 15
Schrödinger 方程式の幾何光学近似, 89
self-adjoint extention, 51
self-consistent, 287
self-consistent mean-field approximation, 287
singular, 214
Slater 行列式, 275, 285
SO(3), 175
Stark 効果, 223
stationary state, 20
Stern–Gerlach の実験, 154
Sturm–Liouville 型の微分方程式, 129, 130
su(2), 176
su(2) 代数, 173, 176

Thomas 因子, 210
translation, 137

unperturbed solution, 213

virtual state, 44
von Neumann エントロピー, 298

wave packet, 97
Wigner–Eckart の定理, 170, 233
Wigner の公式, 318
Wigner の定理, 136, 140, 184
WKB 近似, 89, 90, 245, 252
WKBJ 近似, 90
Wronskian, 22, 31
Wronski の行列式, 22

Zeeman エネルギー, 201, 202, 232, 233

あ行

アイコナール方程式, 9
圧力, 291
アルカリ原子のスペクトル, 154
異常 Zeeman 効果, 154, 208, 233
位相的（トポロジカル）絶縁体, 187
一般化された角運動量, 147, 151
一般化された角運動量演算子, 151
因果律, 91, 93
運動エネルギー演算子, 105, 109
運動学的運動量, 195
運動学的運動量演算子, 197, 199
運動学的角運動量, 197
運動学的軌道角運動量演算子, 199
運動量演算子, 48, 50, 77
運動量空間, 290
運動量の固有関数, 52
運動量の動径成分, 109
運動量表示, 56, 57, 61
運動量表示での位置演算子, 61
運動量を対角化する表示, 61
永年項, 268, 269
永年方程式, 230
エネルギー固有値, 20, 28, 30, 48
エネルギーの縮退度, 106
エバネッセント（消失）波, 43
演算, 47
演算子, 47
演算子の行列表示, 63
演算子の指数関数, 73
遠心力, 105
遠心力ポテンシャル, 123
帯スペクトル, 3
オブザーバブル, 59, 60, 63, 74
重み関数, 78

索　引

か行

回帰点, 255
外磁場, 184
階段型ポテンシャル, 41
回転, 136
回転行列, 157
回転群, 169
回転中心の位置演算子, 320
回転変換の表現, 147
カイラル対称性, 175
可解条件, 215, 216, 219, 222, 229,
　　235
化学ポテンシャル, 291
可換な Hermite 演算子, 67
角運動量, 5
角運動量演算子, 104, 111
角運動量の合成, 159
角運動量の固有値問題, 112
確率, 17, 57, 60
確率解釈, 6, 17, 58, 59
確率振幅, 12, 18, 60
確率の保存, 42
確率分布, 18
確率分布の予測目録, 18
確率密度, 17, 40, 87, 98
確率流束（フラックス）, 19, 40–42
隠れた対称性, 104, 125, 173, 174
下降演算子, 70
重ね合わせの原理, 47
過剰完全性, 85
仮想状態, 44
換算質量, 108, 126
干渉効果, 47
関数空間, 50
完全系, 56, 58
完全性, 56, 59, 61–63, 78
完全性条件, 39, 58
観測可能量, 59
観測値, 60

観測による非可逆性, 183
観測の期待値, 66
簡約行列要素, 170
簡約された（縮約された）統計演算
　　子, 300
規格化, 17
規格化条件, 56, 78
規格直交条件, 36
幾何光学, 7
幾何光学近似, 15, 89
期待値, 57, 59
期待値の時間変化, 88
基底状態, 71, 104
軌道, 271
軌道角運動量, 111
軌道角運動量とスピンの合成, 165
基本交換関係, 65, 69, 75, 76, 108
既約テンソル, 169, 176
既約（球）テンソル, 170
球表示, 169
球面調和関数, 115, 118–120, 168,
　　283
球面調和関数の時間反転, 185
球面調和関数の「内積」, 167
境界条件, 22
共変運動量, 198
共役演算子, 49
行列形式, 64
行列の対角化, 63
行列力学, 5
局在化, 25
極座標, 104
極座標表示, 76, 77, 104, 115, 121
極座標表示の Schrödinger 方程式,
　　110
極小相互作用, 195
曲線座標, 76, 78
曲線座標での Laplacian, 81
曲線座標での Laplacian の構成方法,

索　引

78
曲線座標での完全性条件, 78
曲線座標での規格直交条件, 78
曲線座標での発散の表式, 81
空間反転, 179
偶奇性, 27
偶数性, 153
偶パリティ, 28, 29
クォーク, 272
クォーク系, 175
クォーク多体系, 271
くりこみ, 215
くりこみ処方, 269
群構造, 139
群の表現, 139
計量テンソル, 79
ゲージ不変, 195, 196
ゲージ不変性, 193
ゲージ不変な角運動量, 197
ゲージ変換, 193–195, 199
ゲージポテンシャル, 193, 195
結合状態, 20
ケットベクトル, 50
原子核, 3, 271
原子スペクトル, 3, 153
原子の安定性, 3
原子の構造, 289
原子のスペクトル系列, 122
交換関係, 104
交換項, 287
交換子, 65
交換積分, 277, 289, 293
交換積分の正定値性, 278
交換ポテンシャル, 287
光子, 2, 272
合成スピンとパリティ, 283
光線, 9
光電効果, 3
恒等変換, 152, 179

合流型超幾何級数, 127, 129
合流型超幾何方程式, 106, 127
光量子仮説, 3
小谷の方法, 223
古典回帰点, 253, 255
古典物理学, 1
古典-量子対応, 72
コヒーレント状態, 72, 73
固有エネルギー, 20
固有関数, 20, 48, 52
固有値, 48, 52
固有値方程式, 20, 63, 64, 229, 235
固有値問題, 48
固有ベクトルの完全性, 58
混合状態, 295–297, 301

さ行

サイクロトロン運動, 196
サイクロトロン振動数, 196
最高ウェイト, 113, 116
歳差運動, 209
最小作用の原理, 9, 11
最小不確定状態, 73
最大可換観測量の組, 74, 75
座標系の回転, 147
散乱/反射問題, 40
散乱現象, 21
散乱状態, 49
散乱問題, 18
時間順序積, 92, 263
時間に依存しない Schrödinger 方程
　　式, 20
時間に依存しない場合の摂動論, 213
時間に依存する Schrödinger 方程式,
　　12, 15, 17, 47, 89, 91, 135,
　　181, 198, 259, 273
時間に依存する摂動論, 259
時間の関数としての確率分布, 93
時間発展, 87

索　引

時間発展演算子, 87, 263
時間反転, 136, 179, 181
時間反転演算子, 182, 185
時間反転した状態を表す波動関数, 182
時間反転不変性, 181
時間反転変換, 182
磁気回転比, 201, 260
磁気共鳴, 259, 260
磁気モーメント, 201
磁気量子数, 114, 120, 153
試行波動関数, 246, 248, 250, 251
自己共役, 51
自己共役演算子, 51
自己共役拡張, 51
自己無撞着, 287
自己無撞着平均場近似, 287
磁性, 193
自然標構, 79
磁束, 205
磁束単位, 205
磁束量子, 203
実効的スピン・スピン相互作用, 282
自転自由度, 151
射影演算子, 171, 172, 216, 218, 219, 227, 228, 236, 295
射線, 18
周期境界条件, 53, 55, 56, 290
周期律, 289
自由空間中の2電子, 283
重心運動量演算子, 108
重心系, 108, 109
重心座標, 107, 108
重心と相対運動への分離, 107
自由粒子, 96, 109
重力子, 272
縮退, 22, 63, 68, 104, 136, 226
縮退度, 104, 121, 122, 125
縮退のある場合の摂動論, 226

受動的な変換, 137
寿命, 266
主量子数, 242
準位反発, 220
純粋状態, 74, 75, 295–299, 301
準スピン演算子, 173, 176
準スピン空間, 174
準スピン形式, 173
準同型写像, 139, 150
昇降演算子, 70
状態, 18
状態ベクトル, 19
状態密度, 265, 266
消滅演算子, 70, 103
初期状態と終状態における根本的な非等価性, 183
初期値問題, 91, 93
真空の誘電率, 2, 193
振動定理, 31
水素原子, 125
水素原子の隠れた対称性, 175
水素様原子, 107, 210, 232
スケール変換, 239
スピノル空間, 154
スピン, 151, 153
スピン角運動量に由来する量子力学的な磁気モーメント, 208
スピン–軌道相互作用, 209, 210, 230, 232
スピン–軌道相互作用エネルギー, 241
スピン座標の入れ替え演算子, 275
スピン自由度, 153
スピンと統計, 272
スピンに対する磁気回転比, 208
スピンの歳差運動, 209
整合性の条件, 215
正準運動量, 67, 75, 76
正準角運動量, 199

索　引

正準交換関係, 75, 179
正準座標, 67, 75, 76
正準分布, 297
正準量子化, 75, 91
正常 Zeeman 効果, 208
生成・消滅演算子, 72, 103
生成演算子, 70
生成子, 138
積事象の確率, 18, 81
接続公式, 255, 256
接続条件, 25, 42, 43
摂動, 213
摂動 Hamiltonian, 213
摂動展開, 213, 229, 262
摂動展開の破綻, 269
摂動論, 213
遷移, 4
遷移確率, 259–261, 264, 265, 268
遷移振幅, 95
全運動量演算子, 107, 139
全角運動量, 157
全角運動量演算子, 184
漸化式, 37
漸近状態, 40
線型演算子, 47–49
線型結合, 47
線型性, 47
線型変分法, 247, 251
全質量, 107
線スペクトル, 3
全遷移確率, 266
全反射, 42
相関距離, 292
双曲型の波動方程式, 8
相互作用描像, 260
双線型性, 48
相対運動量演算子, 107, 108
相対座標, 103, 107, 108
相対座標演算子, 320

相対頻度, 17
相対論的運動エネルギー, 242
相対論的効果, 322
相対論的補正エネルギー, 322
速度演算子, 199
束縛状態, 20–22, 24, 49
束縛問題, 103
素電荷, 2

た行

対応原理, 4
対角化, 64, 68
対角化可能（半単純）, 214
対角化する表示, 63
対称演算子, 51
対称ゲージ, 201, 202, 204
対称性, 136
代数的方法による Hermite 多項式の
　　導出, 71
対数微分, 25
多自由度系, 81
多体問題, 284
多電子系, 273
単色波, 8
小さいものと大きいもの, 1
逐次近似解, 262, 263
逐次近似法, 262
中間子, 126
中間子原子, 126
中心力ポテンシャル, 109
中性子, 272
中性子系, 290
中性子星, 290
直接項, 286
直接積分, 277
直角座標, 62, 76, 79, 121
直交行列, 149
直交単位ベクトル, 115
強い相互作用, 126

索　引

定義域, 51
定常状態, 4, 20, 40
定常状態の Schrödinger 方程式, 93
定常波解, 93
デルタ関数, 30, 54
デルタ関数型規格化, 54, 55
デルタ関数型規格化条件, 54
デルタ関数型ポテンシャル, 30, 124
デルタ関数の微分, 57
電荷密度, 193
電気双極子モーメント, 225, 226
電磁カレント, 200
電子質量, 2
電子対, 284
電子の超伝導, 284
電磁場, 193
電磁場中の荷電粒子, 193
テンソル演算子, 170
テンソル積, 81, 83, 103, 156, 159,
　　301
電流密度, 193
透過, 41
透過波, 41
透過率, 41, 42, 44
統計演算子, 295–297, 299
統計演算子の部分和, 298
統計演算子の満たす運動方程式, 298
動径関数の冪の期待値, 238
統計熱平均, 297
動径波動関数, 120
動径部分の波動関数, 121
動径方向, 106
動座標系, 79
同時固有状態, 67, 68, 230, 274
同次多項式, 120
同種粒子, 271
同種粒子系, 271
透磁率, 193
等方調和振動子, 103

特異, 214
特異行列, 214
特性方程式, 230, 236
外村彰, 17
トルク, 199
トンネル効果, 45

な行

入射波, 41
入射粒子, 40
熱輻射, 1
熱力学的エントロピー, 297
能動的な Galilei 変換, 141
能動的な変換, 137, 149
ノード, 27, 31

は行

配位空間, 18, 91
箱型規格化, 53, 55
波束, 20, 41, 97
波束による規格化, 55
波束の時間発展とその時間反転, 182
波動関数くりこみ定数, 221
波動関数の実数性, 188
波動関数の接続条件, 23
波動性, 47
波動の幾何光学近似, 8
波動力学, 6
ハドロン, 271
ハドロン原子, 126
パリティ, 27, 28, 33, 119, 122, 179
パリティ変換, 119, 120, 179, 180,
　　283
反可換性, 65
反磁性エネルギー, 201, 202
反磁性電流, 196
反射, 41
反射波, 41
反射率, 41, 42, 44

335

半整数, 153
反線型演算子, 190
反線型性, 190
反電子ニュートリノ, 126
反ミューニュートリノ, 126
反ユニタリー演算子, 190
反ユニタリー変換, 136, 140
反陽子, 126
微細構造定数, 202, 232
非摂動 Hamiltonian, 213
非摂動解, 213
非摂動的な近似法, 245
非摂動部分, 213
非摂動方程式, 229
非等方調和振動子, 103
非等方調和ポテンシャル, 103
表現行列, 169
ビリアル定理, 238, 239
フェルミオン, 271, 272
フェルミオン多体系, 271
フォノン, 272
不確定性関係, 66, 249, 272
複合系, 298
複合系の表現, 81
複素数, 47
複素ベクトル空間, 47, 48
節, 27, 31
節（ノード）の数, 242
物質波, 6
負パリティ, 29
部分系, 301
部分統計演算子, 300
部分変換に対する不変性, 226
部分和, 299
ブラ・ケット記法, 51, 87
ブラ・ケット表示, 59
ブラ・ケットベクトル記法, 50, 51
ブラベクトル, 50, 62
分極率, 226

分散, 66, 73
分配関数, 297
平均場, 284
平均場ポテンシャル, 286
平行移動, 138
並進, 136, 137
並進の生成子, 138
平面波解, 96, 97
ベクトル演算子, 170, 176
ベクトル空間, 47
ベクトルポテンシャル, 197
ヘリウム原子, 279
変位演算子, 72
(Galilei) 変換の母関数, 141
変換理論, 58, 60, 154
偏差, 67
変数分離可能な系, 5
変数分離法, 105, 108
変分原理, 7, 246
変分法, 245, 280
方向量子化, 115
方向量子数, 114, 115
放物線座標, 81
ポジトロニウム, 133, 312
ボソン, 271, 272
ポテンシャル散乱, 40

ま行

右手系, 116
ミクロな系, 17
密度行列, 295
ミュー粒子, 126
ミュー粒子原子, 126, 313
無次元化, 33
無相関の状態, 301

や行

ユニタリー, 87
ユニタリー行列, 64, 68

索　引

ユニタリー変換, 64
陽子, 126, 272

ら行

力学的運動量, 195
力学的対称性, 173, 174
リサージェンス理論, 252
離散固有値, 60
離散的, 59
離散的な変換, 179
離心ベクトル, 175
粒子数演算子, 69, 70
粒子の入れ替え, 273
量子 Hall 効果, 202
量子統計, 297

量子統計力学, 298
量子補正, 256
量子もつれ（エンタングルメント）,
　　　301
量子ゆらぎ, 115
量子力学的因果律, 91
量子力学的干渉効果, 295
量子力学的効果, 69, 278, 282
量子力学におけるゲージ不変性, 198
量子力学における対称性, 135
励起状態の Stark 効果, 242
零点振動, 35
連続群, 139
連続固有値, 60
連続的, 59

□監修者

益川 敏英

　名古屋大学素粒子宇宙起源研究機構名誉機構長・特別教授／京都産業大学
　益川塾塾頭／京都大学名誉教授

□編集者

植松 恒夫

　京都大学大学院理学研究科物理学・宇宙物理学専攻教授（〜2012年3月）
　京都大学国際高等教育院特定教授（2013年4月〜2018年3月）
　現在，京都大学名誉教授

青山 秀明

　京都大学大学院理学研究科物理学・宇宙物理学専攻教授

□著者

国広 悌二

　京都大学大学院理学研究科物理学・宇宙物理学専攻教授（〜2018年3月）
　現在，京都大学名誉教授

基幹講座物理学　量子力学　　　　　　　　　　　　　　Printed in Japan

2018年9月25日 第1刷発行　　　　　　　　　　　　　　ⒸTeiji Kunihiro 2018

　　　　　　　　　　　　　　監　修　益川　敏英
　　　　　　　　　　　　　　編　集　植松　恒夫，青山　秀明
　　　　　　　　　　　　　　著　者　国広　悌二
　　　　　　　　　　　　　　発行所　**東京図書株式会社**
　　　　　　　　　　　　　　〒102-0072 東京都千代田区飯田橋3-11-19
　　　　　　　　　　　　　　振替 00140-4-13803 電話 03(3288)9461
　　　　　　　　　　　　　　http://www.tokyo-tosho.co.jp/

ISBN 978-4-489-02294-4